重复组装式导流桩坝研究与应用

耿明全　等编著

黄河水利出版社
·郑州·

内 容 提 要

本书借助2007年和2012年水利部社会公益性项目滚动支持“黄河下游移动式不抢险潜坝应用研究”、“重复组装式导流桩坝应急抢险技术研究与示范”成果，系统介绍了预应力钢筋混凝土预制空心管桩与盖梁、连接销柱有机组合，利用高压射水沉桩和拔桩技术，在黄河下游河道内快速修做或拆除移动导流桩坝，遏制和规顺黄河下游畸形河势，保证防洪安全，实现工程建设材料重复使用的工程设计、施工和运用观测成果，以及为此而开发研制的高压射水拔桩器、拼装式水上平台、水中插桩定位装置、射水插桩机具等专用配套机械成果。同时，还尽可能地介绍了陆地快速安插和拔除管桩技术，可能应用于深基坑支挡、水利工程和码头建设等领域相关设计、施工内容及实例等，并编入了可能应用管桩的有关设计图和性能参数。

本书内容丰富，重点突出，资料翔实，图文并茂，可供从事水利、交通、土木、港航等专业的工程技术人员学习参考。

图书在版编目(CIP)数据

重复组装式导流桩坝研究与应用/耿明全等编著. —郑州：黄河水利出版社，2014. 11
ISBN 978-7-5509-0978-6

Ⅰ. ①重… Ⅱ. ①耿… Ⅲ. ①水利工程-导流-排桩-研究②水利工程-导坝-研究 Ⅳ. ①TV551. 1

中国版本图书馆CIP数据核字(2014)第276959号

组稿编辑：王路平　电话：0371-66022212　E-mail：hhslwlp@126. com

出 版 社：黄河水利出版社
地址：河南省郑州市顺河路黄委会综合楼14层　邮政编码：450003
发行单位：黄河水利出版社
发行部电话：0371-66026940、66020550、66028024、66022620(传真)
E-mail：hhslcbs@126. com
承印单位：河南省瑞光印务股份有限公司
开本：787 mm×1 092 mm　1/16
印张：32
字数：740 千字　印数：1—1 000
版次：2014年11月第1版　印次：2014年11月第1次印刷

定价：120. 00 元

序

为保证黄河防洪安全,自20世纪50年代黄河下游即开始了系统而全面的中水河槽整治,在很大程度上约束了河势游荡范围,改变了洪水时常顶冲堤防的被动局面。但随着黄河水资源的不断开发利用和干流水库调节,黄河下游小水历时延长,游荡性河段小水畸形河势发育,部分河段河势演变发展至约束范围以外,威胁滩区群众和防洪工程安全,影响河槽排洪输沙和引黄取水,必须及时加以遏制。但现有的土石河道整治工程措施投资大、建设周期长,彻底拆除困难,不适用于这种随机性的畸形河势调整和控制,必须研究设计新型的河道整治工程措施。

利用桩进行工程建设已有很长的历史,20世纪中期以来,钢桩和钢筋混凝土桩已广泛应用于河道治理、港航、桥涵、深基坑围护等工程中,桩体材料、结构形式、施工方法和设备也多种多样,既有无噪声一体化的静力压桩机,又有因时因地制宜采用桩锤、桩架和动力装置组合而成的打(沉)桩设备;既有实心的水下灌注桩、预制的空心桩,还有依据设计制作的T形、L形、圆形、方形等各种形状、尺寸的预制桩,不仅使用期内坚固可靠,使用年限达50年以上,且无须进行常规的岁修维护,长年没有维护费用或维护费用极少,效果十分显著。

以作者为骨干的科技攻关小组,根据黄河下游游荡性河段河道治理需要,充分吸取和利用前人工程建设成果,利用2007年和2012年水利部社会公益性项目经费滚动资助,开展了“黄河下游移动式不抢险潜坝应用研究”和“重复组装式导流桩坝应急抢险技术研究与示范”,巧妙利用高压射水和装配式钢筋混凝土结构工作原理,将空心管桩、盖梁和连接销柱等钢筋混凝土预制构件有机组装成不抢险导流桩坝,利用高压射水拔桩器、吊车、水泵、水上拼装平台等装置和设备进行河道快速插桩做坝或拔桩拆除移动,较好地解决了黄河下游河道整治工程永久性和临时性互为结合使用的难题,一次性投资重复使用,非常适合于黄河下游游荡性河段畸形河势调整和控制使用,并取得了10项国家专利。

该书是作者依据自己多年黄河下游河道治理与抢险工作经验,在“黄河下游移动式不抢险潜坝应用研究”、“重复组装式导流桩坝应急抢险技术研究与示范”科研成果基础上，根据目前水利工程建设、深基坑支护和码头建设需求，以及钢筋混凝土预制空心管桩可以重复使用的情况，有意推广钢筋混凝土预制空心管桩高压射水插、拔技术于码头、水利工程、深基坑支护等工程领域，又选择性地编入了钢筋混凝土预制空心管桩作为支护工程应用的部分设计、施工内容及实例，扩展了科研成果的应用范围。

《重复组装式导流桩坝研究与应用》一书的出版，对促进治黄科技进步和黄河下游游荡性河段河道治理，以及深基坑支护、材料重复利用等都将起到积极作用。我愿借此机会，将该书推荐给水利、交通、土木、港航等专业工程技术同仁参考和指正，同时，我也深信更多工程技术同仁在各自的工作岗位上，将用他们的聪明才智和辛勤劳动，丰富和发展空心排桩导流及支护应用技术，为江河治理和工程建设做出新的贡献。

陈效国

2014 年 10 月

前　言

江河治理事关社稷民生，从古至今无不如此，工程防护、河势变化的调控都需要统筹考虑。目前，我国水电开发建设事业前进的势头正盛，而且正在从一般的工程水利向广义的和谐水利发展。实现江河治理与自然和谐相处及可持续发展，不仅需要建立尊重江河特性、按照客观规律办事的理念，在没有真正发现和掌握客观规律的情况下与江河洪灾做斗争，还需要有战之能胜、过后能拆、重复利用，且能恢复工区于自然的工程手段与措施。

随着我国经济建设的飞速发展，需要修建大量的土木工程，为保证各项工程的实施与安全，钢筋混凝土预制管桩作为支挡结构在公路、铁路、水利、港湾、矿山、民用与工业建筑的土木工程中得到了广泛应用。为保证支挡结构工程的合理应用及运营的安全，给广大工程技术人员提供一本《重复组装式导流桩坝研究与应用》参考用书是必要的。本书正是根据这一宗旨，力求从工程需求、技术原理、结构设计与计算、典型工程施工与观测、专用施工机具研制与应用，以及实例分析等角度，阐述钢筋混凝土预制空心管桩应用于江河治理、深基坑支护等方面的设计与施工内容，该书既总结编入了新近水利部社会公益性项目"黄河下游移动式不抢险潜坝应用研究"、"重复组装式导流桩坝应急抢险技术研究与示范"相关成果，同时又编入了《支挡结构设计手册》、《板桩法》等参考文献中有关支挡结构设计、内力计算和施工实例，以及《09YG101 混合配筋预应力混凝土管桩》标准图集等方面的部分内容。相信本书的问世，对推动江河治理、深基坑支护事业的发展与河道防洪、整治问题的研究，都将起到有益的作用。

全书共分四篇。第一篇主要是介绍钢筋混凝土预制管桩修做黄河下游不抢险导流桩坝，进行河道治理、遏制和控制小水畸形河势险情，以及拆除移动、重复利用和还河道以自然状态的有关设计、模型试验、施工工艺研究和典型性示范工程建设及其运用观测等内容。其中第一至三章及第八、九章由耿明全撰写，第四、五章由李永强、吕连胜撰写，第六、七章由孙伟芳、朱为民撰写。第二篇主要是介绍高压射水拔桩器、拼装式水上平台、水中插桩定位装置、射水插桩机具研制等内容。其中第十、十一章由吴林峰、杨艳春撰写，第十二、十三章由宋靖林撰写。第三篇主要是介绍钢筋混凝土预制管桩进行深基坑支挡、围堰修筑等方面应用的设计和施工实例内容，由吴媛媛撰写。第四篇主要是介绍河南省工程建设标准设计图集《09YG101 混合配筋预应力混凝土管桩》有关内容，由曹林燕撰写。全书由耿明全统稿。书中结合科研攻关、科学试验、工程观测，以及工程建设方面的实例，介绍了不少最新的研究成果。因此，该书对水利、交通、土木、港航等专业工程技术人员具有较好的参考和实用价值。

本书在编著出版过程中得到了陈效国、胡一三等老一代水利专家的指导，黄河水利出版社王路平在文稿编辑、图书出版方面做了大量有益的工作,在此一并向他们表示衷心感谢!

由于编著者水平所限,书中难免有遗漏和不足之处,恳切希望广大读者对本书中的缺点和错误进行批评指正。

作 者
2014 年 10 月

目 录

第二篇 重复组装式导流桩坝专用机具研制

第三篇 可移动空心排桩支挡技术应用

第四篇 09YG101 混合配筋预应力混凝土管桩

第一篇　重复组装式导流桩坝应用技术研究

第一章　绪　论

第一节　研究背景

黄河下游游荡性河道善淤、善决、善徙，且为河床高出沿岸地面的“悬河”，滩面高于背河地面3～6 m，中水及枯水时期水位也高于沿岸地面。洪水决溢泛滥的范围北达津沽，南至江淮，纵横25万km^2，每次决口不仅淹没耕地、房舍，经济损失巨大，而且还危及滩区人民群众人身安全，直接影响社会稳定和发展。因此，历代都十分重视黄河防洪的安全问题。

在20世纪50年代，为保证黄河防洪安全，黄河下游开始了以配合两岸险工、修筑护滩控导工程为手段，以控导主流、护滩保村，减少“横河”“斜河”“滚河”发生概率，保证堤防安全为目的，按河道5 000 m^3/s洪水为标准的中水河槽整治，从被动的抢护到有计划的因势利导主动的修建河道整治工程，取得了举世瞩目的成就。目前，黄河下游修建险工、控导工程300多处，坝垛上万道，中水河槽整治已初具规模，黄河大中洪水流路已基本得到控制，黄河防洪安全得到一定保障。但是黄河下游河道的游荡特性没有改变，在黄河下游河道小水过程大幅增长影响下，黄河下游游荡性河段近期出现了1 000 m^3/s左右小水河势在规划的5 000 m^3/s中水河槽内畸形发育情况，特别是一些河段的小水畸形河势超出了规划控制范围，不仅造成河槽输沙效能降低、水闸引水困难、已建控导工程效用降低，还经常造成防洪工程和滩区村庄坍塌落河险情，而且给汛期大中洪水排泄提供极其不利的河槽演变基础，不利于大洪水向好的河势方向演变发展，大中洪水在目前“二级悬河”发育的现有河槽条件下极易发生“横河”、“斜河”或“滚河”，造成河势失控、顶冲堤防，威胁防洪安全。针对以上情况，一些有识之士多次提议必须加强对小水畸形河势的控制和整治，但由于目前畸形河势出现的随机性、突发性、临时性，而缺乏与之相适应的、可靠的快速修建或拆除导流桩坝施工技术及其专用设备，加之常规的工程措施实施周期长、费用高，很多小水畸形河势不能进行及时处理，造成畸形河势发育、洪水长时间顶冲滩区村庄或防洪工程，严重威胁已有河道工程和滩区群众生命财产安全，给黄河防汛带来很大被动。如要改变这种被动形势，必须开展“黄河下游游荡性河段不抢险组装式导流桩坝应急抢险技术研究与示范”等专题研究,快速及时调整黄河下游小水畸形河势,遏制和控制畸形河势造成的工程险情。

近年来,河南黄河河务局针对黄河下游游荡性河段小水畸形河势时常超出河道整治规划范围,修建土石坝垛工程约束和控导水流不能移动,适用范围小、费用高,以及废弃拆除不彻底、残余根基影响行洪等实际问题,2007 年通过水利部公益性行业专项“黄河下游移动式不抢险坝应用研究”项目,提出了修建移动式钢筋混凝土预制桩导流潜坝约束和控制黄河下游游荡性河段小水畸形河势的设想,取得了滩地无损伤快速插桩和拔桩、高压射水拔桩器等 6 项专利技术,克服了传统土石结构坝垛的缺陷,具有投资小、速度快,可拆除、移动和重复利用的优势,一次性投资可多年使用,还不影响河道整治整体布局,但该项目组鉴于技术难度、资金和研究周期等因素,仅开展了陆地修建与拆除的试验探索研究,没有开展水上快速修建和拆除筑坝相关技术及其配套设备研究和研制,在很大程度上影响了小水畸形河势调整技术的完整性,制约了成果的实施和推广。为此,河南黄河河务局在“黄河下游移动式不抢险坝应用研究”项目研究基础上,又申请开展了“重复组装式导流桩坝应急抢险技术研究与示范”水利部社会公益性项目,旨在进行水上快速无损伤插桩与拔桩施工技术研究及其配套设备研制,对前期研究成果进行完善和配套,解决项目应用中的技术瓶颈问题,以便使成果尽快转化为生产力,推动黄河治理科学技术进步。

第二节　研究的主要任务及目标

一、研究的主要任务

项目研究任务是通过资料收集、广泛调研,设计和加工拼装式水上插桩、拔桩施工平台和水上插桩定位装置,选择黄河下游游荡性河段一代表性畸形河湾进行水上插桩、拔桩现场试验,观测施工效率、导流效果,得出人工、材料、机械消耗等有关试验数据和参数,进行试验成果分析与总结,研究提出缓解畸形河势造成洪水顶冲工程险情的导流桩坝快速施工修建及拔桩拆除的成套技术和工艺,提交研究报告和示范应用专题片。具体主要任务为:

(1)根据黄河下游游荡性河段排洪输沙特点和滩区地形地貌情况,分析研究黄河下游游荡性河段小水畸形河势发展对防洪工程安全、滩区耕地完整、滩区村庄和排洪输沙等方面的影响和危害,论证进行小水不利河势规顺和调整的必要性与重要性。

(2)根据黄河下游河势查勘资料、河道大断面实测成果及其对应的下游来水来沙和河道冲淤变化情况,分析研究黄河下游河槽冲淤演变机制和小水不利河势发展、演变规律,进行黄河下游游荡性河段小水不利河势快速调整机制研究。

(3)根据黄河下游游荡性河段河道实际和地质结构特点,组装式不抢险导流坝型式、管桩形状、长度和重量,以及无损伤插桩和拔桩施工动力情况,开发研制可以水上快速施工与拆除的组装式导流桩坝的专用施工设备。

(4)根据黄河下游游荡性河段出现的小水不利河势情况,从中选择最为急迫需要调整和规顺、具有一定代表性的不利河湾,进行水上插桩和拔桩拆除移动导流桩坝施工技术现场试验研究，验证和完善组装式不抢险导流坝专用施工设备的操作安全与可靠性，研究探索施工工艺和相关施工经济指标。

(5)整理总结各方面研究及试验成果，在机制分析、试验实测数据整理分析、针对性计算和专家咨询的基础上，综合提出旨在控制和调整黄河下游游荡性河段小水不利河势的险情抢护关键技术，并撰写研究报告。

二、研究目标

通过项目研究和技术攻关，解决组装式不抢险导流坝水中修做过程中水中插桩定位及其垂直度控制、大型履带吊车在拼装式水上平台施工安全难题，提出水上快速无损伤插桩和拔桩拆除移动导流坝的施工技术、工艺和相关施工经济指标，设计和制造拼装式水上插桩(或拔桩)施工平台、射水插桩及其定位控制装置，以及射水拔桩器，共4项专用设备；针对具体出现畸形河势的河段，研究提出缓解畸形河势造成洪水顶冲工程险情的重复组装式导流桩坝平面布局、设计参数；开展示范应用、提供推广专题片，申请专利，在核心期刊发表论文，以及出版专著等，为科技成果转化提供支撑。

第三节　研究技术路线

由于该项目研究难度大，涉及学科多，加之黄河洪水的复杂性，项目研究我们采取了多个单位联合攻关的模式开展工作，通过合同约束方式加强对各协作单位的协调和管理，要求协作单位华北水利水电大学、河南黄河河务局、郑州黄河河务局积极协作配合，各参与单位强强联合，协同攻关，项目在实施过程中进行严格的技术和质量管理，实时召开专家咨询会，解决关键技术及疑难问题：河南黄河河务局牵头负责完成“重复组装式导流桩坝应急抢险技术研究与示范”中“重复组装式导流桩坝应急抢险技术框架研究”；华北水利水电大学负责完成“重复组装式导流桩坝布置及其结构型式研究”、“射水拔桩器”和“射水插桩及其快速定位专用设备研究”工作；郑州黄河河务局负责完成“快速无损伤射水插桩及其施工技术研究”和“快速无损伤射水拔桩施工技术研究”，以及“水上施工平台加工”和“射水插桩及其快速定位专用设备加工”等工作。

项目研究技术路线是：在充分借鉴和吸收已有研究成果，采用资料搜集、分析和整理，设计加工专用设备，根据黄河下游的河势变化情况，提出今后可以采用组装式导流桩坝的适用条件。根据不同的适用条件，研究桩坝的设计参数。根据实际河势查勘，选定有代表性的不利河势段进行示范性现场试验，结合本次研究的不同适用条件下桩坝的设计参数，根据具体治理河段的实际情况，提出不利河势治理采取桩坝方案的平面位置、平面布局，结合抢险需要，确定治理的设计参数。根据实际河势和抢险需要，现场施工，在工程观测的基础上，验证提出射水插桩、拔桩施工工艺。研究中注重专家咨询和试验中加强数据测验，进行试验数据研究分析，针对性模拟计算和试验紧密结合的方法有序开展工作，最终研究提出可行可靠、符合黄河下游实际的重复组装式导流桩坝进行畸形河势治理的设计参数、施工工艺，以及施工技术经济指标。

第二章　重复组装式导流桩坝研究现状及评价

据文献介绍,国内外利用修建防护工程进行控导水流、稳定河势的实例很多,但由于受施工技术、机械设备等因素限制,大多都是利用土石或混凝土材料进行永久性或一次性工程修建,利用松散土石材料修筑的坝垛无法彻底清除,钢筋混凝土灌注桩不能拔除,利用钢板桩结合松散土体修做的桩坝也仅仅是钢板桩可拔出重复利用,钢筋混凝土预制桩坝拆除极为困难或须进行破坏性拆除,不能重新利用拆除的材料进行同等强度和规模的工程恢复,因此很少考虑移动的情况。根据黄河下游游荡性河段随机性的河势变化经常造成工程险情的情况,为改变“背着石头撵河”的被动抢险局面,河南黄河河务局也仅仅是进行了多功能导流船的初步研究,黄河水利科学研究院提出了可移动导流船研究的项目建议书,没有进行实际应用。但国内外在不抢险坝、潜坝方面有不同程度的研究和应用。因此,下面仅就不抢险坝和潜坝研究情况进行评价。

第一节　不抢险坝研究现状及评价

据文献介绍,国内外进行不抢险坝修筑,大都采用深基做坝的方式进行桩坝修建,其采用的结构形式主要有钢板桩、钢筋混凝土灌注桩和钢筋混凝土预制桩。黄河各级河务部门也在不断利用新材料、新技术和新工艺进行新型坝垛结构的试验研究,寻求能够有效防御水流冲刷的不抢险的坝垛结构形式。目前在黄河下游所采用的不抢险坝体包括钢筋混凝土灌注桩坝和水力插板桩坝。

一、钢筋混凝土灌注桩坝研究

近年来,钢筋混凝土灌注桩坝在黄河下游游荡性河段河道整治中得到了较广泛的应用。钢筋混凝土灌注桩坝由一组具有一定间距的桩体组成,按照丁坝冲刷坑可能发生的深度,将新筑河道整治工程的基础一次性做至坝体稳定的设计深度,当坝前河床土被水流冲失掉以后,坝体依靠自身仍能维持稳定而不出险,继续发挥其控导河势的作用。钢筋混凝土灌注桩坝是近几年在黄河下游逐步推广的不抢险坝,该坝型充分利用桩坝的导流作用及透水落淤造滩作用,使坝前冲刷、坝后落淤,冲淤相结合,从而达到规顺水流、控导河势的目的。目前,钢筋混凝土灌注桩已先后应用于韦滩、东安、张王庄等控导工程(见图2-1)。

钢筋混凝土灌注桩坝修做主要是采用目前已经十分成熟的钻机成孔技术,其工作原理是(以正循环钻机为例):在预先确定的桩位,开动钻机,驱动钻具旋转下降松动孔内的沙土,同时用泥浆泵通过管道和钻杆内孔向孔底输送冲洗液(清水,主要是泥浆)冲洗孔底,携带松动的泥沙沿钻杆与孔壁间的外环空间上升,排入沉淀池,形成正循环排渣体系。同时利用泥浆固壁,防止孔壁坍塌。成孔后用吊车将钢筋笼置入孔中,定位后浇筑混凝

图 2-1　已修建的钢筋混凝土灌注桩长坝

土，完成整桩施工过程（见图 2-2、图 2-3）。

图 2-2　钻机造孔

图 2-3　吊放钢筋笼

钻孔成孔沉放钢筋笼和混凝土浇筑的施工工艺流程为：确定桩位→钻机就位钻头对准桩位中心→下钻的同时泥浆泵提供固壁泥浆→第一根钻杆打到深度后提钻接杆再下钻→钻至埋桩深度→提起钻杆钻头→用吊车将钢筋笼安放孔中定位→浇筑混凝土，然后继续下一工艺流程。

钻机成孔适用于填土层、淤泥层、黏土层、粉土层、砂土层，也可在卵砾石含量不大于15%、粒径小于 10 mm 的砂卵石层和软质基岩等地层中使用。利用钻机成孔进行沉放钢筋笼和混凝土浇筑具有设备简单、重量轻、噪声低，以及施工方便、速度较快、成本较低、工艺技术成熟等特点，在河道滩地施工中经常采用。

二、水力插板桩坝研究

水力插板桩一般都采用预制混凝土空心方桩、管桩或钢管桩，可以利用桩的空腔形成高压射流通道。其施工工艺的主要技术特点是水力切割（内冲外排）、导向定位和整体联结。即在钢筋混凝土板桩内预埋导向定位滑槽、滑板和（横）喷射管，施工时带压力的水流从板桩底部射出，冲击桩尖处的土体而切开地层（见图 2-4 及图 2-5），并用水体回流将土颗粒带走形成沉桩孔，板桩沿被水切成的空槽在自重作用下自然下沉达到预定深度。水力插板桩施工不受地下水位的影响，具有工序少，桩体不受损伤，施工进度快，在陆地、沼泽地、水中均能施工的特点，避免了开槽和降水所引起的工期长、土方量大的缺点。非常适用于软土地层上抢修工程的应急施工。

图 2-4　水力插混凝土板桩喷射水切割地层

图 2-5　水中插混凝土板桩施工

钢筋混凝土插板桩坝目前在黄河河口地区河道整治八连控导、十四公里工程、清 3 控导工程中应用。另外，插板桩结构也在沉沙池边墙、码头、小桥涵的基础中得到应用。从应用情况看，在黄河口修建的控导工程，因板桩深度偏小、坝顶高程高，当其出现不同程度的倾倒趋势时，须采取必要的加固措施（见图 2-6）。

三、其他板桩结构

根据文献资料查询和调研考察情况，板桩结构除混凝土结构外，目前钢板桩在国内外也广泛应用于护岸工程、防波堤等场所（见图 2-7），其中重要的原因是这种结构的安全性较有保障。另外，不需开挖，最大限度减少了废渣的处理，如需要，打入的板桩还可被拔出，地形以及地下水的深度对板桩结构的影响很小，但也存在投资大的缺点。为降低工程造价，近十几年又开发应用了塑料板桩、木板桩或玻璃纤维板桩、乙烯基板桩等板桩结构，因其强度、耐久性等因素，其应用大都局限于临时、浅基施工。

图 2-6　建成运用的插板桩丁坝及其坝头

图 2-7　钢板桩应用情况照片

钢板桩是带锁口的热轧型钢，靠锁口互相咬合而形成封闭的钢板桩墙，可用于挡水或挡土工程，特别适用于在水中围堰抗水流冲击保护或工程防渗。其形状有 U 字形、一字形、T 字形、Z 字形和 H 形。长江堤防工程采用 U 字形钢板（宽度为 400 mm）进行 2 km 堤防防渗。U 字形钢板桩抗弯截面大，刚度好，可插入深度在 20 m 左右。钢板桩的特点：强度高、接合紧密、不易漏水、施工简便、速度快，适用于软弱地层及地下水丰富的地区，且因其锁口处接合紧密，避免了其他工法施工防渗墙时在接合部位易开叉的问题。

第二节 水射流研究现状及评价

一、水射流理论研究现状

射流是自然界和工程领域中普遍存在的现象，是指从孔口狭缝喷射出至周围另一流体区域内的一束运动流体。按流动形态可分为层流射流和紊动射流，工程实际中多为紊动射流；按流体性质可分为可压缩流体和不可压缩流体；按射流断面形状可分为平面、轴对称(圆形)及三维射流；按环境是否有固体边界可分为自由射流和限制射流，如有一贴附固体边界称附壁射流；以射入周围流体性质是否与射流性质相同而分为淹没射流和非淹没射流，如周围流体是流动的称随动射流；按射流原动力分为动量射流、浮力射流和浮射流三类；按射流流体性质分为气体射流、液体射流及多相流射流等，而工程射流大部分是紊动射流。总之，射流类型繁多，是流体动力学中最复杂的研究内容之一。

射流的研究开始于20世纪初，由于研究射流问题的难度较大，至今其理论的研究还仅建立在试验的基础上。特别是紊动射流的研究，由于紊流的复杂性，只建立了半经验的理论。最早的紊动射流研究就是从试验开始的，它采用量纲分析的方法整理试验数据求得经验公式进行分析。现在对于复杂的射流问题，如浮力射流和浮射流仍然采用此方法。

1915年，Trupel首先对圆形自由射流等几种最基本的射流形态进行了试验。后来Zimm(1921)和Gottingen(1923)进行了相同试验，得到了轴对称射流主段速度分布、不同横断面速度分布、轴向速度变化关系等。以后，Forthmann(1934)、Albertson(1948)等又进行了相同的试验，再一次证实了Trupel的结论。

理论分析方面，1926年Tollmien首先对无限平面平行射流边界层、从极窄出口流出的平面平行射流以及圆形断面射流进行了分析。Tollmien在进行分析时，以1925年Prandtl建议的混合长度半经验理论作为湍流理论，尤其是纵向尺度远大于横向尺度，射流所形成的类似于边界层的流动是由两部分流速不同的流体的间断面发展而来的，对紊流附面层方程利用流动中的自相似性，引入相应的相似变换后把湍流射流边界层偏微分方程转化为一般可分析求解或不太冗长的常微分方程，得到了射流轴心速度沿轴线的变化规律和沿轴线断面的速度分布。

由于工程射流大部分是紊动射流，1942年Gortler采用了Prandtl提出的新的紊流半经验理论作为自由紊流的切应力分工求解紊流的附面层，采用偏微分方程进行求解，研究了平面平行射流边界层与平面射流问题。Schlichting(1968)采用与Gortler同样的方法对求解圆形断面射流问题进行了研究。Reichardt通过试验对Tollmien和Gortler圆形平面射流理论计算结果进行了对比，得出Gortler的结果比较准确，接近试验曲线，而他的理论计算结果也比较简单。

1960年苏联科学家提出了动量积分法，研究了紊动射流初始段、主体段边界及射流轴心线上速度变化规律，根据试验证实各断面流速分布是相似的，因而可以事先通过试验或理论分析设定断面上流速分布的规律和模式，这样就可以计算射流动量沿流程的变化。结合试验进行理论分析，各断面上动能量守恒，按单位宽度考虑写成积分形式进行积分来求解射流问题。为此还必须对射流边界条件作一假定,可以对射流的厚度变化作线性扩展的假设,也可以对射流从侧边卷吸周围流体流量和边界上的流速进行假定。由于分析方法和试验资料的不同,不同的研究者对于射流断面流速建立的分布函数也会有所不同,这样就得出了稍有不同的关系式。对最简单、最基本射流进行求解,与试验结果比较也有较好近似。

从最基本的射流研究发展起来的采用量纲分析对试验结果整理得出的经验公式、采用求解紊流边界层偏微分方程或积分射流动量方程得到解析式,以及目前的对边界层甚至紊流方程直接求数值解的方法和数值模拟方法,都成为射流问题的主要方法,正在用来解决自然界和工程领域中的复杂射流问题。

二、水射流技术应用现状

最初,水射流技术主要是在采矿界开始应用,源于美国加利福尼亚的采金业并迅速传播到世界各地。1935 年,苏联首先进行了地下煤炭水力开采的试验,并于 1952 年正式投产第一个水力开采矿,此后中国、日本、加拿大、德国也采用了这种方法。我国在 20 世纪 50 年代后期,北京矿业学院、煤科总院唐山分院、中国矿业大学分别和淮南矿务局及枣庄矿务局合作,取得了一定的进展。随着水力采煤的应用,科技工作者们把注意力转移到岩石的切割方面。最先研制成功的是水炮,一次脉冲水压可达 30 MPa ,这种装置能够比较有效地破岩及进行钻孔。接下来的研究与试验表明水炮破岩技术具有一定的工业可行性,尤其在破煤方面试验效果更佳,因此水炮技术在采矿业得到了稳定的发展。

在随后的十几年里,英国、苏联、德国等国开始水力机械切割方法的研究,研制了许多水射流采矿机械。英国采矿安全研究所克 · 莫德在 1976 年举行的第三届国际水射流切割会议上,介绍了脉冲高压水射流刨煤机的研制和试验。苏联研制了一种 KⅢ - Γ 型水射流采煤机,在井下试验表明:由于有了高压细射流,截管的受力和磨损都减少了,动力重量降低了 44% ~55% 。我国淮南煤矿研制的射流犁头式采煤机于 1978 年首先进行试验,取得了良好的效果。进入 20 世纪 80 年代以后,水射流技术以其高效、低耗、无污染等特点,在机械制造、化工、冶金、交通、航空、船舶、建筑、水利等各行业得到了广泛应用。随着国民经济的不断发展,各工业部门将对高压水射流设备提出新的要求。总的说来,我国矿业、石油、冶金行业自始至终处于活跃、积极的态势。目前,已研制开发过这方面的产品及正在开发应用的单位有南京大地水力股份有限公司、无锡市弗朗超高压系统设备公司、长沙矿山研究院、成都飞机工业(集团)有限责任公司、北京航杰新技术开发公司等。从事水射流加工技术研究的高校有中国矿业大学、焦作矿业学院、天津轻工业学院、哈尔滨科技大学、上海大学、南京理工大学、大连理工大学、西安矿业学院、北京科技大学、广东工业大学等。

在 1996 年 9 月国务院原副总理姜春云同志到福建漳州九江视察防洪堤工作时,对水射流法建造地下混凝土防渗墙技术给予了高度评价,自此水射流法技术开始引进黄河、长江大堤的防渗加固上。

从以上水射流理论及其应用研究也可以看出,将水射流技术引入到拆除混凝土预制桩坝,应用在黄河上是可行的。

第三节　潜坝研究现状及评价

国内外潜坝研究应用成果较多,但主要体现在航道整治方面。黄河上为解决大洪水排泄和控导主流游荡范围而修建的部分控导工程坝垛,虽然是按潜坝来进行设计的,但由于黄河下游大洪水较少和坝垛安全超高等因素,修建的控导工程坝垛很少发挥潜坝作用,因为从少数过流的坝垛运用情况看,要么坝垛的土坝体都被过坝水流冲走,剩余的散石因缺乏土坝体支撑很快塌落;要么坝垛基础被水流冲刷淘空,坝垛土坝体的散石裹护体迅速下蛰、坝体出险,不能发挥导流作用。为解决控导工程土石坝垛暴露的问题,在近几年黄河下游游荡性河段所修建的铁谢下延潜坝、马庄下延潜坝和顺河街下延潜坝中,普遍采用了加强坝垛溢流面保护和加固基础等措施,但仍然没能解决遗留的问题。

一、铁谢下延潜坝

铁谢工程位于孟津县铁谢村,依附在孟津黄河大堤上。铁谢险工为黄河出山谷进入平原后第一处险工。铁谢下延潜坝修建于2000年汛前,在下延1~5坝的坝头连线延长线上修筑潜坝,下延潜坝起点为5坝坝头,险工潜坝中心线与下延5坝轴线成30°夹角,长300 m,顶宽3 m。下延潜坝设计流量2 000 m^3/s,设计水位为相应2000年2 000 m^3/s流量水位,即116.70 m,潜坝顶高程同设计水位。潜坝设计边坡1∶1.2。采用散抛石进占,铅丝笼裹护。

2003年,为妥善解决支援地方交通工程建设和维护黄河防洪整体要求的矛盾,以南岸原15坝坝头为依托,与原5坝下延潜坝轴线成41°夹角,即与铁谢险工15坝轴线成50°夹角,修建下挑潜坝。15坝坝头至规划治导线的距离为550 m,水边线距依托点为150 m。该潜坝长430 m,其中水中进占400 m、旱工30 m,连坝长120 m。潜坝设计流量、设计水位和坝顶高程同已建潜坝。潜坝体结构设计采用铅丝笼进占、散抛石填充、填充体外铅丝笼裹护。潜坝坝顶宽3 m,临背河边坡均为1∶1.2。该潜坝距原潜坝约1 km。

以5坝坝头计算河段排洪河宽为1 500 m,下延潜坝后以潜坝坝头计算河段排洪河宽为1 372 m,排洪河宽缩窄128 m。随着太澳高速防护补救措施下延潜坝的修建,河段排洪河宽进一步缩减至1 028 m,排洪河宽又在原基础上缩减了344 m。

二、马庄下延潜坝

马庄控导工程位于原阳县马庄村西南黄河滩地,该工程处于黄河铁桥至东坝头游荡性河段之首,上迎对岸南裹头之来溜,下送溜至花园口险工。马庄潜坝布置马庄弯道下游直线段上,以8坝坝头与花园口闸连线为潜坝轴线方向(即规划治导线直线段方向)修建而成。潜坝总长200 m,其中,1990年修建长度100 m,2000年又续建100 m。潜坝设计流量为当年平滩流量4 000 m^3/s,坝顶高程92.80 m。

前100 m潜坝结构采用长管袋沉排护底、抛石堆砌坝基、坝坡网护石的结构,坝前排宽35 m,坝后排宽15 m,坝顶宽4 m。续建潜坝采用长管袋褥垫式护底沉排,坝体用充沙长管袋堆砌坝体,边坡用1 m厚的土工网块石笼护坡,坝顶用1.5 m厚的土工网块石压重，顶宽 5 m。坝坡均为 1∶2。

以 8 坝坝头计算河段排洪河宽为 1 761 m，下延潜坝后以潜坝坝头计算河段排洪河宽为 1 650 m，排洪河宽缩窄了 111 m。

三、顺河街下延潜坝

顺河街工程位于大张庄至大宫河段左岸封丘县荆隆宫乡低滩内，其主要作用是迎托黑岗口之来溜，送溜至柳园口险工。顺河街工程总体规划中设潜坝 1 道，长 1 000 m。现该潜坝生根于 31 坝坝头，已建坝长 300 m，顶宽 5 m，为充土褥垫沉排护底，长管袋进占，铅丝网石笼护坡、护根结构。潜坝设计整治流量为 2000 年当地大河流量 4 000 m^3/s，设计水位为相应整治流量下当年水位 81.35 m。充泥长管袋褥垫沉排迎水面长 32.5 m，背水面长 19 m。迎水面充泥长管袋褥垫沉排上游侧土工网石笼压重，压重长 3 m。距 31 坝 0～70 m 处坝体挖槽铺设护底沉排，充泥长管袋进占筑坝基，铅丝网石笼护坡，护坡边坡为 1∶2。

2003 年 2 月潜坝着溜，受大河冲深影响护底沉排下蛰，7 月 23 日发生不均匀沉陷，部分管袋被拉裂、拉断，管内充填物被淘空。潜坝中段沉排整体滑塌，并造成坝前 20 m 长护根铅丝笼塌入水中，河水直接淘刷潜坝坝基。为此，黄委又紧急改建加固了潜坝。在其临河侧迎水面上修筑 10 个散石堆，背水侧帮宽坝体 20 m，并增加备防石 3 000 m^3。散石堆沿潜坝坝身布置，堆间中心距 25 m，数量为 10 个。堆体采用斜三角型式，斜度以迎水面与坝轴线夹角 45°控制，垂长 8 m，根部宽 10.0 m，坡度 1∶1，高 2 m。坝体向背河帮宽 20.0 m，帮宽部分高程与原坝体持平，为 81.35 m，边坡 1∶2。

以 31 坝坝头计算河段排洪河宽为 2 730 m，下延潜坝后以潜坝坝头计算河段排洪河宽为 2 586 m，排洪河宽缩窄了 144 m。

第四节　管桩施工技术研究现状及评价

一、静压沉桩施工技术及特点分析

（一）静压沉桩机制和施工技术

静压沉桩施工是利用液压静压桩机自身的重量（包括配重）作为动力，克服压桩过程中桩壁摩阻力和桩端土的阻力，将桩徐徐压入土中（见图 2-8）。

液压静压沉桩施工属于挤土桩，桩在压入过程中对周围土体进行排挤，使桩基侧向应力增加，提高桩基周围土的密度。它的挤土效应取决于桩的截面几何形状和压桩力，对截面相同的桩来说，静压桩的挤土效应小于打入桩。

一般来说，采用静压沉桩工艺的地基土含水量较高，孔隙比较大，在桩垂直受静压的过程中，桩尖直接对土产生冲剪破坏，伴随着沿桩身土体也产生剪切破坏，从而形成超孔隙水压力，扰动了土体结构，使桩周围约一倍桩径的土体抗剪强度降低，发生严重软化（黏性土）或稠化（粉土、砂土），出现土的重塑现象，从而可连续地将静压桩送入较深的地基中。相反，若遇砂层，超孔隙水压力消散，使摩阻力增加，压桩困难。

静压沉桩施工工艺分为定位、桩尖对中、调直、压桩、接桩、再压桩、送桩等过程。

图 2-8　静压沉桩

(二)静压沉桩施工特点及适用范围

静压沉桩具有较多优点:无振动,无噪声,施工场地小,能定量监测单桩承载力,施工引起的土体隆起和水平挤动比打入式桩小,压桩力能自动记录和显示,能避免锤击过度产生桩顶或桩身开裂的现象,由于避免了锤击应力,减少了桩的钢筋和水泥用量,工程造价低。但是压桩力有限,单桩垂直承载力相对锤击桩低,同时静压桩机施工因其自重过大而对施工场地承载力要求比较高(要求地耐力 >120 kN/m^2)。适合在人口密集、地下管线多的市区及危房、精密仪器房、岸边等建筑群内施工,适应于软土地基;不宜用于贯穿厚度大于 2 m 的中密度以上的砂土夹层或进入中密度以上的砂土持力层。静压沉桩,由于设备笨重且造价高、适用地质条件单一和存在挤土环境效应,因此其应用也具有一定的局限性。

二、锤击沉桩施工技术及特点分析

(一)锤击沉桩机制和施工技术

锤击沉桩是利用各种桩锤(包括落锤、蒸汽锤、柴油锤和液压锤等)的反复跳动冲击力和桩体的自重,克服桩身的侧壁摩阻力和桩端土层的阻力,将桩体沉到设计标高的施工方法(见图 2-9)。

各种锤中,以筒式柴油锤使用最为广泛,它以轻质柴油为燃料,利用桩锤的冲击力和燃烧压力为驱动力,引起锤头跳动夯击桩顶。

早期锤击桩采用钢筋混凝土预制实心桩,这种桩挤土扰动大,易引起土体隆起,对周围环境影响较大,只适宜郊外施工。近年来,为减少锤击桩的挤土效应和对环境的影响,采用了预应力钢筋混凝土管桩、钢管桩和 H 型钢桩,同时对沉桩的噪声、振动、挤土的监控、检测和防护措施有了较大改进,减少了锤击桩对环境的不利影响。

锤击沉桩施工工艺分为桩机就位、吊桩入位、起锤轻压、沉桩锤击、对正接桩焊接、再锤击沉桩、拔出送桩器、桩机移位等过程。

(二)锤击沉桩的施工特点及适用范围

锤击沉桩施工具有施工简单,施工质量易控制,工期较短,在相同土层地质条件下单桩的承载力最高,造价较低等优点,但振动大、噪声高,对桩头和桩身容易造成损伤,施工

图 2-9　锤击沉桩

时应采取保护措施。锤击沉桩主要用于高层建筑的桩基施工，尤其适宜在郊区及周围建筑物稀少或无重要地下管线通过的区域。施工区域的土层宜以淤泥质黏土、黏土、粉土和贯入度 $N<30$ 的土层为主，对于贯入度 $N>30$ 的砂土层或碎石为主的土层，沉桩有一定的困难。应根据土层特性、不同的桩尖持力层及单桩承载力要求分别选用钢筋混凝土预制桩、钢管桩或钢筋混凝土预应力管桩。

三、高频液压振动沉桩和拔桩施工技术及特点分析

（一）高频液压振动沉桩和拔桩机制与施工技术

高频液压振动锤是20世纪末迅速发展起来的一种新型液压桩工机械，它依靠柴油机提供强大动力，采用高频振动来实现沉桩（管）和拔桩（管）作业。高频液压振动锤在德国、美国、意大利、荷兰等西方发达国家，已是技术非常成熟的一种环保、高效的工程机械。它具有施工速度快、功能多、适应地质广、运输方便和环保等特点，已广泛应用于社会建设的诸多领域，经济效益显著。在我国，高频液压振动锤在高速铁路、公路软地基处理，填海及桥梁、码头工程，深基坑支护，普通建筑物的基础处理等方面也得到了广泛的应用（见图2-10）。

振动沉桩的施工机制是：将桩和振动机连接在一起，利用振动器所产生的激振力带动桩身及土体产生振动，使土体的内摩擦角减小，强度降低而将桩在其自重或很小的附加压力作用下沉入土中，或是在较小的提升力作用下而拔出土。高频液压振动桩的工作原理是：通过液压动力源使液压马达作机械旋转运动，从而实现振动箱内每组成对的偏心轮以相同的角速度反向转动；这两个偏心轮旋转产生的离心力，在转轴中心连线方向上的分量在同一时间内将相互抵消，而在转轴中心连线垂直方向的分量则相互叠加并最终形成沉桩（管）激振力。应用高频振动沉桩时，高频振动锤通过综合夹具固定连接在桩顶上。桩体在受到上述周期性荷载作用时将会产生上下剧烈的运动，如此经过一定时间后就可以

图 2-10　振动沉桩

使桩周围和桩端土体扰动软化甚至液化，继而使土对桩体的阻力得到明显的减少。当地基土对桩体的总阻力降低到小于桩体自重和管锤振动力幅之和时，桩体由于自重克服桩面及桩尖的阻力而挤开土体、穿破地层下沉，还可以利用共振原理，加强沉桩效果。

振动沉桩的施工流程为：桩机就位→振动液压钳夹紧桩头→ 系好桩的保险绳→起吊安装就位→用振动机配合扶桩定位→开机振打→控制桩顶高程→取下保险绳→沉桩结束。

（二）振动沉桩和拔桩施工特点及适用范围

振动沉桩在降低施工噪声、振感等方面较锤击沉桩有了很大程度的提高和改进，在简化设备、降低设备对地基承载力要求等方面较静压沉桩有了很大程度的提高和改进，适应地质范围较两者都有很大的扩展。特别是高频液压振动锤与电动锤、柴油锤相比，它施工时振感小、噪声小，如果配备降噪动力箱工作时几乎无噪声，非常适合市区、人群较集中的地方和周围有较严格限制的地方施工。

振动沉桩一般适用砂性土质地基和粉质土地基。高频液压振动沉桩则适应地质范围更为广泛。高频液压振动锤分常规型、高频型、无共振三大系列，根据地质情况和工程需要可选用不同系列、不同激振力的高频液压振动锤作为施工机械。高频液压振动锤穿透卵石层、沙层、建筑垃圾等地质层的能力很强，除了不能入岩，其他任何地质条件都能适应，而且通过采用封闭式结构，还可适用于水下作业。但振动沉桩在沉桩过程中对预制混凝土桩头和桩体上部有不同程度的损害，而且没有大直径、大桩长预制混凝土桩体的沉拔施工实例，利用大型设备也仅仅是沉拔大直径、大桩长的钢桩。

四、水上打桩平台研制分析

黄河下游河道整治工程施工及抢险受河道形态、水流条件、浮桥建设等影响，极少使用水上船只或平台。然而，对于交通行业，跨河桥梁修建中，在水中通过修建水上承台进行水上打桩的情况相当普遍，而且针对不同的水深、桩的深度以及受力不同，有多种成熟的技术可供选择。尤其是黄河下游浮桥建设中，浮桥承压舟体在河道局部的移动、固定技术，以及巨大的承载能力和稳定性都给研制和使用水上打桩施工平台提供了的借鉴；黄河下游个别河段短距离的两岸交通航运也给水上打桩施工平台使用很好的启发。

解放军舟桥部队在黄河下游一些河段快速搭建舟桥的施工作业，尤其是将舟体利用汽车运输、入水快速拼装技术，是有效解决黄河下游航运不便情况下打桩平台快速机动的途径，利用该技术、施工作业方法和思路，完全可以把实施打桩平台做成拼装式结构，将平台分成若干个浮箱，每个浮箱采用汽车运输至施工河段，再入水拼装施工平台，并通过人站在甲板上操作连接装置将浮箱拼装成刚性平台，修建简易码头，将吊车及插桩或拔桩设备开上或吊上平台，满足重复组装式导流桩坝应用于工程抢险作业的施工要求。

五、水上插桩定位及插桩机具研制分析

在桥梁工程的桥基施工中，水中打桩是必不可少的施工环节，为满足水中打桩要求而采取的水中护筒布设及固定技术，尤其是护筒内水体不受外界动水影响保持静水的方法，完全可以借鉴到重复组装式导流桩坝水中插桩施工中，通过在水中设置定位装置控制插桩误差，保证插桩位置的准确，利用管桩自重抵御较小流速水流对管桩垂直的影响，提高拔桩插桩质量。根据查阅的相关资料，这种定位装置不是特别复杂和困难，通过插桩位置和次序的合理选择与安排，水中插桩定位装置是完全可以研制和使用的。

重复组装式导流桩坝施工所采用的主要和关键材料是钢筋混凝土预应力空心管桩，管桩的空心具有过水管路的功能。在 2007 年水利部社会公益性项目“黄河下游移动式不抢险潜坝应用技术研究”中，研制开发的高压射水拔桩器原理可以借鉴到射水插桩机具研制中，在管桩的顶部连接高压射水供水系统，在管桩的底部布设高压射水喷嘴，利用管桩的空心作为高压射水的通道进行插桩是可行的。根据高压射水拔桩器研制经验和技术，研制开发针对性的高压射水管桩顶部连接装置和管桩底部射水喷嘴都不是十分困难和复杂，利用现有技术和设备完全可以研制，同时，借鉴高压射水拔桩器研制相关供水和射水计算成果，也可以进行高压射水插桩供水机械选型和管路设计，所有这些前期研究成果和相关试验都给射水插桩机具研制提供了保证和可能。

第五节　黄河下游河道治理及工程抢险技术分析

人民治黄以来，黄河下游每年的随机性抢险，一直是黄河修防部门巨大的心理和经济负担。抢险的常用方法就是哪里出险就在哪里抛石、抛柳石枕、柳石搂厢进占修筑防护体或工程抢护的“阵地战”战术，通过高强度的对出险部位抛投、补充抗冲材料抵御水流对工程的冲击，保证工程基础及迎水面的稳定；传统抢险材料主要是土料、砂料、石料、梢料以及草袋、麻包等物资，利用抛投柳石枕、铅丝石笼以抗溜固根，柳石搂厢、块石护坡抗冲，它们作为抢险用材历史悠久，具有工程效果良好，来源广、数量多、经久耐用，群众基础好，一般不需要工业化生产等许多优点。

但是，传统的柳石“阵地战”抢险材料，存在价格高、重量重、体积大、外地调运困难，抢险施工劳动强度大、施工速度慢、工程质量不易保证等不足，每遇坝垛抢险，都要组织大量的人力和机械进行柳、石、土以及草袋、麻包等抢险材料的收集、运输和抛投。尤其是铅丝网片体积大、储存不便、价格高、施工速度慢、劳动强度高，柳石枕、铅丝石笼存在空隙大、透水性强、不易闭气的缺点；柳料虽能就地取材，但是黄河上一道常规坝垛的抢险，往往需要十几万甚至上百万千克柳料，数量巨大，需砍伐大量的树木，年年的筑坝、抢险已造

成黄河沿岸就近范围可供砍伐的柳料已很少，根本满足不了目前的抗洪抢险急需，近十几年来柳料收集非常困难，必须外地砍伐调运，料源虽然充足，但砍运柳料要组织大量人力和运输工具（见图 2-11），且经常出现交通堵塞，尤其是阴雨天气，道路泥泞或道路被洪水冲断情况下，料物供应不能保障，运输困难，供给时间长，受制约因素多，严重影响抢险时机；而且过量砍伐树木，严重破坏生态环境。例如，1983 年武陟北围堤抢险，用柳料 2 000 多万千克，近万人参与抢险，将武陟、原阳两县的树几乎砍光，运送柳料的车辆因道路泥泞而排起长达几千米的队。石料虽然经久耐用、无需工厂化制作，但需要远距离运输，量大而困难。

图 2-11　运送抢险柳料的车队

另外，柳石抢险几乎全是人工操作，在与洪水争阵地的过程中，其劳动强度都是超负荷的（见图 2-12），其水中进占柳石搂厢和柳石枕部分的技术要求也是相当高的，柳料、石料、木桩、麻绳等料物用量都有一定的比例，抢时间、抢进度的条件下工程质量不易保证，操作不当即会发生跑埽、倒埽及占体不闭气等事故出现。而且，随着市场经济的发展，目前农村青年外出打工者多，组织砍运柳料更为困难，柳石材料使用受到很大限制，亟待寻找新的抗洪抢险途径和材料进行补充或替代。

图 2-12　柳石材料抢险场面

传统的柳石"阵地战"抢险技术人力劳动强度极大,抢修的抗冲体或工程都是一次性的,只能作为永久的工程防护体,这种方法对于规划范围内的工程抢险不算什么,但对于随机性、临时性畸形河势造成的工程或滩地险情,再采用这种抢险方法和技术就存在人力、物力的很大浪费,这也是目前情况下畸形河势险情不能及时抢护的主要原因之一。根据目前社会发展要求和科学技术水平状况,借鉴国内外其他大江大河抗洪抢险和堤坝修筑的经验,尤其是在最近几年国家大力推行民生水利以来,"民生为大,民生最重"的防汛思想始终贯穿于我们的日常工作中,针对黄河下游游荡性河段畸形河势引发的滩区耕地坍塌,以及威胁滩区群众和防洪工程安全的情况,我们必须给予高度的重视,制订科学合理、可行可靠的抢险方案进行及时抢护和治理,将黄河治理与抢险技术推向新的高度和水准。

第三章　重复组装式导流桩坝进行畸形河势治理分析

第一节　黄河下游游荡性河段河道演变及整治

一、黄河下游游荡性河段河道演变认识

黄河下游游荡性河段河势的剧烈变化和游荡摆动对黄河堤防的安全构成了极大的威胁，有时即使在中小水情况下，也极易造成险情和防汛的被动局面。古往今来，许多有识之士和中外学者对黄河下游游荡性河段河道演变做了大量的研究工作，综合归纳各方面的研究成果，主要有如下几个方面的重要认识：

(1)比降较陡和组成河槽的物质为颗粒较细的松散颗粒泥沙是决定当前黄河下游游荡性河段游荡特性的必要条件，而河床的堆积作用，洪、中、枯水变幅大，洪峰暴涨暴落，同流量下含沙量变化大等因素则对该河段的游荡性具有促进作用。同时也有文献指出，边界条件在河势演变中起着决定性的作用。

(2)河势平面变化的一般规律主要有：①大水时河走中泓，淤滩刷槽，河槽变窄，河势下挫；②小水坐弯，塌滩淤槽，河变宽浅，河势上提；③河势变化一般在落水阶段最为剧烈，汛后水流归槽，流路变弯，河势变化进入渐变阶段；④河槽平面位置变化后，由于险工或控导工程挑流角度的改变或滩岸的坐弯刷尖，河势必将向下游传播，有“一弯变、弯弯变”之说。

(3)河势变化的主要形式有弯道的后退下移、溜势的提挫变化；主流的摆动(包括串沟过流、横斜河顶冲等)以及自然裁弯等。按照引起河槽摆动原因的不同，河槽的摆动主要有以下几种类型：①主河槽堆积抬高，主流夺汊；②洪水拉滩，主流取直改造；③沙滩移动，主流变化；④上游主流方向改变，引起主槽摆动。

(4)河道整治工程在控导主流、稳定河势、规顺流路方面起到了十分重要的作用。很多文献指出增加配套工程的数目、调整工程的外形是控制稳定河势的一个重要途径。

二、游荡性河段河势演变的规律

游荡性河段的河势演变具有复杂性、多变性、随机性、相关性和不均衡性等特点，所有这些，在一定程度上影响和困扰着人们对其演变特性的全面正确认识并采取行之有效的整治措施，但即使如此，其河势演变的某些方面仍表现出一定的规律性。主要表现有以下几点：

(1)游荡性河段的河势演变遵循着由缓变到突变，突变后又缓变的循环规律，因受包

括洪峰大小、类型、含沙量状况等水沙条件及前期河床状况、工程边界条件等因素的影响，演变的周期长短不同。河势的突变多发生在一场洪峰过程中的涨水近于峰顶和峰后的落水期，其中前者主要表现为洪水拉滩取直改道，而后者则多见横河、斜河的发生；非汛期的河势演变则多以缓变形式为主。

(2)游荡性河段的河势演变很大程度上取决于相应边界条件的状况，因为它控制着河势变化的规模和范围，边界条件的差异导致了河势演变某些重要特征如摆幅大小的不同，水沙条件对摆幅的影响要通过相应的边界条件来实现。

(3)主流线的摆动是波状的，无连续趋向左摆或右摆的情况，一般一二年后即向反方向摆动，其摆动总是趋向于摆幅的平均值，就是在工程作用摆幅变小的情况下，年际间的摆幅亦是在波动中变小的。

(4)有工程控导或岸壁坚实、河床较窄的断面摆动变幅较小，反之则变幅较大。随着下游游荡性河段整治工程的不断完善发展，整个游荡性河段主流线的平均波及宽度均有变小的趋势。

(5)主流线的摆动过程伴随着主流线的长短变化；游荡性河段整治工程的大规模修建，使主流线长度有所增长，主流线长度变化较大时，河势演变也相对激烈。

三、黄河下游河道整治

河势演变剧烈程度主要取决于水流与河床边界相互作用的对比关系，河道整治工程的一个基本功能就是强化了河床的边界条件，提高了河岸的抗冲能力，限制了河岸坍塌后退，凡是有河道整治工程的地方，无论是控导工程还是险工、护滩工程，都是主溜横向摆动的终点。从这一意义上说，任何河道整治工程都可以限制主溜的摆动，都可以起到缩小河道的游荡范围的作用。河道整治工程除具有强化河岸边界条件，限制河道游荡摆动范围的基本功能外，还具有控导主溜的功能。但只有沿规划治导线的控导工程和险工才具有这一功能。主溜变化是河势演变的核心。控导了主溜，就控制了河势，就能规顺中水河势，就能防止“横河”、“斜河”的产生。因此，控导主溜是河道整治的根本任务，也是河道整治的起点和河道整治的归宿。

河势演变从客观上看可以分为人为影响和自然演变两大类；过去相当长时期内，河势演变多处于自然演变状态，有其自然的演变规律；随着社会经济的发展，为防洪安全和保证灌溉引水等，人们对河道进行了较为广泛的治理，使人为对河势演变的干预愈来愈频繁，规模也愈来愈大。

黄河下游河道整治始于1950年。60多年来，虽然道路艰辛曲折，但人们对河道整治的认识及所采取的技术措施却在不断地发展、完善和提高。1949年大水时连续被动抢险导致了20世纪50年代济南以下窄河道整治的蓬勃发展，三门峡水库下泄清水期间，河势变化剧烈，险情严重，塌滩迅速，河槽展宽，导致了60年代后期开始的河道整治快速发展，表明水沙条件急剧变化，会导致河道整治的发展。小浪底水库建成运用后下泄清水时间长，为防止下泄清水期间河势恶化，造成防洪被动，以及受“1998年三江大水”国家加大大江大河治理影响，黄河下游游荡性河段又掀起了一轮河道整治高潮。

黄河下游游荡性河段河道整治始终贯彻“防洪为主，全局规划，因势利导，利用已有工程,控导主溜,进行中水河道整治”的原则,由“宽床定槽”发展为“规顺中水河槽”,由“护滩定险(工)”发展为“控导主溜”,以及后期“防洪为主、统筹兼顾,中水整治、洪枯兼顾,以坝护湾、以湾导溜,主动布点、积极完善,柳石为主、开发新材”整治原则下的微弯性河道整治工程建设。工程布局经历了由单一坝垛到单一弯道,到相邻弯道,再由相邻弯道间几何关系到考虑综合因素的发展过程。根据天然河道水流具有弯曲的特性,采用“短坝头、小裆距,以坝护湾、以湾导溜”的河道整治工程布局,并将弯道划分为迎溜段、导流段和送流段上、中、下三部分,三段呈“上平下缓、中间陡”的复合弯道形式,弯道半径一般为3 000 ~5 000 m。坝垛结构则逐渐淘汰了秸埽结构、砖结构、砌石结构,发展为散抛石结构和乱石粗排结构,无论坦石还是根石坡度均进行很大程度的放缓,以利于坝垛稳定。为探索不抢险或少抢险,还试验修建了部分旋喷水泥土桩结构、混凝土斜墙结构、土工织物长管袋结构、土工织物垫铅丝笼沉排结构等,这些结构多数出现了较大险情,有的甚至被全部冲垮,加之一次性投资大,未能推广运用。90 年代又试验修筑了土工布垫铅丝笼潜坝,取得了较好的导溜防冲效果,给下游小水整治提供了经验。20 世纪末修建的钢筋混凝土透水桩坝起到了一劳永逸、不抢险效果,但也仅仅是旱地修建进行了推广。

20 世纪 60 年代中期以前,工程修建的位置大都用目估法确定,以坍岸最严重处为基本位置,然后插标确定工程平面形式。靠河坝垛首先修做,不靠河坝垛暂不修做,或只修土坝基,待靠河时再裹护。后期按治导线放样施工,始在低滩上修建工程,个别工程在1 ~2 m的水深中进占筑坝,70 年代可在大河流量1 000 m^3/s、水深 8 m 条件下进占筑坝,80 年代以后不仅可在大河流量2 000 m^3/s、水深10 m 以上条件下采用常规柳石搂厢进占施工法,90 年代还创用了土工布长管袋进占施工法。水中进占筑坝是施工技术的一大发展,是河道整治由被动走向主动的转折点,对充分发挥工程控导河势效益、加快整治步伐具有重要意义。

第二节 河道整治工程对河势控制作用分析

黄河下游河道在整治以前,溜势多变,洪水期间常出现“横河”、“斜河”等不利河势,威胁堤防安全。经整治以后,河道整治工程对洪水河势发挥了控制作用,限制了不利河势的发生,避免了主溜顶冲大堤的危险,减轻了防洪压力,对保护下游堤防安全发挥了重大作用,但也存在一些突出的问题,需要今后研究解决。

一、河道整治工程对洪水河势控制作用

为防止洪水直接冲刷堤防,增加防洪的主动性,新中国建立以来修建了大量的河道整治工程。目前,黄河下游游荡性河段共有河道整治工程 92 处,坝垛 2 548 道,工程长2 600 余 km。经过多年来的河道整治,特别是近十年的整治工程建设,极大地提高了控制洪水河势的能力,减轻了防洪压力,在防洪、引水、护滩保村等方面作用显著,取得了良好的社会效益和经济效益。

(1)控制主溜、稳定河势。游荡性河道现状河势变化及模型试验均表明,河势的稳定程度在很大程度上取决于河道整治工程的配套程度,河道整治工程比较配套完善的河段,

洪水前后河势流路变化不大，基本与规划流路相一致。而在两岸无工程及工程控制河势作用差的河段，宽、浅、乱的游荡性河道特性明显。即使工程不完善，但在一定程度上仍然可以起到控制河势的作用，洪水时及洪水前后流路虽有变化，但较系统整治以前已明显减小，缩小了游荡范围，减少了"横河"发生的次数，提高了引水保证率，改善了严重塌滩掉村的现象。

虽然控导工程防御标准有限，洪水期间有些工程漫顶过流，甚至一些坝垛被冲毁，但河势并没有发生大变化，主溜仍受到工程的控制如"96·8"洪水台前县韩胡同控导工程上首生产堤溃决，口门宽100余m，大河呈入袖之势，工程上首新9坝~新6坝先后被冲垮，但主溜位置基本未变。所有这些主要是由于在控导工程的作用下，大河形成了一个比较稳定的行溜主槽，洪峰期间尽管一些控导工程漫顶，并冲垮了部分坝垛，或者工程上端过流冲沟，但护坡坍塌下滑的石料及根石基础在一定程度上仍起着约束水流的作用，使主河槽基本保持不变。洪峰过后，落水归槽，控导主溜仍走原来的老河槽。所以，在河道整治工程配套较好的河段，工程对水流能发挥决定性的控制作用。

(2)减轻了堤防冲决威胁。游荡性河道在自然状态下，历史上因"横河"顶冲堤防造成决口多次。新中国成立后也不断出现"横河"顶冲堤防，严重威胁堤防安全的局面。目前河道整治远没有完成，"横河"、"斜河"仍然经常发生，尤其在一些多发河段问题最为严重。但在河道整治工程控制溜势比较严密的河段如花园口至马渡、老君堂至堡城等河段，"横河"、"斜河"基本消除。对河势变化大，"横河"、"斜河"易发生的河段，可通过修建控导工程减少或消除"横河"、"斜河"的发生。

老田庵控导工程在修建以前，1983年汛期由于上游桃花峪山湾挑溜作用加强，铁桥以下主溜向北围堤方向发展，导致北围堤抢大险。出险堤段总长1 772 m，抢修垛26道，护岸25段，投入石料30 000 m^3，柳料1 500万kg。先后动员军民6 000余人，经53个昼夜抢护，方转危为安。由于抢修工程位置靠后，规划时不能被利用，为防止再度出险，抓住河势外移的有利时机，修建了老田庵控导工程，彻底解除了"横河"对北围堤的威胁。

(3)减轻了临堤(村)抢险的紧张局面。下游河道在有计划整治以前，河势没被控制，防洪没重点，背着石头撵河，主溜顶冲到哪，险情抢护到哪，主溜处于自由摆动状态，摆动到大堤附近，就要临堤抢险、抢修险工；摆动到村庄附近，当地群众就要求抢修护村工程。20世纪50、60年代河势变化剧烈，由于主溜摆动被迫修建多处险工和护滩工程，例如禅房、黄寨、堡城等险工及杜屋、王庄、马厂等数十处护滩工程。随着控导工程的增加，近30年来已未再新修险工与护滩工程。

在主溜自由摆动期间，堤防靠溜部位经常变化，险工段不断增长，甚至堤防布满险工。赵兰庄出险修工即是一个典型例子。郑州保合寨险工至中牟九堡险工，堤线长48 km，由于河势不稳，主溜自由摆动，被迫修建9处险工，工程总长度达到43 km，已占堤线总长度的90%。其中花园口险工下首至赵兰庄堤防长仅1.4 km没有修坝，成为上下险工空当。1967年汛末主溜既不靠上游花园口险工，也不靠下游申庄险工，单钻这1.4 km长的空当，造成滩地迅速坍塌后退，直接威胁堤防安全，被迫抢修6道坝1个垛，用石3 000 m^3，柳料71万kg，后因河势外移方缓和下来。黄河下游许多险工首尾相连，多因溜势不稳、坝裆抢险形成。这样既增加了堤防抢险，又加大了防洪投资。

(4)促进了引黄供水发展。黄河下游第一个引黄涵闸——人民胜利渠引黄闸新中国成立初即建在游荡性河段。为利用黄河水沙资源放淤改土,灌溉农田,其后又修建了一些涵闸,在河道整治前,由于河势变化大,许多涵闸引水困难,如原阳幸福渠先后开了三个引水口并建闸防淤,以适应河势多变情况,但引水仍无保证。这种“黄河水可引不可靠”的状态导致了建闸23座,引水能力1 720 m^3/s,实灌面积仅有360万亩的结局,严重地制约了黄河两岸社会经济的发展。开展河道整治后,逐步调整了溜势,一些涵闸引水口河势也日趋稳定,既满足了沿黄农业用水基本要求,也使沿黄城市用水得到保证。

二、小水畸形河势亟待治理

黄河下游游荡性河道是按中水河槽进行整治的,但在设计思想上兼顾了大洪水和小水因素及影响。从多次洪水期间河道整治工程的靠溜情况看出,随着河道整治工程的不断配套、完善,河道整治工程在防洪中发挥了显著、重要作用,对中常洪水和大洪水河势有较好的适应性,但对小水河势适应差异较大,一些河段小水畸形河势发育,个别河段恶化河势愈演愈烈,影响防洪工程安全和滩区安全。

(1)对堤防安全造成很大威胁。自小浪底水库运用以来,黄河下游来水来沙两极分化,河道小水过程大幅度延长情况下,出现了黄河下游游荡性河段出现了1 000 m^3/s左右小水河势在规划的排洪河槽内畸形发育的情况,加之下游河道“槽高、滩低、堤根洼”的“二级悬河”形势严峻,畸形河势长期顶冲某一滩唇,一旦塌掉高昂的滩唇,很容易造成水流进滩汇入堤河,对堤防构成很大威胁。2003年,蔡集控导工程上首因畸形河势导致生产堤决口,使得兰考北滩、东明滩区全部被淹,滩区平均水深2.9 m,最大水深5.0 m,背河洼地渗水量明显增大,对大堤安全构成严重威胁;2009年,原阳大张庄与开封黑岗口河段发生横河,黑岗口上延工程处河势呈“Ω”形,造成水稻乡杨桥、马庄2个村部分滩区进水,堤防偎水,威胁到堤防工程安全。

(2)对河道整治工程及滩区带来很大危害。畸形河势的发生和发展易造成现有水流不能按照工程治导线行进,使控导工程失去控制主溜、稳定河势的作用,也极易出现重大工程险情。如2003年9~10月,因河势上提,主溜在大宫控导工程上首坐弯,在15 d内滩地坍塌约8 000亩,大宫工程有被抄后路的危险。畸形河势发生后,导致黄河水流直冲黄河滩区,对滩区群众生命财产安全构成很大威胁。如2003年9月18日,因畸形河势造成与兰考蔡集控导工程28坝相邻的控制堤决口,导致兰考北滩、东明滩区全部被淹,直接威胁到滩区人民生命财产安全;2005年开封欧坦—封丘贯台河段发生横河,大河主溜顶冲北岸李庄乡张庄村,导致张庄村20余间房屋坍塌入河,严重威胁到滩区群众的生命财产安全;2010~2012年原阳三官庙—韦滩河段发生畸形河势,导致中牟韦滩南仁村坍塌滩地近万亩,大量经济林木(桃树、苹果树等)塌入河中,同时水流抄韦滩控导工程后路长约80 m,严重威胁到滩区居民的生存环境及工程安全。

2004年起,王庵工程上首河段主流坐弯,经多次抢险,河势才得以稳定。2005年初,王庵控导工程上首河势又继续上提,险情直接威胁到王庵工程以及当地滩区群众的生活、生产安全。基于这种不利河势情况,2005年5月临时抢修了王庵工程-25垛~-30垛。2005年9月26日,王庵工程-14垛上首滩地开始向南、向东坍塌,10月9日向东坍塌超过－11 坝至大辛庄的防汛路。防汛路近 400 m 坍塌入水,向南坍塌距柳园村民房屋仅 40 余 m,由 2004 年的“S”形河势发展成“Ω”形河势。结果造成－14 垛被水三面包围,－14 垛背河滩岸在大溜和回溜的淘刷下,以每天 10 m 左右的坍塌速度向东坍塌,10 月 7 日－14垛至－12 垛连坝背河坝体土胎下蛰,发生较大险情,畸形河湾不断向东、南发展,特别是沿连坝背河向东发展较快。为此,黄委又采取切滩导流的方式,对该河段畸形河湾进行了整治,不利河势形势才得以缓解,该河湾现已趋向正常。图 3-1 为大宫—王庵河段 2003 年、2004 年、2005 年河势变化套绘图。

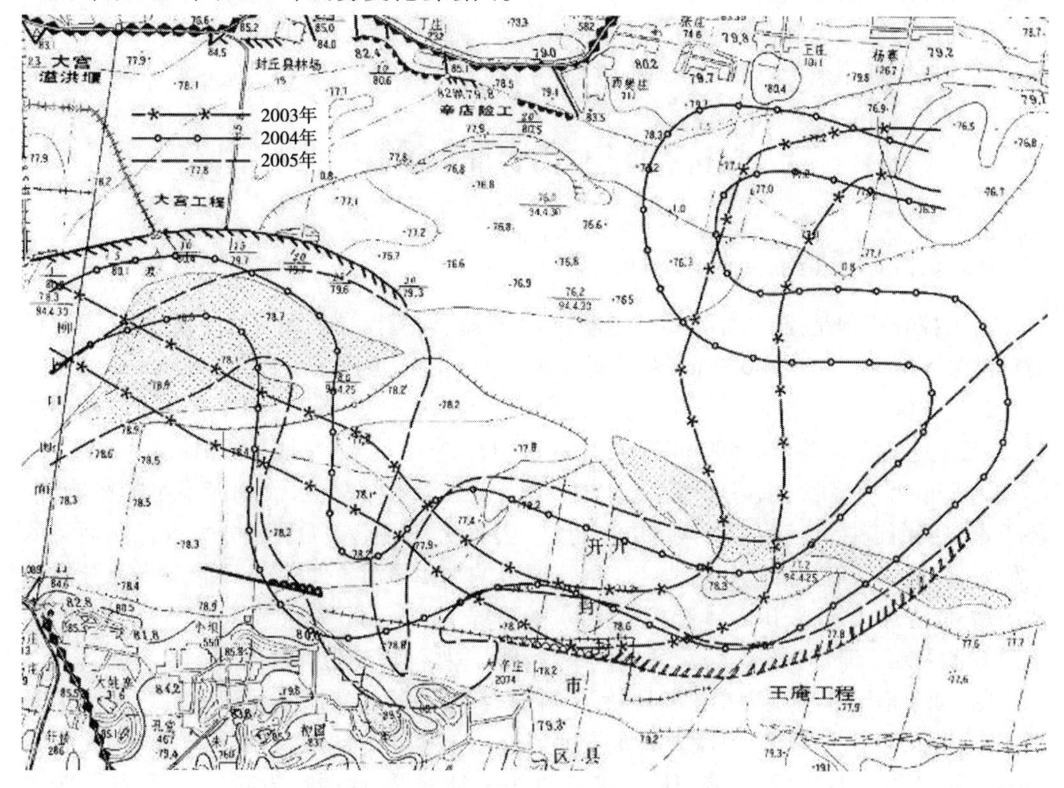

图 3-1　大宫—王庵河段河势变化套绘图

王庵河段不利河势只是近年来此类河势的一例,近些年来,类似大宫—王庵河段的河势问题不断出现。如 2003 年大宫控导工程上首坐弯,被迫抢修了 0 坝、－1 坝、1－9 垛;2004 年封丘贯台工程上首坐弯,形成横河,导致张庄民房坍塌入水 20 余间;2008～2009 年新乡原阳大张庄至开封黑岗口上延河段出现横河,形成类似 2005 年开封王庵工程上首的“Ω”形入袖河势,造成黑岗口上延 8～9 连坝背河抢险,且壅水漫滩,3 个村庄被水围困,到 2010 年黑岗口上延工程上延了－3 坝至 7 坝畸形河势才得到改善;2008～2011 年韦滩上游出现塌滩,直接威胁中牟南仁村(回族村)的安全,发展下去有出现滚河的可能。在韦滩上游出现不利河势的同时,主流又经此畸形河湾导流至三官庙下游任村堤,致使任村堤近几年连续抢险。2012 年蔡集、东安上首、武庄以及 2013 年的开封欧坦、封丘贯台上首出现的抢险等均是这种不利河势突出的表现案例。

(3)造成水闸引水困难。近年来,受黄河下游主槽下切、畸形河势频发等影响,部分引水口脱河，直接威胁到黄河下游引黄供水的安全。2009 年，原阳大张庄与黑岗口河段发生畸形河势，致使下游大宫渠首闸引水口（大宫控导 10 ~ 11 坝）脱河 1.7 km，济南军区驻豫某部投入 1 000 余名官兵和近 200 台大型机械设备，连续奋战 9 d，才完成了引水渠开挖、清淤任务，解决了农业抗旱保苗用水；受 2010 ~ 2011 年河道主溜外移的影响，渠村引黄闸引水口脱河长度近 3 000 m，严重影响了城市供水和农业灌溉用水的安全。

上述不利河势的不断出现，直接威胁到临近滩区群众的生活、生产安全，以及给河段整治工程体系对主流的系统控制带来安全隐患。由于今后这样的来水过程将持续，这种局部不利河势问题仍会在不同的河段不断发生。因此，找出合理的措施去解决这种不利河势问题成为近年来黄河下游治理中亟待解决的防洪问题。

第三节　完善河道整治面临的困难和出路

一、完善河道整治面临的困难

河道控导工程是控制黄河下游河势的重要措施，河道控导工程的治导线规划、工程设防标准是 5 000 m^3/s 或 4 000 m^3/s，而近年来黄河下游河道流量多数在 1 000 m^3/s 以内，流量超过 4 000 m^3/s 的时间一般每年不超过 10 d。如 2003 年 9 ~ 10 月，受华西秋雨影响，小浪底水库下泄流量 2 500 m^3/s 持续近 20 d，大宫上首滩岸（地）坍塌速度为 80 ~ 100 m/d。因此，当小浪底水库小流量、长历时、均匀下泄清水时，受水流动能不足的影响，河势很难按照河道控导工程治导线的方向行进，从而使河道控导工程部分失去控制河势的作用。另外，小浪底水库运用后改变了河道原有的水沙平衡条件，清水下泄导致水流挟沙能力增强，在小流量、长历时、均匀下泄清水的情况下，河势极易始终向一个方向发展，加之没有了大水漫滩、河势自然裁弯取直水沙条件，一些河段畸形河势发育。

图 3-2 和图 3-3 分别为京广铁路桥—花园口河段现行河势图和河道整治工程平面布置图。从图 3-3 可以看出，河段内共布置河道整治工程 4 处，即老田庵控导工程、保合寨控导工程、马庄控导工程、花园口险工和东大坝下延工程（此两处为同一弯道，故认为布置工程 4 处）。从图 3-2 可以看出，目前，老田庵控导工程仅末段靠溜，其对河势的控导作用已大大减弱，受此影响，主流未能导向对岸保合寨控导工程，而是在其下游形成微弯后折向南裹头方向。保合寨控导工程基本不靠河导流，南裹头导流能力也未能得以充分发挥，主流直接滑向南裹头下游滩地，已经威胁到郑州“九五”滩水源地的安全。受此影响，主流在南裹头下游 500 m 左右位置坐弯，又导向马庄控导工程下游侧，马庄控导工程控导主流作用大大减弱，主流在马庄工程下游持续坐弯，折向对岸后，郑州黄河公路桥以上花园口险工段也已脱河。这种河势如果持续发展下去，河段内布置的控导工程作用将会进一步减弱，主流有可能会失去控导工程的控制。

图 3-4 和图 3-5 分别为 2010 年谷歌卫星赵口—三官庙河段和三官庙—黑岗口河段河势图。从图中可以看出，目前的主流与规划主流偏差较大，控导工程对主流的控制能力有所降低。在九堡—黑岗口河段，甚至出现反弯的趋势。

图 3-2 京广铁路桥—花园口河段河势图

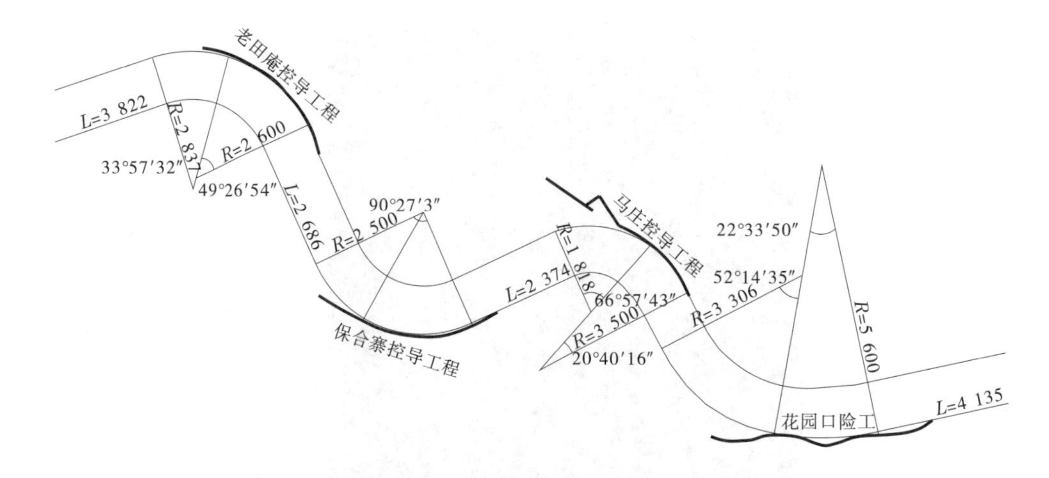

图 3-3　京广铁路桥—花园口河段河道整治工程平面布置图　（单位:m）

图 3-4　赵口—三官庙河段河势图

图 3-5　三官庙—黑岗口河段河势图

为抵御河水对坝岸的冲击破坏生险，国内外作了很多方面的尝试和努力，研究成果较多，比较有共识的是进行坝前河床防护、加固基础而提高坝岸御险能力，或者干脆采取深基做坝，常用的方法是护底沉排和桩坝。国外比较常用的是钢板桩防护，采用捶击、振动等方式进行施工，可以拆除和重复利用，但造价很高；应用土工合成材料进行护底或加固，免除坝岸遭受水流冲击生险的方法也较为常用，但多为一次性修建，不能拆除重复利用。我国是世界上少有的几个与洪水抗击、进行工程抢险的国家，黄河上更是具有与洪水搏击的优良传统，利用柳石材料修建有十几万道坝垛，在防洪保安全方面发挥了重要作用。但这些坝垛都具有投资大、抢险负担重，一次性修建、拆除不能彻底，施工速度慢、影响因素多等缺陷。随着科学技术进步和经济实力的不断提高，国家加大了在水利方面的投入，研究修做少抢险或不抢险的坝垛结构，常见的是护底沉排坝和混凝土桩坝，但都是一次性修建，不能拆除重复利用。

随着人们对自然认识的逐步深入，尊重自然、追求与自然和谐相处理念渐渐得到加强和提倡，反映在河流治理方面，人们开始退耕还河，不再追求和主张约束河流断面，而是希望一定程度地压缩河流，允许河流在一定的范围内游荡和变化，与河流和谐相处。例如，在美国一些地方开始拆除过分约束河流的坝岸，还河流以自然流动；黄河中水河槽整治就要求留足过洪河宽，两岸工程间距不能过小、坝顶不能过高，小水情况下即使主流游荡出约束范围情况，也只能远远地修建挡护工程，不能修建永久性的阻洪工程，这在很大程度上放任了小水横流、畸形河湾发育，也在很大程度上降低了近十几年河道整治功效，还造成了一定程度的损失。

根据目前不少学者的研究，在流量减小的情况下，控制河势需要的弯道半径、中心角以及直河段均要求有所变化。由于目前整治工程大部分已经建设完毕，弯道的半径、中心角的调整已经难以实现。考虑目前河道整治工程实际布局和实际河势变化差异较大，这种兼顾洪枯的河势治理，只能是部分弯道直线段进行下延，一方面，这种续建必然将工程深入到原规划的排洪河宽之内，影响大洪水期间河道安全排洪；另一方面，在考虑整体工程布局对大洪水尽可能影响小的前提下，使得又很难兼顾小水河势的治理。正是由于目前黄河下游来水过程和径流量的变化影响，河道整治出现的这种新情况、新问题，使得黄河下游河道整治建设存在着一定争议，工程修建处于两难之势。然而，目前经济社会发展又要求对目前的小水畸形河势不能置之不理。因此，黄河下游游荡性河段河道整治必须寻求新的突破。

二、完善河道整治出路分析

针对黄河下游部分河段小水畸形河势发育所造成的河槽输沙效能降低、水闸引水困难、严重威胁滩区耕地和群众房屋财产安全等许多新矛盾、新问题。以及目前土石结构坝垛、钢筋混凝土灌注桩坝等河道整治工程因修建周期长、投资大等造成完善河道整治困难、很多畸形河势得不到及时处理，严重影响已有河道工程和滩区安全的实际，河南黄河河务局分别于2007年和2012年利用水利部社会公益性项目资助先后开展了“黄河下游移动式不抢险潜坝应用技术研究”和“重复组装式导流桩坝应急抢险技术研究与示范”专项研究，通过在郑州花园口河段快速无损伤修建畸形河势调整示范工程，以及无损伤彻底拆除、异地再重复利用做坝的现场试验，提出和验证了一种临时和永久相结合的河道整治工程新措施，为完善黄河下游河道整治探索出了一条新途径。

该河道整治工程新措施最大的特点是可拆除移动、潜坝不抢险。在某一河段内，因某种情况需要临时调整河势时，可快速无损伤修建此结构工程，用后无损伤、彻底拆除，实现重复利用、不留隐患之目标；也可以作为永久性河道整治节点工程，根据河道整治规划要求修建或调整。

(1)可拆除移动：就是采用组装式、可拆卸、可迁移的结构设计，是按设计间距和走向一字布置的多根管桩通过对应长度的一节盖梁，相互连接成一个长度为 8 ~ 10 m 的“桩联”式框架结构，多个“桩联”结构体再按设计走向一字布设组成不同长度要求的桩坝。修建时，首先将空心管桩按设计间距无损伤插入河床做成排桩后，然后使盖梁预留孔与管桩心孔相对，利用吊车将盖梁吊装至排桩顶；再将预制的钢筋混凝土圆台形销柱从盖梁孔插入管桩空心，实现盖梁与预制空心管桩之间的顶部铰接式连接；最后再利用石子将盖梁预留孔中圆台形销柱周围的空隙填塞密实，逐节吊装盖梁，将排桩逐渐连接成需要长度的钢筋混凝土预制透水桩坝；移动时，利用吊车将盖梁吊离排桩顶，拆掉圆台形销柱，再利用高压射水拔桩器和吊车将管桩逐根从河道中无损伤拔除，然后将管桩、盖梁、销柱搬运到需要修建桩坝的地方。

(2)潜坝不抢险：允许坝顶溢流过洪，无论是大于 800 m^3/s 洪水溢流，还是大于 4 000 m^3/s 洪水溢流，都能发挥不同程度要求的导流、护岸作用。同时遵循深基作坝原则，一次性将达到设计强度、长度的管桩插入河床，使每根管桩都满足抗冲稳定的要求，不发生倾倒、歪斜和折断等情况。

因此，利用研发的高压射水无损伤插桩及拔桩技术可拆可建不抢险导流潜坝，克服了常规坝垛废弃材料对河道演变和排洪的不利影响，维护了河道的原始特性，保证了河道整治与自然演变的和谐统一，提高了黄河下游河道治理的科学性和合理性：利用研究提出的导流桩坝及其配套的施工装备和整套技术，进行畸形河势险情抢护和完善补充现有河道整治工程，为进一步稳定黄河主槽、防洪减灾提供了技术手段，解决了现有河道整治工程结构面临的困境和出路。

第四节　重复组装式导流桩坝应急抢险技术可行性分析

一、经济社会发展为桩坝推广提供了广阔空间

黄河下游滩区有数千平方千米的土地资源，随着河道治理的开展，滩区土地得到了较好的保护，距主河道较远且耕作条件较好的土地被划为耕地，更有部分在近些年的土地整理过程中得到集中的治理，农田设施配套已比较完善。特别是小浪底水库投入运用以后，

河道冲刷下切,洪水得到进一步控制,漫滩洪水很少发生。滩区连年丰收,土地利用效益不断增长,相当一部分被划为基本农田。一方面,用传统方式修筑的土石坝垛取土困难增加,筑坝料场多数运距超过 3 km,部分甚至达到 5 ~ 7 km,运距的增加使得土方单价大幅上升;另一方面,由于土地的升值,土地复垦费、青苗赔偿以及复垦期减产补助等大幅上升,这都大大增加了筑坝的成本。据估算,以 3.5 km 运距的土方综合单价(包括料场的各项费用)为例,2012 年批复的单价比 2007 年上升了 40%,现在土方综合单价甚至达到 43 元/m^3。这其中,部分是油料等价格上升,但更主要的还是料场使用成本的上升造成。

石方单价也有很大上升。如实际的某处工程,乱石粗排的单价由 106 元/m^3 上升到 137 元/m^3,其中,原材料单价由 20 元/m^3 上升到 40 元/m^3,民工工资由 2004 年的 70 ~ 80 元/工日上涨到目前的 180 ~ 200 元/工日,乱石粗排的单价总计上升了约 30%。特别是随着国家封山育林和公路超限治理的推进与加大,石料开采受到更多限制,运输成本还将大幅度攀升。两种主要材料成本的上升,加之物价上涨等因素,使得传统的土石丁坝投资大幅上升。目前一道水中进占土石丁坝投资已经高达 400 万元左右,个别甚至超过了 700 万元。

与土石坝这种结构投资的大幅上涨相比,混凝土桩坝由于其材料较为单一,且基本不牵涉征占土地,因此其投资变化相对不大。在土石结构投资大幅增加情况下,桩坝结构以往投资较大的劣势逐渐不明显,而其一次能做到冲刷深实现了设计条件下的不抢险和工程后期管理费用低的优点逐渐显现。在这种条件下,桩坝具备了推广所必需的投资环境。

二、畸形河势的不断出现为组装式桩坝提供了机遇

根据近几年黄河下游游荡性河段汛期、汛后河势查看情况统计,目前黄河下游平均每年均有 3 处以上畸形河势出现,这些畸形河势均需要通过一定的措施才能得到缓解。由于小流量过程持续,造成部分河段整体流路出现与规划流路渐行渐远的趋势,反映为规划工程的直河段均较实际主流的直河段偏长。以京广铁路桥—花园口河段为例,主流均在工程下游出现坐弯趋势。因此,需要提出合理的措施治理不利河势和进一步完善已有河道整治工程布局。重复组装式导流桩坝不但可以一次做到稳定深度、不抢险,而且布局灵活、拆除方便,可灵活应对河势变化,又可重复拆装使用,在河道整治和应急抢险中具有独特的优势。所以,目前黄河下游畸形河势的不断出现,为重复组装式导流桩坝的应用提供了实施机遇。

第四章　重复组装式导流桩坝设计研究

第一节　重复组装式导流桩坝设计原理

一、结构设计原理

根据重复组装式导流桩坝应用目的和设想,重复组装式导流桩坝设计要满足控导水流、不抢险和安全溢流要求,重复组装式导流桩坝施工修筑所用材料应该是工厂化制作的预制构件,施工采用现场吊装式的拼装,其拼装连接或拆分必须满足简单、方便、灵活施工要求。因此,重复组装式导流桩坝平面设计原理是多根管桩按一定间距呈一字形直线布置桩坝,积木式结构设计原理,通过高压水力造孔插桩形成直线排桩,一定数量排桩(管桩组)的顶部吊放对应长度的预留插孔式盖梁,盖梁预留插孔与管桩空心相对,将倒圆台形钢筋混凝土预制销柱底端自盖梁插孔插入管桩空心一定深度,倒圆台形钢筋混凝土预制销柱与盖梁插孔间隙用粗砂或石子填塞,实现盖梁与管桩之间的拼装式连接,这种多个管桩组与盖梁的直线一字接长导流桩坝;利用吊车吊离盖梁、销柱,拔桩器拔桩等实现桩坝拆分、拆除,桩坝修筑或桩坝拆除都要轻吊轻放和无损伤插桩、拔桩,确保桩坝所有构件完整无损,实现桩坝构件的重复使用。

二、插桩原理

利用吊车等工具竖直吊起端部分别连接射水板和高压水泵的预制空心管桩,采用预制管桩空心通道喷射高压水流水力切割桩端下方土体造孔的方法进行插桩施工做坝(见图4-1)。

采用预应力钢筋混凝土空心管桩作为桩坝主体,利用管桩两端端板上的丝扣,将进水装置和射水装置同时安装在管桩的两端,利用管桩的空腔作为供水通道,在起重设备和供水设备的配合下,利用高压水流的作用进行插桩。

三、拔桩原理

首先拆除坝顶组装式的联系盖梁,自桩坝一端开始,利用起吊机械吊起专用水冲装置——高压射水拔桩器,使其自上而下连续不断地冲蚀第一根管桩周围的土体,使桩周围的泥土形成泥土混合液(泥浆)并产生井孔,同时泥浆从井孔顶部溢出。这样桩周围的土层对桩的摩阻力大为减小,使其在水中呈浮立或半浮立状态,再利用起吊机械将其从冲蚀的井孔中拔出。工作原理过程见图4-2。

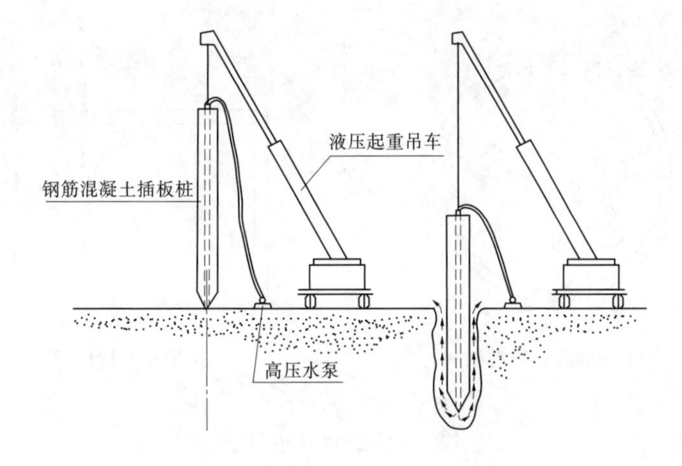

图 4-1　射水插桩示意图

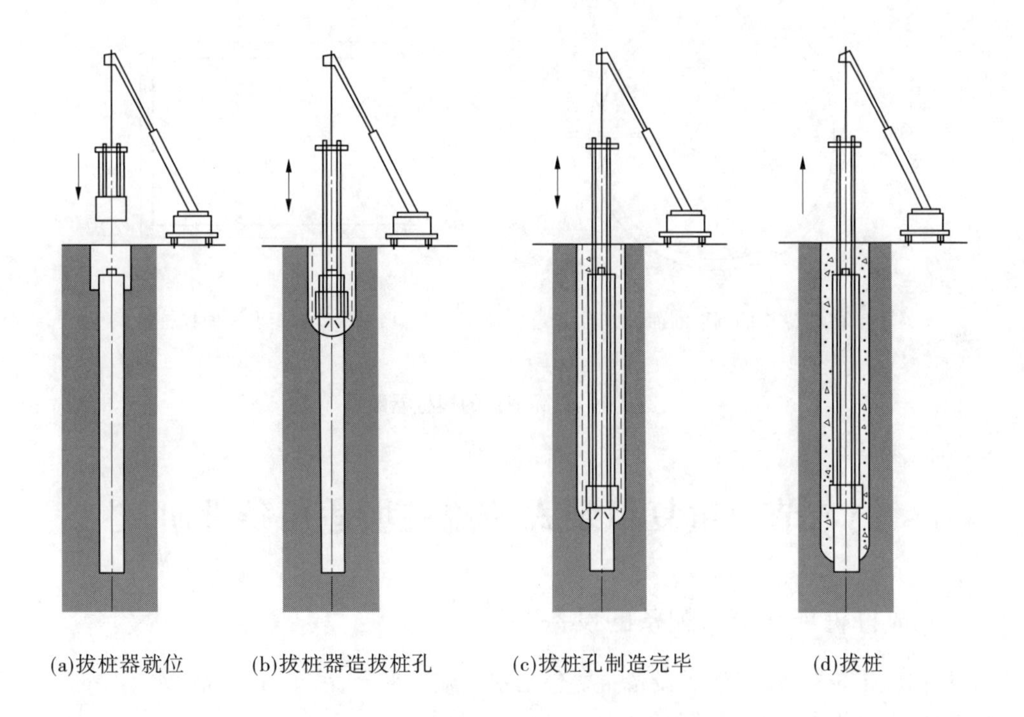

图 4-2　高压射水拔桩器工作原理过程图

图 4-3 是理论上桩间距比较大时拔桩器截面形式。而实际上,由于桩间距是受限制的或桩不是竖直而具有一定的倾斜度,因此图 4-3 所示的两种方案并不能适用于实际操作。考虑到这种情况,将拔桩器做成具有一定缺口的断面形式(见图 4-4),这样无论桩是否处于理想竖直状态,拔桩器都能作上下往复运动,正常工作。

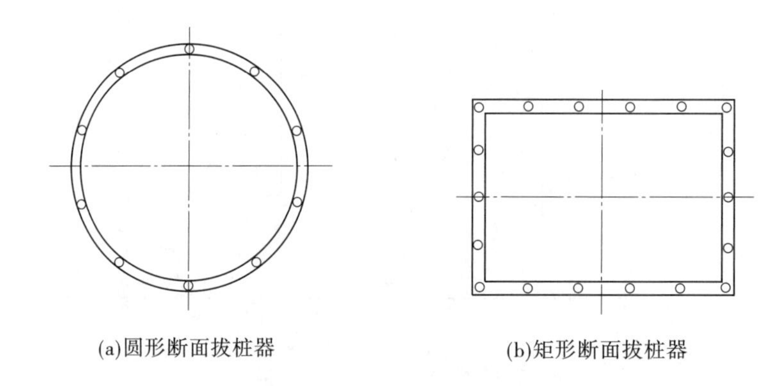

(a)圆形断面拔桩器　(b)矩形断面拔桩器

图 4-3　理论上的拔桩器断面

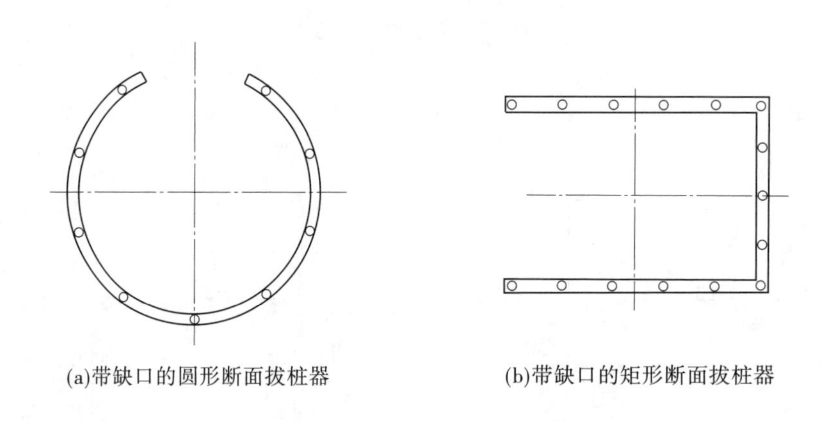

(a)带缺口的圆形断面拔桩器　(b)带缺口的矩形断面拔桩器

图 4-4　实际使用的拔桩器断面

第二节　重复组装式导流桩坝适用条件研究

一、成桩桩坝修筑需配备的设备

根据施工工艺,施工所需设备主要包括水上施工平台、吊车、运桩船、水上临时放桩平台、水泵、发电设备、救生船等。

水上施工平台(用于水中作业,旱地不需要):用于水上作业,包括安置起吊管桩用的吊车、加压泵、吸水泵以及水上工作人员的工作空间。

吊车:一台放置在水上施工平台,用于起吊管桩并插桩;一台置于岸边,用于管桩装船。

运桩船:用于水上管桩的运输。

拖船:用于水上管桩的临时堆放。

水泵:一台高压泵,为插桩或拔桩供给高压射水;一台普通水泵,用于保证水源。

发电设备:作为施工电源。

救生船:用于水上临时交通以及安全保证。

其他:大型运输车等。由于管桩为预制,需要从预制厂家运输至工地。

二、适用的地质条件

重复组装式导流桩坝是通过高压水力造孔插桩形成单桩。通过使用专门设计的射水装置,以高压水流冲击土层而实现桩在自重作用下下沉。

水射流自喷嘴射出打击土体表面时,因被打击土体具有不同的表面形状,使射流改变了方向,从而在其原来的喷射方向上失去了一部分动量,并以作用力的形式传递到被打击土体表面上,见图 4-5。

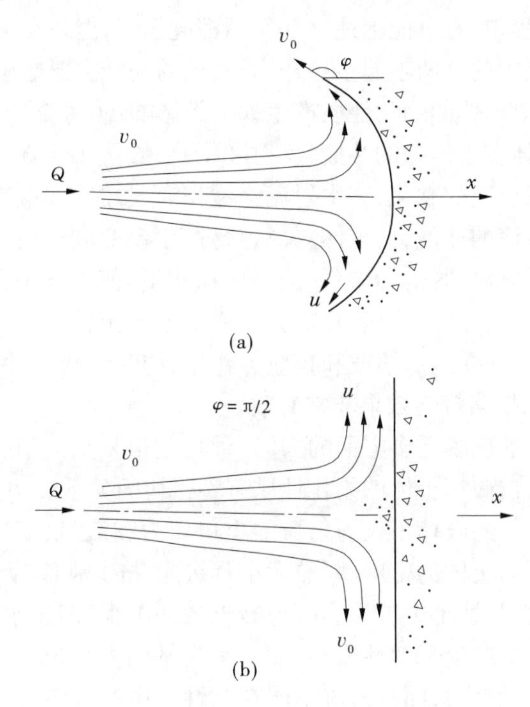

图 4-5　水射流对土体表面的作用形式

水射流作用于土体时,其部分能量转化为对土体的打击力,从而使土体破坏,概括起来,有以下几种破坏形式:

(1)空化破坏作用。射流在打击土体时,在压力梯度大的部位将产生空泡,空泡的崩溃对打击面上的土体具有较大的破坏力。此外,在空泡中,由于射流的激烈紊动,也会把较软弱的土体淘空,造成空泡扩大,使更多的土体遭受破坏。

(2)动压作用。射流的动压力与流速的平方成正比,高压发生装置的压力越高,射流速度越大,产生的动压力也越大。因此,通过增大喷嘴出口压力,可提高射流的动压破坏。

(3)疲劳破坏作用。由于高压发生装置多为泵叶轮,随着叶轮的往复旋转,每一瞬间产生的压力和流量都是随之波动的,故水射流为连续脉冲运动的液流。当脉冲式射流不停地冲击土体时,土体颗粒表面受到脉动负荷的影响,逐渐积累其残余变形,使土体颗粒失去平衡,从土体上崩落下来,促使了土体的破坏。

(4)冲击作用。当射流连续不断地锤击土体,产生冲击力,促使破坏进一步发展。

(5)水楔作用。当射流充满土体时,由于射流的反作用力,产生水楔,在垂直射流轴线的方向上,射流楔入土体的裂隙或薄弱部位中,此时射流的动压变为静压,使土体发生剥落,裂隙加宽。

(6)悬沙作用。高速水流以某一流量不断地从喷嘴喷出,聚集在管桩底部狭小的空间内,当射水体积大于桩下空间时,水体只能沿着管桩外壁自下而上反流,并将高压射水剥离的管桩下泥沙源源不断地带出,从而使管桩不断地桩下临空、下沉,实现无损伤插桩之目的。

在土体的破坏过程中,有可能上述这些作用都起作用,但是在不同条件下或对不同种类的土质,也可能是其中的一两项起主导作用,其他的处于次要地位。

射流的打击作用对土体的物化性质产生如下的影响:①射流在初始打击作用下,初始冲击脉冲造成的弹性体在土体中的冲撞、反射和干扰,破坏了土体结构;②由于水束长时间冲击土体表面,造成土质的软化;③水射流穿透和渗入,促使裂隙扩展,加速了土体的破坏与剥落;④高压水射流的冲击,使土体局部容易产生流变和裂痕;⑤高压水射流的剪切作用,使土体颗粒容易剥离、脱落;⑥在射流动压作用下,使土体中孔隙水的压力增高,在张力作用下,空隙介质颗粒之间连接力减弱,从而加速了土体的破坏过程;⑦在射流打击末端,速度较低,土体表面受到压缩波和拉应力作用,同时形成气蚀,气蚀作用(或空化作用)对淹没射流状态下提高打击效果非常有效。

因此,射流对土体的破坏是多方面的,其过程也是很复杂的,它不仅与水射流及冲蚀条件有关,而且与被打击破坏土体的物化性质有着密切的关系。

在射流打击下,土体的破坏不仅与射流的出口压力和流量、喷嘴的孔径、打击靶距等射流参数有关,而且还与土体的密度、颗粒大小及级配、抗剪强度等土体参数有关。例如,在砂性土中扩孔就比在黏性土中容易。因为砂土的孔隙大,高压水在孔隙中产生渗透压力,土颗粒在压力作用下产生了塑性流动,并沿射流轴向发生位移,土孔得以扩大。而黏性土由于颗粒小,具有黏聚力,而且射流不能在黏性土中产生渗透压力,因此只能靠射流的其他作用(如剪切、破碎等)使土体破坏,破土效果相比于砂土就要差得多。所以说,对于非黏性土,射流的压渗作用占主导地位;对于黏性土,切割与破碎起主要作用。

在射流打击作用下,土体的破坏不仅与射流参数有关,而且还与土体参数有关,射流参数决定射流作用力的大小,而土体参数是土体本身固有的物理属性,在射流破土过程中,体现为一种抵抗力,并称之为土体临界破坏压力。土体的临界破坏压力是由土体本身参数唯一确定的,只有当射流作用压力大于或等于土体的临界破坏压力时,土体才会发生破坏。

土体临界破坏压力的确定涉及力学、流体力学、土力学等多方面的知识,加之在射流打击过程中不确定的因素很多,故科研工作者主要借助试验手段进行研究。土体临界破坏压力只与土体本身性质有关。目前水射流技术在实际应用中多是通过专用成孔机具实现的,如煤层成孔、射水法造墙等,但实际使用起来有诸多不便。为克服专用成孔机具的不足,并考虑到土层以及本次施工中桩的结构和桩体之间的相互位置,重复组装式导流桩坝需要利用水射流理论和技术研制一种新型的适合粉土、砂土和黏土地层施工的成孔机具——高压射水插桩器(拔桩器已研制)。

根据以往的实际经验,该设备在砂性土土层中效果很好,在少黏性土土层中也能很好地工作,但黏粒含量大的黏性土土层中需要配合桩的重量通过撞击穿透黏性土土层。根据现场经验,如果黏性土土层较薄,仍可以很好地工作。但当黏性土土层较厚时,由于穿透黏性土土层需要花费大量的时间,从经济性上已失去使用该方法的价值。对卵石等坚硬地层,该工艺适用性不够,难以适用。

根据黄河下游地质勘查结果,京广铁路桥以下河床多为砂性土层,至东坝头以下黏性土土层一般也相对较薄。因此,在黄河下游京广铁路桥至东坝头之间一般均可以很好地应用该结构型式。东坝头以下也多为砂性土层,但部分区域黏性土层较厚,因此可以在事先经过地勘的情况下有选择地使用。

综合上述,在抢险或者畸形河势发展迅速来不及详细地勘的情况下,黄河下游河段均可采用该施工工艺用于抢险、畸形河势治理,以及完善现有河道整治工程布局的基建工程施工。

三、施工的场区环境

重复组装式导流桩坝一般由厂家预制。因此,首先要具备一定的运输条件。这就需要有较好的交通条件。黄河下游河道整治工程已经形成初步的工程体系和抢险交通体系,同岸之间一般在 10 km 左右布置有工程,而控导工程均布设有防汛道路。

黄河下游滩区道路在已修建防汛道路段或者当地已建有较好路面的情况下可以方便地运输。但其间一旦有小的交通桥梁、涵洞之类的交叉建筑物时,由于大型车辆荷载较大,往往需要进行局部加固。因此,滩区在一般抢险条件下可以实现管桩的运输要求。

同样地,由于控导工程丁坝设计顶宽为 15 m,通过对其上防汛备石的调运,可以形成一定的作业平台,便于布置起吊设备和管桩的临时堆放,具备了较好的临时施工场地。

一般地,控导工程上游段或者下游段距主流较近,因此可以利用已建工程坝垛经适当改造修建临时码头,一般情况下,容易实现运桩船的停靠。

由于水中进占施工时往往靠近主流,因此运桩船一般可以顺利实现运输任务。在水深很浅的情况下,这种状况流速也将很小,在此类工况时不需要水中施工,可以直接按旱地施工方式进行施工。

四、重复组装式导流桩坝工程的水流条件

重复组装式导流桩坝是靠水力冲击成孔,依靠桩体自身重量下沉完成单桩施工。施工过程中桩的倾斜度很大程度是靠重力作用控制的。在旱地施工条件下,由于桩在自身作用下呈垂直地面状态,在射流冲击成孔过程中,射流均匀且自然地与地面保持垂直,因此容易保证桩体的垂直度。然而,在水中施工时,桩在水流冲击作用下,自然会产生一定的倾斜。

桩在水中下沉过程中,主要受到吊力、动水压力、静水压力、桩自身的重力及入水部分的浮力作用,在上述力作用下桩在入土前维持自身的平衡。

(1)动水压力

$$P_1 = \frac{KA\gamma_W V^2}{2g} \tag{4-1}$$

式中　K——动水作用系数,取 2;

A——水流作用面积,桩计算宽度取 1.0 m;

γ_W——河水的容重,桩前河水容重取 10.6 kN/m³(100 kg/m³),桩后水容重取 10.3 kN/m³(50 kg/m³);

V——水流平均速度,不同流量作用下流速不同,根据黄河下游实测流速资料,分别取 2 m/s、2.5 m/s、3 m/s 和 3.5 m/s 进行倾角计算。

(2)静水压力

$$P_2 = \frac{1}{2}\gamma_W H^2 \tag{4-2}$$

式中　H——水深,m,桩前后根据流速不同分别取水位差 0.05 m、0.1 m、0.15 m 和 0.2 m,根据实际情况,分别取水深为 2 m、4 m、6 m 和 8 m 进行计算。

单桩按长 30 m,管桩外径为 0.5 m、内径 0.25 m 进行典型计算。

在上述力的作用下,桩在入土前维持平衡。表 4-1 为不同桩径、桩长情况下在不同施工条件下桩的最大倾斜角的计算。从计算结果看,桩身在自重较大、流速较小的情况下可能的倾斜角较小。由于作为导流桩坝自身的受力工况与作为桩基础的受力工况和工程的作用不同,导流桩坝施工中管桩有一定的倾斜,对工程自身的安全及导流的效果影响不大。因此,在实际施工控制中应结合工程推广的情况制定合理的控制标准。此外,通过改进水中定位装置,在水中提前下护筒进行免除水流冲击保护或定位装置校正,管桩在水中倾斜的问题就可以避免或控制在允许范围内。

表 4-1　不同桩径、桩长下桩在水中的倾斜角

桩长 20 m,外径 0.5 m、内径 0.25 m			桩长 30 m,外径 0.5 m、内径 0.25 m		
水深(m)	流速(m/s)	最大倾角(°)	水深(m)	流速(m/s)	最大倾角(°)
2	0.5	0.09	2	0.5	0.03
2	1	0.15	2	1	0.05
2	2	0.46	2	2	0.17
4	2	0.91	4	2	0.33
4	2.5	1.26	4	2.5	0.48
6	2	1.36	6	2	0.50
6	3	2.75	6	3	1.04
8	3	3.66	8	3	1.38
8	3.5	4.98	8	3.5	1.88

第三节　平面布置型式的研究

一、黄河下游小水畸形河势发育成因分析

黄河下游之所以形成小水畸形河势,是与黄河下游河道游荡特性分不开的,黄河流域特殊的自然地理条件使得黄河下游具备了河床堆积抬高、泥沙易冲易淤、沿程地质条件不一致、流量变幅大等特点。这些特点中，有的决定了游荡性河型,有的则加剧了游荡的强度。

(1)河床的冲淤转换作用。黄河下游是一条堆积强度很大的河流，随着泥沙的落淤,河道断面逐渐变得宽浅,河底不断抬高,水流所承受的阻力日渐加大。由于水流有向阻力小的地区流动的趋势,主槽就会摆向流向顺直、地势低洼的地区,或者冲出一条新槽,或者进入另一股汊流，把后者冲刷扩大,形成主流。这样所形成的河道都比较窄深,以后它又因为泥沙的堆积而被废弃,河道再一次发生改变。这样的例子在黄河下游的实测资料中相当普遍,摆动前河床发生堆积，河身宽浅，滩槽高差较小，摆动后河床发生冲刷，河身窄深，滩槽高差增大。不仅断面资料是如此，就是对发生摆动的全河段来说，也可以看到这种前淤后冲的现象。事实上,黄河下游一直就因为泥沙落淤、河床抬高而不断产生摆动，整个华北大平原就是在这样的作用下形成的,目前黄河下游虽然被限制在大堤之间,但是河道的堆积性质并没有改变，这种作用也就依然存在。

河床的堆积抬高不但直接造成主槽的摆动,而且也创造了条件,使其他的因素能够发挥它们的作用。这是因为堆积性河流的断面一般都比较宽浅,在中枯水位时,水流用不了那样大的过水宽度,势必形成沙洲和汊流。泥沙的普遍落淤又使河床和河岸的组成物质比较接近，两岸对水流缺乏约束作用。在这样的环境下,随着流量的变化和洪峰的暴涨猛落，河槽有可能很快地重新塑造它的平面外形,来适应新的情况,从而进一步加剧了河流的游荡性。

(2)两岸不受约束。河流要能自由摆动，必须要求两岸不受过多的约束。两岸对水流的约束作用可以表现在河槽的宽窄上，可以表现在滩岸土壤的不可冲性上，也可以表现在滩面与河底的相对高差上。

在黄河下游河道中,分布着众多形态各异、规模大小不同的对下泄水流产生阻碍和约束影响的有形介质,我们可以把它称之为阻水障碍体。像大量落淤的泥沙、自然形成的卡口、节点、生产堤、险工、控导工程等,均可归纳到阻水障碍体的范围以内。所有这些阻水障碍体,其形成的条件、维持时间的长短,出现的部位及作用性质均有所不同。在一定的来水来沙条件下,各类不同性质阻水障碍体的随机组合导致了某一河段内极其复杂的河势演变特征及发展过程。在不同的来水来沙条件下,即使是同一个阻水障碍体,其作用的性质和大小也存在着一定的甚至很大的差异。滩槽的相对高差愈大,则滩岸要后退同样

的距离所需要冲刷外移的体积也要大得多，只要是不上水的滩岸，在主流摆动时虽然可以受到淘刷，但是滩岸后退的速度却要小得多。特别需要指出的是：在岸线后退、水流坐弯的过程中，如果由于局部滩岸土质的不均匀性而坐成死弯，就会引起出弯流向的急剧改变，甚至形成畸形河势。

（3）坡降陡，泥沙易冲易淤。由于游荡性河段河床由细沙组成，黄河在游荡性河段的河床质中径约为0.09 mm，启动流速多在0.5 m/s以下，而坡降达到1.5‰～2.4‰，游荡性河段的流速一般均在1 m/s以上，水流平滩时的流速达到2.5 ～3.0 m/s。由于坡陡、流急、泥沙细，黄河的泥沙不但善淤，而且淤积下来以后，又很容易发生冲刷，使沙洲及边滩的运动迅速，河床的变形既多且强，虽然一时可形成理想的河势，但因严重的塌滩和河床冲淤，很难维持相对较长时段的河势稳定状态。

（4）流量变幅大，适应于大小不同流量的河槽曲率半径也不一样。众所周知，适应于大小不同流量的河槽也是不同的。流量愈小，河槽所要求的曲率也愈大。图4-6是游荡性河段主流曲折系数与流量的关系，可以看到流量小于2 000 m^3/s时，随着流量的减小，河槽的弯曲程度迅速增加。这样，流量如有较大的变化，河槽为了适应不同的水流条件，也将重新塑造它的外形，引起滩岸和主槽平面位置及河底地形改变。黄河下游在汛期如果出现持续时间较长的洪水，则汛后的河势常比汛前要顺直得多。

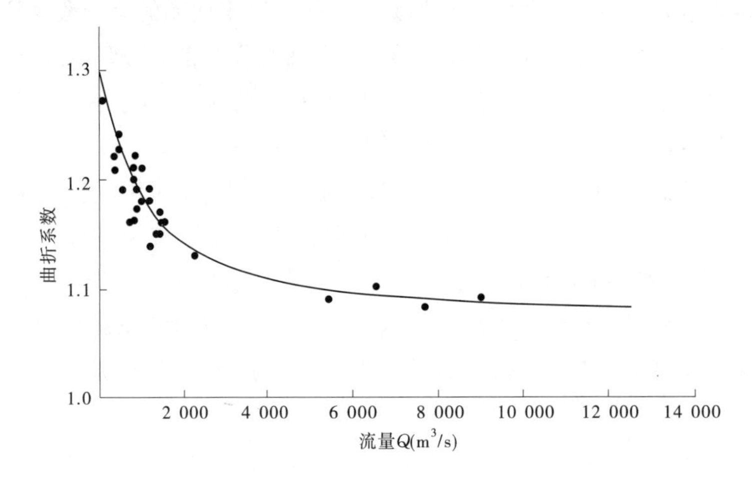

图4-6　游荡性河段主流曲折系数与流量关系图

从这个角度出发，不难看出从平水期过渡到洪水期，以及从汛期过渡到汛后，都应该是河势变化最大的时期；在经过了一个较长期的枯水季节以后，河床演变就趋向于稳定。黄河下游的河床演变存在着这样的周期性变化。

（5）水流含沙量变化大。受局部河段冲淤转换影响，不同河段水流含沙量具有很大的变幅。在含沙量偏大时，下游河床普遍淤高，河势变化剧烈，而在含沙量偏低时，河床又遭到冲刷，河势趋于顺直，这也促成了下游河势变化的频繁。

（6）其他引起流向变化的局部因素。黄河下游河道内的浮桥、河道建设项目残留的建筑垃圾及冲不动的滩坎都有挑溜作用。浮桥具有压缩河道过水断面、壅高水位、引起河势局部变化的因素；胶泥嘴之所以为水流所暴露变成了突出的滩坎，自然还是取决于河势变化的范围，但是在它们一旦形成以后，又反过来对河势有一定的控制作用，如果胶泥嘴在一次大水中遭到破坏，这些变动就会引起流向的改变。根据"一弯变，弯弯皆变"，"一枝动，百枝摇"的规律，这样的变化又会向下游传播，引起下游河势大的改变。

二、已建坝岸平面布置分析

黄河下游游荡性河段几十年的河道整治实践证明，微弯型整治方案在黄河下游游荡性河段中水流路整治中是可行的，河势的稳定程度在很大程度上取决于河道整治工程的配套程度，在两岸整治工程配套的局部河段，河势的摆动范围小，而在两岸无工程及工程控制河势作用差的河段，宽、浅、乱的游荡性河道特性明显。现在游荡性河段的整治工程，尽管很不完善，但在一定程度上起到了控制河势的作用，缩小了游荡范围，减少了"横河"发生的次数，提高了引水保证率，改善了严重塌滩掉村的现象。黄河下游小水畸形河势实际上是黄河下游来水来沙趋于变小后河势游荡变化的一种具体表现，其发育和恶化是缺乏大洪水刷滩裁弯、河道趋直、小水岸线挑流作用增强的结果。在目前黄河下游来水来沙洪枯悬殊、含沙量高且变幅大的特性并未改变，河道流量两极分化、小水流量长时间持续情况下，人们还不能把有效地控制水沙条件作为规顺和约束游荡性河段河势变化的手段，对游荡性河段这种小水畸形河势变化的约束和控制只有通过临时性增加人工边界条件的途径来实现，亦即在畸形河势出现的游荡性河段适宜位置临时性修建导流工程消除不合理岸线挑流影响，将河势变化引向规划流路，且这种临时性导流工程应具备不抢险、拆除无隐患，以及对洪水排泄影响尽可能小的特点，使之既不对大洪水防洪留有隐患，还能促进游荡性河段小水河势改善。

（一）不同平面布置丁坝及其挑流作用

黄河下游丁坝坝长一般为107.5 m，折合垂直水流方向长为53.75 m，坝间距一般为100 m，坝长与坝间距比接近1∶2。丁坝之间以连坝相连，以维持工程的交通和抢险要求。

黄河下游丁坝主要为下挑式丁坝，水流经丁坝挑流离开堤岸，最大冲刷坑发生在丁坝下游且与丁坝坝头、堤岸均有一定距离（见图4-7）的河中，实现保护坝下游堤岸的目标。

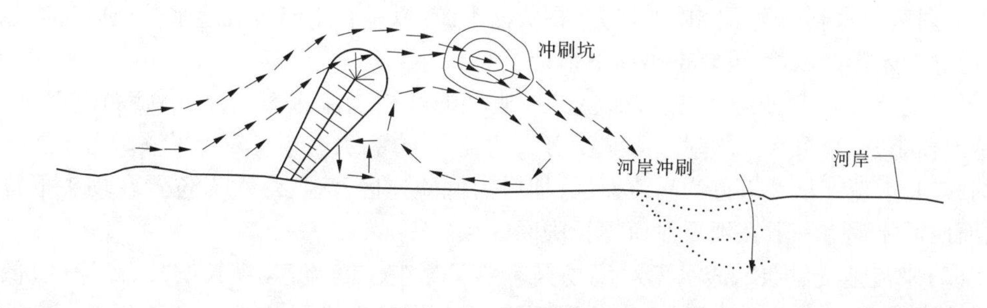

图4-7　下挑丁坝局部流场图（单坝试验结果）

根据国内外其他河流河道整治经验，有的丁坝也采取上挑式布置型式。这种类型的坝坝前水流流场与下挑式丁坝水流流场相似，但最大冲刷坑往往发生在紧靠丁坝坝头上游侧(见图4-8)。因此，上挑式丁坝意味着在建设及运用时期需要花费更多的投资。然而，相对于下挑式丁坝而言，上挑式丁坝前后都有较大的回流，坝裆泥沙不易淤积，多用于航道整治。因此，对于不同的治河目的，不同型式的丁坝在不同河流的治理中被采用。

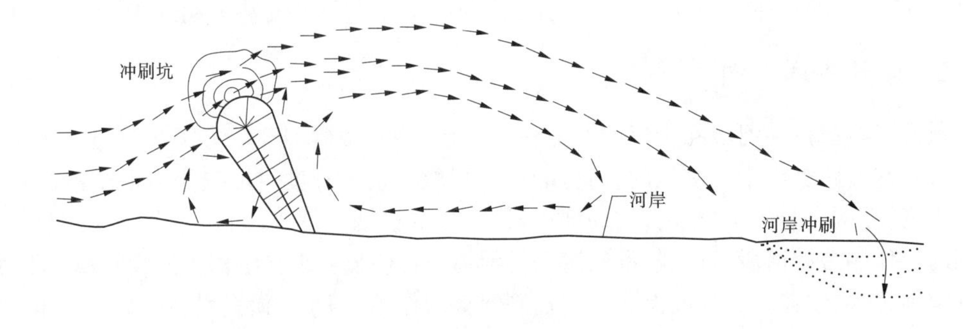

图4-8　上挑丁坝局部流场图(单坝试验结果)

图4-9显示了垂直型丁坝群局部流场示意图。从图中可以看出，由于受到上游丁坝的保护，冲击下游坝岸的主流被削弱，下游丁坝的冲刷坑有所减小。同时，受丁坝群的连锁及共同作用，丁坝坝根有所淤积，河岸也因此受到保护。

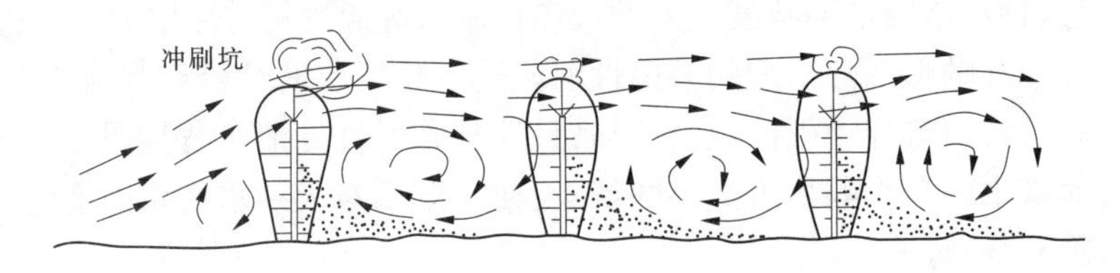

图4-9　垂直型丁坝群局部流场图

根据黄河水利科学研究院曹永涛等的研究，采用透水桩坝代替传统丁坝进行导流方向布置时，一定长度的透水桩坝也能实现与传统丁坝一样的控制效果，其有效控制距离见表4-2。

根据黄河水利科学研究院的研究，在黄河下游，以垂直水流布置透水桩坝群为治理方案，通过动床模型试验，可以得出如下结论：

(1)透水丁坝每个透水桩后，都会出现典型的圆柱绕流流态，有较小旋涡出现，但影响范围较小，整个透水丁坝附近区域没有大的旋涡分离，水流相对较为平顺。由于透水丁坝的影响，水流在坝头下首为高流速区，坝后为低流速区，流速最大点位置在坝头下首外侧，而最低流速点一般在坝后对应坝长中间区域。

(2)来流速度、坝长、透水率对流场具有明显影响。随流速、坝长增加，高速区、低速区区域均扩大，流速最大点、最小点位置下移；在相同工程量下，变透水率丁坝较不变透水率丁坝对河道中心及对岸影响范围减小，影响程度减轻。

表 4-2　透水丁坝有效控制距离统计

坝长 L（m）	透水率 e（%）	有效控制距离 X（m）	与坝长关系 X/L
100	40	320	3.2
	50	280	2.8
	60	250	2.5
	80～40	260	2.6
200	40	620	3.1
	50	590	2.95
	60	600	3.0
	80～40	590	2.95
300	40	810	2.7
	50	825	2.75
	60	900	3.0
	80～40	920	3.07

（3）通过分析距岸 50 m 处不同透水率丁坝的流速折减率发现，在坝长 100 m 情况下，变透水率丁坝对下游速度衰减的影响效果好于相同工程量的 60% 透水率丁坝，但比透水率 40%、50% 的透水丁坝差；在 200 m、300 m 坝长情况下，变透水率丁坝对下游速度衰减的影响效果明显好于其他不变透水率情况。

（4）对透水率不变丁坝，随着坝长增加，距岸 50 m 处最小流速折减率逐渐增大，如 40% 透水率丁坝，来流 1.9 m/s 时，坝长 100 m 的最小流速折减率为 0.27，坝长 200 m、300 m 时增加到 0.58、0.64。对变透水率丁坝，随着坝长增加，距岸 50 m 处最小流速折减率逐渐减小，如来流 1.9 m/s 时，坝长 100 m 的最小流速折减率为 0.64，坝长 200 m、300 m 时减小到 0.48、0.41。

（5）将来流速度 1 m/s 时，坝后流速折减率为 0.8 时的最大距离作为透水丁坝的有效控制长度，则根据数值模拟结果，透水丁坝的有效控制长度一般为坝长的 2.5～3.2 倍，这一结果较传统的对不透水丁坝的分析结果大大减小。

（6）水槽试验中观察到的透水丁坝附近的水流流态，与数值模拟结果基本相同；100 m 长透水丁坝后 50 m 处各种工况下的流速变化，水槽试验与数值模拟结果也基本相同，说明数值模拟成果是可靠的。

（7）透水丁坝后的流速折减率在纵向、横向上都是变化的，影响流速折减率的主要因素为透水丁坝透水率 e、坝长 L 以及来流速度 u_0。鉴于理论推导透水丁坝流速折减率的复杂性，根据动床水槽试验成果回归得出一经验关系式 $k=0.297u_0^{-0.383}e^{0.46}L^{-0.131}$，公式相关系数 $R^2=0.95$。

（8）根据试验资料，通过回归分析得出透水丁坝最大冲刷深度（h_{max}）与来流速度、透水率、坝长的经验关系为 $h_{max}=0.375u_0^{1.344}L^{0.238}e^{-0.755}$，指出透水丁坝的坝长要达到 20 m

及以上，才有可能起到保护滩岸的效果；为降低透水丁坝局部冲刷深度，增强护滩效果，提出了变透水率丁坝的布置方案，该种布置形式冲刷深度小于不变透水率丁坝。

（二）已建桩坝平面布置

钢筋混凝土灌注桩坝由一组具有一定间距的桩体组成，按照丁坝冲刷坑可能发生的深度，将新筑河道整治工程的基础一次性做至坝体稳定的设计深度，当坝前河床土被水流冲失掉以后，坝体依靠自身仍能维持稳定而不出险，继续发挥其控导河势的作用。钢筋混凝土灌注桩坝是近几年在黄河下游逐步推广的不抢险坝，该坝型从黄河高含沙水流的实际出发，充分利用桩坝的导流作用及透水落淤造滩作用，使坝前冲刷、坝后落淤，冲淤相结合，从而达到控导河势的目的。

从提高桩坝的控流导流能力、落淤造滩效果、优化桩体结构受力等方面考虑，设计提出了多种方案并通过物理模型验证，对比不同透水率时桩坝的导流护滩效果，最终确定其透水率为33%。桩坝设计桩径0.8 m，桩净间距为0.3 m或0.4 m，桩长结合理论计算并参考黄河下游坝垛实际冲深数值确定。

钢筋混凝土灌注桩按规划治导线顺水流布置成顺坝型式。目前，钢筋混凝土灌注桩坝已在张王庄、东安和韦滩等工程得到应用推广，见图4-10。

(a)南水北调中线穿黄桩坝

(b)东安桩坝工程

图4-10 钢筋混凝土灌注桩坝河道整治工程

三、桩坝工程平面布置设计

总结黄河下游游荡性河段小水畸形河势造成工程或滩地险情主要有两种河道形态：一种情况是河势严重下挫，现有河道整治工程脱河或仅有下段一小部分靠河，河道整治工程不能发挥预期的河势控导作用，河势后摆、形成畸形河势（见图4-11），坍塌、威胁工程下游后面的滩地及村庄，甚至倒流淘刷工程背水面联坝土体；另一种情况是小水惯性水能小和工程送流能力不足，河水经工程导流后不能预期送达下一整治工程，河水在下一处河道整治工程的上首塌滩坐弯，长时期演变发展成畸形河势（见图4-11），抄工程后路，威胁工程及其保护的滩区和村庄安全。因此，基于控制畸形河势的应急抢险桩坝工程平面布置设计，也要针对上述这两种情况来考虑。

（一）完善现有河道整治工程总体布置设计

黄河下游河道整治工程已布点完成，并系统规划了河道整治工程治导线及每一个弯道的工程位置线（见图4-12）。当出现河势严重下挫、整治工程尾端形成畸形河势时，可

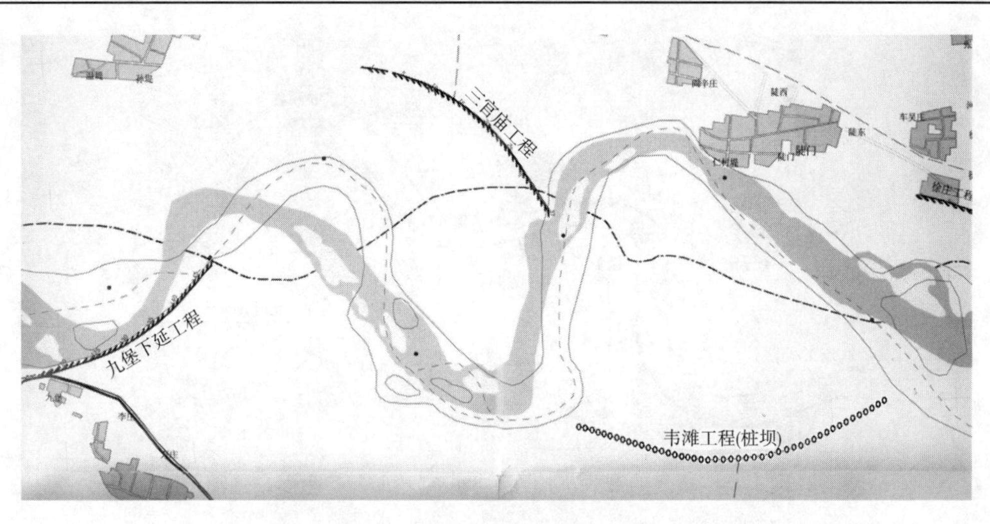

图 4-11 三官庙—韦滩河段畸形河势(2011～2013 年)

以采取沿治导线修建组装式不抢险潜坝延续和加强已建整治工程控导河势作用的途径,遏制和规顺畸形河势(见图 4-13)。在此需要特别指出的是,沿治导线下延修建的桩坝工程因深入排洪河槽,可能对大洪水安全排泄造成一定影响,为此要求桩坝顶部高程必须尽可能的低(建议坝顶平 800 m^3/s 流量水位,见图 4-14),同时允许坝顶安全溢流、不出险。虽然其平面布置符合规划流路,但考虑其河道排洪影响的不确定性,其采用重复组装式导流桩坝就显得尤为合理和必要,这样的坝型介于永久和临时互为使用性质,相对于小水河道整治永久和探索进退有余,可以避免很多争议,还可以将黄河下游游荡性河段河道整治推向新的阶段。

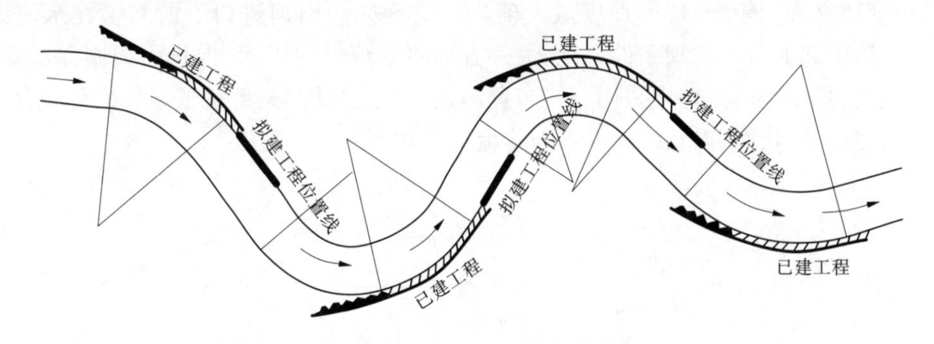

图 4-12 重复组装式不抢险潜坝平面布置图

当不利河势治理不在规划的工程位置线时,工程的平面布置也须尽可能地考虑所处河段未来流路的发展以及与规划流路的协调性。

(二)抢险导流桩坝平面布置设计

根据黄河下游及其他河流治理经验,以及黄河下游已建钢筋混凝土灌注桩桩坝观测成果,顺坝也能很好地迎流送流,且坝前水流较其他实体丁坝型式水流更为平稳,其产生的局部冲刷坑相对要浅。在河道整治工程上首塌滩坐弯形成畸形河势时,可采用在塌滩坐弯的上游滩岸适宜位置修筑 200～300 m 长的临时导流桩坝,将水流导向下游河道整治

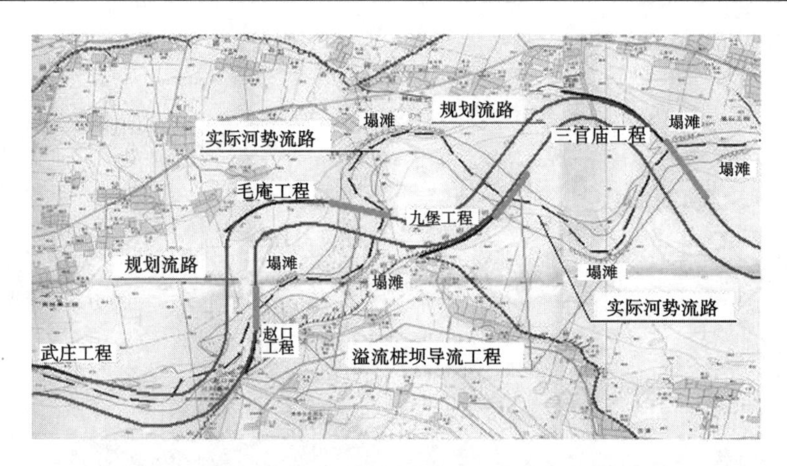

图 4-13　重复组装式不抢险潜坝控制畸形河势平面布置图

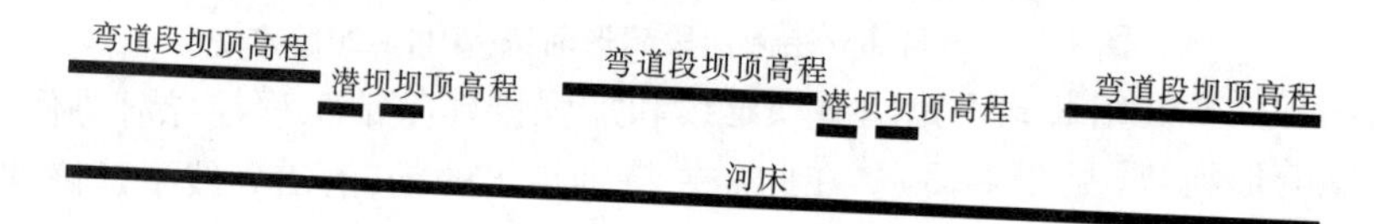

图 4-14　重复组装式不抢险潜坝的纵断面图

工程规划位置,在遏制工程险情的同时,进一步规顺河势,见图 4-15;配合河道裁弯治理畸形河势险情、在排洪河槽内修建桩坝时,可在引河进口的下游滩嘴处修建 70 ~ 100 m 长的临时防护桩坝(必须汛期择机修建,桩坝顶高程不能过低,桩坝长度取小值;可以非汛期修建,桩坝顶高程比较低,桩坝长度取大值),一方面防止引河进口下游滩嘴在水流夹击冲刷下后溃引起的引河进水条件恶化,另一方面将水流导向引河,促进引河刷深展宽,保证裁弯成功,见图 4-15。桩坝采用直线布置形式,平面设计的关键是根据导流要求合理选择桩坝修建位置、长度,以及桩坝轴线与水流的交角等。

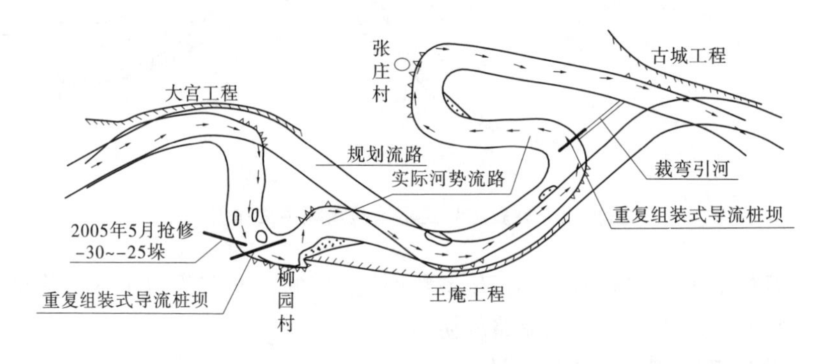

图 4-15　重复组装式导流桩坝抢险布置平面图

(三)桩间距的确定

因为潜桩坝为不抢险结构,根据目前在黄河下游不抢险坝垛的应用经验,采用钢筋混凝土桩坝是一种比较好的结构形式。

1. 透水桩坝与不透水桩坝方案比选

钢筋混凝土桩坝在平面上可以布置成透水形式和不透水形式。

不透水桩坝一般采用预应力钢筋混凝土空心板桩墙的布置形式(见图4-16)。坝体由预制的预应力钢筋混凝土空心板桩组成。修筑和拆除施工方法与管桩一样,只是桩的间距很小,只考虑允许范围的施工间隙。

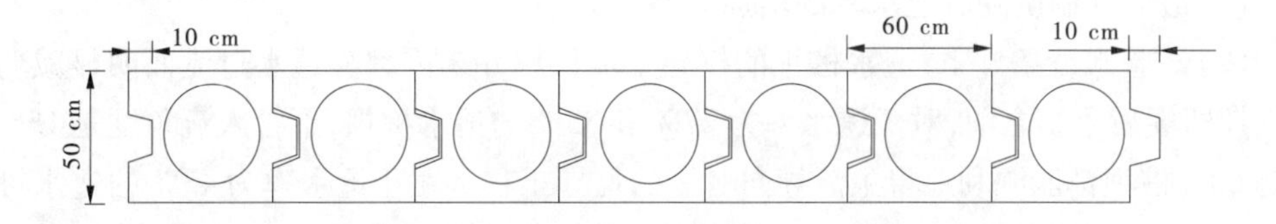

图4-16　预应力钢筋混凝土预制空心板桩墙坝平面图

目前在黄河下游推广采用的灌注桩坝桩中心距一般为1.1 m,净间距0.3 m或0.4 m,桩径0.8 m,透水率为27%或33%,见图4-17。

(a)韦滩灌注桩坝

(b)张王庄灌注桩坝

图4-17　黄河下游钢筋混凝土灌注桩坝

在此推荐采用透水桩坝的布置形式,主要是基于以下几点原因:

(1)透水桩坝已在张王庄、东安和韦滩等工程实施,根据东安工程靠河后导流效果,以及黄河水利科学研究院根据韦滩工程为原型的模型试验,透水桩坝工程能很好地起到传统丁坝控导水流的效果,工程适应性较好。

(2)根据模型试验,同样工况下,不透水桩坝的桩前冲刷坑深度大于透水桩坝的冲刷坑深度,据此计算的所需总桩长小于不透水桩坝的总桩长。

(3)根据模型试验及理论分析,透水桩坝在桩体前后形成一个连续的冲刷坑,桩后土体被冲掉一部分,因此其受力情况也好于不透水桩坝,桩坝所受弯矩及剪力均小于不透水桩坝。

(4)透水桩坝与不透水桩坝比较,如按照黄河下游透水桩坝布置形式,即桩中心距一般为1.1 m,净间距0.3 m,桩径0.8 m,采用透水桩坝可以减少总打桩长度约10%,具有良好的经济效益。

2. 桩坝透水率的选择

对于透水桩坝的透水率的选择,黄河水利科学研究院2001年曾受河南黄河河务局委托进行了“不同透水率桩坝导流落淤效果模型试验研究”。研究采用了三个透水率方案:①桩径 $d=0.8$ m,净间距 $l=0.3$ m,透水率为27%;②桩径 $d=1.0$ m,净间距 $l=0.5$ m,透水率为33%;③桩径 $d=1.0$ m,净间距 $l=0.75$ m,透水率为43%。

根据模型试验得到以下结果:

(1)最大冲刷坑随着透水率的增加而略有减小。

(2)试验水沙条件下,透水桩坝的控导主流作用并未因部分透水过流而明显减弱,试验初期即坝后落淤之前,对于透水率为27%和33%的透水桩坝,不管入流角度是15°、30°还是60°,桩坝都能顺利地将主流导向对岸的控导工程。对于透水率为43%的透水桩坝,当入流角度为15°时,桩坝能将主流顺流导向下一个控导工程;当入流角为30°和60°时,由于坝后过流较多,使主流线有所偏移。试验后期即坝后落淤后,各透水率桩坝迎流送流状况良好。

根据以上模型试验结果,可知在入流角度较小的情况下,尽管透水率达到了43%,仍可以较好地将主流送入下面对应的控导工程。鉴于移动式不抢险潜坝的布置位置在治导线的送流段,工程更多情况下与主流夹角较小,因此可以适当加大透水率,拟定移动式不抢险潜坝透水率不大于40%。

参考2007年“黄河下游移动式不抢险潜坝应用技术研究”成果,根据移动式不抢险潜坝透水率不大于40%的要求,拟定重复组装式导流桩坝管桩外径为0.5 m或0.6 m,管桩净间距0.3 m。

第四节　设计流量与坝顶高程的确定

如前所述,重复组装式导流桩坝用于黄河下游小水畸形河势整治存在两种情况:一种是工程位置线在已有的中水河道整治下延规划治导线上,协调已有河道整治工程发挥作用,作为桩坝的运用更多的是要遵从原来的系统规划;另一种是为了遏制工程险情而进行的局部畸形河势整治,工程位置线不在规划范围,单独发挥河势控导作用,纯粹临时性工程。由于来水来沙的巨大变化,以及桩坝工程修建时间和性质的不同,这两种情况的协调与对已有整治体系要求,其设计流量和坝顶高程都应该进行必要的探讨和研究。

一、设计流量的确定

(一)设计流量确定需考虑的因素

1. 河道排洪能力的要求

根据近年来河势分析,在小水的不断作用下,游荡性河段部分工程靠溜部位上提现象明显,工程上首塌滩严重,有的已超出工程控制范围,有被抄后路的危险。顺河街、王庵、蔡集等工程上首相继出险就是这种现象的典型案例。同时,小水的不断作用还易形成畸形河弯，造成部分工程脱河或半脱河，如柳园口、大宫、贯台等工程相继脱河，老田庵、武庄等工程靠溜长度减短，不能有效控导主流。出现这些情况的原因是多方面的，除工程不配套外，设计整治流量偏大、工程间距离过长、弯道半径过大导致对小水河势控制不力也是主要原因。为进一步完善河道整治工程，对工程适时进行续建十分必要。然而，续建的工程，部分坝垛已经超出了按中水整治的工程建设范围，在续建时仍然按原设计流量进行设计，新建的工程坝顶高程很高，势必对河段排洪能力造成很大影响。因此，设计流量确定时需要考虑河道的排洪能力。

2. 滩槽水沙交换要求

20 世纪 90 年代黄河下游宽河段主槽淤积萎缩、“二级悬河”加剧情况告诉我们，由于上游来水的减少，加上上游水库调节能力的增强，大洪水出现的概率大大下降，洪水漫滩次数也随之下降，滩槽水沙交换减少，致使黄河下游主槽淤积萎缩，排洪能力下降，河床高程不断淤积，“二级悬河”形成、加剧。河道整治工程设计流量的合理与否，直接影响着工程坝顶高程与滩面高程的相对高低，也直接影响到滩槽水沙交换的效果。因此，对滩槽水沙交换的影响也是进一步开展河道整治，合理确定工程设计流量的重要因素。

3. 稳定主槽要求

随着河道整治工程的逐步完善，按中水河道整治规划，工程布置已逐步完善。然而，随着人们对防洪以及环境更高的要求，对河道整治的要求也逐渐有所变化。考虑黄河下游特殊的水文泥沙条件，人们要求进一步稳定河道主槽，减少不利河势发生，确保防洪安全以及提高滩区群众的防洪安全系数。在这种情况下，除要求中常洪水流量能够得到较好控制外，也提出了在小水期间，主流也须得到较好控制的要求。因此，黄委在总结历史不同时期黄河下游治理经验基础上，提出了“宽河固堤，调水调沙，稳定主槽，政策补偿”的新时期黄河下游治理方略，小水河势的整治成为下一步河道整治的重要任务，设计流量选取时应尽可能考虑今后可能开展的小水河道整治。

（二）以往类似工程设计流量

黄河下游河道整治工程设计水位是相应整治流量下的河道水位，整治流量的选择取决于不同时段的造床流量。

造床流量是与多年流量过程的综合造床作用相当的某一级流量。在实际应用中常以平槽流量（平滩流量）作为造床流量。

“十五”期间，主要在分析 1987 ~ 2000 年来水和河床边界情况基础上，采用平滩流量法、苏联马卡维也夫法确定造床流量。

平滩流量法：利用实测大断面结合水位—流量关系，确定造床流量的方法。在黄河下游游荡性河段，由于来水来沙及河床组成的影响，造床流量不仅沿程发生变化，而且随时间而改变。当滩地淤高主槽下切、清水冲刷时，其值增大；反之则减小。

苏联马卡维也夫法：马卡维也夫认为，当 $Q^m JP$ 值为最大时的相应流量为造床流量。造床流量包括造床强度和历时，造床强度与水流输沙能力有关，而输沙能力与 Q^m 及比降 J 的乘积成正比，历时可用流量出现的频率 P 表示。

根据“防洪为主”、“中水整治”的原则，按上述方法，最后综合确定选择 4 000 m^3/s 的流量作为目前河道整治方案下的整治流量，但在布置工程时必须考虑 8 000 ~ 10 000 m^3/s 流量时的河床演变特性。

为使中水河道整治工程布局能较好地兼顾小水河势控制，个别中水河道整治工程送流段末端根据需要过多伸入排洪河槽修建整治工程，为尽可能减小这类河道整治工程对大、中洪水排洪产生的影响，这部分整治工程都以允许坝顶过水的潜坝形式修建。《黄河下游河道整治工程设计暂行规定》要求，潜坝坝顶高程应与工程设计当年当地大河流量 2 000 ~ 3 000 m^3/s的水位或当地滩面平，顶宽 3 ~ 5 m。下面是实际已经实施的潜坝的设计流量与设计水位的资料统计。

铁谢下延潜坝设计流量 2 000 m^3/s，设计水位为相应 2000 水平年 2 000 m^3/s 流量水位，潜坝顶高程同设计水位。

马庄控导工程潜坝设计整治流量为当年平滩流量 4 000 m^3/s，坝顶高程为相应流量下当年当地水位。

顺河街工程潜坝设计整治流量为 2000 年当地大河流量 4 000 m^3/s，设计水位为相应整治流量下当年水位 81.35 m。

根据前面统计我们可以看出，目前，在直线下延段部分工程已开始采用了潜坝形式。但由于土石坝型结构溢流出险、不易管理等原因，目前潜坝并没有大面积开展，潜坝设计也没有成型的标准，潜坝采用的设计流量和设计水位的确定也没有一个统一标准。同时，由于不同位置潜坝对河势的控导作用以及对防洪带来的影响不同，给潜坝的设计和布置也带来了一定难度，随着今后河道整治工程建设的进一步开展，尤其是潜坝结构研究的新突破，潜坝将越来越多地得到应用。因此，研究潜坝设计流量和设计水位的确定方法，合理确定潜坝的设计参数，对今后潜坝设计有着十分重要的意义。

（三）完善现有河道整治工程的桩坝工程设计流量确定

针对黄河下游来水小流量大幅度增多，中水河槽不能很好适应小水河势变化，以及大洪水威胁没有根本消除的情况，采用下延潜坝进行完善、配套现有中水河道整治工程是较为公认的途径和措施，这种潜坝着重于小水畸形河势控制和规顺，沿中水河道整治治导线布设，但尽可能小地影响大洪水排洪。因此，其设计流量确定很是关键。

1. 输沙量法

分别计算在各流量级下的输沙量 W，以输沙量最大时所对应的流量作为整治流量。输沙量 W 采用公式 $W = TPS$ 计算，其中，P 为某一流量级出现的频率，T 为某一流量级一年内出现的总时间（单位为 s），S 为输沙能力。输沙能力公式采用张原峰等根据黄河下游实测资料修正的恩格隆 - 汉森输沙能力公式 $S = Bmu^{4.6}$ 计算，其中，B 为整治河宽，m 为系数，u 为河道平均流速。整治河宽由公式 $B = kQ^{0.5}$ 求得，中常洪水下的河宽根据黄河下游 1986 ~ 2005 年花园口实测平滩流量的河宽值平均求得，平均河宽为 1 678 m。计算各流量级输沙量时，各流量级出现的频率是按花园口水文站 2001 ~ 2005 年实测流量进行统计得来的。因此，为便于显示，将不同流量输沙量分别与 800 m^3/s 的输沙量进行比较，得

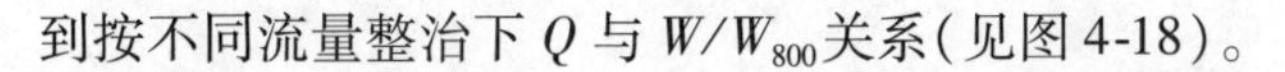
到按不同流量整治下 Q 与 W/W_{800} 关系(见图4-18)。

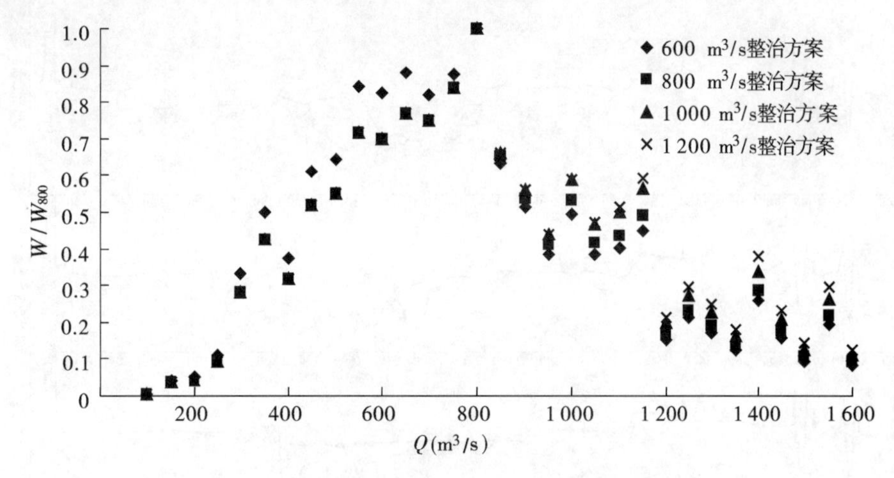

图4-18　不同整治流量方案下 $Q \sim W/W_{800}$ 关系图

从图4-18可以看出,由于800 m^3/s 出现历时相对较长,流量也相对较大,在不同整治流量方案下,其实际输沙量均相对其他流量级要大。这里需要说明的是,图上并未显示1 600 m^3/s以上各流量级输沙量与800 m^3/s 之间输沙量的比值。根据计算,超过1 600 m^3/s 以后,虽然这些流量级出现的历时短,但其输沙量仍超过800 m^3/s,并在3 500 m^3/s 流量形成另一个峰值。

2. 平滩流量法

在实际应用中常以平槽流量(平滩流量)作为造床流量。当大河流量接近或达到平滩流量时,由于河道断面水力半径达到最优,因此河流具有最优的输沙能力。一旦大河流量超过平滩流量,大河水面会迅速展开,断面水力半径反而下降,输沙效率随之而降低。因此,一般地,经常采用平滩流量作为河道整治工程的设计流量。

然而,对黄河下游,即使是在主流控制较好的河段,主流依然在一定的范围内来回摆动,甚至一场洪水过程中,主流也会因流量的变化而时常摆动。图4-19是黄河下游花园口河道大断面近几年来的变化情况。从图4-19可以看出,黄河下游游荡性河道依然是一条十分宽浅的河道。虽然小浪底水库运用后,由于调水调沙和清水下泄,中水河槽平滩流量有所增加,然而河道的游荡特性仍没有发生根本变化,在小流量情况下,主流时而在左、时而在右,没有一个较为稳定的流路和河道断面,主流摆动速度虽然较小,但幅度依然很大(超过了3 000 m),经常超出中水河道整治工程控制范围。

从图4-19也可以看出,在主槽中往往存在着一个较小的主槽,也就是说,在小水期间,主流集中在这个主槽中间,以下简称这个小主槽为枯水河槽。当水位高于枯水河槽时,水面会迅速展开至整个主槽。在这种情况下,河势呈现出宽、浅、散、乱的状况,河道冲淤变化酝酿河势发生大的变化。因此,为控制枯水期河势,研究这个枯水河槽的平滩流量,并对此枯水河槽进行控制将对控制和稳定枯水期河势,设计合理的潜坝有着重要的意义。

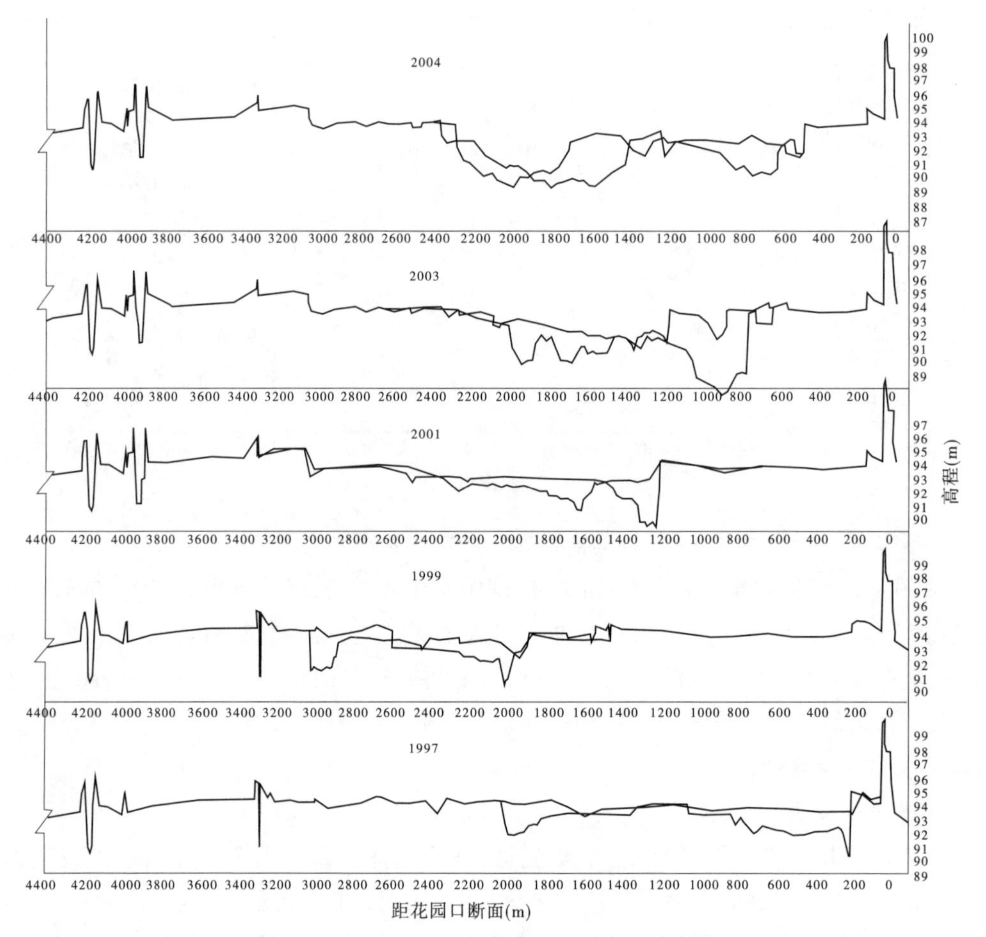

图 4-19 1997 ~ 2004 年花园口河道断面变化图

为便于分析黄河下游河道变化情况,黄委每年汛前和汛后均安排了河道断面测量。根据实测的断面,选择 1996 年以来典型的河道断面作为枯水河槽计算依据。主槽糙率 n 为 0.015,河床比降 i 为 0.000 19,按均匀流采用实测的断面计算枯水河槽对应的平滩流量见表 4-3。枯水河槽平滩流量平均为 820 m^3/s。

表 4-3 枯水河槽的平滩流量计算 (单位:m^3/s)

项目	1997 年		2001 年		2003 年		2004 年		平均
	汛前	汛后	汛前	汛后	汛前	汛后	汛前	汛后	
平滩流量	960	500	310	620	1 637	456	1 030	1 010	820

综合上述,完善、配套现有中水河道整治工程的桩坝工程,在现有中水河道整治工程直线下延段取 800 m^3/s 作为设计流量。

(四)完善现有河道整治工程的桩坝工程设计流量合理性分析

图 4-20 为 2001 ~ 2005 年花园口水文站流量频率图。从图 4-20 可以看出,流量级出

现频率呈双峰。一年中,超过60%的时间里大河流量低于800 m³/s。同时,根据小浪底运行方式,800 m³/s是其发电控制的下泄流量。从这点可以看出,前面两种方法计算得到的直线段工程布置的整治流量,对控制枯水期河势和提高输沙能力应该是比较合适的。

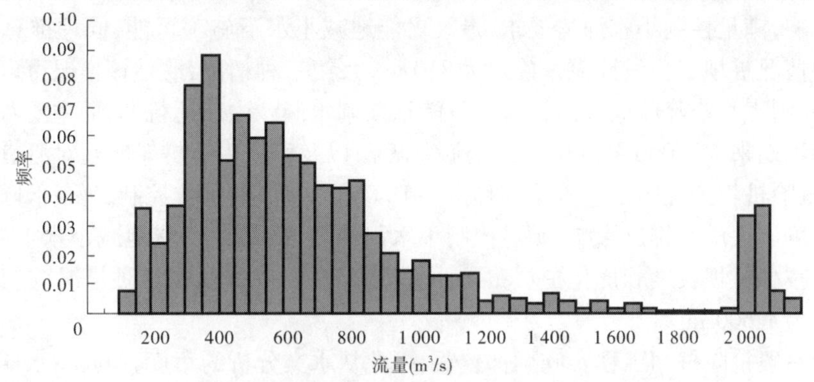

图4-20　2001～2005年花园口水文站流量频率

另外,根据河道水位观测成果,黄河下游游荡性河段800 m³/s流量水位较中水河道整治4 000 m³/s水位低2.0 m左右,较5 000 m³/s水位低2.2 m左右;如果桩坝顶高程按平800 m³/s水位设计,则桩坝顶高程较目前二滩面高程(中水河道整治流量平滩高程)低2.5 m左右。因此,这样的桩坝工程不仅不会对大中常洪水安全排洪有大的影响,有效保护二滩耕地(一旦塌失,因缺乏大中高含沙洪水很难再像以前那样恢复耕地状态),而且还可以进一步防止大中洪水期河势发生大的变化,促进防洪安全。

综合上述,作为完善、配套现有中水河道整治工程的桩坝工程,在规划工程范围内,位于弯道段以及迎流段的工程,其设计流量仍维持原设计流量4 000 m³/s,在送流段的直线续建工程中,取800 m³/s作为今后河道整治工程的设计流量。

(五)抢险桩坝工程设计流量确定

根据前面总结黄河下游游荡性河段小水畸形河势造成工程或滩地险情主要河道形态,遏制这种险情可能的桩坝工程平面布局主要有三种情况:一种情况是为防止抄工程后路,保证工程及其保护的滩区和村庄安全,在排洪河槽外、不在整治工程规划位置线上,又必须汛期紧急抢修的临时性桩坝工程;第二种情况是为遏制畸形河势险情、规顺河势,在排洪河槽内、不在整治工程规划位置线上,可以非汛期抢修的临时性桩坝工程;第三种情况是为遏制畸形河势险情、规顺河势,在排洪河槽内、不在整治工程规划位置线上,必须汛期择机抢修的临时性桩坝工程。因此,抢险桩坝工程设计流量确定也要针对上述三种情况来考虑。

抢险桩坝工程虽然是临时工程,随着河势的好转和畸形河势规顺,这类工程会根据需要拆除、挪往他处修建新的抢险桩坝工程。但为减小其工程投资、对未来可能大洪水排洪和施工影响,工程设计流量不能定的很高,也不能一味地追求避免对大洪水影响而将设计流量定的很小,造成水下施工。针对第一种情况,考虑近几年黄河调水调沙生产运行黄河下游汛期可能来水控制4 000 m³/s流量,这一流量洪水每年出现概率很大情况,抢险桩坝工程施工管桩顶高程可按平4 000 m³/s流量水位控制,以最低限度的减小抢险投资和最大可能的减小水下施工可能,依据黄河下游水位—流量变化规律和桩坝盖梁0.4 m高情况,该种情况桩坝工程设计流量确定为 4 100 m^3/s;第二种情况,考虑近几年黄河下游非汛期来水 600 ~1 500 m^3/s 流量,其中出现概率最大的是 800 m^3/s 流量情况,抢险桩坝工程施工管桩顶高程可按平 800 m^3/s 流量水位控制,以最低限度地减小其对未来可能大洪水排洪影响,满足控制小水河势要求,最大可能地减小水下施工可能,同理推算 0.4 m 盖梁高该种情况桩坝工程设计流量确定为 810 m^3/s;第三种情况,既然该情况可以汛期择机抢修桩坝,则工程修建就应该避开黄河下游汛期调水调沙生产运行期,而主要考虑近几年黄河下游汛期来水 1 000 ~2 000 m^3/s 流量情况,以及河道内运桩船航运对河道流量的适应情况,抢险桩坝工程施工管桩顶高程按平 1 500 m^3/s 流量水位控制,为最低限度地减小其对未来可能大洪水排洪影响,满足控制小水河势要求,最大可能地减小水下施工可能,要尽可能减少桩坝长度和优化桩坝布局,同理推算 0.4 m 盖梁高该种情况桩坝工程设计流量确定为 1 600 m^3/s。

由于一般抢险桩坝工程实施期都较短,因此从水文分析的角度看,其枯水期和汛期不同的施工期,根据长期的抢险工作经验,即使出现短暂的大于设计流量对桩坝施工有不同程度影响的情况,但通过及时调整施工计划等手段,短暂的困难都是可以克服的,不会影响桩坝工程效用的及时发挥和险情控制效果。

二、设计坝顶高程的确定

根据黄河下游水资源利用和小浪底水库泄水发电运用特点,600 m^3/s 是小浪底水库发电控制的下泄流量,一年中,超过 60% 的时间里大河流量低于 800 m^3/s。从这点可以看出,前面两种方法计算得到的直线段工程布置的整治流量取 800 m^3/s,对控制枯水期河势和提高输沙能力应该是比较合适的。

高强预应力钢筋混凝土预制透水管桩坝具有很强的抗冲、溢流稳定特性,不抢险,管理简单,参考黄河下游现有桩坝坝顶高程确定的经验和方法,其坝顶高程采用平工程所在地河槽 800 m^3/s 相应水位的要求确定。根据工程实际修建年的水位—流量关系,确定潜坝的设计水位,以修建当年对应设计流量下的水位作为潜坝的设计坝顶高程。

第五节　冲刷深度计算

一、计算工况和相关计算参数选取

(一)计算工况

可移动不抢险潜坝设计流量采用建设期当年当地河槽流量 800 m^3/s。因此,潜坝存在两种最不利运用工况:①正常运用期河槽 800 m^3/s 设计流量时,潜坝坝前发生最大冲刷水深,潜坝可能在水压力、土压力作用下出现最不利受力状态;②大洪水淹没运用时,潜坝坝顶淹没过流,潜坝出现类似锁坝运用情况,潜坝后发生最大冲刷水深,潜坝可能在水压力、土压力作用下出现最不利受力状态。

(二)潜坝冲刷深度计算相关参数选取

根据花园口水文站多年实测资料:在枯水期设计流量 800 m^3/s 下,河道最大行近水

深 h_0 一般在 2.26～3.0 m，主流局部冲刷流速 2.0 m/s（见图 4-21）；在中常洪水流量 4 000 m^3/s 下，河道最大行进水深 h_0 一般为 4.0～5.0 m，主流局部冲刷流速 2.5 m/s，大洪水期设计流量 12 000 m^3/s 下，河道最大行进水深 h_0 一般在 6.0～6.5 m；水流局部冲刷最大流速 3.0 m/s；在中常洪水流量 4 000 m^3/s 下，冲刷期最大单宽流量 $q = 18\ m^2/s$；8 000 m^3/s 下，冲刷期最大单宽流量 $q = 22.5\ m^2/s$；12 000 m^3/s 下，冲刷期最大单宽流量 $q = 28\ m^2/s$。按 800 m^3/s、4 000 m^3/s、8 000 m^3/s、12 000 m^3/s 四个流量级计算；来流角度 α 按 30°、45°、60° 三种情况；根据近几年实测资料，花园口站的河床泥沙平均粒径为 0.218 mm，中数粒径 d_{50} 采用 0.2 mm。

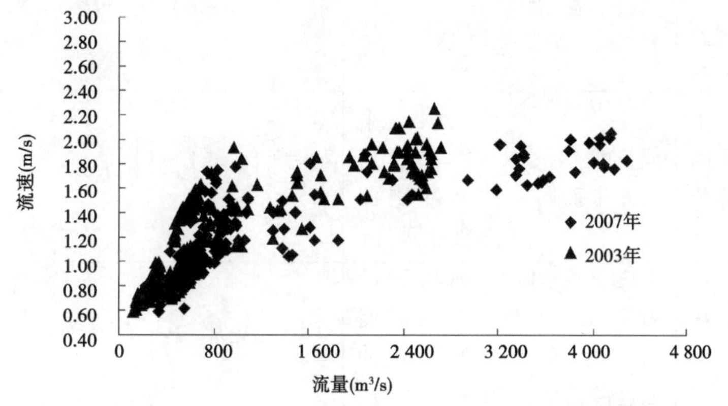

图 4-21　花园口断面 2003、2007 年流量、流速关系

管桩坝形式布置可与锁坝简单类比，根据黄河洪水特性，锁坝的相应水力边界条件取为：

4 000 m^3/s 时，锁坝上下游水位差 $\Delta h = 0.5 \sim 0.8$ m；

8 000 m^3/s 时，锁坝上下游水位差 $\Delta h = 0.3 \sim 0.5$ m；

12 000 m^3/s 时，锁坝上下游水位差 $\Delta h = 0.2 \sim 0.4$ m。

二、冲刷深度常用计算公式

本次研究设计的可移动不抢险潜坝为目前最新型结构，主要反映在潜坝的透水、漫流和坝体长度等方面，可以直接使用的针对性公式仅有荷兰代尔伏特水力学所的淹没式透水桩丁坝冲刷深度计算公式，但国内应用的很少。根据可移动不抢险潜坝在枯水时控导河势、大中洪水坝顶漫水，以及缓流落淤和长顺坝运用特点，在此选用较为成熟、工程上习用和适用条件相近的公式（见表 4-4）计算，再根据实际运用观测经验数据综合确定最终冲刷深度。

为了明确、统一各公式表述的符号意义，给出丁坝冲刷概化示意图，以下公式所表示的主要几何参数，见图 4-22。

表 4-4　常用冲刷计算公式

序号	名称	出处	适用条件	内容
公式一	荷兰代尔伏特水力学所公式	孟加拉国水利部,《标准化河岸防护设计指南及设计手册》	淹没式透水桩丁坝冲刷深度计算	$h_0+y_{s,\mathrm{local}}=K_{总}\left(h_0u_1\frac{B_{ch}}{B_{ch}-b}\right)^{2/3}$ $K_{总}=K_{结构}K_{护底}K_{漂浮物}$
公式二	非潜没透水丁坝冲刷深度计算公式初探	武汉大学水利水电学院,冯红春	非潜没透水丁坝冲刷深度计算	$h_s=0.6(1-p^2)^{0.4}v^{0.8}hD^{0.4}{d_{50}}^{0.03}/(B-D)^{0.1}$
公式三	水流平行于岸坡产生的冲刷计算公式	武汉大学,《水力计算手册》	顺坝及平顺护岸局部冲刷深度计算	$h_B=h_p\left[\left(\frac{v_{cp}}{v}\right)^n-1\right]$ $h_s=h_B-h_0$
公式四	锁坝下游冲深计算	重庆交通学院,西南水运工程研究所,文岑,赵世强	锁坝下游未经消能的计算冲刷深度	$d_s=0.33\Delta h^{0.35}P/(d^{0.33}h^{0.02})$
公式五	锁坝下游的冲刷计算	重庆交通学院,文岑,《锁坝下游的冲深计算》	锁坝下游考虑消能以后的局部冲刷后的最大水深	$h_s=0.332q/(d^{1/3}\times h^{1/6})$ $d_s=h_s-h_0$
公式六	水流斜冲防护岸坡产生冲刷计算	武汉大学,《水力计算手册》	顺坝及平顺护岸局部冲刷深度计算	$\Delta h_p=\frac{23\tan\frac{\alpha}{2}{v_j}^2}{\sqrt{1+m^2}g}-30d$
公式七	波尔达柯夫公式	《桥渡设计原理与实践》第五章公式(5-29)	非淹没不透水丁坝	$h_s=H-h_0$ $H=h_0+2.8v^2\sin\alpha^2/\sqrt{1+m^2}$
公式八	马卡维也夫公式	《桥渡设计原理与实践》第五章公式(5-28)	非淹没不透水丁坝	$h_s=H-h_0$ $H=h_0+(23/\sqrt{1+m^2})\tan\frac{\alpha}{2}\frac{v^2}{g}-30d$
公式九	张红武公式	武汉大学,《水力计算手册》		$h_m=\frac{1}{\sqrt{1+m^2}}\left[\frac{h_0v_0\sin\theta(D_{50})^{0.5}}{\left(\frac{\gamma_s-\gamma}{\gamma}g\right)^{2/9}v^{5/9}}\right]^{6/7}\frac{1}{1+1\,000S_v^{1.67}}$
公式十	K · B · 马特维耶夫公式	武汉水院,《水力计算手册》	非淹没丁坝冲刷深度计算	$h_s=27K_1K_2\tan\frac{\alpha}{2}\frac{v^2}{g}-30d$ $h_s=H-h_0;K_1=\mathrm{e}^{-5.1\sqrt{\frac{v^2}{gl}}};K_2=\mathrm{e}^{-0.2m}$

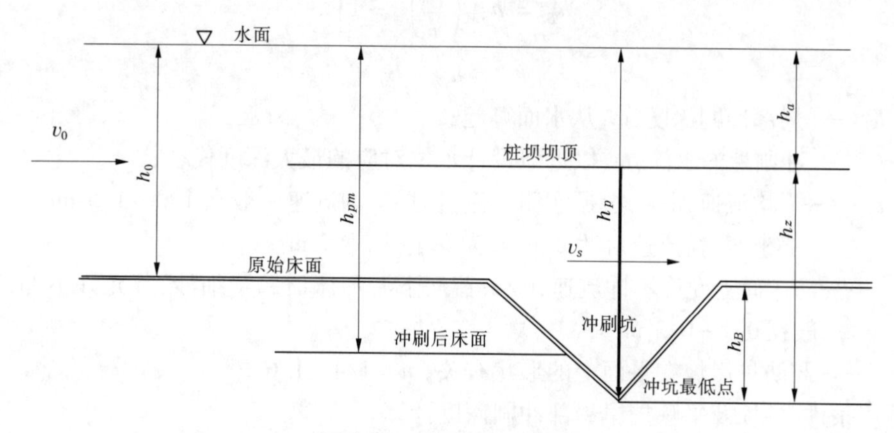

图 4-22　冲刷局部示意图

公式一，荷兰代尔伏特水力学所公式——淹没式透水桩丁坝冲刷深度计算公式：

$$h_0 + y_{s,\mathrm{local}} = K_{总}\left(h_0 u_1 \frac{B_{ch}}{B_{ch} - b}\right)^{\frac{2}{3}} \tag{4-3}$$

$$K_{总} = K_{结构} K_{护底} K_{漂浮物} \tag{4-4}$$

式中　$K_{总}$——经验系数，与护岸结构型式有关，$\mathrm{m}^{-1/3}\mathrm{s}^{2/3}$；

B_{ch}——工程上游河宽，m；

b——工程压缩河宽的长度，m；

u_1——上游平均水深下的流速，m/s；

h_0——冲刷坑上游的水深，m；

$y_{s,\mathrm{local}}$——局部最大冲深，m；

$K_{结构}$——与透水率有关，取值范围在 1.2 ~ 2.4，此处取 2.1；

$K_{护底}$——有护底铺盖取 1.1，无护底铺盖取 1.0；

$K_{漂浮物}$——无漂浮物取 1.0，漂浮物≤1.0 m，取 1.2，漂浮物 >1.0 m，取 1.3 。

公式二，非潜没透水丁坝冲刷深度公式：

$$h_s = 0.6(1 - p^2)^{0.4} v^{0.8} h D^{0.4} d_{50}^{0.03} / (B - D)^{0.1} \tag{4-5}$$

式中　h_s——冲刷坑的深度，m，自河床向下算起；

p——透水强度，$p = v_2/v_1$，根据管桩坝的透水率，取 $p = 0.33$；

v_2、v_1——丁坝下游与上游的水流流速，m/s；

h——上游行近水深，m；

D——丁坝长度，m；

d_{50}——中值粒径，m，取 $d_{50} = 0.05 \sim 0.08$ mm；

B——河宽，m。

适用于：非潜没透水丁坝。

出处：武汉大学水利水电学院，冯红春。

公式三，水流平行于岸坡产生的冲刷计算公式：

$$h_B = h_p\left[\left(\frac{v_{cp}}{v}\right)^n - 1\right] \tag{4-6}$$

$$h_s = h_B - h_0 \tag{4-7}$$

式中　h_B——局部冲刷深度,m,从水面算起;

h_p——冲刷处的水深,m,以近似设计水位对应的最大深度代替;

v_{cp}——平均流速,m/s,根据实测小流量时,平均流速一般在 1.0 ~1.5 m/s,局部河势坐弯时,流速可达 2 m/s,为安全计,取 2 m/s;

v——河床面上允许不冲流速,m/s;黄河下游河床质属于细沙,其允许不冲流速一般在 0.2 ~0.3 m/s;

n——与防护岸坡在平面上的形状有关, $n=1/4 \sim 1/6$。

适用条件:顺坝及平顺护岸局部冲刷深度计算。

出处:武汉大学,《水力计算手册》。

公式四,锁坝下游冲深计算公式:

$$d_s = 0.33\frac{\Delta h^{0.35}}{d^{0.33}h^{0.02}}P \tag{4-8}$$

式中　d_s——冲刷坑的深度,m,自河床向下算起;

Δh——锁坝上下游水位差,m;

P——自河床起算的锁坝高度,m;

d——泥沙粒径,mm,取 $d=0.05 \sim 0.08$ mm;

h——行近水深,m。

适用于:锁坝下游未经消能的计算冲刷深度。

出处:重庆交通学院,西南水运工程研究所, 文岑、赵世强。

公式五,锁坝下游的冲刷计算公式:

$$h_s = 0.332q/(d^{1/3} \times h^{1/6}) \tag{4-9}$$

式中　h_s——锁坝坝下冲刷后的最大水深,m,从水面算起;

h——冲刷前锁坝下游水深,m;

q——最大单宽流量,m^2/s,$q=hv$;

d——河床沙平均粒径,mm,取 $d=0.05 \sim 0.08$ mm。

适用于:锁坝下游考虑消能以后的局部冲刷后的最大水深。

出处:重庆交通学院,《锁坝下游的冲深计算》,文岑。

公式六,水流斜冲防护岸坡产生的冲刷计算公式:

$$\Delta h_p = \frac{23\tan\frac{\alpha}{2}v_j^2}{\sqrt{1+m^2}g} - 30d \tag{4-10}$$

式中　Δh_p——从河底算起的局部冲刷坑深度,m;

α——水流流向与岸坡夹角,(°);

m——防护建筑物迎水面边坡系数,取 $m=0$;

d——坡脚处土壤粒径当量值,对非黏土,取大于 15%(按重量计)的筛孔直径,取

值查表4-5,此处取0.02 m;

v_j——水流的局部冲刷流速,m/s, $v_j=\dfrac{Q}{W-W_p}$;

Q——设计流量,m^3/s;

W——原河道过水断面面积,m^2;

W_p——河道缩窄部分的断面面积,m^2。

适用条件:顺坝及平顺护岸局部冲刷深度计算。

出处:武汉大学,《水力计算手册》。

表4-5　土壤粒径当量值

土壤性质	孔隙比(空隙体积/土壤体积)	干容重(kN/m^3)	非黏性土壤当量粒径(cm)		
			黏性及重黏性土	轻黏性土	黄土
不密实的	0.9~1.2	11.76	1	0.5	0.5
中等密实的	0.6~0.9	11.76~15.68	4	2	2
密实的	0.3~0.6	15.68~19.60	8	8	3
很密实的	0.2~0.3	19.60~21.07	10	10	6

公式七,波尔达柯夫公式:

$$H=h_0+2.8v^2\sin\alpha^2/\sqrt{1+m^2} \tag{4-11}$$

$$h_s=H-h_0 \tag{4-12}$$

式中　h_s——冲刷坑的深度,m,自河床向下算起;

H——坝前冲刷水深,m;

h_0——行近水深,m;

v——行近流速,m/s;

m——边坡系数,取$m=0$;

α——水流轴线与丁坝交角,(°)。

适用条件:非淹没不透水丁坝。

出处:叶东升等,《桥渡设计原理与实践》第五章公式(5-29)。

公式八,马卡维也夫公式:

$$H=h_0+(23/\sqrt{1+m^2})\tan\frac{\alpha}{2}\frac{v^2}{g}-30d \tag{4-13}$$

$$h_s=H-h_0 \tag{4-14}$$

式中　h_s——冲刷坑的深度,m,自河床向下算起;

H——坝前冲刷水深,m;

h_0——行近水深,m;

v——行近流速,m/s;

m——边坡系数,取$m=0$;

α——水流轴线与丁坝交角,(°);

d——床沙粒径,取 $d = 0.05 \sim 0.08$ mm;

g——重力加速度,取 $g = 9.8$ m/s^2。

适用于:非淹没不透水丁坝。

出处:叶东升等,《桥渡设计原理与实践》第五章公式(5-28)。

公式九,张红武公式。

张红武根据坝前水流的几种情况,导出细沙河床局部冲深公式为:

$$h_m = \frac{1}{\sqrt{1+m^2}}\left[\frac{h_0 v_0 \sin\theta (D_{50})^{0.5}}{\left(\frac{\gamma_s - \gamma}{\gamma} g\right)^{2/9} v^{5/9}}\right]^{6/7} \frac{1}{1 + 1\,000 S_v^{\ 1.67}} \tag{4-15}$$

式中 h_m——坝前冲坑水深,m,自河床向下算起;

m——根石边坡系数;

θ——来流与坝轴线的夹角,(°);

D_{50}——床沙中值粒径,m,取 $D_{50} = 0.05 \sim 0.08$ mm;

γ——水流运动黏性系数;

S_v——体积百分数计的含沙量;

h_0——行近水流水深,m;

v_0——行近流速,m/s。

上式近年来已在黄河上使用。

出处:武汉大学,《水力计算手册》。

公式十,K · B · 马特维耶夫公式——非淹没丁坝冲刷深度计算公式:

$$h_s = 27 K_1 K_2 \tan\frac{\alpha}{2}\frac{v^2}{g} - 30d$$

$$h_s = H - h_0 \tag{4-16}$$

式中 h_s——冲刷坑深度,从河床算起,m;

v——丁坝的行近流速,m/s;

K_1——与丁坝在水流法线上投影长度 l 有关的系数,$K_1 = e^{-5.1\sqrt{\frac{v^2}{gl}}}$;

K_2——与丁坝边坡坡度 m 有关的系数,$K_2 = e^{-0.2m}$;

α——水流轴线与丁坝轴线的交角,(°);

g——重力加速度;

d——床沙粒径,mm,取 $d = 0.05 \sim 0.08$ mm。

出处:《堤防工程设计规范》(GB 50286—98),武汉水院,《水力计算手册》。

三、桩坝冲刷深度计算

根据可移动不抢险潜坝实际运用工况,桩坝分 800 m^3/s 流量平坝顶危险情况下的不淹没、坝前冲深计算和大、中洪水淹没状态下坝后冲深计算两种情况,同时,考虑修建临时导流和滩区防护工程中的桩坝高程有可能定为平 4 000 m^3/s 水位情况,也计算桩坝顶平 800 m^3/s 流量水位危险情况下的不淹没、坝前冲深计算情况。

因此,桩坝冲深计算公式可在淹没、不淹没丁坝和漫水锁坝三种类型选用。

(一)淹没式透水丁坝前冲刷深度计算

利用荷兰代尔伏特水力学所公式进行计算。据统计,黄河下游弯道段河道中心线弯道半径1 329 ~7 532 m,大多数弯道半径在2 000 ~4 500 m,直线段河宽一般为600 ~1 000 m。因此,h_0/h_{ch}多介于1.87 ~2.07。

在设计流量800 m^3/s下,直线段河宽一般在500 m左右,h_{ch}一般在1.09 ~1.66 m,h_0一般在2.0 ~3.0 m。目前黄河下游河道整治工程设计流量4 000 m^3/s下,直线段河宽一般在1 000 m以上,考虑黄河下游游荡型河段河道整治河宽一般也在1 000 m,因此取河宽为1 000 m,则h_{ch}一般在2.87 m,h_0一般在4.5 m左右。依据$h_0 + y_{s,\mathrm{local}} = K_{总}(h_0 - u_1\frac{B_{ch}}{B_{ch}-b})^{\frac{2}{3}}$,$K_{总} = K_{结构}K_{护底}K_{漂浮物}$公式进行计算。$K_{结构}$与透水率有关,取值范围在1.2 ~2.4,此处按透水率33.3%考虑,$K_{结构}$取2.1;$K_{护底}$此处按无护底铺盖,取1.0;$K_{漂浮物}$此处按无漂浮物,取1.0。计算成果见表4-6。

表4-6　荷兰代尔伏特水力学所淹没式透水丁坝前冲刷深度计算成果(公式一)

流量(m^3/s)	水深(m)	流速(m/s)	水面下冲刷水深(m)
800	2.00	1.50	5.43
	2.00	2.00	6.57
	2.00	2.50	7.63
	2.50	1.50	6.30
	2.50	2.00	7.63
	2.50	2.50	8.85
	3.00	1.50	7.11
	3.00	2.00	8.61
	3.00	2.50	9.99
4 000	4.00	2.00	10.14
	4.00	2.50	11.77
	4.00	3.00	13.29
	4.50	2.00	10.97
	4.50	2.50	12.73
	4.50	3.00	14.38
	5.00	2.00	11.77
	5.00	2.50	13.66
	5.00	3.00	15.42

注:1.此公式计算情况为90°水流顶冲丁坝结果。

2.计算时采用的流速为坝前最大行近流速,不是公式中所要求的上游平均水深下的流速,计算的结果可能较公式本身要求偏大。

(二)不淹没坝前冲深计算

1. 丁坝类公式不淹没坝前冲深计算

由于丁坝束窄河床的作用,使得水流在丁坝的上游产生壅水,并形成水流的高压区;而在坝头附近的水流扰流作用下,流线集中,流速较大,形成水流的低压区。位于高压区的水体,除很少一部分折向河岸形成回流外,大部分水流(靠丁坝一侧)流向低压区(坝头附近),同时由于丁坝挡水作用而产生的下降水流所形成环绕坝头的涡流作用,而使坝头处的河床发生冲刷(见图 4-23)。各个公式计算成果见表 4-7 ~ 表 4-11。

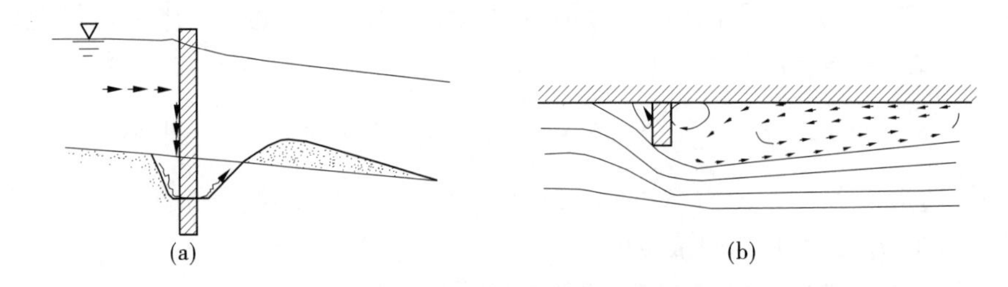

图 4-23　丁坝冲刷计算简图

表 4-7　冯红春等人非潜没透水丁坝前冲刷深度计算成果(公式二)

$Q = 800\ m^3/s$						
h(m)	v(m/s)	p	D(m)	d_{50}(m)	B(m)	坝前水深 h_s(m)
2	1.5	0.33	122.4	0.000 05	400	4.59
2	2	0.33	122.4	0.000 05	400	5.78
2	2.5	0.33	122.4	0.000 05	400	6.91
2.5	1.5	0.33	122.4	0.000 05	400	5.74
2.5	2	0.33	122.4	0.000 05	400	7.22
2.5	2.5	0.33	122.4	0.000 05	400	8.63
3	1.5	0.33	122.4	0.000 05	400	6.88
3	2	0.33	122.4	0.000 05	400	8.67
3	2.5	0.33	122.4	0.000 05	400	10.36
$Q = 4\ 000\ m^3/s$						
h(m)	v(m/s)	p	D(m)	d_{50}(m)	B(m)	坝前水深 h_s(m)
4	2	0.33	122.4	0.000 05	600	10.94
4	2.5	0.33	122.4	0.000 05	600	13.08
4	3	0.33	122.4	0.000 05	600	15.14
4.5	2	0.33	122.4	0.000 05	600	12.31
4.5	2.5	0.33	122.4	0.000 05	600	14.72
4.5	3	0.33	122.4	0.000 05	600	17.03
5	2	0.33	122.4	0.000 05	600	13.68
5	2.5	0.33	122.4	0.000 05	600	16.35
5	3	0.33	122.4	0.000 05	600	18.92

表 4-8　波尔达柯夫非淹没不透水丁坝前冲刷深度计算成果(公式七)

$Q=800\ m^3/s$						
h_0(m)	行近流速 v (m/s)	α(°)	弧度	$\sin\alpha$	h_s(m)	坝前水深 H(m)
2	1.5	30	0.523 333	0.499 77	3.15	5.15
2	1.5	60	1.046 667	0.865 76	5.45	7.45
2	1.5	90	1.57	1	6.30	8.30
2	2	30	0.523 333	0.499 77	5.60	7.60
2	2	60	1.046 667	0.865 76	9.70	11.70
2	2	90	1.57	1	11.20	13.20
2	2.5	30	0.523 333	0.499 77	8.75	10.75
2	2.5	60	1.046 667	0.865 76	15.15	17.15
2	2.5	90	1.57	1	17.50	19.50
2.5	1.5	30	0.523 333	0.499 77	3.15	5.65
2.5	1.5	60	1.046 667	0.865 76	5.45	7.95
2.5	1.5	90	1.57	1	6.30	8.80
2.5	2	30	0.523 333	0.499 77	5.60	8.10
2.5	2	60	1.046 667	0.865 76	9.70	12.20
2.5	2	90	1.57	1	11.20	13.70
2.5	2.5	30	0.523 333	0.499 77	8.75	11.25
2.5	2.5	60	1.046 667	0.865 76	15.15	17.65
2.5	2.5	90	1.57	1	17.50	20.00
3	1.5	30	0.523 333	0.499 77	3.15	6.15
3	1.5	60	1.046 667	0.865 76	5.45	8.45
3	1.5	90	1.57	1	6.30	9.30
3	2	30	0.523 333	0.499 77	5.60	8.60
3	2	60	1.046 667	0.865 76	9.70	12.70
3	2	90	1.57	1	11.20	14.20
3	2.5	30	0.523 333	0.499 77	8.75	11.75
3	2.5	60	1.046 667	0.865 76	15.15	18.15
3	2.5	90	1.57	1	17.50	20.50

续表 4-8

$Q = 4\ 000\ m^3/s$						
h_0(m)	行近流速 v (m/s)	α(°)	弧度	$\sin\alpha$	h_s(m)	坝前水深 H(m)
4	2	30	0. 523 333	0. 499 77	5. 60	9. 60
4	2	60	1. 046 667	0. 865 76	9. 70	13. 70
4	2	90	1. 57	1	11. 20	15. 20
4	2. 5	30	0. 523 333	0. 499 77	8. 75	12. 75
4	2. 5	60	1. 046 667	0. 865 76	15. 15	19. 15
4	2. 5	90	1. 57	1	17. 50	21. 50
4	3	30	0. 523 333	0. 499 77	12. 59	16. 59
4	3	60	1. 046 667	0. 865 76	21. 82	25. 82
4	3	90	1. 57	1	25. 20	29. 20
4. 5	2	30	0. 523 333	0. 499 77	5. 60	10. 10
4. 5	2	60	1. 046 667	0. 865 76	9. 70	14. 20
4. 5	2	90	1. 57	1	11. 20	15. 70
4. 5	2. 5	30	0. 523 333	0. 499 77	8. 75	13. 25
4. 5	2. 5	60	1. 046 667	0. 865 76	15. 15	19. 65
4. 5	2. 5	90	1. 57	1	17. 50	22. 00
4. 5	3	30	0. 523 333	0. 499 77	12. 59	17. 09
4. 5	3	60	1. 046 667	0. 865 76	21. 82	26. 32
4. 5	3	90	1. 57	1	25. 20	29. 70
5	2	30	0. 523 333	0. 499 77	5. 60	10. 60
5	2	60	1. 046 667	0. 865 76	9. 70	14. 70
5	2	90	1. 57	1	11. 20	16. 20
5	2. 5	30	0. 523 333	0. 499 77	8. 75	13. 75
5	2. 5	60	1. 046 667	0. 865 76	15. 15	20. 15
5	2. 5	90	1. 57	1	17. 50	22. 50
5	3	30	0. 523 333	0. 499 77	12. 59	17. 59
5	3	60	1. 046 667	0. 865 76	21. 82	26. 82
5	3	90	1. 57	1	25. 20	30. 20

表 4-9　马卡维也夫非淹没不透水丁坝前冲刷深度计算成果(公式八)

$Q = 800\ m^3/s$,床沙粒径 $d = 0.08$ mm,边坡系数 $m = 0$

h_0(m)	行近流速 v (m/s)	α(°)	$\frac{\alpha}{2}$(°)	$\tan\frac{\alpha}{2}$	h_s(m)	坝前水深 H(m)
2	1.5	30	15	0.267 806 947	1.41	3.41
2	1.5	60	30	0.576 996 4	3.04	5.04
2	1.5	90	45	0.999 203 99	5.27	7.27
2	2	30	15	0.267 806 947	2.51	4.51
2	2	60	30	0.576 996 4	5.41	7.41
2	2	90	45	0.999 203 99	9.38	11.38
2	2.5	30	15	0.267 806 947	3.93	5.93
2	2.5	60	30	0.576 996 4	8.46	10.46
2	2.5	90	45	0.999 203 99	14.65	16.65
2.5	1.5	30	15	0.267 806 947	1.41	3.91
2.5	1.5	60	30	0.576 996 4	3.04	5.54
2.5	1.5	90	45	0.999 203 99	5.27	7.77
2.5	2	30	15	0.267 806 947	2.51	5.01
2.5	2	60	30	0.576 996 4	5.41	7.91
2.5	2	90	45	0.999 203 99	9.38	11.88
2.5	2.5	30	15	0.267 806 947	3.93	6.43
2.5	2.5	60	30	0.576 996 4	8.46	10.96
2.5	2.5	90	45	0.999 203 99	14.65	17.15
3	1.5	30	15	0.267 806 947	1.41	4.41
3	1.5	60	30	0.576 996 4	3.04	6.04
3	1.5	90	45	0.999 203 99	5.27	8.27
3	2	30	15	0.267 806 947	2.51	5.51
3	2	60	30	0.576 996 4	5.41	8.41
3	2	90	45	0.999 203 99	9.38	12.38
3	2.5	30	15	0.267 806 947	3.93	6.93
3	2.5	60	30	0.576 996 4	8.46	11.46
3	2.5	90	45	0.999 203 99	14.65	17.65

续表 4-9

$Q=4\ 000\ m^3/s$,床沙粒径 $d=0.08$ mm,边坡系数 $m=0$						
h_0(m)	行近流速 v (m/s)	α(°)	$\frac{\alpha}{2}$(°)	$\tan\frac{\alpha}{2}$	h_s(m)	坝前水深 H(m)
4	2	45	22.5	0.413 980 343	3.88	7.88
4	2	60	30	0.576 996 4	5.41	9.41
4	2	90	45	0.999 203 99	9.38	13.38
4	2.5	45	22.5	0.413 980 343	6.07	10.07
4	2.5	60	30	0.576 996 4	8.46	12.46
4	2.5	90	45	0.999 203 99	14.65	18.65
4	3	45	22.5	0.413 980 343	8.74	12.74
4	3	60	30	0.576 996 4	12.19	16.19
4	3	90	45	0.999 203 99	21.10	25.10
4.5	2	45	22.5	0.413 980 343	3.88	8.38
4.5	2	60	30	0.576 996 4	5.41	9.91
4.5	2	90	45	0.999 203 99	9.38	13.88
4.5	2.5	45	22.5	0.413 980 343	6.07	10.57
4.5	2.5	60	30	0.576 996 4	8.46	12.96
4.5	2.5	90	45	0.999 203 99	14.65	19.15
4.5	3	45	22.5	0.413 980 343	8.74	13.24
4.5	3	60	30	0.576 996 4	12.19	16.69
4.5	3	90	45	0.999 203 99	21.10	25.60
5	2	45	22.5	0.413 980 343	3.88	8.88
5	2	60	30	0.576 996 4	5.41	10.41
5	2	90	45	0.999 203 99	9.38	14.38
5	2.5	45	22.5	0.413 980 343	6.07	11.07
5	2.5	60	30	0.576 996 4	8.46	13.46
5	2.5	90	45	0.999 203 99	14.65	19.65
5	3	45	22.5	0.413 980 343	8.74	13.74
5	3	60	30	0.576 996 4	12.19	17.19
5	3	90	45	0.999 203 99	21.10	26.10

表 4-10　张红武非淹没不透水丁坝前冲刷深度计算成果（公式九）

$Q=800\ m^3/s, m=0, D_{50}=0.08\ mm, \gamma=9.8\ kN/m^3,\ \gamma_s=26\ kN/m^3$

h_0(m)	v_0(m/s)	θ(°)	$\sin\theta$	v	S_v	h_m(m)	坝前水深 H(m)
2	1.5	30	0.500	0.000 010 1	0.005 66	2.97	4.97
2	2	30	0.500	0.000 010 1	0.005 66	3.80	5.80
2	2.5	30	0.500	0.000 010 1	0.005 66	4.60	6.60
2.5	1.5	30	0.500	0.000 010 1	0.005 66	3.60	6.10
2.5	2	30	0.500	0.000 010 1	0.005 66	4.60	7.10
2.5	2.5	30	0.500	0.000 010 1	0.005 66	5.57	8.07
3	1.5	30	0.500	0.000 010 1	0.005 66	4.21	7.21
3	2	30	0.500	0.000 010 1	0.005 66	5.38	8.38
3	2.5	30	0.500	0.000 010 1	0.005 66	6.52	9.52
2	1.5	60	0.866	0.000 010 1	0.005 66	4.76	6.76
2	2	60	0.866	0.000 010 1	0.005 66	6.09	8.09
2	2.5	60	0.866	0.000 010 1	0.005 66	7.37	9.37
2.5	1.5	60	0.866	0.000 010 1	0.005 66	5.76	8.26
2.5	2	60	0.866	0.000 010 1	0.005 66	7.37	9.87
2.5	2.5	60	0.866	0.000 010 1	0.005 66	8.93	11.43
3	1.5	60	0.866	0.000 010 1	0.005 66	6.74	9.74
3	2	60	0.866	0.000 010 1	0.005 66	8.62	11.62
3	2.5	60	0.866	0.000 010 1	0.005 66	10.44	13.44
2	1.5	90	1.000	0.000 010 1	0.005 66	5.38	7.38
2	2	90	1.000	0.000 010 1	0.005 66	6.89	8.89
2	2.5	90	1.000	0.000 010 1	0.005 66	8.34	10.34
2.5	1.5	90	1.000	0.000 010 1	0.005 66	6.52	9.02
2.5	2	90	1.000	0.000 010 1	0.005 66	8.34	10.84
2.5	2.5	90	1.000	0.000 010 1	0.005 66	10.10	12.60
3	1.5	90	1.000	0.000 010 1	0.005 66	7.62	10.62
3	2	90	1.000	0.000 010 1	0.005 66	9.75	12.75
3	2.5	90	1.000	0.000 010 1	0.005 66	11.81	14.81

续表 4-10

$Q=4\ 000\ m^3/s, m=0, D_{50}=0.08\ mm, \gamma=9.8\ kN/m^3, \gamma_s=26\ kN/m^3$							
h_0(m)	v_0(m/s)	θ(°)	$\sin\theta$	v	S_v	h_m(m)	坝前水深 H(m)
4	2	45	0.707	0.000 010 1	0.015 094	5.71	9.71
4	2.5	45	0.707	0.000 010 1	0.015 094	6.92	10.92
4	3	45	0.707	0.000 010 1	0.015 094	8.09	12.09
4.5	2	45	0.707	0.000 010 1	0.015 094	6.32	10.82
4.5	2.5	45	0.707	0.000 010 1	0.015 094	7.65	12.15
4.5	3	45	0.707	0.000 010 1	0.015 094	8.95	13.45
5	2	45	0.707	0.000 010 1	0.015 094	6.92	11.92
5	2.5	45	0.707	0.000 010 1	0.015 094	8.38	13.38
5	3	45	0.707	0.000 010 1	0.015 094	9.79	14.79
4	2	60	0.866	0.000 010 1	0.015 094	6.80	10.80
4	2.5	60	0.866	0.000 010 1	0.015 094	8.23	12.23
4	3	60	0.866	0.000 010 1	0.015 094	9.62	13.62
4.5	2	60	0.866	0.000 010 1	0.015 094	7.52	12.02
4.5	2.5	60	0.866	0.000 010 1	0.015 094	9.11	13.61
4.5	3	60	0.866	0.000 010 1	0.015 094	10.65	15.15
5	2	60	0.866	0.000 010 1	0.015 094	8.23	13.23
5	2.5	60	0.866	0.000 010 1	0.015 094	9.97	14.97
5	3	60	0.866	0.000 010 1	0.015 094	11.65	16.65
4	2	90	1.000	0.000 010 1	0.015 094	7.69	11.69
4	2.5	90	1.000	0.000 010 1	0.015 094	9.31	13.31
4	3	90	1.000	0.000 010 1	0.015 094	10.89	14.89
4.5	2	90	1.000	0.000 010 1	0.015 094	8.51	13.01
4.5	2.5	90	1.000	0.000 010 1	0.015 094	10.30	14.80
4.5	3	90	1.000	0.000 010 1	0.015 094	12.05	16.55
5	2	90	1.000	0.000 010 1	0.015 094	9.31	14.31
5	2.5	90	1.000	0.000 010 1	0.015 094	11.28	16.28
5	3	90	1.000	0.000 010 1	0.015 094	13.19	18.19

表4-11　马特维耶夫非淹没不透水丁坝前冲刷深度计算成果（公式十）

$Q=800\ m^3/s$，床沙粒径 $d=0.2$ mm，坝坡系数 $m=0$，$K_2=1$

h_0(m)	v_0 (m/s)	α(°)	$\frac{\alpha}{2}$(°)	$\tan\frac{\alpha}{2}$	K_1	l	h_s(m)	坝前水深 H(m)
2	1.5	30	15	0.27	0.73	61.17	1.21	3.21
2	2	30	15	0.27	0.66	61.17	1.94	3.94
2	2.5	30	15	0.27	0.59	61.17	2.73	4.73
2.5	1.5	30	15	0.27	0.73	61.17	1.21	3.71
2.5	2	30	15	0.27	0.66	61.17	1.94	4.44
2.5	2.5	30	15	0.27	0.59	61.17	2.73	5.23
3	1.5	30	15	0.27	0.73	61.17	1.21	4.21
3	2	30	15	0.27	0.66	61.17	1.94	4.94
3	2.5	30	15	0.27	0.59	61.17	2.73	5.73
2	1.5	60	30	0.58	0.79	105.97	2.81	4.81
2	2	60	30	0.58	0.73	105.97	4.63	6.63
2	2.5	60	30	0.58	0.67	105.97	6.68	8.68
2.5	1.5	60	30	0.58	0.79	105.97	2.81	5.31
2.5	2	60	30	0.58	0.73	105.97	4.63	7.13
2.5	2.5	60	30	0.58	0.67	105.97	6.68	9.18
3	1.5	60	30	0.58	0.79	105.97	2.81	5.81
3	2	60	30	0.58	0.73	105.97	4.63	7.63
3	2.5	60	30	0.58	0.67	105.97	6.68	9.68
2	1.5	90	45	1.00	0.80	122.40	4.96	6.96
2	2	90	45	1.00	0.74	122.40	8.20	10.20
2	2.5	90	45	1.00	0.69	122.40	11.90	13.90
2.5	1.5	90	45	1.00	0.80	122.40	4.96	7.46
2.5	2	90	45	1.00	0.74	122.40	8.20	10.70
2.5	2.5	90	45	1.00	0.69	122.40	11.90	14.40
3	1.5	90	45	1.00	0.80	122.40	4.96	7.96
3	2	90	45	1.00	0.74	122.40	8.20	11.20
3	2.5	90	45	1.00	0.69	122.40	11.90	14.90

续表 4-11

$Q = 4\ 000 m^3/s$，床沙粒径 $d = 0.2$ mm，坝坡系数 $m = 0$，$K_2 = 1$								
h_0(m)	v_0 (m/s)	α(°)	$\frac{\alpha}{2}$(°)	$\tan\frac{\alpha}{2}$	K_1	l	h_s(m)	坝前水深 H(m)
4	2	30	15	0. 27	0. 66	61. 17	1. 94	5. 94
4	2. 5	30	15	0. 27	0. 59	61. 17	2. 73	6. 73
4	3	30	15	0. 27	0. 54	61. 17	3. 55	7. 55
4. 5	2	30	15	0. 27	0. 66	61. 17	1. 94	6. 44
4. 5	2. 5	30	15	0. 27	0. 59	61. 17	2. 73	7. 23
4. 5	3	30	15	0. 27	0. 54	61. 17	3. 55	8. 05
5	2	30	15	0. 27	0. 66	61. 17	1. 94	6. 94
5	2. 5	30	15	0. 27	0. 59	61. 17	2. 73	7. 73
5	3	30	15	0. 27	0. 54	61. 17	3. 55	8. 55
4	2	60	30	0. 58	0. 73	105. 97	4. 63	8. 63
4	2. 5	60	30	0. 58	0. 67	105. 97	6. 68	10. 68
4	3	60	30	0. 58	0. 62	105. 97	8. 89	12. 89
4. 5	2	60	30	0. 58	0. 73	105. 97	4. 63	9. 13
4. 5	2. 5	60	30	0. 58	0. 67	105. 97	6. 68	11. 18
4. 5	3	60	30	0. 58	0. 62	105. 97	8. 89	13. 39
5	2	60	30	0. 58	0. 73	105. 97	4. 63	9. 63
5	2. 5	60	30	0. 58	0. 67	105. 97	6. 68	11. 68
5	3	60	30	0. 58	0. 62	105. 97	8. 89	13. 89
4	2	90	45	1. 00	0. 74	122. 40	8. 20	12. 20
4	2. 5	90	45	1. 00	0. 69	122. 40	11. 90	15. 90
4	3	90	45	1. 00	0. 64	122. 40	15. 92	19. 92
4. 5	2	90	45	1. 00	0. 74	122. 40	8. 20	12. 70
4. 5	2. 5	90	45	1. 00	0. 69	122. 40	11. 90	16. 40
4. 5	3	90	45	1. 00	0. 64	122. 40	15. 92	20. 42
5	2	90	45	1. 00	0. 74	122. 40	8. 20	13. 20
5	2. 5	90	45	1. 00	0. 69	122. 40	11. 90	16. 90
5	3	90	45	1. 00	0. 64	122. 40	15. 92	20. 92

2. 不淹没顺坝或平顺护岸局部冲刷深度计算

在桩坝很长，一字布设，非常平顺，实际上长顺坝类的平顺护岸，水流平行岸坡冲刷采用武汉水利电力学院1978年版的《水力计算手册》中 $h_B = h_p\left[\left(\frac{v_{cp}}{v}\right)^n - 1\right]$ 公式进行计算，水流斜冲岸坡冲刷采用《堤防工程设计规范》(GB 50286—98)中 $\Delta h_p = \frac{23\tan\frac{\alpha}{2}v_j^2}{\sqrt{1+m^2}g} - 30d$ 公式进行计算，黄河下游河床质属于细沙，其允许不冲流速 v 一般在0.2～0.3 m/s，与防护岸坡在平面上的形状有关的 n 取 $n=\frac{1}{5}$。计算结果见表4-12和表4-13。

表4-12　不淹没顺坝水流平行岸坡冲刷坝前水深深度计算成果(公式三)

$Q = 800\ m^3/s$

h_p(m)	v_{cp}(m/s)	v(m/s)	h_B(m)	坝前水深 H(m)
2	1.5	0.2	1.31	3.31
2	2	0.2	1.56	3.56
2	2.5	0.2	1.76	3.76
2.5	1.5	0.2	1.64	4.14
2.5	2	0.2	1.95	4.45
2.5	2.5	0.2	2.20	4.70
3	1.5	0.2	1.96	4.96
3	2	0.2	2.33	5.33
3	2.5	0.2	2.64	5.64

$Q = 4\ 000\ m^3/s$

h_p(m)	v_{cp}(m/s)	v(m/s)	h_B(m)	坝前水深 H(m)
4	2	0.2	3.11	7.11
4	2.5	0.2	3.52	7.52
4	3	0.2	3.87	7.87
4.5	2	0.2	3.50	8.00
4.5	2.5	0.2	3.96	8.46
4.5	3	0.2	4.36	8.86
5	2	0.2	3.89	8.89
5	2.5	0.2	4.40	9.40
5	3	0.2	4.84	9.84

表 4-13　不淹没顺坝水流斜冲岸坡冲刷坝前水深深度计算成果表(公式六)

$Q=800\ m^3/s$					
h_0(m)	v_j(m/s)	α(°)	$\tan\frac{\alpha}{2}$	Δh_p(m)	坝前水深 H(m)
2	1.5	30	0.27	1.26	3.26
2	2	30	0.27	2.36	4.36
2	2.5	30	0.27	3.78	5.78
2.5	1.5	30	0.27	1.26	3.76
2.5	2	30	0.27	2.36	4.86
2.5	2.5	30	0.27	3.78	6.28
3	1.5	30	0.27	1.26	4.26
3	2	30	0.27	2.36	5.36
3	2.5	30	0.27	3.78	6.78
2	1.5	60	0.58	2.90	4.90
2	2	60	0.58	5.27	7.27
2	2.5	60	0.58	8.31	10.31
2.5	1.5	60	0.58	2.90	5.40
2.5	2	60	0.58	5.27	7.77
2.5	2.5	60	0.58	8.31	10.81
3	1.5	60	0.58	2.90	5.90
3	2	60	0.58	5.27	8.27
3	2.5	60	0.58	8.31	11.31
2	1.5	90	1.00	5.13	7.13
2	2	90	1.00	9.23	11.23
2	2.5	90	1.00	14.51	16.51
2.5	1.5	90	1.00	5.13	7.63
2.5	2	90	1.00	9.23	11.73
2.5	2.5	90	1.00	14.51	17.01
3	1.5	90	1.00	5.13	8.13
3	2	90	1.00	9.23	12.23
3	2.5	90	1.00	14.51	17.51

续表 4-13

$Q=4\ 000\ m^3/s$					
h_0(m)	v_j(m/s)	α(°)	$\tan\frac{\alpha}{2}$	Δh_p(m)	坝前水深 H(m)
4	2	30	0.27	2.36	4.36
4	2.5	30	0.27	3.78	6.28
4	3	30	0.27	5.51	8.51
4.5	2	30	0.27	2.36	4.36
4.5	2.5	30	0.27	3.78	6.28
4.5	3	30	0.27	5.51	8.51
5	2	30	0.27	2.36	4.36
5	2.5	30	0.27	3.78	6.28
5	3	30	0.27	5.51	8.51
4	2	60	0.58	5.27	7.27
4	2.5	60	0.58	8.31	10.81
4	3	60	0.58	12.04	15.04
4.5	2	60	0.58	5.27	7.27
4.5	2.5	60	0.58	8.31	10.81
4.5	3	60	0.58	12.04	15.04
5	2	60	0.58	5.27	7.27
5	2.5	60	0.58	8.31	10.81
5	3	60	0.58	12.04	15.04
4	2	90	1.00	9.23	11.23
4	2.5	90	1.00	14.51	17.01
4	3	90	1.00	20.96	23.96
4.5	2	90	1.00	9.23	11.23
4.5	2.5	90	1.00	14.51	17.01
4.5	3	90	1.00	20.96	23.96
5	2	90	1.00	9.23	11.23
5	2.5	90	1.00	14.51	17.01
5	3	90	1.00	20.96	23.96

（三）漫水锁坝后冲深计算

水流从锁坝坝顶漫溢后，水流在锁坝上游主要是产生壅水，不发生冲刷，壅水势能在坝顶因锁坝约束而转化为动能，水流流速加快，翻坝后的高速水流冲击坝后低速水流产生涡漩水流而造成锁坝下游河床产生局部冲刷。根据水力学计算手册，采用重庆交通学院西南水运工程研究所公式 $d_s=0.33\Delta h^{0.35}P/(d^{0.33}h^{0.02})$ 和南京水利科学研究所 $h_s=0.332q/(d^{1/3}h^{1/6})$ 进行锁坝后冲刷深度计算，成果见表 4-14 和表 4-15。

表 4-14　漫水锁坝冲刷坝后水深深度计算成果（公式四）

$Q=4\ 000\ m^3/s$					
h_0(m)	Δh(m)	d(mm)	P(m)	d_s(m)	坝后冲刷水深 H(m)
4	0.2	0.05	2.0	0.98	4.98
4	0.3	0.05	2.0	1.13	5.13
4.5	0.2	0.05	2.5	1.22	5.72
4.5	0.3	0.05	2.5	1.41	5.91
5	0.2	0.05	3.0	1.47	6.47
5	0.3	0.05	3.0	1.69	6.69
$Q=8\ 000\ m^3/s$					
h_0(m)	Δh(m)	d(mm)	P(m)	d_s(m)	坝后冲刷水深 H(m)
5	0.2	0.05	2.5	1.22	6.22
5	0.3	0.05	2.5	1.41	6.41
5.5	0.2	0.05	3.0	1.46	6.96
5.5	0.3	0.05	3.0	1.69	7.19
6	0.2	0.05	3.5	1.70	7.70
6	0.3	0.05	3.5	1.96	7.96
$Q=12\ 000\ m^3/s$					
h_0(m)	Δh(m)	d(mm)	P(m)	d_s(m)	坝后冲刷水深 H(m)
6	0.2	0.05	3.0	1.46	7.46
6	0.3	0.05	3.0	1.68	7.68
6.5	0.2	0.05	3.5	1.70	8.20
6.5	0.3	0.05	3.5	1.96	8.46
7	0.2	0.05	4.0	1.94	8.94
7	0.3	0.05	4.0	2.24	9.24

表4-15　漫水锁坝冲刷坝后水深深度计算成果表(公式五)

$Q = 4\ 000\ m^3/s, d = 0.08\ mm$				
h(m)	v(m/s)	q(m^2/s)	h_s(m)	坝后冲刷水深 H(m)
4	2	8	0.89	4.89
4	2.5	10	2.12	6.12
4	3	12	3.34	7.34
4.5	2	9	0.90	5.40
4.5	2.5	11.25	2.25	6.75
4.5	3	13.5	3.60	8.10
5	2	10	0.89	5.89
5	2.5	12.5	2.37	7.37
5	3	15	3.84	8.84
$Q = 8\ 000\ m^3/s, d = 0.08\ mm$				
h(m)	v(m/s)	q(m^2/s)	h_s(m)	坝后冲刷水深 H(m)
5	2.5	12.5	2.37	7.37
5	3	15	3.84	8.84
5	3.5	17.5	5.31	10.31
5.5	2.5	13.75	2.47	7.97
5.5	3	16.5	4.07	9.57
5.5	3.5	19.25	5.66	11.16
6.0	2.5	15	2.57	8.57
6.0	3	18	4.29	10.29
6.0	3.5	21	6.00	12.00
$Q = 12\ 000\ m^3/s, d = 0.08\ mm$				
h(m)	v(m/s)	q(m^2/s)	h_s(m)	坝后冲刷水深 H(m)
6	3	18	4.29	10.29
6	3.5	21	6.00	12.00
6	4	24	7.72	13.72
6.5	3	19.5	4.50	11.00
6.5	3.5	22.75	6.33	12.83
6.5	4	26	8.16	14.66
7	3	21	4.70	11.70
7	3.5	24.5	6.65	13.65
7	4	28	8.60	15.60

四、桩坝冲刷深度确定

根据桩坝实际观测资料和模型试验冲刷成果分析，在桩坝前形成较大冲深的根本原因是桩坝阻挡水流正常演进而产生的坝前螺旋流：洪水流经桩坝受阻挡和挑流的影响，受阻的水流一部分被严重压缩后一方面在坝迎水面形成正压力极大的涌波，使压缩的水流沿坝面爬升；另一方面，在坝头形成强度很大沿坝面向下的下降水流。沿坝面的下降水流与受重阻挤压流速大增的纵向水流结合形成斜向河底的马蹄形螺旋流。马蹄形螺旋流又分为两部分：一部分为向坝面旋转而流向大河的螺旋流 A，另一部分则为向坝面旋转而又沿坝面绕坝头流向下游的螺旋流 B。螺旋流 B 至坝下游因坝后水流流速较小和水流间的剪切力作用而骤然降水扩散，在坝后形成尺度很大的旋涡体系和坝后回流区（见图 4-24）。

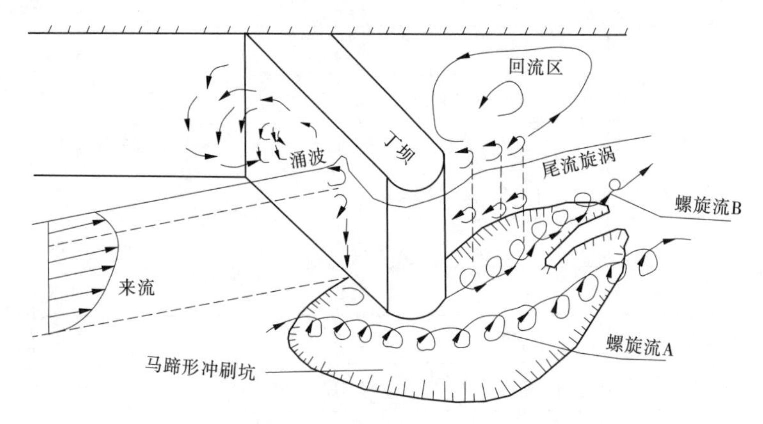

图 4-24　坝前水流形态示意图

被压缩的水流沿坝面爬升或下降，与坝坡和坝顶高度紧密相关：坝坡陡，则爬升比例小，下降比例大，坝前冲深大；坝顶低，被压缩的水流沿坝顶翻越，则爬升比例大，下降比例小，坝前冲深变小。另外，桩坝前后的冲刷坑形态、水深还与桩坝透水率紧密相关：桩坝透水率与冲刷深度成反比例关系，透水率加大，则坝前冲刷水深变小，但坝前深泓点随透水率加大而向坝体轴线管桩之间靠近，减小桩坝根部前后河床高差；反之，则是反向变化。桩坝尾端 80 ~ 100 m 最容易遭遇大角度水流顶冲和回流淘刷情况，该部位桩坝前后水深大于桩坝其他部位的水深。

综合考虑以上各公式计算成果，特别是吸纳公式一，垂直丁坝的计算结果，再结合可移动不抢险潜坝结构和实际运用工况，参考黄河下游实际柳石搂厢水中进占抢险水深数据，确定可移动不抢险潜坝 800 m^3/s 流量下，大溜斜冲坝前水深 8.0 m，大溜顶冲坝前水深 10.0 m；4 000 m^3/s 流量下，大溜斜冲坝前水深 12.0 m，大溜顶冲坝前水深 14.0 m。

第六节　结构设计研究

根据 2007 年水利部社会公益性项目“黄河下游移动式不抢险潜坝应用技术研究”成

果,进行了桩坝设计流量 800 m^3/s 和 4 000 m^3/s 两种工况下桩坝受水流冲击可能的河床冲深计算、观测和研究,对桩所承受的水平荷载(主要有动水压力、静水压力、主动土压力及被动土压力)的计算均进行了详细说明,并在此基础上,以黄河下游典型的地层条件为参考,通过极限平衡、弹性支点、黄河下游以往灌注桩坝的计算等方法对桩坝嵌固深度、桩的水平变形系数 α、桩身计算长度 l_c 和桩的稳定系数 φ、管桩内力和配筋、桩坝位移等进行了分析计算,还对管桩吊运、桩坝施工各阶段中相应荷载值和内力验算,提出了适合黄河下游特点的桩坝结构形式:桩坝管桩外径 0.5 m,管桩中心间距 0.8 m,桩坝顶部平 4 000 m^3/s水位、由桩长 15.0 m 管桩和 1.0 m 高盖梁组合成的桩坝处于临界失稳状态;顶部平 4 000 m^3/s 水位的安全桩坝合理桩长为 22.0 m 加 1.0 m 盖梁高,顶部平 800 m^3/s 对应水位的安全桩坝合理桩长为 18.0 m 加 1.0 m 盖梁高。

根据近几年对桩坝项目的进一步深入研究和试验工程观测分析,"黄河下游移动式不抢险潜坝应用技术研究"提出的黄河下游移动式不抢险潜坝结构形式非常适合抢险使用的重复组装式导流桩坝结构,为适应重复组装式导流桩坝施工条件和运用工况,在此仅仅对桩坝连接设计进行研究,把盖梁高度由 1.0 m 调整为 0.4 m,重复组装式导流桩坝其他结构参数均采用黄河下游移动式不抢险潜坝研究成果。

一、计算工况

据前所述,重复组装式导流桩坝根据其工程位置、拟发挥的作用不同有四种标准:

(1)完善现有河道整治布局,直线下延段布置桩坝工程的设计标准,即坝顶平设计流量 800 m^3/s 水位,在大、中、小洪水下保持工程的安全;

(2)为遏制畸形河势险情,在排洪河槽外汛期抢修桩坝的设计标准,即坝顶平设计流量 4 100 m^3/s 水位,在大、中、小洪水下保持工程的安全;

(3)为遏制畸形河势险情、规顺河势,在排洪河槽内非汛期抢修桩坝的设计标准,即坝顶平设计流量 810 m^3/s 水位,在大、中、小洪水下保持工程的安全;

(4)为遏制畸形河势险情、规顺河势,在排洪河槽内汛期抢修桩坝的设计标准,即坝顶平设计流量 1 600 m^3/s 水位,在大、中、小洪水下保持工程的安全。

因此,重复组装式导流桩坝可能的最危险运用为:四种设计流量标准桩坝分别在坝顶平其对应设计流量 800 m^3/s、4 100 m^3/s、810 m^3/s、1 600 m^3/s 水位运用工况,以及黄河下游防洪发生设防大洪水 22 300 m^3/s 流量情况下四种设计流量标准桩坝运行工况,无论哪一种工况都要保证各标准桩坝的安全稳定。

在"黄河下游移动式不抢险潜坝应用技术研究"中,已对坝顶平 800 m^3/s 和 4 000 m^3/s 两种设计流量标准桩坝进行了工况分析和相关计算,坝顶平 4 100 m^3/s、810 m^3/s 两种设计流量标准桩坝运用工况的相关计算,在适当考虑允许计算误差后,可以直接借用已有的 800 m^3/s 和 4 000 m^3/s 相关成果,在此不再进行针对性计算。

根据"黄河下游移动式不抢险潜坝应用技术研究"成果和计算经验,坝顶平设计流量 1 600 m^3/s 标准桩坝运用工况的相关计算,参考 800 m^3/s 和 4 000 m^3/s 两种设计流量标准桩坝相关成果,取定中间值,即 18.0 m 和 22.0 m 管桩长的中间值 20.0 m 作为该标准桩坝的合理桩长,其余结构参数不变。

二、坝体结构设计

根据可移动不抢险潜坝的运用要求，并结合黄河下游滩地为沙壤土、细砂、粉砂、黏土交替淤积的地层结构特点情况，以及探索新技术、新工艺可行性与可靠性的目标要求，可移动不抢险潜坝结构设计主要是构成坝体主体的钢筋混凝土预制管桩、盖梁，以及管桩和盖梁之间连接设计等。其中，管桩设计最为关键，关系到坝体的直接稳定和安全，主要是在准确进行管桩受力分析的基础上，确定管桩的长度和直径。

（一）坝体管桩运用受力分析与计算

根据模型试验成果和黄河下游已有透水桩坝运用观测情况，坝体平设计水位在河中阻挡水流运用工况为最危险情况，此时受顺坝和垂直坝体轴线冲刷影响，坝体前后形成的冲刷坑都最大，管桩之间土体被管桩间挤压的水流冲刷走失，只有紧靠管桩后面很小高度的土体因管桩遮护而残留下来，坝体前后冲刷坑因管桩缓流而出现陡坎式过渡连接，距离坝体后一定的河床还发生落淤、抬高，垂直桩坝轴线冲坑横断面可以概化为图 4-25。

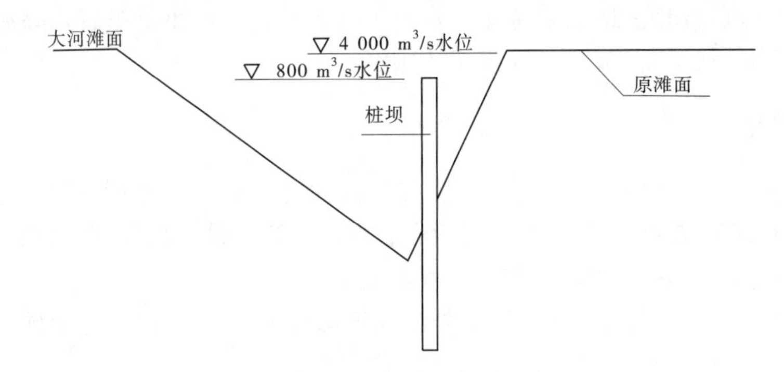

图 4-25　桩坝冲坑横断面概化图

桩坝在实际运用中，竖向主要是承受自重，因而竖向稳定有保证，而水平向因遭受水流冲击和所保护土体推压而有发生倾倒的可能，如果构成桩坝主体的每一根管桩都能保持稳定，则整体桩坝稳定。所以，在进行桩坝承受荷载计算时我们取单桩为分析单元，管桩所承受的水平荷载主要有动水压力、静水压力及被动土压力（见图 4-26）。根据桩坝运用观测数据资料进行坝体承受荷载计算。

坝顶平 800 m³/s 设计流量、流速为 2.5 m/s 情况下，坝体前后水位差约 0.2 m；坝顶平中常洪水 4 000 m³/s 设计流量、流速为 3.0 m/s 情况下，坝体前后水位差约 0.3 m。

（1）动水压力计算：

$$P_1 = \frac{KA\gamma_W v^2}{2g} \tag{4-17}$$

式中　K——动水作用系数，取 2；

A——水流作用面积，管桩计算宽度取 0.6 m；

γ_W——河水的重度，桩前河水重度取 10.6 kN/m³（100 kg/m³），桩后河水重度取 10.3 kN/m³（50 kg/m³）；

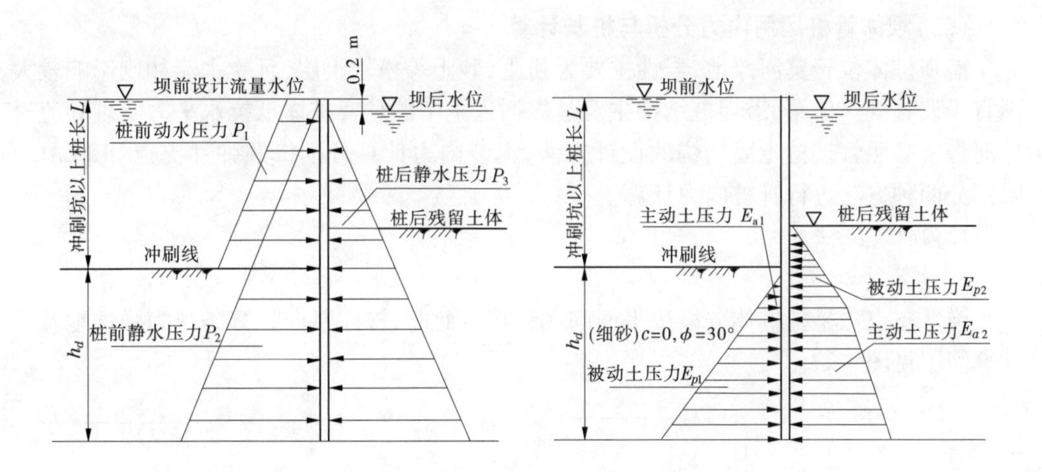

图 4-26　管桩承受水平荷载示意图

v——水流平均速度，设计流量为 800 m^3/s 时取 2.5 m/s，为 4 000 m^3/s 时取 3.0 m/s。

(2)静水压力计算：

$$P_2 = \frac{1}{2}\gamma_W H^2 \tag{4-18}$$

式中　H——水深，m，设计流量为 800 m^3/s 时桩前水深取 10.0 m、桩前后水位差取 0.2 m，为 4 000 m^3/s 时桩前水深取 14.0 m、桩前后水位差取 0.3 m；

其他符号意义同前。

(3)主动土压力及被动土压力计算。

管桩是铅直的，同时墙背后土层表面为水平面，基本上与朗肯土压力理论相符，设计计算时可采用朗肯土压力公式。

对无黏性土：

$$E_a = \frac{1}{2}\gamma H^2 K_a,\quad E_p = \frac{1}{2}\gamma H^2 K_p \tag{4-19}$$

对黏性土：

$$E_a = \frac{1}{2}\gamma H^2 K_a - 2cH\sqrt{K_a} + \frac{2c^2}{\gamma},\quad E_p = \frac{1}{2}\gamma H^2 K_p + 2cH\sqrt{K_p} \tag{4-20}$$

式中　E_a——主动土压力，kN/m；

K_a——主动土压力系数，$K_a = \tan^2\left(45° - \frac{\varphi}{2}\right)$；

E_p——被动土压力，kN/m；

K_p——被动土压力系数，$K_p = \tan^2\left(45° + \frac{\varphi}{2}\right)$；

φ——内摩擦角，取 32°；

c——黏聚力，此处取 11.0 kPa。

(二)坝体管桩运用内力分析与桩长计算

潜坝桩体位于黄河滩地,岩性主要为粉土、砂土等松软土层,且受水流冲刷影响较大,不宜于设置支撑体系,潜坝桩结构主要是靠插入土中的悬臂桩体抵抗水平力实现导流、控导河势。参照管桩挡土墙结构的设计方法,本节内力计算分别按照弹性支点和 FLAC 有限差分两种方法进行管桩内力计算。

1. 弹性支点法

1)计算原理

弹性支点法是把桩体分段按平面问题计算。此时,桩体竖向计算条视为弹性地基梁,计算简图见图 4-27。

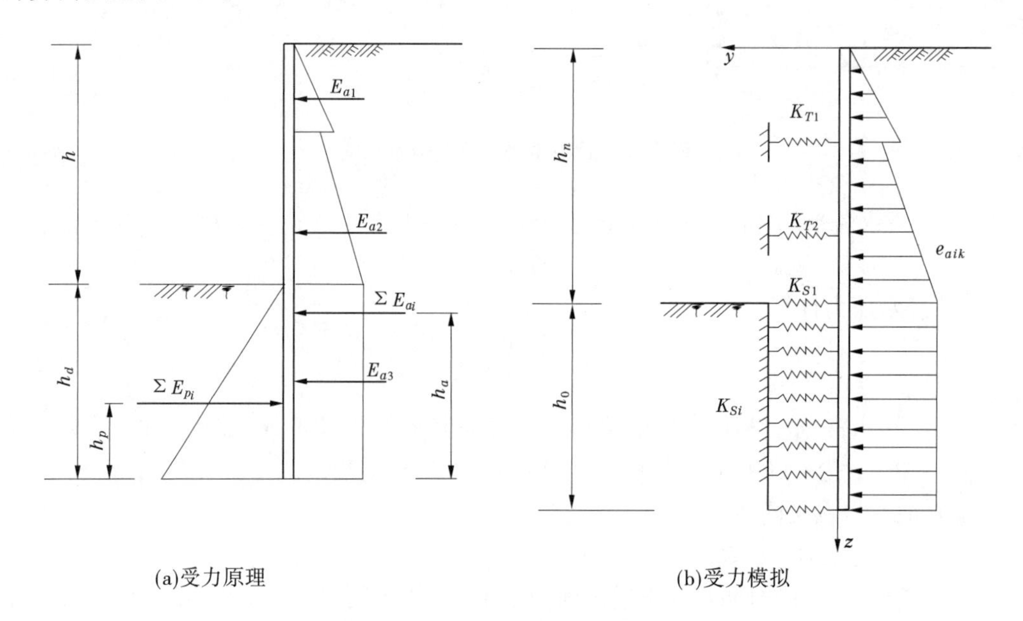

图 4-27　弹性支点法内力计算示意图

排桩插入土中的坑内侧视为弹性地基,则排桩的基本挠曲方程为:

$$\begin{cases} EI\dfrac{d^4y}{dx^4} - e_{aik}b_s = 0 & (0 \leqslant Z < h_n) \\ EI\dfrac{d^4y}{dx^4} + mb_0(Z - h_n)y - e_{aik}b_s = 0 & (Z = h_n) \end{cases} \tag{4-21}$$

式中　EI——排桩墙计算宽度抗弯刚度;

m——地基土水平抗力系数的比例系数;

b_0——抗力计算宽度,m;

Z——排桩顶点至计算点的距离;

h_n——基坑开挖深度;

y——计算点水平变形;

b_s——荷载计算宽度。

弹性支点法的解法有有限单元法、有限差分法和解析法。求解之后,按下式计算支护

结构的内力计算值:

弯矩
$$M_C = h_{mz}\sum E_{mz} - h_{az}\sum E_{az} \tag{4-22}$$

剪力
$$V_C = \sum E_{mz} - \sum E_{az} \tag{4-23}$$

式中 $\sum E_{mz}$——计算截面以上按弹性支点法计算得出的基坑内侧各土层弹性抗力值 $mb_0(Z-h_n)y$ 的合力;

h_{mz}——合力 $\sum E_{mz}$ 作用点到计算截面的距离;

$\sum E_{az}$——计算截面以上按弹性支点法计算得出的基坑外侧各土层水平荷载标准值 $e_{aik}b_s$ 的合力;

h_{az}——合力 $\sum E_{az}$ 作用点到计算截面的距离。

2)有限元校核分析潜坝

A. 分析方法

采用 ANSYS CIVILFEM 软件开展有限元分析,建立 2D 非线性数值模型模拟河道冲刷。梁单元模拟管桩结构,并通过接触单元考虑桩土之间的相互作用。计算中考虑混凝土材料的非线性,混凝土管桩、土和水位之间的关系如图 4-27 所示。

a. 土体

考虑了土体分层,根据试验工程地质情况确定各土层力学参数。

b. 力学模型

管桩采用梁单元模拟,考虑地下水位的变化。桩土作用通过弹簧元(Link1)模拟,如图 4-28 所示,各弹簧只能受压,当桩土之间分离时,该侧弹簧则退出工作。每对弹簧反映该方向上主动土压力和被动土压力的大小。

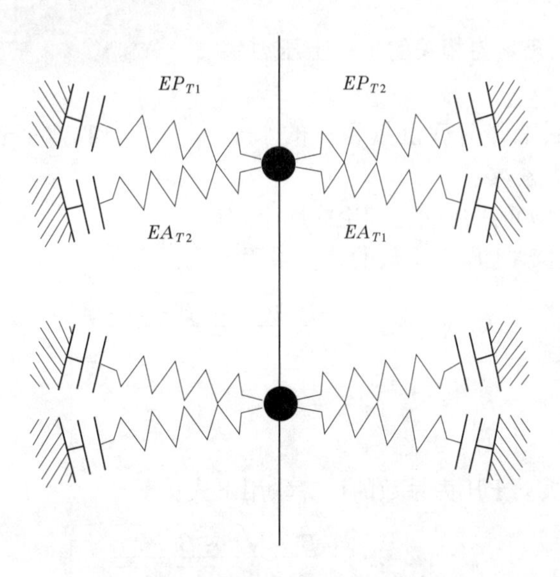

图 4-28 桩土相互作用(弹簧模拟)

弹簧的本构关系采用了非线性弹性模型,如图 4-29 所示。

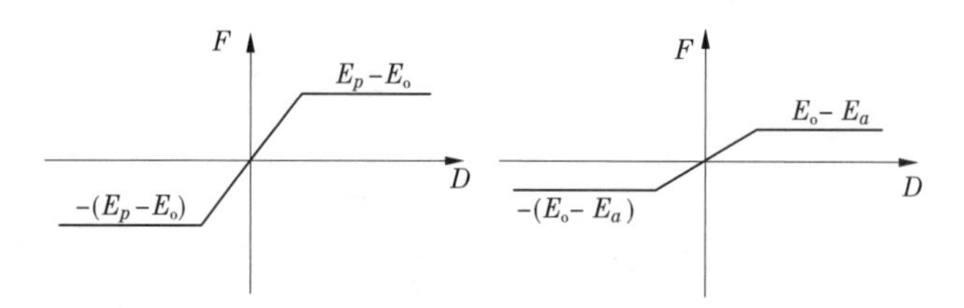

图 4-29　弹簧本构关系示意

c. 计算过程

有限元模型采用河道逐步冲刷方式模拟，每一个“荷载步”代表一种冲刷情况。土层冲刷采用“单元生死”技术实现。在每个冲刷阶段，模型都要进行“杀死”被冲刷土层弹簧单元、调整冲刷线下弹簧刚度、调整单元节点力、水压力和土压力等计算。

管桩上某点的土压力通过分层求和法计算该点以上土层的作用，并考虑土层的黏聚力和土层上部荷载的影响。土压力的计算如图 4-30 所示。

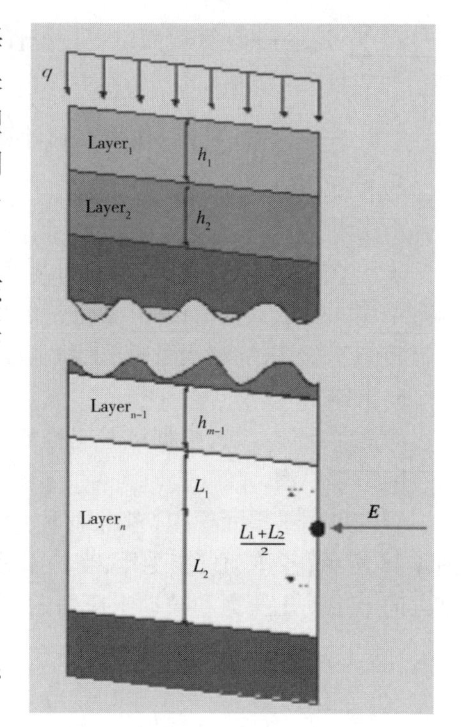

图 4-30　土压力的计算

在图 4-30 中土压力 E 的计算式为：

$$E = K_h\left(\sum_{i=1}^{i=n-1}\gamma_i h_i + \gamma_n L_1\right) + K_{hc} + K_{hq}q \tag{4-24}$$

式中　K_h——与土层重量相关的水平土压力系数；

K_{hc}——与土层黏聚力相关的水平土压力系数；

K_{hq}——与土层上部荷载重量相关的水平土压力系数。

上述各系数的计算可采用朗肯理论或库仑理论。

根据朗肯理论，主动土压力系数的计算采用下式：

$$\left.\begin{aligned} K_h &= \cos\beta \cdot \frac{\cos\beta - \sqrt{\cos^2\beta - \cos^2\varphi}}{\cos\beta + \sqrt{\cos^2\beta - \cos^2\varphi}} \\ \widehat{K}_{hc} &= 2\sqrt{K_h} \\ K_{hq} &= K_h \end{aligned}\right\} \tag{4-25}$$

根据朗肯理论，被动土压力系数的计算采用下式：

$$\left.\begin{aligned} K_h &= \cos\beta \cdot \frac{\cos\beta + \sqrt{\cos^2\beta - \cos^2\varphi}}{\cos\beta - \sqrt{\cos^2\beta - \cos^2\varphi}} \\ \widehat{K}_{hc} &= 2\sqrt{K_h} \end{aligned}\right\} \tag{4-26}$$

根据库仑理论，主动土压力系数的计算采用下式：

$$\left.\begin{aligned} K_h &= \frac{\cos^2\varphi}{\cos\delta\left[1+\sqrt{\dfrac{\sin(\varphi+\delta)\sin(\varphi-\beta)}{\cos\delta\cos\beta}}\right]^2} \\ \widehat{K}_{hc} &= 2\sqrt{K_h} \\ K_{hq} &= K_h \end{aligned}\right\} \tag{4-27}$$

根据库仑理论，被动土压力系数的计算采用下式：

$$\left.\begin{aligned} K_h &= \frac{\cos^2\varphi}{\cos\delta\left[1-\sqrt{\dfrac{\sin(\varphi+\delta)\sin(\varphi+\beta)}{\cos\delta\cos\beta}}\right]^2} \\ \widehat{K}_{hc} &= 2\sqrt{K_h} \\ K_{hq} &= K_h \end{aligned}\right\} \tag{4-28}$$

式中 β——地面坡度，(°)；

φ——土体内摩擦角，(°)；

δ——桩土间摩擦角，(°)；

$\widehat{K}_{hc}$——与土层黏聚力相关的水平土压力系数。

本计算采用朗肯理论。水平土压力值可通过下式计算：

$$K_{hc} = c\widehat{K}_{hc} \tag{4-29}$$

B. 有限元模型

计算中管桩与土层冲刷模型如图4-31所示，考虑黄河实际情况，为计算方便，假定土层为均质，并且假设各工况中冲刷一次完成。管桩横截面形状为管状，外径为0.6 m，管厚0.25 m，相邻管桩轴心间距离为0.9 m，桩身混凝土等级采用C60，桩长18 m和24 m。流速按在一般水流800 m^3/s时为2.5 m/s、中常洪水4 000 m^3/s时为3.0 m/s确定。

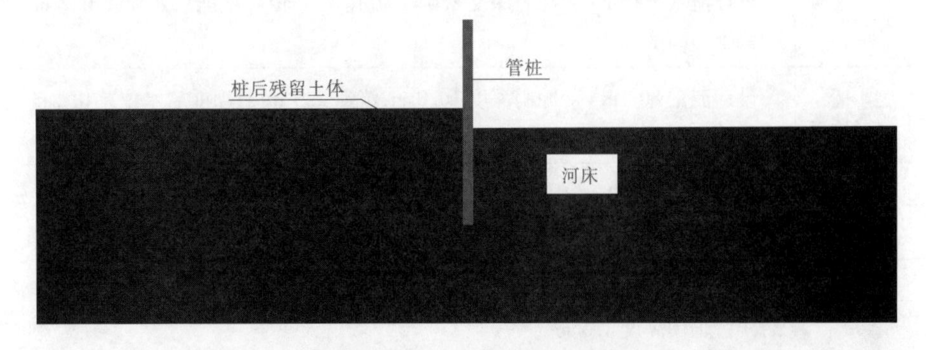

图4-31 桩土冲刷模型示意图

计算中取单桩和周边土层进行分析。管桩与土体有限元模型采用3种单元来模拟：管桩采用BEAM54单元，土体采用LINK1单元，桩土接触采用CONTAC12单元。模型共计738个单元，739个节点，其中管桩单元82个、土层弹簧单元328个、桩土接触单元328个。桩体横截面示意图见图4-32，主要材料属性见表4-16。

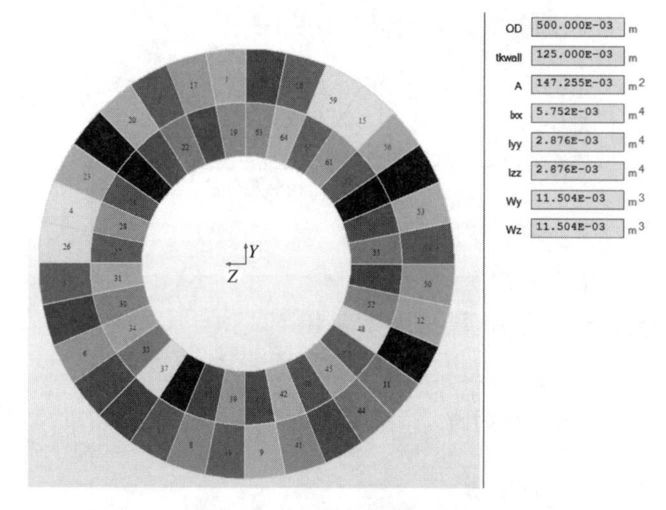

图 4-32　管桩单元横截面与系数

表 4-16　主要材料属性

材料名称	弹性模量(MPa)	泊松比	密度(kg/m^3)	热膨胀系数	内摩擦角(°)
管桩 C60	36 000	0.167	2 500	0.1×10^{-4}	—
土层	60	0.3	1 960	0.1×10^{-4}	30

有限元分析共取 4 种工况，分别为：设计流量 800 m^3/s 下，冲刷深度 8.0 m 和 10.0 m；中常洪水 4 000 m^3/s，冲刷深度 12.0 m 和 15.0 m。具体见表 4-17。

表 4-17　有限元分析工况

工况	工况特征
工况一	设计流量 800 m^3/s，冲刷深度 8.0 m，流速 2.5 m/s，坝前后水位差 0.2 m，桩后残留土体高度 1.0 m
工况二	设计流量 800 m^3/s，冲刷深度 10.0 m，流速 2.5 m/s，坝前后水位差 0.2 m，桩后残留土体高度 1.0 m
工况三	中常洪水 4 000 m^3/s，冲刷深度 12.0 m，流速 3.0 m/s，坝前后水位差 0.3 m，桩后残留土体高度 1.5 m
工况四	中常洪水 4 000 m^3/s，冲刷深度 14.0 m，流速 3.0 m/s，坝前后水位差 0.3 m，桩后残留土体高度 1.5 m

C. 有限元分析

a. 工况一

计算中管桩与土层冲刷模型如图 4-33 所示，考虑黄河实际情况，为计算方便，假定土层为均质，并且假设在各工况中冲刷一次完成。管桩横截面形状为管状，外径为 0.6 m，管厚0.25 m,相邻管桩轴心间距离为0.8 m,桩身混凝土等级采用C60,计算模型两侧宽度各选取两根管桩中心距离的一半,因此计算模型宽度为0.8 m。

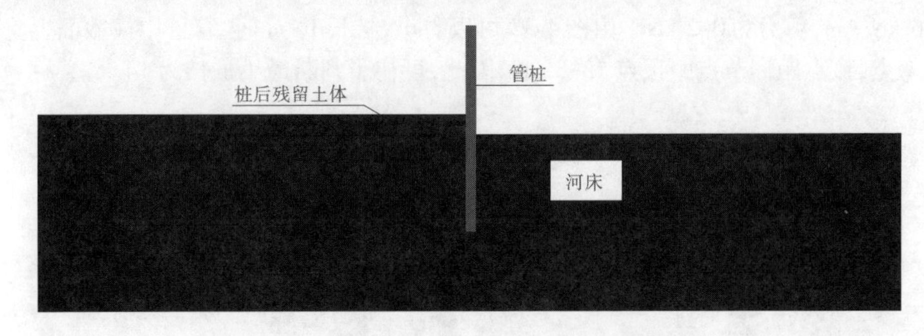

图4-33　工况一桩长16 m桩土冲刷模型示意图

关键计算参数:坝前流速2.5 m/s,坝前水深8.0 m,坝前后水位差0.2 m,桩后残留土体1.0 m。

(1)试取桩长16 m计算。

计算中取单桩和周边土层进行分析。管桩与土体有限元模型采用3种单元来模拟,其中管桩采用BEAM54单元,土体采用LINK1单元,桩土接触采用CONTAC12单元。

工况一桩长试取16 m时,在水压力和土压力作用下,管桩变形如图4-34所示。由于桩后土体被冲刷,受动水压力作用,管桩向坝内变形,最大位移0.056 m。

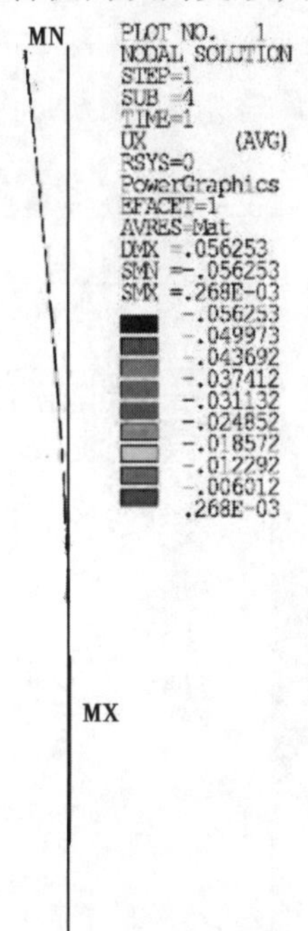

图4-34　工况一桩长16 m管桩水平位移图

在重力、土压力和水压力作用下,桩长16 m管桩最大弯矩为131.7 kN·m,最大剪力为53.3 kN。各横截面上轴向应力最大值为11.4 MPa(发生在单元39中),内力情况见

图 4-35和图 4-36。单元 39 横截面上各点的应力和截面内力情况见图 4-37,其横截面上内力分别为:在 i 节点端弯矩为 131.7 kN · m,剪力为 0.2 kN;在 j 节点端弯矩为 131.6 kN · m,剪力为 0.2 kN。由图 4-37 可以看出,桩长 16 m 时,管桩中横截面上具有弯矩反弯点,该点距离节点距顶点 13.3 m。因此,可初步判断最小桩长为 14 m。

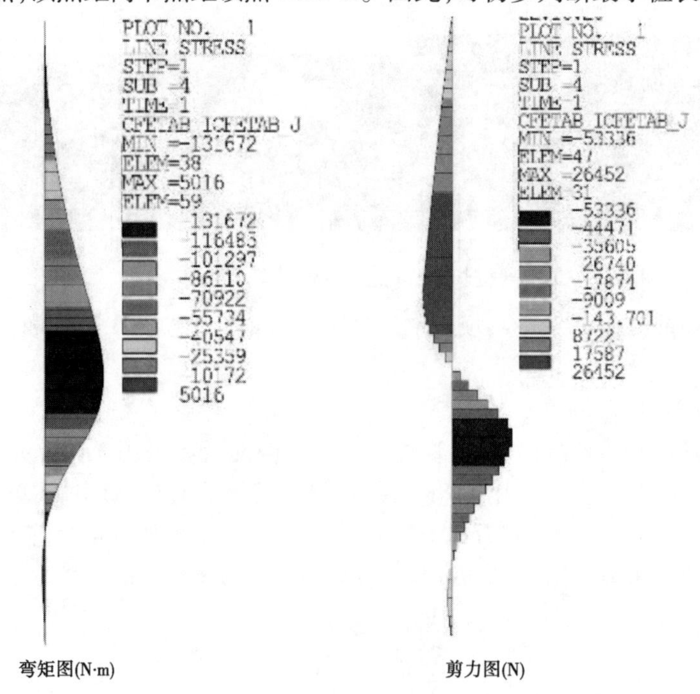

图 4-35 工况一桩长 16 m 管桩内力图

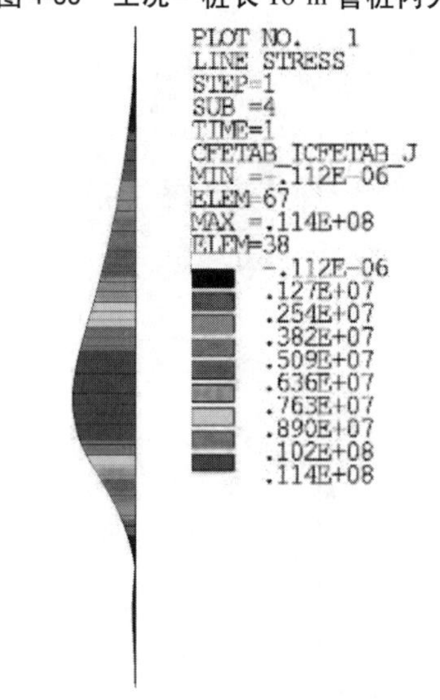

图 4-36 工况一桩长 16 m 管桩各断面最大轴向应力图 (单位:N/m^2)

(2)试取桩长 14 m 计算。管桩与土层冲刷模型如图 4-38 所示。

工况一桩长为 14 m 时,在水压力和土压力作用下,管桩变形如图 4-39 所示。由于桩

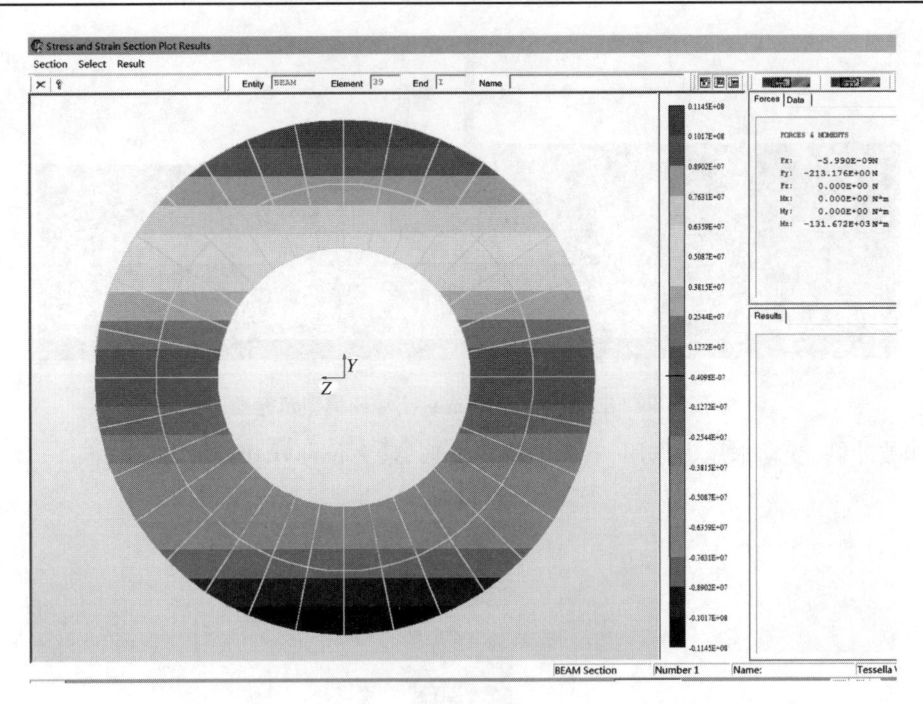

(a) i 节点端横截面

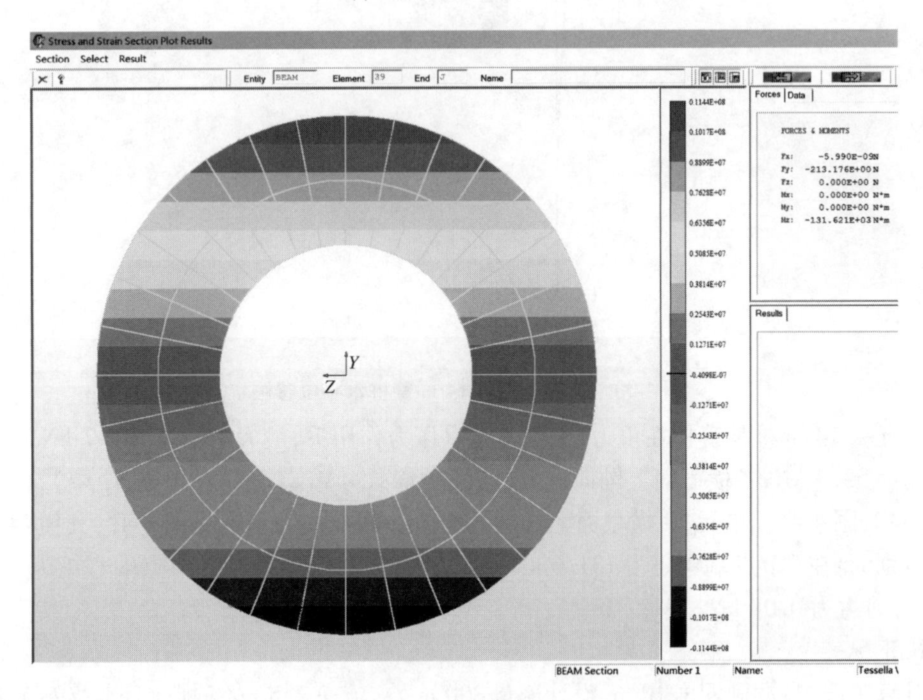

(b) j 节点端横截面

图 4-37　工况一桩长 16 m39 号单元横截面内力与应力图

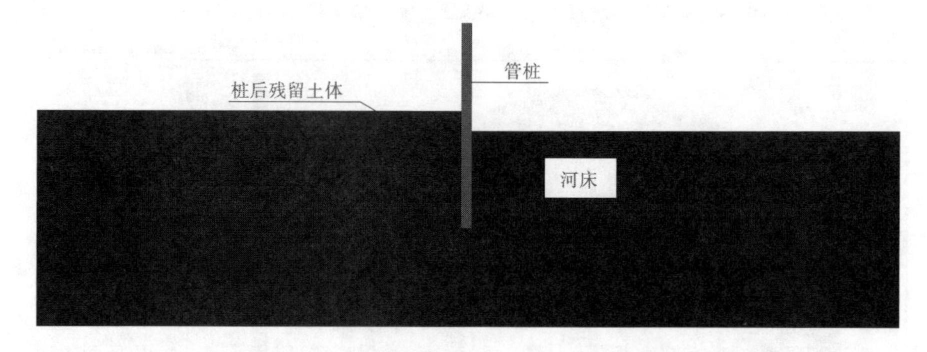

图 4-38　工况一桩长 14 m 桩土冲刷模型示意图

后土体被冲刷,受动水压力作用,管桩向坝内变形,最大位移 0.056 m。

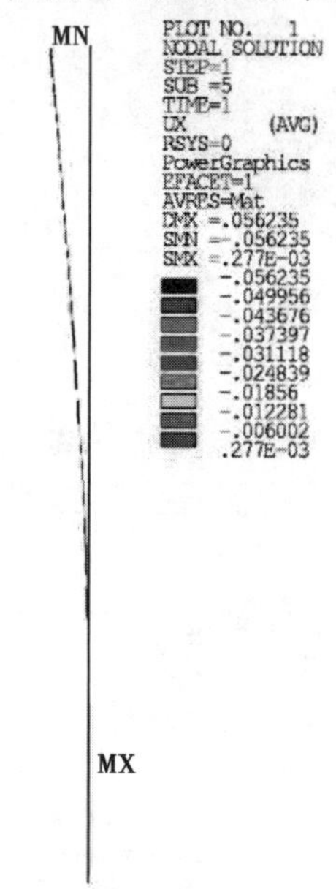

图 4-39　工况一桩长 14 m 管桩水平位移图

工况一 14 m 桩长管桩在重力、土压力和水压力作用下,最大弯矩为 131.7 kN · m,最大剪力为 53.3 kN,各横截面上轴向应力最大值为 11.4 MPa(发生在单元 39 中),内力图见图 4-40、图 4-41。单元 39 横截面上各点的应力和截面内力情况见图 4-42,其横截面上内力分别为:在 i 节点端弯矩为 131.6 kN · m,剪力为 0.07 kN;在 j 节点端弯矩为 131.7 kN · m,剪力为 0.07 kN。

b. 工况二

计算工况二:冲刷深度 10 m,设计流量 800 m^3/s,流速 2.5 m/s,坝前后水位差 0.2 m,桩后残留土 1.0 m,取桩长 16 m。桩土冲刷模型如图 4-43 所示。计算时考虑重力、土压力和动水压力的大小。工况二时,在土层压力和动水压力作用下,管桩的变形如图 4-44 所示。可以看出,由于冲刷,受动水压力作用,管桩向坝内变形,位移最大值达到 0.13 m。

工况二时,16 m 管桩在重力、土压力和水压力作用下,最大弯矩为 202.0 kN · m,最

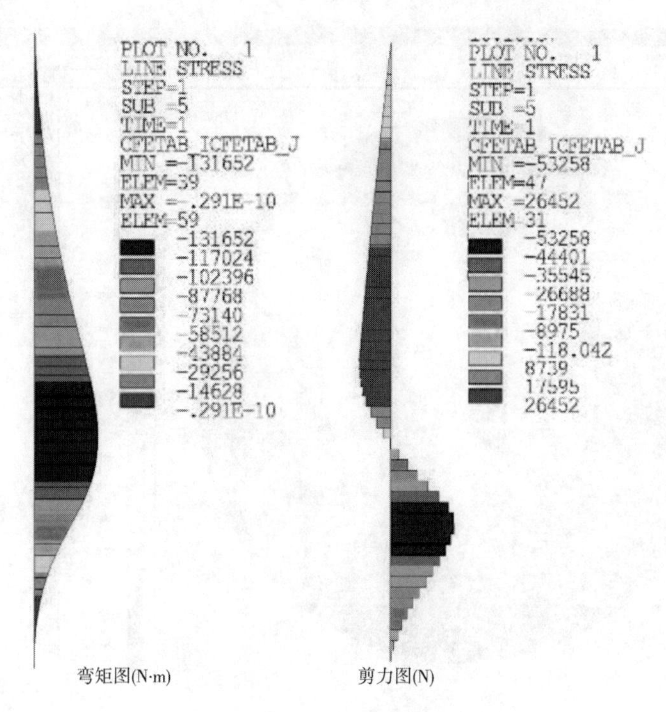

图 4-40　工况一桩长 14 m 管桩内力图

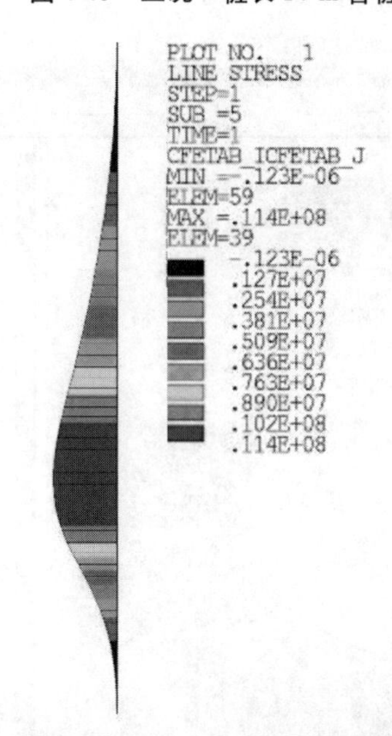

图 4-41　工况一桩长 14 m 管桩轴向应力图　（单位：N/m^2）

大剪力为79.7 kN。各横截面上轴向应力最大值为17.6 MPa（发生在单元47中），内力情况见图4-45、图4-46。单元47横截面上各点的应力和截面内力情况见图4-47，其横截面上内力分别为：在 i 节点端弯矩为200.6 kN · m，剪力值5.7 kN；在 j 节点端弯矩为202.0 kN · m，剪力为5.7 kN。

c. 工况三

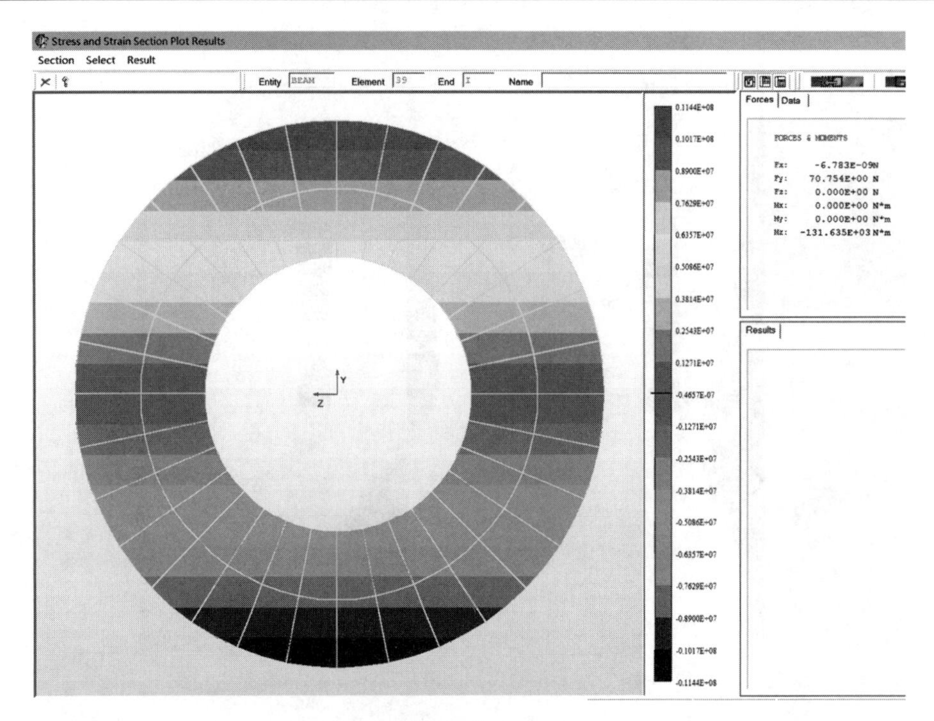

(a) i节点端横截面

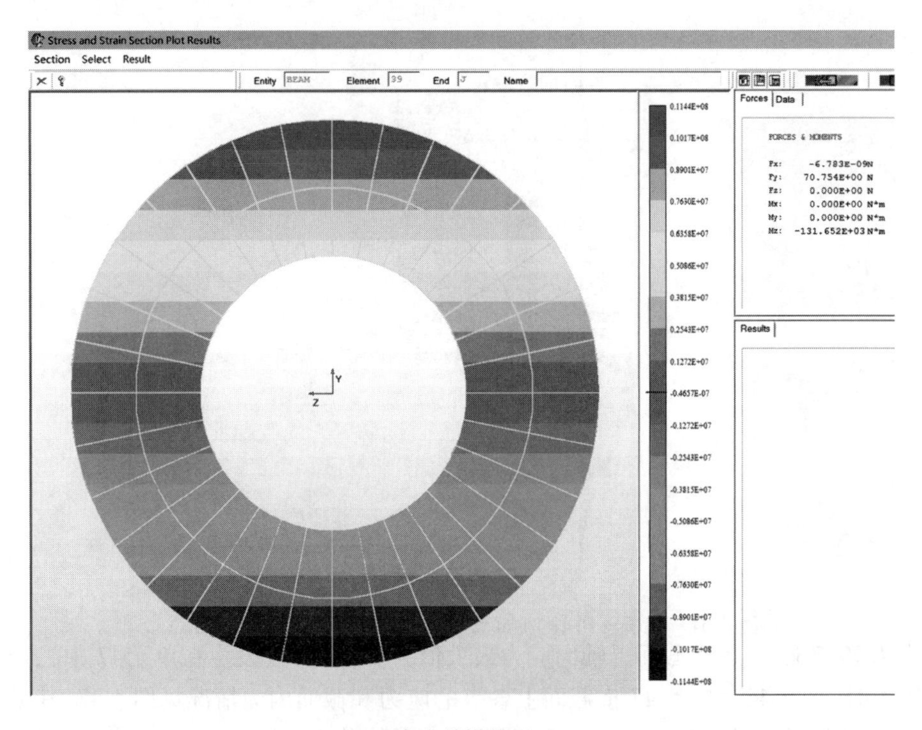

(b) j节点端横截面

图 4-42　工况一桩长 14 m 39 号单元横截面内力与应力图

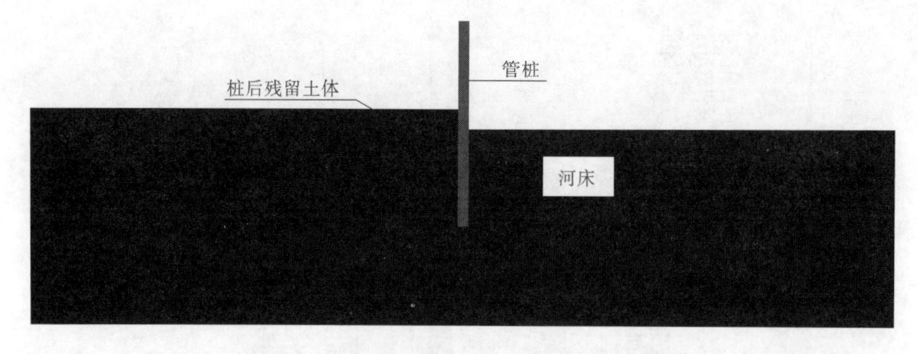

图 4-43　工况二桩长 16 m 桩土冲刷模型示意图

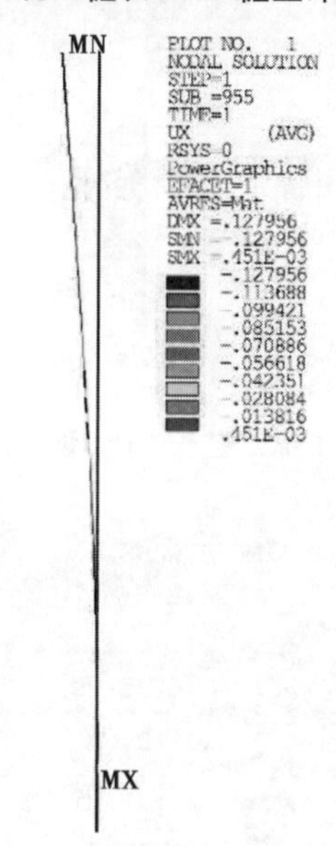

图 4-44　工况二桩长 16 m 管桩水平位移图

计算工况三：中常洪水 4 000 m^3/s，冲刷水深 12.0 m，流速 3.0 m/s，坝前后水位差 0.3 m，桩后残留土体高度 1.5 m。经计算，当桩长为 16 m 和 18 m 时，结果不收敛，不满足设计要求，初步选定桩长 20 m。桩土冲刷模型如图 4-48 所示。计算时考虑重力、土压力和动水压力的大小。工况三时，在土层压力和动水压力作用下，管桩的变形见图 4-49。可以看出，由于冲刷，管桩向坝内变形，位移最大值达到 0.39 m。

工况三时，在重力、土压力和水压力作用下，管桩最大弯矩为 427.4 kN·m，最大剪力为 145.9 kN。各横截面上轴向应力最大值为 37.2 MPa（发生在单元 56 中），内力情况见图 4-50、图 4-51。可以看出工况三时管桩最大轴向应力大于 $0.60f_{ck}=19.2$ MPa，不满足设计要求。单元 56 横截面上各点的应力和截面内力情况如图 4-52 所示，其横截面上内力分别为：在 i 节点端弯矩为 425.2 kN·m，剪力为 9.0 kN；在 j 节点端弯矩为 427.4 kN·m，剪力为 9.0 kN。

有鉴于此，应增大插板桩横断面尺寸。

d. 工况四

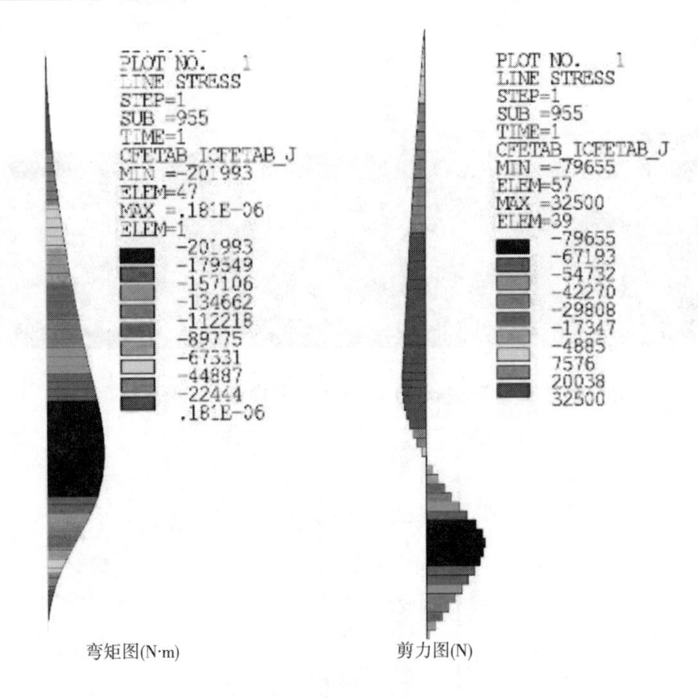

图 4-45　工况二桩长 16 m 管桩内力图

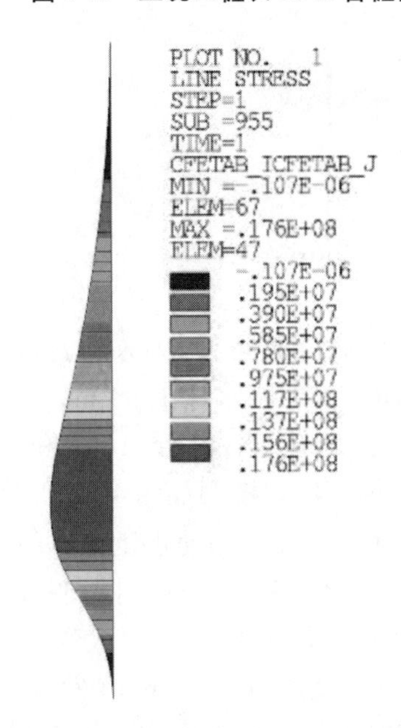

图 4-46　工况二桩长 16 m 管桩各断面最大轴向应力图（单位：N/m^2）

计算工况四：中常洪水 4 000 m^3/s，冲刷水深 14.0 m，流速 3.0 m/s，坝前后水位差 0.3 m，桩后残留土体高度 1.5 m。初步确定桩长 18 m 和 20 m 时，计算不收敛。故方案一初定取桩长 25 m。计算中管桩与土层冲刷模型如图 4-53 所示。

(1)试取桩长 25 m 计算。

工况四桩长为 25 m 时，在水压力和土压力作用下，管桩变形如图 4-54 所示。由于桩

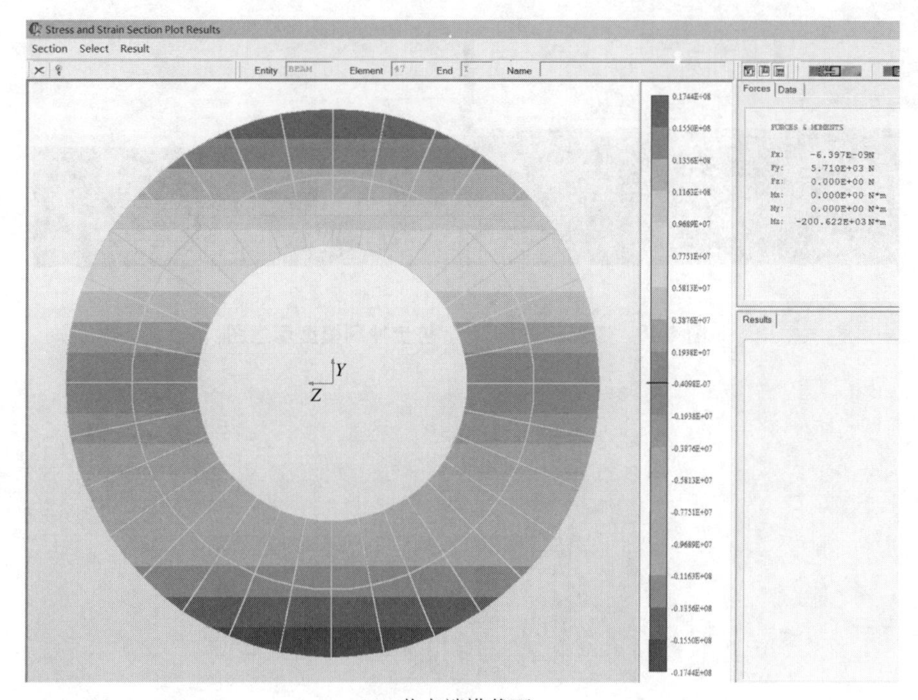

(a) i 节点端横截面

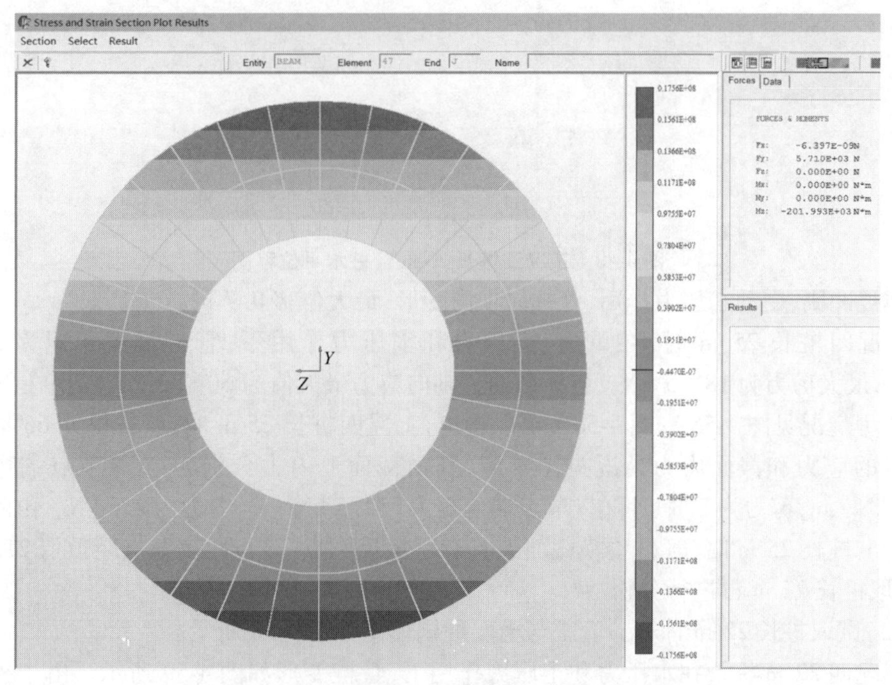

(b) j 节点端横截面

图 4-47　工况二桩长 16 m47 号单元横截面内力与应力图

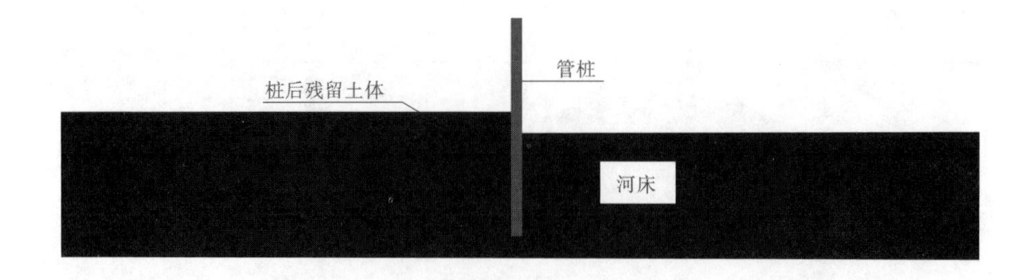

图 4-48　工况三桩长 20 m 桩土冲刷模型示意图

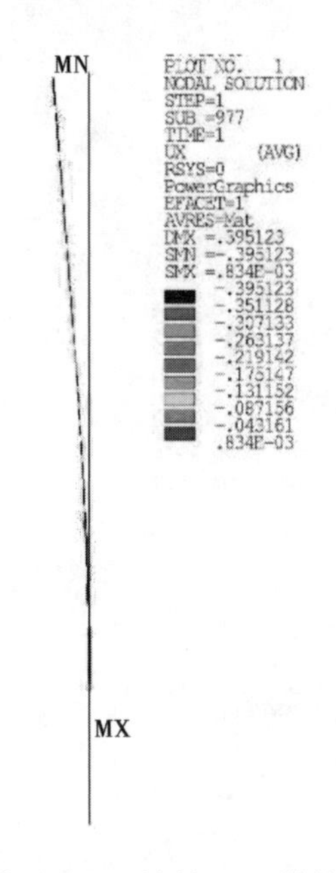

图 4-49　工况三桩长 20 m 管桩水平位移图

后土体被冲刷,受动水压力作用,管桩向坝内变形,最大位移 0.7 m。

工况四桩长 25 m 时,在重力、土压力和水压力作用下,管桩最大弯矩为 575.0 kN · m,最大剪力为 185.5 kN。各横截面上轴向应力最大值为 50.0 MPa(发生在单元 66 中),内力情况见图 4-55 和图 4-56。可以看出,工况四桩长 25 m 时,管桩单元 66 横截面上各点的应力和截面内力情况见图 4-57,其横截面上内力分别为:在 i 节点端弯矩为 575.0 kN · m,剪力为 2.8 kN;在 j 节点端弯矩为 574.3 kN · m,剪力为 2.8 kN。由图 4-58 可以看出桩长 25 m 时,管桩中横截面上具有弯矩反弯点,该点距离节点距顶点 21.8 m。因此,取桩长 22 m 再进行分析。

(2)试取桩长 22 m 计算。管桩与土层冲刷模型如图 4-58 所示。

工况四 22 m 桩长在水压力和土压力作用下,管桩变形如图 4-59 所示。由于桩后土体被冲刷,受动水压力作用,管桩向坝内变形,最大位移 0.7 m。

工况四 22 m 桩长时,在重力、土压力和水压力作用下,管桩最大弯矩为 574.9 kN · m,最大剪力为 184.1 kN。各横截面上轴向应力最大值为 50.0 MPa(发生在单元 66 中),内力情况见图 4-60 和图 4-61。单元 66 横截面上各点的应力和截面内力情况如

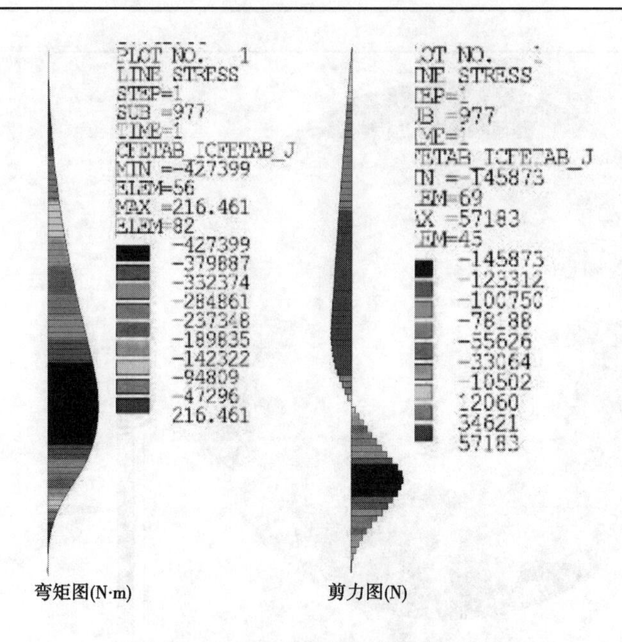

图 4-50　工况三桩长 20 m 管桩内力图

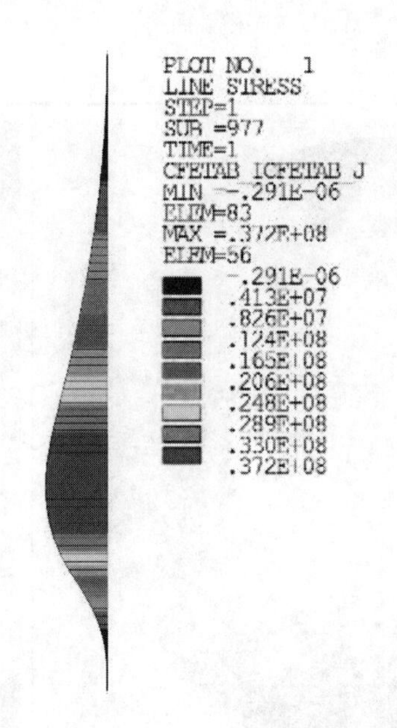

图 4-51　工况三桩长 20 m 管桩轴向应力图　（单位:N/m^2）

图 4-62所示,其横截面上内力分别为:在 i 节点端弯矩为 574.9 kN · m,剪力为 2.1 kN;在 j 节点端弯矩为 574.4 kN · m,剪力为 2.1 kN。

D. 有限元分析小结

总结以上各工况计算成果,得出管桩在重力、土压力和水压力作用下各工况管桩内力与应力特征,见表 4-18。

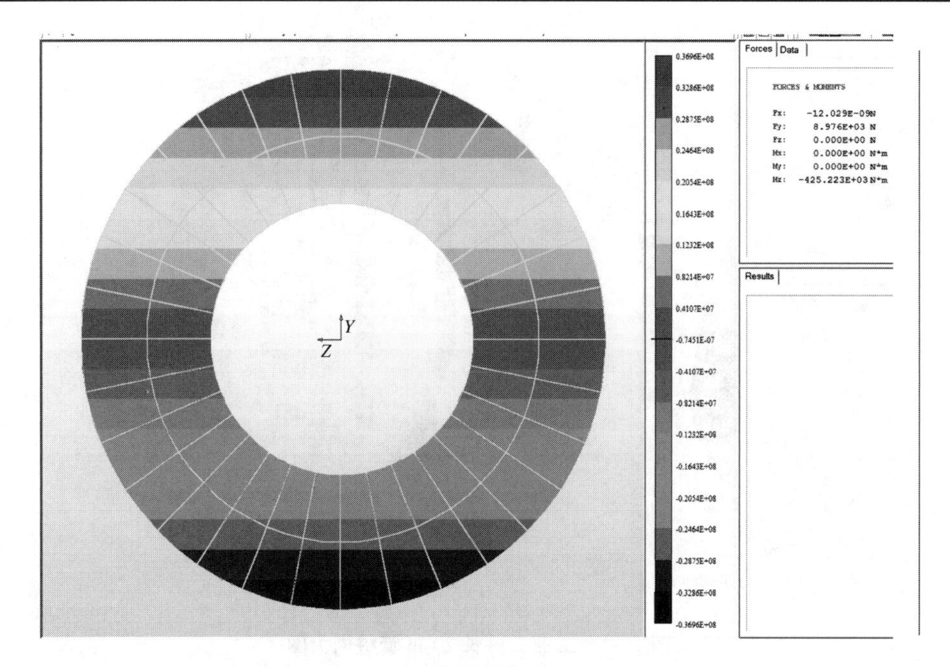

(a) i 节点端横截面

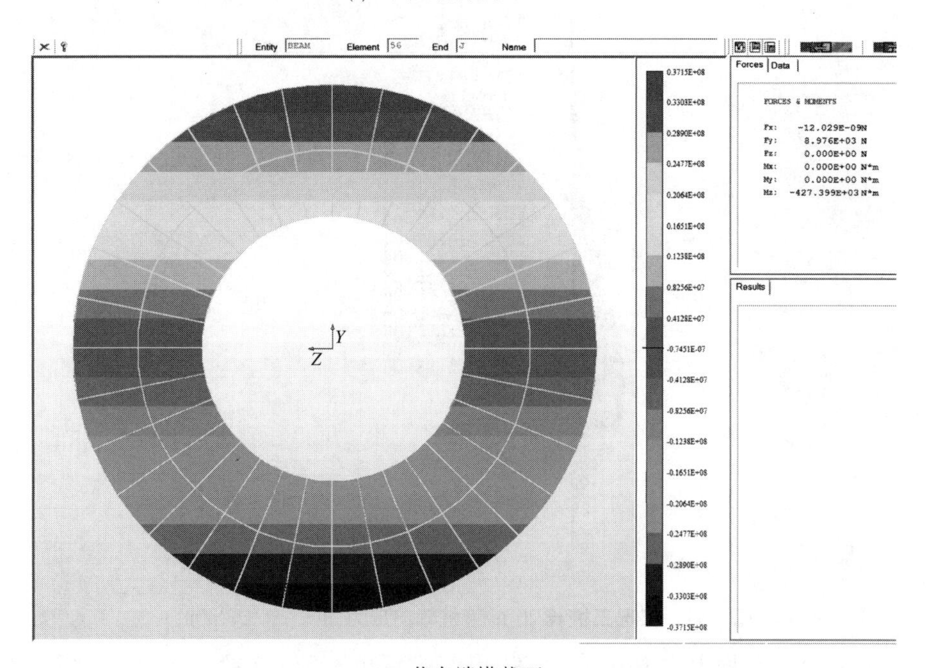

(b) j 节点端横截面

图 4-52　工况三桩长 20 m 56 号单元横截面内力与应力图

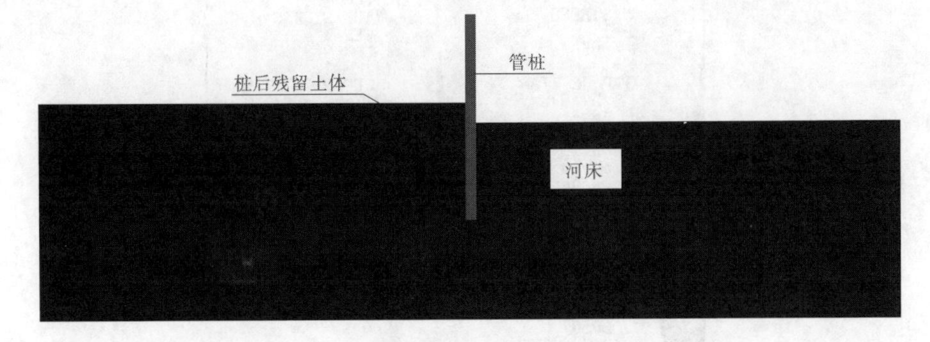

图 4-53　工况四桩长 25 m 桩土冲刷有限元模型

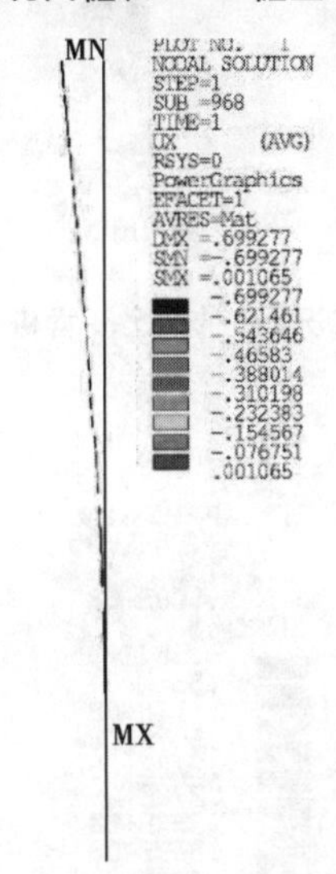

图 4-54　工况四桩长 25 m 管桩水平位移图

表 4-18　各工况下管桩内力与应力

工况	工况特征	桩长(m)	最大弯矩(kN·m)	最大剪力(kN)	最大弯矩单元号	最大弯矩距桩顶位置(m)	桩顶最大位移(m)
工况一	800 m^3/s，坝前水深 8.0 m，透水	16	131.7	53.3	39	8.96	0.056
	800 m^3/s，坝前水深 8.0 m，透水	14	131.7	53.3	39	8.96	0.056
工况二	800 m^3/s，坝前水深 10.0 m，透水	16	202.0	79.7	47	10.96	0.13
工况三	4 000 m^3/s，冲刷水深 12.0 m，透水	20	427.4	145.9	56	13.2	0.39
工况四	4 000 m^3/s，冲刷水深 14.0 m，透水	25	575.0	185.5	66	15.7	0.7
	4 000 m^3/s，冲刷水深 14.0 m，透水	22	574.9	184.1	66	15.7	0.7

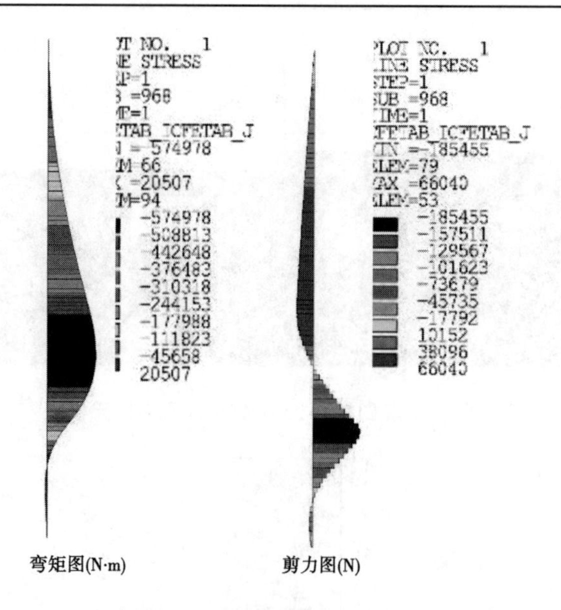

弯矩图(N·m)　　剪力图(N)

图 4-55　工况四桩长 25 m 管桩内力图

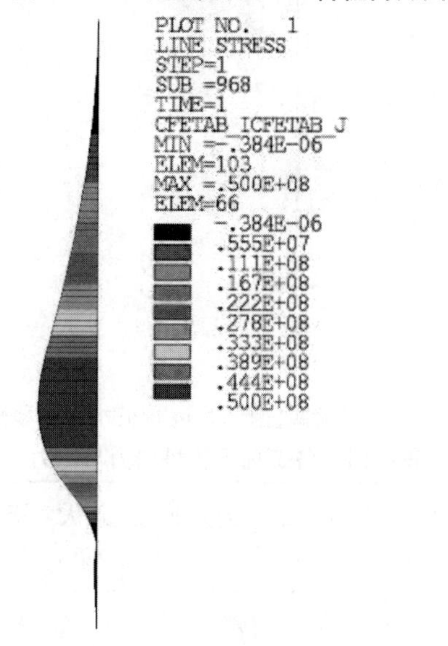

图 4-56　工况四桩长 25 m 管桩轴向应力图　（单位：N/m^2）

2. FLAC 有限差分法

1) FLAC 基本原理

FLAC 有限差分法通过时步积分求解差分方程，随着构形的变化不断更新坐标，将位移增量累计到坐标系中，对于非线性问题、大变形问题、物理不稳定问题是最适用的，多用于进行有关边坡、基础、坝体、隧道、地下采场、洞室等的应力分析。

A. FLAC 有限差分法解题步骤

(1)差分网格的划分，即对求解区域进行差分离散；

(2)选择合适的差分格式逼近微分方程或偏微分方程的定解，建立差分方程；

(3)边界及初始条件差分方程的建立；

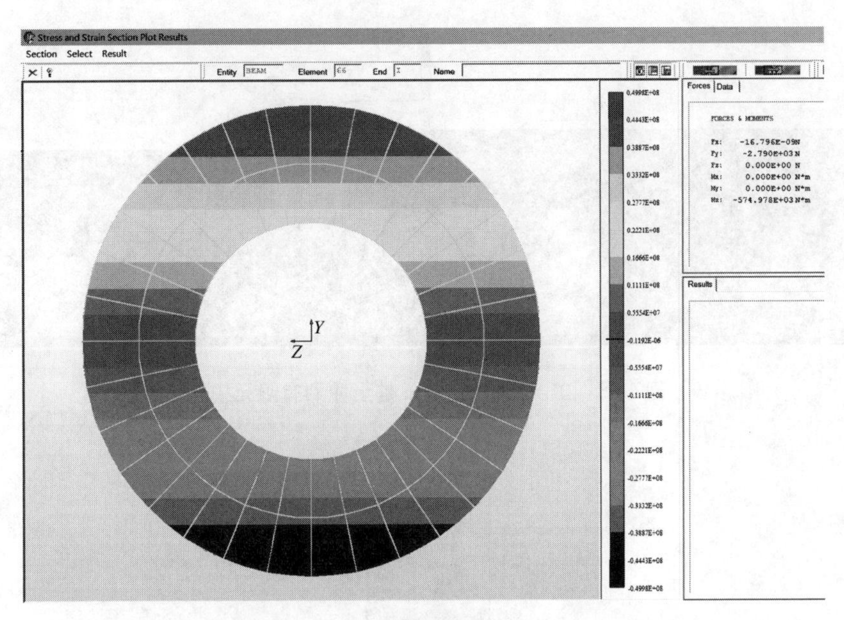

(a) *i* 节点端横截面

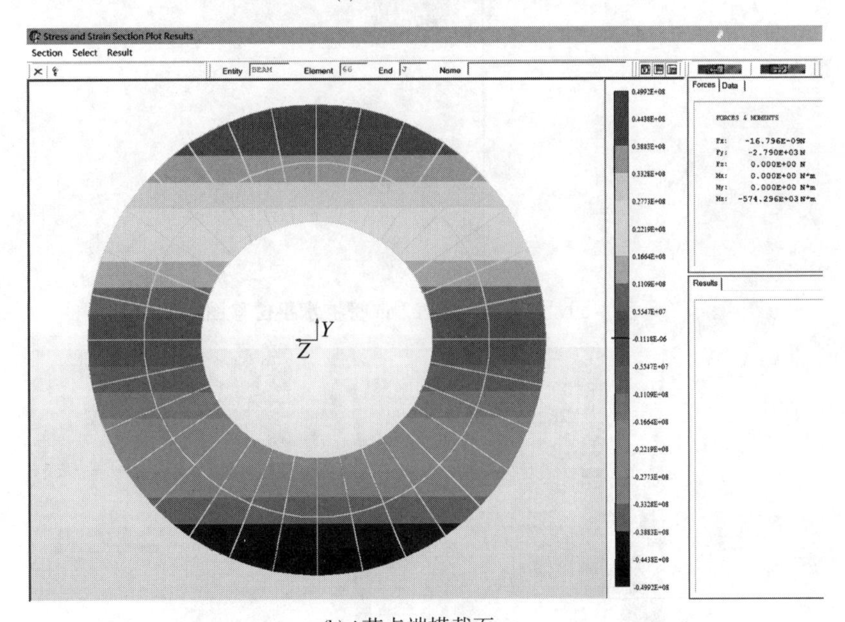

(b) *j* 节点端横截面

图 4-57 工况四桩长 25 m 66 号单元横截面内力与应力图

(4)联立差分方程,按有效计算方法求解线性代数方程组。

B. FLAC 基本力学方程

固体介质中任意给定点的应力状态可以用对称应力张量 σ_{ij} 描述。作用在表面上具有单位法矢量[n]的外力可由 Cauchy 公式给出:

$$t_i = \sigma_{ij} n_j \tag{4-30}$$

根据动量法则的连续形式,可获得 Cauchy 运动方程:

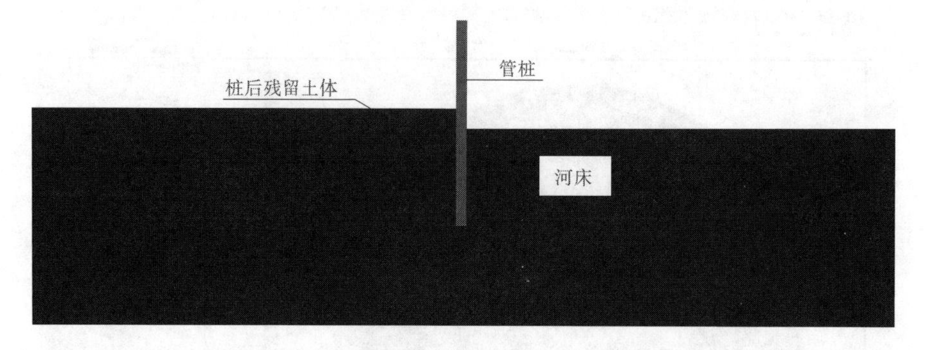

图 4-58　工况四桩长 22 m 桩土冲刷有限元模型

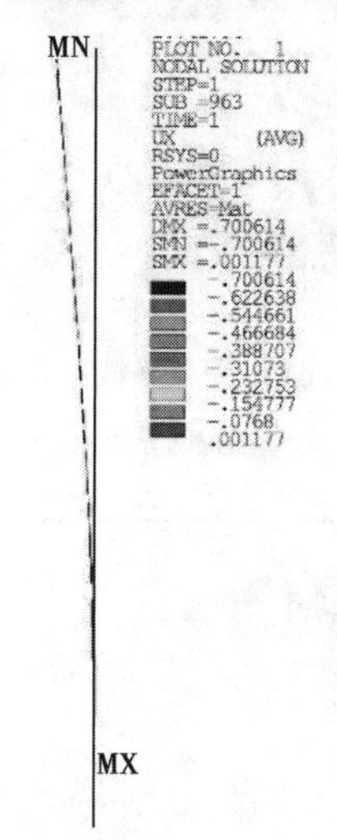

图 4-59　工况四桩长 22 m 管桩水平位移图

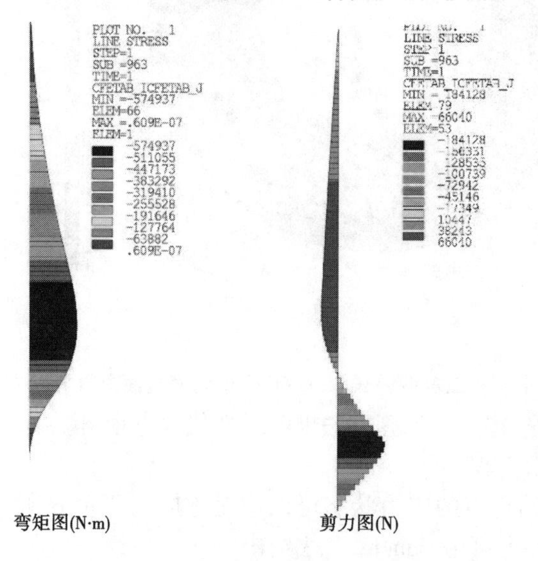

图 4-60　工况四桩长 22 m 管桩内力图

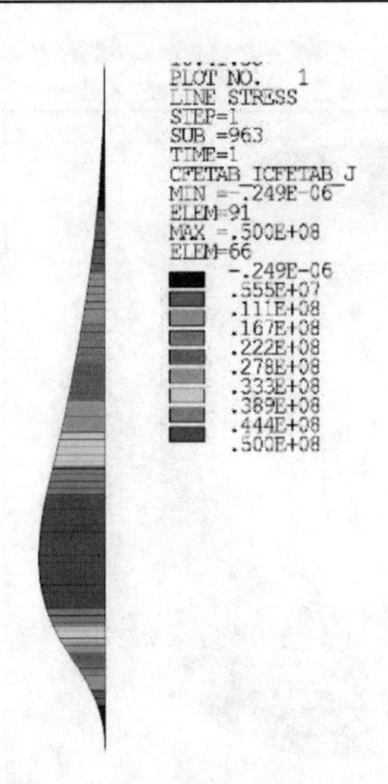

图4-61 工况四桩长22 m管桩轴向应力图 （单位：N/m^2）

$$\sigma_{ij,j} + \rho b_i = \rho \frac{\mathrm{d}v_i}{\mathrm{d}t} \tag{4-31}$$

式中 ρ——介质单位体积的质量；

b_i——单位质量的体积力分量；

$\mathrm{d}v_i/\mathrm{d}t$——速度的材料导数。

基于物体运动与平衡的基本规律推导出处于静力平衡状态系统的三维有限差分运动方程为：

$$\rho \frac{\partial \dot{u}}{\partial t} := \frac{\partial \sigma_{ij}}{\partial x_j} + \rho g_i \tag{4-32}$$

式中 ρ——物体的质量密度；

t——时间；

x_j——坐标矢量分量；

g_i——重力加速度（体力）分量；

σ_{ij}——应力张量分量；

下标 i——笛卡儿坐标系中的分量，复标寓为求和。

根据力学本构定律，得出各向同性弹性材料本构定律为：

$$\sigma_{ij} := \sigma_{ij} + \left\{\delta_{ij}\left(K - \frac{2}{3}G\right)\dot{e}_{kk} + 2G\,\dot{e}_{ij}\right\}\Delta t \tag{4-33}$$

式中 δ_{ij}——Kronecker 记号；

Δt——时间步；

G、K——剪切模量和体积模量；

$:=$——表示“由…替换”，通常，非线性本构定律以增量形式出现，因为在应力和应变之间没有单一的对应关系，当已知单元旧的应力张量和应变速率（应

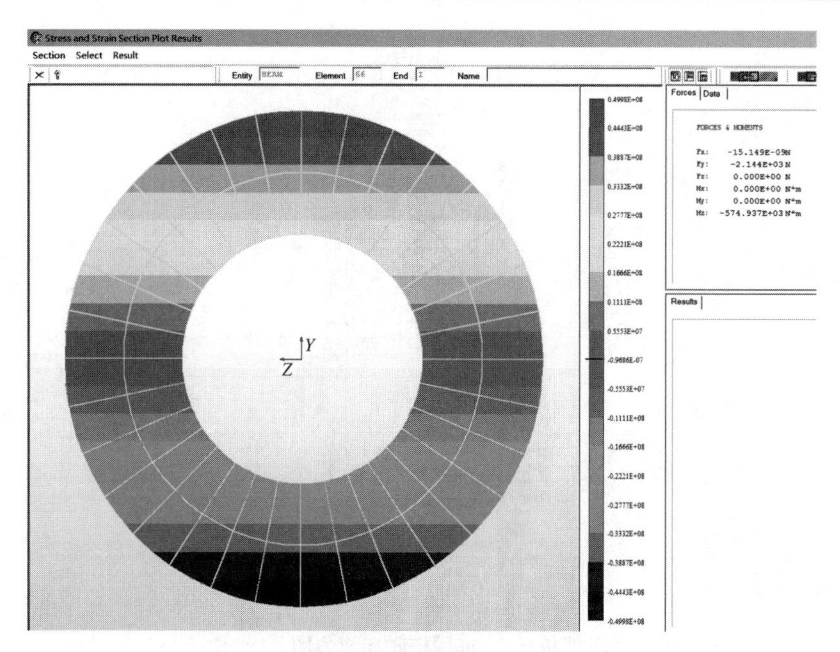

(a) i 节点端横截面

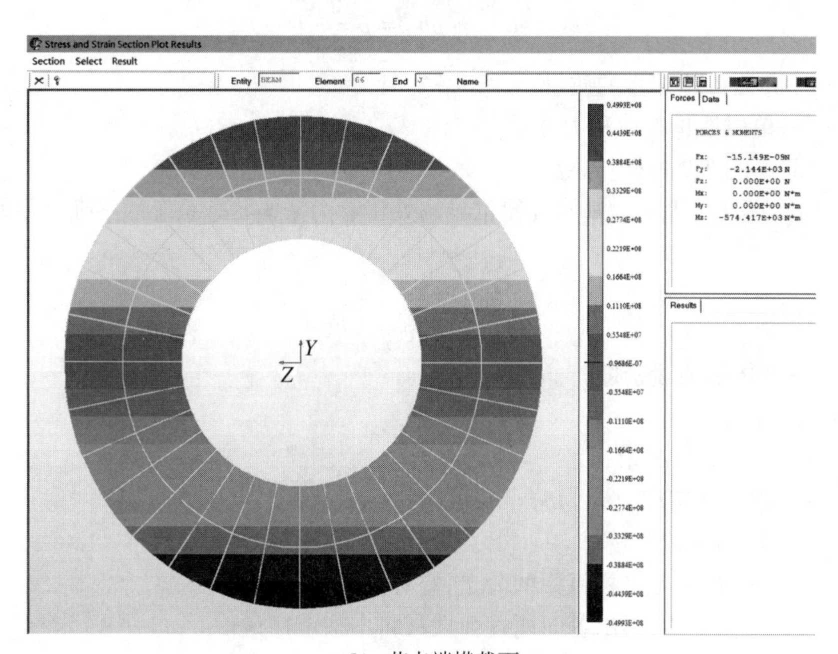

(b) j 节点端横截面

图 4-62　工况四桩长 22 m 66 号单元横截面内力与应力图

变增量)时,可以通过式(4-33)确定新的应力张量。

计算出单元应力后,可以确定作用到每个结点上的等价力。在每个结点处,对所有围绕该结点四边形棱锥体的结点力求和 ΣF_i,得到作用于该结点的纯粹结点力矢量。该矢量包括所有施加的载荷作用及重力引起的体力 $F_i^{(g)}$

$$F_i^{(g)} = g_i m_g \tag{4-34}$$

式中　m_g——聚在节点处的重力质量，定义为联结该节点的所有三角形棱锥体质量和的1/3。

如果某区域不存在（如空单元），则忽略对ΣF_i的作用；如果物体处于平衡状态，或处于稳定的流动（如塑性流动）状态，在该节点处的ΣF_i将视为零。否则，根据牛顿第二定律的有限差分形式，该节点将被加速：

$$\dot{u}_i^{(t+\Delta t)} = \dot{u}_i^{(t-\Delta t/2)} + \sum F_i^{(t)} \frac{\Delta t}{m} \tag{4-35}$$

式中，上标表示确定相应变量的时刻。对上式再次积分，即可确定出新的节点坐标：

$$\dot{x}_i^{(t+\Delta t)} = \dot{x}_i^{(t)} + \dot{u}_i^{(t+\Delta t/2)} \Delta t \tag{4-36}$$

C. 显式有限差分算法——时间递步法

显式算法的核心概念是计算"波速"总是超前于实际波速，在计算过程中的方程总是处在已知值为固定的状态。显式有限差分计算流程如图4-63所示：计算过程首先调用运动方程，由固定已知的初始应力和边界力，对所有单元和节点变量进行计算更新，计算出新的速度和位移。然后，由速度计算出应变率，进而获得新的应力或力。

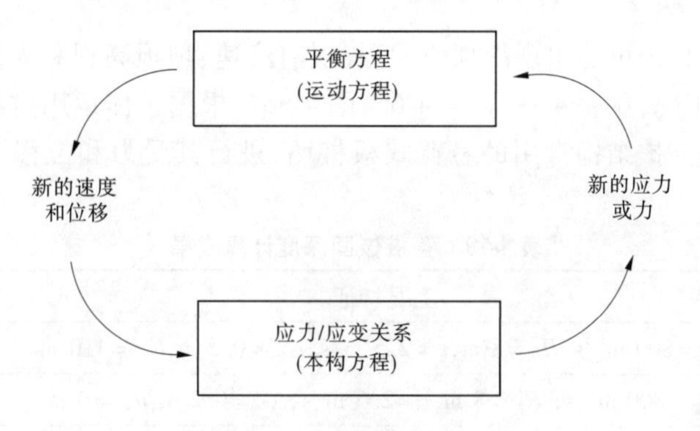

图4-63　有限差分计算流程

D. 数学算法建立

FLAC采用显式算法来获得模型全部运动方程（包括内变量）的时间步长解，追踪材料的渐进破坏和垮落，假定岩土为均质各向同性的弹塑性连续介质、塑性区的岩体满足摩尔－库仑强度准则，建立了服从三维静力平衡条件的数学模型。并在科学分析本构关系和力学参数的基础上，认为桩与土的相互作用多数情况下需要考虑交界面的相对滑动、脱离、接触以及周期性的闭合和张开。两个物体接触可能出现三种状态：①黏式。两物体的接触点无相对运动，变形前后接触点的局部坐标值相同。②滑移。两物体相接触，但变形后接触点间沿接触面有相对运动，沿接触面法线方向两接触面坐标相同。③开式。两物体表面某些部位并未接触，但随物体变形可能会接触或某些已接触的部位随物体的变形而脱离接触，此时接触约束释放。

为了表现这种特性，FLAC3D采用一种特殊单元——接触面单元，比较好地模拟以上三种状态。其接触单元具有摩擦角、内聚力、膨胀角、法向刚度、剪切刚度及拉伸力等性质。接触面由三角平面和相应的节点组成。通常，接触单元可以在空间任何位置形成。

两个三角形接触单元可以组成一个四边形。接触节点自动在每一个接触单元的顶点产生。两个面之间力的传递通过接触节点完成。接触面的工程性态原理图见图 4-64。

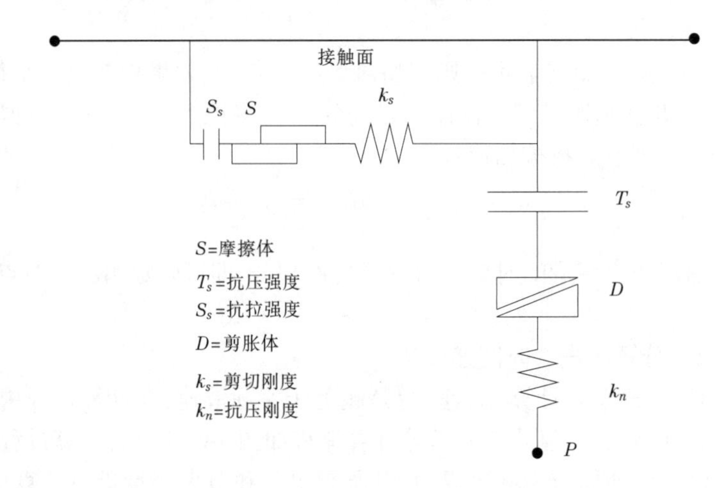

图 4-64　界面单元工程性态原理图

2)嵌固深度计算

根据透水桩坝将来可能出现的坝前冲深、坝前流速、坝顶高程和大河流量等情况,设计桩坝 10 种运用工况,见表 4-19 和图 4-65、图 4-66。根据桩体运用过程中的受力特点,将预应力管桩看作支护结构常用的悬臂式板桩墙,进行其受力和位移计算(计算简图见图 4-67)。

表 4-19　管桩嵌固深度计算成果

工况编号	工况特征	嵌固深度(m)
工况 1	$Q_Z=800\ m^3/s, H_P=8\ m, v=2.5\ m/s, \Delta Z=0.2\ m, h_{土}=1.0\ m$	4
工况 2	$Q_Z=800\ m^3/s, H_P=8\ m, v=2.5\ m/s, \Delta Z=0.2\ m, h_{土}=0\ m$	4
工况 3	$Q_Z=800\ m^3/s, H_P=10\ m, v=2.5\ m/s, \Delta Z=0.2\ m, h_{土}=1.0\ m$	5
工况 4	$Q_Z=800\ m^3/s, H_P=10\ m, v=2.5\ m/s, \Delta Z=0.2\ m, h_{土}=0\ m$	5
工况 5	$Q_Z=4\ 000\ m^3/s, H_P=12\ m, v=3\ m/s, \Delta Z=0.3\ m, h_{土}=1.5\ m$	7
工况 6	$Q_Z=4\ 000\ m^3/s, H_P=12\ m, v=3\ m/s, \Delta Z=0.3\ m, h_{土}=0\ m$	7
工况 7	$Q_Z=4\ 000\ m^3/s, H_P=14\ m, v=3\ m/s, \Delta Z=0.3\ m, h_{土}=1.5\ m$	8
工况 8	$Q_Z=4\ 000\ m^3/s, H_P=14\ m, v=3\ m/s, \Delta Z=0.3\ m, h_{土}=0\ m$	8
工况 9	坝顶平 800 m^3/s 水位的桩坝在 4 000 m^3/s 洪水时发生溢流,$H_P=8.0\ m, h_{水}=5.0\ m; v=3\ m/s, \Delta Z=0.3\ m$	4.5
工况 10	坝顶平 800 m^3/s 水位的桩坝在 4 000 m^3/s 洪水时发生溢流,$H_P=10.0\ m, h_{水}=5.0\ m; v=3\ m/s, \Delta Z=0.3\ m$	6.5

按《建筑基坑支护技术规程》(JGJ 120—99),悬臂式支护结构嵌固深度设计值 h_d 宜按下式确定:

$$h_p \sum E_{pj} - 1.2\gamma_0 h_a \sum E_{ai} \geqslant 0 \tag{4-37}$$

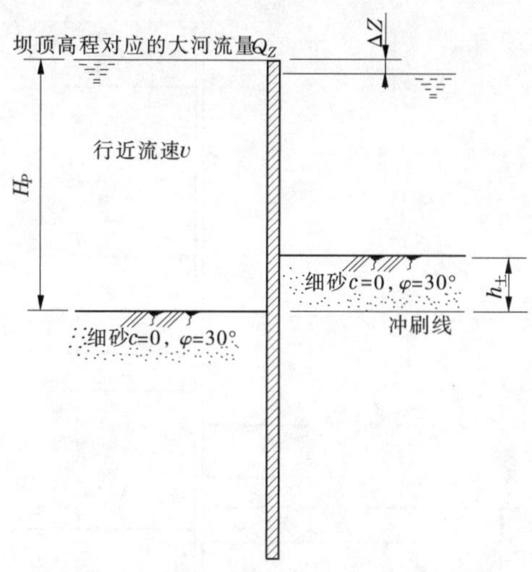

图 4-65　大河水位平桩坝顶运用工况简图

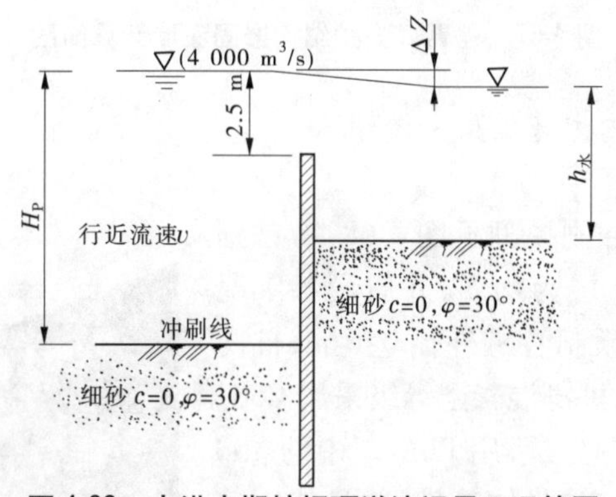

图 4-66　大洪水期桩坝顶溢流运用工况简图

式中　$\sum E_{pj}$——桩、墙底以上基坑内侧各土层水平抗力标准值；

h_p——合力$\sum E_{pj}$作用点至桩、墙底的距离；

$\sum E_{ai}$——桩、墙底以上基坑外侧各土层水平荷载标准值；

h_a——合力$\sum E_{ai}$作用点至桩、墙底的距离；

γ_0——基坑重要性系数，取 1. 1。

分别计算各种工况管桩所受的静水压力、动水压力、主动土压力和被动土压力，然后分别按作用面积计算合力大小，确定合力的作用位置，按以上公式计算 10 种工况管桩的嵌固深度见表 4-19。

从表 4-19 可以看出，随着冲刷深度的增加，管桩嵌固深度也随之增大，嵌固深度一般为桩长的 1/3；而对于基坑支护情况，由于墙后压力由水压力变为土压力，需增大管桩入土深度才能维持桩体稳定，对于设计而言，桩体入土深度一般为桩长的 1/2。

嵌固深度的计算与土的物理力学性质指标密切相关，尤其是土的容重 γ 对土压力的大小影响非常大。因此，在实际工程中设计桩体的嵌固深度，必须通过相关的土力学实验弄清桩周土的物理力学性质指标。

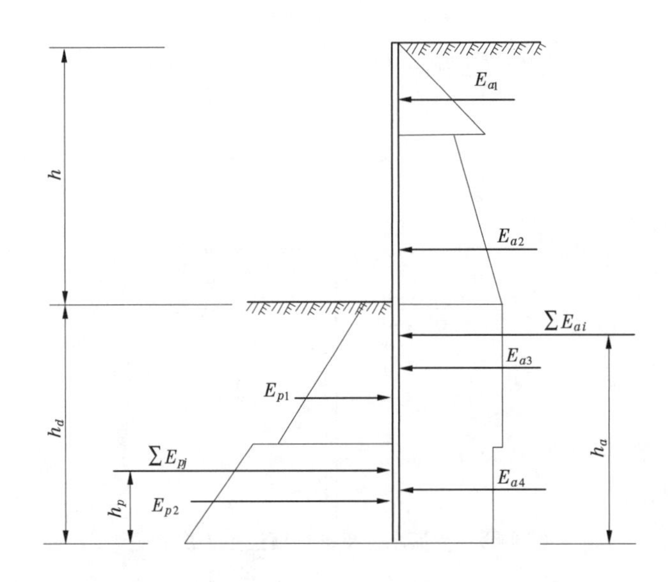

图 4-67　悬臂式支护结构嵌固深度计算简图

3)有限差分法管桩内力与桩顶位移计算

A. 模型建立

计算中管桩与土层冲刷模型见图 4-68,考虑到黄河的实际情况,假定土层为均质,并假设各工况冲刷一次完成。预应力预制管桩外径 0.6 m,桩内径 0.3 m,桩净距 0.3 m,桩身混凝土等级采用 C60。取单桩及其周边土层进行分析,用 FLAC^{3D} 中的 grid 六面体单元分别针对桩体和土体建模,并且特别注意对桩体特殊结构和桩土体接触面的模拟,见图 4-68。

图 4-68　计算模型

对地质条件进行概化,建立三维数值计算模型,预应力管桩及桩土接触面模型如图 4-69 所示。模型选取 10 m × 10 m × 20 m 的土体范围作为计算域,约束条件为计算域四周采用水平方向约束,底部采用竖直方向约束。

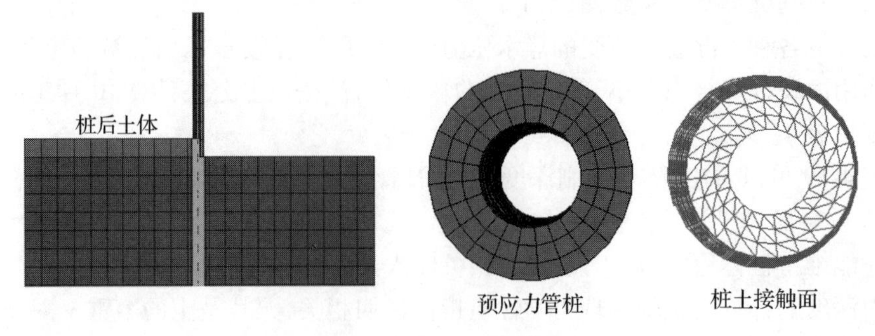

图 4-69　三维数值计算模型图

B. 本构模型及参数选取

考虑到莫尔－库仑弹塑性材料模型是在莫尔－库仑准则(Mohr-Coulomb)模型的基础之上建立的,本次计算对于土体采用莫尔－库仑破坏准则,即:

$$\frac{1}{3}I_1\sin\varphi - (\cos\theta_\sigma + \frac{1}{\sqrt{3}}\sin\theta_\sigma\sin\varphi)\sqrt{J_2} + C\cos\varphi = 0 \tag{4-38}$$

式中　I_1、J_2——应力张量第一不变量与应力偏量第二不变量;

C——黏聚力;

φ——内摩擦角;

θ_σ——罗台应力角。

对于预应力管桩,采用弹性模型。

摩尔－库仑模型所涉及的参数有黏聚力、内摩擦角、张拉强度、剪切模量及体积模量,其中剪切模量和体积模量分别用下式计算得来:

$$shear = \frac{E}{2(1+\mu)} \qquad bulk = \frac{E}{3(1-2\mu)} \tag{4-39}$$

式中　E——岩体的弹性模量;

μ——岩体的泊松比。

其他参数根据甲方提供资料选取。

C. 管桩内力及位移计算

利用建立的数学模型计算 10 种工况管桩的内力及桩顶位移见表 4-20 及表 4-21。

表 4-20　各种工况下桩坝管桩所受弯矩、剪力及桩顶位移计算成果

工况编号	弯矩		最大剪力(kN)	桩顶位移(cm)
	最大弯矩(kN·m)	作用点距桩顶距离(m)		
工况 1	112.8	8	44.01	3.23
工况 2	114.7	8	52.12	5.25
工况 3	176.3	10	55.04	5.64
工况 4	187.9	10	68.96	7.46
工况 5	311.9	11	68.45	10.82
工况 6	400.4	13	103.8	16.3
工况 7	431.5	13	93.65	18.71
工况 8	532.5	15	124.1	26.59
工况 9	42.1	7	15.5	0.78
工况 10	41.7	9	15.8	0.97

表 4-21　各种工况下桩坝管桩所受弯矩、剪力图汇总

	A(X1)	C1(X2)	B(Y2)
Long Name	弯矩	剪力	桩长
Units	kN·m	kN	m
Comments			
1	-0.0158	-2.33	8
2	0.236	-5.06	7.8
3	4.2	-8.51	7
4	12.8	-12	6
5	24.8	-15.1	5
6	39.9	-17.8	4
7	57.8	-20.2	3
8	78	-22.1	2
9	100	-12.6	1
10	113	11.3	0
11	102	38.1	-1
12	63.5	44	-2
13	19.5	19.5	-3
14	6.27E-4	19.5	-4

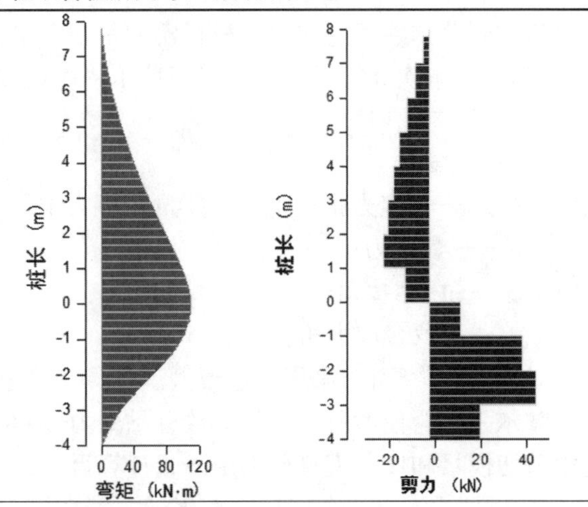

工况 1:800 m^3/s,8.0 m 冲刷深度,桩后土体高程在冲刷线以上 1 m

	A(X1)	C1(X2)	B(Y2)
Long Name	弯矩	剪力	桩长
Units	kN·m	kN	m
Comments			
1	-0.0084	-1.168	8
2	0.2252	-3.936	7.8
3	3.179	-7.387	7
4	10.48	-10.86	6
5	21.38	-13.96	5
6	35.37	-16.68	4
7	52.08	-19	3
8	71.12	-20.94	2
9	92.08	-22.51	1
10	114.6	2.156	0
11	112.6	40.41	-1
12	72.15	52.12	-2
13	20.03	20.01	-3
14	0.01499	20.01	-4

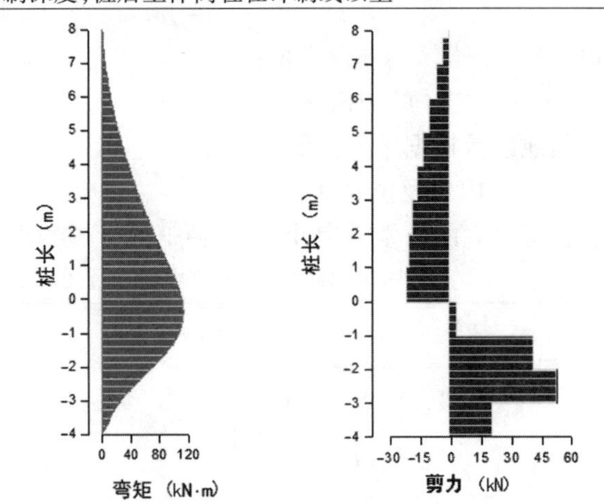

工况 2:800 m^3/s,8.0 m 冲刷深度,桩前后土体平冲刷线

Long Name	弯矩	剪力	桩长
Units	kN·m	kN	m
Comments			
1	-0.00899	-1.998	10
2	0.199	-5.345	9.8
3	13.3	-8.892	9
4	25.9	-12.54	8
5	41.8	-15.89	7
6	60.7	-18.92	6
7	82.4	-21.64	5
8	107	-24.07	4
9	133	-26.18	3
10	161	-27.99	2
11	176	-15.51	1
12	166	10.72	0
13	125	40.41	-1
14	70.2	55.04	-2
15	22.8	47.36	-3
16	4.48	22.81	-4
17	-6.56E-5	22.81	-5

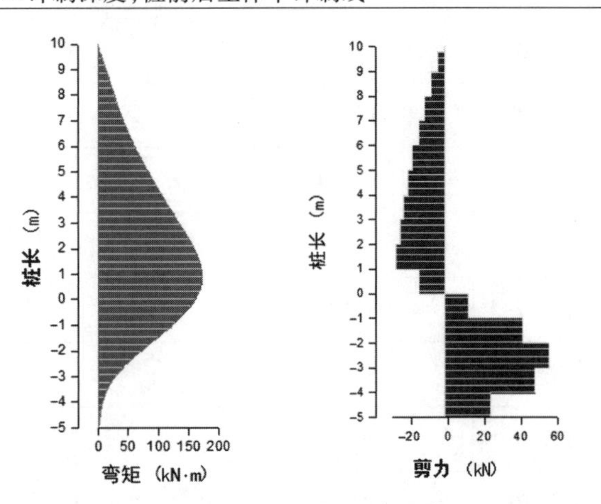

工况 3:800 m^3/s,10.0 m 冲刷深度,桩后土体高程在冲刷线以上 1 m

续表 4-21

Long Name	弯矩	剪力	桩长
Units	kN·m	kN	m
Comments			
1	-0.00239	-1.611	10
2	0.3198	-4.701	9.8
3	3.887	-8.234	9
4	12.02	-11.85	8
5	23.9	-15.19	7
6	39.11	-18.19	6
7	57.33	-20.92	5
8	78.28	-23.32	4
9	101.6	-25.45	3
10	127.1	-27.25	2
11	154.4	-28.75	1
12	183.2	-4.654	0
13	187.9	36.76	-1
14	151.2	68.96	-2
15	82.21	59.31	-3
16	22.9	22.9	-4
17	0	22.9	-5

工况 4:800 m^3/s,10.0 m 冲刷深度,桩前后土体平冲刷线

Long Name	弯矩	剪力	桩长
Units	kN·m	kN	m
Comments			
1	-0.00391	-1.63	12
2	0.3226	-5.48	11.8
3	4.423	-10.7	11
4	14.93	-16.1	10
5	31.02	-21.2	9
6	52.2	-25.9	8
7	78.11	-30.2	7
8	108.3	-34.2	6
9	142.5	-37.8	5
10	180.3	-41.1	4
11	221.4	-43.9	3
12	265.4	-46.5	2
13	311.9	12.5	1
14	299.5	40.1	0
15	259.6	66	-1
16	193.5	68.5	-2
17	125.1	52.7	-3
18	72.41	39.1	-4
19	33.33	23.7	-5
20	9.587	9.59	-6
21	-0.00167	9.59	-7

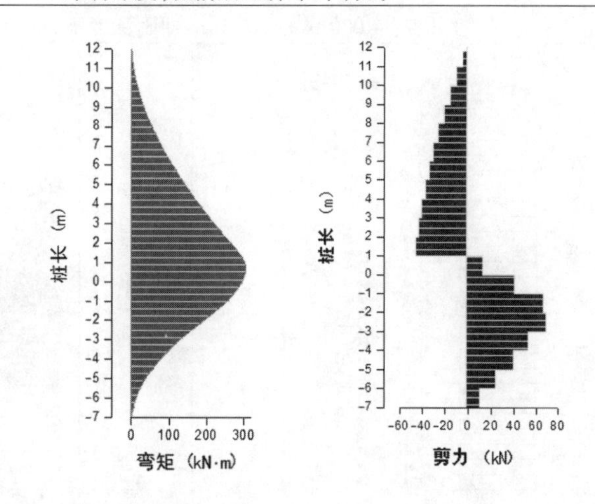

工况 5:4 000 m^3/s,12.0 m 冲刷深度下,桩后土体高程冲刷线以上 1.5 m

Long Name	弯矩	剪力	桩长
Units	kN·m	kN	m
Comments			
1	-0.01699	-1.987	12
2	0.3805	-6.064	11.8
3	4.936	-11.27	11
4	16.06	-16.72	10
5	32.81	-21.8	9
6	54.63	-26.51	8
7	81.18	-30.87	7
8	112.1	-34.85	6
9	147	-38.48	5
10	185.5	-41.74	4
11	227.2	-44.63	3
12	271.9	-47.16	2
13	319.1	-49.33	1
14	368.4	-31.79	0
15	400.4	23.96	-1
16	376.4	93.98	-2
17	282.5	103.8	-3
18	178.7	89.53	-4
19	89.17	64.16	-5
20	25.01	25.01	-6
21	8.523E-5	25.01	-7

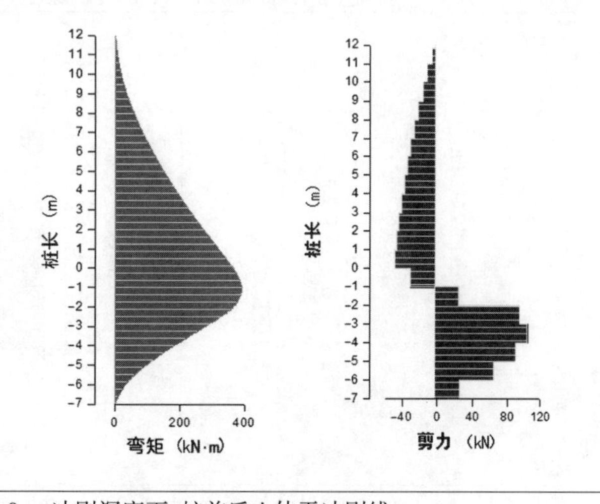

工况 6:4 000 m^3/s,12.0 m 冲刷深度下,桩前后土体平冲刷线

续表 4-21

Long Name	弯矩	剪力	桩长
Units	kN·m	kN	m
Comments			
1	0.0186	-1.59	14
2	0.0536	-5.65	13.8
3	4.41	-10.9	13
4	15.3	-16.4	12
5	31.7	-21.6	11
6	53.4	-26.5	10
7	79.9	-31.1	9
8	111	-35.4	8
9	147	-39.4	7
10	186	-43	6
11	229	-46.4	5
12	275	-49.4	4
13	325	-52.1	3
14	377	-54.6	2
15	432	20.4	1
16	411	53.6	0
17	358	90.7	-1
18	267	93.7	-2
19	173	73.1	-3
20	100	49.1	-4
21	51	31.5	-5
22	19.5	13.6	-6
23	5.92	5.92	-7
24	0.00528	5.92	-8

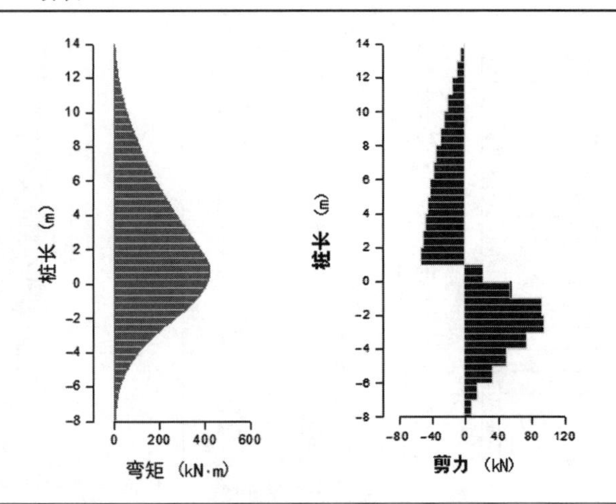

工况 7：4 000 m^3/s,14.0 m 冲刷深度下,桩后土体高程冲刷线以上 1.5 m

Long Name	弯矩	剪力	桩长
Units	kN·m	kN	m
Comments			
1	-0.00801	-1.694	14
2	0.3308	-5.753	13.8
3	4.645	-11	13
4	15.49	-16.54	12
5	32.06	-21.77	11
6	53.86	-26.69	10
7	80.58	-31.29	9
8	111.9	-35.57	8
9	147.5	-39.55	7
10	187.1	-43.21	6
11	230.3	-46.57	5
12	276.9	-49.61	4
13	326.5	-52.34	3
14	378.9	-54.76	2
15	433.7	-56.86	1
16	490.6	-41.79	0
17	532.5	52.67	-1
18	479.9	93.77	-2
19	386.1	124.1	-3
20	262	105.2	-4
21	156.7	80.79	-5
22	75.95	47.44	-6
23	28.51	28.51	-7
24	3.149E-4	28.51	-8

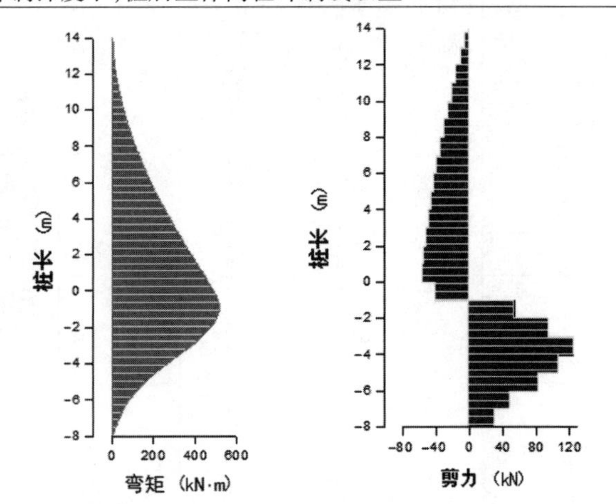

工况 8：4 000 m^3/s,14.0 m 冲刷深度下,桩前后土体平冲刷线

Long Name	弯矩	剪力	桩长
Units	kN·m	kN	m
Comments			
1	-0.08469	-1.015	5.5
2	0.4227	-3.845	5
3	4.05	-7.205	4
4	11.3	-10.03	3
5	21.37	-3.675	2
6	25.09	-11.56	1
7	36.7	-4.681	0
8	42.08	10.93	-1.125
9	29.78	15.51	-2.25
10	12.33	10.96	-3.375
11	-1.469E-4	10.96	-4.5

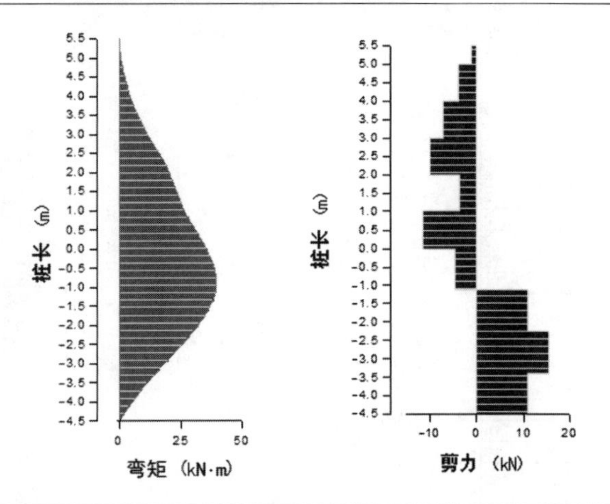

工况 9:800 m^3/s,坝前 8.0 m 冲刷深度,坝顶发生溢流

续表 4-21

Long Name	弯矩	剪力	桩长
Units	kN·m	kN	m
Comments			
1	-0.0904	-1.081	7.5
2	0.4499	-4.164	7
3	4.37	-7.964	6
4	12.37	-11.33	5
5	23.74	6.783	4
6	17	7.859	3
7	9.173	-1.431	2
8	10.64	-15.8	1
9	26.48	-13.97	0
10	41.73	3.349	-1.083
11	38.1	8.84	-2.167
12	28.52	10.41	-3.25
13	17.24	9.11	-4.333
14	7.372	6.805	-5.417
15	5.119E-4	6.805	-6.5

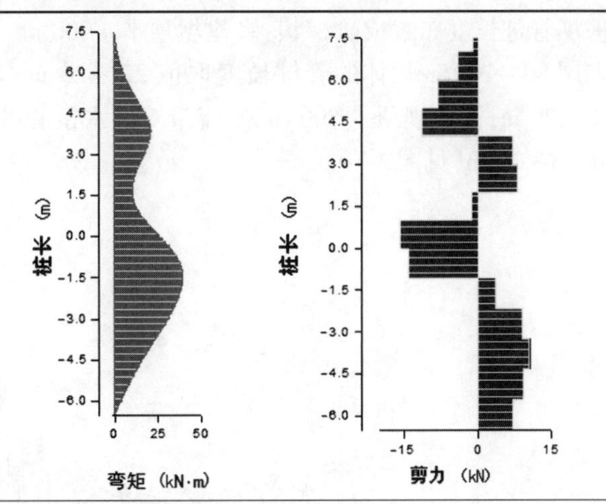

工况 10:4 000 m^3/s,坝前 10.0 m 冲刷深度,坝顶发生溢流

(三)桩坝管桩内力及桩长计算结果选用

采用弹性支点法较 FLAC 有限差分法计算弯矩、剪力、桩顶位移结果均比较大,最大弯矩为 574.9 kN·m,这是因为在计算中忽略了管桩变形引起管桩所受土压力变化造成管桩内力的调整变化,但其较好地考虑了管桩运用的最不利状况,能很大程度上保证工程安全。FLAC 有限差分法较好地采用了有限元弹性理论,考虑了管桩变形引起的管桩内力变化,但其计算建立在一些理想假定基础上,内力、变形相互之间的转化、调整计算存在一定的不确定性。

结合近几年黄河下游钢筋混凝土灌注桩坝设计经验及其运用状况,特别是考虑桩坝运用过程中的安全和不抢险要求,综合分析确定可移动不抢险潜坝不同运用工况、不同部位管桩内力及桩长重点选用弹性支点法计算成果,选用结果见表 4-22。

表 4-22　管桩内力及长度计算选用结果

运用工况	最大弯矩作用点(m)	最大弯矩(kN·m)	最大剪力(kN)	横截面最大轴向应力(MPa)	计算桩长(m)
800 m^3/s,8.0 m 坝前水深	8.96	131.7	53.3	11.4	14
800 m^3/s,10.0 m 坝前水深	10.96	202.0	79.7	17.6	16
4 000 m^3/s,12.0 m 坝前水深	13.2	427.4	145.9	37.2	20
4 000 m^3/s,14.0 m 坝前水深	15.7	574.9	184.1	50.0	22

(四)坝体构造设计

考虑到可移动、不抢险、探索新工艺等因素,潜坝结构采用预应力钢筋混凝土管桩,其截面形式采用圆环形,以保证不同水流条件下的桩体良好受力,并节省混凝土材料;采用预应力技术能够控制桩体在拔桩移动过程中不出现裂缝;管桩能够在工厂进行预制检测,以保证工程质量。本设计桩外径 0.6 m、内径 0.25 m,桩中心间距 0.9 m。

根据水流冲击桩坝坝前水深计算成果，以及坝体管桩在河床的锚固和科学用材要求，桩坝管桩长度布置成阶梯状：修建坝顶平 4 000 m^3/s 对应水位的桩坝，其位于河道深处的末尾 80～100 m 坝体的管桩长度取值 22～24 m，靠向河岸的其他坝体管桩长度可取值 18～20 m；修建坝顶平 800 m^3/s 流量对应水位的桩坝，其管桩长度可分别取值 18～20 m 和 15～17 m，见图 4-70。

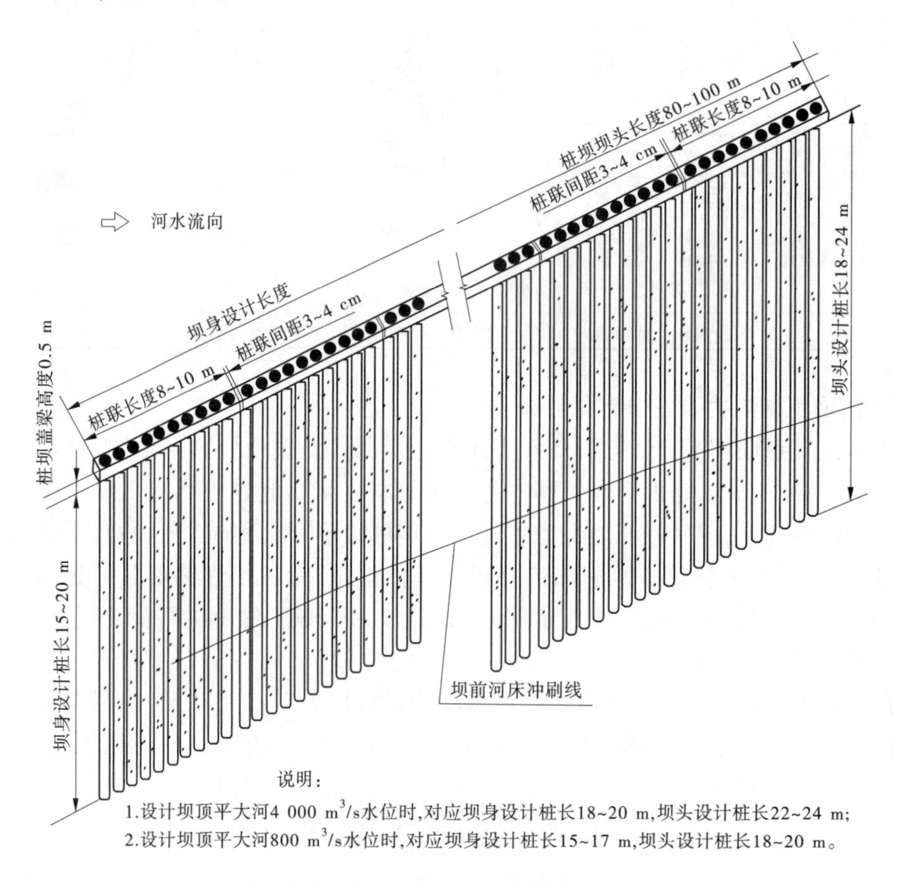

图 4-70　可移动不抢险潜坝管桩布置示意图

当预制管桩定位后，为保证桩坝结构的整体性，根据观测、管理要求，管桩顶用预制的钢筋混凝土连系帽梁嵌固连接成连续的便桥形式（见图 4-71）。预制连系帽梁混凝土等级采用 C30，矩形截面，截面尺寸（宽×高×长）为 0.6 m×1.0 m×10.0 m，为了使连系帽梁和管桩牢固结合，连系帽梁对应管桩间距每隔一定距离预设 ϕ350 mm 圆孔，孔中心间距 0.9 m、与管桩心孔相对，用以穿过预制的圆台形连接销轴与管桩锚固，圆台形连接销轴采用 C20 钢筋混凝土预制构件，地面直径 200 mm，顶面直径 300 mm，高 400 mm，顶面预埋Φ 10 钓饵钢筋。同时，在连系帽梁两端设置连接咬槎，使相邻连系帽梁之间紧密结合。具体连接结构见图 4-71。

当管桩定位后，应先安装连系帽梁，再安装圆台型连接销轴，销柱与连系帽梁预留孔周围的缝隙用碎石子填充，以保证连系帽梁在销轴的约束下抵抗水压力冲击和不产生过大变位。

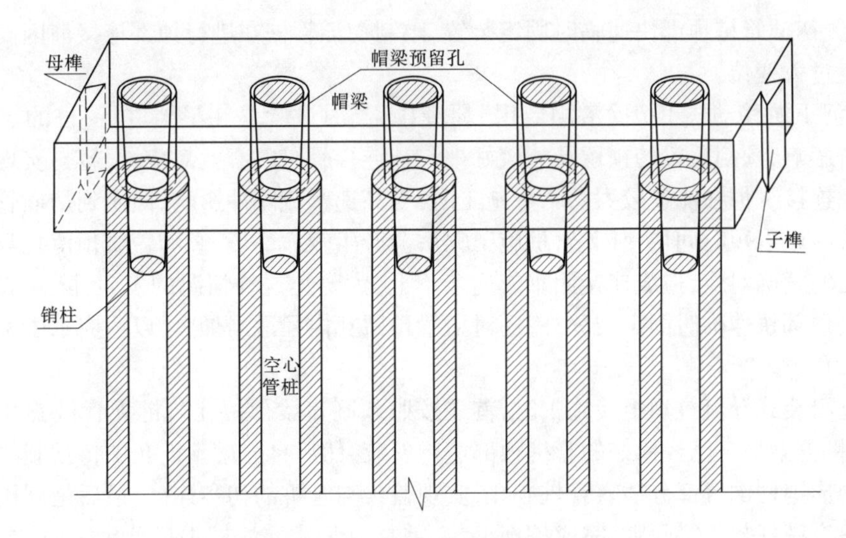

图 4-71　管桩与帽梁拼装连接示意图

考虑到管桩在施工、移动过程中需要吊装、拔桩等作业，预制过程中在管桩顶部预埋一段钢管(见图 4-72)，需要吊装或上拔时，在预埋钢管孔中插入钢棒将管桩吊起。

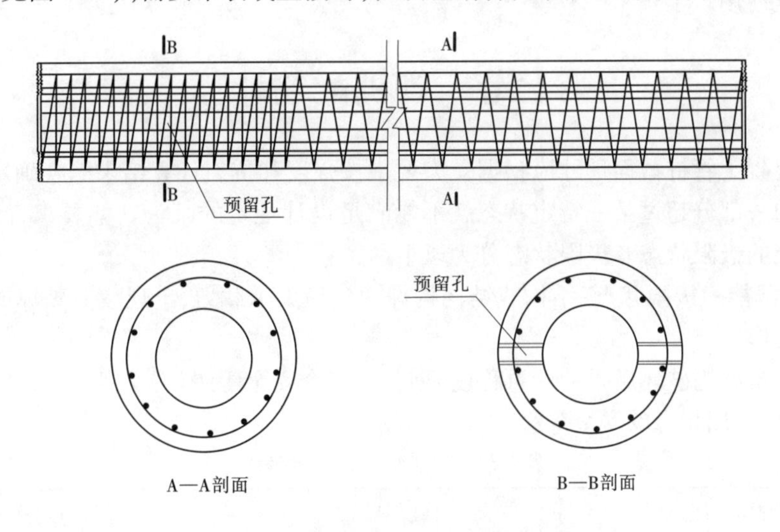

图 4-72　管桩垂直起吊孔设置示意图

三、连接设计

“黄河下游移动式不抢险潜坝应用”研究中，为保证桩坝的整体性，桩顶采用钢筋混凝土预制盖梁嵌固的方法进行顶部连接：每 10 根管桩作为一个连接单元，重复组装式导流桩坝仍然采用这种连接方式，盖梁预留孔(间距与管桩间距一致，内径大于管桩心孔内径 0.15 m)与被连接管桩心孔一一对应，两者利用预制的倒圆台型钢筋混凝土销柱连接，销柱与盖梁预留孔间隙用粗砂或碎石子填充，实现管桩与盖梁的约束性铰接，但盖梁尺寸调整为长×宽×高＝8.0 m×1.0 m×0.4 m。同时，考虑高速水流冲击初插管桩引起的管桩震动，影响管桩周围回淤土体快速固结，初插管桩在高速水流冲击下容易造成管桩变位情况，设置初插管桩顶部快速临时固定装置，限制初插管桩在进行顶部连接前因高速水流阵冲发生过大变位。

“黄河下游移动式不抢险潜坝应用”研究中，当时试验是在旱地进行，桩的定位不受水流冲击影响，预制盖梁的预留孔能较好地与被连接管桩的心孔对应，很容易实现两者之间的销柱连接。但在流速较大的水中施工时，受高速水流阵冲影响，回淤到初插管桩周围的河床流沙难以短时间快速固结，桩施工完后会产生较大变形，影响盖梁预留孔与被连接管桩心孔的精确对应，造成连接困难或连接不上，为防止这种情况的发生，除采取上述的初插管桩顶部快速临时固定装置外，还对盖梁预留孔内径适当加大，以适应水中桩坝组装施工要求。

重复组装式导流桩坝组装施工时，首先按照预制盖梁预留孔与桩坝管桩心孔一一对应要求，将盖梁吊至已经插好的管桩顶部进行安装，然后自盖梁预设孔中将预制的钢筋混凝土圆台形销柱倒置部分插入管桩心孔，实现盖梁与管桩的初步连接，最后是利用粗砂或碎石子填充销柱与盖梁间隙，完成桩坝组装；重复组装式导流桩坝拆分施工时，首先将盖梁吊离管桩顶部，清除管桩顶部残留的粗砂或碎石子，将倒置插入管桩心孔一定深度的预制钢筋混凝土圆台形销柱拔出，最后利用高压射水拔桩器和吊车将管桩逐一拔出，装车运往他处重复使用。

第七节　管桩配筋计算

钢筋混凝土管桩截面尺寸应根据受力要求按强度和抗裂计算结果综合确定。整个结构或结构的一部分超过某一特定状态就不能满足设计规定的某一功能要求，此特定状态称为该功能的极限状态。极限状态分为以下两类：

(1)承载能力极限状态：结构或结构构件达到最大承载力、出现疲劳破坏或不适于继续承载的变形。

根据建筑结构破坏后果的严重程度，划分为三个安全等级(见表4-23)。设计时应根据具体情况，选用相应的安全等级。

表4-23　建筑结构的安全等级

安全等级	破坏后果	建筑物类型
一级	很严重	重要的建筑物
二级	严重	一般的建筑物
三级	不严重	次要的建筑物

对于承载能力极限状态，结构构件应按荷载效应的基本组合或偶然组合，采用下列极限状态设计表达式：

$$\gamma_0 S \leqslant R \tag{4-40}$$

$$R = R(f_c, f_s, a_k, \cdots) \tag{4-41}$$

式中　γ_0——重要性系数，对安全等级为一级或设计使用年限为100年及以上的结构构件，不应小于1.1，对安全等级为二级或设计使用年限为50年的结构构件，不应小于1.0，对安全等级为三级或设计使用年限为5年及以下的结构构件，不应小于0.9；

S——承载能力极限状态的荷载效应组合的设计值；

R——结构构件的承载力设计值；

$R(*)$——结构构件的承载力函数；

f_c、f_s——混凝土、钢筋的强度设计值；

a_k——几何参数的标准值。

（2）正常使用极限状态：结构或结构构件达到正常使用或耐久性能的某项规定限值。

对于正常使用极限状态，结构构件应分别按荷载效应的标准组合、准永久组合或标准组合并考虑长期作用影响，采用下列极限状态设计表达式：

$$S \leqslant C \tag{4-42}$$

式中　S——正常使用极限状态的荷载效应组合值；

C——结构构件达到正常使用要求所规定的变形、裂缝宽度和应力等的限值。

结构构件正截面的裂缝控制等级分为三级：

一级——严格要求不出现裂缝的构件，按荷载效应标准组合计算时，构件受拉边缘混凝土不应产生拉应力。

二级——一般要求不出现裂缝的构件，按荷载效应标准组合计算时，构件受拉边缘混凝土拉应力不应大于混凝土轴心抗拉强度标准值；按荷载效应准永久组合计算时，构件受拉边缘混凝土不宜产生拉应力。

三级——允许出现裂缝的构件，按荷载效应标准组合并考虑长期作用影响计算时，构件的最大裂缝宽度不应超过规定的限值。

本工程结构安全等级取二级，裂缝控制等级取二级。

正常运用阶段，拟定桩体混凝土等级采用C60（$f_c = 14.3\ \text{N/mm}^2$），受力主配筋选用HRB335级（$f_y = 300\ \text{N/mm}^2$）、箍筋采用HPB225级（$f_y = 210\ \text{N/mm}^2$）。

考虑桩体是与水或土壤直接接触的工作环境，钢筋保护层厚度采用5 cm。

单块桩体考虑采用圆环截面形式进行承载力极限状态计算。结构的安全等级取为二级，则重要性系数 $\gamma_0 = 1.0$。

一、承载力计算

拟定单块桩体圆环截面外直径分别为600 mm，内直径为250 mm，见图4-73。

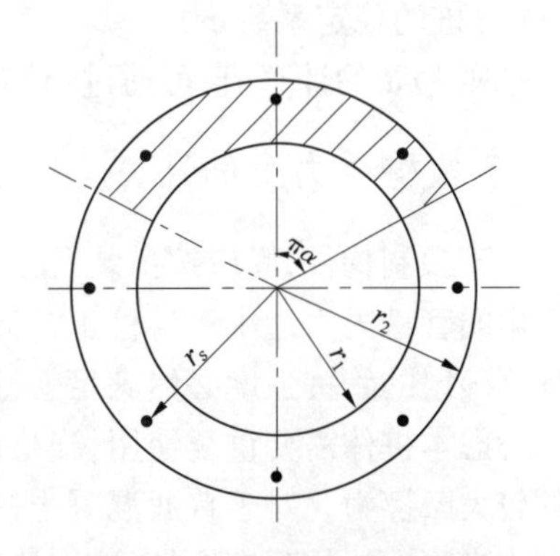

图4-73　圆环截面计算简图

$$0 \leqslant \alpha\alpha_1 f_c A + (\alpha - \alpha_t) f_y A_s \tag{4-43}$$

$$M \leqslant \frac{2}{3}\alpha_1 f_c A (r_1 + r_2) \frac{\sin\pi\alpha}{\pi} + f_y A_s r_s \frac{\sin\pi\alpha + \sin\pi\alpha_t}{\pi} \tag{4-44}$$

$$\alpha_t = 1 - 1.5\alpha \tag{4-45}$$

式中 A——环形截面面积；

A_s——全部纵向普通钢筋的截面面积；

r_1、r_2——环形截面的内、外半径；

r_s——纵向普通钢筋重心所在圆周的半径；

α——受压区混凝土截面面积与全截面面积的比值；

α_t——纵向受拉钢筋截面面积与全部纵向钢筋截面面积的比值，当 $\alpha > 2/3$ 时，取 $\alpha_t = 0$；

其余符号意义同前。

二、稳定系数计算

参照《建筑桩基技术规范》(JGJ 94—2008)中公式计算桩体的稳定系数。

(1)桩的水平变形系数 α。

$$\alpha = \sqrt[5]{\frac{mb_0}{EI}} \tag{4-46}$$

式中 m——桩侧土水平抗力系数的比例系数，对于粉细砂地基土，预制桩取 4.5 MN/m^4；

b_0——桩身的计算宽度，m，当圆形桩直径 $d \leqslant 1$ m 时，$b_0 = 0.9(1.5d + 0.5)$，当方形桩边宽 $b \leqslant 1$ m 时，$b_0 = 1.5b + 0.5$。

(2)桩身计算长度 l_c。

按照桩顶铰接，桩底支于非岩石土中情况：

$$l_c = 0.7 \times \left(l_0 + \frac{4.0}{\alpha}\right) \tag{4-47}$$

式中 l_0——基桩露出地面的长度；

α——桩的水平变形系数。

(3)桩的稳定系数 φ。

按照 l_c/d 的计算值，可通过《建筑桩基技术规范》(JGJ 94—2008)查得。

三、拔桩受力配筋计算

对于预制构件，尚应按吊装及拔桩时相应的荷载值进行施工阶段的验算，因吊装管桩而产生的管桩内力远小于管桩正常运用时的管桩内力，因此按正常运用情况内力进行配筋计算确定的管桩强度必然满足管桩吊装要求，在此仅仅进行拔桩施工中管桩抗裂计算。

考虑本桩体需要重复使用，当桩体从土中拔出时，则主要承受拉力，并克服与土体产生的较大摩擦力。对于普通混凝土构件可能会被拉裂，影响正常使用。鉴于此，考虑在管桩制作过程中施加预应力，以控制施工阶段构件出现裂缝。

在拔桩过程中，管桩底部一定深度被土掩埋，考虑拔桩吊车起吊能力和实际施工环境情况，拔桩吊力按40 t 进行管桩抗裂计算。为避免应力集中现象，采用均布荷载施加于桩顶，不考虑偏心，横截面均布荷载大小为 3 481.2 kN/m^2。

设计管桩竖向预应力钢筋选用异形钢棒，直径12.6 mm，截面积125 mm^2。根据先张法预应力构件计算各项预应力损失，采用降温法模拟预应力。

管桩混凝土采用solid45单元模拟，预应力钢筋采用link8单元。桩体单元如图4-74所示，管桩带预应力筋横断面如图4-75所示，管桩共计5 292个单元，6 580个节点。预应力筋单元如图4-76所示，预应力筋980个单元，994个节点。

在预应力单独作用下，管桩应力如图4-77所示。可以看出，在预应力作用下，管桩竖向应力最大值为7.9 MPa，径向应力最大值为0.2 MPa，环向应力最大值为0.1 MPa。

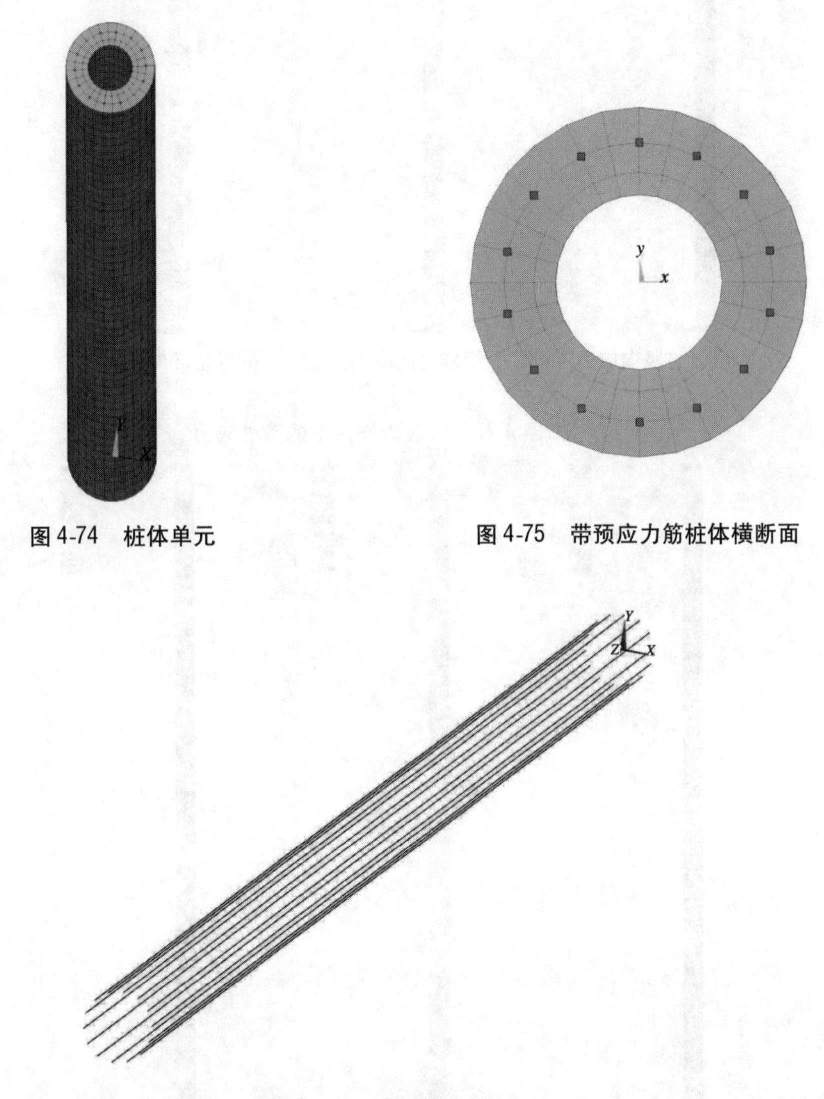

图4-74　桩体单元

图4-75　带预应力筋桩体横断面

图4-76　预应力筋单元

在上拔力、自重和预应力作用下，管桩应力如图4-78所示。在上拔力、自重和预应力作用下，管桩竖向应力最大值为3.5 MPa，最大竖向应力所在横断面应力分布如图4-79所示；管桩径向应力最大值为0.6 MPa，不计应力集中区，一般断面上径向应力分布如

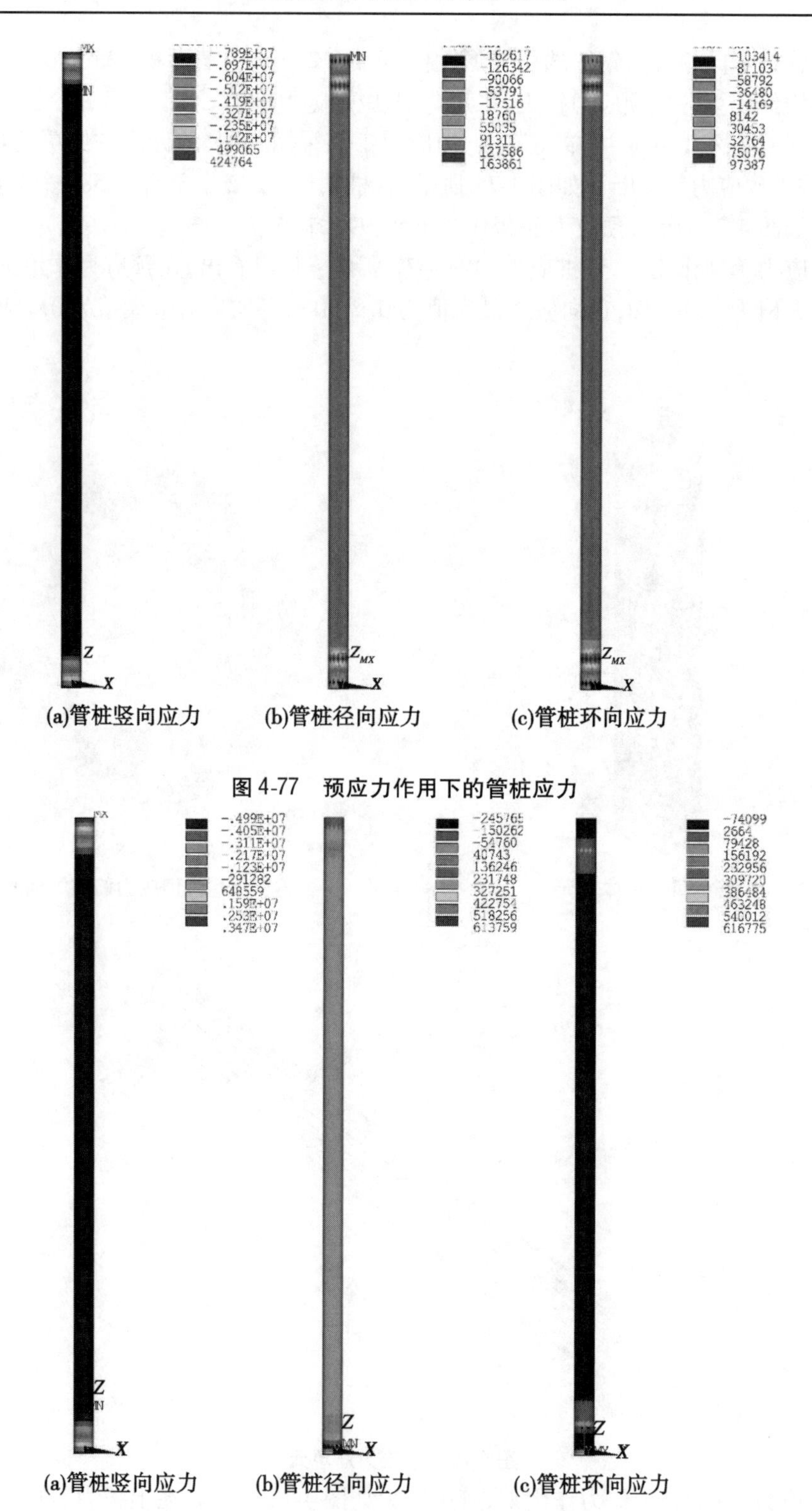

(a)管桩竖向应力　(b)管桩径向应力　(c)管桩环向应力

图 4-77　预应力作用下的管桩应力

(a)管桩竖向应力　(b)管桩径向应力　(c)管桩环向应力

图 4-78　上拔力、自重和预应力作用下管桩应力

图 4-80所示；管桩环向应力最大值为 0.6 MPa，不计应力集中区，一般断面上环向应力分布如图 4-81 所示。

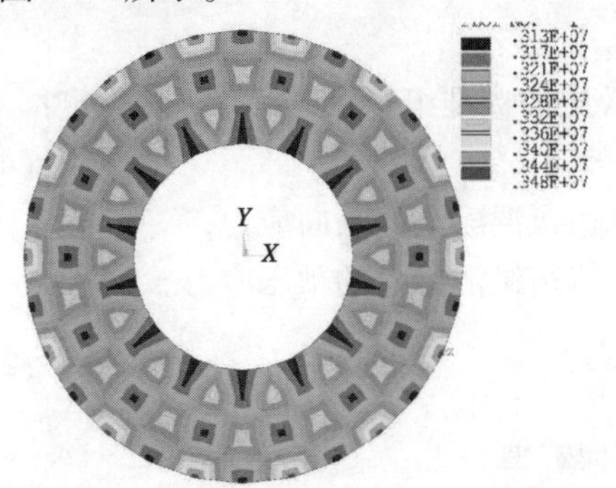

图 4-79　管桩竖向应力（最不利横断面）

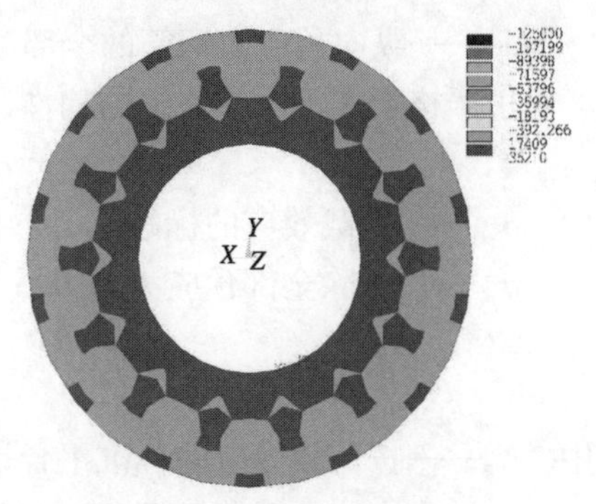

图 4-80　管桩径向应力（一般横断面）

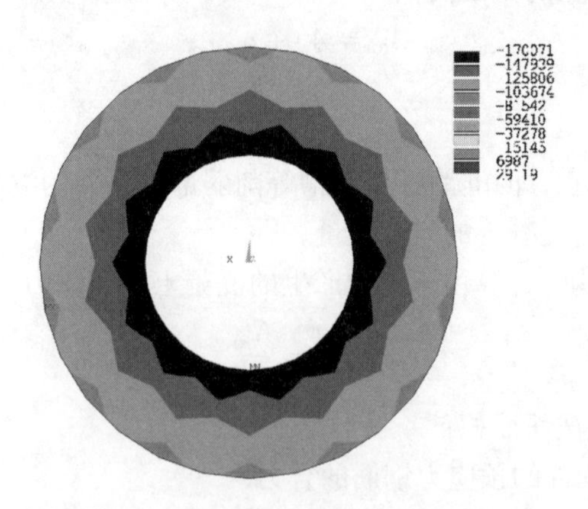

图 4-81　管桩环向应力（一般横断面）

由图 4-78（a）和图 4-79 可知，上拔时管桩最大拉应力为 3.5 MPa，考虑到桩土间摩擦力是沿程分布的，结构是安全的，本设计方案是可行的。由图 4-78（a）可以看出，在上拔时最佳着力点应该避开桩头，在距离桩顶 1 m 处均匀向上施力。

拟定预应力构件混凝土强度等级 C50（$E_C = 3.45 \times 10^4$ N/mm^2），采用钢绞线（1×7）（$E_s = 1.95 \times 10^5$ N/mm^2、$f_{ptk} = 1\ 720$ N/mm^2）作预应力钢筋。按照拔桩施工受拉状态进行管桩承载力及抗裂验算，计算简图见图 4-82。

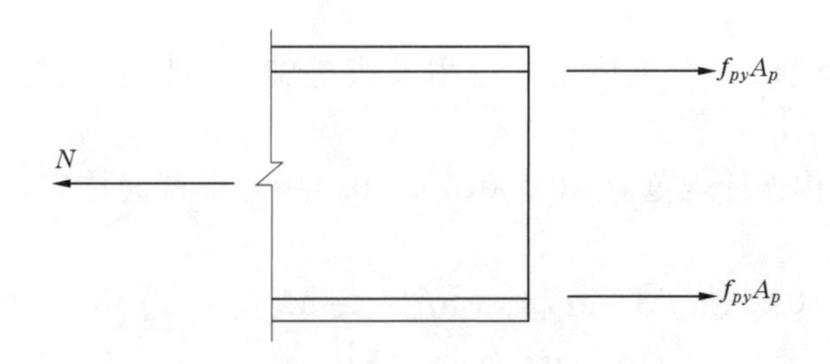

图 4-82　受拉构件正截面承载力计算简图

$$N \leqslant f_{py}A_p \tag{4-48}$$

式中 N——轴向拉力设计值；

A_p——纵向预应力钢筋的全部截面面积。

对于严格要求不出现裂缝的构件，在荷载效应的标准组合下应符合下列规定：

$$\sigma_{ck} - \sigma_{pc} \leqslant 0 \tag{4-49}$$

式中 σ_{ck}——荷载效应的标准组合下抗裂验算边缘混凝土的法向应力；

σ_{pc}——扣除全部预应力损失后在抗裂验算边缘混凝土的预压应力。

$$\sigma_{ck} = \frac{N_k}{A_0} \tag{4-50}$$

式中 N_k——按荷载效应的标准组合计算的轴向力值；

A_0——构件换算截面面积，包括净截面面积以及全部纵向预应力钢筋截面面积换算成混凝土的截面面积；

$$A_0 = A_n + \alpha_{Ep}A_p \tag{4-51}$$

$$\alpha_{Ep} = \frac{E_p}{E_c} \tag{4-52}$$

式中 A_n——净截面面积，即扣除孔道、凹槽等削弱部分以外的混凝土全部截面面积；

E_p、E_c——钢筋与混凝土的弹性模量。

此处，按照先张法构件计算由预应力产生的混凝土法向应力：

$$\sigma_{pc} = \frac{N_{p0}}{A_0} \tag{4-53}$$

式中 A_0——构件换算截面面积；

N_{p0}——先张法构件的预应力钢筋的合力。

$$N_{p0} = \sigma_{pe}A_p \tag{4-54}$$

式中 A_p——受拉区纵向预应力钢筋的截面面积。

相应阶段预应力钢筋的有效预应力：

$$\sigma_{pe} = \sigma_{con} - \sigma_l \tag{4-55}$$

式中 σ_{con}——预应力钢筋的张拉控制应力值，取 $0.70 f_{ptk}$；

σ_l——相应阶段的预应力损失值，取 100 N/mm^2。

四、截面配筋

根据上述分析计算，单个桩体正常运用及拔桩施工不同阶段的截面配筋结果见表4-24。

参照《混凝土结构设计规范》(GB 50010—2002)中环形截面预应力混凝土构件计算公式：

$$0 \leqslant \alpha\alpha_1 f_c A - \sigma_{p0}A_p + \alpha f_{py}'A_p - \alpha_t(f_{py} - \sigma_{p0})A_p \tag{4-56}$$

$$\sigma_{p0} = \sigma_{con} - \sigma_l \tag{4-57}$$

式中 A——环形截面面积，为 147 262 mm^2；

A_p——全部纵向预应力钢筋的截面面积，为 1 283 mm^2；

f_{py}、f'_{py}——预应力钢筋强度设计值，分别为 1 320 N/mm²、390 N/mm²；

α——受压区混凝土截面面积与全截面面积的比值；

α_t——纵向受拉钢筋截面面积与全部纵向钢筋截面面积的比值，当 $\alpha > 2/3$ 时，取 $\alpha_t = 0$；

其余符号意义同前。

表 4-24　预应力钢筋混凝土管桩横截面配筋表

运用工况	桩长(m)	正常运用		拔桩施工
		主筋	稳定系数	主筋
800 m³/s，坝前水深 8.0 m	15	10 Φ 9.0	0.54	14 Φ 9.0
800 m³/s，坝前水深 10.0 m	18	10 Φ 10.7	0.43	10 Φ 10.7
4 000 m³/s，冲刷深度 12.0 m	20	18 Φ 10.7	0.36	10 Φ 10.7
4 000 m³/s，冲刷深度 14.0 m	22	18 Φ 12.6	0.29	8 Φ 12.6

注：1. 圆环形截面，外径 600 mm，内径 250 mm；
2. 混凝土强度等级 C60。

对拟定圆环截面进行抗弯承载力复核，极限弯矩 $M_u = 258$ kN·m，满足设计要求。

第八节　推广应用研究

鉴于目前黄河下游水沙条件变化和河道整治面临的诸多问题，黄委以及其他众多水利工作者对下一步河道整治方案都提出了自己的看法，并进行了诸多理论研究。但由于黄河下游河道整治方案涉及众多部门利益，且工程投资巨大，同时，方案的成功与否也对沿河及整个下游地区带来深远的环境影响，因此黄委对确定进一步的河道整治工程实施方案十分慎重，截至目前，河道整治工程仍继续沿用微弯型整治方案。

然而，近年来，随着工农业用水的增加和水库的拦蓄作用，黄河下游出现 4 000 m³/s 以上洪水的概率减小。尤其自 2000 年以来，随着小浪底水库的运用，受天然来水以及水库运用影响，黄河下游小流量洪水(1 000 m³/s 左右)出现次数增多，且持续时间较长，该级洪水在 2.0 ~ 2.5 km 规划排洪河宽的河槽内游荡不定，特别是一些河段畸形河势发育，造成小水险情增多，主流不能得到很好的控制。为控制近年来一些河段不利河势的进一步发展，以及不断完善已建的整治工程，黄委安排了一些工程的续建工作。在这些工程中，很多续建的坝垛布置在直线送流段，其目的主要是送流至对岸，控制不利河势发生。而实际上，这些工程的布置位置已超出中水整治方案规划的工程范围，且部分工程已布置在预留的行洪河宽。为减小这些坝垛可能对大洪水和滩槽水沙交换产生的不利影响，部分坝垛设计为潜坝形式，设计坝顶高程调整为相应大河流量 2 000 m³/s、3 000 m³/s 甚至 4 000 m³/s 的相应水位。

同时，针对一些畸形河势情况，也被迫修建一些应急工程。应急工程有时不得不超出原规划方案，比如 2005 年抢修的开封王庵工程 -25 ~ -30 垛，这些工程主要是为避免河势继续向不利局面发展而建,工程位置已远远超出工程规划范围,河段河势一旦趋向规顺,则工程将长期处于闲置状态,造成工程利用效能降低和浪费。

作为续建工程的一种结构形式,潜坝在马庄、武庄、顺河街等工程均得以应用。虽然这些工程都发挥了较好的送溜作用,但随着工程的实际运用,也出现了不少实际问题,工程位于河道主槽,极易遭受淘刷而出险。2003 年,顺河街下延潜坝遭长时间主流顶冲出险十几次,尾段百余米因出险迅速、抢护不及而溃坝,后经全力抢修方予以恢复。因此,研究潜坝结构形式,使其既能满足自身稳定又控导河势且经济合理是十分必要的。

"黄河下游可移动不抢险潜坝结构"是一种临时和永久相结合的工程措施。一方面适用于应急度汛工程中,临时性修建潜坝工程可以避免畸形河势继续向不利局面发展,即使不在规划范围之内,所修工程脱河闲置时,可以方便地拆除;另一方面,按照目前控导工程续建坝垛多在直线下延段,部分工程逐渐进入河段排洪河宽之内,所修建工程是永久性工程,但要求所修建工程尽可能地减少对洪水行洪影响。在第二种情况下,需要合理地选择该类潜坝的结构形式:一方面有利于枯水期河势的控制;另一方面,减小工程自身对大洪水通过的不利影响。因此,项目的研究成果,对于今后临时抢修工程及进一步开展河道整治工程建设都提供了一种新的坝垛形式,应用前景十分广阔。

第五章　重复组装式导流桩坝运行参数模型试验

第一节　研究任务及技术路线

一、研究任务

(1)对黄河下游河道可移动不抢险坝在大、中、小洪水不同条件下,潜坝运用效果、导流作用进行模拟试验与分析研究。

(2)对两种结构形式(透水与不透水)板桩潜坝,在大、中、小洪水不同运用条件下,确定潜坝前后水位差和坝前后冲刷坑深度;对不同洪水条件下的潜坝稳定问题进行分析研究。

二、技术路线

本课题采用黄河下游花园口至九堡河段为典型河段,根据黄河下游河道地形及洪水泥沙条件,进行典型河段的分析和概化。根据典型概化河段的水力、泥沙、边界条件,以及不抢险管桩坝的形式和使用特点,建立包括工程的局部概化模型,进行可移动不抢险潜坝导流效果与局部冲刷模拟研究。

探索四种不同流量下,不同结构形式管桩坝前后河床冲刷深度,以及减小冲刷深度的措施;以局部冲刷试验成果为基础,进一步模拟研究管桩坝对局部河段洪水河势的影响。

第二节　模型设计

一、模型类型选择与相似准则

根据研究河段的水沙、边界特性和新型整治工程的试验任务要求,经分析采用概化河弯,进行整体变态动床河工模型试验,研究管桩坝修建前后的河道水力特性、管桩坝导流功效与局部冲刷问题。

依据满足主导力相似的原则,模型设计在水流相似方面采用重力相似准则(弗汝德准则),并满足紊动阻力相似要求。依据满足不同量级洪水期河弯管桩坝局部冲刷相似的原则,在泥沙及河床变形相似方面,主要采用满足泥沙起动及河床冲刷变形相似准则。

二、模型沙的选择

为了保证模型的泥沙运动相似,正确选择模型沙是非常关键的。分析不同模型沙的特点,对比见表5-1。经研究分析各模型沙的优缺点,考虑到塑料沙密度小、粒径容易控制,有利于模拟局部冲刷,不容易板结,最终选用聚苯乙烯塑料沙作为模型沙。

表5-1 动床模型沙特点对比

种类	密度(kg/m^3)	优点	缺点
天然沙	2 650	物理化学性质稳定,造价低	起动流速大,模型设计困难,细颗粒黏聚力大
塑料沙	1 250	v_c 小,不易板结,可动性大	水下休止角小,不宜用在长河段洪水模型
电木粉	1 460	v_c 小,易满足河型、悬移等相似条件	固结后 v_c 大增,难以观察床面泥沙运动状况
煤屑	1 450	新铺煤屑 v_c 小,易满足河型、悬移等相似条件	固结 v_c 很大,重复使用性差,悬沙沉降时易絮凝,难以观察床面泥沙运动状况
粉煤灰	2 170	性质稳定,水下休止角适中,固结不严重	有的粉煤灰板结严重,容重偏大
拟焦沙	1 960	物理化学性质稳定,水下休止角适中	试验时难以观察床面泥沙运动状况

三、模型控制比尺的选择

(一)几何比尺及变率的选取

模型试验厅长度46 m,模拟研究河段长3 500 m,综合考虑管桩坝工程尺寸、试验厅场地及水沙循环系统能力,初步确定模型平面比尺 λ_L 采用100~120。黄河下游宽浅河道特点决定了河工模型只能采用变态模型,弯道模型变率一般应满足 $\eta<6$;这里取几何变态为 $\eta=4$,则垂直比尺 $\lambda_H=25\sim30$。按照弗汝德准则并满足紊动阻力相似要求,最终确定有关比尺见表5-2。根据洪水及概化河段河床边界条件,经初步检验,满足河工模型关于表面张力影响与流态相似要求的最小水深与最小 Re 数要求。

(二)泥沙及河床变形相似比尺的选取

泥沙模拟相似的控制比尺主要是满足运动相似的泥沙粒径比尺,满足悬移相似的含沙量比尺和满足河床变形相似的第二时间控制比尺。

1. 模型床沙比尺选择

保证河床冲淤变形及河床稳定性相似,必须满足泥沙起动相似条件,即

$$\lambda_v = \lambda_{v_c}$$

式中　λ_v、λ_{v_c}——水流流速及泥沙起动流速比尺。

表 5-2　模型比尺及模型沙数据一览

模型比尺			原型沙数据		
比尺	数值	依据	项目	数值	单位
水平比尺 λ_L	120	试验目的及场地	密度 ρ_s	2.65	t/m³
垂直比尺 λ_H	30	依据变率要求	浮密度 $\rho_s-\rho$	1.65	t/m³
流速比尺 λ_v	5.477	重力相似条件	干密度 ρ'	1.4	t/m³
流量比尺 λ_Q	19 718.012	$\lambda_Q=\lambda_v\lambda_H\lambda_L$	悬沙中值粒径 d_{50}	0.02	mm
比降比尺 λ_J	0.25	$\lambda_J=\lambda_H/\lambda_L$	床沙中值粒径 D_{50}	0.2	mm
糙率比尺 λ_n	0.881	阻力相似条件	模型沙数据		
沉速比尺 λ_ω	1.94	悬沙运动相似	名称	树脂粒子	
比重差比尺 $\lambda_{\gamma_s-\gamma}$	6	原型比模型	密度 ρ_s	1.15	t/m³
干重度比尺 $\lambda_{\gamma0}$	1.08	原型比模型	浮密度 $\rho_s-\rho$	0.15	t/m³
悬沙粒径比尺 λ_d	0.59	悬移质粒径相似条件	干密度 ρ'	0.82	t/m³
床沙粒径比尺 λ_D	1.25	河型相似条件	该沙粒径范围		mm
起动流速比尺 λ_{v_c}	5	起动相似条件	床沙要求 最佳粒径范围	0.6~1	mm
含沙量比尺 λ_s	2.00	参考			
水流运动时间比尺 λ_{t_1}	21.91	水流运动相似条件			
河床变形时间比尺 λ_{t_2}	27.39	河床变形相似条件			

黄河泥沙有一定黏性,泥沙起动流速宜采用张瑞瑾统一公式,即

$$v_c = \left(\frac{h}{d}\right)^{1/7}\left(17.6\frac{\gamma_s-\gamma}{\gamma}d + 0.000\,000\,605\frac{10+h}{d^{0.72}}\right)^{1/2} \tag{5-1}$$

公式中各物理量采用 kg、m、s 单位。如果忽略黏结力影响,则可得粒径比尺为:

$$\lambda_d = \frac{\lambda_H}{\lambda_{\frac{\rho_s-\rho}{\rho}}^{\frac{7}{5}}\lambda_\xi^{\frac{14}{5}}} \tag{5-2}$$

研究表明,不同种类的模型沙由于容重、颗粒形状等方面存在较大差异,不能直接按泥沙起动流速公式计算模型沙的起动流速。因此,黄河下游动床模型设计不能直接用泥沙起动流速公式推求法来确定模型床沙的粒径比尺。宜分别确定原型泥沙的起动流速和不同粒径模型沙的起动流速,然后检查两者是否满足相似条件,从而确定模型床沙的粒径,同时又要考虑满足河型相似条件,可以用公式 $\lambda_D = \frac{\lambda_H\lambda_J}{\lambda_{\gamma_s-\gamma}}$ 求得模型床沙粒径比尺。

考虑到是以局部冲刷为主要研究目的,采用塑料沙,导出 $\lambda_D = 0.758 \sim 0.91$。根据

有关资料的统计分析,黄河下游河道床沙中径为 0.15 ~ 0.25 mm,平均值约为 0.20 mm,初步确定模型床沙粒径 D_{50} = 0.22 ~ 0.27 mm。由水槽试验测得模型沙起动流速为 0.11 m/s,原型沙起动流速为 0.53 m/s,基本满足起动流速比尺。

2. 模型悬沙比尺选择

黄河下游悬沙很细,一般悬沙中径 d = 0.015 ~ 0.025 mm,平均值 d_{50} = 0.02 mm,根据黄河动床模型相似律:

$$\lambda_{\omega} = \lambda_{v}\left(\frac{\lambda_{H}}{\lambda_{L}}\right)^{m} \tag{5-3}$$

上式中,m = 0.5 时,是泥沙悬浮相似条件;m = 1.0 时,是泥沙沉降相似条件。在进行管桩坝护湾导流模型试验时,既有泥沙落淤问题(缓流落淤),又有泥沙悬浮问题(弯道挑流输沙)。因此,应该兼顾两者相似要求,要按折中条件选择型沙,采用 m = 0.75,可以求得 λ_{ω} 为 1.77 ~ 1.94。悬沙粒径可由公式 $\lambda_{d} = \left(\frac{\lambda_{\omega}\lambda_{v}}{\lambda_{\gamma_s-\gamma}}\right)^{1/2}$ 求得,为 0.49 ~ 0.52。

3. 模型挟沙能力比尺选择

根据屈孟浩《黄河动床模型试验理论和方法》分析,黄河动床模型挟沙能力比尺可用下式表示:

$$\lambda_{s_*} = \left(\frac{\lambda_{v_*}}{\lambda_{\omega}}\right)^{1.2} \cdot \frac{\lambda_{\gamma_s}}{\lambda_{\gamma_s-\gamma}} \cdot \frac{\lambda_{v}\lambda_{J}}{\lambda_{\omega}} \tag{5-4}$$

用 $\lambda_{v*} = (\lambda_H\lambda_J)^{0.5}$, $\lambda_{\omega} = \lambda_v(\lambda_H/\lambda_L)^m$ 代入上式,得:

$$\lambda_{s_*} = \left(\frac{\lambda_{L}}{\lambda_{H}}\right)^{0.5} \cdot \frac{\lambda_{\gamma_s}}{\lambda_{\gamma_s-\gamma}} \cdot \frac{\lambda_{v}\lambda_{J}}{\lambda_{\omega}} \tag{5-5}$$

采用 λ_{ω} = 1.77 ~ 1.94,则 λ_{s_*} = 0.792 ~ 0.95。

4. 河床冲淤过程时间比尺选择

根据河床变形方程,可以推导出河床冲淤过程时间比尺:

$$\lambda_{t_2} = \frac{\lambda_{\gamma_0}}{\lambda_{s}}\lambda_{t_1} \tag{5-6}$$

其中 λ_{t_2} 为满足水流运动相似的时间比尺,聚苯乙烯塑料沙取 γ_0 = 0.85 g/cm^3。

根据黄河下游典型河段资料,原型沙为:γ_0 = 1.24 g/cm^3,则得:λ_{γ_0} = 1.45。

故得:

$$\lambda_{t_2} = \frac{\lambda_{\gamma_0}}{\lambda_{s}}\lambda_{t_1} = 1.5\lambda_{t_1} \tag{5-7}$$

比较两个时间比尺 λ_{t_1} 与 λ_{t_2} 相差不太多,可以取 $\lambda_{t_2} = 1.25\lambda_{t_1}$,使两者尽可能得到满足。

(三)模型比尺协调汇总

根据水流泥沙运动及河床变形综合相似,选择模型主要控制性比尺:水平比尺 λ_L 为 120,垂直比尺 λ_H 为 30,床沙粒径比尺 λ_D 为 0.758 ~ 0.91,悬沙粒径比尺 λ_d 为 0.49 ~ 0.52,模型挟沙比尺 λ_s 为 0.95,水流运动时间比尺 λ_{t_1} 为 21.9,河床变形时间比尺 λ_{t_2} 为

$1.25\lambda_{t_1}$。

（四）模型布置

根据几何比尺进行了模型布置，见图5-1～图5-3。模型首部进水前池采用主槽与滩地分别进水方式，由两部电磁流量计分别控制槽、滩进水流量。首部进水可调方向，便于模拟不同量级洪水的主流流向变化。模型出口采用尾门控制尾水位，下设三级沉沙池。

模型区主槽与嫩滩为塑料沙塑制的动床区。老滩区为定床区，为满足阻力相似，采用间隔塑料花加糙（根据水槽试验，量测糙率可达0.045）。不透水管桩坝采用透明有机玻璃板，透水管桩坝采用1 cm×1 cm的方管按设计曲率半径间隔焊制，安装在弯道主槽边岸，见图5-1。

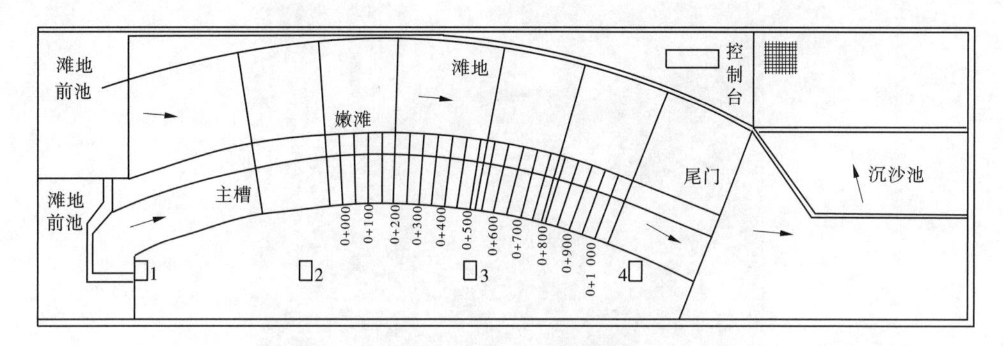

图5-1　模型平面布置

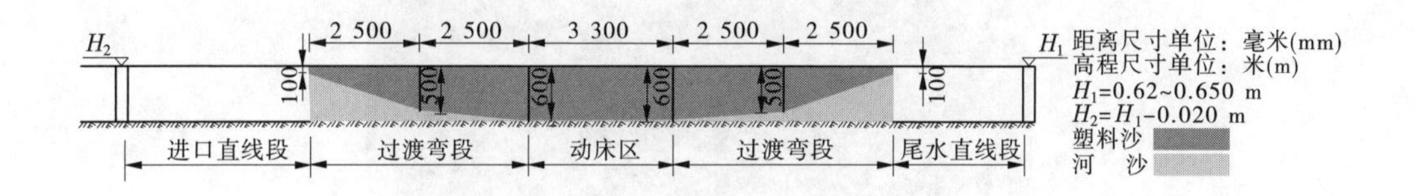

图5-2　模型纵断面布置

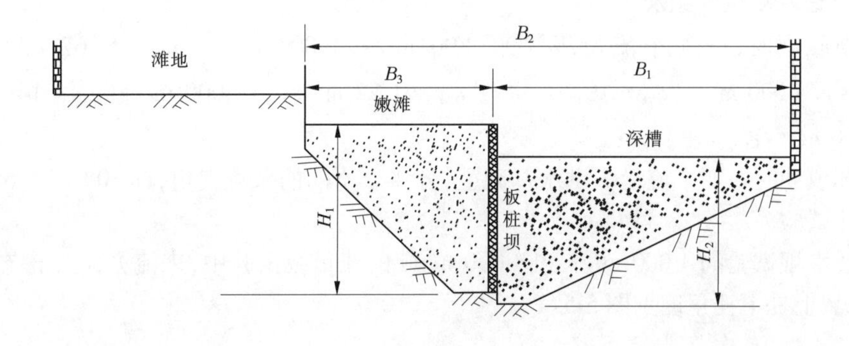

图5-3　模型横断面布置

第三节　模型试验成果分析

一、试验组次

（一）不透水桩坝试验组次

不透水时主要做顺坝（来流与弯道轴线夹角为0°）冲刷试验，分 800 m^3/s、4 000 m^3/s（$q_{槽}=6.47\ m^2/s$，$q_{滩}=0.02\ m^2/s$）、8 000 m^3/s（$q_{槽}=12.4\ m^2/s$，$q_{滩}=0.09\ m^2/s$）、12 000 m^3/s（$q_{槽}=17.15\ m^2/s$，$q_{滩}=0.28\ m^2/s$），见图 5-4。

图 5-4　模型放水试验

（二）透水坝试验组次

顺坝冲刷时，分 4 个流量级洪水：800 m^3/s、4 000 m^3/s（$q_{槽}=5.67\ m^2/s$，$q_{滩}=0.1\ m^2/s$）、8 000 m^3/s（$q_{槽}=10.67\ m^2/s$，$q_{滩}=0.27\ m^2/s$）、12 000 m^3/s（$q_{槽}=14.4\ m^2/s$，$q_{滩}=0.56\ m^2/s$）。

局部顶冲时在四个流量级洪水基础上，分 4 个不同的来流夹角，即 30°、45°、60°、90°，进行顶冲试验。

在透水坝试验的 4 000 m^3/s 和 8 000 m^3/s 的流量级试验中，来流方向又含有上提下挫的情况，上提下挫角度见图 5-5。

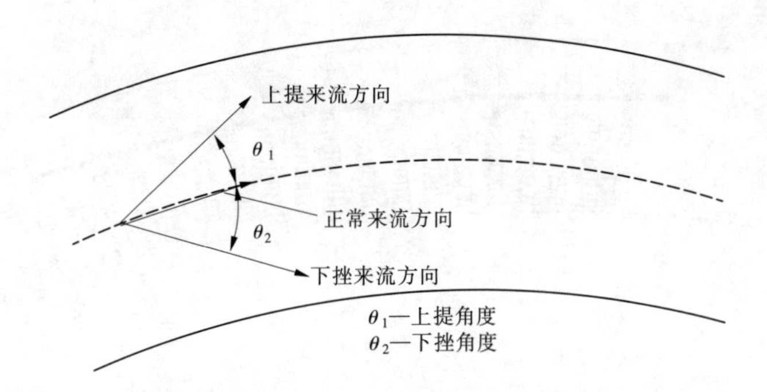

图 5-5　来流方向和上提下挫角度示意图

二、管桩坝的导流作用

(一)弯道段管桩坝区流场特性

1. 不透水坝流速分布

取弯道两个控制断面:弯顶(0+300),管桩坝下游(0+900);两个断面在不同流量级时的实测流速分布见图 5-6 和图 5-7,用全流场实时动态监测系统 VDMS 测绘制作了流场平面流速分布图,见图 5-8～图 5-10,主流顶冲弯顶的部位与顶冲流速见图 5-11 和表 5-3。

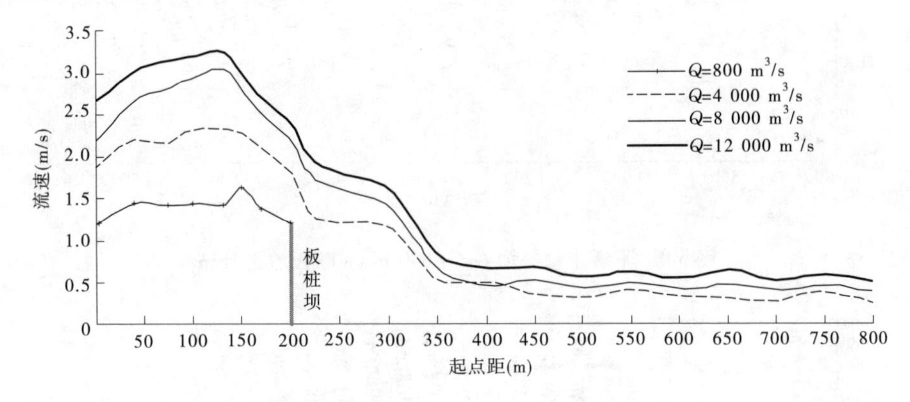

图 5-6　不透水管桩坝 0+300 断面流速分布图

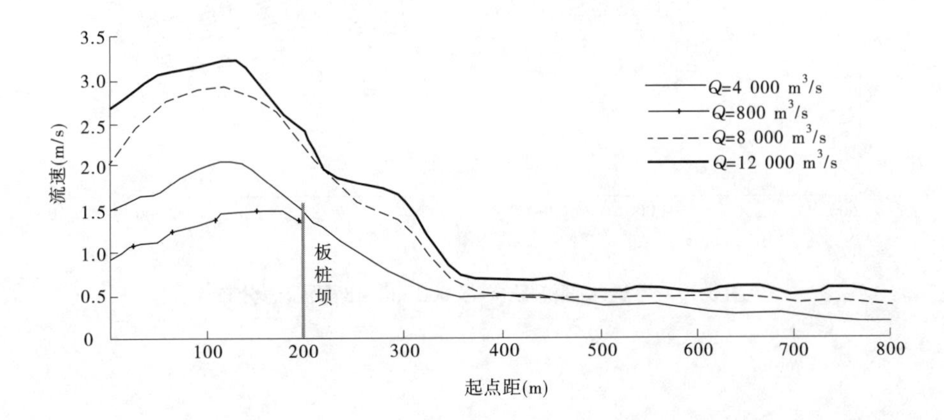

图 5-7　不透水管桩坝 0+900 断面流速分布图

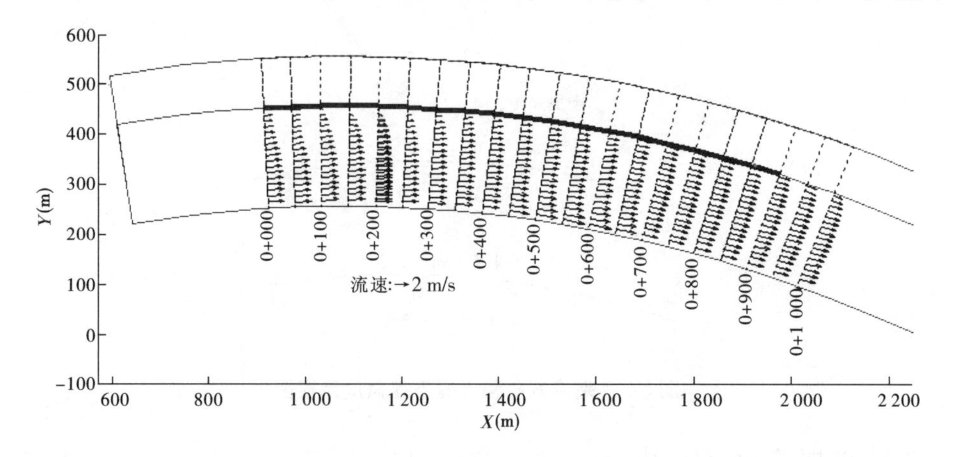

图 5-8　不透水管桩坝 $Q = 800\ m^3/s$ 断面流速分布

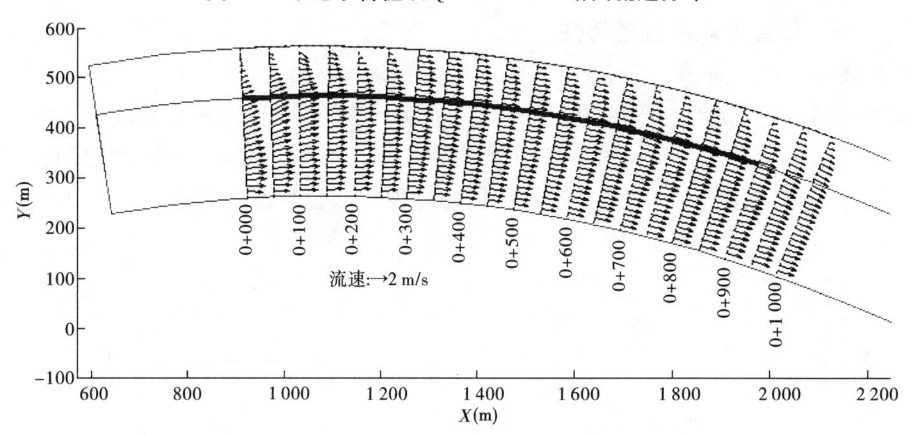

图 5-9　不透水管桩坝 $Q = 4\ 000\ m^3/s$ 断面流速分布

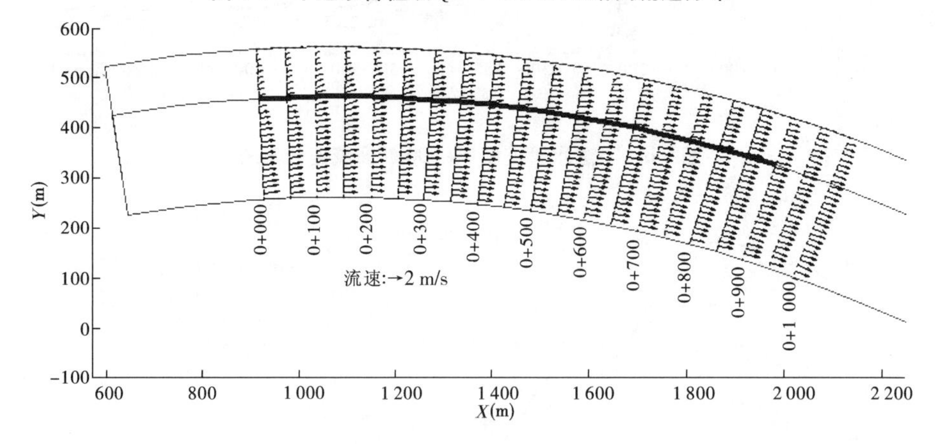

图 5-10　不透水管桩坝 $Q = 8\ 000\ m^3/s$ 断面流速分布

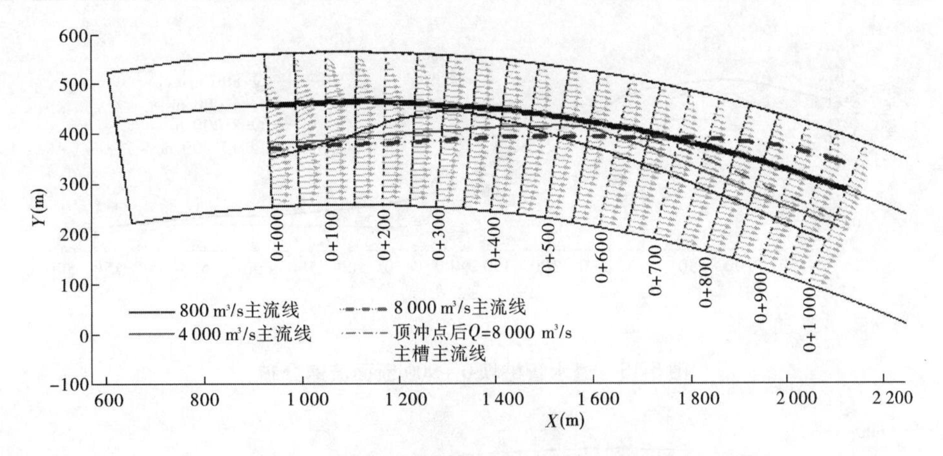

图 5-11　不透水管桩坝不同流量主流线对比

表 5-3　不透水坝流场的流速分布特征值

洪峰流量(m^3/s)	顶冲点附近断面	坝前顶冲点流速(m/s)	坝后流速(m/s)	嫩滩区平均流速(m/s)	高滩区平均流速(m/s)	断面最大流速U_m(m/s)	U_m距管桩坝位置(m)
800	0+300	1.46	0	0	0	1.62	30~60
4 000	0+500	2.2	1.8	1.5	0.3	2.3	50~100
8 000	0+600	2.5	2.0	1.8	0.5	3.05	60~120
12 000	0+700	2.8	2.4	2.0	0.6	3.25	60~120

由图表可以看出,当流量增大时,水流的顶冲位置逐渐下移,顶冲变动区在0+300断面至0+700断面之间;主流贴近管桩坝,一般距管桩坝外侧50~100 m。

2. 透水坝流速分布

取弯道两个控制断面:弯顶(0+300),管桩坝下游(0+900)。两个断面在不同流量级时的实测流速分布见图5-12、图5-13,用VDMS制作了流场平面流速分布图,见图5-14~图5-17,来流上提下挫引起的流速分布调整见图5-18~图5-21,主流顶冲弯顶的部位与顶冲流速见图5-22和表5-4。

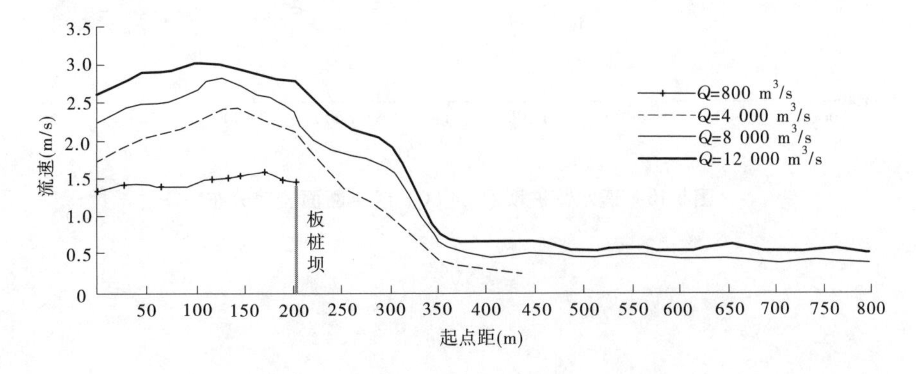

图 5-12　透水管桩坝 0+300 断面流速分布

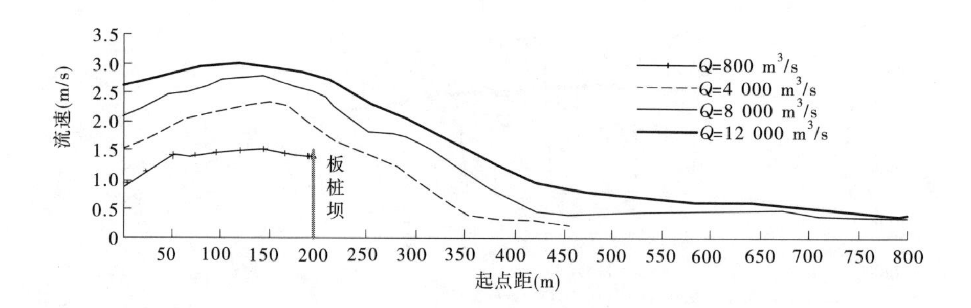

图 5-13　透水管桩坝 0 + 900 断面流速分布

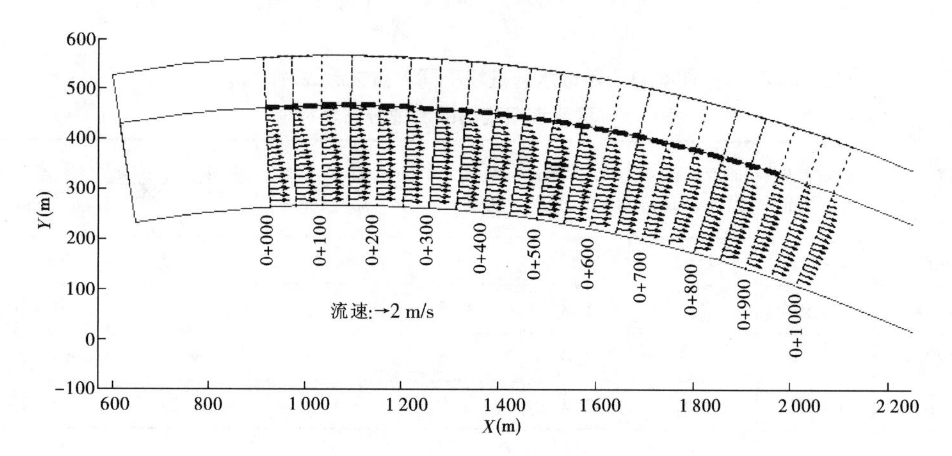

图 5-14　透水管桩坝 $Q=800\ m^3/s$ 断面流速分布

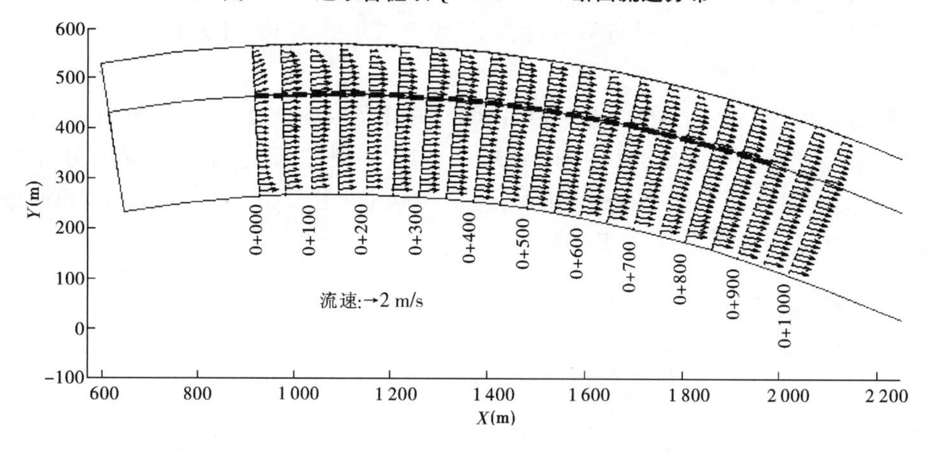

图 5-15　透水管桩坝 $Q=4\ 000\ m^3/s$ 断面流速分布

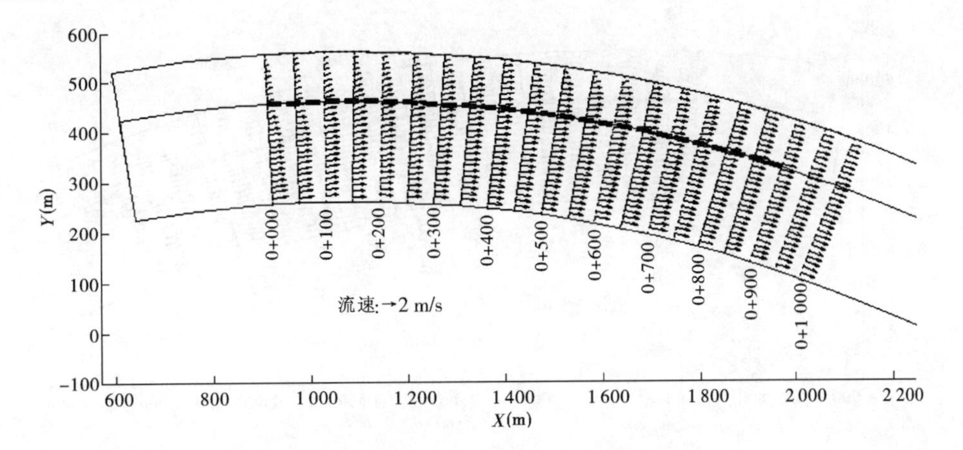

图 5-16　透水管桩坝 $Q = 8\ 000\ \mathrm{m^3/s}$ 断面流速分布

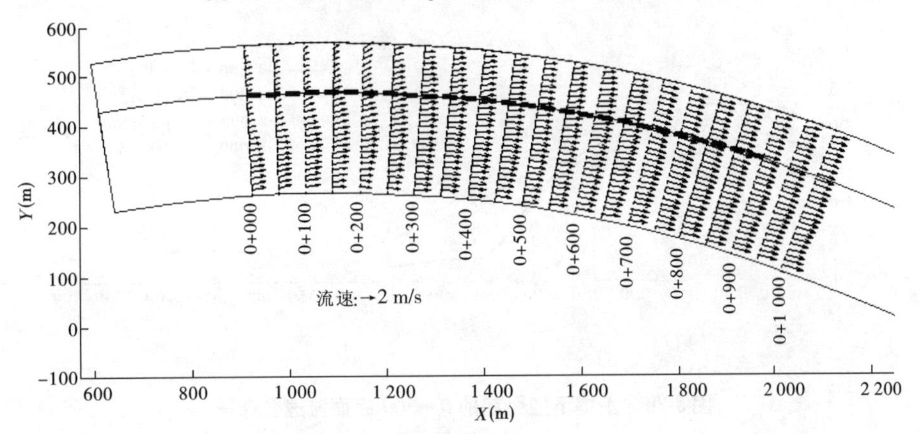

图 5-17　透水管桩坝 $Q = 12\ 000\ \mathrm{m^3/s}$ 断面流速分布

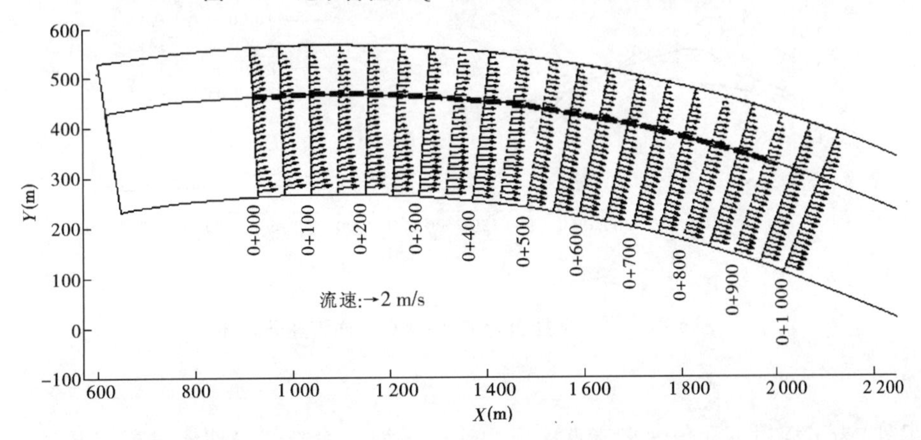

图 5-18　透水管桩坝 $Q = 4\ 000\ \mathrm{m^3/s}$(来流下挫 15°)断面流速分布

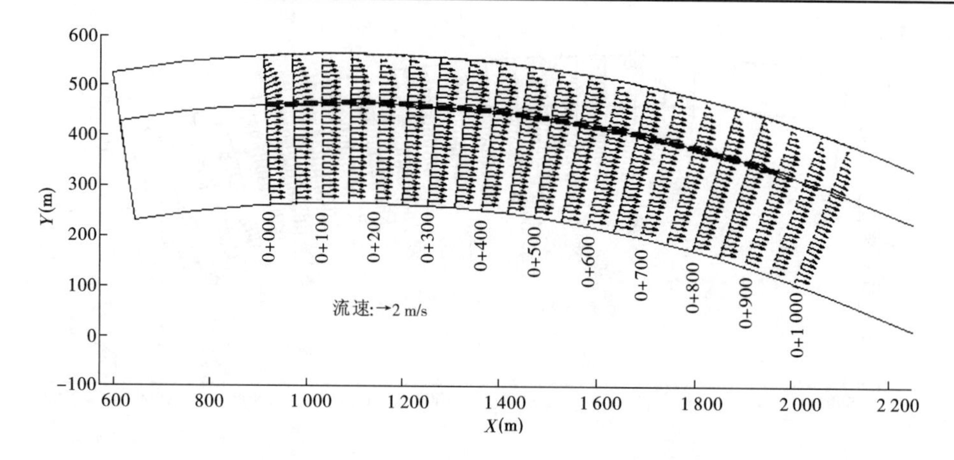

图 5-19　透水管桩坝 $Q = 4\ 000\ m^3/s$（来流上提 15°）断面流速分布

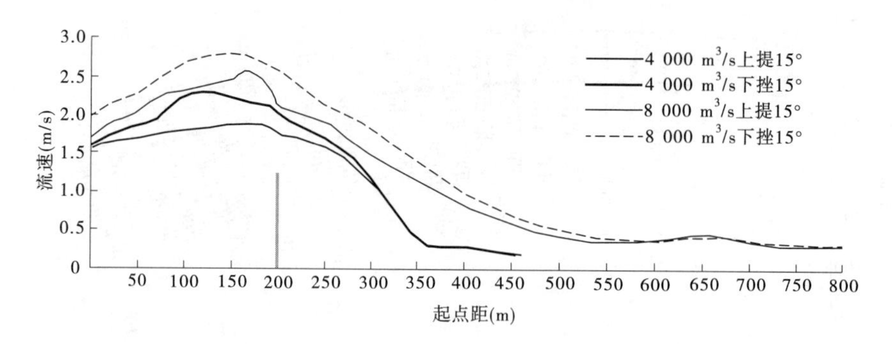

图 5-20　上提下挫引起的 0 + 300 断面流速分布图

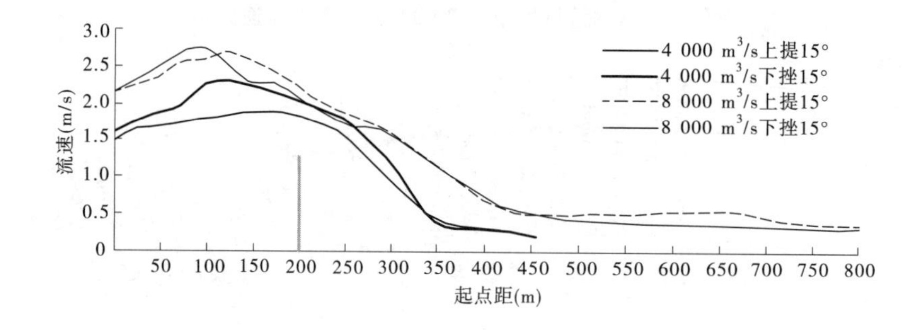

图 5-21　上提下挫引起的 0 + 900 断面流速分布图

另外，为了探讨不同角度来流直接顶冲管桩坝坝头引起的局部流场干扰与局部冲刷情况，还用 VDMS 绘制了局部流场流速分布图，见图 5-23、图 5-24。

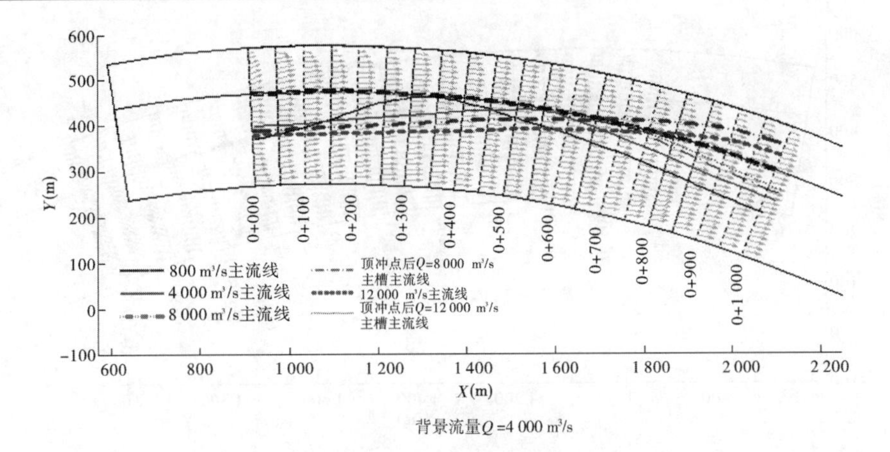

图 5-22　透水管桩坝不同流量主流线对比

表 5-4　透水坝流场的流速分布特征值

洪峰流量(m³/s)	顶冲点附近断面	坝前顶冲点流速(m/s)	坝后流速(m/s)	嫩滩区平均流速(m/s)	高滩区平均流速(m/s)	断面最大流速U_m(m/s)	U_m距管桩坝位置(m)
800	0+300	1.46	0	0	0	1.60	30～50
4 000	0+550	2.12	1.8	1.6	0.3	2.45	40～80
4 000(下挫15°)	0+600	2.35	1.90	1.65	0.3	2.5	50～80
4 000(上提15°)	0+500	1.98	1.65	1.5	0.3	2.59	40～70
8 000	0+650	2.4	2.1	1.8	0.5	2.78	60～90
8 000(下挫15°)	0+700	2.5	2.2	1.8	0.50	2.84	60～100
8 000(上提15°)	0+600	2.3	2.0	1.7	0.65	2.9	60～80
12 000	0+700	2.8	2.5	2.2	0.65	3.0	60～100

(二)不同流量级洪水河势及主流位置

分析整理流速及河势观测资料,得到不同流量级洪水时,弯道段主流及顶冲点的位置见表5-3和表5-4。主流线的平面形态(河势)与顶冲弯道桩坝群的位置,见图5-11和图5-22;分析这些观测资料,可以得到如下认识。

(1)$Q=800$ m³/s时,水流刚满深槽,由于水位刚平嫩滩滩沿,所以管桩坝(不透水与透水)都能很好控制弯道段河势,按工程布置(曲率)导送水流。水流顶冲贴靠凹岸位置

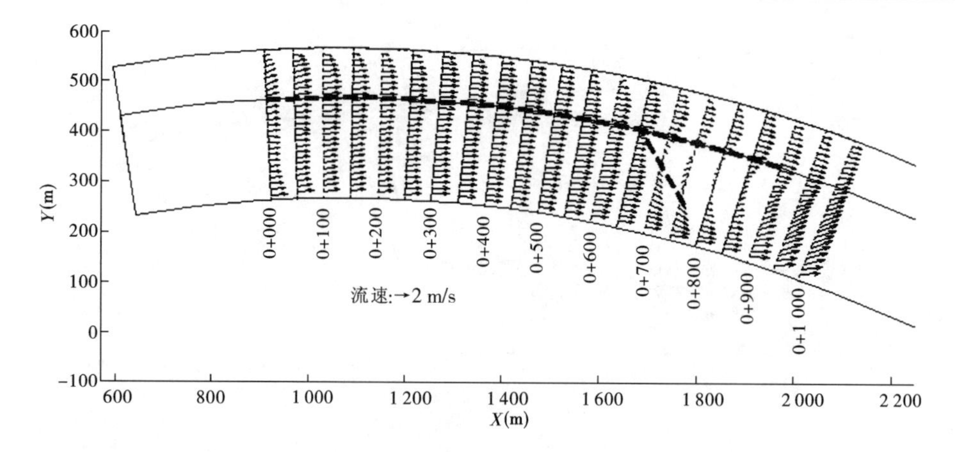

图 5-23　透水管桩坝 $Q = 4\ 000\ m^3/s$ 加板桩短坝(45°)断面流速分布

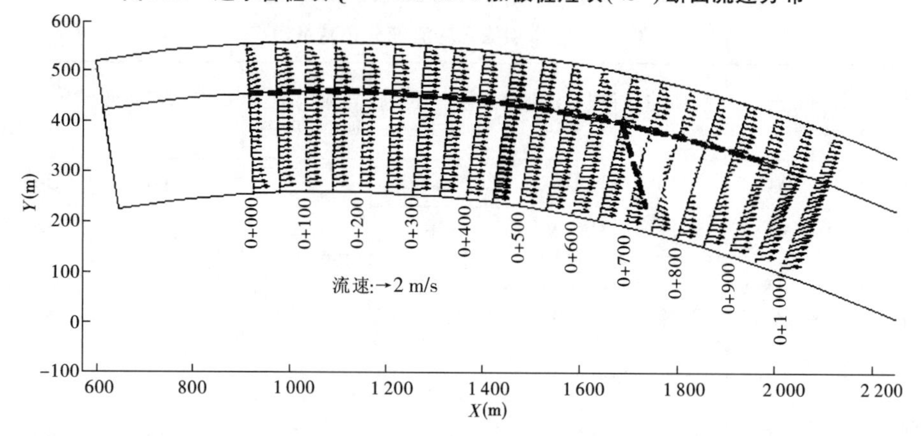

图 5-24　透水管桩坝 $Q = 4\ 000\ m^3/s$ 加板桩短坝(60°)断面流速分布

约在 0 + 350 断面,透水桩坝比不透水桩坝顶冲点略向下移;主流线形态及顶冲弯道管桩坝的位置见图 5-11 和图 5-22。

(2)$Q = 4\ 000\ m^3/s$ 时,洪水漫过嫩滩及管桩坝工程,已经满槽达到平滩流量;而且部分低滩开始漫滩上水。越坝流速受到管桩坝干扰有所减小,降低 13% ~ 18%;这是桩坝工程与上滩阻力共同影响的结果。虽然桩坝群对表面流场影响不大,但减小了控导工程段的水下流速,对减小冲刷、稳定河湾有利。顺桩坝群内侧(临主流侧)流速较高,外侧流速略低;故顺桩坝群外侧水位比内侧略高 5 ~ 15 cm。在不同角度来流顶冲桩坝群时,越坝水流受潜没桩坝的影响,产生一定水位差,坝头附近迎流面低而背流面略高;而坝身漫流区,迎流面水位比背流面高 5 cm。不同方向来流影响主流贴岸的上提下挫,对弯道主流顶冲点位置及顶冲流速有所影响,有关参数见表 5-3 和表 5-4。桩坝群工程依然对弯道主流有一定影响,但对中水流向没有明显的控制,仅主槽分流略有增加。不同边界分流比见表 5-5,主流线形态及顶冲弯道桩坝区的位置见图 5-11 和图 5-22。

(3)$Q = 8\ 000\ m^3/s$ 时,洪水全面漫滩。在弯道桩坝控制段流场,嫩滩以下深槽依然受桩坝群工程防护;但总体水流则按其来流方向在弯道段自由行进、漫滩。由于桩坝坝顶比嫩滩低 1 m,虽然在桩坝背流面和嫩滩区形成的冲刷对滩区过流产生一定影响,但桩坝群并未对大水河势产生控制性影响。因为桩坝群对深槽集中过流的维护,故与无工程相比,桩坝群对全断面流速分布及主槽分流略有影响,见表5-5。由于洪水大漫滩,顺桩坝群内外侧流速差异不大,因此顺桩坝群内外侧水位基本一致,内侧略高。在不同角度来流顶冲桩坝群时,越坝水流还受潜没桩坝的一定影响,坝身迎流面水位比背流面略高10 cm。上游来流方向引起水流动力轴线的上提下挫,对弯道顶冲点位置及顶冲区流速有所影响,弯道段河势主要受上游来流的控制。由于全断面行洪,因此桩坝群工程只起深槽护弯作用,对大水流向及洪水漫滩没有影响,仅对深槽集中过流有一定影响,主槽分流略有增加。不同边界分流比见表5-5,大水主流线形态、管桩坝附近流线及顶冲弯道管桩坝的位置,见图5-11和图5-22。

(4)$Q=12\ 000\ m^3/s$ 时,洪水大漫滩,总体流向趋直,基本看不到弯道管桩坝影响,见图5-11和图5-22。在弯道段,桩坝工程迎背水面及嫩滩都有不同程度冲刷,桩坝群控制段的弯道段嫩滩以下深槽依然受工程防护,深槽侧向移位被有效遏制,因此维持了凹岸嫩滩平面滩线的基本稳定。洪水在弯道段的行进、漫滩不受桩坝影响,还是受上游来流及弯道边界的控制,管桩坝没有对"大水趋直"的特性及弯道段河势产生影响。大水期主流线形态、管桩坝附近流线及顶冲弯道桩坝的位置见图5-11和图5-22。桩坝群的深槽护弯作用,对深槽集中过流有一定影响,所以主槽分流略有增加,不同边界分流比见表5-5。

总体看,大流量时水流顶冲位置逐渐下移,顶冲变动区在0+300～0+750断面之间;主流贴近管桩坝,最大流速一般距管桩坝40～80 m。进口来流下挫15°时,主流顶冲位置下挫至0+750～0+800断面;进口来流上提15°时,主流顶冲点位置将上提至0+350～0+600断面之间,主流也更贴近管桩坝。来流方向改变会影响弯道段的水位及纵比降,进口来流下挫15°时,桩坝下游水位大于来流上提15°时的水位,同时前者的纵比降也小于后者。

另外,为了探讨不同角度来流,主流顶冲管桩坝坝头引起的局部流场干扰及对导流的影响,试验用VDMS采集、绘制了局部流场流速分布图,见图5-23和图5-24。由图5-23和图5-24可以看出,来流在管桩坝坝头附近有明显的变化,受管桩坝坝头挑流的影响,坝后产生局部回流区;来流角度增大使导流作用更明显,同时回流区的范围也相应增大。

弯道桩坝区不同流量级洪水主流线见图5-11和图5-22;不同角度来流时,桩坝的导流效果及来流对坝头局部流场的干扰影响见图5-23、图5-24。

(三)不同流量级洪水滩槽分流比

不同流量级洪水时滩槽分流比各不相同,$Q=800\ m^3/s$ 时,水流全部归深槽;$Q=4\ 000\ m^3/s$时,受管桩坝对弯道深槽的控制,水流的90%～95%在主槽,只有个别低滩区小范围漫滩;$Q=8\ 000\ m^3/s$ 时,洪水全部漫滩,平均主槽流量占总流量的77%左右,滩地占23%,桩坝群的影响很小;$Q=12\ 000\ m^3/s$ 时,洪水大范围漫滩,平均主槽流量占总流量的72%,滩地占28%。与无管桩坝相比,$Q=4\ 000\ m^3/s$ 时,受管桩坝对弯道深槽的控制,主槽分流比略有增大;大洪水时管桩坝对主槽分流比基本没有影响(见表5-5)。

表 5-5　不同流量时的滩槽分流状况

流量 (m^3/s)	主槽流量 (m^3/s)	透水管桩坝主槽流量 与总流量比值(%)	不透水管桩坝主槽流量 与总流量比值(%)	无管桩坝主槽流量 与总流量比值(%)
800	800	100	100	100
4 000	3 600	90	95	98
8 000	5 800 ~ 6 500	73 ~ 83	75 ~ 81	71 ~ 80
12 000	8 000 ~ 9 100	67 ~ 76	67 ~ 76	67 ~ 76

三、弯道段管桩坝区河床变形及管桩坝冲刷

(一)管桩坝区河床变形及桩前局部冲刷

根据不同流量及来流角度的放水试验,研究了桩坝区的河床一般冲刷和局部冲刷。

1. 不透水管桩坝

沿不透水管桩坝的冲刷及局部冲刷状况见图 5-25 和图 5-26。不透水管桩坝沿管桩坝河床纵剖面图及特征大断面河床冲刷地形见图 5-27 ~ 图 5-31,沿桩坝的顺坝冲刷及局部冲刷特征值见表 5-6,表中主要物理量表示的几何意义见图 5-32。

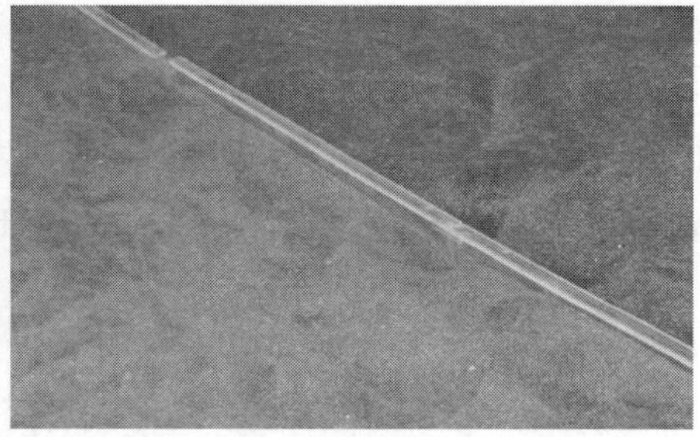

图 5-25　不透水管桩坝沿坝前冲刷地形

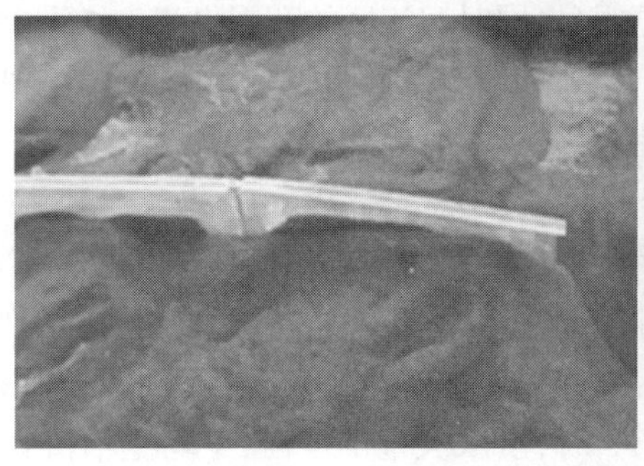
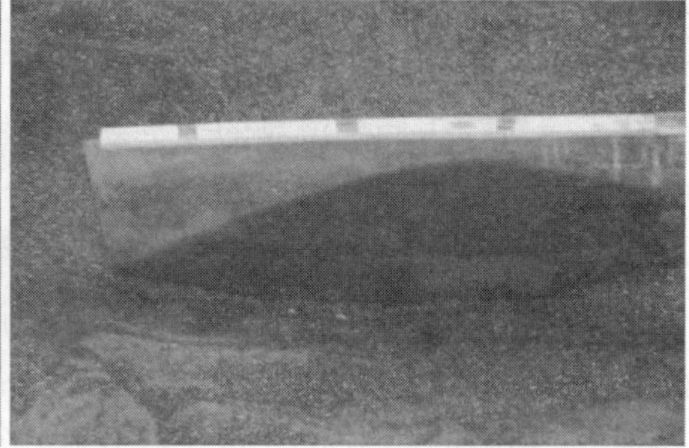

图 5-26　不透水管桩坝局部冲刷状况

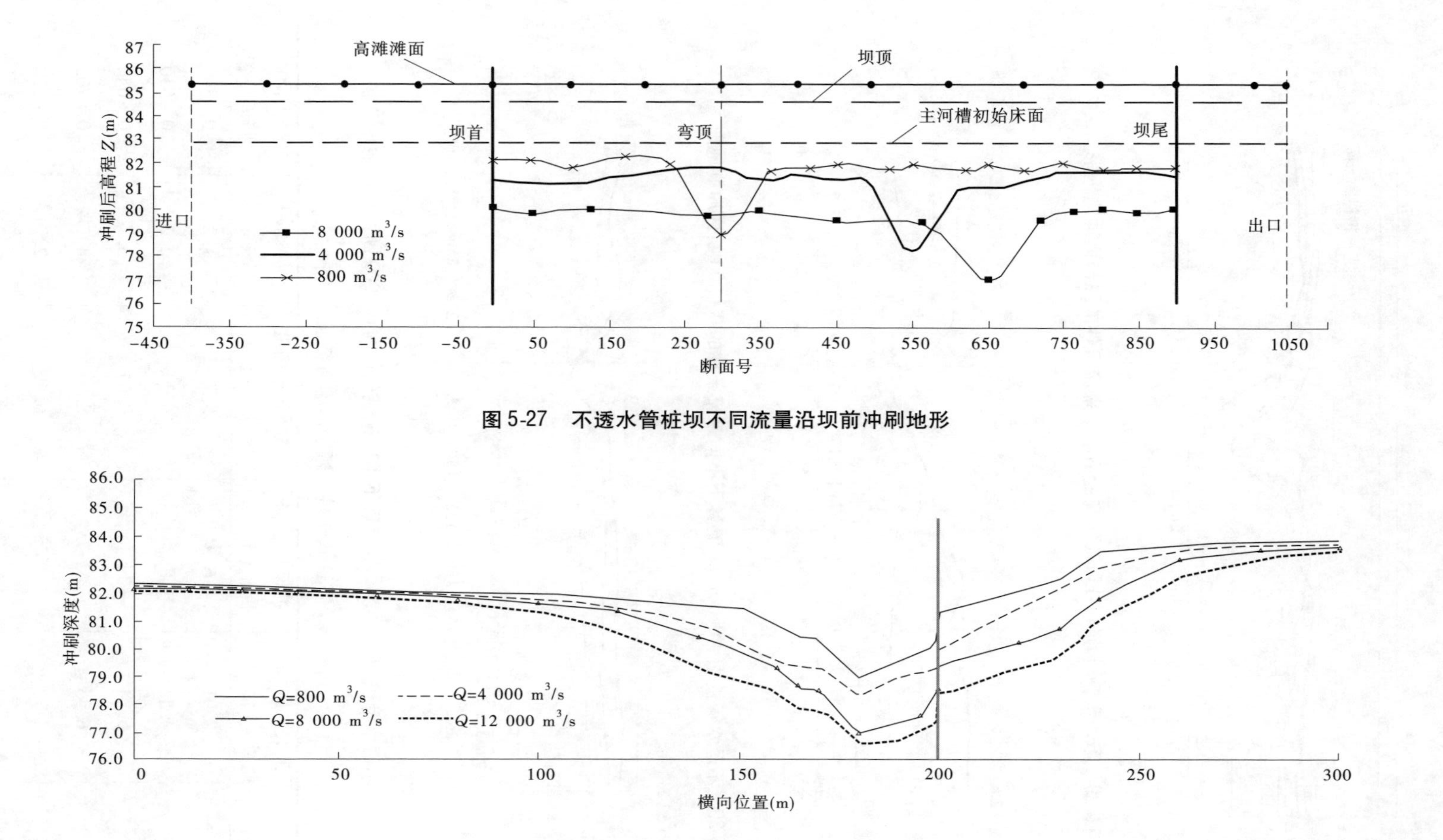

图 5-27　不透水管桩坝不同流量沿坝前冲刷地形

图 5-28　不透水管桩坝不同流量主流顶冲横断面冲刷地形对比

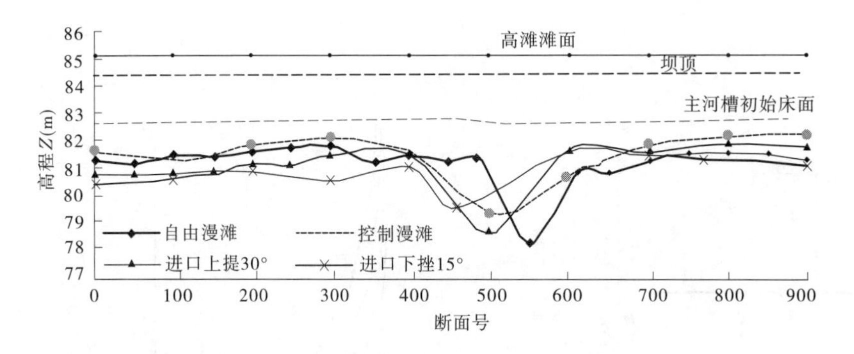

图 5-29　不透水管桩坝 4 000 m^3/s 流量下不同来流条件的纵剖面冲刷地形

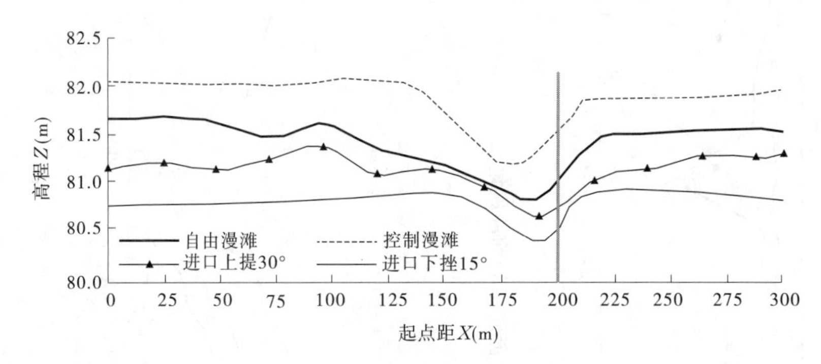

图 5-30　不透水管桩坝 4 000 m^3/s 流量下不同来流条件的 0 + 300 断面冲刷地形

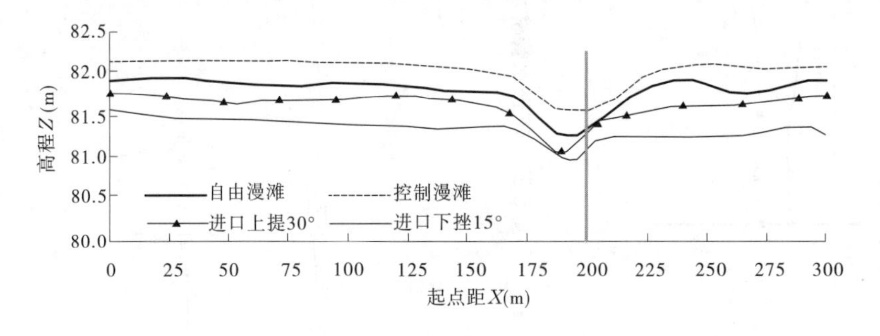

图 5-31　不透水管桩坝 4 000 m^3/s 流量下不同来流条件的 0 + 900 断面冲刷地形

表 5-6　不透水管桩坝顺坝冲刷特征值

流量 $Q(m^3/s)$	最大冲刷深度 h_s(m)	冲刷坑水深 h_p(m)	桩坝悬空高度 h_z(m)	坝顶水头 h_a(m)	最大冲刷断面位置
800	3.91	6.91	5.71	1.2	0 + 300
4 000	4.54	8.54	6.34	2.2	0 + 550
8 000	5.84	11.34	7.64	3.7	0 + 650
12 000	6.25	12.75	8.05	4.7	0 + 700
4 000(下挫 15°)	4.72	8.72	6.52	2.2	0 + 650
4 000(上提 15°)	4.47	8.47	6.27	2.2	0 + 500

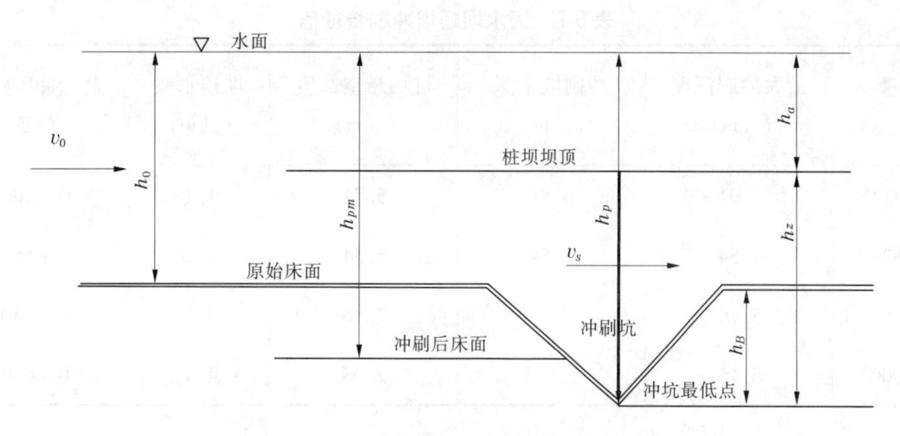

图 5-32 管桩坝冲刷相关变量几何示意

2. 透水管桩坝

透水桩坝条件下的河床冲刷状况见图 5-33，不同来流引起的管桩坝坝头局部冲刷地形见图 5-34，冲刷坑最大值及其位置见表 5-7，不同来流对管桩坝的局部冲刷值见表 5-8。表 5-7 和表 5-8 中的主要物理量表示的几何意义见图 5-32，沿透水管桩坝的河床冲刷纵剖面及特征大断面冲刷地形见图 5-35 ~ 图 5-37。

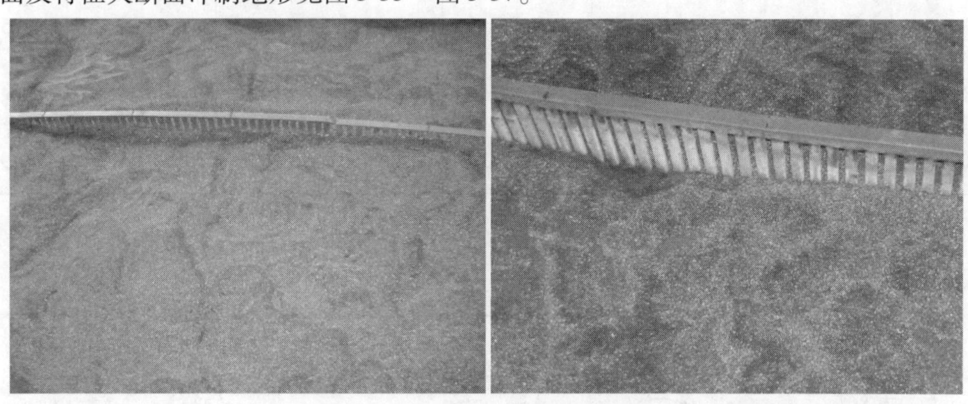

图 5-33 透水桩坝的河床冲刷情况

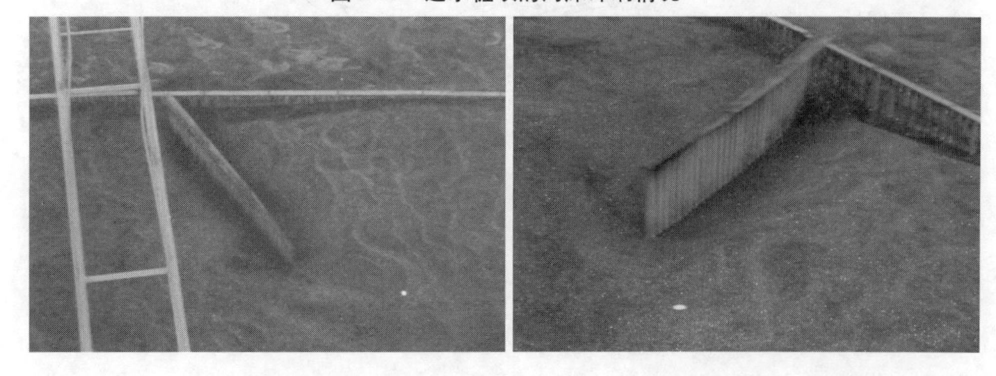

图 5-34 不同来流引起的管桩坝坝头局部冲刷地形

表 5-7　透水坝顺坝冲刷特征值

流量 Q(m^3/s)	最大冲刷深度 h_s(m)	冲刷坑水深 h_p(m)	桩坝悬空高度 h_z(m)	坝顶水头 h_a(m)	最大冲刷断面位置
800	3.91	6.81	5.71	1.1	0 +300
4 000	4.54	8.54	6.34	2.2	0 +550
8 000	5.76	11.26	7.56	3.7	0 +630
12 000	6.15	12.65	7.95	4.7	0 +650

表 5-8　不同来流顶冲条件下,透水管桩坝最大冲刷特征值

流量 (m^3/s)	来流角度											
	0°			30°			45°			90°		
	h_s(m)	h_z(m)	h_p(m)	h_s(m)	h_z(m)	h_p(m)	h_s(m)	h_z(m)	h_p(m)	h_s(m)	h_z(m)	h_p(m)
800	3.91	5.71	6.81	4.02	5.82	6.92	4.16	5.96	7.06	4.26	6.06	7.168
4 000	4.54	6.34	8.54	4.36	6.16	8.36	4.62	6.42	8.62	5.25	7.05	9.25
8 000	5.76	7.56	11.26	5.91	7.71	11.41	6.83	8.63	12.33	7.19	8.99	12.69
12 000	6.15	7.95	12.65	6.80	8.6	13.3	9.89	11.69	16.39	10.40	12.2	16.9

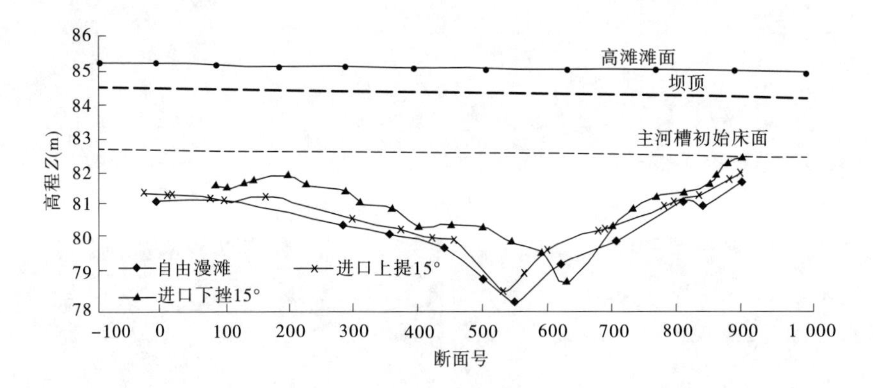

图 5-35　透水管桩坝 4 000 m^3/s 不同来流沿坝前冲刷

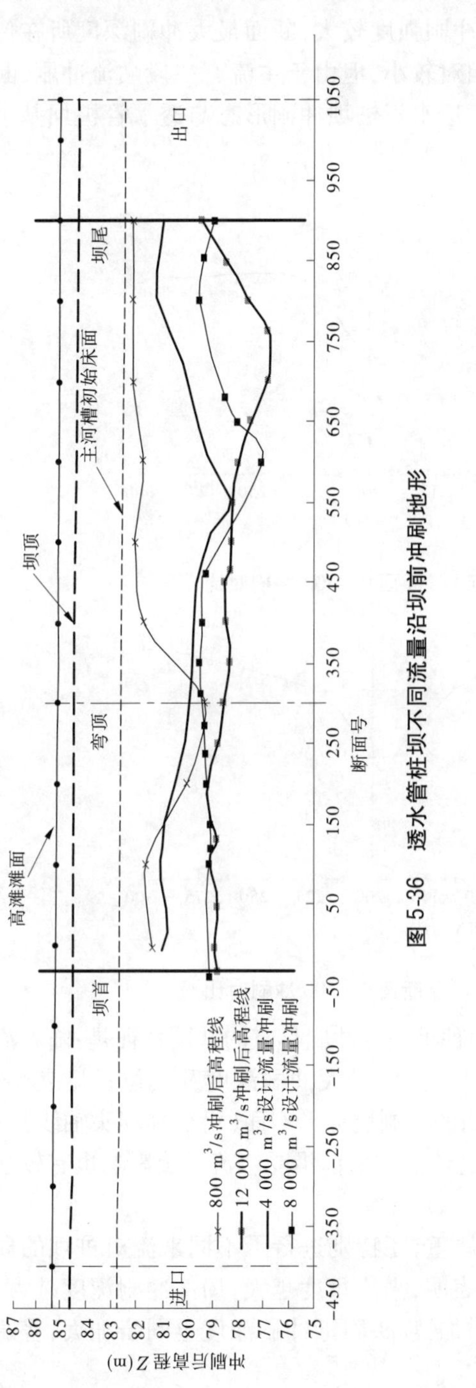

图 5-36　透水管桩坝不同流量沿坝前冲刷地形

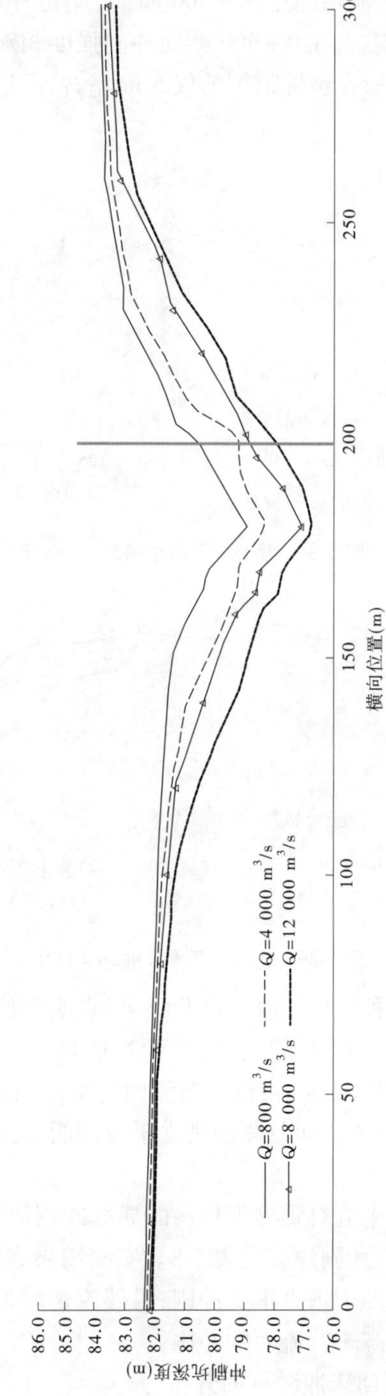

图 5-37　透水坝不同流量顶冲断面冲刷地形对比

3. 两种管桩坝冲刷对比

由图 5-38 和图 5-39 可以看出，透水管桩坝的顺坝冲刷比不透水桩坝顺坝冲刷要小，但差别不大；在水流顶冲点（0 + 300 断面）附近冲刷强度较大，断面最大冲刷深度所在位置距桩前 12 m 左右；在 0 + 900 断面冲刷强度相对较小，但由于主流有一段贴流冲刷，断面最大冲刷深度所在位置距桩前仅 5 m 左右；不透水管桩坝冲刷形态与透水管桩坝基本相同。

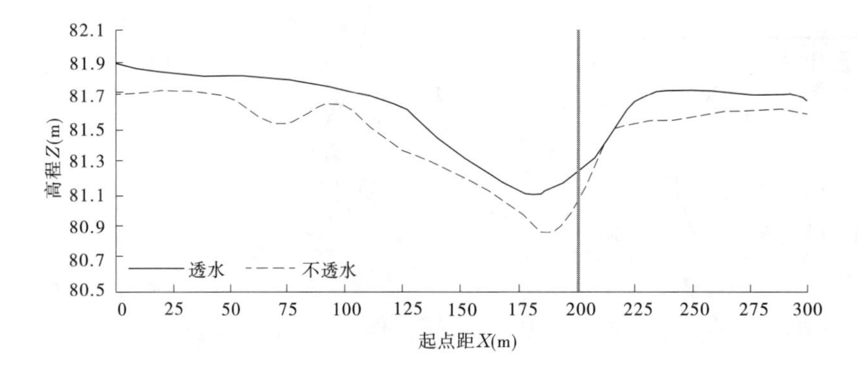

图 5-38 透水、不透水桩坝 4 000 m^3/s 断面 0 + 300 冲刷对比

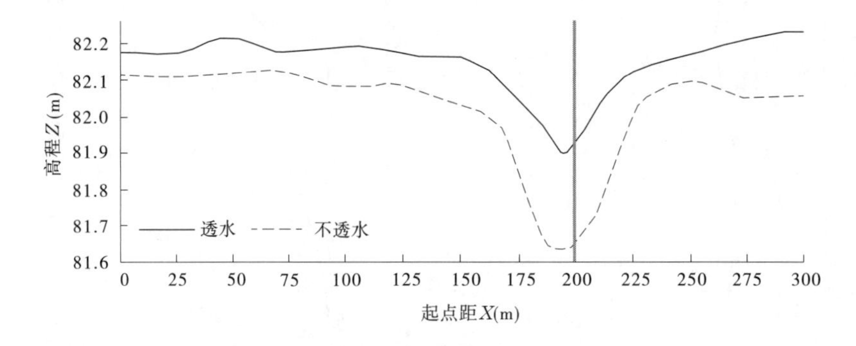

图 5-39 透水、不透水桩坝 4 000 m^3/s 断面 0 + 900 冲刷对比

比较分析两种桩坝的放水试验结果，表明两种桩坝区冲刷具有的共同特征是：随着流量加大，沿坝最大冲深位置后移；最大冲刷坑深度增加，最大冲刷深度及其位置见表 5-6 和表 5-7。Q = 800 m^3/s 时，桩坝迎流面与背流面的冲刷坑地形剖面（沿桩坝坝头轴线）见图 5-40，可以看到迎流面总体冲刷强于背流面，背流面坝头前沿受绕流涡旋影响也有较强的冲刷。

考虑到不同来流对管桩坝坝头的局部冲刷严重，还特别进行了不同来流对桩坝的局部冲刷试验，局部冲刷深度见表 5-8。实测结果表明，来流角度越大，局部冲刷深度越大，桩坝最不利冲刷即为垂直正交冲刷；另外流量增加，坝头附近冲刷深度也同步加大；普遍迎流面冲刷强度高于背流面的冲刷。

（二）桩坝区河床冲淤平面分布

采用模型水下地形仪，对试验后的河床地形进行数据采集，经与初始河床地形比较，绘制管桩坝区域的河床冲淤地形图，见图 5-41 ~ 图 5-43。桩坝在受到不同角度来流顶冲时,局部冲刷明显大于顺坝的一般冲刷。不同来流的最大局部冲刷值见表 5-8,坝头附近局部冲刷等值线及平面形态见图 5-44、图 5-45。

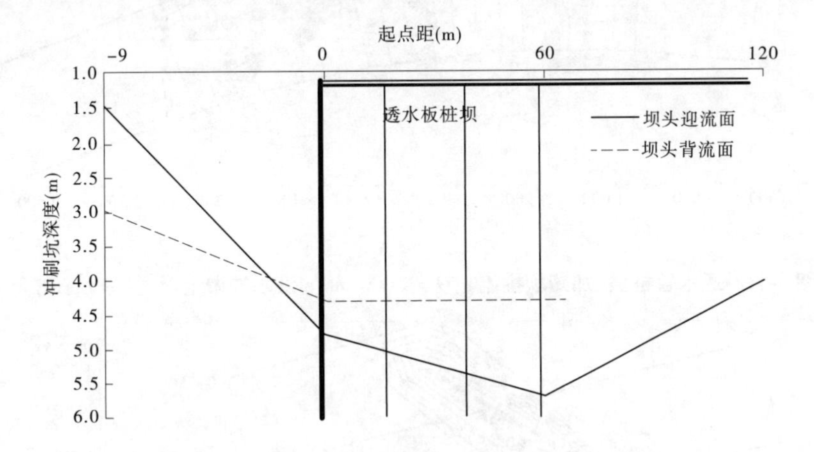

图 5-40　$Q=800\ m^3/s$ 桩坝迎流面与背流面的冲刷坑地形

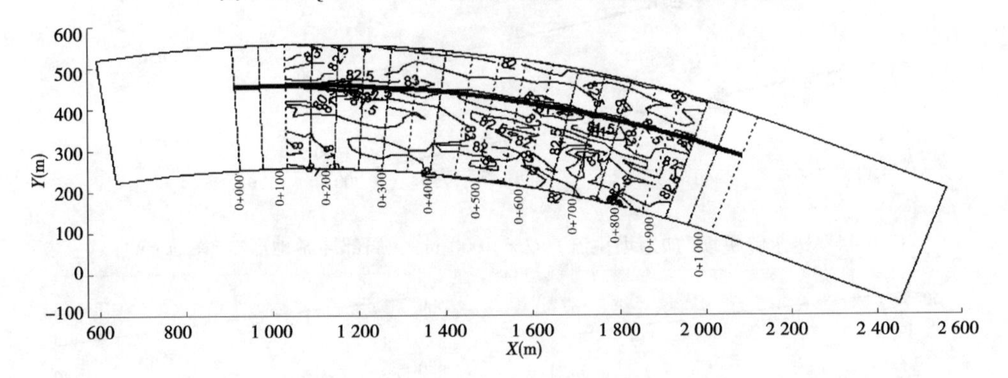

图 5-41　不透水管桩坝,$Q=4\ 000\ m^3/s$ 洪水后冲淤地形　(单位:m)

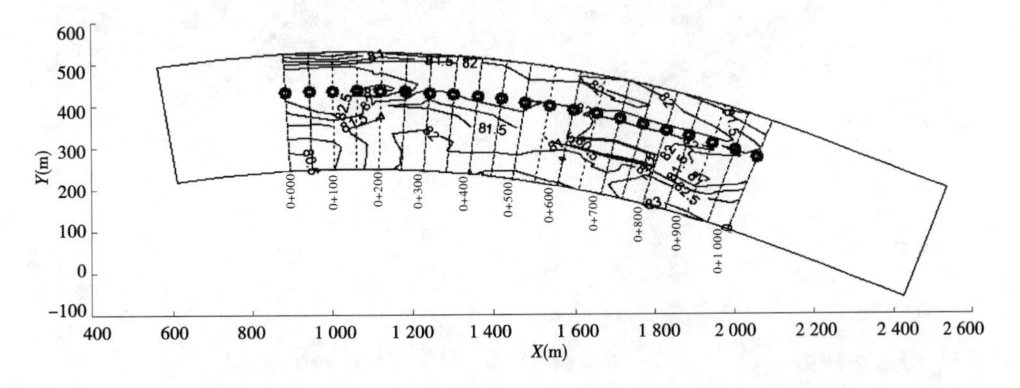

图 5-42　透水管桩坝,$Q=4\ 000\ m^3/s$ 洪水后冲淤地形　(单位:m)

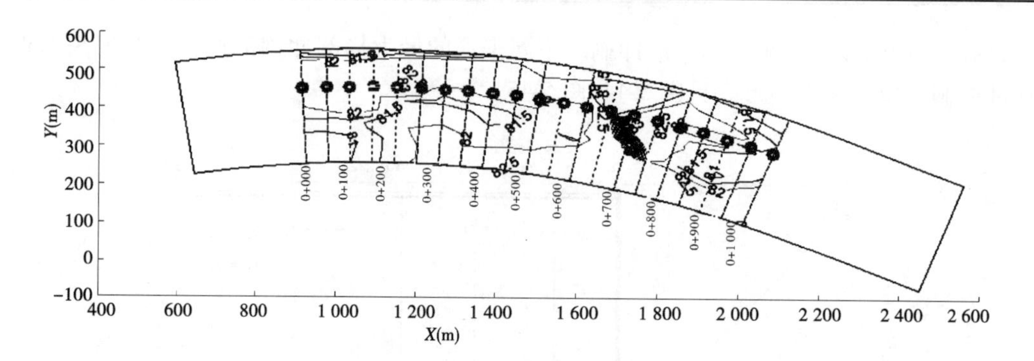

图 5-43　透水管桩坝(加短坝挑流), $Q=4\ 000\ m^3/s$ 洪水冲淤地形　(单位:m)

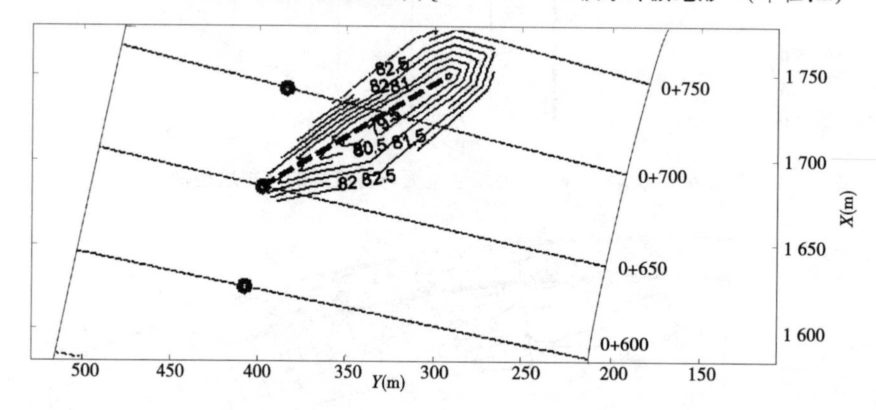

图 5-44　透水管桩坝(加短坝挑流), $Q=4\ 000\ m^3/s$ 局部冲淤地形　(单位:m)

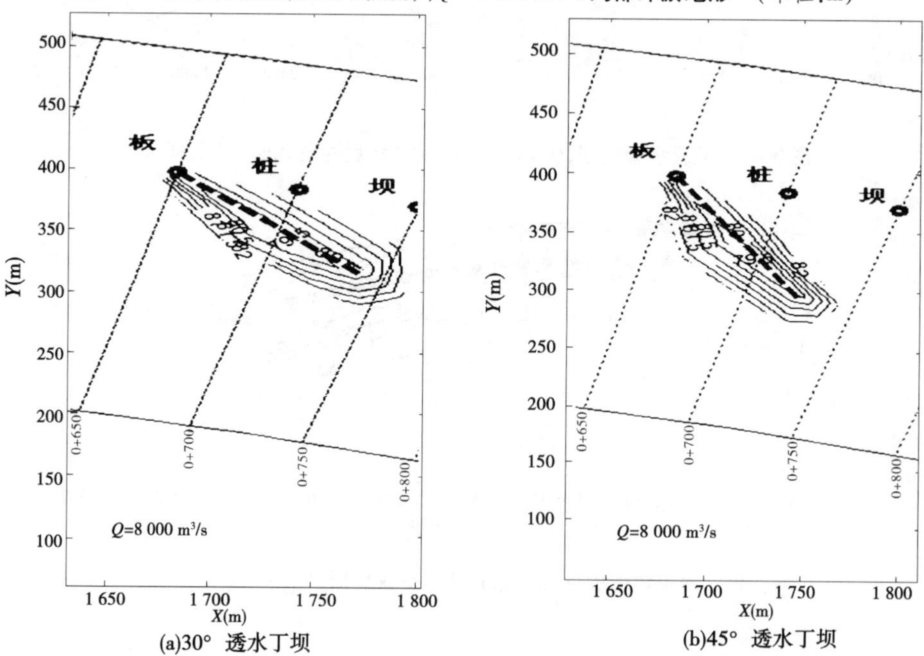

(a)30° 透水丁坝　(b)45° 透水丁坝

图 5-45　透水丁坝局部冲刷地形

四、不同透水率板桩潜坝局部冲刷研究

选取研究管桩坝长 2 km,弯道半径 $R=3\ 000$ m;入流角度为 30°、60°、90°;入流单宽流量为 20 $m^3/(s\cdot m)$;桩径 d 为 0.8 m、1.0 m 两种;桩间距分别为 0.3 m、0.5 m、0.75 m 三种,相应透水率分别为 27%、33%、43%。研究不同透水率管桩坝局部冲刷及水力特性。

(一)不同来流角度的冲刷深度

根据本模型试验成果,并参考其他模型试验资料,研究了不同透水率桩坝的水力及冲刷特性。统计分析模型试验的成果,整理出不同来流桩坝前后的水力特征值及冲刷变形特征值,这里主要用桩坝附近的流速和冲刷坑深度及位置来表征,见表 5-9。

表 5-9　不同来流的透水管桩坝前后的水力及冲刷变形特征值

桩径(m)	0.8	1.0	1.0
桩间距(m)	0.3	0.5	0.75
透水率(%)	27	33	43
来流方向 30°			
桩前最大冲刷水深(m)	19.0	18.6	18.0
最大冲深点到桩坝距离(m)	23	12	6
迎水面桩根最大冲刷水深(m)	13.5	14.4	14.6
透水桩坝前后水位差(m)	0.05~0.15	0.05~0.15	0.05~0.15
桩前最大垂线平均流速(m/s)	3.5	3.4	3.6
桩后最大垂线平均流速(m/s)	0.6	0.7	1.4
来流方向 60°			
桩前最大冲刷水深(m)	19.5	19.9	19.5
最大冲深点到桩坝距离(m)	15	10	12
迎水面桩根最大冲刷水深(m)	16.8	17.4	17
透水桩坝前后水位差(m)	0.05~0.15	0.05~0.15	0.05~0.15
桩前最大垂线平均流速(m/s)	3.3	3.1	3.1
桩后最大垂线平均流速(m/s)	1.3	1.5	1.9
来流方向 90°			
桩前最大冲刷水深(m)	20.7	19.9	20.2
最大冲深点到桩坝距离(m)	10.5	15.0	7.5
迎水面桩根最大冲刷水深(m)	16.7	16.9	17.5
透水桩坝前后水位差(m)	0.05~0.15	0.05~0.15	0.05~0.15
桩前最大垂线平均流速(m/s)	3.0	3.1	2.8
桩后最大垂线平均流速(m/s)	2.1	2.2	2.5

（二）不同透水率管桩坝局部冲刷深度讨论

根据不同透水率桩坝模型试验冲刷成果分析，管桩坝前和桩根局部冲刷深度是影响桩坝安全的主要指标，它们都和管桩坝前后的冲刷坑形态有关。根据试验分析得到不同透水率桩坝冲刷的特点：

（1）透水桩柱群形成的坝前冲刷坑水深 h_p 主要与来流单宽流量 q（或流速 v_0）、入流角度 θ、桩坝透水率 β、桩径 d、来流含沙量 S_v、床沙粒径组成 D_{50} 等因素有关，可表示为：

$$h_p = f(q, v_0, \theta, \beta, d, S_v, D_{50}, \cdots)$$

模型试验成果表明：单宽流量与不同透水率桩坝前冲刷坑水深有较好相关关系；一般透水率与冲刷深度成反比例关系，但差别不大。两者的拟合相关曲线见图 5-46 和图 5-47。

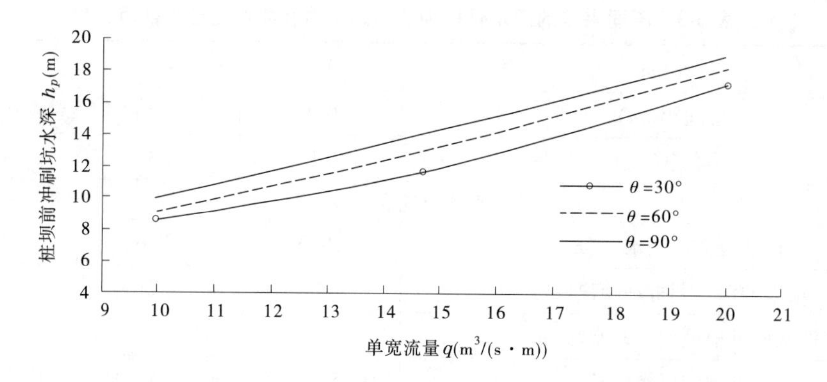

图 5-46　不同来流角度，单宽流量与冲刷坑水深的关系

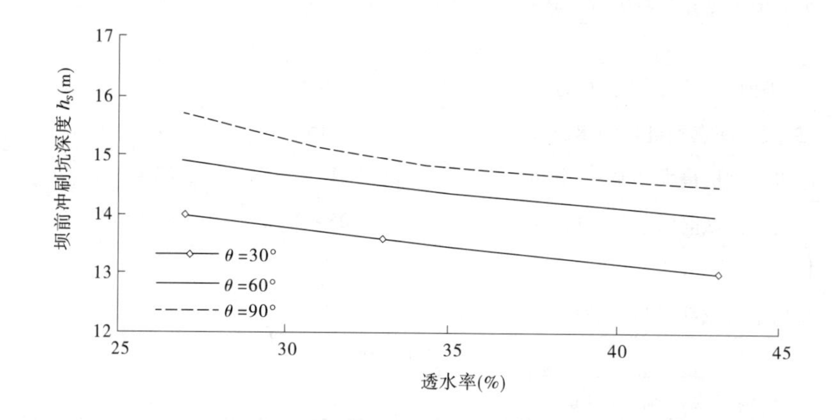

图 5-47　不同来流角度，管桩坝透水率坝前冲刷坑深度的关系

（2）水流在透水桩坝前后形成连续的冲刷坑，冲刷坑最深点一般位于桩坝前，靠近顶冲部位稍偏下游位置。

（3）冲刷坑最深点距离桩柱比较近，一般在 10 ~ 20 m，桩前水深用桩坝前最大冲刷坑水深比较安全。

(4)冲刷坑底部受局部绕流及旋涡作用,管桩坝前后冲刷坑底面高程不一样,一般是坝前深、坝后略浅,差别不很大,一般在1～2 m;管桩坝设计时应考虑两侧水体与土体的压力差。

(5)透水管桩坝上部连接成整体,洪水漫坝时会有类似锁坝的坝后局部冲刷;但透水坝体降低流速,减缓了冲刷;上部连接拱圈可以改善单桩的受力,同时对稳定深槽弯道河势也有一定控制作用。

第四节　模型试验结论

通过模型试验得出如下结论:

(1)根据相似理论,设计、制作变率为4的概化河段动床物理模型;通过水槽试验选择了满足起动相似的聚苯乙烯共珠体为模型沙。采用不透水与透水两种管桩坝形式,根据四种流量级洪水进行了管桩坝导流效果及冲刷试验,可以满足对试验任务要求。

(2)采用VDMS系统采集了主槽管桩坝区的平面流速场,分析了不同流量级洪水主流线、顶冲点位置与最大流速。对于坝顶平800 m^3/s相应水位的桩坝,在800 $m^3/s \leqslant Q \leqslant$ 4 000 m^3/s时,管桩坝对河势有较好的控导作用,可以控导深槽河势。但随着大河流量的加大,坝顶溢流量增加,桩坝对河势的控导作用逐渐减弱。在4 000 $m^3/s \leqslant Q \leqslant$ 8 000 m^3/s时,管桩坝顶溢流水深约2.0 m,管桩坝对弯道洪水河势仍起一定的控导作用,管桩坝对维持深槽凹岸集中过流和稳定有辅助作用;在8 000 $m^3/s \leqslant Q \leqslant$ 12 000 m^3/s时,坝顶溢流水深(约3.0 m)进一步增大,翻过管桩坝的坝后滩地分流比增大,河水越过桩坝趋直趋势明显,管桩坝对控导、维持坝前过流基本失去作用;$Q \geqslant$ 12 000 m^3/s时,坝顶溢流水深达到3.5 m以上,洪水趋直,河道排洪畅顺,漫坝水流的水位差一般在0.05～0.15 m,坝前顶冲区最大行进流速为2.8～3.0 m/s,坝顶溢流流速达2.92～3.25 m/s,管桩坝对控导、维持坝前过流完全失去作用。

(3)通过管桩坝区的河床冲淤变形数据采集,分析不同流量级洪水顺坝冲刷及不同角度来流的挑流局部冲刷,分析确定了不同水流条件的冲刷坑水深与管桩坝悬空高度。坝前冲刷的深度与水流顶冲坝体角度成正比,来流角度越大,主流顶冲桩坝的冲刷深度越大:顺坝冲刷坝前冲刷坑深度在4.0～6.25 m,冲刷坑水深在7.0～12.75 m,管桩坝悬空高度在5.8～8.05 m;90°顶冲时的冲刷深度最大,冲刷坑深度在4.30～10.40 m,冲刷坑水深在7.21～16.90 m,管桩坝悬空高度在6.1～12.2 m。同时,坝前冲深也与洪水单宽流量成正比。

(4)水流冲击不同透水率管桩坝其冲刷特点不同。

①透水板桩柱形成的坝前冲刷坑水深 h_p 主要与来流单宽流量 q(或流速 v_0)、入流角度 θ、桩坝透水率 β、桩径 d、来流含沙量 S_v、床沙粒径组成 D_{50} 等因素有关,桩坝透水明显降低坝前河床冲刷坑深度。

②透水管桩坝前后均形成连续的冲刷坑,冲坑最低点位于管桩坝前并靠近顶冲部位稍偏下游部位。

③桩柱冲刷坑底部受局部绕流及旋涡作用,管桩坝前后冲刷坑高程不一,一般是坝前

深、坝后略浅，高差在1.5 m左右；管桩坝设计时应考虑坝前后水体与土体压力差。

④漫坝水流可以有效减小坝前河床冲刷，但产生坝后局部冲刷，坝前河床冲刷与坝顶溢流量呈反变关系，坝后局部冲刷与坝顶溢流量呈正变关系。

⑤对大洪水河势没有控导影响。

(5)根据管桩坝模型试验冲刷资料数据，不漫顶透水桩坝前单宽流量为4.52～19.5 m^2/s，对于床沙粒径为0.05 mm时，90°顶冲，坝前最大冲刷坑水深为8.0～19.0 m。

第六章　重复组装式导流桩坝施工技术与工艺研究

重复组装式导流桩坝施工根据施工条件和环境不同,分为水上和滩地两种情况,根据使用要求不同又分为研究导流桩坝施工和临时导流桩坝拆除。重复组装式导流桩坝施工修筑包括插桩和盖梁制作与安装,桩坝拆除包括插桩和盖梁吊离拆分,其中盖梁制作与安装、吊离拆分都是非常传统的施工技术,不再详述,在此主要和重点阐述重复组装式导流桩坝修筑和拆除中的插桩与拔桩关键技术问题。

第一节　水上插桩筑坝工艺

桩坝水上修筑施工过程可分为施工准备、插桩施工、退场三个阶段。

一、施工准备阶段工艺流程

施工准备阶段主要是完成起吊插桩前的一切工作,施工准备阶段工艺流程见图6-1。各环节主要工作内容如下:

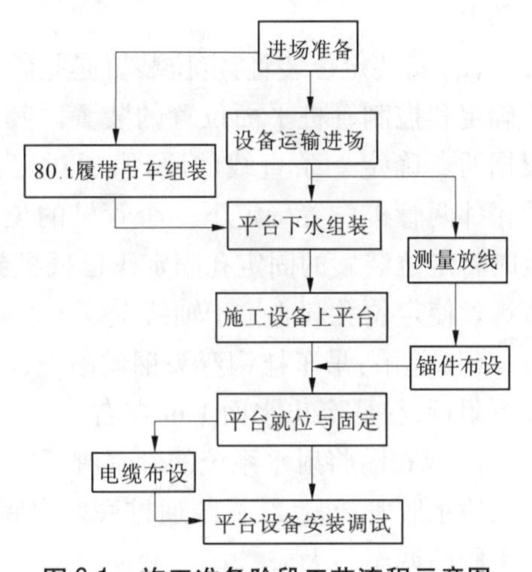

图6-1　施工准备阶段工艺流程示意图

(1)进场准备:主要包括进场道路修建、施工场地平整、临时施工用房搭建、临时码头修建等工作。特别是进场道路修建要满足大型设备进场要求。

(2)平台运输:指水上施工平台从储存仓库运输到施工场地。开封欧坦水上施工平台由6块组成,单块长15 m,最大单块宽3.6 m,重16 t,需要大型平板拖车运输。

(3)80 t履带吊进场:由专业平板拖车将吊车及吊臂运至工地。

(4)80 t履带吊组装:现场组装吊车大臂,形成吊装能力。

(5)确定桩坝轴线:根据设计图纸坐标及现场坐标控制点,通过全站仪确定桩坝轴线位置及与滩岸交点,为码头修建及平台下水组装位置确定提供参考。

(6)抛锚埋置地锚:在大河中抛河锚,在滩岸上埋设地锚。河锚、地锚均为施工平台组装、拆除、移动、锚固服务,应根据工作需要合理确定锚位及钢丝绳长度、直径。特别是河锚应选用质量不低于5 t的混凝土墩代替。

(7)平台下水组装:确定下水组装位置,吊车按照组装顺序逐块吊起浮箱入水,再彼此销接组成施工平台,并锚固停当。

(8)吊车上平台:施工平台移动到临时码头正前方进行锚固,安装上下平台搭板,吊车顺搭板上平台归位锚固,拆除搭板。

(9)平台设备安装:指进行射水插桩施工的相关设备,包括配电柜、潜水泵、加压泵、输水胶管、射水弯头等,吊上平台进行安装。

(10)布设电缆:安置调试 75 kW 发电机组,将防水电缆布设至施工平台配电柜。

(11)平台设备调试:启动射水设备进行调试,观测流量计、压力表显示是否正常。

二、射水插桩施工阶段工艺流程

射水插桩施工阶段完成从起吊到插桩到设计高程的整个过程。射水插桩施工阶段工艺流程见图 6-2。各环节主要工作内容如下:

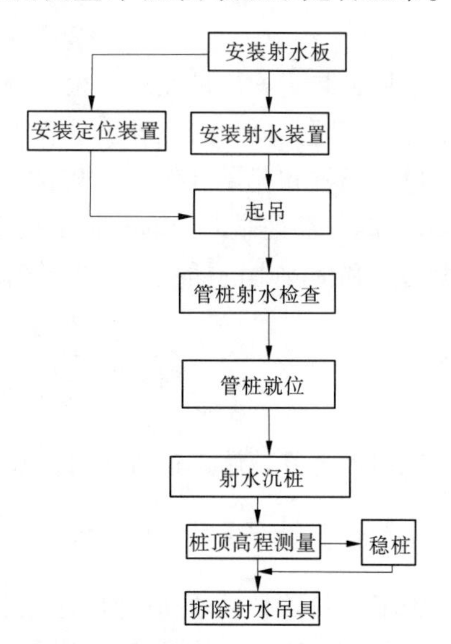

图 6-2　射水插桩施工阶段工艺流程示意图

(1)安装射水底板:吊装运输平台之前在管桩底部安装 13 孔射水底板,连接螺栓应不少于 5 个。

(2)安装射水装置:将输水胶管末端的射水连接弯头栓接到管桩顶部,要求 14 个螺丝必须全部上到位。

(3)安装定位装置:定位装置是指特制的用于确定和控制管桩平面位置的装置。其原理是根据两点确定一条直线的原理,通过已经完成的相邻两管桩位置确定下一个管桩的位置。安装时将定位装置的固定孔固定于已插桩到位的相邻两管桩上,在全站仪的指挥下调整调节螺丝使定位孔圆心位于轴线上。

(4)起吊:吊车挂钩弯头钢丝吊绳,缓慢吊起管桩直立并离开运桩平台至待插桩定位装置附近,桩底高出水面 1 m 左右。

(5)清孔:将射水系统的分水阀门完全开启,启动系统,然后逐渐关闭阀门,持续增加注入输水胶管流量,缓慢疏通桩底射水底板射水孔内泥沙等阻塞物,直至射流通畅,再将分水阀门调至最大。

(6)就位:在平台指挥操作及人力牵引下,吊车移动管桩至定位装置之半圆形定位孔中,并封堵定位孔缺口。

(7)插桩:完全关闭调节阀门,输水胶管通过的 180 ~ 230 m^3/h 流量的水流在管桩底板射水孔喷出高速水流,猛烈冲刷河床造孔,吊车借助管桩自重随孔深缓慢下沉管桩,直至达到设计桩底高程。

(8)收集信息:在插桩阶段记录大河流量、插桩位置流速、水深、射水流量、压力、插桩用时、故障处理、桩顶高程及轴线校测情况等信息。

(9)拆除弯头:稳桩结束后,拆除弯头吊离至运桩平台,拆掉弯头,将输水胶管栓接到待插桩已栓接好的弯头上。

三、退场阶段工艺流程

退场阶段是插桩工程全部完工后，所有施工设备撤离工地的过程。退场阶段工艺流程见图6-3。各环节主要工作内容如下：

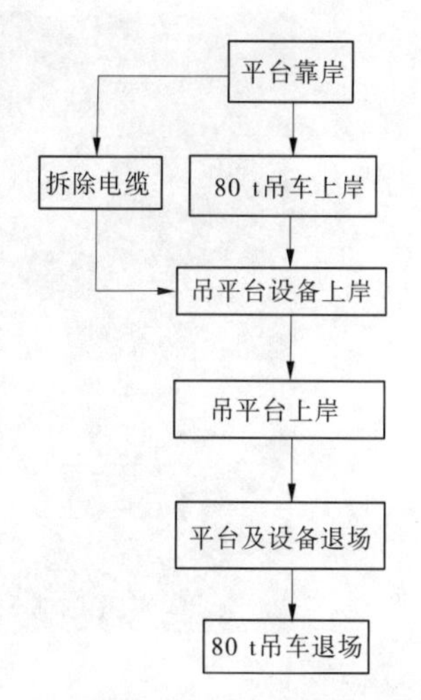

图6-3　退场阶段工艺流程示意图

(1)平台靠岸：通过拖船顶推或锚固点牵拉移动施工平台向岸边靠拢，并使安装搭板一侧紧靠临时码头，然后在岸上锚固施工平台，吊装搭板。

(2)拆除电缆：将平台上供电电缆拆除收起。

(3)吊车上岸：吊车沿搭板驶离施工平台，顺码头上岸。

(4)吊卸平台设备：将配电柜、潜水泵、加压泵、输水胶管等射水设备拆除并吊卸到岸上。

(5)平台上岸：按照与组装相反的顺序，自下而上逐块拆开平台浮箱，吊装上岸。

(6)平台退场：将组成平台的浮箱及相关设备拖运至原仓库保管。

(7)吊车退场：拆除80 t履带吊车大臂，拖离施工现场。

第二节　水上插桩筑坝技术

一、准备阶段施工技术

施工准备阶段从设备进场起，至承载吊车的施工平台移动到插桩位置锚固稳妥止，核心工作任务主要是围绕施工平台进行的，目标就是将施工平台在水下安全组装完成，安全承载吊车并移动到指定插桩位置安全锚固。本阶段主要施工技术有临时码头修建、地锚埋设、平台水上组装、吊车上平台、平台移动等。临时码头修建、平台水上组装、平台移动已经在第四章中论述，在此主要说明的是地锚埋设和吊车上平台两部分，以及特别指出的是，平台插桩作业位置应位于工程位置线上游侧，以利用平台阻挡减小插桩时水流对桩体的冲击力。由于平台吊车插桩作业侧位于安装搭板相对侧，施工平台需旋转140°左右再平移到与工程位置线平行方向。平台边沿与桩中心间距宜控制在50～70 cm，过大不利于弯头拆除及定位装置安装，过小易使平台与插桩间相互干扰，平台移动时要注意这一点。

(一)地锚埋设

地锚是锚固施工平台、确保作业安全的根本依靠。埋设点应选在距平台组装位置上游40～60 m、离开滩岸线20 m以上的滩地上，相互间错开20 m距离布设(见图6-4)。地锚埋设应在专业人员的指导下进行，务必确保安全。

(二)吊车上平台

移动平台使安装搭板侧尽量靠近码头，确保6 m长的搭板与码头搭接长度在4 m以上，并在码头上下侧增设一对“八”字形岸锚将平台牢牢锚固。应先将配电柜、潜水泵、加

图 6-4　地锚埋设

压泵、输水胶管等设施吊上平台再上平台,进入工作槽后应使用倒链等工具锚固到平台上,防止平台倾斜时产生滑动。见图 6-5。

图 6-5　吊车上平台并锚固

二、射水插桩施工技术

在只有一个施工平台的情况下,水上射水插桩施工就是不断重复单根管桩的插桩过程,施工环节主要包括管桩射水设施安装、管桩运输及起吊就位、射水插桩、桩位检测、桩顶连接弯头拆除等。受吊车回转半径限制,期间不时需要移动平台再锚固就位。而随着工程向河心推进,水深增加,水流速度也越来越大,对平台移动及插桩过程中的垂直度控制都带来巨大挑战。根据欧坦工程施工经验,当流速超过 2.5 m/s 时,应停止移动平台;当流速超过 3.0 m/s 时,应停止插桩施工。本阶段重点要掌握好桩位控制技术、不同土质插桩技术、大水深大流速下施工平台移动锚固及插桩关键技术。

(一)桩位控制

欧坦抢险工程管桩外径 50 cm,桩净间距 30 cm,所有桩中心位于一条直线上。因此,按照设计要求,桩中心位置和桩间距是桩位控制必须同时控制的两个要素。对于动水中施工,影响管桩垂向稳定性的要素有两个:一是水流对桩的冲击力,二是射水造孔形成的较大桩孔。因此,射水插桩中的桩位控制需要全站仪和桩位定位装置同时进行,其中,全站仪用于确定管桩轴线位置,定位装置用于插桩过程中控制桩的间距和桩心位置。

专为射水插桩研制的定位装置有间距 30 cm 的两个闭合套孔(后端为圆形孔以控制间距,中间为方形孔以调整方向)和一个半圆形开口孔组成,孔径大于管桩直径 5 cm。闭合套孔有两对对称设置的调节螺栓,套于两根已插桩桩顶后可通过调节螺栓调节半圆形孔心位置至桩轴线上,即可确定并控制待插桩的位置。见图 6-6。

图 6-6 定位装置确定桩位

(二)管桩水上运输

水上插桩施工必然涉及管桩的水上运输问题。由于管桩长,自重大,黄河上现有民用船只无法运输。本研究项目立项时未考虑研制专门的管桩水上运输设备,欧坦工程采用了 300 马力(1 马力 =735.499 W)拖船顶推单节浮桥浮箱的运输方案,见图 6-7。

图 6-7 欧坦控导抢险工程管桩水上运输

在管桩运输前需将桩底射水底板安装到位。欧坦工程所用射水底板垂直布设 13 孔内径 2.5 cm 的射水孔,在射水流量 180 ~ 230 m^3/h 时,底孔射水流速可达 7 ~ 10 m/s,足以快速冲刷河床造孔插桩。射水底板周边布设 14 个螺丝孔可与桩底栓接。因管桩预制时桩底螺栓孔易被水泥浮浆堵塞,使孔径缩小,连接前需要专业工具进行管桩端板螺母攻丝(见图 6-8)。一般均匀分布连接 5 ~ 6 个螺栓即可。

欧坦管桩水上运输方案存在以下问题:一是由于拖船马力较小,顶水一次只能运输

5 ~6 根管桩,且运输速度较慢;二是由于浮桥浮箱长度也为 20 m,与管桩相同,在桩顶安装射水弯头时几乎没有作业空间,存在安全隐患,见图 6-9;三是为防止管桩起吊时底端不滑入水中,起吊前需要移动管桩时底端离开舟边沿 2 m 左右,既降低了工作效率,又增加了新的安全隐患(图 6-10 是挪动后起吊前工人悬空钩挂钢丝绳,图 6-11 是管桩吊离浮舟前撑立情景,都隐含了极大风险);四是舟体前方突出部分较大,造成了吊车起吊管桩时回转半径较大,起吊能力受到限制。以上四点缺点造成插桩施工效率不高,下一步应针对性地研制专用水上运桩设备,否则必将影响到成果的推广。

(a)管桩端板螺母攻丝

(b)管桩端板安装射水板

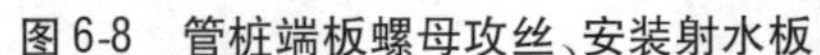

图 6-8　管桩端板螺母攻丝、安装射水板

图 6-9　浮舟上安装桩顶吊桩弯头

图 6-10　起吊前悬空钩挂桩顶钢丝绳

(三)管桩吊装及就位

管桩吊起插桩前需将管桩端板螺栓孔清洗、攻丝后(见图 6-8(a)),通过管桩端板所有(14 个)螺母与射水弯头吊具紧密、牢固连接(见图 6-12)。

在工程实际施工时一般要使用两个弯头,以便交叉使用和提高功效。采用射水弯头吊具先与桩顶端板连接(见图 6-12),再与输水胶管连接的方式。因起吊及射水插桩期间,射水弯头吊具与桩顶间栓接螺丝承担了管桩及射水设备的全部重量,因此 14 个螺栓必须全部用上且务必连接牢固,以确保吊桩安全和水体密封。施工时输水胶管与射水弯头吊具的拆分(见图 6-13(a))及与射水弯头吊具的连接(见图 6-13(b))均在运桩船上(或滩岸上)操作,采用快速扳手松紧螺丝,在安装定位器和拆卸管桩射水机具期间平行作业即可完成拆装。

起吊前还应在管桩外壁上标注高度尺寸,以判读插桩深度,记录不同插深的资料信息,见图 6-14。

图 6-11　起吊过程中管桩撑立图

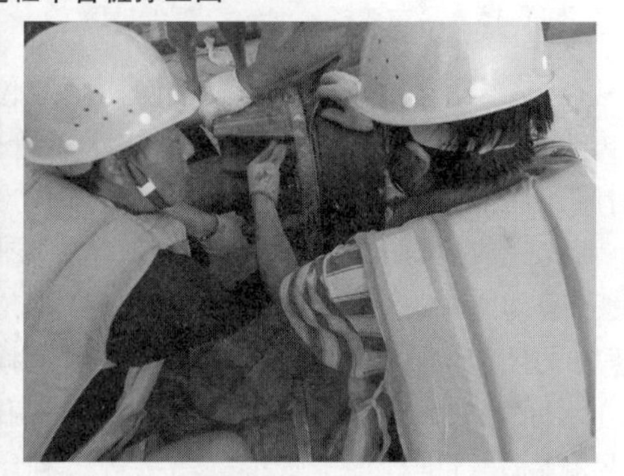

图 6-12　管桩端板与射水弯头吊具连接

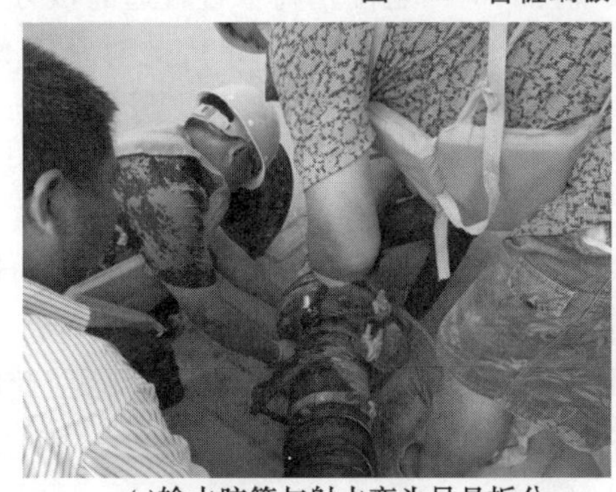

(a)输水胶管与射水弯头吊具拆分

(b)输水胶管与射水弯头吊具连接

图 6-13　输水胶管与射水弯头吊具拆装作业

为减少管桩起吊后倾斜度,管桩与输水胶管都要吊挂钢丝绳(见图 6-15)。起吊时弯头连着输水胶管随管桩一同升高,相互影响较大,为此需拴绳予以牵拉(见图 6-16)。

图 6-14　管桩高度尺寸标注

图 6-15　吊车双钢丝绳钩挂弯头起吊

图 6-16　起吊时工人牵拉输水胶管

管桩完全吊离运输船后,应缓慢移至定位装置附近,将分水阀门全部打开,开启潜水泵,再逐步关闭分水阀门,缓慢增加输水软管内水压力,查看射水底板射流孔出流情况,全部射流孔均能正常出流即可快速全部开启分水阀门,完成清孔过程。见图 6-17。

清孔完成后即开始管桩定位孔就位。受风力和水流冲击力影响,管桩在吊起状态一直处于摆动之中,运桩平台又不能靠近打桩位置,致使管桩准确进入定位孔并不容易。当流速较大且定位孔离平台较近时,在欧坦工程探索的快速就位方法是:管桩入水一定深度后,在水面上 1.5 m 左右处缠套麻绳一根,两端在施工平台上呈"八"字分开,各由一人牵拉;另有两人持推杆顶推管桩远离平台。利用麻绳的牵拉力和推杆的顶力控制管桩摆动幅度,并逐步牵引管桩至定位孔缺口一侧进入就位。但当定位孔离平台较远时该方法就不太好用,只能由指挥和吊车司机配合反复尝试逐渐就位(见图 6-18),此时常需 5 ~ 6 min 才能就位。这个就位时间显然偏长,需要进一步探求快速就位技术。管桩就位后在缺口侧加挡杆闭合,以阻止管桩外移。

(四)射水插桩

射水插桩过程是管桩随高速水流冲刷河床造孔靠自重逐步沉降至规定高程的过程(见图 6-19)。

射水插桩过程分为插桩和收尾控制两个阶段,由流量计、压力表和吊车状态监控仪监控各阶段工作状况(见图 6-20)。

1. 插桩阶段

图 6-21 记录了一次中间无间断的插桩过程,表明该部分土层较易冲刷。此后在接近设计高程时遇到了阻碍。图 6-22 记录了插桩期间起吊力的变化过程,可以看出,在 94 s 内,吊车起吊力由 9.2 t 下降为 7.3 t,速度很快,也表明了正常地质状态下射水插桩速度是很快的。起吊力的下降是入水后管桩浮力增加的结果。

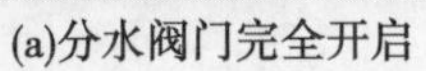
(a)分水阀门完全开启

(b)分水阀门逐步关小,射水底板射流孔开始出流

(c)射水底板射流孔全部疏通并高速射水

(d)快速开启分水阀门完成清孔程序

图 6-17 清孔程序

图 6-18 管桩就位定位装置

2. 收尾控制阶段插桩

在桩顶高出设计值小于 1 m 时,即认为插桩过程进入收尾阶段。收尾阶段关键是要及时调节分水阀门以控制桩底射流速度,防止过度冲击桩底土体或冲刷不足,造成管桩达到设计高程时桩底下悬空或管桩不能沉落至设计高程,增加稳桩时间或影响插桩质量。

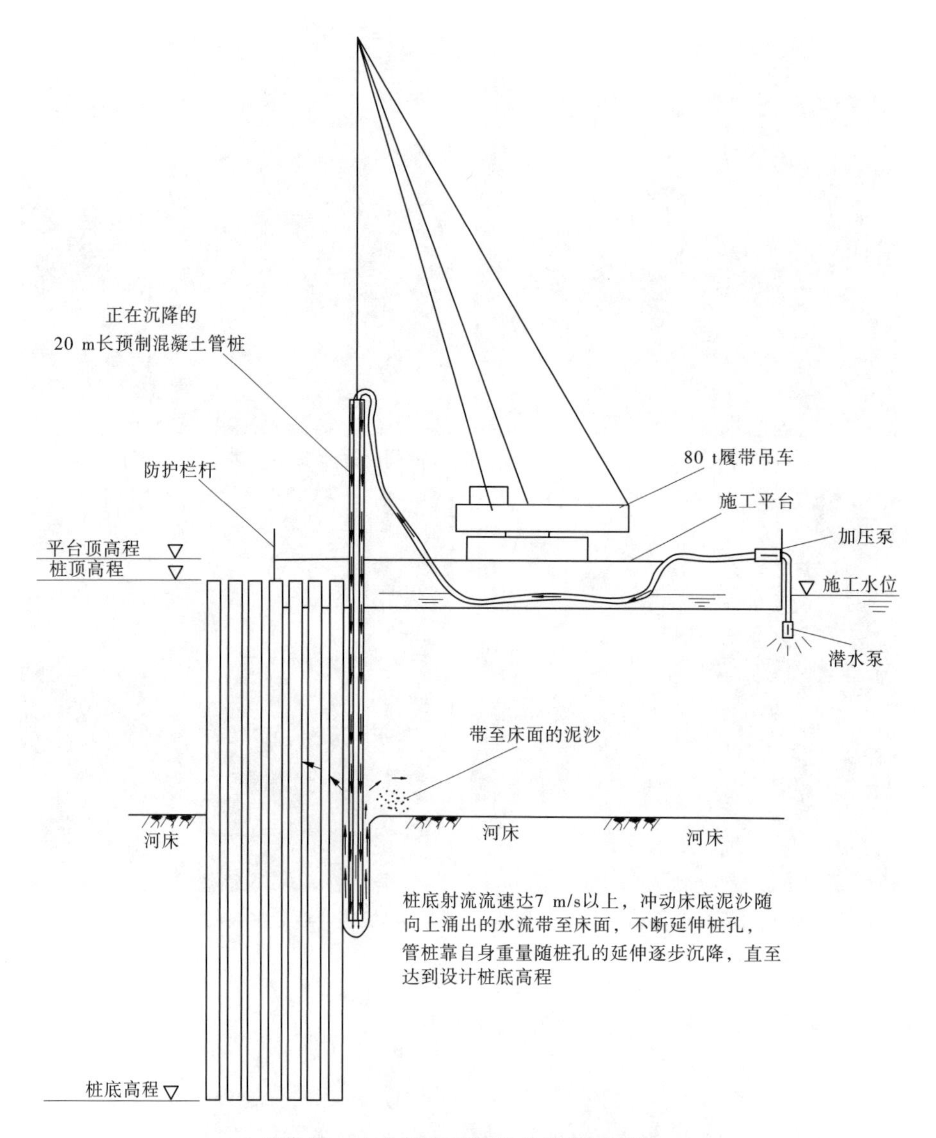

图 6-19　水上射水插桩作业原理示意图

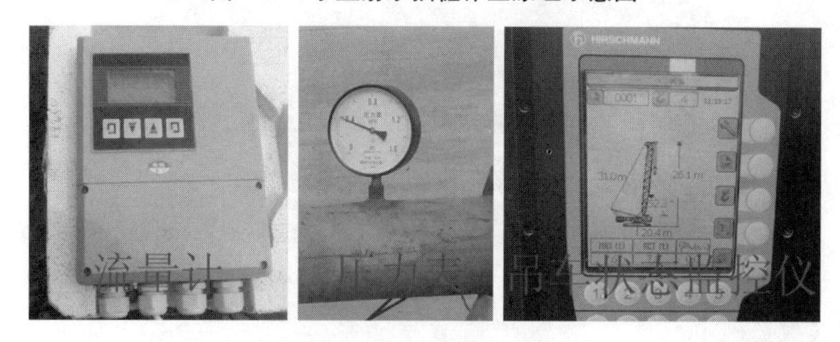

图 6-20　射水插桩监控设备

根据欧坦施工经验，对于沙壤土层，接近到达收尾阶段时，应迅速将流量降低到 80 m^3/h 以下，降低沉降速度逐步接近设计高程（见图 6-23）；对于黏性土层，在桩顶超高 0.5 m 以

图 6-21　射水插桩阶段记录图片

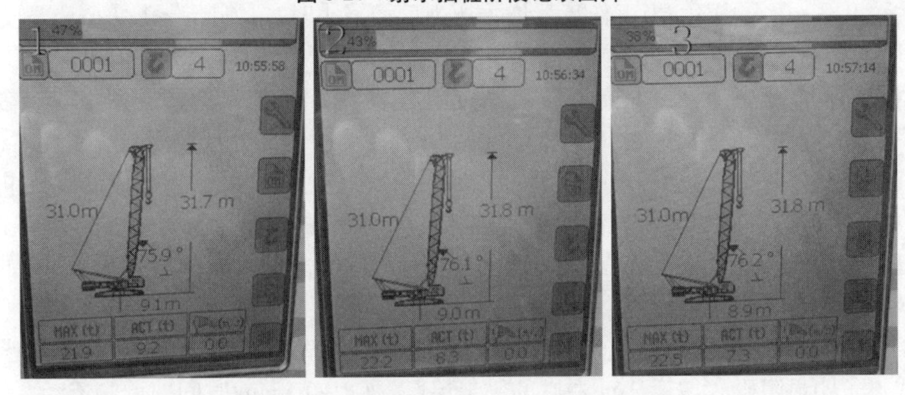

图 6-22　插桩阶段起吊力变化监控图

内时,应迅速将流量降低到 80 m^3/h 以下,然后借助冲砸力逐渐接近设计高程。

射水插桩阶段要注意解决好两个关键环节问题:

(1)射水底孔孔径选定。

插桩阶段插桩速度快慢由射水造孔速度决定,稳桩阶段时间长短由造孔径大小决定。在土质和流量不变时,造孔速度快慢由射水流速决定。射水流速越大,造孔速度越快,但成孔孔径也越大,稳桩阶段泥沙落淤慢,稳桩时间越长。因此,根据射水设备提供的流量压力情况选取合适的射流流速非常关键。郑州对比试验时射水底板射水孔设置了 13 孔 1.5 cm 内径、13 孔 2.5 cm 内径两种形式,射水流量在 180 ~ 230 m^3/h 时,底孔流速分别达到了 21 ~ 27 m/s、7 ~ 10 m/s。试验表明:射水流速过大,因射水造孔面积过大,不但稳桩时间长,甚至插桩速度也降低了。因此,在欧坦抢险工程采用了 13 孔内径 2.5 cm 规格射水底板。

(2)特殊地质条件施工。

黄河下游河床为泥沙淤积而成,从地质剖面看,主要由粉细砂组成,间隔有黏土夹层,极少一些钙质结核等小块坚硬物。这些土质对射水造孔速度影响很大。根据实战经验,可配合采取管桩冲砸等方法穿透阻碍层。

配合采取管桩冲砸措施首先需要判断阻碍层的土质情况。可以通过监控压力表和流

图 6-23　收尾阶段调节阀门控制射流速度

量计的数值变化来判断。判断方法为:2.5 cm 孔径正常工作流量 180 ~230 m^3/h,正常工作压力为 0.3 ~0.4 MPa。当工作流量增大压力反而减小时,可判断造孔受小块坚硬物阻碍;当工作流量减小压力反而增加时,可判断造孔受黏土夹层阻碍。

管桩遇到黏土夹层因抗冲能力强,造成造孔速度明显减缓,同时由于深土层下黏土固结紧密,颗粒间黏结力强,虽在高速水流冲击下,直接受冲击部分颗粒间能缓慢剥离,但侧向剥离效果要大打折扣,扩孔效果较差,形成的孔径可能小于管径,造成管桩靠自重下沉受阻。因此,对黏土层的操作方法即是:先提桩 0.5 m 左右静止冲刷 2 ~3 min 初步造孔,再提起管桩 2 ~3 m,然后控制吊车让管桩快速下降,以冲击受阻黏土层扩孔插桩,如此反复多次即可穿透黏土层阻碍(见图 6-24)。根据实际操作情况,对于埋深 15 m 以上(在两次施工中 15 m 以上基本未形成阻碍性黏土层,这并不代表没有黏土夹层,只是对管桩沉降形成不了明显阻碍)、厚度 2 m 左右的黏土层,需要 8 ~10 min 时间即可穿透。

图 6-24　反复冲砸穿透黏土层插桩

对于小块坚硬物阻碍,则应采取连续将管桩提起冲砸的方法,将阻碍物砸碎或挤入侧边泥土里,即可消除插桩阻碍。

(五)稳桩阶段操作技术

稳桩阶段是射水停止,泥沙落淤回填管桩底部及周围造孔使桩顶脱钩后不再下沉和倾斜的过程(见图 6-25)。

在对桩顶高程、桩心偏离轴线位置进行调校后,插桩即进入稳桩阶段,包括纵向桩体稳定和平面位置桩体稳定两个方面。

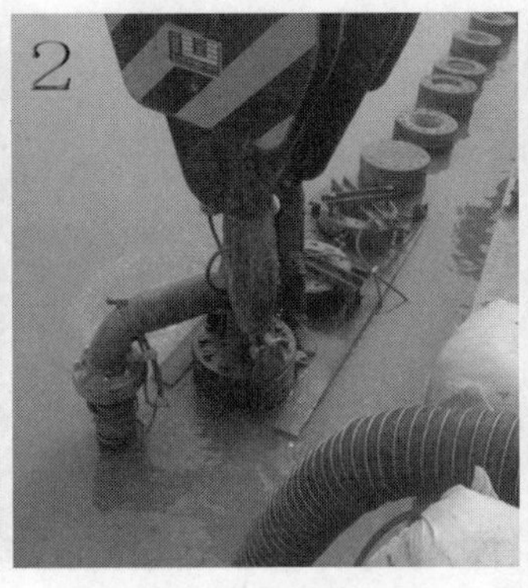

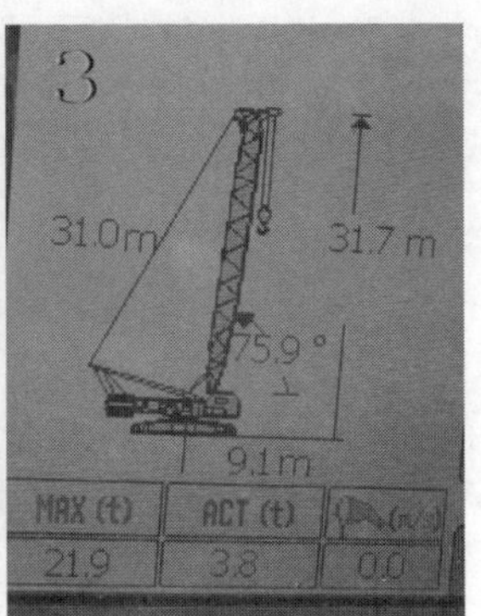

图 6-25　稳桩阶段图片

纵向桩体稳定指桩体在纵向不再下沉,保持桩顶高程不变的稳定。桩底超射深度大,泥沙回淤时间长,需要的稳桩时间必然长,因此在插桩收尾阶段一定要控制好射流速度,减少桩底回淤时间。对于收尾阶段遭遇黏土层且桩底超深较大时,稳桩一定阶段后仍可能遇到吊车松桩即下沉的现象,这是因为黏土层处管孔与管壁紧密结合,回淤泥沙不能下至桩底造成的,这时将管桩上提到黏土层厚度以上,让回淤泥沙可以落到孔底即可。

平面位置桩体稳定指管桩在水流冲击下不再沿桩底偏转侧向歪斜,保持桩顶平面位置不变的稳定。横向稳定时间长短与水流冲击速度和桩孔回淤埋置高度有关。同样的水流流速冲击下,管孔回淤快,则横向稳定需要时间短。根据工程实践经验,当冲击流速达到 2.5 m/s 以上时,即使管孔全部回淤,靠单桩自身也很难达到长期横向稳定。这时需要稳桩后尽快在相邻桩顶间加联系梁,以增加横向稳定性。

稳桩阶段结束后,拆除、吊离、安装桩顶弯头,安装定位装置,上一根管桩插桩过程即告完成,下一根插桩过程正式启动(见图 6-26)。循环下去即完成全部插桩工程施工。

三、退场阶段关键技术

插桩过程全部完工后,插桩设备进入退场阶段。因此时施工平台远离岸边,故退场阶段的核心工作就是平台移动靠岸,应遵循的原则是:积极稳妥、沉着应战、确保安全。退场阶段平台移动应充分利用已完成插桩工程,沿工程平行移动到接近岸边时再向码头方向移动。拆除施工平台时应按反向组装顺序,自下而上逐块拆除浮箱,吊装上岸。

第三节　滩地插桩修坝工艺及技术

桩坝滩地修筑工艺及技术较水上修筑工艺及技术很大程度上是一致和相同的,且更为简单和方便,也相对更为安全。桩坝盖梁的制作与安装也是传统的施工技术和工艺,前面对桩坝水上修筑工艺及技术已作了较为详细和全面的介绍,在此主要说明桩坝滩地修筑工艺及技术较水上修筑工艺及技术的不同点和需要重点注意的方面与内容。

滩地修筑桩坝与水上修筑最大的区别是省去了水上施工平台,但陆地施工也随之增加了取水不便和射水插桩溢出的泥沙失去了河水携带而很容易堆积,需要不时地清理和异地堆放,插桩处地面塌落造成的不便,以及供水胶管需要人力频繁搬动在地面上移动,

(a)弯头拆除　(b)弯头吊离　(c)弯头安装

(d)定位装置待移　(e)定位装置安装

图 6-26　插桩间隙准备工作

不如其在水面漂浮移动方便等。因此,也造成桩坝滩地修筑工艺及技术较水上修筑工艺及技术有所不同(见图 6-27)。

滩地插桩筑坝施工区别于水上施工需要特别注意循环水池的开挖及维护,滩地插桩筑坝附近需要开挖足够大、深的水池,要具备供水池和沉淀池双重功能,以满足射水插桩取水和泥水沉降循环净化需要。为减少水量供给,一般水池都与射水插桩溢流泥水联通,以便插桩溢出的泥水在水池沉降泥沙、净化后再用于射水取用,期间关键是要及时清理水池中的沉积泥沙和漂浮的杂草,便于插桩溢流泥水顺畅流入水池,保证水泵正常取水。

桩坝顶部高程一般都低于地面,射水插桩对桩孔附近土体扰动很大,插桩过程中桩位附近的地面一般都会有不同程度的塌落,施工中要注意经常观察桩位附近地面裂缝情况,及时规避塌落造成的人员、物品等掉入危险区域;同时,插桩过程中随着插桩深度的不断加大,供水胶管会在桩位附近形成累积、打弯,影响胶管正常供水和寿命,需要及时指挥人员进行实时、频繁的搬动和挪动,胶管挪动的距离和方位要注意与管桩设定朝向一致,防止射水弯头吊具与定位装置的交互影响管桩下沉至设定高程。

另外,与水上插桩施工一样,也要特别注意开始 2 根桩的准确定位插入,以此为基础安装浅水定位装置进行插桩施工作业。

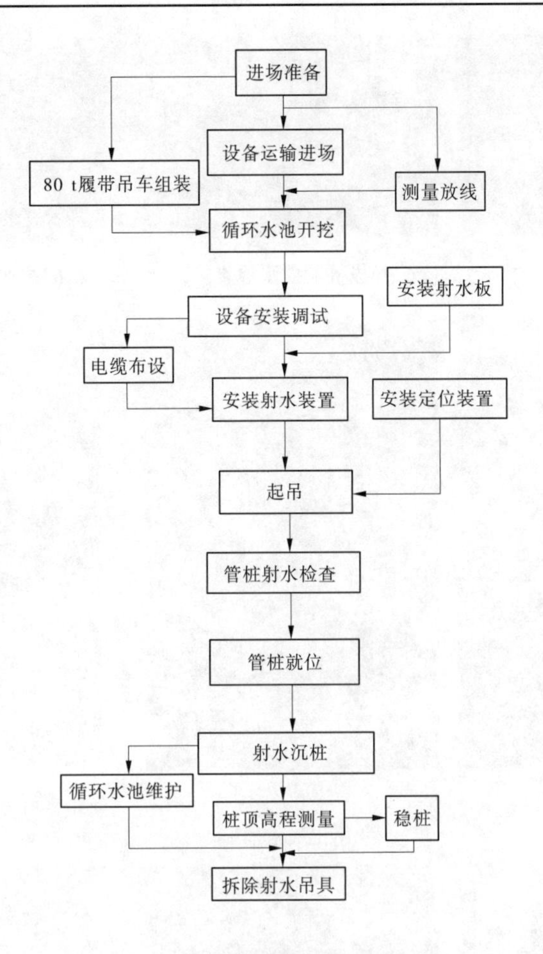

图 6-27　滩地修筑桩坝工艺流程

第四节　拔桩拆除桩坝工艺及技术

桩坝拆除、搬运在重复组装式导流桩坝应用中是一个非常创新的关键环节，其中拔桩施工又是该坝型应用最具特色的技术，其关键技术装备是高压射水拔桩器。

利用高压射水拔桩器进行拔桩施工主要有桩顶连接、拔桩器就位、射水下沉拔桩器、拔桩器下沉至设定深度吊出、拔桩等环节。水上拔桩施工工艺流程见图 6-28、图 6-29，滩地拔桩施工工艺流程见图 6-30、图 6-31。

受吊车吊高影响，一般选择的吊车吊力都比管桩自重大很多，即使被拔管桩有一定锚固力情况下（管桩埋置 1～3 m），吊车仍然可以将管桩拔出，拔桩过程中不要求拔桩器一定要下沉到被拔管桩的底部，拔桩器射水下沉至一定深度范围（桩底上方 1～3 m）即可。因此，拔桩器射水不同于插桩射水，可以不进行什么控制，只要能顺利、快速地射水下沉就行。

同射水插桩一样，一般都采用 1～3 个桩顶吊具轮流使用，以提高施工效率和平行作

图 6-28　水上拔桩试验

业。受吊车平台稳固和平台配套要求，水上拔桩所用吊车一般仍要求选用 80 t 履带吊车，此时拔桩器下沉深度可以适当抬高（桩底上方 2 ~3 m）；滩地拔桩没有水上的相关风险，吊车选用可以以吊高为主要条件适当地降低吊车吨位，也可以选用汽车吊，根据经验可以选择 25 t 以上的汽车吊，但此时拔桩器下沉需要有足够深度，防止管桩埋置过深、吊车吊力不足不能拔出管桩，拔桩器下沉深度可以控制在桩底上方 1 ~2 m。

拔桩器较为轻便，射水操作也较射水插桩简单，水上拔桩施工时平台操作、运桩作业等都与水上插桩相同，滩地拔桩循环水池开挖及维护、供水胶管挪动等也都与滩地射水插桩要求一样，相关技术都可以参考前面射水插桩的相关技术，在此不再详述。

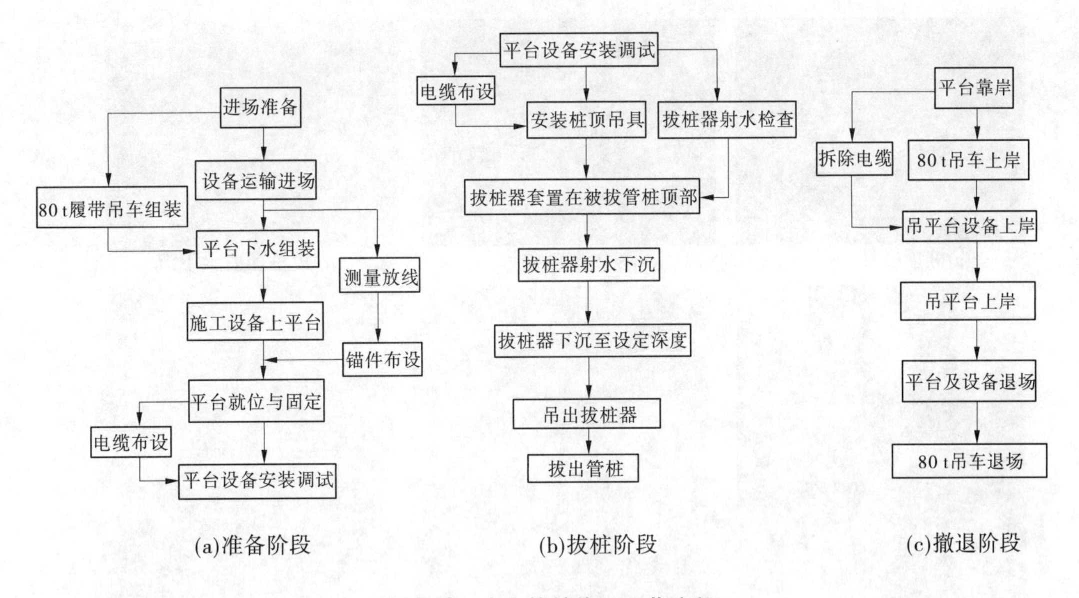

图6-29　水上拔桩施工工艺流程

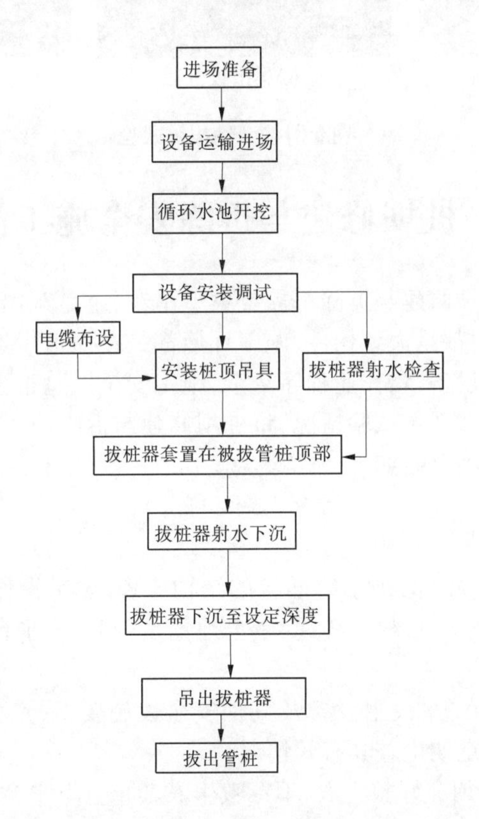

图6-30　滩地拔桩施工工艺流程

(a)桩顶吊具　(b)拔桩器就位　(c)拔桩器射水下沉

(d)拔桩器射水下沉　(e)吊出拔桩器　(f)吊出管桩

图 6-31　滩地拔桩试验

第五节　桩坝修建与拆除安全施工注意事项

重复组装式导流桩坝修建与拆除都需要大型吊车、重型车船、发电机等大型设备,使用的管桩、盖梁等坝体也都是大型构件,施工环境都是在河道岸边或河中,设备作业条件差、工作场地狭小,加之设备多、作业程序复杂,施工安全风险很多,必须高度重视安全工作。结合示范工程建设和现场试验情况,将桩坝修建与拆除施工中容易出现问题的关键施工机械和施工注意事项总结如下。

一、水上施工平台

(1)施工人员在施工前,必须了解插桩的结构原理,熟悉操作方法,和吊车司机相互配合,使桩能够平稳快速定位,检查缆绳、岸上地锚是否齐全,平台各部位有无渗漏现象,并备有应急处理措施。

(2)水上施工平台消防、救生设备及其他安全设施要保持完整无缺,不准乱动和挪用,并设专人保管,负责定期检查其有效情况。

(3)水上作业时,必须穿好救生衣,不穿救生衣禁止登上平台,高空作业时,必须系好安全带,安全绳必须挂在建筑物的牢固部分。

(4)在起重作业时,要戴安全帽。在吊杆吊钩、悬挂重物的下面,禁止行人通行。

(5)在吊车起吊时,观察桩体起吊是否平衡,确保前方视野清晰,施工人员是否在安全位置,起重设备作业时要听从一人指挥,统一手势,起重设备不得超负荷使用。

(6)随时掌握气象、水文资料,如大风、水流流速太快等特殊情况要立即报告上级,停止一切施工项目,检查平台缆绳是否牢固,发现问题及时加固固定设备。

(7)非工作人员不得进入操纵室内操作各种仪表、操纵开关和各种按钮等。

(8)每天上下班时间,要检查连接销连接是否可靠、合理、牢固。

(9)每天检查各工作部件的灵活性、可靠性,检查操纵各操纵开关、按钮和各种仪表是否正常,检查操纵台上操纵杆是否都处在“中间位置”。

(10)桩在插桩定位时,应先试压观测射水孔是否通畅,观察压力表、流量计是否正常,待压力流量正常时才能插桩。

(11)严格按照水上操作规程,实行安全生产责任制,形成运桩、安装、平台线路检查、吊桩、试压、流量从上至下安全措施。

(12)在插桩施工过程中,调压阀处要由规定专职人员操作,要把压力和流量结合起来,时刻掌握插桩处地质情况。

(13)平台上施工人员必须穿绝缘鞋,要有专职电工时刻检查电线,防止漏电伤人。

(14)平台施工过程中,岸上地锚始终要有专人检查地锚安全。

(15)平台上由于钢丝绳比较多,在平台上施工人员应时刻注意脚下,另外甲板上比较滑,注意尽量穿防滑鞋。

(16)在风力5级以上,水流速度4 m/s以上,停止一切施工,检查缆绳连接、地锚、连接销等固定设备。

二、射流拔桩器

(一)安全操作方法

(1)拔桩器在就位前,先拆除混凝土预制管桩顶联系梁及混凝土柱塞,然后人工开挖深0.9 m、直径1.1 m的导向孔,并正确放置护筒,使护筒开孔对准溢流沟槽,在桩顶部将钢丝绳安全系牢,同时在操作人员站的地方铺设铁丝网,以防塌陷。

(2)起吊机械吊钩钩住拔桩器吊环,等操作人员远离拔桩器约1 m处,再缓慢起吊拔桩器,使拔桩器置于护筒正上方,然后起动水泵开始射流。观察各个喷嘴射流是否正常,如果不正常(如堵塞等),需用铁丝将喷嘴疏通,使射流通畅。

(3)射流操作拔桩器上下运动时,应做到根据拔桩器下降是否受阻或受阻的程度,合理调节拔桩器进尺。

(4)拔桩器指挥人员时刻关注拔桩器进尺,黏土造孔进尺保持在每分钟1 m左右,上下往复频率近10次。如果进尺小,适当增大往复运动频率;如果进尺大,适当减小往复运动频率。砂土造孔进尺保持在每分钟1.5 m左右,上下往复频率近10次。如果进尺小,往复运动频率增大;如果进尺大,减小往复运动频率。

(5)指挥人员要站在安全区域,指挥拔桩器进尺的同时注意观察泥浆出流情况。如果拔桩器进尺慢的同时泥浆溢出速度减小,说明射流减小或者停止,尽快拔出拔桩器,以防坍塌将拔桩器埋入地下。

(6)拔桩器射流造孔达到预定深度以后,起吊机械将其拔出,同时射流继续,不停止,直到拔桩器拔出地面以后,方可停止水泵供水,停止射流。

(7)将拔桩器放置在规定的位置,再用起重量较大的起重机将桩拔出(当起吊机械起升能力不够同时起吊桩和拔桩器时)。

(8)拔桩器造孔达到预定深度以后,再由操作人员将桩顶部的钢丝绳挂在起吊机械的吊钩上,将拔桩器和桩一起拔出,放在规定的位置(当起吊机械起升能力足够同时起吊桩和拔桩器并拔出时,才有此步骤)。

(二)注意事项

(1)拔桩器起吊没有达到平稳,指挥人员不得靠近拔桩器。

(2)在射流造孔过程中,任何人员不得擅自靠近拔桩器及在起吊机械吊臂下走动或站立。

(3)射流造孔拔出桩以后,工作人员迅速将孔填实,以防坍塌扩大,并在上面铺事先准备好的铁丝网。

三、插桩施工机具

(1)司机接班时,应对制动器、吊钩、钢丝绳和安全装置进行检查。发现性能不正常时,应在操作前排除。

(2)开车前,必须鸣铃或报警。操作中接近人时,亦给以断续铃声或报警。

(3)操作应按指挥信号进行。对紧急停车信号,不论何人发出,都应立即执行。

(4)当起重机上或其周围确认无人时,才可以闭合主电源。如电源断路装置上加锁或有标牌时,应由有关人员除掉后才可闭合主电源。

(5)闭合主电源前,应使所有的控制器手柄置于零位。

(6)工作中突然断电时,应将所有的控制器手柄扳回零位;在重新工作前,应检查起重机动作是否都正常。

(7)司机进行维护保养时,应切断主电源并挂上标志牌或加锁。如有未消除的故障,应通知接班司机。

(8)有下列情形之一时,不应进行操作:

①超载或物体重量不清。如吊拔起重量或拉力不清的埋置物体及斜拉斜吊等。

②结构或零部件有影响安全工作的缺陷或损伤。如制动器、安全装置失灵,吊钩螺母防松装置损坏,钢丝绳损伤达到报废标准等。

③捆绑、吊挂不牢或不平衡而可能滑动,重物棱角处与钢丝绳之间未加补垫等。

④被吊物体上有人或浮置物。

⑤工作场地昏暗,无法看清场地、被吊物情况和指挥信号等。

(9)司机操作时,应遵守下述要求:

①不得利用极限位置限制器停车。

②吊运时,不得从人的上空通过,吊臂下不得有人。

③起重机工作时不得进行检查和维修。

④所吊重物接近或达到额定起重能力时,吊运前应检查制动器,并用小高度、短行程试吊后,再平稳地吊运。

(10)起吊机械操作人员一般安全要求:

①指挥信号明确,并符合规定。

②吊挂时,吊挂绳之间的夹角宜小于120°,以免吊挂绳受力过大。

③绳、链所经过的棱角处应加衬垫。

④严禁对物体进行翻转作业。

⑤进入悬吊重物下方时，应先与司机联系并设置支承装置。

⑥多人操作时，应由一人负责指挥。

四、水泵

（一）水泵安全操作方法

（1）操作人员必须按照保养规程要求，做好水泵的清洁、润滑和调整工作，使水泵保持良好的工作条件。

（2）启动前对水泵和抽水装置作全面仔细的检查，关闭出水管路的闸阀，加足引水，方可启动。

（3）接通电源，当泵达到正常转速以后，再逐渐打开吐出管路上的闸阀，并调节到所需要的工况。在吐出闸阀关闭的情况下，泵连续工作的时间不能超过3 min，如无异常，可慢慢将出水管路上的闸阀开大至需要位置。

（4）水泵停止工作时，应先关闭压力表，再慢慢关闭出水管路上的闸阀，使电动机处于轻载状态，然后停止电动机转动，将各部的放水开关旋开，放空泵内余水，若临时停车，可以不放空。

（二）安全注意事项

（1）水泵的操作人员必须了解所使用水泵的构造、性能、用途，熟悉安全操作和技术保养规程。

（2）如环境温度低于0 ℃，应将泵内水放出，以免冻裂。

（3）如长期停止使用，应将泵拆卸清洗上油，包装保管。

（4）在开车及运行过程中，必须注意观察仪表读数、轴承升温、填料滴漏和升温，以及泵的振动和杂音等是否正常，如果发现异常情况及时处理。

（5）轴承最高温度不大于80 ℃，轴承温度不得低于周围温度40 ℃。

（6）填料正常，漏水应该是少量均匀的。

（7）启动。

①泵在启动前，采用稀油润滑时，应检查轴承油位是否正常。

②泵在启动前，必须检查电动机的旋转方向是否正确。

③泵在启动前，应先用手转动泵的联轴器，看泵的转动部分分支是否灵活。

④检查全部仪表、阀门及仪器是否正常。

⑤泵在启动前，应向泵内注水或抽出泵内空气，并关闭泵出口管路上闸阀和压力表旋塞。

⑥启动水泵后，打开压力表旋塞，真空表旋塞，并逐渐打开泵出口管路上的闸阀，待压力表指针指到所需位置上。

（8）运转：

①泵运转后，要注意检测水泵轴承温度，平均温度应不超过35 ℃，最高温度不超过75 ℃。

②水泵在运转时，时常注意加油。

③填料室内正常漏水程度，以每分钟10～20滴为准，否则，应调整填料压盖。

④定期检查联轴器。

⑤运转过程中,如发生故障,应立即停机,并参考故障排除表进行维修。

(9)停机:慢慢关闭出水口管路上的闸阀和压力表旋塞,进水口管路上的真空旋塞。然后切断电动机电源。

(10)潜水泵:启动前,应检查泵的放气孔、放水孔、放油孔和电缆接头处及封口塞是否松动,绝缘电阻其值不应该低于0.5 MΩ,并检查电缆线有无破坏折断情况。全部电源开关是否正确接好,然后在地面上空转3~5 min,如均无问题,方可放入水中使用。泵的最大进入水中深度为3 m,最小为0.5 m(从叶轮中心算起)。电泵入井时应该绳索拴住水泵耳环慢慢放入水中,且不可使电缆受力,然后将绳索拴在井口的横木或木架上。泵在运行时,应经常观测水位变化情况,电动机不可露出水面和陷入淤泥,应随着水位升降潜水泵。注意保护好电缆,以免包皮磨损后,井水沿电缆芯渗入电机内。

五、控制柜

(一)安全操作方法

1.接通系统电源

将柜面转换开关扭在“停止”位置,把柜内空气开关合上,电控柜电源接通,此时电控柜面上各种停止灯亮,系统处于停机状态。

2.操作步骤

(1)转换开关扭到“自动”位置,这时系统将自动启动水泵,观察压力表压力和变频器频率参数变化,直至水压达到设定压力,并且变频器频率数字变化幅度不大,方可确认系统运行正常。

(2)设备自动运行时,若不能正常开机,首先检查电控柜面板(缺水保护、时控关机、端相保护、变频保护)相应指示灯,判断故障原因。

(3)若是变频故障灯亮,并且变频器参数由数字变成字母,可先将转换开关打回“停止”位置,断开主电源,约10 s后,待变频器显示屏所显示的参数熄灭(熄灭前,电工要记录故障参数,以便技术人员参考维修),再合上总电源,重新开机。

(4)当采取以上方法还不能排除故障,将转换开关打到“手动”位置,按相应的启泵按钮,人工启动水泵,这时须有人守候在泵房,防止压力过高,及时关机。

(二)注意事项

操作控制柜主要是控制水泵输水至拔桩器喷嘴处进行射流造孔,因此操作控制柜前,要首先检查、操作水泵处于正常供水状态。

(1)控制柜内不要进水,控制柜应在0~50 ℃、空气湿度≤85%、海拔≤2 000 m、通风良好的环境内工作,控制柜不应在有可燃气体、导电性粉尘、油烟、结露、风雨侵袭的场所和环境使用与存放。

(2)在控制柜通电的情况下,不要触摸任何端子和接线,不能对控制柜进行维修、清理工作。如需要,必须在控制柜断开所有电源5 min后进行。

(3)不要将金属物品掉在控制柜内,不要在控制柜内加装任何设备。

(4)不允许非专业电梯维修人员,对控制柜进行操作、维修和保养。

(5)不允许短接安全、门锁回路 ,以免发生危险。

(6)控制柜接地良好(接地电阻值小于 4 Ω,截面积不能小于相线的 2/3),电压 AC380 V。

六、射流插桩施工

(1)在施工作业期间要配备必要的救生设施和消防器材,设置必要的安全作业区和警戒区,设置有关昼夜醒目标志或配备警戒船。

(2)进入作业区,必须戴安全帽、穿救生衣等,禁止赤脚或穿拖鞋、木屐、硬塑料底鞋上施工平台或船只。严禁酒后上岗作业,严禁船员在船期间饮酒。

(3)非工作人员不得进入船舶操纵室内操作各种仪表、操纵开关和各种按钮等。

(4)管桩底部安装射水板前,应将管桩两端板及其内腔混凝土浮浆清除干净,保证射水板安装准确和管桩内腔过水通畅;射流装置、管桩吊具和管桩端板的螺栓连接,应保证安全可靠和配合的密封一体;钢丝绳和管桩吊具吊耳连接,应保证钢丝绳绳扣稳固,连接后两根钢丝绳向桩中心聚拢,便于吊钩起吊操作。

(5)射流装置和压盘装置用螺栓连接时,应配有防滑垫片,保证螺栓预紧力足够。

(6)待吊钩钩住钢丝绳之后,施工人员应立即远离吊钩,迅速回到插桩位置;吊车操作人员要缓慢起吊、悬移管桩,将桩吊至插桩位置。

(7)控制柜操作人员,开启控制柜,给潜水泵供电,给水泵注水,此时,调节阀应置于最大敞开位置,调节水泵出水口水流至射流出口射流缓慢增大。

(8)待射流出口射流通畅并达到最大时,方可开始插桩。

(9)估计桩插到设计深度时,指挥人员根据目测桩顶高度情况,要及时更换吊车吊钩,通过吊车小吊钩上下控制管桩冲砸结合调节供水阀门、控制射水流速,准确下沉管桩达到设计高程后,及时关闭电源开关、停止供水。吊钩暂时停止不动,维持一定时间,待管桩周围泥沙回淤和管桩趋向稳定后方可进行管桩顶部射水机具拆除。

(10)射流插桩时,指挥人员和压力表、流量表观测人员应密切配合,如果压力表、流量表不在额定范围内工作时,应及时告知指挥者。

(11)插桩速度减慢时,应关注压力表和流量表,如果压力表和流量表在额定范围值,插桩速度的减慢,是由于遇到了非粉性砂土,比如黏土层,破土能力降低,插桩速度减低;如果压力表和流量表读数超过额定范围值,射流出口堵塞,应立即开启调节阀分流,逐渐减小射流装置出口的流量,直至关闭水泵,检查射流出口的通畅性;如果压力表和流量表远小于额定值,应将桩拔出,检查水泵供水不畅的原因。

(12)吊车起吊管桩时,应稳妥、缓慢,以防管桩撞击、破坏定位装置等。

(13)水上插桩作业,桩插到设计深度拆除桩顶部压盘时,操作人员除身穿救生衣和头戴安全帽外,还要腰部系上安全带,安全带和平台护栏连接,以备落水施救。

(14)水上作业如有大浪、雾天时,在风力 5 级以上,水流速度 3.5 m/s 以上,应停止一切施工。

(15)水上施工平台消防、救生设备及其他安全设施要保持完整无缺,不准乱动和挪用,并设专人保管,负责定期检查完好情况。

(16)施工平台使用期间应定期检查缆绳连接、锚缆受力、地锚、连接销状况及浮箱密封情况,发现问题及时处理。

(17)在平台移动、作业或锚泊时,严禁在平台边沿站立或靠坐。

第六节 桩坝修建与拆除耗时及成本测算

一、施工消耗量测算前置条件

插桩在黄河河道内进行,地质情况是层淤层沙的黄河沉积地层,工程的施工工序为:准备—放线—平台定位—运桩—桩定位—吊桩—射水插桩—收尾。

施工消耗量测算主要是以欧坦应急抢险示范工程修建为依托进行,施工期正值三伏天气,昼长夜短,每天平均气温多在 41 ℃左右,还时常遇到雷电大风天气,期间经历 10 余 d的黄河洪水,高水位、大流速对安全施工带来很大的心理压力。工地每天早上 6 点半左右开始做准备工作,8 点左右开始插桩,中午吃饭休息约 3 h,晚上 8 点左右收工,每天工作 10 h 左右。

根据射水插桩耗时现场观测情况(见表 6-1、表 6-2),每打一根桩的施工时间约为 50 min,每打完 4 ~ 6 根桩,施工平台移动一次,每天移动平台 1 ~ 2 次。平台移动时间 1 ~ 2.5 h不等,依据施工平台距岸距离增加时间依次加大。辅助机械工作一段时间需要一定的检修时间。以上施工时间分摊到每根桩上,平均每天打桩 8 ~ 12 根,每根桩综合用时 1.0 h左右,本次按照每天打桩 10 根计算。

本次施工消耗量以每 100 m 的桩长为单位来测算。单根桩长 20 m,每百米桩长即为 5 根桩, 按照每天打桩 10 根计算,打百米桩需花费时间:5 ÷ 10 = 0.5(d)。

价格水平年采用 2013 年第二季度,根据《黄河欧坦工程上首应急抢险桩坝实施方案》(河南黄河勘测设计研究院,2013 年 7 月)中施工组织设计确定的材料来源地及运输价格计算主材预算价格,汽油 9 810 元/t,柴油 8 610 元/t,水泥 350 元/t,碎石 105 元/m^3,粗砂 178 元/m^3。工程发电采用 200 kW 柴油发电机发电,计算电价 2.18 元/kWh。

表 6-1 开封欧坦应急抢修工程水中插桩耗时统计

沉桩编号	日期(月-日)	大河流量(m^3/s)	实测流速(m/s)	实测水深(m)	单桩用时			
					沉桩起止时间(时:分)	准备工作用时(min)	沉桩用时(min)	合计用时(min)
平均值						29	19	51
1	07-30	3 350	2.9	5.5	09:20-09:37		17	
2					10:25-11:32	48	67	115
3					16:31-17:46		15	
4					18:33-19:23	47	50	97

续表 6-1

沉桩编号	日期（月-日）	大河流量（m^3/s）	实测流速（m/s）	实测水深（m）	单桩用时			
					沉桩起止时间（时:分）	准备工作用时（min）	沉桩用时（min）	合计用时（min）
5	07-31	2 620	2.6	6	10:34 ~ 11:18		44	
6					16:25 ~ 16:55		30	
7					17:27 ~ 17:58	32	31	63
8					18:29 ~ 18:43	31	14	45
9	08-01	2 440	2.3	5.5	14:08 ~ 14:46		38	
10					15:12 ~ 15:35	26	23	49
11					16:09 ~ 16:43	34	34	68
12					17:13 ~ 17:34	30	21	51
13					18:04 ~ 18:23	30	19	49
14	08-02	2 640	2.2	5.2	07:13 ~ 07:34		21	
15					08:06 ~ 08:19	32	13	45
16					08:44 ~ 09:00	25	16	41
17					09:25 ~ 09:40	25	15	40
18					10:03 ~ 10:23	23	20	43
19					10:53 ~ 11:12	30	19	49
20					15:40 ~ 15:53		13	
21					16:20 ~ 16:38	27	18	45
22					17:19 ~ 17:38	41	19	60
23					18:14 ~ 18:27	36	13	49
24					18:45 ~ 19:10	18	25	43
25					19:37 ~ 20:00	27	23	50
26	08-03	2 620	2.6	6	10:31 ~ 11:00		29	
27					11:30 ~ 11:47	30	17	47
28					14:45 ~ 15:11		25	
29					15:34 ~ 15:58	23	24	47
30					16:21 ~ 16:41	23	20	43
31					17:02 ~ 17:18	21	16	37
32					17:45 ~ 18:27	27	42	69
33					18:51 ~ 19:17	24	26	50

续表 6-1

沉桩编号	日期（月-日）	大河流量（m^3/s）	实测流速（m/s）	实测水深（m）	单桩用时			
					沉桩起止时间（时:分）	准备工作用时（min）	沉桩用时（min）	合计用时（min）
34	08-04	2 640	3.1	6	07:15～07:35		20	
35					08:11～08:31	36	20	56
36					09:00～09:18	29	10	39
37					09:50～10:07	32	17	49
38					10:29～10:42	22	13	35
39					11:04～11:26	22	22	44
40					15:49～16:06		17	
41					16:34～17:00	28	26	54
42					17:24～17:43	24	19	43
43					18:10～18:28	27	18	45
44					18:54～19:10	26	16	42
45	08-05	2 620	2.9	8.5	08:14～08:46		32	
46	08-07	1 520	2.7	8	09:51～10:05		14	
47					10:30～10:34	25	4	29
48					11:08～11:20	34	12	46

表 6-2　开封欧坦应急抢修工程滩地插桩耗时统计

沉桩编号	日期（月-日）	沉桩起止时间（时:分）	单桩用时		
			准备工作用时（min）	沉桩用时（min）	合计（min）
平均值			19	21	38
1	08-16	06:32～06:53		21	
2		07:10～07:35	17	25	42
3		07:48～08:02	13	14	27
4		08:30～09:06	28	36	64
5		09:28～09:43	22	15	37
6		09:58～10:18	15	20	35
7		15:58～16:26		28	
8		16:47～17:35	21	48	69
9		17:57～18:18	22	21	43
10		18:34～18:54	16	20	36
11		19:04～19:40	10	36	46

续表 6-2

沉桩编号	日期（月-日）	沉桩起止时间（时:分）	单桩用时		
			准备工作用时（min）	沉桩用时（min）	合计（min）
12	08-17	06:37～07:01		24	
13		07:23～07:49	22	26	48
14		08:12～08:27	23	15	38
15		08:44～09:06	17	22	39
16		09:37～09:50	31	13	44
17		10:25～10:40	35	15	50
18		16:48～17:35		47	
19		17:51～18:12	16	21	37
20		18:26～18:49	14	23	37
21		19:04～19:22	15	18	33
22	08-18	06:24～06:41		17	
23		06:53～07:08	12	15	27
24		07:22～07:36	14	14	28
25		07:58～08:16	22	18	40
26		08:31～08:46	15	15	30
27		09:04～09:17	18	13	31
28		09:38～09:54	21	16	37
29		10:08～10:32	14	24	38
30		10:49～11:08	17	19	36
31		11:24～11:40	16	16	32
32		15:36～15:52		16	
33		16:08～16:33	16	25	41
34		17:04～17:22	31	18	49
35		17:36～17:52	14	16	30
36		18:13～18:29	21	16	37
37		18:53～19:13	24	20	44

二、材料费

（一）管桩

本次工程结构采用的预应力钢筋混凝土管桩其截面形式采用圆环形，可适应不同的水流条件，并节省混凝土材料；采用预应力技术能够控制桩体在移动过程中不出现裂缝；管桩在工厂进行预制检测，可保证工程质量、缩短工期。

单根桩长 20 m，桩径 0.5 m，壁厚 0.1 m，购自新郑，运到工地材料堆放场的价格是 8 000 元/根（此项费用包括材料本身价格、运输费、装卸费、调车费及其他杂费，不包括场内运输费用），即为 8 000 × 5 = 40 000（元/100 m 桩长）。

管桩剖面图见图 6-32。

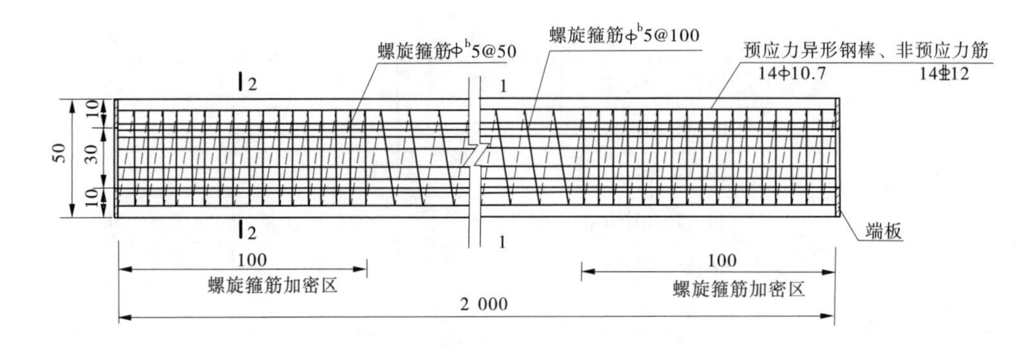

管桩配筋图

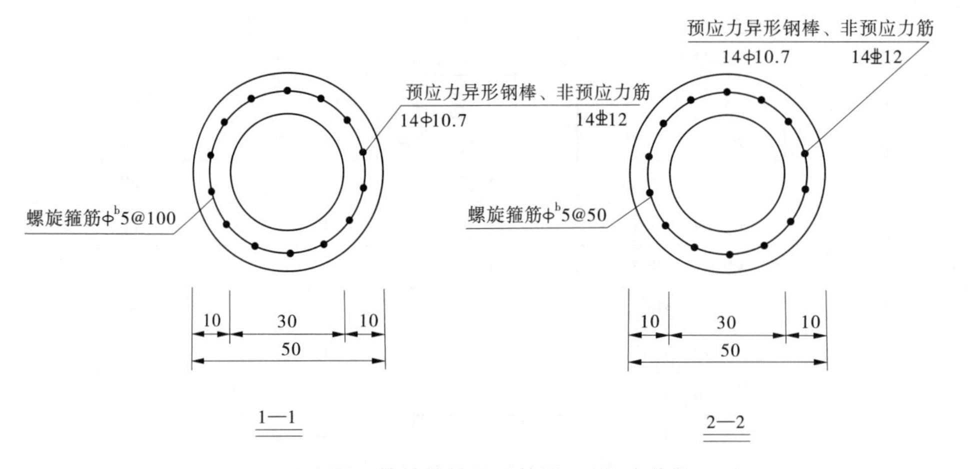

图 6-32　管桩结构及配筋图　（尺寸单位:cm）

从工地材料堆放场地（12 坝）到施工作业面，水上运距约 1.0 km，270 kW 拖轮从施工作业面沿河前往临时堆料场进行场内运输，临时堆料场布置一台 100 t 吊车负责管桩卸车或装船，拖轮把桩运到施工作业面，往返为 1.5 ~ 2 h，每次运 5 根桩，随后拖轮停至施工平台附近，等待吊装下船。拖轮根据打桩施工速度的快慢一天需往返 2 次，其余时间停在施工平台边作为堆料点。

桩的场内运输费计算如下。

（1）270 kW 拖轮台时费计算：

折旧费 80.29 + 修理及替换设备费 72.26 + 人工费 7.3 × 3.87 + 柴油 33.3 × 8.61 = 467.51（元/台时）；

每天实际运行 4 台时，为 467.51 × 4 = 1 870.04（元）；

其余 20 h 计取设备的折旧费用，台时费为：80.29 × 20 = 1 605.80（元）；

每百米桩拖轮台时费合计:(1 870.04 +1 605.80) ×0.5 =1 737.92(元)。

(2)100 ~200 t 甲板驳台时费计算:

折旧费 30.17 + 修理及替换设备费 17.03 + 人工费 4.7 ×3.87 =65.39(元/台时);

每天实际运行 4 台时,为 65.39 ×4 =261.56(元);

其余 20 h 计取设备的折旧费用,台时费为:30.17 ×20 =603.40(元);

每百米桩甲板驳台时费合计:(261.56 +603.40) ×0.5 =432.48(元)。

(3)100 t 履带起重机台时费计算:

折旧费 472.26 + 修理及替换设备费 110.98 + 安装拆卸费 2.93 + 人工费 2.4 ×3.87 + 柴油 22.2 ×8.61 =786.60(元/台时);

每天实际运行 4 台时,为 786.60 ×4 =3 146.40(元);

其余 20 h 台时费:472.26 ×20 =9 445.20(元);

每百米桩拖轮台时费合计:(3 146.40 +9 445.20) ×0.5 =6 295.80(元);

百米桩的材料价格(桩本身的材料价格,加上场内运输价格):8 000 ×5 +1 737.92 +432.48 +6 295.80 =48 466.20(元)。

(二)锚及浮子

施工平台的固定主要采用河锚及浮子。

河锚采用预制混凝土块,单块重 6 t,约为 2.5 m^3 钢筋混凝土,其中钢筋 40 kg/m^3,2.5 ×500 +2.5 ×40 ×7 =1 950(元/个)。每百米桩用河锚 5 个, 1 950 ×5 =9 750(元);

本次工程采用的浮子由钢板定制,一共 5 个,单个重 1 t 多。厂家报价 10 000 元/个,共计 10 000 ×5 =50 000(元),摊到每百米桩耗费 2 500 元;

每百米桩锚及浮子费用:9 750 +2 500 =12 250(元)。

(三)钢丝绳索

根据工程实际消耗量观测,每百米桩消耗 22#钢丝绳索 40 ×5 =200(kg),200 ×5.5 =1 100(元)。

(四)浮筒

浮筒间隔 2 m 安装 1 个,吊索为 30 ~40 m 高,共计 20 个,一个 200 元,共计:200 ×20 =4 000(元),摊到每百米桩耗费 200 元。

(五)射水板

每根桩上需要安装射水板 1 个,单重 50 kg,每百米桩耗费 50 ×5 ×12 =3 000(元)。

(六)其他材料费

其他一些小的零星材料费用不再详计,按照材料总费用的 10% 考虑计列。

材料费用共计:

(48 466.20 +12 250 +1 100 +200 +3 000) ×1.1 =71 517.82(元/百米桩)。

三、人工费

工地每日开工为 10 ~13 h,其中包括正常施工条件下有效工作时间(包括准备与结束工作时间、基本工作时间和辅助工作时间)及其他必须消耗的时间(包括工人必须的休息时间、不可避免的中断时间)等。

作业面共有工人 69 人。岸上 10 人：2 人负责放线测量，8 人负责拖缆绳、辅助桩吊起定位；施工平台上 18 人：2 人控制吊车打桩，4 人调整平台，另有 12 人负责看泵、桩定位及充水泵的拆安等；甲板驳上充水泵的安装 8 人；运桩拖轮及抛锚运桩拖轮上共 20 人；机艇上 3 人；12 坝临时堆料场 6 人；现场技术负责 2 人；平台定位负责 2 人。

配合工程施工辅助人员 13 人，其中采购 2 人，保管 2 人，看护发电机 2 人，机械维修 3 人，安全巡视 4 人。

施工现场共计 82 人。

人工费用依据市场价为 150 元/d，每天工作时间为 8 h，本次工程一天工作按照 12 h 计算，按照国家有关规定，人工费每人每天为 300 元。

每天人工费：82 × 300 = 24 600（元）。

折合每百米桩人工费：24 600 × 0.5 = 12 300（元）。

四、机械费

（一）甲板驳 300 ~ 500 t

300 ~ 500 t 甲板驳主要是作为水上施工平台使用。

折旧费 46.42 + 修理及替换设备费 27.29 + 人工费 4.7 × 3.87 = 91.90（元/台时）；

1 台 300 ~ 500 t 甲板驳，每天实际运行 12 台时，91.90 × 12 = 1 102.80（元）；

其余 12 h 台时费为：46.42 × 12 = 557.04（元）；

每百米桩 300 ~ 500 t 甲板驳台时费合计：（1 102.80 + 557.04）× 0.5 = 829.92（元）。

（二）90 t 履带式起重机

90 t 履带式起重机主要用于吊桩和插桩。

折旧费 320.62 + 修理及替换设备费 75.21 + 安装拆卸费 2.90 + 人工费 2.4 × 3.87 + 柴油 21.0 × 8.61 = 588.83（元/台时）；

1 台 90 t 履带式起重机，每天实际运行 12 台时，588.83 × 12 = 7 065.96（元）；

其余 12 h 台时费为：320.62 × 12 = 3 847.44（元）；

每百米桩起重机台时费合计：（7 065.96 + 3 847.44）× 0.5 = 5 456.70（元）。

（三）5 t 液压卷扬机

5 t 液压卷扬机主要用于移动平台。

折旧费 2.97 + 修理及替换设备费 1.16 + 安装拆卸费 0.05 + 人工费 1.3 × 3.87 + 电费 7.9 × 2.18 = 26.43（元/台时）；

4 台卷扬机，平台每次移动每台卷扬机考虑 2 个台时，为 26.43 × 4 × 2 = 211.44（元）；

4 台卷扬机其余 22 h 台时费为：2.97 × 4 × 22 = 261.36（元）；

每百米桩卷扬机台时费合计：（211.44 + 261.36）× 0.5 = 236.40（元）。

（四）7 kW 潜水泵

折旧费 0.62 + 修理及替换设备费 2.87 + 安装拆卸费 1.02 + 人工费 1.3 × 3.87 + 电费 6 × 2.18 = 22.62（元/台时）；

1 台潜水泵，每天打桩实际运行 8 个台时，为 22.62 × 8 = 180.96（元）；

其余 16 h 台时费为：0.62 × 16 = 9.92（元）；

每百米桩潜水泵台时费合计:(180.96+9.92)×0.5=95.44(元)。

(五)100 kW 离心水泵

折旧费4.58+修理及替换设备费10.54+安装拆卸费4.02+人工费1.3×3.87+电费100.1×2.18=242.39(元/台时);

1台离心水泵,每天打桩实际运行8个台时,为242.39×8=1 939.12(元);

其余16 h台时费为:4.58×16=73.28(元);

每百米桩离心水泵台时费合计:(242.39+73.28)×0.5=1 006.20(元)。

(六)高压水枪

高压水枪主要用于移动平台。

折旧费0.24+修理及替换设备费0.42+人工费1.3×3.87+风202.5×0.12+水4.1×0.5=27.01(元/台时);

2台水枪,每次移动每台水枪考虑1个台时,为27.01×2×1=54.02(元);

2台水枪其余23 h台时费为:0.24×2×23=11.04(元);

每百米桩水枪台时费合计:(54.02+11.04)×0.5=32.53(元)。

(七)发电机

(1)20 kW发电机1台,主要用于照明、电焊等。

折旧费1.44+修理及替换设备费3.08+安装拆卸费0.5+人工费1.8×3.87+柴油4.9×8.61=54.18(元/台时);

每天8台时,为54.18×8=433.44(元);

其余16 h台时费为:1.44×16=23.04(元);

20 kW发电机每百米桩费用为:(433.44+23.04)×0.5=228.24(元)。

(2)30 kW发电机1台,主要用于生活。

折旧费2.05+修理及替换设备费4.36+安装拆卸费0.59+人工费1.8×3.87+柴油7.4×8.61=77.68(元/台时);

每天24台时,为77.68×24=1 864.32(元);

30 kW发电机每百米桩费用为:1 864.32×0.5=932.16(元);

(3)200 kW发电机1台,主要用于施工,为两个水泵打压。电价计算为2.18元/kWh。

折旧费9.14+修理及替换设备费11.7+安装拆卸费1.90+人工费3.9×3.87+柴油37.4×8.61=359.85(元/台时);

每天实际运行12台时,为359.85×12=4 318.20(元)。

其余12 h台时费为:9.14×12=109.68(元);

200 kW发电机每百米桩发电机台时费合计:(4 318.20+109.68)×0.5=2 213.94(元)。

(4)百米桩发电机台时费用:228.24+932.16+2 213.94=3 374.34(元)。

(八)50 kW机艇

机艇1艘,主要用于巡视、安检及辅助吊桩等工作。

折旧费7.42+修理及替换设备费9.89+人工费3.9×3.87+柴油14.9×8.61=

160.69(元/台时);

每天实际运行 12 个台时,为 160.69 × 12 = 1 928.28(元);

50 kW 机艇其余 12 h 台时费为:7.42 × 12 = 89.04(元);

每百米桩机艇台时费合计:(1 928.28 + 89.04) × 0.5 = 1 008.66(元)。

(九)270 kW 拖轮

270 kW 拖轮主要用于抛锚,当水上施工平台离岸较远时,可以配合水上施工平台使用。

折旧费 80.29 + 修理及替换设备费 72.26 + 人工费 7.3 × 3.87 + 柴油 33.3 × 8.61 = 467.51(元/台时);

每天实际运行 6 台时,为 467.51 × 6 = 2 805.06(元);

其余 18 h 计取设备的折旧费用,台时费为:80.29 × 18 = 1 445.22(元);

每百米桩拖轮台时费合计:(2 805.06 + 1 445.22) × 0.5 = 2 125.14(元)。

(十)其他机械费

其他一些小的机械耗费及大型机械相关辅助费用不再详计,按照机械费用的 10% 考虑计列。

每百米桩的机械费合计:

14 165.33 × 1.1 = 15 581.86(元)。

五、水中施工百米桩坝费用

百米桩人、材、机费用之和:

12 300 + 71 517.82 + 15 581.86 = 99 399.68(元)。

依据水利部水总〔2002〕116 号文《水利工程设计概(估)算编制规定》的通知,计算如表 6-3 所示。

水平面上每百米桩坝所需要插桩长度为:126 × 20 = 2 520(m);

水平面上每百米桩坝插桩费用:25.2 × 12.811 858 = 322.86(万元)。

六、测算中需说明的事项

以上应急抢险桩坝工程施工消耗量的测定是对工程施工现场实际发生的工程量做写实记录从而计算出相关费用。此项数据中不包括以下内容:

(1)特殊情况下的停工导致人、材、机消耗量的相关费用。

(2)桩顶混凝土联系工程费用。

水平面上每百米桩坝混凝土联系工程相关费用如表 6-4 所示。

表 6-3　水上插桩建筑工程单价表

定额编号:[补]　　　　定额单位:100 m 桩长

施工方法:沙壤土,桩径 0.5 m,孔深 20 m

编号	名称	单位	数量	单价(元)	合计(元)
一	直接工程费				108 345.65
(一)	直接费				99 399.68
	人工费	元			12 300.00
	材料费	元			71 517.82
	机械费	元			15 581.86
(二)	其他直接费	%	2.00		1 987.99
(三)	现场经费	%	7.00		6 957.98
二	间接费	%	7.00		7 584.20
三	企业利润	%	7.00		8 115.09
四	税金	%	3.284		4 073.64
	合计				128 118.58

表 6-4　其他相关费用表

工程或费用名称	单位	数量	单价(元)	合计(万元)
联系帽梁制安	m^3	35.08	752.67	2.64
链接销柱制安	m^3	4.96	564.98	0.28
钢筋制安	t	4.81	6 414.34	3.08
联系帽梁碎石灌孔	m^3	7.86	141.61	0.11
合计				6.11

(3)工程临时占地、临时设施、工程三通一平及管理费用、监理、勘测设计等费用。

(4)欧坦抢险施工期正遇多年不见的高温,对施工效率也有不小影响,弯头拆卸、安装时间较长,水中就位技术还不成熟,运输船上二次挪动桩位等因素对插桩准备时间造成的影响很大。

开封欧坦应急抢险工程共插桩 150 根,其中水上插桩 113 根,岸上插桩 37 根。表 6-1 统计了其中连续 48 根桩的插桩用时,表 6-2 统计了全部 37 根桩的插桩用时。从表 6-1 可看出,水中插桩作业期间大河流量 1 500～3 300 m^3/s,流速 2.2～3.1 m/s,属于流量、流速较大环境下的插桩作业。从插桩效率看,水中插桩单桩插桩准备用时最快 18 min,最慢 48 min,平均 29 min;单桩插桩用时最快 4 min,最慢 67 min,平均 19 min。本次水上插桩过程平均准备时间是插桩时间的 1.5 倍。从表 6-2 可看出,旱地插桩单桩插桩准备用时最快 10 min,最慢 35 min,平均 19 min;单桩插桩用时最快 13 min,最慢 48 min,平均 21

min,旱地插桩过程平均准备时间与插桩时间相差无几。

进一步比较水中、旱地插桩用时可以看出,虽然因为水上射流造孔深度小于旱地,水上平均插桩时间小于旱地插桩,但就总体时间而言,水中施工用时是旱地施工用时的 1.3 倍,绝对时间多了 13 min。主要原因是水上平均插桩准备时间是旱地的 1.5 倍,这说明了进一步压缩水上插桩准备时间的空间还很大。

根据以上对比分析水中、旱地插桩施工准备用时,我们有理由认为,通过进一步改进完善相关设备,优化操作流程,将水上插桩平均准备时间压缩到 15 min 以内,水上插桩平均总用时由 60 min 压缩到 30 min 以内,每天完成插桩 20 根是完全可能的。根据与施工单位技术人员座谈和分析,今后可以进一步完善的主要有以下内容:

(1)连接弯头改进。包括两方面内容:其一改进弯头形状。弯头连接胶管端位置偏低,方向过于垂直,造成在插桩收尾阶段胶管受窝浮压较大,一则损害胶管寿命,二则干扰插桩。改进方向时可抬高连接胶管侧弯头高度,并采用可变角度连接方式,以增强胶管在插桩过程中的适应性。其二改进吊具弯头与供水胶管连接方式。插桩定位装置拆装与弯头吊具和供水胶管拆分、连接同步平行进行,插桩定位装置拆装比较简单,耗时一般 5 ~ 8 min,而弯头吊具和供水胶管螺栓连接方式装卸螺丝时间太长,耗时一般 15 ~ 20 min,经常出现弯头吊具和供水胶管拆分、连接时间长造成窝工现象,窝工时间达 10 余 min,如果改弯头吊具和供水胶管螺栓连接为快速承插连接,一根桩至少节约时间 10 余 min。

(2)射水底板改进。射水插桩时难免会遇到小块坚硬物或黏土层。由于水的浮力的影响,管桩入水后深度较大时重量减轻较多,对下砸力影响较大。目前采用的平底板下砸压强分布均匀,对坚硬物或黏土层的挤压效果较差,造成穿透黏土层时耗时长,一般为正常插桩用时的 3 ~ 4 倍,这也是插桩时间长的最主要原因。改进方向:将射水底板加工成向外圆弧突出型,以增加下砸时向周围的挤压力。

(3)管桩就位技术改进。当前的就位方式,虽有牵拉绳牵拉,但方法并不得当,效果很不理想,基本靠反复试碰才能最终就位,平均就位时间达 5 ~ 8 min。今后应研究专门的定位辅助装置以加快定位速度。正常状态下就位时间宜控制在 30 s 以内。

(4)水上运输工具改进。进一步研制专门的水上运桩平台,并配备大马力动力船。运桩平台应能与施工平台充分靠近,减小吊装时的回转半径,长度应大于桩长 2 ~ 3 m,一次运桩数量 8 ~ 10 根,至少满足半天插桩工作量。

七、滩地百米桩坝施工耗时及成本测算

插桩在黄河河道内进行,地质情况是层淤层沙的黄河沉积地层,工程的施工工序为:准备—放线—桩定位—吊桩—射水插桩—收尾。

施工消耗量测算也是以欧坦应急抢险示范工程修建为依托进行的,滩地插桩较水上插桩省去了水上施工平台、水上运桩船等重型装备,特别是施工环境和场地在机动性和安全性等方面也有很大的改善,根据表 6-1 和表 6-2 比较结果,滩地插桩时间比水上插桩时间一根桩少用 10 min。滩地插桩在供水和插桩翻沙处理方面增加了一定工作量,但这方面的费用还抵不上临时码头的修建费用。参照以上水上插桩耗时及成本测算方法,得出

滩地插桩百米桩长费用见表 6-5。

表 6-5　滩地插桩建筑工程单价表

定额编号:[补]　　定额单位:100 m 桩长

施工方法:沙壤土,桩径 0.5 m,孔深 20 m

编号	名称	单位	数量	单价(元)	合计(元)
一	直接工程费				72 131.79
(一)	直接费				66 175.95
	人工费	元			7 950
	材料费	元			47 300
	机械费	元			10 925.95
(二)	其他直接费	%	2		1 323.519
(三)	现场经费	%	7		4 632.317
二	间接费	%	7		5 049.225
三	企业利润	%	7		5 049.225
四	税金	%	3.284		2 368.808
	合计				84 599.04

滩地每百米桩坝所需要插桩长度为:126 × 20 = 2 520(m)。

滩地每百米桩坝插桩费用:25.2 × 8.459 904 = 213.19(万元)。

测算中需说明的事项详见水上插桩部分。

八、拆除百米桩坝耗时及成本测算

拔桩分水上拔桩和滩地拔桩两种情况,根据 2013 年 4 月在郑州花园口南裹头河段水上拔桩和滩地拔桩试验情况,水上拔桩地质情况是层淤层沙的黄河沉积地层,工程的施工工序为:准备—平台定位—桩顶吊具连接—拔桩器射水沿桩下沉—拔桩—运桩—收尾。滩地拔桩施工工序为:准备—桩顶吊具连接—拔桩器射水沿桩下沉—拔桩—收尾。

施工消耗量测算以郑州花园口南裹头河段水上拔桩和滩地拔桩试验成果为依托进行,拔桩与插桩施工条件和环境一样,拔桩省去了管桩、射水板相关材料费用;两者相比拔桩将射水插桩机具变成了射水拔桩器,水上拔桩和水上插桩所用其他机械设备及人员差别很小,滩地拔桩和滩地插桩所用其他机械设备及人员也基本一致;采用多个管桩顶吊具情况下拔桩期间的准备工作比插桩简单,用时少;拔桩器射水沿桩下沉时间较射水插桩时间基本相同,增加了 3 min 左右的吊出拔桩器时间,但少去了 5 min 左右的稳桩时间,总的用时两者也基本差不多。因此,参照以上水上插桩和滩地插桩耗时及成本测算方法,得出水上拔桩和滩地拔桩百米桩长费用见表 6-6 和表 6-7。

表 6-6　水上拔桩建筑工程单价表

定额编号:[补]　　　　定额单位:100 m 桩长

施工方法:沙壤土,桩径 0.5 m,孔深 20 m

编号	名称	单位	数量	单价(元)	合计(元)
一	直接工程费				59 383.07
(一)	直接费				54 479.88
	人工费	元			11 200
	材料费	元			28 517.82
	机械费	元			14 762.06
(二)	其他直接费	%	2		1 089.598
(三)	现场经费	%	7		3 813.592
二	间接费	%	7		4 156.815
三	企业利润	%	7		4 156.815
四	税金	%	3.284		1 950.14
	合计				65 490.02

水平面上每百米桩坝拆除所需要拔桩长度为:126 ×20 =2 520(m)。

水平面上每百米桩坝拆除所需要拔桩费用:25.2 ×6.549 =165.03(万元)。

滩地每百米桩坝拆除所需要拔桩长度为:126 ×20 =2 520(m)。

滩地每百米桩坝拆除所需要拔桩费用:25.2 ×2.985 91 =75.24(万元)。

表 6-7　滩地拔桩建筑工程单价表

定额编号:[补]　　　　定额单位:100 m 桩长

施工方法:沙壤土,桩径 0.5 m,孔深 20 m

编号	名称	单位	数量	单价(元)	合计(元)
一	直接工程费				25 458.8
(一)	直接费				23 356.7
	人工费	元			8 130
	材料费	元			4 000
	机械费	元			11 226.7
(二)	其他直接费	%	2		467.134
(三)	现场经费	%	7		1 634.969
二	间接费	%	7		1 782.116
三	企业利润	%	7		1 782.116
四	税金	%	3.284		836.067 1
	合计				29 859.1

第七章　重复组装式导流桩坝示范性工程建设

根据对各种沉桩的施工方法的分析和对各种方法的调查,结果发现:静压桩机沉桩、锤击沉桩、震动沉桩这三种方法在施工中都会对管桩造成不同程度的损伤,有的甚至造成管桩破坏,无法实现重复利用,而且这几种机械自重过大,移动缓慢,对场地承载力要求较大,不适于在黄河滩地施工。为此,本次试验我们选择了成熟的钻机成孔技术配合汽车起重机沉桩的施工方法进行可移动不抢险潜坝试验工程建设,同时,在高压射水拔桩器成功拔桩试验的基础上,考虑在钻机撤走的情况,以“一机多用”为出发点,利用高压射水拔桩器又进行了沉桩施工的试验与探索。

第一节　2009 年花园口示范性工程建设

一、试验工程设计情况简介

根据项目研究要求,力争实现在 2009 年黄河“调水调沙”期间试验工程能靠溜经过洪水检验的目标,以及便于观测,将黄河下游可移动不抢险潜坝试验工程选择在河南黄河右岸南裹头大坝下游 300 m 处的郑州花园口黄河滩区,设计可移动不抢险潜坝试验工程长50 m。

可移动不抢险潜坝试验工程的关键构件是 PHC 预应力高强钢筋混凝土成品管桩,外径 0.5 m,壁厚 0.125 m,桩长 15 m,混凝土强度等级为 C80,抗冻等级为 F150。潜坝顶高程平当地滩面高程,可移动不抢险坝的管桩按照单排直线布置,管桩净间距 0.3 m,管桩插入地层施工结束后,以 5 根管桩为一个整体进行“桩联”连接,连接方式为盖梁与管桩铰连接,盖梁预留孔与管桩心孔相对后,利用圆台形销柱连接,联系盖梁的断面尺寸(宽×高):0.7 m×1.0 m。具体结构见图 7-1。

二、施工准备

试验工程位于郑州北郊的黄河滩区,紧邻 107 国道、黄河大堤、南裹头大坝和郑州北郊水源地水厂管理道路,所邻大堤、南裹头大坝和水厂管理道路均进行了沥青路面硬化,对外交通条件优越;施工现场滩地平坦、无障碍物,滩面高出黄河枯水位 2.0 m 左右,施工机械、设备和人员生产生活便于布置。

试验工程建设由施工经验丰富的郑州水电工程公司负责组织实施,潜坝主打构件预应力高强钢筋混凝土成品管桩由河南建华管桩有限公司生产。

为确保施工任务的顺利完成,施工单位成立了施工领导机构,明确施工项目负责人、技术负责人和质检负责人,同时成立技术组、施工组、质检组、机械组和后勤组等相应机构,建立健全岗位责任制。

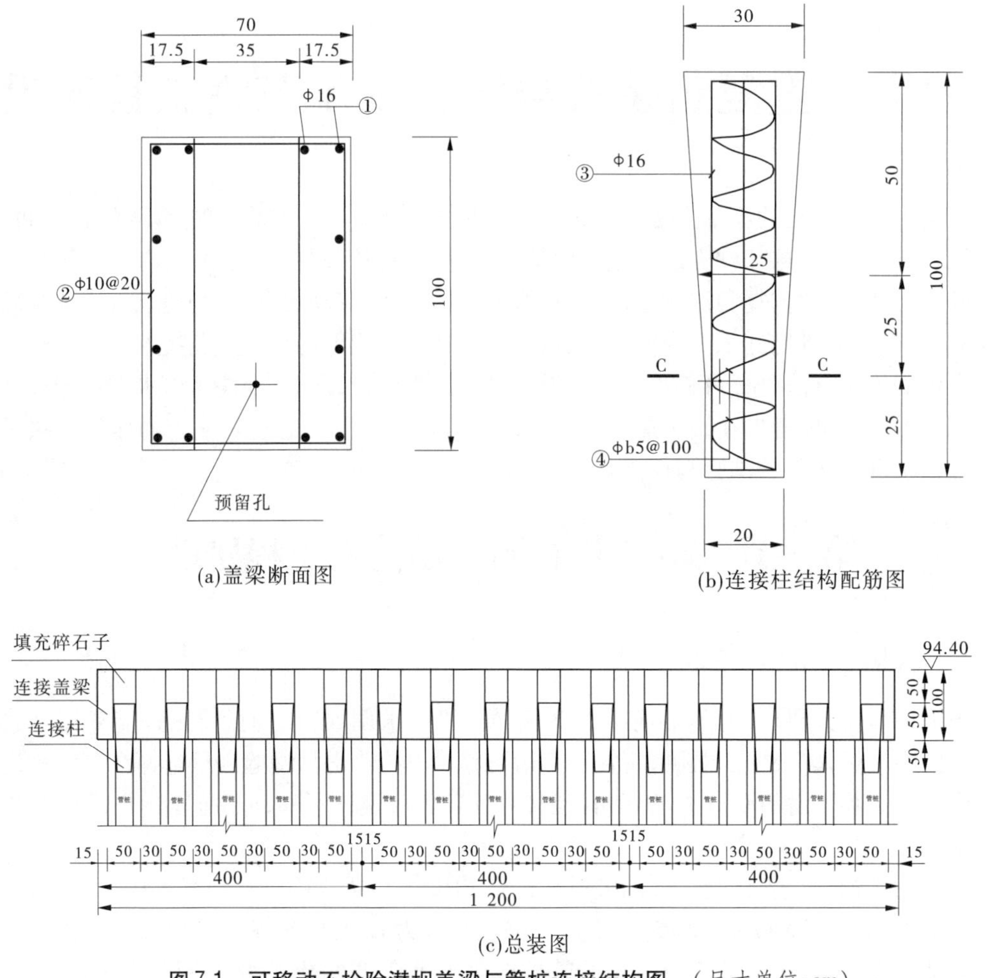

图 7-1　可移动不抢险潜坝盖梁与管桩连接结构图　(尺寸单位:cm)

(一)平整场地、开挖泥浆池

根据施工需要,进场后首先利用装载机和推土机对管桩的存放场地进行平整,包括存料厂和施工场地之间的道路。然后根据施工需要利用装载机对潜坝轴线位置进行开挖,开挖高程为管桩顶高程,开挖宽度为 10 m,然后进行平整。

根据钻机成孔施工的需要,在施工现场开挖了泥浆池和沉淀池,按照便于施工的原则,把泥浆池和沉淀池布置在潜坝上游侧,供电系统(两台 75 kW 发电机组)布置在潜坝靠上游一侧坝根处,下游一侧布置管桩的就位场地和起重设备,场地布置图见图 7-2。

泥浆池和沉淀池的开挖依据和方法:泥浆池、沉淀池的池面标高应该比护筒顶部低 0.5 ~1 m,以利于泥浆回流顺畅。泥浆池和沉淀池布局要合理,不得妨碍吊车和钻机行走。泥浆池的容量为每孔的排渣量,沉淀池的容量为每孔排渣量的 1.5 ~2 倍。本次工程因为桩位比较密集,且场地允许,所以挖的泥浆池和沉淀池都比计算要大。

(二)进场施工人员、机械和材料

参与现场组织施工的主要人员共 13 人:工地负责人、技术负责和施工负责人各 1 人,

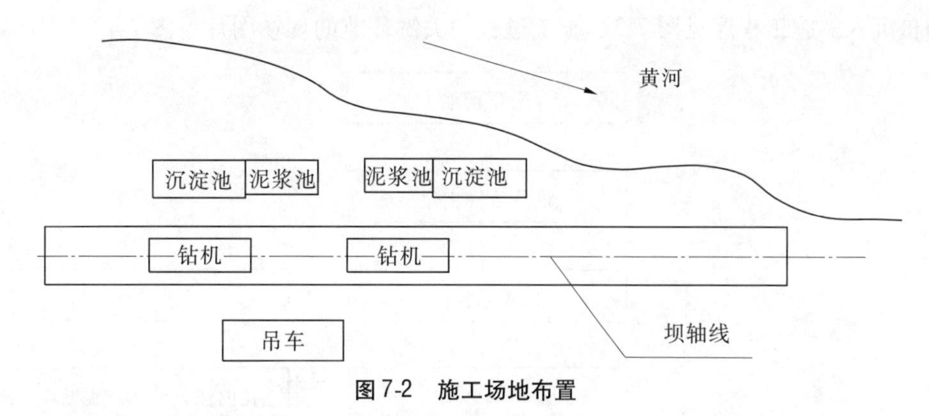

图 7-2　施工场地布置

咨询专家 2 人，施工技术员 2 人，质监员 1 人，机械维修师 2 人，安全员 1 人，推土机和装载机司机各 1 人。另外根据需要临时调用工人若干人。

施工现场黄河滩区的土质主要是淤积型粉质砂土和部分黏土夹层。我们选用 300 型正循环回转钻机进行钻孔，采用直径为 0.58 m 的锥形三翼钻头，钢制圆形护筒直径为 0.7 m、高 1.2 m。钻机的数量根据施工进度需要设置，初期进场 1 台，后期考虑施工机械优化配置和加快沉桩速度，配置 2 台钻机施工，一组为实现可移动不抢险潜坝移动而专门研制的高压射流拔桩器设备。

另外配套有 75 kW 柴油发电机 2 台组，50 装载机 1 辆，802 推土机 1 台，25 t 吊车 1 台(另 1 台 50 t 吊车备用)，PC60 挖掘机 1 台。

高压射水拔桩器拔桩施工设备主要有高压射水拔桩器、6sh－6A－Y225H－2 水泵、Y225M－2 电机等，见表 7-1。

表 7-1　高压射水拔桩器施工设备一览表

品名	单位	型号	数量	备注
潜水泵	台		1	水泵加水
水泵	台	6sh－6A－Y225H－2	2	拔桩器供水
挖掘机	台	230	1	开挖泥浆池
吊车	台	25 t	1	起吊管桩
钢丝绳	根		2	连接管桩顶与吊车
压盘	个	特制	1	桩顶连接钢板
U 形吊环	个		2	桩顶连接吊耳
柴油发电机组	台	75 kW	2	供电
高压射水拔桩器	台	研制	1	破土造孔

三、钻机成孔沉桩施工

根据试验工程相邻管桩之间净间距 30 cm 的设计情况，以及黄河滩区土质主要是粉质沙性土间夹局部黏土层的结构特点，为避免出现串孔、塌孔，致使相邻已经沉入的管桩发生位移和倒斜的现象，钻机沉桩采用跳桩施工程序，即把沉桩分为三期施工，按桩号排序：沉桩第一期为①、④、⑦…，第二期为②、⑤、⑧…，第三期为③、⑥、⑨…，当孔成形后立即将桩沉入。施工程序见图 7-3。施工过程中关键环节的现场图片见图 7-4。

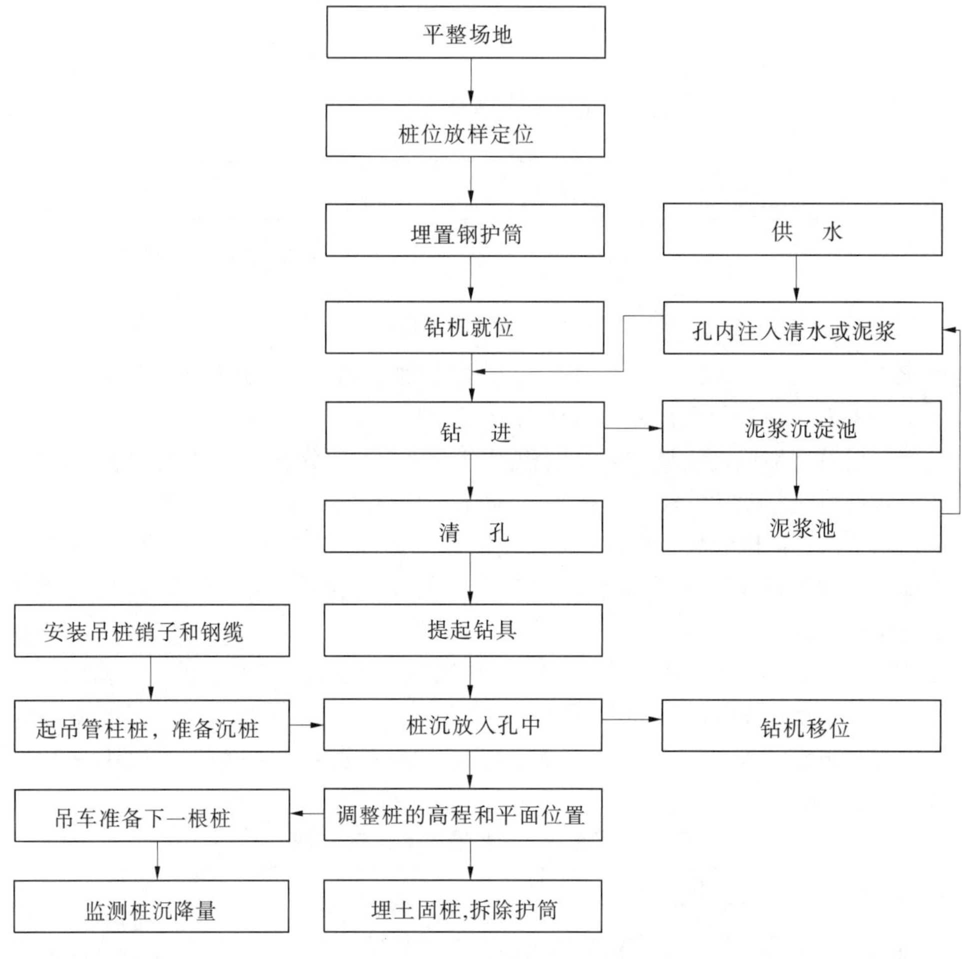

图 7-3　钻孔沉桩施工工艺流程

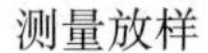

测量放样　　钻机就位

图 7-4　钻孔沉桩施工过程中关键环节现场图片

钻孔

捆桩

成孔

起吊管桩

沉桩

高程控制

续图 7-4

桩位调整

销柱卸除

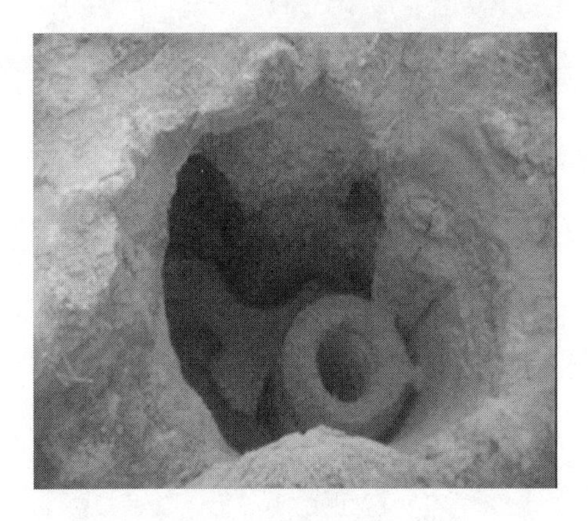

2 天后塌孔情况

沉桩完工后情况

续图 7-4

(一)钻机造孔

(1)测量放线。在已经平整好的场地上利用全站仪进行测量放线,定位后在每个桩位中心打入一条 Φ16 × 80 cm 的钢筋作为桩位标记,钢筋标记不得露出地面,以免人或机械碰撞,使桩位发生偏差。

(2)埋设护筒。护筒为钢制护筒,高 120 cm,直径 60 cm,比管桩直径大 10 cm,在护筒顶部开设溢流口一个,使流出的泥浆经开挖的渠道流进沉淀池。

护筒埋设,首先要以桩为中心在 4 周对称埋设 4 根护桩,以备施工中校核桩位,护桩用完后要及时拔除,以免打错桩位。埋设护筒的坑不能过大,挖好后将坑底整平,然后放入护筒,利用 4 根护桩检查位置是否正确,筒身竖直后,四周即用黏土回填,分层夯实,并随填随观察,防止填土时护筒位置偏移。护筒埋好后复核校正,护筒中心与桩位中心重合,偏差不得超出 5 cm。

(3)钻机就位。本次施工利用的是正循环钻机,就位前利用 4 根护桩拉上十字线找出桩位中心,就位时钻机的主钻杆中心应与桩位中心重合,然后将钻机调平,使主钻杆竖直。如此反复调试,直到使主钻杆竖直且中心位置和桩位中心重合。

(4)泥浆制备。由于是沉桩施工,对泥浆质量要求不是很高,加上采用钻机施工,我们采用了孔内造浆。钻机就位后,利用装载机把料场的黏土送至工作位置,由人工送进孔内,然后由钻机进行孔内造浆。

(5)成孔。在钻进过程中随时检查泥浆质量是否满足造孔要求。注意土层变化并记录相应的钻进速度和泥浆比重。钻进作业必须连续进行,不得间断。

(6)清孔。桩孔钻进到设计深度后,进行清孔。根据黄河滩区的地质情况,采用了泥浆置换法进行清孔。清孔后泥浆含沙率≤8%,黏度≤28 s。

(二)吊车吊桩入位

清孔后,应该在最快时间内将管桩沉入孔内,以免成孔后因泥浆久置发生沉淀,致使出现塌孔,造成返工。再者泥浆沉淀后有效孔深变小,致使管桩下沉不到设计位置,也会造成返工。

(1)钻机钻孔的同时做好管桩起吊的准备工作:用两根长 6 m 的钢丝绳捆绑管桩,钢丝绳应在管桩两边对称位置,确保起吊后管桩竖直,利于管桩下沉后定位。最后插上特制钢销,防止在起吊过程中钢丝绳滑脱,确保安全施工。

(2)起吊后缓慢地将管桩移动到孔位上方,然后由人工配合使管桩就位。人工配合时要注意借助管桩自身摆动的力量来把桩稳住,不能全靠人力,以免发生事故。

(3)管桩下沉速度不宜过快,避免泥浆溢流至工作面上,同时应保持泥浆沟槽的畅通。

(4)进行桩顶高程和平面位置的测量和调整。若桩顶高程偏低,需要从管柱桩中心投放碎石,以垫高桩顶高程。

(5)桩顶高程和平面位置调整到位后则将吊车卸荷,在桩周围填土固桩,同时卸除吊装构件,准备下一根桩的施工。

(三)施工中发现的问题及解决办法

(1)吊车起吊管桩较早,使管桩在空中竖立时间较长,在桩周围 16 m 范围内施工人员存在不安全感。因此,管桩不宜起吊过早。

(2)捆绑起吊管桩时应保持销柱两侧钢丝绳的对称,使桩吊起后保持垂直状,也能提高沉桩的定位精度。

(3)管桩固定钢丝绳的销柱位置偏低,距地面约 1.5 m。卸钢丝绳时需先将孔内的积水降低至距地面约 1.5 m 的位置(用时 5 ~ 7 min),在管桩销柱两侧开挖半径 0.8 ~ 1.0 m、深 1.55 m 的坑,所挖土方 0.84 ~ 1.05 m^3,最终将销柱取出。全部工作只能 1 人进行,费时较长,平均取 1 个销柱需约 1 h,影响施工效率,今后需要改进。

(4)若两台钻机同时开始施工,会存在等待吊装管桩的窝工情况,影响钻机施工效率。因此,要使钻机成孔时间错开,这样既能提高施工机械的工作效率,又可避免因等待时间过长而出现塌孔现象。

(5)个别钻孔存在超深偏多的情况(比设计低 15 ~ 40 cm),使控制桩顶高程占用吊车较长的时间。要求各钻机注意掌握钻进深度,避免出现超深过多引起调控桩顶高程而占用吊车时间过长。

(6)根据设计要求,沉桩的桩顶高程偏差控制在 0 ~ -5 cm,平面位置的偏差控制在 5

cm 之内,以便上部联系盖梁的定位和安装。实际施工中沉桩的高程和平面位置总会产生一定的偏差,如何更好控制成为施工中需要认真解决的问题。

使用正循环钻机成孔,虽能较准确地把握钻进深度,但不能精确控制因清空循环泥浆对孔底的冲刷深度,使管桩下沉后桩顶高程的定位困难。同时由于泥浆存在上浮力,回填固桩的砂土不能迅速下沉,延长了控制桩顶高程的操作时间。

施工中采用多种方法使桩顶高程达到设计要求:当桩顶略高于设计高程时(一般小于 10 cm),利用快速下桩的冲击力使桩顶高程降低;当桩顶低于设计高程时,采用从桩孔灌填碎石垫桩的方法垫高管桩。控制桩顶高程取得较好效果,而且比较稳定、省时。

(7)施工初期对钻进速度没有严格控制。曾发生钻进速度过快,造成塌孔的现象,使管桩不能沉到设计高程,只能返工重钻。因此,要控制钻进速度,避免因钻进速度过快产生塌孔现象。

(8)增加了两套钢丝绳和销柱,解决因销柱不够用而误工的情况。

(9)在一期施工中钻孔松动了管桩周围的土体,在二期和三期施工中出现串孔和工作面坍塌现象,造成孔径过大,威胁了钻机和施工人员的安全,降低了施工效率。对此采取下列措施:适当控制钻进速度,同时在二期、三期钻孔过程中对坍塌部位进行开挖再回填,确保设备和施工人员的安全。

四、潜坝上部结构的拼装与拆除

(一)潜坝上部结构的拼装

当管桩全部沉孔完成后,需要在管桩顶部加盖上部结构(盖梁和销柱),使沉孔管桩全部连接成整体,增强管桩潜坝的抗冲稳定性。

上部预制盖梁每根长 4.0 m、宽 0.7 m、高 1 m,预留孔 5 个,与下部 5 根管桩位置对应。利用预制销钉把盖梁和管桩联系成整体,预留孔直径 0.35 m,预制销柱高 1 m,上顶部直径 0.3 m,下底部直径 0.2 m(见图 7-5)。

图 7-5 钢筋混凝土预制销柱

1. 潜坝管桩顶部盖土挖除

由于设计的潜坝顶部高程低于滩地地面,在进行插桩做坝时,管桩顶部高程在滩面以下1.0 m以上,要想将联系盖梁放置在管桩顶上进行连接,必须首先清除管桩顶部的盖土,腾出吊装、安置盖梁的工作场地和空间(见图7-6)。

图7-6　管桩顶部盖土清除后的桩顶地形

2.盖梁吊装入位

吊装前应测量放线,在相对起重机潜坝的另一侧设置顶面线和腰线,确保盖梁顶面的平整和线形顺直。盖梁的吊装施工采用人工配合机械的施工方式,主要机械为25 t汽车起重机一台。施工从潜坝一端开始,依次安装。为了节省时间和机械费用,可在全部安装后,由人工利用千斤顶来调整,在管桩顶部和盖梁底部用楔形混凝土塞塞紧,使盖梁顶部达到设计高程(见图7-7)。

图7-7　盖梁吊装

3.安装钢筋混凝土销柱

盖梁安装好后,用钢筋混凝土销柱把盖梁和管桩联系在一起。销柱的安装主要由人工完成,销柱插入后按照设计要求用碎石子灌实至与销柱顶平,上面用砂土埋严(见图7-8)。

(二)潜坝上部结构拆除

1.盖梁调离

首先对盖梁周围土体进行开挖至盖梁底部,以减少土体对盖梁的黏着力和摩擦力,然

图 7-8 钢筋混凝土销柱安装

后用 25 t 汽车起重机从潜坝一端依次逐个吊拆。盖梁拆除后应马上破除梁胎,以免影响管桩的拔出施工。

2. 钢筋混凝土销柱拆离盖梁

钢筋混凝土销柱拆离盖梁主要由人工完成。首先清除销柱顶部的土体,然后用大锤打击销柱底部,打击时应该用方木做保护,不能直接打到销柱上,以免破坏销柱。

五、潜坝管桩拔除施工

“可移动不抢险潜坝”就是在需要防洪的部位可以筑坝防御洪水的冲刷,当原先修筑的不抢险坝失去作用的情况下希望能将其拆除,移到其他需要筑坝的地方重新沉桩筑坝加以利用,以降低防洪抢险的运行成本。在实际工程中也经常会有一些因施工需要而临时设置的混凝土桩,当工程完成后也需要拆除,以免影响安全和美观,但是已建混凝土桩的拆除这项工作往往十分困难。

混凝土管桩安装后经过一段时间的沉积,桩体周围的砂土渐趋稳定密实,桩周围土的黏结力很大。如果不采取辅助工程措施松动桩体四周的砂土,用起重机械直接吊拔是极为困难的。即便能用大型吊车、振动设备强行拔出,也极易造成桩头或桩身薄弱部位的破坏,损耗较大,混凝土桩无法重复利用。因此,研究一种能够较简便、经济、快速、实用的拔桩设备和施工方法十分必要。为此在现场进行了利用高压射水拔桩器拔桩施工的试验和探索。

(一)高压射水拔桩器造孔

1. 场地布置

在潜坝的上游侧布置了清水池和沉淀池,清水池和沉淀池的开挖布置原则与钻机成孔的泥浆池、沉淀池的布置开挖原则相同。供水系统也布置在上游侧靠近清水池的位置。下游侧布置了供电设备和起重设备。

2. 施工准备

(1)清除桩顶土和杂物,对钢板上的丝扣进行彻底清理,清理办法为利用和丝扣相匹配的丝锥进行攻丝。

(2)攻丝结束后,把压盘尽快固定在桩顶钢板上,压盘是为了能够顺利起吊管桩而设计加工的吊具之一,在拔桩施工中解决了关键的连接任务。

(3)护筒埋设。护筒为钢制,高 1.7 m,直径 1.1 m。护筒中心位置和管桩中心重合,护筒筒身竖直。然后在周围填黏土,分层夯实。

(4)护筒埋设好以后,把起吊的钢丝绳和连接钢丝绳的U形吊环安装在压盘上。

(5)在其他配套设备都调试好以后,起重机吊起高压射流拔桩器,移动至管桩和护筒上方,由人工配合将射流拔桩器送入护筒,套在管桩的周围,送入时应注意钢丝绳应该从射流拔桩器的缺口处提出,防止压在拔桩器下方。

(6)开启供水系统,在桩周围的土体被破坏后,靠自重作用下沉,直至沉到距桩底0~1 m时停止供水,完成清孔作业。

(二)滩地管桩吊出

射流拔桩器冲孔结束后,立即将已经安装好的钢丝绳挂在吊钩上,把桩和射流拔桩器一起(或者分别吊出,便于管桩与拔桩器的分离)吊出,见图7-9,在吊出过程中应注意及时向孔内补充水,防止出现塌孔。吊出后应注意把桩安全放倒在空地上;如果把桩和射流拔桩器一起吊出,则可采用吊车的副钩和主钩配合使用,将拔桩器与管桩分离后再安全放倒在空地上。

埋护筒

桩顶连接系统

拔桩器就位

冲到预定位置

图7-9　管桩拔除施工

将桩顶钢丝绳挂上吊钩

将桩和拔桩器一起起吊

成功吊出

单独吊桩拔出

续图 7-9

开始拔出管桩时应先用吊车用力松动管桩，注意观察吊车的起吊吨位和吊车大臂的起吊角度是否符合操作要求，不可盲目用力，防止发生安全事故。管桩松动后，应该平稳起吊，到达护筒位置时应放慢起吊速度，调整位置，安全吊出管桩。

拔桩结束后应该马上对孔洞进行回填处理，防止出现意外事故。

试验数据统计见表7-2、表7-3。

表7-2　高压拔桩器拔桩水泵数据统计记录

桩号	1	孔号	1	泵号	1
造孔起止时间	11:16～11:26		注浆泵起止时间	11:16～11:28	
设计桩深(m)	15	设计孔深(m)	14.5	实测孔深(m)	7.5
水泵2			水泵1		
泵水流量(m^3/h)	泵水流速度(m/s)	泵水压力(MPa)	泵水流量(m^3/h)	泵水流速度(m/s)	泵水压力(MPa)
111.34	4.025	0.093	140.49	4.674	0.102
84.67	3.184	0.092	139.47	4.253	0.110
116.29	4.415	0.094	110.30	3.389	0.092
107.87	3.205	0.090	111.30	4.205	0.093
71.28	2.659	0.091	84.67	3.184	0.090
73.99	2.670	0.094	116.29	4.415	0.092
65.77	2.600	0.100	107.87	3.205	0.090
75.04	2.511	0.088	71.28	2.659	0.088
67.24	2.542	0.101	73.99	2.670	0.088
140.49	4.674	0.102	80.50	2.679	0.090
110.30	3.389	0.110	73.80	2.546	0.086
平均值:93.12	3.261	0.096	100.91	3.44	0.093

地层情况:滩地砂土

附加说明:

表 7-3　高压射水拔桩器拔桩冲孔及拔桩记录

桩号	1	孔号	1		
造孔起止时间	11:16 ~ 11:26		注浆泵起止时间		
设计桩深(m)		设计孔深(m)		实测孔深(m)	14
造孔 1			造孔 2		
钻孔深度（m）	起止时间（时:分:秒）	净时间	钻孔深度（m）	起止时间（时:分:秒）	净时间
0	11:16:45		0		
1.0	11:17:38		1.0		
2.0	11:18:13		2.0		
3.0	11:19:09		3.0		
4.0	11:19:32		4.0		
5.0	11:20:02		5.0		
6.0	11:22:27		6.0		
7.0	11:22:42		7.0		
8.0	11:23:10		8.0		
9.0	11:24:08		9.0		
10	11:24:36		10		
11	11:25:04		11		
12	11:25:35		12		
13	11:25:54		13		
14	11:26:33		14		
合计		9 min 48 s			

附加说明:在钻孔 5 m 到 6 m 之间,由于水管搅在一起暂停约 1 min 40 s。

11:26:34 开拔—11:28:01 拔出(拔桩器)

11:31:18—11:32:24 拔出(桩)

拔出造孔器用 1 min 27 s,拔桩用 1 min 6 s,造孔时间:9 min 48 s,中间故障时间 1 min 40 s,造孔净时间 8 min 8 s。

（三）潜坝搬运

潜坝的搬运转移工作主要由汽车起重机和载重汽车完成。

（四）施工中发现的问题及解决办法

（1）拔桩过程中多次出现水泵压力不足的现象，有时一台工作基本正常，另一台效率极低，使拔桩器无法正常工作。分析其原因，一是拔桩过程中，水泵抽的水中混有一定量杂草，堵塞了水泵进水口，降低了水泵抽水效率；二是水泵抽的是清水，泥浆少，水泵压力一旦降低，水流不能带动桩周围的泥沙上浮，使其淤积下沉过快，无法继续冲动管桩四周的砂土。试验证明，改善水泵的进水口条件，对减少杂草堵塞是十分有效的。

（2）增加水泵供水管道连接问题，如供水管道连接接口为铁丝绑扎，可靠度不高，容易脱落，应改为标准件对接。拔桩器的上水管道为胶管连接，变形大，施工不便，部分上水管应改为塑料管或轻质钢管。

（3）试验证明，将压盘上 13 颗螺丝全部上紧，在 10 t 力的拔桩过程中没有发现变形及破坏，说明压盘装置能够承担拔桩工作。但是上压盘用时太长，需 2 人费时 30 min 才能完成，影响施工效率。今后应改进起吊方式和起吊工具，提高装卸吊索具的效率。

（4）连接沉拔桩器的上水胶管过于笨重，施工过程中随沉拔桩器的升降移动管子十分费力，且占用较多人工。因此，可以用移动方便的托架支撑水管移动，以减轻劳动强度。

图 7-10　拔桩器偏转

（5）冲桩过程中出现吊装沉拔桩器的两根钢丝绳随沉拔桩器的偏转而扭到了一起（见图 7-10），影响沉拔桩器的下沉。其原因应该是沉拔桩器射流喷管喷射角度不对称引起反冲力的不均衡，因此一方面需改进沉拔桩器的喷流管，使其反冲力尽量均衡，同时要有防止钢丝绳扭转的外力措施。

第二节　2013 年花园口水上插桩、拔桩现场试验

根据项目研究计划和任务书要求，在顺利完成重复组装式导流桩坝应急抢险技术论证、专用设备加工制作后，2013 年项目组根据黄河花园口畸形河湾情况，为便于水上施工平台下河、组装和出河，选择南裹头东 1. 2 km 左右、河水紧靠河岸、存在陡坎、岸边承载能力较强的黄河南岸，郑州“95 滩供水”（郑州惠金黄河滩区深水井供水项目）滩区道路河水冲断处开展水上插桩、拔桩现场试验，于 2013 年 4 ~5 月进行重复组装式导流桩坝示范工程建设。

一、试验目的及条件

重复组装式导流桩坝水上插桩、拔桩施工需要动用的人员和重型装备多，受水流和施工场面狭窄等因素影响，施工风险很大，为保证安全、高效施工，探索和总结水上插桩、拔

桩施工技术及其适应条件必须进行现场试验。

(一)试验目的

在总结2007年滩地钻孔无损伤插桩与高压射水拔桩器无损伤拔桩施工技术和工艺的基础上,探索滩地直接射水插桩的施工技术和工艺,改进与提高滩地无损伤插桩施工技术水平和效率。检验加工制造的组装式不抢险导流桩坝水上施工平台、水上定位装置、射水机具等一整套专用设备在黄河下游不同河势水流条件下的可靠性与适应性,探索组装式不抢险导流桩坝快速控制和调整黄河下游游荡性河段小水畸形河势的适应条件与要求,总结与完善重复组装式导流桩坝水上无损伤插桩、拔桩整套施工技术和工艺,并通过对重复组装式导流桩坝示范性工程稳定性、河道水流流速、水深及河势变化等的观测,分析、判断利用重复组装式导流桩坝进行小水畸形河势控制和调整的可能性与可行性,培养和锻炼重复组装式导流桩坝专业施工队伍与骨干技术人员,为研究成果的将来推广与应用积累经验和创造成熟条件。

共进行了岸边射水插桩试验、水中插桩试验、水上拔桩试验三种情况。

(二)试验地质条件

郑州所辖河段南裹头下端滩地,地处黄河下游,地形平坦,系由黄河多年泥沙淤积而成。为准确了解示范工程所处河段滩区的地质情况,结合附近万滩黄河滩区地质情况(见图7-11、图7-12),我们在示范工程所在滩区沿桩坝轴线进行了地质勘察,勘探深度20 m,采集原状土样2件,扰动样18件。

根据勘测,该试验段地质揭示为第四纪松散堆积物,上部以灰色粉土、分支黏土为主,下部以灰色粉砂、中砂为主,地层自上而下大致分为5层:第一层以黄色粉土为主,含黏土、粉质黏土块,以及植物根系,土质均一性较差,厚度11~13 m;第二层为黄灰色粉土,层厚为4~6 m;第三层为灰色粉质黏土,含少量礓石(直径0.5~1.0 cm),层厚4.0~7.5 m;第四、五层为灰色粉砂、中砂。平均渗透系数为1.46×10^{-10} m/s。已知最大桩高24 m(埋入地下最大深度20 m,桩顶高出水平面0.2 m),外径0.50 m,内径0.3 m,桩中心间距为0.8 m,桩净间距为0.3 m,最多达到第三层灰色粉质黏土,不会达到第四层。

(三)试验水文条件

根据试验前河段初步测量成果,水上插桩、拔桩试验所在河段断面处河床为复式断面,水面宽度1 000 m左右,主槽宽度300 m左右,试验期间大河流量1 500 m^3/s左右,试验河段水深3.3~5.5 m,近岸流速1.1~1.3 m/s,断面主流带流速1.8~2.6 m/s;平台计划下水、组装和出河处水深1.5~3.5 m,流速0.8~1.3 m/s;规划插桩处水深0.1~5.1 m,河水流速0.5~2.2 m/s。

计划的临时码头为郑州“95滩供水”滩区道路河水冲断的缺口,河水紧靠河岸、存在陡坎、岸边承载能力很强,在规划插桩、拔桩试验地点的上游50 m左右,受一凸出河岸10 m左右建筑垃圾堆的影响,临时码头处水深虽然较大,但水流较为平缓,非常适合平台下水、组装和出河(见图7-13)。

工点名称	试验坝工程(万滩滩区)			竣工日期		钻孔直径	127.00 m
钻孔编号	ZK1	里　程		偏　移	m	稳定水位	1.60 m
孔口标高	0.00	坐　标	X=　Y=	钻孔深度	25.00 m	初见水位	

地层编号	时代成因	层底高程	层底深度	层厚	柱状图比例尺1:100 ▽0.00	状态密度	岩性描述	取样位置(m)	桩侧摩阻力极限标准值(q_{ik})(kPa)	承载力基本容许值[f_{a0}](kPa)	标贯动探实测击数
①	Q_4^{d+pl}	−0.90	0.90	0.90		稍密		1	20	100	
②		−1.50	1.50	0.60		稍密		1.00~1.20	30	100	
③		−6.20	6.20	4.70		松散		2 2.80~3.00 3 4.80~5.00	25	100	N=7 2.15~2.45 N=6 4.15~4.45
④		−7.30	7.30	1.10		松散		4 6.80~7.00	25	110	N=7 6.15~6.45
⑤		−8.50	8.50	1.20		稍密			30	110	N=11 8.15~8.45
⑥		−11.40	11.40	2.90		稍密		5 8.80~9.00 6 10.80~11.00	35	120	N=16 10.15~10.45
⑦		−15.80	15.80	4.40		稍密-中密		7 12.80~13.00 8 14.80~15.00	35	130	N=16 12.15~12.45 N=15 14.15~14.45
⑧		−17.20	17.20	1.40		中密		9 16.80~17.00	45	120	N=9 16.15~16.45
⑨		−19.30	19.30	2.10		中密		10 18.80~19.00	30	160	N=17 18.15~18.45
⑩						中密			35	180	

地层编号	时代原因	层底高程	层底深度	层厚	柱状图比例尺1:100	状态密度	岩性描述	取样位置(m)	桩侧摩阻力极限标准值(q_{ik})(kPa)	承载力基本容许值[f_{a0}](kPa)	标贯动探实测击数
⑩	Q_4^{d+pl}	−21.70	21.70	2.40		中密		11 20.80~21.00	35	180	N=18 20.15~20.45
⑪		−25.00	25.00	3.30		中密		12 22.80~23.00	40	200	N=20 22.15~22.45 N=28 24.15~24.45

图 7-11　万滩黄河滩区地质柱状图

<table>
<tr><td colspan="2">工点名称</td><td colspan="10">黄河试验坝工程(花园口)</td></tr>
<tr><td colspan="2">钻孔编号</td><td colspan="6">ZK1</td><td>里　程</td><td colspan="3"></td></tr>
<tr><td colspan="2">孔口标高</td><td colspan="6">0.00　m</td><td>坐　标</td><td colspan="3">X=　　　　Y=</td></tr>
<tr><td>地层编号</td><td>时代成因</td><td>层底高程</td><td>层底深度</td><td>层厚</td><td>桩状图比例尺 1:150 ▽0.00</td><td>状态密度</td><td>岩性描述</td><td>取样位置(m)</td><td>桩侧摩阻力极限标准值 q_{ik} (kPa)</td><td>承载力基本容许值 $[f_{ao}]$(kPa)</td><td>标贯动探实测击数</td></tr>
<tr><td>①</td><td rowspan="7">Q_4^{al+pl}</td><td>-2.80</td><td>2.80</td><td>2.80</td><td>S_{sr}</td><td>松散</td><td>粉砂:褐黄色,稍湿,松散,以石英,长石等为主,颗粒较均匀,分选性较好,上部夹薄层粉土。</td><td>1
0.30~0.50
2
1.15~1.35
3
2.15~2.35</td><td></td><td></td><td>N=22
1.15~1.45
N=9
2.15~2.45</td></tr>
<tr><td>②</td><td>-4.60</td><td>4.60</td><td>1.80</td><td>S_{sl}</td><td>中密</td><td>粉砂:褐黄色,饱和,中密,以石英,长石等为主,颗粒较均匀,分选性较好。</td><td>4
3.15~3.35
5
4.15~4.35</td><td></td><td></td><td>N=17
3.15~3.45
N=24
4.15~4.45</td></tr>
<tr><td>③</td><td>-8.70</td><td>8.70</td><td>4.10</td><td>S_{s1}</td><td>稍密</td><td>粉砂:褐黄色,灰色,饱和,稍密,以石英、长石等为主,夹薄层粉土、细砂、厚2~5 cm不等，并间断出现。</td><td>6
5.15~5.35
7
6.15~6.35
8
7.15~7.35
9
8.15~8.35</td><td></td><td></td><td>N=13
5.15~5.45
N=14
6.15~6.45
N=11
7.15~7.45
N=11
8.15~8.45</td></tr>
<tr><td>④</td><td>-10.90</td><td>10.90</td><td>2.20</td><td>S_{s1}</td><td>松散</td><td>粉砂:褐黄色,饱和,松散,以石英、长石等为主，含少量腐殖质，夹薄层粉土。</td><td>10
9.15~9.35
11
10.15~10.35</td><td></td><td></td><td>N=8
9.15~9.45
N=7
10.15~10.45</td></tr>
<tr><td>⑤</td><td>-15.60</td><td>15.60</td><td>4.70</td><td>S_{s1}</td><td>稍密</td><td>粉砂:黄褐色,饱和,稍密,以石英、长石等为主，夹薄层粉土。</td><td>12
11.15~11.35
13
12.15~12.35
14
13.15~13.35
15
14.15~14.35
16
15.15~15.35</td><td></td><td></td><td>N=11
11.15~11.45
N=12
12.15~12.45
N=11
13.15~13.45
N=13
14.15~14.45
N=13
5.15~15.45</td></tr>
<tr><td>⑥</td><td>-18.90</td><td>18.90</td><td>3.30</td><td>S_{s1}</td><td>中密</td><td>粉砂:褐黄色,饱和,中密,以石英、长石等为主，颗粒较均匀,分选性较好。</td><td>17
16.15~16.35
18
17.15~17.35
19
18.15~18.35</td><td></td><td></td><td>N=17
16.15~16.45
N=19
17.15~17.45
N=15
18.15~18.45</td></tr>
<tr><td>⑦</td><td>-20.00</td><td>20.00</td><td>1.10</td><td>S_{s1}</td><td>密实</td><td>粉砂:褐黄色,饱和,密实,以石英、长石等为主，颗粒较均匀,分选性较好。</td><td>20
19.15~19.35</td><td></td><td></td><td>N=30
19.15~19.45</td></tr>
</table>

图 7-12　桩坝示范工程处黄河滩区地质柱状图

图 7-13　临时码头河岸水流情况

二、水上插桩、拔桩示范性工程设计

根据项目研究任务书要求，需要选择一处便于查看和具有一定代表性的河段地点修建一 50 m 长插桩、拔桩示范性工程。我们在多次查看和协商的基础上，认为郑州花园口河段近几年在长年小水作用下河势违反规划流路持续南滚，将郑州市“95 滩供水”6 眼机井和 3 km 左右柏油道路及众多滩地塌入河中，是典型的亟待治理的小水畸形河势险情，加之其交通方便、利于查看和施工进场。为此，我们选择在郑州市花园口南裹头东边的黄河南岸进行水上插桩、拔桩示范性工程建设。

虽然项目研究任务书只是要求进行水上快速无损伤插桩、拔桩相关技术研究，但根据有关专家咨询意见和 2007 年水利部社会公益性项目“黄河下游移动式不抢险潜坝应用技术研究”成果，并针对有些专家提出滩地锤击沉桩可能要比射水沉桩速度快、效率高的提议，项目组决定在此项目研究任务外再进行一些滩地插桩、拔桩技术完善和桩坝结构探讨。为此，项目组提出了水中、滩地共建和工程长度大于 50 m，滩地插桩采用锤击和射水两种插桩方式，以及 18 m、20 m、24 m 不同管桩长度组合的示范性工程建设方案，具体情况见图 7-14、图 7-15。

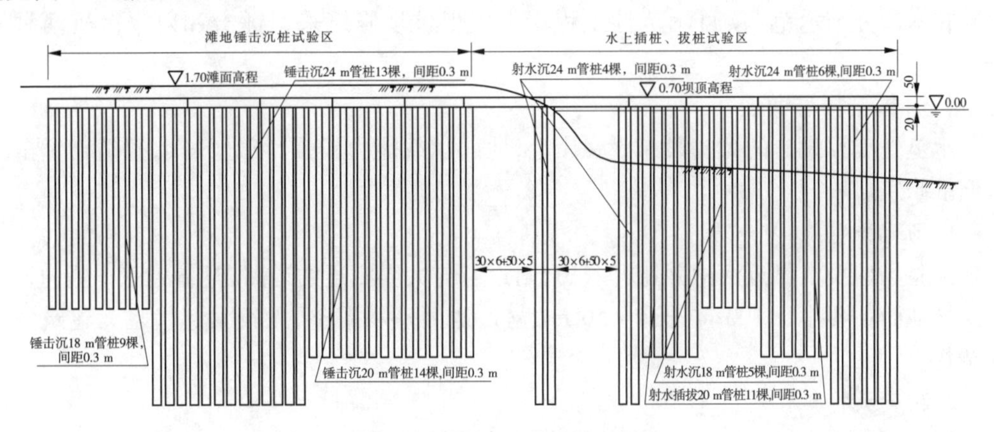

图 7-14　示范工程立面布置图

为便于水上平台组装、移动和水上插桩、拔桩施工，选择施工河段流量为 1 000 m^3/s 控制，示范桩坝管桩顶高程高出当地 1 000 m^3/s 水位 0.2 m，示范桩坝盖梁按 0.5 m 高设计，则示范桩坝顶高程高出当地 1 000 m^3/s 水位 0.7 m。为进一步探索不同管桩长度的抗冲稳定性，示范桩坝采用 18 m、20 m 和 24 m 三种桩长试验修做，管桩净间距 0.3 m，但锤击插桩和射水插桩两区域采用大间距分开。

三、岸上插桩做坝

桩坝的修筑方法主要有钻孔灌注成桩、锤击沉桩施工、静压沉桩施工、高频振动沉桩施工和射水沉桩施工等，每种方法都有其优缺点和各自的适应性。根据 2007 年滩地无损伤插桩做坝试验成果和快速沉桩要求，锤击沉桩施工工艺成熟，施工质量可靠，锤击施工使用机械少，工艺简单易于操作，适应黄河下游滩区地质和交通情况，便于推广应用；射水沉桩工艺简单易于操作，对桩体无损伤，非常适用于密实砂类土，对于黏性土层也有较好

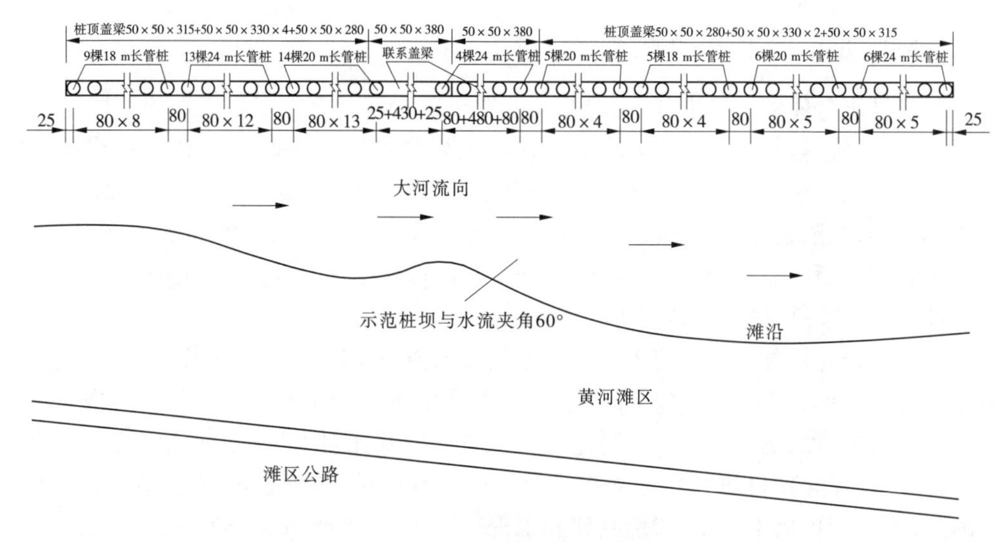

图 7-15　示范工程平面布置图

的适应性，非常适应于黄河下游滩区地质和交通情况。所以，“重复组装式导流桩坝应急抢险技术研究与示范”项目示范性工程岸上生根桩坝修筑采用锤击和射水沉桩两种方法。

（一）锤击插桩做坝

示范性工程设计的藏头段布设在岸上，地面承载能力较强，场地开阔，很适于锤击方法插桩修筑。

1. 场地平整

试验场地要求靠近河槽并避开农田，附近有与大堤相连的道路，具备施工车辆通行能力。场地面积不小于 100 m（长）×50 m（宽），地面基本平整、无较大起伏且无建筑垃圾等杂物。

2. 测量放样

用生石灰放出坝轴线和沉桩范围线。桩坝范围为 25 m（长）×3 m（宽），清除表层土层中的杂物。在范围线内放出坝轴线。应用水准仪或经纬仪确定每根桩的桩位，并用短木桩和细线标出桩位中心，用石灰粉划出桩位和桩中心孔。放线过程中要经常对控制点进行复核，作好定位和技术复核。

施工场地内还应划定机械设备停置区。

在沉桩范围线附近取滩面一个基准高程作为桩顶高程。

3. 锤击沉桩

滩地桩坝采用柴油锤锤击沉桩修筑，施工机械见图 7-16。由于桩坝管桩净间距设计为 0.3 m，而桩基规范中对桩间距要求为一般不小于 2.5 倍的桩径，显然，设计桩坝的桩间距远小于桩基施工的要求。在如此小的桩间距下如何保证成功锤击沉桩，避免产生挤土和上浮现象，是本次试验的重点工作，也是施工工艺中的难点。为保证施工质量，在正式施工前，首先选择了一根 20 m 桩进行了试桩，结果是在管桩沉入 16 m 左右时，继续施打沉桩极为困难，沉桩速度很慢，加大锤击力度造成桩身损坏。为此，我们对滩区示范性桩坝管桩长度布置进行了调整和修改:原设计的管桩长度改为15 m和20 m,两种管桩交替直线布置。

图7-16　滩地锤击沉桩施工

沉桩顺序采用沿坝轴线先下游、后上游方向,依次沉桩。依据滩区地质和试桩情况,利用滩区地表以下10 m沉桩较为容易的便利,先沉15 m桩,其次沉20 m桩的下节桩,最后沉20 m桩的上节桩,20 m桩由两个10 m桩连接而成。施工中制定先两侧后中间的原则,由一侧向另一侧间隔打桩,然后补打中间桩(见图7-17),避免了施工过程中所形成的挤土效应,造成后续桩位一侧密实一侧松散而发生的桩位偏移现象。沉桩要求桩身竖直,桩轴线与桩位中心线x、y两个方向偏差均不大于±5 cm,桩身垂直度控制在1%以内,桩顶高程偏差应小于±5 cm。

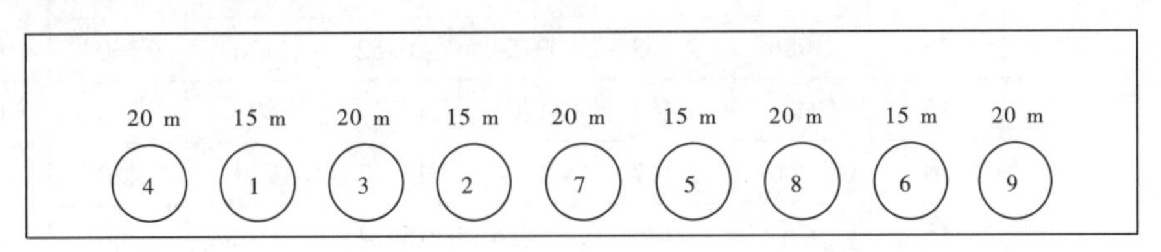

图7-17　沉桩顺序简图

沉桩中对每根桩的下沉情况进行了记录,见表7-4。15 m桩和20 m桩下节桩施工非常顺利。20 m桩上节桩耗时较长,除需接桩外,主要原因为最后3 m沉桩速度较慢,但桩的定位准确度和垂直度均达到要求。全部39根桩只有一根桩由于地质原因出现下沉,其余全部沉桩到位,见图7-18。所以,采取的沉桩顺序较为合理。

表 7-4　锤击沉桩记录汇总

日期（月-日）	沉桩编号	沉桩长度（m）	锤击总数（次）	锤击时间（s）	开始时间（时:分）	结束时间（时:分）	焊接时间（s）	桩基就位时间(s)	桩头搭接时间(s)
03-17	0	20	1 100	1 296	08:35	09:23	660	780	180
	1	20	1 120	1 372	11:07	11:24	720	372	120
	2	15	562	656	11:14	11:34	0	300	240
03-18	3	20	1 657	2 013	07:12	08:08	660	480	180
	4	15	567	685	08:19	08:37	0	240	180
	5	20	1 344	1 603	08:49	09:33	660	240	180
	6	15	600	715	09:41	10:00	0	300	120
	7	20	1 446	1 738	10:07	10:56	780	240	180
	8	15	622	756	11:32	11:44	0	360	180
	9	20	2 179	2 681	14:10	15:10	600	180	180
	10	15	702	864	15:17	15:41	0	300	240
	11	20	1 637	2 100	15:49	16:45	780	420	180
	12	15	841	1 027	16:56	17:22	0	300	240
	13	20	1 585	1 861	17:31	18:20	600	360	120
	14	15	未记录	未记录	未记录	未记录	未记录	未记录	未记录
03-19	15	20	2 334	2 810	08:06	09:10		360	
	16	15	625	743	09:21	09:41	0	360	120
	17	20	1 986	2 363	09:54	10:52	720	360	180
	18	15	942	1 153	11:04	11:29	0	360	120
	19	20	1 860	2 167	11:37	14:47	720	420	180
	20	15	976	1 146	14:56	15:24	0	360	180
	21	20	2 106	2 443	16:30	16:31	660	420	180
	22	15	947	1 099	16:40	17:05	0	300	120
	23	20	1 483	1 729	17:16	18:03	540	360	180
03-20	24	15	600	680	07:32	07:53	0	480	120
	25	15	928	1 081	08:07	08:33	0	300	180

4. 现浇联系梁

沉桩完成后，现浇联系梁。依据桩顶高程在槽内垫土找平，绑扎钢筋，立模板，一次浇筑商品混凝土，见图 7-19。

图 7-18　锤击沉桩效果图

图 7-19　修筑联系梁

5. 成桩质量检查

沉桩中检查桩身有无破碎、裂缝和断裂，桩身混凝土有无掉角露筋，沉桩后检查桩头有无破碎、断裂。发生断裂、桩身破碎严重、有较大裂缝的桩需重新沉桩。

沉桩完成后委托黄河水利委员会基本建设工程质量检测中心（以下简称“检测中心”）检查桩身完整性。检测中心应用 RS－1616K（P）型基桩动测仪（KP2902）依据《建筑基桩检测技术规范》（JGJ 106—2003）对试验坝的每个桩进行了检测。检测桩总数 25 根（两根 10 m 桩接成的 20 m 长桩算一根，不含试桩），占工程桩总数的 100％。检测结果Ⅰ类桩 22 根，Ⅱ类桩 1 根，Ⅲ类桩 2 根，见表 7-5。

（二）岸边射水插桩试验

由于整个桩坝修建过程中，是在水中作业，施工场面大，沉桩设备，尤其是施工平台和 70 t 的履带式吊车，其安全可靠性直接关系到施工人员的人身安全和桩坝修建成败。因此，为了保证插桩专用设备在水中正式施工的可靠性，首先将插桩设备在岸边滩地上进行组装、调试，包括供水系统、压盘装置、射流装置和管桩配合组装完好，吊车靠近岸边进行插桩试验，验证插桩的施工过程是否顺利。

表 7-5　桩身完整性检测成果

桩号	桩长(m)	桩径(mm)	桩身完整性评价	分类	说明
1	20	500	完整	Ⅰ类	
2	15	500	完整	Ⅰ类	
3	20	500	轻微缺陷	Ⅱ类	桩顶破裂
4	15	500	完整	Ⅰ类	
5	20	500	完整	Ⅰ类	
6	15	500	完整	Ⅰ类	
7	20	500	完整	Ⅰ类	
8	15	500	完整	Ⅰ类	
9	20	500	轻微缺陷	Ⅲ类	17 m 处桩身缺陷
10	15	500	完整	Ⅰ类	
11	20	500	完整	Ⅰ类	
12	15	500	完整	Ⅰ类	
13	20	500	完整	Ⅰ类	
14	15	500	完整	Ⅰ类	
15	20	500	轻微缺陷	Ⅲ类	10 m 处桩身缺陷
16	15	500	完整	Ⅰ类	
17	20	500	完整	Ⅰ类	
18	15	500	完整	Ⅰ类	
19	20	500	完整	Ⅰ类	
20	15	500	完整	Ⅰ类	
21	20	500	完整	Ⅰ类	
22	15	500	完整	Ⅰ类	
23	20	500	完整	Ⅰ类	
24	15	500	完整	Ⅰ类	
25	15	500	完整	Ⅰ类	

利用推土机进行施工场地平整，将 2 根 15 m 长管桩并排放置在地面上，在两管桩结合处的凹面上进行管桩接长（见图 7-20），18 m、20 m、24 m 管桩分别由 15 m 长管桩与 3 m、5 m、9 m 长管桩现场焊接完成；利用挖掘机进行岸边水泵吸水坑开挖，高压水泵安置在水坑边的安全部位，水泵吸水管放置于水坑内，并作拦草措施处理。安装管桩射水板，将安装管桩射水板的管桩与压盘连接装置、供水系统有机组装在一起，启动供水系统（见图 7-21），开始插桩，岸边插桩 18 m、20 m 和 24 m 均非常顺利。

图 7-20　岸边插桩施工准备

图 7-21　岸边射流插桩

岸边插桩虽然插桩成功，却是在不断总结和完善的基础上获得的。开始插桩时，因为水泵吸水口直接放在黄河水中，射水插桩溢流的泥水聚集在水泵吸水口处，造成水泵吸水口处水流含沙量增大、水深变小，最终导致水泵吸水困难和进气，从而泵出口水射流压力和流量大大减小。基于该种情况，一方面将水泵吸水口用架子支撑加高，及时清淤落淤的泥沙；另一方面又考虑高压水泵是离心水泵，在整个射水插桩全过程的近 30 min 当中，仅仅水泵注水时间就要耗费 3 min 之多的情况，为加大扬程和省去水泵注水时间，在水泵吸水胶管进口加装一台与高压离心水泵流量接近的潜水泵，效果改进非常明显。对于一根 18 m 长的管桩，从起吊到完全插入水中，用时 15 min 左右即能完成。

另外，受管桩长度影响，需要的高压供水胶管长达 30 余 m，200 多 mm 直径的胶管加内部水重，插桩时需要不断地将落到管桩根部的水管移开，避免影响插桩垂直度。由于设备大，需要 8 人同时操作橡胶水管（见图 7-22），水管控制难度大。考虑到水中施工也会存在该问题，我们采用了将空铁桶按一定间距绑扎在高压供水胶管上，并使胶管尽可能地起落在水上的方法。空铁桶作为承载浮体自由漂移，调节高压供水胶管在水上的漂浮位置（见图 7-22），尽可能地实现了胶管移动自动化，降低了劳动强度。

通过现场试验证明，射流插桩机具应用于黄河下游砂土层间或有黏土层进行射流插桩施工优于锤击插桩施工，在黄河下游河道具有很好的推广应用前景。

四、水中插桩试验

（一）水上插桩施工平台就位与施工设备布置

根据示范性工程设计布局要求和试验现场河岸与水流条件，利用连接于岸边地锚的平台右上角锚桩(岸边一侧)Φ20 钢丝绳控制性松放,并配合拖船将位于示范工程上游、拼装完好、带有插桩吊车的水上插桩施工平台安全下滑 30 m,进入插桩区域;利用Φ20 钢丝绳将预先布设在河中和岸上的锚点连接到平台另外三角锚桩上,通过平台上人力协调松紧平台四角锚绳,安全旋转平台跳板一侧朝向岸边(南岸)、下游侧弦平行示范工程轴线,安全平移平台至示范工程轴线上游 40 cm(平台下游侧弦与管桩上游侧壁之间距离)和抵靠南岸岸边(见图 7-23)。拴紧锚绳,固定平台。

图 7-22　人工移动和空铁桶漂移高压供水胶管

图 7-23　水上插桩施工场地布置图

利用插桩吊车将插桩水泵、控制箱、射水控制阀、流量计、射水胶管等大件设备及物品吊至平台安装,压力表、扳手等小件物品人工利用平台跳板自岸上搬运至平台,按照水泵吸水口放置在平台外侧河中、射水胶管部分放置在平台下游侧甲板上及大部分漂浮河中模式进行平台施工设备布置(见图 7-23 及图 7-24)。

(二)浅水区插桩试验

根据水中插桩试验前期河道水深探测情况,插桩处河床水深 2.0 ~ 5.6 m,基于前面水中插桩定位装置设计成果,插桩处河床水深 2.0 m 以下、流速较小时河水对管桩垂直度影响不大,水深大于 2.0 m、流速较大时需要考虑定位装置方能保证插桩垂直度。为此,在开始水中插桩时,利用前期岸边射水已插管桩作为定位桩,采用浅水定位装置进行初始

图 7-24　水上插桩施工平台设备布置图

水上插桩。具体施工过程如下。

1. 人员配备

总计配备 18 人,其中总负责 1 人,协助指挥 1 人,履带式起重机操作 2 人,压盘连接桩装卸及吊钩装卸 2 人,发电机、控制柜开关、调节阀操作 1 人,数据测试及记录 2 人,调节水管位置 6 人,安全员 1 人,服务人员 2 人。

2. 插桩试验

(1)安装浅水定位装置:以岸边射水已插管桩末端 2 根管桩为定位桩,安装板式定位装置,固定好定位装置的走向和位置,见图 7-25。

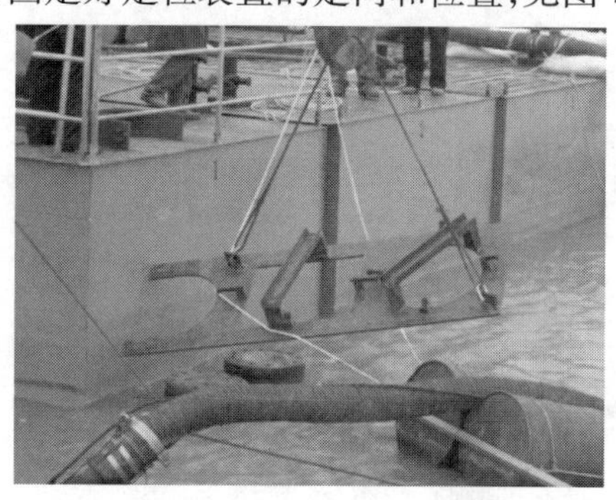

图 7-25　安装浅水定位装置

(2)吊桩、插桩射水检查:为保证射水插桩的可靠性,我们在正式插桩之前都要进行射水检查,检查水泵流量及射水胶管、压盘装置、射水板等连接的牢靠性、密封性和畅顺情况,见图 7-26。

图 7-26　管桩连接和射水检查

(3)射水插桩:管桩连接和射水检查安全可靠的情况下,在指挥人员的指挥下,吊车手结合人力辅助将管桩安全就位于定位装置中,下落管桩、开启水泵射水插桩,见图7-27。

图7-27　管桩就位及射水插桩

(4)拆装压盘装置:第1根管桩插入完成后,将压盘装置卸下,安装在待插的第2根管桩上,准备第2根管桩施工插桩,见图7-28。

图7-28　拆装压盘装置

(5)拆装定位装置:第1根管桩插入完成、压盘装置卸下后,拆卸浅水定位装置,按照设定的插桩方向,再以末端2根管桩为定位桩重新安装浅水定位装置,准备第2根管桩施工插桩,见图7-29。

图7-29　拆装定位装置

重复以上步骤,完成插桩到第15根管桩、水上插桩导流桩坝示范工程13 m处时,河床深度已经超过4.0 m,水流速度达到1.5 m/s以上,按照试验计划,水上插桩作业进入深水插桩试验区。

3.插桩试验暴露问题及解决

(1)为使高压供水胶管漂浮在插桩附近的水面上自由移动,初始设计的是浮筒与胶管分离式支撑方法(见图7-30),实际插桩过程中发现随着插桩深度的增加,胶管在落向水面的过程中很难准确落到支撑浮筒上,且经常将浮筒压偏、压跑,必须通过人工辅助方能凑效,费工费时。解决办法是:改变浮筒与胶管分离式支撑方法为捆绑式支撑方法(见图7-31),将双浮筒支撑变为单浮筒支撑,减小单个支撑点重量和支撑点间距,供水胶管与支撑浮筒一同自由起落水面，省去人工推拉浮筒至胶管落点水域的工作环节，提高工效。

图 7-30　浮筒、胶管分离式支撑方法

图 7-31　浮筒、胶管捆绑一体式支撑方法

（2）将待插管桩准确、安全地就位到定位装置内，初始的做法是吊车手在指挥人员的指挥下，完全依靠吊车手一点一点地细微操作慢慢入位，由于管桩长而重，顶端钢丝绳悬吊空中晃悠不可避免，经常造成管桩碰撞定位装置和入位困难。解决办法是：制作了 T 形推拉杆件，人工拿着 T 形推拉杆件辅助悬吊管桩减小晃动和安全、快速入位，同时，将管桩底端适当长度浸入水中后，吊车手再慢慢操作管桩入位，尽可能避免管桩对定位装置的碰撞。

（3）平台高出水面 1. 3 m 多，定位装置高出水面仅仅 0. 3 m，加之平台侧壁距离管桩又很近，平台弦板阻挡吊车手观望定位装置的视线，吊车手看不到管桩需入位的定位装置，只能依靠指挥人员指挥，盲目地、一点一点地将管桩入位，过程缓慢，充满风险。解决办法是在平台甲板边沿某一适宜位置安装接力转向镜，吊车手通过接力转向镜看到平台根下的管桩及其定位装置，实现管桩入位的直观操作，以提高管桩入位的安全性和效率。

（4）黄河下游河道地层受黄河冲积影响，不同深度地层土质差异较大，经常是层淤层沙，还可能遇到孤石，而孤石、黏土和砂土的抗冲能力差异很大，造成在插桩过程中相同射流强度情况下不同深度插桩效率不同，影响插桩质量。在粉性砂土中插桩，射流破土效率高，桩插入速度为 2 m/min，在黏土层中破土效率低，插桩速度为 0. 3 m/min，黏土层大概分布在水面下 16 ~ 18 m 处。解决办法是：时刻注意插桩过程中水泵流量和压力变化与管桩下沉速度的关系，正常粉细砂地层情况下水泵流量和压力变化与管桩下沉速度具有稳定的对应关系；水泵流量和压力正常，但管桩不能下沉，说明管桩底部可能遇到了孤石等坚硬物体顶托，解决措施是利用吊车快速起落管桩冲砸孤石或硬物，将孤石或硬物挤压到管桩侧壁；水泵流量和压力正常，管桩下沉缓慢，但管桩落到底时，水泵压力正常、流量很小或为零，说明管桩底部可能遇到了黏土层，措施是关闭水泵分流阀门，集中水泵流量全力冲击管桩底部黏土层,增加射流破坏土层强度。

(5)射流插桩时,在接近插到设计深度时,先期插好的邻近管桩底部地层有时出现冲空、冲透情况,造成其下沉和桩顶部孔内有射水返流溢出。解决办法是:一方面射水板喷嘴采用直喷嘴;另一方面当管桩接近设定深度时,及时打开水泵分流阀门,减小射流对桩底土层破坏强度和距离,保证插桩质量。

(6)管桩意外爆裂。在试验过程中出现的最为危险的事情是:管桩在刚开始施工进行射流时,出现插桩没有进尺,同时压力表读数增大,最大达到 1.2 MPa,流量表读数很小。由于是水上施工的第 2 根桩,施工人员的技术和经验还没有累积起来,没有及时停机进行处理,出现管桩爆裂(万幸没有人员受伤)。指挥人员发现没有进尺之际,将管桩吊高、脱离水面,进行射水检查,射水板不出水,以为是射流出口堵塞,指挥施工人员进行疏通,仍然没能解决问题。施工人员进行射流出口检查,仍然没有发现出口堵塞,后将射水板卸掉,才发现管桩里面有一双皮手套堵住了射流出口。后期的预防措施是:进行射水板安装以前,必须进行管桩空腔检查,确保空腔内无杂物,插桩之前必须进行射水情况检查,水泵流量、压力表和喷嘴射水等全部正常情况下,方能进行插桩施工。

(三)深水区插桩试验

根据对黄河下游河道水流情况测量成果和水中插桩垂直度要求,水上插桩试验方案为:当插桩区域水深超过 4.0 m 以后,水流对桩的冲击力较大,浅水快速定位装置保证管桩垂直能力下降,需要将浅水定位装置换成深水定位装置方能进行水中插桩。

为适应不同水深对管桩的定位要求,深水定位装置采用的是上下两节组装结构,且其适应深度上下可调的设计形式。根据试验插桩区域实际水深不大于 6.0 m,深水定位装置上下两节组装高度已达 4.5 m 的情况,此次深水插桩试验只使用了深水定位装置的上节(水深大于 6.0 m 时才开始采用上下两节组装式定位),见图 7-32。

图 7-32　深水定位装置上节组装与起吊

按照水中插桩方案计划,此次深水插桩以前面浅水已经插好的末端 2 根管桩为定位桩,安装深水定位装置。主要工序如下:

(1)在定位桩顶部安装深水定位装置桩顶连接盘,见图 7-33。

(2)吊装深水定位装置上节就位。利用平台插桩吊车起吊深水定位装置上节,在指挥人员和人工辅助下吊车手将深水定位装置安全地放置到定位桩上,见图 7-34。

(3)将深水定位装置顶板与桩顶连接盘固定,见图 7-35。

(4)水中插桩。深水定位装置安装就位后,其护筒将河水隔离,护筒外河水流速很大,但护筒内流速很小,在护筒内插桩就没有了河道动水对管桩冲斜的影响。与浅水插桩

图 7-33　安装深水定位装置桩顶连接盘

图 7-34　深水定位装置上节吊装入位

图 7-35　深水定位装置固定及减缓水流情况

施工一样,在指挥人员和人工辅助下,吊车手慢慢地将管桩安全放入深水定位装置护筒内,启动正常插桩程序进行深水插桩施工,见图 7-36。

重复以上操作步骤,深水插桩 18 根,即完成了水上插桩导流桩坝示范工程建设任务,按照试验计划全面验证了水上插桩施工的可行性和可靠性,实现了项目研究目标。

试验中暴露问题及解决方法:水中插桩受水流冲击、初始定位、插桩过程中管桩冲砸、平台晃动、吊车摆动等因素影响,插桩完成的管桩位置往往与设计位置有较大变化,深水定位装置安装就位对定位管桩位置误差考虑不足,深水定位装置安装就位允许误差很小,特别是没有考虑误差纠正和调节措施,造成深水定位装置安装困难和误差累计,严重影响施工速度和桩坝走向。这是试验中暴露的最大问题,必须对深水定位装置进行纠偏设计,对规范允许范围内的误差,管桩能利用深水定位装置的自我调节适应管桩错位和待插管桩的误差纠正。

另外,受插桩末期管桩底部射流影响和深水定位装置下压、向下游推力影响(装置重量和受水流冲击力都很大),插桩邻近设计深度时末段定位桩经常出现下沉和向下游变位情况,为此的解决办法是:一方面加长深水定位装置的顶板,改 2 桩定位为 3 桩定位,选取桩坝施工期间末段 3 个定位桩的中间管桩为支点和定位点,末端管桩不再起支点作用,仅起定位作用,且受顶板悬吊作用而避免下沉,增加末段倒数第三个桩为牵拉管桩,通过

图 7-36 上节深水定位装置就位插桩

加长的顶板牵扯深水定位装置不下沉，见图 7-37。

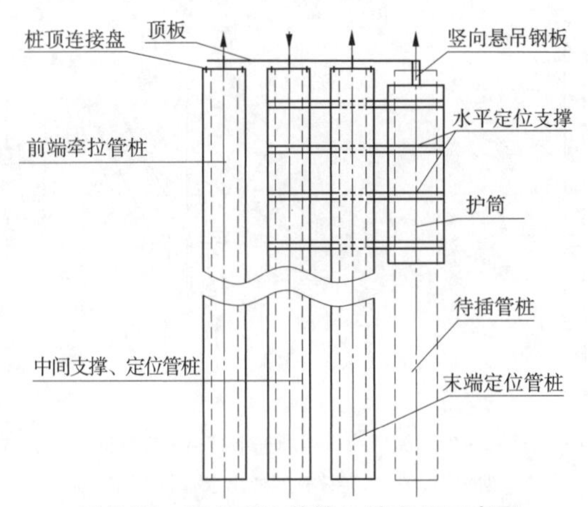

图 7-37 深水定位装置 3 桩定位示意图

五、水上拔桩试验

根据水上插、拔桩示范性工程设计和布置情况，水上拔桩试验结合水上插桩进行。一方面将不在设计工程中的岸边及浅水已插管桩拔除，至设计区域进行水上插桩试验；另一方面为探索水上插桩、拔桩可靠性和工艺，将示范工程建设范围内的管桩进行重复的变位插、拔试验。同时，根据 2007 年水利部公益性行业专项项目“黄河下游移动式不抢险潜坝应用技术研究”的相关成果和建议，拔桩试验施工设备尽可能地利用现场水上插桩的部分施工设备（施工平台、吊车、已经插入的管桩、供水系统等），另一方面充分利用“黄河下游移动式不抢险潜坝应用技术研究”的滩地拔桩器成果，并对滩地拔桩暴露的不足进行改进和完善。

(一)设备改进与完善

2007 年“黄河下游移动式不抢险潜坝应用技术研究”项目成果需要改进和完善的主要地方是拔桩器供水管断水吸瘪问题,以及 2 台水泵很难同步、效率低下问题。为此,在进行水上拔桩试验之前,我们首先进行了拔桩器供水系统的改造,具体改进与改造如下:

(1)拔桩器悬挂四通钢管上补装补气阀。2007 年滩地拔桩试验中,在拔桩器完成待拔管桩周围射水、关闭水泵时,拔桩器供水软管中水流快速回流,软管中水体通过水泵及拔桩器喷嘴快速流出,软管中空出的空腔又不能由空气补充,造成软管中压力急剧下降,供水软管在大气压的作用下被流出水流吸瘪,此种现象只有在拔桩器出口离开水面、外面空气自拔桩器喷嘴回充软管才得以复原。拔桩器每完成一次射水就出现一次软管充水和吸瘪情况,软管如此反复多次的充胀和吸瘪变化,极易造成疲劳破坏,影响拔桩器供水软管使用寿命,必须加以避免和解决。为此,我们经过认真研究和分析,决定采用在拔桩器供水管道系统的四通钢管上加装补气阀的方法加以改进和完善(见图 7-38):在水管开始充水时,阀门使打开的管内维持在大气压值,当水充到最高点悬挂结构位置补气阀处,补气阀在水流压力作用下关闭,维持供水系统的密封性,从而使设备正常工作。

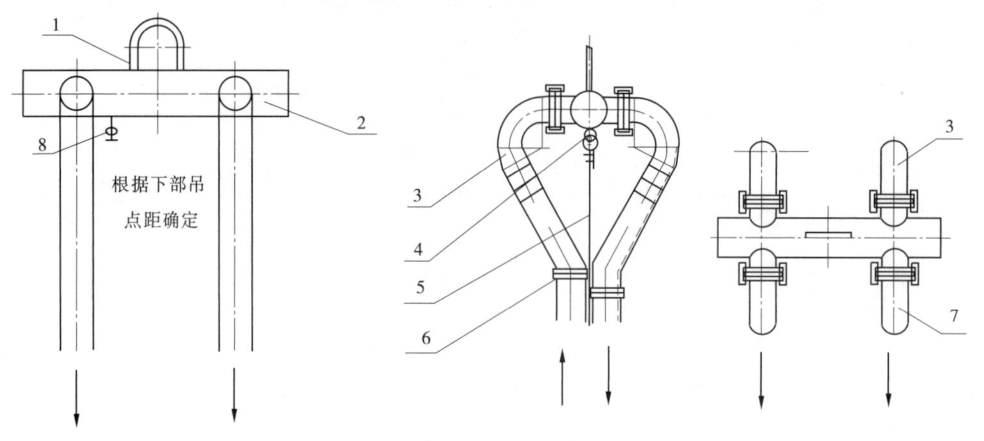

1—吊环;2—四通钢管;3—四通进水管;4—钢丝绳固定点;
5—钢丝绳;6—绳夹;7—四通出水管;8—补气阀

图 7-38 拔桩器供水管道系统加装补气阀改进

(2)改拔桩器 2 泵供水为 1 泵供水,与射流装置共用一套供水系统。2007 年滩地拔桩试验时,为保证拔桩射水过程中拔桩器不间断供水,拔桩器设计 2 台水泵通过 2 根软管对拔桩器喷嘴进行供水,很难做到 2 个水泵同步启动,而 2 个水泵的出水管又通过拔桩器四通钢管互通,2 个水泵的不同步启动互相影响彼此运行稳定性和工作效率。而根据实际拔桩经验,拔桩射水过程中拔桩器短暂停水,射水形成的孔壁不会立即坍塌,拔桩器可以从容吊出的情况判断,拔桩器可以由一台水泵供水射流。另外,插桩机具设计一台水泵供水,通过一根软管对射水插桩装置进行供水,滩地、水上插桩都非常高效、安全;插桩机具的水泵扬程和流量与拔桩器所用水泵扬程和流量也非常相近,插桩机具水泵能满足拔桩器工作要求,水上插桩和拔桩试验共用一套供水系统是可行的。为此,我们也就决定水上拔桩供水也采用一台水泵供给,水上插桩水泵负责拔桩器供水:在插桩机具的供水管路中,连接一个三通,一口和水泵出口相连,一口和射水插桩供水管路相连,最后一口和拔桩器供水管路连接,见图7-39。

图7-39　水上插桩和拔桩试验共用一套供水系统

(二)水上拔桩试验过程及结论

水上拔桩试验主要有施工准备、拔桩器就位、拔桩器射水下沉、吊出拔桩器、拔桩等几个环节。

(1)施工准备。主要是进行拔桩器和水泵供水系统连接及可靠性和密封性检查,待拔管桩桩顶吊具安装与紧固,以及拔桩器射水效果检查等,见图7-40。

图7-40　水上拔桩施工准备

(2)拔桩器就位。利用水上平台拔桩吊车,在指挥人员指挥和人工辅助下,将拔桩器安全地套在待拔管桩上,见图7-41。期间要注意拔桩器底部脚齿不要挂扯待拔管桩顶端的管桩起吊钢丝绳。

图7-41　拔桩器就位

(3)拔桩器射水下沉。开启水泵,拔桩器射水沿待拔管桩外壁下沉,见图7-42。期间要时刻注意观察拔桩器下沉速度和供水水泵流量、压力变化,准确判断待拔管桩周围不同深度土质变化,适时采取拔桩器冲砸或分流阀门开闭控制,以最大可能地实现拔桩器安全、高效下沉。

图7-42　拔桩器射水沿待拔管桩外壁下沉

(4)吊出拔桩器、拔桩。根据拔桩器沿待拔管桩外壁下沉的深度和待拔管桩整体埋置深度情况,适时判断待拔管桩的钳固深度。当判断待拔管桩没有射流破坏的钳固深度2.0 m左右时(如果河水冲击力较大,以管桩临近晃动钳固深度为控制),关闭水泵、停止射水,吊出拔桩器,吊出大吊钩挂起待拔管桩顶部吊绳,拔出管桩。见图7-43。

图7-43　吊出拔桩器、拔桩

在2007年滩地拔桩成功试验的基础上,2013年进行浅滩、浅水拔桩试验,共拔桩16根,所拔管桩有18.0 m、20.0 m和24.0 m,均十分顺利,效果很好,达到了预期试验目的,实现了重复组装式导流桩坝研究预期目标。现场试验证明，滩地射流破土造孔式拔桩设备，结合水上插桩施工辅助设备，进行水上拔桩施工，该两套施工设备结合同时使用是可行、可靠和高效的。

第三节　2013年欧坦桩坝应急抢险示范工程建设

一、欧坦桩坝应急抢险示范工程建设背景

欧坦控导工程位于开封县刘店乡欧坦村北的黄河滩区，始建于1978年。为控制府君寺至贯台间的河道，达到稳定贯台至东坝头之间的河势，保证三义寨闸门供水和保护刘店滩区而修建。该工程上迎曹岗工程来流，下送流至贯台工程。目前，工程长度4 664 m，现有丁坝26道、垛14座、护岸10段，共计50道坝垛、护岸。受欧坦工程保护的刘店滩区内共有22个行政村、3.5万人口及8万亩耕地。

自2009年欧坦工程续建33～37坝以来，河势变化较快，从2009年31～37坝靠河，发展到2012年汛前的23～37坝靠河。2012年调水调沙后期从7月5日开始，随着大河流量的减少，欧坦工程河势迅速上提，7月10日15坝、16坝出险，7月12日以后12～18坝陆续多次出险。由于工程根石基础浅，15～17坝连续出现根石、坦石及坝基坍塌的较大险情和一般险情。欧坦工程平面布置及河段河势变化情况见图7-44及图7-45。

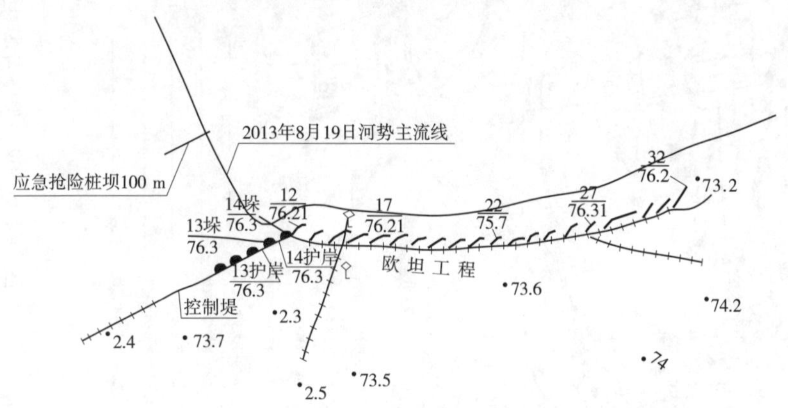

图7-44　欧坦工程平面布置图

2013年以来，欧坦工程河势继续上提，从欧坦工程所在河段的现状河势及规划治导线图可以看出，该河段的河势是朝着规划的流路发展的，但由于欧坦工程藏头段一直未修建，迎流的功能不健全，使得大河在欧坦12坝上首400 m范围内坐弯，滩地坍塌速度加快，尤其是在1～4月中旬期间，12坝上首滩地平均坍塌宽度90余m，平均每天坍塌0.5～1 m。4月下旬至6月上旬坍塌速度明显减缓，但是6月中旬调水调沙前期及初期，12坝上首的滩岸又加快了坍塌，调水调沙期间坍塌速度更快，南北方向滩岸也相继发生了顺溜坍塌，从7月4日开始12坝上首的14垛、14护岸、13垛相继靠河着溜，并发生坝基坍塌的较大险情和坦石坍塌的一般险情。

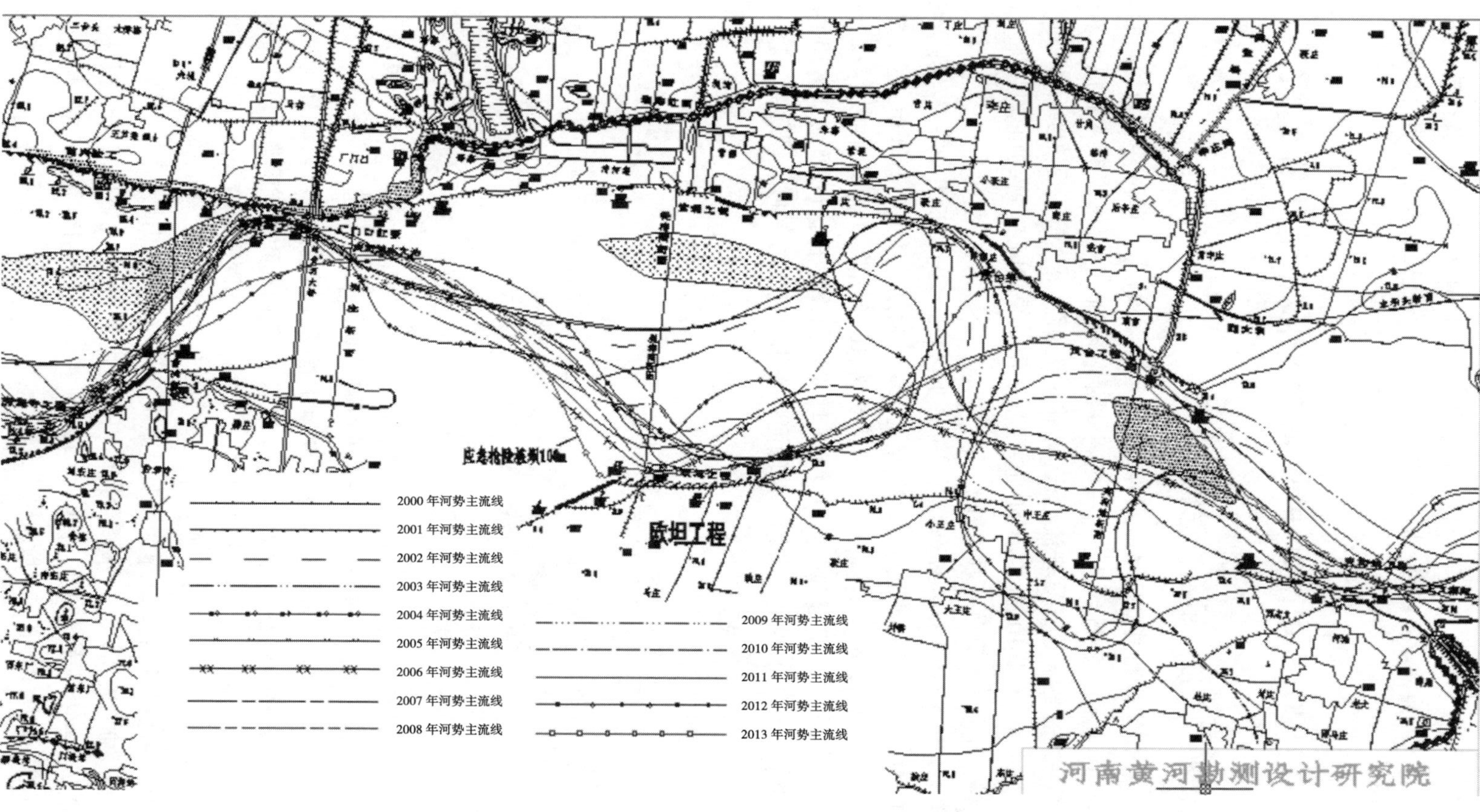

图 7-45　2009～2013 年欧坦河段河势主流线套绘图

截至2013年7月7日,12坝上首500 m范围内的滩岸基本上已坍塌至13垛及14护岸。13垛~13坝靠大溜,14~18坝、23~37坝靠边溜。受上首对岸曹岗控导工程1~23坝的导流影响,大溜将会直接顶冲12坝上首的10~14垛和11~14护岸。10~14垛和11~14护岸是1979年欧坦工程抢险时修筑的临时防护堤,基本上起不到抗冲作用。一旦大溜直抵10~14垛防护堤,极有可能造成防护堤决口,大河抄欧坦工程后路,将发生欧坦工程背河低滩区被淹,主流走串沟向南,直抵高滩沿行洪的不利防洪局面,将会威胁刘店滩区内3.5万人口的生命财产安全,并造成严重的经济损失和不好的社会影响。

小浪底水库调水调沙对河势恶化和险情发生起到了促进作用,虽然小浪底水库调水调沙已经结束,但河势进一步恶化及险情范围扩展的趋势没有改变,特别是正处于黄河主汛期"七下八上"之时,发生较大流量洪水的可能极大。在小流量作用下,主流在12坝坝根继续塌滩坐弯,一旦大水必将造成欧坦上首控制堤重大险情,严重威胁刘店滩区安全。此外,12坝及其上首控制堤着溜长度加大、导流作用增强,还将影响欧坦控导工程主体作用的发挥,造成该工程以下河势继续向不利河势发展,对河段防洪带来更不利的影响。

依据规划,欧坦工程全长4 400 m,其中12坝以上规划1 000 m直线段作为藏头段,该段规划工程尚未修建。现主流在12坝坝根坐弯并威胁防护堤安全,这与欧坦藏头段工程不健全也有直接关系。鉴于目前河势发展趋势,尽快完成欧坦工程藏头段的续建工程迫在眉睫。若按正常的基建程序申请审批需要时间较长,有可能耽误工程抢险时机。为解决目前欧坦工程的险情,采用临时桩坝进行抢险,及时缓解主流对滩岸的冲刷,并改善目前河势流路就显得尤为迫切和必要。

二、应急抢险桩坝设计标准分析

黄河下游的河道整治工程设计流量为4 000 m^3/s。由于本工程属于不利河势治理,属临时工程,因此需对其设计流量重新进行论证。

为减缓水库淤积、保证黄河下游防洪安全和尽可能输沙入海、稳定黄河主槽,小浪底水库建成后,自2002年即实行黄河调水调沙运用(表7-6为调水调沙以来历年的历时和最大日平均流量)。根据小浪底水库运用后的黄河下游来水来沙情况看,临时工程在汛期施工应考虑汛期洪水影响,但工程设计流量也不宜定得过高,以避免不必要的投资浪费。

这次不利河势治理工程安排在7月下旬开始,依据河势初步确定在8月底之前竣工,施工期正好涵盖黄河下游主汛期七下八上。根据黄河调水调沙试验和生产运行,进入下游河道的调沙流量基本上都是按4 000 m^3/s进行控制的(见表7-6)情况,并参照2003年黄河洪水实际控制经验,确定重复组装式导流桩坝应急抢险示范工程设计流量原则上按4 000 m^3/s考虑。

表 7-6　黄河调水调沙期控制最大日平均花园口流量统计

序号	历时(d)	最大日均流量(m^3/s)	序号	历时(d)	最大日均流量(m^3/s)
1	11	2 900	9	17	3 970
2	12.4	2 590	10	18.75	4 010
3	24	2 840	11	7.42	2 860
4	22	3 480	12	10.25	2 790
5	20	3 760	13	18	3 970
6	14	4 180	14	21	4 260
7	11	3 760	15	21	4 150
8	14.8	4 160			

三、应急抢险工程方案及设计

(一)应急抢险工程布置的原则

该应急抢险工程布置的主要原则为:一是首先控制当前不利河势进一步发展,防止主流抄工程后路,稳定滩区群众的生产生活秩序;二是尽可能引导河势流路逐渐按照规划流路行进,增强已建工程的控导作用;三是尽可能采用施工速度快的抢护方案,做到快速抢险,使应急工程尽快发挥作用;四是抢险工程在险情消除后尽可能不对未来的河势演变及大洪水行洪产生大的不利影响;五是尽可能避免过多的工程占地,减少抢险过程中的干扰,利于施工。

(二)应急抢险工程方案

针对规划的土石丁坝工程短期不能尽早、尽快修建的情况,本次桩坝工程定位为抢险工程,工程具有临时抢险性质。根据实地查看,对工程位置和平面布置进行了三个方案比较。

方案一:应急抢险桩坝布置始点距水边线约 50 m,距垂直连坝方向约 300 m、距 12 坝坝根约 800 m 位置。自抢险桩坝布置始点沿与主流夹角 140°方向修建桩坝 300 m。

方案二:应急抢险桩坝布置始点距水边线约 50 m,距垂直连坝方向约 170 m、距 12 坝坝根约 600 m 位置。自桩坝布置始点沿与主流夹角 118°方向修建桩坝 300 m。

方案三:桩坝布置始点与方案二同。自桩坝布置始点沿与主流夹角 130°方向修建桩坝 300 m,该坝轴线方向与已建欧坦工程直线段连坝方向平行。各方案布置见图 7-46。

各方案优缺点对比见表 7-7。

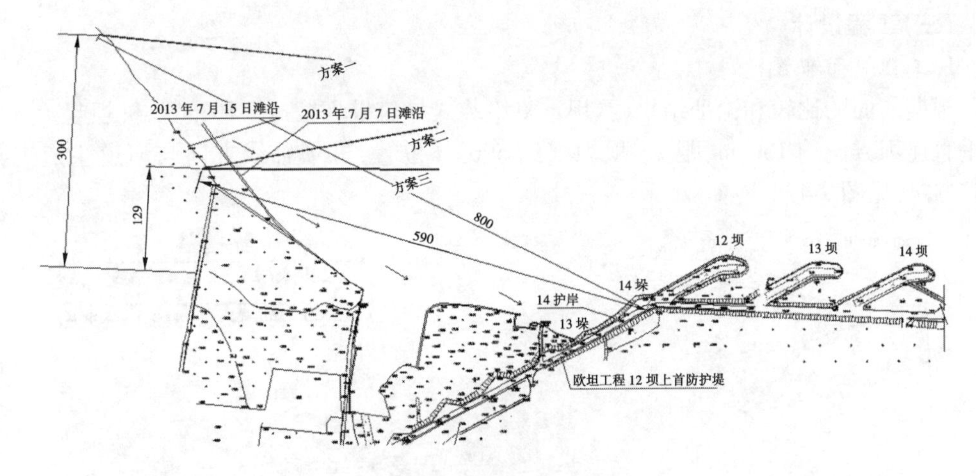

图7-46　方案比选平面布置图　（单位：m）

表7-7　工程平面布置方案对比

方案	优点	缺点
方案一	1. 工程位置处河势主流紧贴河岸，工程修建后在对主流干扰相对较小的情况下能初步稳定该河段险情； 2. 距上游曹岗工程相对方案二、三近，主流方向变化相对方案二、三可能性小	1. 预制桩施工相对运距大； 2. 距保护滩岸相对较远，可能出现主流绕坝而过继续在出险位置持续坐弯的险情
方案二	1. 工程位置处河势主流紧贴河岸，工程修建后对主流干扰相对较大，能初步稳定河段险情； 2. 距出险位置较方案一近，险情控制见效相对较快； 3. 预制桩施工运距相对较短； 4. 较方案三控制险情范围大	距上游曹岗工程相对方案一远，上游来流方向发生变化的可能性较方案一大
方案三	1. 工程位置处河势主流紧贴河岸，工程修建后对主流干扰相对方案二小，能初步稳定河段险情； 2. 距出险位置较方案一近，险情控制见效相对较快； 3. 预制桩施工运距相对较短	距上游曹岗工程相对方案一远，上游来流方向变化的可能性较方案一大

经比较，工程平面布置兼顾临时抢险、工程见效快、抢险施工期干扰因素少、施工安全等因素，本次应急抢险工程推荐方案二。

(三)工程设计

1. 工程平面布置

根据前面的比较和论证结果,欧坦重复组装式导流桩坝按一字形布置,桩坝起始点位于垂直连坝方向约 130 m、距 12 坝坝根约 590 m 位置,桩坝轴线方向与河道主流夹角 118°方向,见图 7-47。

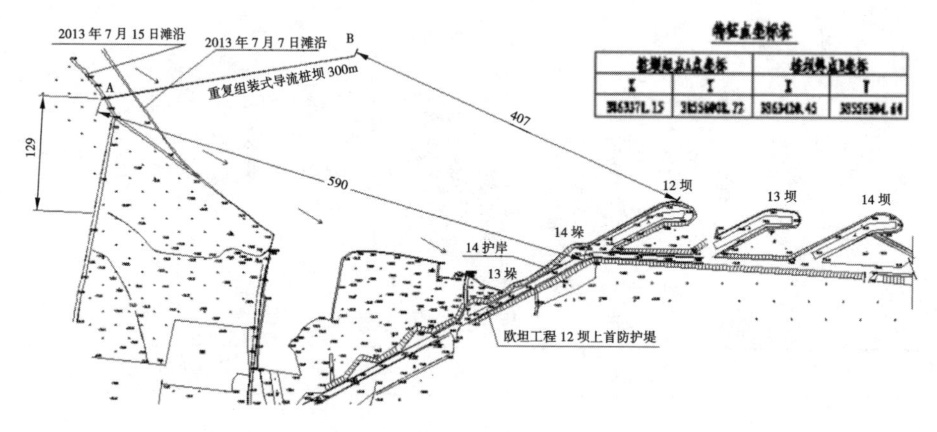

图 7-47　重复组装式导流桩坝欧坦应急抢修工程平面布置图　(单位:m)

2. 桩坝顶设计高程

考虑到工程是防止不利河势发展的临时性抢险工程,施工期短,允许坝顶过流等,坝顶设计高程以平当年当地 4 000 m^3/s 水位设计。

本次应急抢险工程位于夹河滩水文站下游约 5 km,其下游 1 km 处欧坦控导工程 17 坝设有观测水尺,水文资料数据较完整。根据 2013 年调水调沙期间该处水尺的观测资料对应夹河滩水文站流量技术得出本次应急抢险工程处水位—流量关系(见图 7-48)。

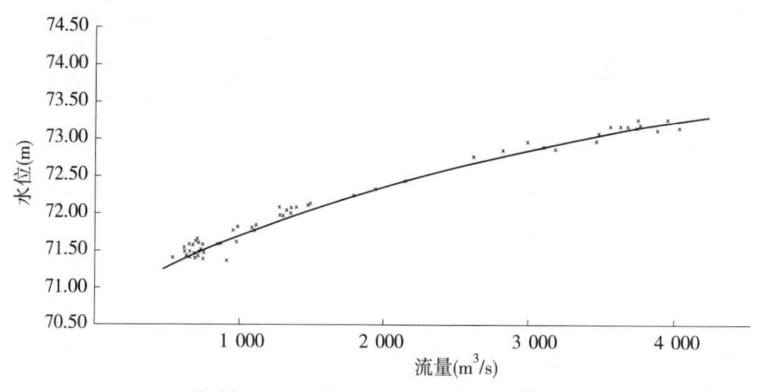

图 7-48　欧坦控导工程水位—流量关系

根据图 7-48 水位—流量关系成果,参考 2013 年 7 月黄河调水调沙期间当地 4 000 m^3/s 流量实际水位表现,并考虑桩坝不影响所在滩地的农业种植要求,桩坝顶高程按 73.16 m(黄海)控制。

3. 结构设计

考虑到可移动、不抢险、探索新工艺等因素,本次工程结构采用预应力钢筋混凝土管桩透水桩坝结构,以适应不同的水流条件和节省混凝土材料;采用预应力技术能够控制桩体在移动过程中不出现裂缝，管桩在工厂进行预制检测，以保证工程质量、缩短工期。

根据“黄河下游移动式不抢险潜坝结构设计研究报告”成果，在中常洪水4 000 m^3/s下，坝前最大冲刷水深介于10.0 m和12.6 m之间。根据桩的受力计算分析，本次设计选择桩的锚固深度为7.0 m，设计桩长为20 m。

工程结构设计为外径0.5 m、壁厚0.125 m、桩长20 m的PHC预应力C80钢筋混凝土成品管桩，按净间距0.3 m单排直线布置，管桩插入地层施工结束后，按5根管桩为一个“桩联”进行整体连接，连接方式为长4.0 m×宽0.7 m×高0.5 m盖梁与管桩铰连接，盖梁预留孔与管桩心孔相对后，利用圆台形销柱连接，见图7-49。

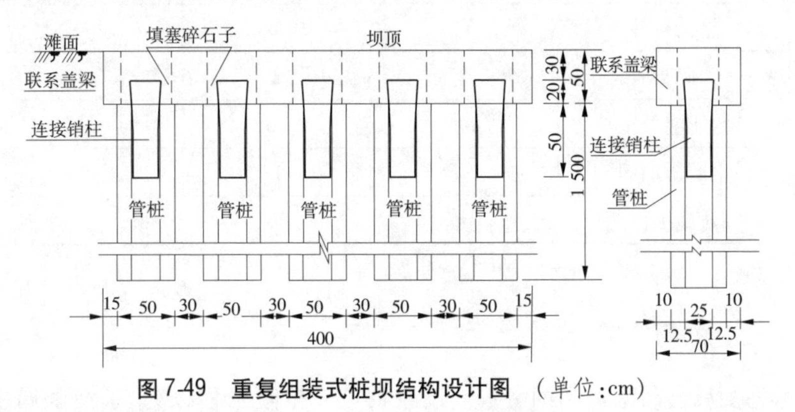

图7-49　重复组装式桩坝结构设计图　（单位：cm）

根据施工机具和施工环境因素，设计坝顶高程误差 -50 ~ +100 mm，管桩平面误差 -30 ~ +30 mm。

4. 桩坝顶联系帽梁

在桩坝施工完成后，为保证桩坝的整体性，各管桩顶找平后采用钢筋混凝土联系帽梁嵌固。

钢筋混凝土联系帽梁采用预制件，混凝土等级为C30，矩形截面，截面尺寸(宽×高)为0.5 m×1 m；为使联系帽梁和管桩牢固结合，联系帽梁每隔一定距离预设Φ350 mm圆孔，孔中心间距0.8 m，并通过预制连接销柱与管桩锚固。

联系梁安装顺序为：桩坝管桩顶找平，安装联系帽梁，安装连接销柱，在其预设圆孔中填充碎石子。

（四）主要工程量

本应急工程主要工程量见表7-8。

表7-8　欧坦应急抢险示范桩坝工程主要工程量

序号	项目	单位	数量	备注
一	主体工程			
1	预应力管桩制作、运输	m	7 500	C60混凝土，运距130 km
2	射流插桩	m	7 500	外径0.5 m，内径0.25 m
3	联系帽梁制作安装	m^3	104.35	C30混凝土

续表 7-8

序号	项目	单位	数量	备注
4	联接销柱制作安装	m^3	14.73	C30 混凝土
5	联系帽梁灌孔	m^3	23.34	C30 混凝土
二	临时工程			
1	施工道路土方	m^3	3 500	
2	施工仓库	m^2	30	
3	施工打井	眼	1	
4	码头	个	2	
5	锚船混凝土	m^3	20	C20 混凝土
6	生产桥加固	座	1	
7	临时施工占地	亩	30	水浇地

四、施工组织与实施

黄河水利委员会河南黄河河务局高度重视这一抢险工程，成立了河南局主管副局长为指挥长、局副总工为现场指挥的抢修施工指挥部，组织郑州、开封、新乡和濮阳 4 个市局的精兵强将参与施工，自 7 月 15 日准备，7 月 19 日开始插桩施工，克服了三伏天的高温高热、雷电大风、塌滩、汛期洪水高水位和大流速，以及新技术应用经验不足、设备不配套、技术人员短缺等重重困难，历时 20 d，于 8 月 11 日完成水中插桩做坝 70 m，遏制和缓解了水流冲刷滩地险情，实现了险情控制目标。为此，现场抢险指挥部根据实际的抢险效果和领导现场查看的有关指示精神，依据安全、高效和经济合理原则，及时对原设计方案进行调整，决定调整设计桩坝长度 300 m 为实际修建桩坝 100 m，并包括防止后期洪水在上游塌滩抄桩坝后路的滩地插桩做坝 30 m，同时在水中 70 m 桩坝下游 2.0 m 补设支撑排桩（间距 3.0 m），对其进行抗晃动加固（见图 7-50）。

根据施工期间大流速影响情况，射水插入河床的管桩在高流速水流间歇性冲击下，停止射水后管桩周围沉积的泥沙不能短时间内很快固结，致使管桩发生相应的间歇性晃动和平面变位，再加之施工高水位影响和快速施工要求，桩坝管桩平面和高程上变化较大，没能达到管桩一字布置要求，不能满足桩坝盖梁安装要求。为此，现场决定桩坝修建以满足河势控制和切向需要为原则，桩坝盖梁连接改为桩顶钢带焊接连接（见图 7-50）。

8 月 12 日开始对水中 70 m 桩坝支撑排桩进行水中插桩施工和桩坝顶部加固连接，8 月 16 日完成水中桩坝施工任务，吊车上岸转入滩地插桩施工，于 8 月 19 日完成滩地 30 m 桩坝施工任务，20 日完成滩地桩坝坝址土地复耕，结束工程修建任务。

（一）施工条件分析

桩坝布置在滩地，紧邻大河，地下水位较高，地基承载力较低，施工料物堆放、机具放置应视具体情况合理安排。施工用水可利用黄河水，施工人员生活用水可选合适的位置

图7-50　桩顶钢带连接桩坝及支撑排桩情况

临时打井取水。

施工电源可以采取网电或自发电方式，网电可从附近工程管理班所在地架设到施工现场，自发电可利用150 kW发电机组满足施工或照明需要。

应急抢险桩坝位于欧坦工程12坝上游600 m，抢险指挥部设在工程管理班，临时生产生活设施可以利用连坝或工程班处布置，桩坝始点布设在滩地，为安全施工提供一定保证，可根据需要利用坝始点附近滩地布置部分临时设施。

（二）施工组织与准备

1.施工组织

为保证本次应急抢险工程施工，特成立抢险工程现场施工指挥部。指挥部下设办公室、技术方案组、插桩施工组、运输保障组、安全保障组。

办公室负责现场施工管理及协调、生产调度、施工进度统计上报、后勤供应及卫生防疫等工作。

技术方案组负责编制实施方案、现场技术指导、施工后评价等工作。

插桩施工组负责重复式导流桩坝的现场施工。

运输保障组负责管桩供应及水上运输，施工道路、码头与施工场地等的修建与平整，确保设备、材料能够及时顺利进场。

安全保障组负责施工安全、水上救护等。

2.施工准备

1）临时征地

根据工程进度要求和施工总体布置规划，2013年7月11日开封河务局第二黄河河务局积极与地方政府和有关村委联系，开始在施工范围内进行临时征地，安排专人配合对工程施工需要占压的耕地进行定界丈量。地方政府和当地村委对应急抢修工程占地征用给予了大力支持，确保了工程占地的顺利实施。共完成工程临时施工道路、施工场地、生产生活设施等临时占地30.32亩。

2）交通道路整治及桥梁加固

由于本次桩坝施工所需管桩长20 m，给交通运输道路提出了很高的要求，运输车辆长、载重量大。为了保障运桩车辆的安全通行，现场指挥部安排专人负责，黄河派出所抽调人员和车辆负责维持、协调交通运输道路沿线保障。从 2013 年 7 月 12 日开始对影响交通运输沿线的路障进行清除，对影响车辆通行的简易彩钢棚、摊位、路边桩和树木，进行拆除或砍伐，对交通道路坑洼地段用石子或砖渣进行铺垫，采用砖渣对弯道不足的连坝路口进行扩宽；新增砖混桥墩 6 根，对通行道路上承载能力不足的交通桥梁进行简易加固处理，施工结束后，为保持桥下排洪能力，将加固桥墩进行拆除。对现场临时施工道路进行清基、铺土垫高 0.5 m，施工结束后，为复耕再对其进行清除。

3）施工临时房台土方填筑

由于正值汛期降雨季节，为防止施工场地生活区积水、保障正常生产生活，用装载机和推土机对施工场区生长的玉米进行了清理，并用自卸车运土铺垫临时房台，施工结束后，为复耕再对其进行清除。

4）修建临时码头

根据水上插桩施工船舶运桩和插桩平台水上拼装需要，需要修建两处码头，一处位于欧坦控导 13 坝，一处位于施工现场。欧坦控导 13 坝码头用于拖船停靠，吊车吊装管桩装船。由于吊装管桩需要大吨位、长臂吊车，又是在水边作业，安全要求高，要求码头基础必须牢固，对 13 坝坝面用碎石进行了硬化，见图 7-51。

(a)码头修建

(b)平台靠码头

(c)运桩码头

图 7-51　临时码头

由于黄河主流淘刷滩岸，岸基不稳，为了让施工平台平稳入水、出水，以及插桩施工作业期间人员、器材进出平台安全，7 月 17 日利用铅丝土工包笼进占修建现场临时施工码头。

5）管桩预订

桩坝施工的主要材料是管桩，2013 年 7 月 12 日开封黄河河务局组织人员专程去欧坦工程周边几个生产厂家进行考察，经过仔细的对比、探问、查看管桩制作设备、已有管桩质量等综合评比，经协商最终确定与郑州一个厂家签订了根据工程修建进度同步供应管桩的合同。截至工程完工，厂家共制作成型管桩 3 740 m，定制法兰弯头 3 个，特制端头板 280 块，并租用管桩装卸 100 t 吊车 1 台。

6）设备调运、安装及调试

（1）拖船及浮桥舟体等设备调运：2013 年 7 月 10 日，开封河务局水上抢险队收到关于赴开封县欧坦参加欧坦重复组装式导流桩坝应急抢修工程的通知后，立即对停靠在黑岗口河道内的江河 09 拖船进行了设备检修、维护和调试，同时和黑岗口浮桥公司联系浮舟运桩平台，组织人员进行运桩平台和拖船用钢丝绳连接与固定工作，7 月 11 日晚到达欧坦施工工地。为保证运桩平台平整及运桩平台和水上插桩平台接触时防止冲撞损坏，又购买了缓撞方木和破旧轮胎等物品，安装在拖船和运桩平台上。

(2)水上安全作业保障船:河南金龙水利水电工程有限公司组织拖船一艘,时刻策应保障插桩施工平台安全,并负责插桩施工平台水中移动及抛锚加固、救护、昼夜值班任务。

(3)插桩施工所需设备:开封河务局为了确保临时工程施工和后勤供应保障,组织小松(PC220)挖掘机、斯太尔自卸汽车、常林250装载机、平地机(PY160C)、脚轮挖掘机、推土机、发电机3台等。

插桩施工设备及人员详见表7-9、表7-10。

表7-9　欧坦重复组装式导流桩坝应急抢险与示范工程施工主要设备统计表

序号	名称及型号	单位	数量	序号	名称及型号	单位	数量
1	施工平台	组	1	10	60冲锋舟	艘	1
2	发电机200 kW	台	1	11	切割机	台	1
3	发电机30 kW	台	2	12	5 t油罐	个	1
4	发电机10 kW	台	2	13	80 t履带吊	台	1
5	定位装置	套	2	14	5 t卷扬机	台	2
6	插桩射水机具	套	1	15	小松(PC220)挖掘机	台	2
7	变频变电柜	台	1	16	斯太尔自卸汽车	辆	4
8	5 t倒链	个	2	17	常林250装载机	部	1
9	便携式500电焊机	台	2	18	75 kW推土机	台	1

表7-10　欧坦重复组装式导流桩坝应急抢险与示范工程施工主要人员统计表

序号	工作任务	人员数量(人)	备注
1	施工管理	31	指挥部人员,施工技术、安全、质量管理人员
2	管桩运输	13	水上运输
3	后勤人员	17	管桩验收保管、后勤保障、财务
4	工程施工	64	插桩施工
5	河势观测	4	河道滩岸坍塌和工程险情观测
合计		129	

(三)主体工程施工

为快速遏制险情和控制塌滩,希望桩坝尽快地深入河中起到挑流和导流作用,但同时为防止主流从滩地与桩坝之空当穿过夺工程后路,应急抢险桩坝工程施工第一根桩选在滩沿水边、水流平缓处,为防止施工过程中河水抄抢修桩坝后路,采取先向滩地方向插桩施工10延长米桩坝长,预留一定塌滩宽度后再开始向水中插桩施工的施工方案。同时在施工过程中,根据滩地坍塌及桩坝在滩地的伸入情况适时调整插桩施工方向,保证所修桩坝在滩地生根,插入河中的桩坝工程最大限度地发挥河势控导作用,有效减缓塌滩。

1.管桩运输

混凝土预制桩达到设计强度的70%方可起吊,达到100%才能运输。桩起吊时应采取相应措施，保持平稳，保护桩身质量。水平运输时，应做到桩身平稳放置，无大的振动。

管桩吊装采用两支点法，两支点法的两吊点位置距离桩端 0.207L（L 为桩长）。

管桩吊装时桩身保持水平，吊索与桩身水平夹角不得小于 45°。管桩在吊运过程中应轻起轻放，严禁抛掷、碰撞、滚落。管桩放张后需吊运时，应根据管桩放张时的混凝土强度确定吊运方案。

管桩运输过程中，桩与运输工具之间必须牢固固定，防止滚垛造成事故。

管桩堆放场地必须坚实平整，并应有排水措施。

场地许可时宜单层堆放，需叠层堆放时，最下层的桩应设置两个垫木支承点，垫木支承点应在吊点附近，底层最外缘管桩的垫木处用木楔塞紧。

管桩运输包括陆路运输、桩坝吊装、水上运桩、对接卸桩四个部分。安排专人负责与厂家进行联系调度，协调管桩生产厂家管桩生产进度，根据施工进度需要及时调度运送，确保不影响施工进度。

（1）管桩公路运输。管桩运输经过地方公路约 150 km，沿途有多处交通检查点，因管桩运输车辆超载超长，多次被交警拦阻，开封黄河派出所及其他有关人员，立即电话沟通联系或到现场交涉，详细说明管桩是欧坦应急抢修工程防汛抢险物资，现在急切需要，恳请放行，最终取得交警的理解和支持，准予通行。此外，运送管桩车辆路经大堤以及滩区村庄，有两处群众贸易集市，每逢周三、周四、周六运装车辆通行困难。为此，河南局立即安排水政人员疏导交通，维持秩序，保证了运桩车辆顺利通行。运桩车辆到达欧坦工程 13 坝码头时，河南局专职管理人员立即安排吊车卸管并检查管桩质量，同时根据施工需要，及时安排吊车将管桩装船运往施工现场，确保了插桩施工顺利进行。

（2）管桩水上运输。管桩运到欧坦控导 13 坝码头后，桩坝吊装采用 100 t 吊车把管桩吊放在 13 坝上，安装好射水板后再装船运往插桩现场。拖船和运桩平台靠坝，负责抛锚和固定船体的水手下船上坝，预先固定锚体并预留足够的钢丝绳长度供拖船调整；拖船通过操作不断调整位置，直至调整至吊车吊桩的最佳位置，船上水手迅速收紧钢丝绳固定船体；拖船和运桩平台固定好后，在装桩人员指挥下，由吊车水平吊起导流桩，沿运桩平台横向缓慢放置在运桩平台上。由于运桩平台平面呈中间高的拱形，为防止管桩之间受力折断问题，运桩平台两端铺放编织土袋、双点支撑管桩，保障管桩平台上合理受力。

运桩船装好后，启动船只，收起钢丝绳、收起锚体，离开装桩区域，由河势查勘人员引导船只操作员沿可行船河道行驶，并避免驶入浅滩发生搁浅等情况，避免进入急流区以影响行船速度，在距离水上插桩平台较近时，逐步转向，靠近水上平台。

当拖船与运桩平台靠近水上插桩平台时，操作拖船与运桩平台逐步接近指定位置后，迅速将运桩平台和插桩平台用钢丝绳连接固定，并采取抛锚等方式迅速固定船体和运桩平台，使之达到位置固定，不发生大幅度摆动，符合吊桩作业要求。起吊插桩前，首先将射水插桩吊具与管桩一端（另一端安装有射水板）牢固连接后，由水上施工平台的吊车吊起，缓慢移动至插桩位置，进行射水检查、就位、插桩。平台上管桩全部施工完毕后，将连接运桩平台和水上平台的钢丝绳解开，并收起固定拖船的钢丝绳和锚体，使运桩平台和水上插桩平台脱离，前往装桩坝区继续装桩作业（见图 7-52）。

迎酷暑、战高温，历时 40 d，共完成 113 根 3 000 m 管桩的水上运输任务。

图7-52　水上运桩、平台对接

2. 吊桩、射水检查

射水插桩吊具与管桩一端通过12个M27螺栓紧固连接成一体,中间采用橡胶垫密封,使供水系统、压盘、管桩、射流装置形成一个封闭的射流系统。起吊管桩时吊车司机预先设计好整个起吊过程,保证起吊过程一次起吊完成。避免起吊过程中管桩悬空摆动幅度过大,通过司机操作和人工辅助,吊车吊着管桩缓慢匀速将管桩就位到定位装置内,防止桩体碰撞定位装置,造成定位装置错位或损坏。

一切设备运行正常后,开启供水系统进行预射水检查,观察供水管路压力及流量,保证压力0.2~0.4 MPa和流量180~240 m^3/h,正常值时开启分流阀停止向管桩供水。如果出现压力过大流量过小的情况,说明射水孔堵塞,此种情况应立即开启分流阀检查射水孔并进行疏通,直至压力、流量在正常范围才可进行下道工序施工(见图7-53)。

图7-53　吊桩、射水检查

3. 水上插桩

启动电控制柜,开启供水系统,使潜水泵给水泵供水;同时调节供水系统的调节阀,在潜水泵给主水泵充满水之前,使调节阀开到最大位置,避免供水之初,水泵出口射流对管桩的强大瞬间冲击。

随着射流出口流量的增加,缓慢下沉管桩。当插桩桩顶高程距设计高程2~3 m时调整射水压力,控制插桩速度(遇到黏土层时管桩下沉速度慢,采用换小吊钩起吊管桩进行冲砸插桩,冲砸起吊高度控制在30~50 cm以内),直至插桩到位(见图7-54)。

工人乘游艇到桩附近,拆除射水插桩吊具与桩端板连接的螺栓,完成第一根桩的插桩工作。

平台吊车将射水插桩吊具吊至将要插的下一根桩的顶部,重复第一根桩的插桩工作,完成第二根桩的插桩工作,以此类推,完成第三根、第四根、…直至整个桩坝的施工。射水

图 7-54　射水插桩

插桩吊具与将要插的下一根桩端板连接过程中，平行进行管桩定位装置拆除及安装。

拆卸射水插桩吊具、定位装置时，施工人员应系安全绳，注意手中工具及连接件，防止掉入水中。

水上插桩情况详见表 7-11。

表 7-11　欧坦重复组装式导流桩坝应急抢险工程插桩情况一览表

桩号	日期（月-日）	高程（m）	水位（m）	水深（m）	流量（m^3/s）	上游流速（m/s）	下游流速（m/s）	插桩起止时间（时:分）	累计根数
001	07-20	73.51	73.04	4.3	1 240			15:08～17:35	1
-001	07-21	73.46	73.04	4.5	2 140			11:45～12:08	2
-002	07-21	73.38						14:59～15:20	3
-003	07-21	73.34						16:58～17:20	4
-004	07-21	73.31						18:14～18:50	5
-005	07-21	73.45	73.04	4.5	2 140			19:31～19:50	6
-006	07-22	73.50	72.97	3.4	2 480			07:56～08:25	7
-007	07-22	73.50						09:19～09:46	8
-008	07-22	73.48						10:23～10:49	9
-009	07-22	73.47						12:12～12:41	10
-010	07-22	73.48	72.97	3.4	2 480			14:48～15:25	11
-011	07-23	73.43	73.22	3.5	2 820			14:23～14:45	12
-012		73.45						15:03～15:12	13
-013		73.47						15:40～15:55	14
-014		73.53						16:32～16:48	15
-015		73.57						17:26～17:43	16
-016		73.58						18:12～18:30	17
-017		73.57						19:08～19:20	18

续表 7-11

桩号	日期（月-日）	高程（m）	水位（m）	水深（m）	流量（m^3/s）	上游流速（m/s）	下游流速（m/s）	插桩起止时间（时:分）	累计根数
-018	07-23	73.58	73.22	3.5	2 820			19:54~20:20	19
-019	07-24	73.63	73.50	3.7	3 280			07:23~07:43	20
-020		73.64						08:11~08:29	21
-021		73.61						09:06~09:50	22
-022		73.64						10:45~11:00	23
-023		73.62						11:34~11:48	24
-024		73.61						14:31~15:11	25
-025		73.60						15:50~16:06	26
-026		73.61						16:48~17:13	27
-027	07-24	73.62	73.50	3.7	3 280			18:12~18:25	28
-028	07-25	73.62	73.62	3.6	3 600	2.4		09:08~09:20	29
-029	07-26	73.64						09:55~10:16	30
-030	07-27	73.66						10:44~11:05	31
-031	07-28	73.64						11:47~11:57	32
-032	07-29	73.68	73.62	3.6	3 600	2.4		17:43~18:08	33
002	07-30	73.59	73.52	5.5	3 350	2.9	0.5	09:20~09:37	34
003		73.58						10:25~11:32	35
004		73.56						16:31~17:46	36
005	07-30	73.59	73.52	5.5	3 350	2.9	0.5	18:33~19:23	37
006	07-31	73.46	73.19	6	2 620	2.6	1.1	10:34~11:18	38
007		73.42						16:25~16:55	39
008		73.44						17:27~17:58	40
009	07-31	73.42	73.19	6	2 620	2.6	1.1	18:29~18:43	41
010	08-01	73.36	73.22	5.5	2 440	2.3	1.2	14:08~14:46	42
011		73.40						15:12~15:35	43
012		73.42						16:09~16:43	44
013		73.49						17:13~17:34	45
014	08-01	73.49	73.22	5.5	2 440	2.3	1.2	18:04~18:23	46
015	08-02	73.53	73.08	5.2	2 640	2.2	0.8	07:13~07:34	47
016		73.54						08:06~08:19	48

续表 7-11

桩号	日期 (月-日)	高程 (m)	水位 (m)	水深 (m)	流量 (m^3/s)	上游流速 (m/s)	下游流速 (m/s)	插桩起止时间 (时:分)	累计根数
017		73.58						08:44 ~ 09:00	49
018		73.62						09:25 ~ 09:40	50
019		73.64						10:03 ~ 10:23	51
020		73.56						10:53 ~ 11:12	52
021		73.59						15:40 ~ 15:53	53
022		73.60						16:20 ~ 16:38	54
023		73.61						17:19 ~ 17:38	55
024		73.57						18:14 ~ 18:27	56
025		73.67						18:45 ~ 19:10	57
026	08-02	73.62	73.08	5.2	2 640	2.2	0.8	19:37 ~ 20:00	58
027	08-03	73.59	73.08	6	2 620	2.6	1.0	10:31 ~ 11:00	59
028		73.54						11:30 ~ 11:47	60
029		73.54						10:31 ~ 11:00	61
030		73.49						11:30 ~ 11:47	62
031		73.53						14:46 ~ 15:11	63
032		73.54						15:34 ~ 15:58	64
033		73.55						16:21 ~ 16:41	65
034	08-03	73.56	73.08	6	2 620	2.6	1.0	17:02 ~ 17:18	66
035	08-03	73.58	73.08	6	2 620	2.6	1.0	17:45 ~ 18:27	67
036	08-03	73.61	73.08	6	2 620	2.6	1.0	18:51 ~ 19:17	68
037	08-04	73.6	73.09	6	2 640	3.1	2.0	07:15 ~ 07:35	69
038		73.6						08:11 ~ 08:31	70
039		73.59						09:00 ~ 09:18	71
040		73.64						09:50 ~ 10:07	72
041		73.68						10:29 ~ 10:42	73
042		73.64						11:04 ~ 11:26	74
043		73.67						15:49 ~ 16:06	75
044		73.66						16:34 ~ 17:00	76
045		73.62						17:24 ~ 17:43	77
046		73.68						18:10 ~ 18:28	78

续表 7-11

桩号	日期（月-日）	高程（m）	水位（m）	水深（m）	流量（m^3/s）	上游流速（m/s）	下游流速（m/s）	插桩起止时间（时:分）	累计根数
047	08-04	73.64	73.09	6	2 640	3.1	2.0	18:54～19:10	79
048	08-05	73.59	73.07	8.5	2 620	2.9	1.4	08:14～08:46	80
049	08-07	73.55	72.64	8	1 520	2.7	1.0	09:51～10:05	81
050		73.52						10:30～10:34	82
051		73.49						11:08～11:20	83
052	08-07	73.52			1 520			17:27～17:57	84
053	08-07		72.64	8	1 520	2.7	1.0	18:25～18:57	85
054	08-08		72.56	8.5	1 520	3.1	1.0	07:56～08:21	86
055								08:55～09:30	87
056								10:07～10:28	88
057								11:02～11:17	89
058								17:36～17:58	90
059	08-08		72.56	8.5	1 520	3.1	1.0	18:29～19:00	91
060	08-09		72.53	8		3.1	1.0	07:40～08:20	92
061								09:08～09:32	93
062								10:12～10:32	94
063								11:09～11:21	95
064								11:51～12:03	96
065								16:20～16:32	97
066								17:20～17:32	98
067	08-09		72.53	8		3.1	1.0	17:50～18:22	99
068	08-09		72.53	8		3.1	1.0	18:49～18:59	100
069	08-12		72.60	5	1 160	3.2	1.9	08:32～08:53	101
070								09:21～09:33	102
071								09:57～10:13	103
072								10:39～10:53	104
073								11:18～11:32	105
074								17:02～17:22	106
075								17:49～18:16	107
076								18:40～18:54	108

续表 7-11

桩号	日期（月-日）	高程（m）	水位（m）	水深（m）	流量（m^3/s）	上游流速（m/s）	下游流速（m/s）	插桩起止时间（时:分）	累计根数
077	08-12		72.60	5	1 160	3.2	1.9	19:14～19:27	109
078	08-13		72.52	4	1 600	2.8	0.9	08:12～08:30	110
079								08:48～09:07	111
080								09:45～10:08	112
081	08-13		72.52	4	1 600	2.8	0.9	10:35～10:54	113
-033	08-16	73.653	70.27		1 380			06:32～06:53	114
-034		73.59						07:10～07:35	115
-035		73.52						07:48～08:02	116
-036		73.42						08:30～09:06	117
-037		73.33						09:28～09:43	118
-038		73.28						09:58～10:18	119
-039		73.27						15:58～16:26	120
-040		73.26						16:47～17:35	121
-041		73.12						17:57～18:18	122
-042		73.14						18:34～18:54	123
-043	08-16	73.14	72.27		1 380			19:04～19:40	124
-044	08-17	73.07	72.06					06:37～07:01	125
-045		72.98						07:23～07:49	126
-046		72.97						08:12～08:27	127
-047		72.99						08:44～09:06	128
-048		72.93						09:37～09:50	129
-049		72.93						10:25～10:40	130
-050		72.98						16:48～17:35	131
-051	08-17	73.04	72.06					17:51～18:12	132
-052	08-17	73.01	72.06					18:26～18:49	133
-053	08-17	73.03	72.06					19:04～19:22	134
-054	08-18	73.08	72.08		1 000			06:24～06:41	135
-055		73.06						06:53～07:08	136
-056		72.96						07:22～07:36	137
-057		72.93						07:58～08:16	138

续表 7-11

桩号	日期（月-日）	高程（m）	水位（m）	水深（m）	流量（m^3/s）	上游流速（m/s）	下游流速（m/s）	插桩起止时间（时:分）	累计根数
-058		72.95						08:31~08:46	139
-059		72.97						09:04~09:17	140
-060		73.02						09:38~09:54	141
-061		73.03						10:08~10:32	142
-062		73.05						10:49~11:28	143
-063		73.02						11:24~11:40	144
-064		72.98						15:36~15:52	145
-065		72.95						16:08~16:33	146
-066		72.94						17:04~17:22	147
-067		72.89						17:36~17:52	148
-068		72.95						18:13~18:29	149
-069	08-18	72.97	72.08		1 000			18:53~19:13	150

注:序号中的“-”表示向岸边方向插桩，-033~-069为滩地插桩。

4. 滩地插桩

首先在岸上桩坝轴线上下游各5 m范围内清除生长的玉米等障碍，适当位置安放水泵、配电柜及确定吊装和供水管起吊下沉存放位置，准备工作完成后进行管桩起吊，陆上射水插桩程序同水上施工程序；不同的是插桩过程中需要拉管操作人员及时将落在地上的供水管拉顺，需要大量的人力做好这一工作，拉管工作强度大（在水上施工时，在附着汽油桶的作用下管子能浮在水上，拉管子时人工用力较小，水上施工时拉管子比较方便轻松）。

由于插桩过程有大量的泥沙和水从桩孔中涌出，使附近水面出现波动，水面河岸处正好为流沙，流沙在水的波动下自行塌方，岸上施工10 m的桩坝没有影响插桩施工，施工比较顺利。随着远离岸边距离的增加，插桩泥沙的涌出、沉淀的加剧，逐渐出现了岸边不能自行塌方的情况，在这种情况下我们首先采取了使用高压水枪射流的方法冲刷砂层，使桩坝轴线上下游3 m范围内塌方，效果很明显。最后采用挖掘机在桩坝轴线上开挖了顶宽4~5 m、深度在1.5~2 m的一个沟槽，这样满足了在岸上进行射水插桩的要求，在有利的地理条件下施工，效率也很高，最多一天插桩16根。岸上施工明显优于水上施工，施工环境起决定性作用。

滩地插桩情况见表7-11。

5. 施工质量控制

施工质量控制主要是指插桩中心是否在桩坝轴线上，桩间距、桩顶高程（30 cm）误差是否在允许范围，下沉过程中桩是否垂直。

插桩后，桩位的允许偏差应符合表7-12的规定。

表 7-12　射水插桩位置的允许偏差

序号	项目	允许偏差(mm)
1	垂直于条形桩基纵轴方向	100
2	平行于条形桩基纵轴方向	150
3	桩顶标高	-50 ~ +100

(1)管桩中心是否在桩坝轴线上控制措施:定位装置套好、固定前,用安放在轴线上的经纬仪观察定位装置的轴线情况,调整定位装置上的调整螺丝,使定位装置设在打桩中线处于桩坝轴线上,固定螺丝。

(2)桩间距(30 cm)控制:根据定位装置情况,同时结合插桩情况,就位应准确,位置适宜,插桩过程应时刻调整桩间距,保证插桩完成桩间距在 30 cm 左右。

(3)桩顶高程:桩顶高程控制是在关闭供水设备、插桩到设计高程范围内所做的工作,关闭供水系统时桩顶高程高出设计高程,用冲砸的方法进行,直至到设计高程,完成插桩;如果冲砸下沉效果不明显,则重新打开供水系统使用水冲及冲砸,达到设计高程;如果冲砸使插桩高程低于设计高程,则停止射水系统,吊车将桩提起,使桩达到设计高程,直至使桩稳固再进行卸荷。

(4)下沉过程中桩是否垂直:首先为防止管桩起吊时因供水管道的拉力通过吊具使管桩倾斜,在连接供水管的吊具接头处用钢丝绳捆绑连接,与管桩起吊钢丝绳挂在同一吊钩上,使起吊管桩在吊钩下垂直;其次,射水插桩过程中为防止不垂直情况的出现,用吊车控制管桩下沉速度,在管桩不着底的情况下减缓插桩速度,保证管桩下沉过程中的垂直度;再次,如果出现了不垂直的情况,可将管桩起吊出来,提到管桩垂直的时候重新缓慢下沉,直至插桩到位。

(四)施工安全保障

1. 组织保障

建立以项目负责人为首的安全管理领导小组,在现场成立以各级领导为主要负责人的安全生产领导小组,具体负责安全施工和安全保障工作。认真执行安全管理综合检查制度,分施工项目和作业内容进行全面的检查,并留有检查记录。要根据安全管理奖惩办法奖安罚患。工地建立每周一安全活动、班前五分钟讲话及工序安全交底活动制度。施工人员配置符合标准、齐全的劳动防护用品,杜绝违章指挥、违章作业等。在各分项工程施工技术方案中,要有安全技术措施,并成为向各工区交底的重点内容,依据这些措施落实材料、器具、检查人员和检查方法。安全工作必须做到预测预控,对工程对象预先进行分析,找出安全控制点,有针对性地制定预防措施。安全工作必须贯穿施工的全过程,从工程开工、施工过程到工程竣工,根据各阶段的施工特点,均要制定相应的、有针对性的安全措施。

2. 安全生产

建立安全生产领导责任制,把管生产必须管安全原则落实到每个职工的岗位责任制中去,从组织上、制度上固定下来,从局领导、施工负责人、施工队队长到班(组)长和工人按规定逐级建立安全生产责任制。指挥部设安全质量监察工程师，施工队设专职安全质量检查员，班(组)设兼职安全员，做到分工明确，责任到人。

实行安全例会制度，定期对安全生产进行检查，对事故隐患及事故苗头，及时发现、及时处理，不留隐患。实行班前五分钟讲话及工序安全交底活动制度。施工人员配置符合标准、齐全的劳动防护用品，杜绝违章指挥、违章作业等。加强安全教育培训，对特殊工种操作人员进行安全培训，考试合格发给安全合格证后方能上岗操作。

安全生产坚持“五同时”，在计划、布置、检查、总结、评比生产工作的同时进行计划、布置、检查、总结、评比安全工作，把安全工作落实到每一个生产组织管理环节中去。事故处理“四不放过”原则，是指在调查处理工伤事故时，必须坚持事故原因分析不清不放过，事故责任者和群众没有受到教育不放过，没有采取切实可行的防范措施不放过，事故责任者没有受到严肃处理不放过的原则。它要求对安全生产工伤事故必须进行严肃认真的调查处理，接受教训，防止同类事故重复发生。

3. 专项安全保障措施

针对三伏天施工经常出现高温、降雨和大风雷电，以及环境卫生和高水位、大流速情况，我们时刻注意天气和水情变化，制定了防暑降温、饮食卫生、防雷电大风、安全用电、防人员落水等保障措施，制定了突发事件应急救援措施。

严把食品采购、保管、食用关，必须符合国家有关卫生标准和规定。针对工地现场平均每天最高气温都在 41 ℃左右，为了防止施工人员中暑、脱水，项目部新购置 2 个保温桶，还为每位施工人员配发了 1 000 mL 的大水杯，并且安排食堂每天都要煮绿豆水。针对施工现场位于黄河滩内空旷无遮挡，且施工期正处于雷雨季，指挥部及项目部在进场之初就安排专人制作了两根高 10 m 的简易避雷针，埋置在项目部东西两侧，切实做好防雷工作。每次暴风雨前都安排专人检查帐篷四周锚固情况及营区内有无容易被大风吹起的杂物，如有必须收到仓库放置。施工所有用电全部按照“总分开”设置，并配备漏电保护器，施工平台用电线路全部穿管，主电缆架空。所有施工人员全部配备救生衣、防滑绝缘鞋，施工人员进行桩上作业时配备有安全带，另配备冲锋舟一艘在施工平台附近随时待命。

同时，要求船只、平台、吊车、车辆等所有生产设备都必须严格遵守安全生产操作规程，强调安全施工注意事项。为进一步强化工作责任，提高办事效率，严肃纪律，制定了责任追究制度。

第八章　重复组装式导流桩坝试验工程观测及稳定性分析

为探索桩坝抗溜冲刷和导流效果，便于经受 2009 年黄河调水调沙洪水的冲击检验，以及为方便、安全观测，项目组将试验工程选择修建在了极易靠流的郑州黄河花园口河边滩地上，并在试验工程修建完工后，及时制订了观测计划和内容，同时成立了由河南黄河河务局科技处、郑州惠济区河务局、华北水利水电学院、黄河水利科学研究院和郑州黄河水电工程有限公司等单位参加的观测组织，进行了责任分工，确保试验工程观测顺利进行。

第一节　可移动不抢险潜坝实际运用情况简介

一、黄河调水调沙前试验工程运用情况

试验工程在 2009 年 5 月顺利修建完成，随着试验工程所在河段河势的不断南滚，工程北边的滩地不断被河水塌入河中，试验工程在尾端逐渐如期靠河抗流，经受河水冲击检验（见图 8-1）。

图 8-1　试验工程尾端逐渐靠河抗流（800 m^3/s 坝顶出水高度 2.2 m）

随着工程附近的滩地逐渐坍塌后退，试验工程前后的滩地在2009年6月10日全部塌入河中，试验工程由滩地全部变为水中工程，处在大河偏南的主槽内，并逐渐向河心"移动"(见图8-2)。

在2009年6月17日黄河调水调沙开始前一天，试验工程"移动"至距南河沿10 m左右的河槽深泓区。

图8-2　试验工程被抄后路河中抗流(1 500 m^3/s 坝顶出水高度1.8 m)

二、黄河调水调沙期间试验工程运用情况

2009年黄河调水调沙以控制花园口流量3 900 m^3/s 为目标，含沙量为2～6 kg/m^3。在6月18日至7月6日的15 d调水调沙中，人工塑造的冲刷河槽洪水过程全时段顶冲试验工程：由初始的1 000 m^3/s 大河流量起涨至2 900 m^3/s 后，稳定控泄1 d左右，随后大河流量进一步加大至3 900 m^3/s 左右，并稳定控泄12 d，期间6月26日和27日2 d大河流量为4 100 m^3/s，7月1日大河流量开始减小，至7月6日黄河调水调沙结束时，大河流量恢复至600 m^3/s 左右河道供水过程。

由于无法确定2009年黄河是否有大的洪水过程，为不放过任何一次洪水冲击桩坝检验的机会，我们紧紧抓住2009年黄河调水调沙这一有利机遇，对桩坝运用情况进行全天检测。根据2009年黄河调水调沙期间的观测和黄河水利科学研究院防汛抢险研究所对试验工程所在河段河道大断面实际测绘成果，桩坝始终处于河槽深泓处(见图8-3)，所有流量级水流都是顶冲桩坝(见图8-4～图8-6)。

由于桩坝为透水形式及河中漂浮杂草很多，加之水流很急，桩坝上段管桩挂草很多，上端挂草厚度约2.0 m(自水面向下算起)，挂草壅水近似坝头情况见图8-7。

试验工程主要是探索管桩的滩地插入和拔除工艺及技术，试验工程的主体构件管桩长度为15.0 m，其设计抗击水流冲刷等级为800 m^3/s，但在大河流量4 000 m^3/s 左右洪水中抗流迎冲时，因有下段的支撑和水压力作用，上段各桩联系盖梁紧紧挤靠在一起，稳定性较好；尾段的桩联由于没有支撑，加上河水冲刷强烈，特别是管桩插入河床的锚固深度不足(超标准运用：按坝顶平800 m^3/s 水位设计的管桩长度，实际运用是平4 000 m^3/s 水位)，由于黄河"喘气式"的阵流脉动水压力作用，桩坝在黄河急流中前后、左右晃动，晃幅可达5 cm左右，尾段桩联盖梁与倒数第二联盖梁之间的缝隙逐渐加大(见图8-8)：由

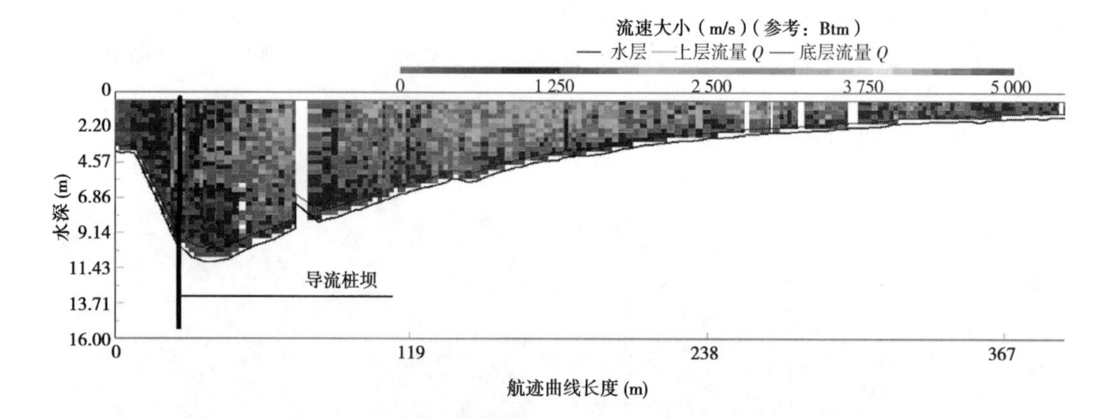

图 8-3　黄河调水调沙期间试验工程所在河道横断面实测图

图 8-4　试验工程被抄后路河中抗流(一)(3 900 m^3/s 坝顶出水高度 0.1 m)

图 8-5　试验工程被抄后路河中抗流(二)(3 900 m^3/s 坝顶出水高度 0.1 m)

初始的 1 cm,冲击 6 d 后变为 8 cm,尾段桩联在调水调沙第 7 天倒入河中;至黄河调水调沙结束时,桩坝尾部两联坝体倒入河中,倒数第三联严重向下游倾斜变位(见图 8-9 和图 8-10)。

图 8-6　试验工程被抄后路河中抗流(三)(迎水面坝顶平 4 100 m^3/s 水位)

图 8-7　坝头挂草壅水(大河流量 3 900 m^3/s)

(a) 水冲 2 d 加大的缝隙

(b) 水冲 6 d 过度加大的缝隙

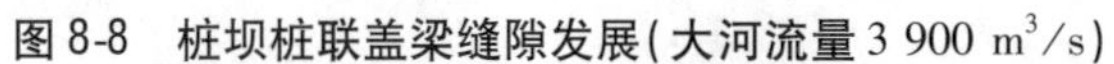

图 8-8　桩坝桩联盖梁缝隙发展(大河流量 3 900 m^3/s)

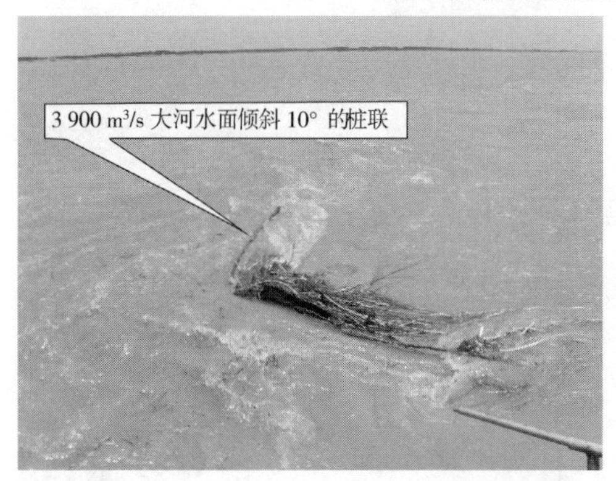

图 8-9　黄河调水调沙期间严重倾斜的桩联

图 8-10　黄河调水调沙后严重倾斜桩联的运行情况

第二节　管桩坝附近流速、水位测量

为准确了解和掌握试验工程在黄河调水调沙期间桩坝附近的水流状况,项目组先后两次组织黄河水利科学研究院防汛抢险研究所、华北水利水电学院河流所,采用旋桨式和 ADCP 走航式测流仪对桩坝附近流速进行测量,并利用钢尺丈量方法进行桩坝前后水位差测量(见图8-11)。

图8-11　项目组在进行水深、流速测量和管桩挂草情况探摸

项目组于6月24日对管桩坝周围的流速进行了测量,测量期间大河流量 Q 约为3 900 m^3/s。通过对测量数据的整理分析(见表8-1),可以看出:在第一桩到第七桩迎水面的流速大于背水面的流速,在第八桩到坝头背水面的流速大于迎水面的流速,测得的坝尾实际流速为2.65 m/s,坝头实际流速为2.0 m/s,管桩坝周围其他位置的流速均处于2.0～2.65 m/s。此外,项目组于6月26日在 Q =3 900 m^3/s 的流量下对与管桩坝对应的边岸水流流速进行了测量,从实测数据可以看出:管桩坝坝头卡口处的流速较大,为2.05 m/s;在受回流影响较大的地方流速较小,为0.38 m/s,实测具体数据见表8-2。

查勘期间(2009年6月24日、2009年6月26日)流量为3 800～3 900 m^3/s。通过实地查勘可知,坝上游20～30 m以上河道流态基本不受管桩坝影响,坝头顶端形成壅浪,并将河槽单一主流分为大小两股:管桩坝迎水面迎接主流,背水面因被抄后路而有一股主流。坝头后侧形成小旋涡,管桩坝迎水面与背水面水位差在坝头附近为25～30 cm,其他位置在16～20 cm,详细数据见表8-3。管桩坝挑流作用明显,坝下游导流线200 m左右,管桩坝背流面边岸附近形成了比较大的旋涡,试验工程附近流场、流态情况见图8-12。

表 8-1　桩坝工程周围实测流速(6 月 24 日 $Q=3\ 900\ m^3/s$)

测点区域	测点位置	距坝尾距离(m)	实际流速(m/s)
迎水面	1 尾	0	2.65
	2 头	9	2.46
	5 尾	18	2.38
	7 尾	27	2.37
	9 尾	36	2.20
	11 尾	45	2.08
	坝头	50	2.00
背水面	11 尾	45	2.15
	9 尾	36	2.34
	7 尾	27	2.31
	5 尾	18	2.27
	3 尾	9	2.20
	1 尾	0	2.23

表 8-2　桩坝工程附近实测流速

测点区域	测点位置	序号	实际流速(m/s)
6 月 26 日　$Q=3\ 900\ m^3/s$			
边岸	1	1－4	0.94
		1－5	1.06
	2	1－6	0.31
		1－7	0.46
	3	1－8	1.23
		1－9	2.44
	4	1－a	1.50
		1－b	2.14
	5	1－c	2.17
	6	1－d	1.80
		1－e	2.29
7 月 1 日　$Q=2\ 900\ m^3/s$			
管桩坝坝头卡口处边岸	6	1－1	1.85
		1－2	2.14
		1－3	1.95
		1－4	2.13

表 8-3　管桩坝工程实测水面线成果

位置	距坝尾距离(m)	迎水面高程线(cm)	背水面高程线(cm)
上游顶部	50	-13	-38
11 尾	45	-15	-32
9 尾	36	-16	-32
7 尾	27	-16.3	-32.8
5 尾	18	-16.5	-33.5
3 尾	9	-16.8	-34.3
1 尾	0	-17	-34.8

注:以坝顶高程为基准,假定坝顶高程为 0.0 m。

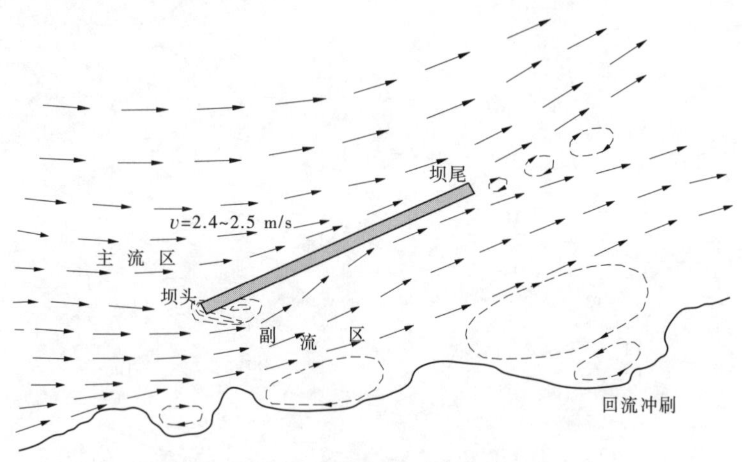

图 8-12　试验工程附近流场、流态情况示意图

第三节　管桩坝附近河床冲深测量

项目组于 6 月 26 日在 Q = 3 900 m^3/s 的来流情况下以水面为基准对管桩坝附近及管桩坝到深槽之间的冲坑深度进行了测量(见图 8-13),根据 ADCP 走航式测流仪和铅丝拴大石块实测数据综合成果得知:在管桩坝附近形成了一个较大的冲刷坑,坝尾冲刷最为严重,坝尾冲坑水深 h_p = 10.8 m;坝头冲刷次之,其冲坑水深 h_p = 9.8 m;管桩坝前后的冲刷与之相比较小,其冲坑水深 h_p = 9.0 m;在距管桩坝约 25 m 的位置,冲刷基本不受管桩坝的影响,其河面水深 h_p = 6.0 m 左右;在主河流与管桩坝相距约 20 m 的位置,因受主流的影响冲刷较为严重,沿主流方向形成深槽,其冲坑水深 12.5 m 左右,管桩坝到深槽之间冲坑水深呈递增趋势,过深槽后再递减;管桩坝附近的冲坑水深由管桩坝向其周围呈递增趋势然后再呈递减趋势,详见图 8-14。

综合考虑各种测量成果和各方面因素影响,综合确定试验工程不同位置的冲坑水深见表 8-4。

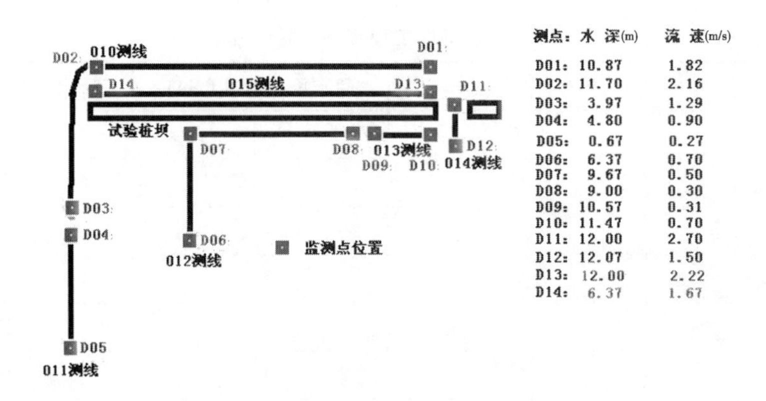

图 8-13　ADCP 测量工程周围(河底跟踪)平面轨迹示意图

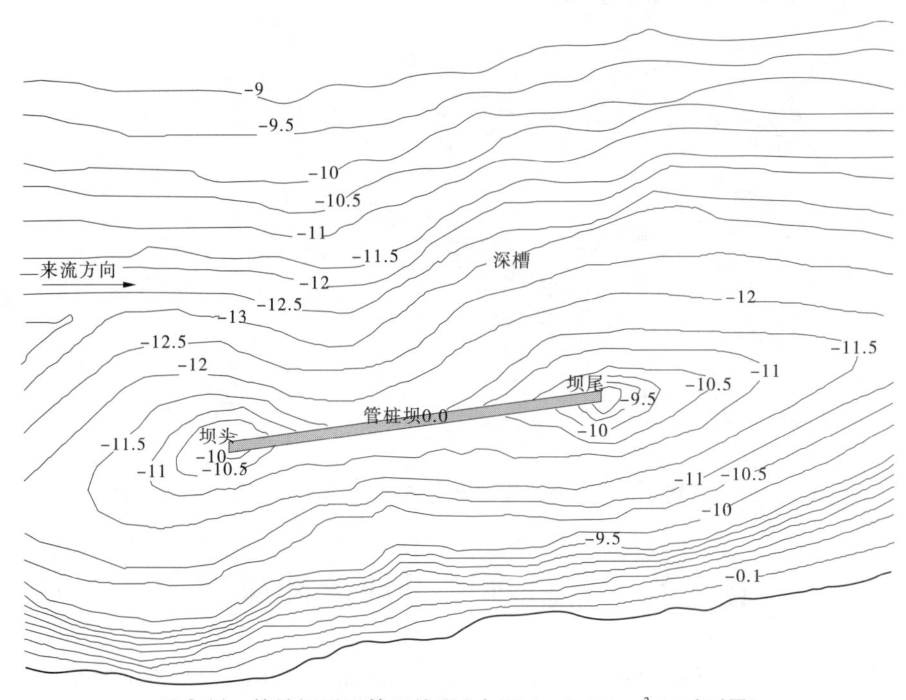

图 8-14　管桩坝附近等深线图(大河 $Q = 3\ 900\ m^3/s$ 时测量)

表 8-4　不同位置的冲坑水深

冲刷位置	坝头	坝尾	深槽
冲坑水深(m)	11	12	13

第四节　欧坦重复组装式导流桩坝效果评价

欧坦重复组装式导流桩坝工程施工期间发生了大河流量 1 000 ~ 3 980 m^3/s、历时 7 d 的洪水过程，在流速达到 3.6 m/s 以上、高水位施工条件下完成水中修筑桩坝 70 m 时，主流经桩坝挑流，不利河势逐渐得到缓解，险情得以有效控制，实现了控制畸形河势、遏制欧坦控导工程险情的目标（见图8-15）。

(a)桩坝上游

(b)桩坝下游

图8-15　桩坝长70 m导流及其上下游滩岸受保护情况

一、桩坝减缓流速效果

根据对桩坝上下游水流速度实际观测成果，上游高流速河水冲击桩坝后，一部分水流按预想方向被桩坝导流向河心，透过桩坝主体的部分水流速度则大大减缓（见表8-5），汹涌澎湃的桩坝上游水流在下游则变成了波纹涟漪、近乎平静的水面（见图8-15）。

表8-5　实测流速统计

日期(月-日)	07-30	07-31	08-01	08-02	08-03	08-04	08-05	08-07	08-08	08-09	08-12	08-13	08-19
坝前流速(m/s)	2.9	2.6	2.3	2.2	2.6	3.1	2.9	2.7	3.1	3.1	3.2	2.8	1.6
坝后流速(m/s)	0.5	1.1	1.2	0.8	1	2	1.4	1	1	1	1.9	0.9	0.2

二、河势及滩岸坍塌变化情况

根据7月15日至8月19日的河势观测成果（见表8-6），欧坦观测靠河坝号仍维持在12坝～37坝。在施工期间夹河滩水文站出现3 980 m^3/s流量，滩岸坍塌严重的情况下，欧坦工程河势没有进一步上提。桩坝有效地控制了河势的进一步发展，保护了滩地和工程的安全。

为了观测滩岸坍塌情况，沿欧坦防护堤12垛向上游以50 m为间距共布设了5个观测断面。从断面坍塌情况统计（见表8-7）来看，8月4日以前，滩岸坍塌较为严重，断面1 d最大坍塌7 m。8月4日，桩坝进占着溜一定长度后，主溜外移，滩岸坍塌速度明显下降，8月7日以后基本不坍塌，河势趋于稳定。

表 8-6　欧坦控导工程 7 月 15 日至 8 月 19 日河势统计

日期(月-日)	夹河滩站流量(m^3/s)	靠河坝号	靠主溜坝号
07-15	790	12 垛～18 坝,23～37 坝	13 垛～12 坝
07-16	700	12 垛～18 坝,23～37 坝	13 垛～12 坝
07-17	705	12 垛～18 坝,23～37 坝	13 垛～12 坝
07-18	1 050	12 垛～18 坝,23～37 坝	13 垛～12 坝
07-19	980	12 垛～18 坝,23～37 坝	13 垛～12 坝
07-20	1 240	12 垛～18 坝,23～37 坝	13 垛～12 坝
07-21	2 140	12 垛～18 坝,23～37 坝	13 垛～12 坝
07-22	2 480	12 垛～18 坝,23～37 坝	13 垛～12 坝
07-23	2 820	12 垛～18 坝,23～37 坝	13 垛～12 坝
07-24	3 280	12 垛～18 坝,23～37 坝	14 垛～12 坝
07-25	3 600	12 垛～18 坝,23～37 坝	13 垛～12 坝
07-26	3 600	12 垛～18 坝,23～37 坝	14 垛～12 坝
07-27	3 880	12 垛～18 坝,23～37 坝	14 垛～12 坝
07-28	3 980	12 垛～18 坝,23～37 坝	14 垛～12 坝
07-29	3 600	12 垛～18 坝,23～37 坝	13 垛～12 坝
07-30	3 350	12 垛～18 坝,23～37 坝	13 垛～12 坝
07-31	2 620	12 垛～18 坝,23～37 坝	13 垛～12 坝
08-01	2 440	12 垛～18 坝,23～37 坝	13 垛～12 坝
08-02	2 640	12 垛～18 坝,23～37 坝	12 垛～12 坝
08-03	2 620	12 垛～18 坝,23～37 坝	12 垛～12 坝
08-04	2 640	12 垛～18 坝,23～37 坝	12 垛～12 坝
08-05	2 620	12 垛～18 坝,23～37 坝	12 垛～12 坝
08-06	2 240	12 垛～18 坝,23～37 坝	12 垛～12 坝
08-07	1 520	12 垛～18 坝,23～37 坝	13 垛～12 坝
08-08	1 520	12 垛～18 坝,23～37 坝	12 垛～12 坝
08-09	1 340	12 垛～18 坝,23～37 坝	12 垛～12 坝
08-10	1 260	12 垛～18 坝,23～37 坝	12 垛～12 坝
08-11	1 260	12 垛～18 坝,23～37 坝	12 垛～12 坝
08-12	1 160	12 垛～18 坝,23～37 坝	12 垛～12 坝
08-13	1 600	12 垛～18 坝,23～37 坝	12 垛～12 坝
08-14	1 550	12 垛～18 坝,23～37 坝	12 垛～12 坝
08-15	1 650	12 垛～18 坝,23～37 坝	12 垛～12 坝
08-16	1 380	12 垛～18 坝,23～37 坝	12 垛～12 坝
08-17	1 080	12 垛～18 坝,23～37 坝	12 垛～12 坝
08-18	1 000	12 垛～18 坝,23～37 坝	12 垛～12 坝
08-19	806	12 垛～18 坝,23～37 坝	12 垛～12 坝

表 8-7　欧坦控导上首滩地坍塌情况观测统计　（单位:m）

日期(月-日)	夹河滩站流量(m^3/s)	断面 1	断面 2	断面 3	断面 4	断面 5
07-19	980	2	1	1	1	1
07-20	1 240		6	5	6	7
07-21	2 140		7	4	5	6
07-22	2 480		2	1	1	3
07-23	2 820		2	5	4	7
07-24	3 280		1	3	4	6
07-25	3 600		1	1	2	3
07-26	3 600		2	2	1	1
07-27	3 880		0	0	0	0
07-28	3 980		0	0	0	0
07-29	3 600		2	2	3	4
07-30	3 350		4	4	7	6
07-31	2 620		7	6	4	3
08-01	2 440		3	4	3	5
08-02	2 640		6	5	5	4
08-03	2 620		5	4	6	3
08-04	2 640		2	3	5	4
08-05	2 620		2	2	3	1
08-06	2 240		1	3	5	6
08-07	1 520		0	0	0	0
08-08	1 520		0	0	0	0
08-09	1 340		1	1	0	2
08-10	1 260		1	0	1	1
08-11	1 260		1	1	0	0
08-12	1 160		1	1	1	0
08-13	1 600		0	1	1	0
08-14	1 550		0	0	0	0
08-15	1 650		0	0	0	0
08-16	1 380		0	0	0	0
08-17	1 080		0	0	0	0
08-18	1 000		0	0	0	0
08-19	806		0	0	0	0

三、抢险情况

据统计,欧坦控导工程 12 坝及其藏头工程 7 月以后共出险 47 次(见表 8-8),其中一般险情 42 次,较大险情 5 次,出险体积达 13 609 m^3。其中 7 月 20 日以前出险 37 次,出险体积 12 150 m^3，占统计总数的 89%，且较大险情都出现在 7 月 20 日桩坝开始施工以前，桩坝修建初期 12 坝及其藏头工程出现一些小的险情，待桩坝工程初具规模、发挥一定作用后就再也没有出现新的险情，说明桩坝的实施有效地减少并控制了险情的发生。

表 8-8　欧坦控导 7 月以来抢险情况统计

日期（月-日）	出险次数	一般险情	较大险情	出现坝号	出险体积（m^3）	说明
07-03	2	2		14 垛，12 坝	455	
07-04	1		1	12 坝	528	
07-05	5	4	1	13 垛，14 垛，14 护岸，12 坝	2 997	14 垛较大
07-06	7	5	2	13 垛，14 护岸	3 554	
07-07	3	3		12 坝，13 坝	586	
07-08	3	3		13 护岸，14 护岸	636	
07-09	10	10		12 垛，14 垛，14 护岸，12 坝，13 坝，14 坝，15 坝	2 169	
07-10	4	3	1	13 护岸，14 护岸，14 垛，12 坝	967	
07-11	1	1		12 坝	60	
07-19	1	1		13 垛	198	
07-21	1	1		12 垛	100	
07-24	1	1		13 坝	40	
08-01	1	1		12 垛	158	
08-02	3	3		12 垛，13 护岸，13 垛	426	
08-05	1	1		13 护岸	210	
08-12	2	2		12 垛，13 护岸	345	
08-13	1	1		13 垛	180	

四、重复组装式导流桩坝结构设计评价

为探索和验证重复组装式导流桩坝的抗冲刷、快速修建和导流效果，项目组以水利部公益性行业项目“黄河下游移动式不抢险潜坝应用技术研究”（项目号：200701047）和“重复组装式导流桩坝应急抢险技术研究与示范”（项目号：201201074）为依托，2008 年和 2013 年先后在郑州花园口黄河岸边修建了有无盖梁、坝长分别为 50 m 和 30 m 的两种形式示范桩坝，见图 8-16 和图 8-17。

2013 年 7 月在开封欧坦黄河岸边为遏制严重塌滩险情紧急修建了顶部用型钢连接的 100 m 坝长（滩地 30 m、水中 70 m）应急抢险桩坝工程，见图 8-18。

2008 年在花园口黄河滩地修建盖梁式透水桩坝：管桩外径 0.5 m，管桩中心距 0.8

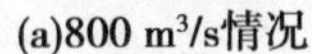

(a)800 m³/s情况

(b)4 000 m³/s情况

图 8-16　2008 年修建花园口盖梁桩坝试验工程

(a)800 m³/s情况

(b)4 000 m³/a情况

图 8-17　2013 年修建花园口无盖梁桩坝试验工程

图 8-18　2013 年开封欧坦顶部扁钢连接的应急抢险桩坝工程

m，桩长 15 m，盖梁高度 1.0 m，桩坝顶平 4 200 m^3/s 流量水位。该桩坝历经 6 年观测，10 次 3 000～6 800 m^3/s 洪水冲击，在被洪水抄后路的情况下部分倒入河中、部分发生倾斜、部分立于河中。说明这个管桩长度的桩坝在对应流量下处于临界失稳状态，桩长 15.0 m 不能满足桩坝稳定要求。

2013 年 5 月在花园口黄河岸边水中插桩修建无盖梁式桩坝：管桩外径 0.5 m，管桩中心距 0.8 m，桩长 18 m、20 m 和 22 m，桩顶平 800 m^3/s 流量水位。该桩坝经历 2013 年 2 次 4 000 m^3/s 洪水过程，历经十几天的水流冲击，坝顶溢流，桩坝没有出现变形。

2013 年 7 月 15 日至 8 月 19 日在开封欧坦黄河岸边水中插桩修建顶部用型钢连接的

桩坝：管桩外径 0.5 m，管桩中心距 0.8 m，桩长 20 m，桩顶平 4 200 m^3/s 流量水位。该桩坝经历 2013 年 4 000 m^3/s 洪水过程，8 d 的水流冲击，桩坝控导主流效果显著，遏制了河岸坍塌，桩坝稳定。

我们抓住黄河汛期和黄河调水调沙 4 000 m^3/s 及以上洪水的时机，针对上述三种结构形式及时进行桩坝运用情况观测，取得了宝贵的运用资料和成果，其初步结论是：坝前水深 11.5 m 左右，流速 2.6～3.5 m/s，顶部平 4 000 m^3/s 水位、由桩长 15 m 管桩和 1 m 高盖梁组合成的桩坝处于临界失稳状态；顶部平 4 000 m^3/s 水位的安全桩坝合理桩长为 22 m 加 0.4 m 盖梁高，顶部平 800 m^3/s 水位的安全桩坝合理桩长为 18 m 加 0.4 m 盖梁高。

管桩外径 0.5 m、管桩中心距 0.8 m 构建的桩坝，具有良好的缓流、导流效果：流速 3.5 m/s 水流经桩坝迎溜、导流后，坝根上游出现明显的阻水回流和水位壅高现象，坝后流速削减为 1.5 m/s 左右，方向转向桩坝控导方向。桩坝与实体丁坝相比，适量透水显示出独特效果，非常有利于透水桩坝稳定和控导河势。这可能就是欧坦短短 70 m 桩坝就能有效缓解水流冲击、遏制塌滩险情发展的原因所在。此次抢险是在黄河下游利用组装式透水桩坝应急抢险的成功案例，开创了黄河下游"上游挑流外移"的新抢险模式和方法。

第五节　管桩坝稳定性分析

现场查勘期间，对管桩坝整体结构的稳定性进行了连续观测，在黄河调水调沙初期，6 月 18～21 日大河流量涨至 3 900 m^3/s，前十一联桩坝顺直、稳定，6 月 22 日在 3 900 m^3/s 流量的水流以 30°角顶冲桩坝 4 h 后，桩坝尾段倒数第一联坝体开始出现颤动，至 6 月 23 日倒数第一联坝体盖梁与倒数第二联坝体盖梁的间隙由初始的 0.5 cm 扩大到 4 cm，倒数第一联坝体出现晃动，晃幅达 5 cm 左右，倒数第二联坝体开始出现颤动。由此我们判断，倒数第一联坝体在 3 900 m^3/s 平坝顶水流激烈冲击下是处于平衡和失稳的极限状态。果然，至 6 月 26 日，尾部二联坝体在 3 900 m^3/s 流量水流冲击 4 d 后，发生倾倒，同时倒数第三联坝体也开始出现轻微颤动。至 27 日，倒数第三联坝体在颤动、晃动中，与倒数第四联坝体间隙逐渐加大，向下游倾斜，坝顶降低至水面下 5 cm 左右（见图 8-19），可能是随着坝体变短、扰动水流能力减弱，以及先期倾倒的两联坝体对河床水流连续经过几天大水过流冲刷，7 月 1 日流量降为 2 900 m^3/s，水位大幅下降，明显观测到管桩坝该联坝体向下游倾斜（见图 8-19）。

另外，项目组还对分散树立在河中的管桩稳定情况进行了观测：6 根各自独立管桩，顶部高程平 3 000 m^3/s 河水位，桩长 15.0 m，在 2009 年黄河调水调沙中同试验工程一样位于大河主槽，在急流中抗流激浪。为了便于比较，在管桩初始运用时，项目组在第一根管桩顶放置了一个大的土块，并测验了各个管桩的直立形态。根据观测成果，在 2009 年黄河调水调沙河道涨水、3 900 m^3/s 持续冲刷和落水过程中，6 根独立管桩保持了良好的稳定性，没有发生任何轻微的变形（见图 8-19）。

根据对桩坝试验工程和独立管桩的观测成果分析，同样桩长的管桩，桩顶高程越低，其在河水中的抗冲稳定性越好。试验工程之所以处于平衡和失稳极限边缘状态，主要原因是桩顶加盖了 1.0 m 高阻水盖梁，虽然桩长没有变化，但作用在桩顶的水压力大了，自

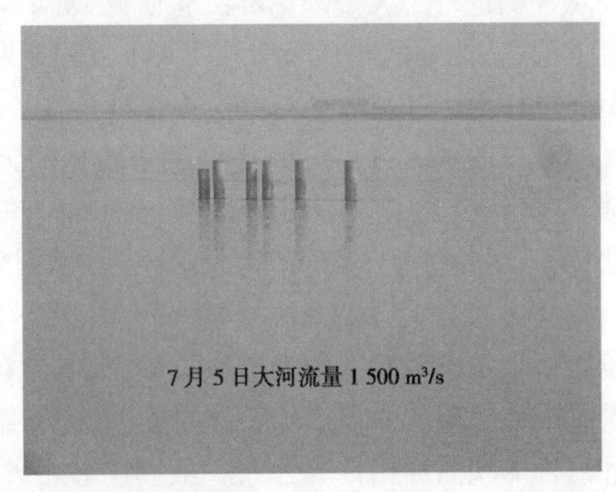

图8-19　主槽中独立管桩抗流稳定情况

然就要求加大管桩的河床锚固长度,不然就不稳定。桩坝整体的稳定是基于各个单桩稳定基础上的,各个单桩处于极限状态,桩坝桩联自然也就处于极限平衡状态(见图8-20)。

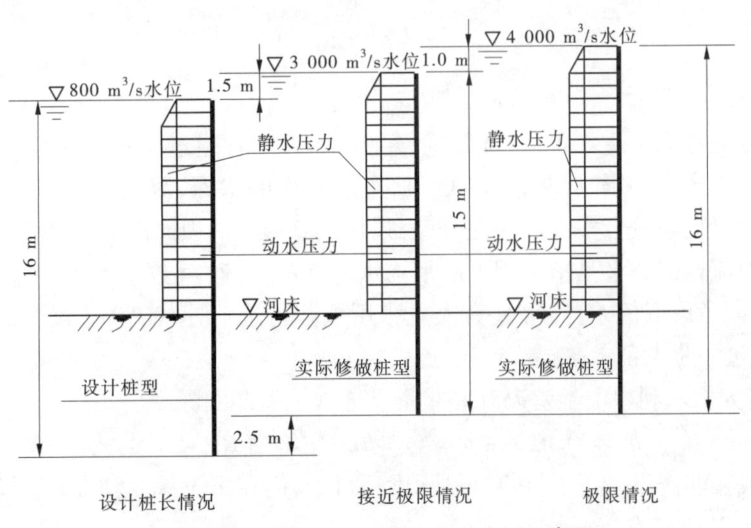

图8-20　管桩受力与稳定关系分析示意图

试验工程是 800 m^3/s 状态下的设计桩型。在不变桩体强度、长度的情况下，应用于 4 000 m^3/s 的水流状态，于是，管桩上部挡水高度增加 2.5 m，下部锚固河床深度减少 2.5 m，从而幸运地将桩坝置于极限运用状态，也就不足为奇了。

第六节　管桩坝冲刷计算公式研究分析

一、丁坝局部冲刷有关公式的评价

丁坝作为一种河流控导构筑物，广泛应用于河道护滩护岸、航道整治和桥台防护工程。根据构筑物结构与运用形式，分为透水与不透水、淹没与非淹没丁坝。国内外学者对丁坝冲刷进行了大量理论和试验研究，对丁坝局部冲刷深度的确定，大致提出了三大类计算方法：一类是把冲刷深度与坝头水流强度联系起来，通过对冲刷机理分析研究寻求，如 Ahmad(1953)、Boldacov(1956)与 Garde(1961)等；一类是借助量纲分析理论，将冲深和与冲刷相关的水力、边界、泥沙等因子转化为无量纲参数，寻求它们之间的联系，如以赵世强、张红武(1989)、Melville(1992)与 Roger(2002)等为代表的研究，这是占主流的研究方法；第三类是基于实测资料回归分析的研究方法，建立在坝头行近水流和剪应力增加的泥沙输移关系之上，如 Laursen(1963)、Gill(1972)和蒋焕章等的研究。黄河下游可移动不抢险潜坝系淹没状态下的透水长顺坝，虽然在坝尾部一定长度可能出现大角度来流冲击，但绝大部分属于淹没透水长护岸类型，为新结构、新坝型，目前常规的参考资料中还没有针对性的坝前冲刷计算公式。虽然在第三章设计研究部分利用相近公式进行了参考性计算，但与试验工程实际观测成果差距较大。现结合黄河下游实际情况和试验工程坝前冲刷计算成果就所选用公式，作简要评价。

(1)荷兰代尔伏特水力学所的非淹没透水丁坝冲刷深度计算公式：

$$h_0 + y_{s,\mathrm{local}} = K_{总}\left(h_0 u_1 \frac{B_{ch}}{B_{ch} - b}\right)^{\frac{2}{3}} \tag{8-1}$$

$$K_{总} = K_{结构} K_{护底} K_{漂浮物} \tag{8-2}$$

公式较好地考虑了透水丁坝从河岸垂直伸向河中对河道过流断面的缩窄及河床冲刷以适应丁坝扰流产生的影响(见图 8-21)，所重点考虑的水深、流速、透水率、河宽等影响冲深的主要因素比较符合实际。因此，该公式是计算透水桩坝冲深的较好公式。

但公式中流速的意义是指丁坝上游平均水深下的流速，其数值的确定容易让人有不同理解，且不同考虑取值差异较大(有人主张用坝前行近流速代替)，以及工程压缩河宽等，都有必要进一步考证。

(2)武汉大学水利水电学院冯红春非淹没透水丁坝冲刷深度公式：

$$h_s = 0.6(1 - p^2)^{0.4} v^{0.8} h D^{0.4} d_{50}^{0.03} / (B - D)^{0.1} \tag{8-3}$$

用此公式在非淹没状态下计算冲刷深度还可以，但在淹没深度较大时，计算冲刷深度比实测值偏大 30% 左右。

(3)水流平行于岸坡产生的冲刷计算公式：

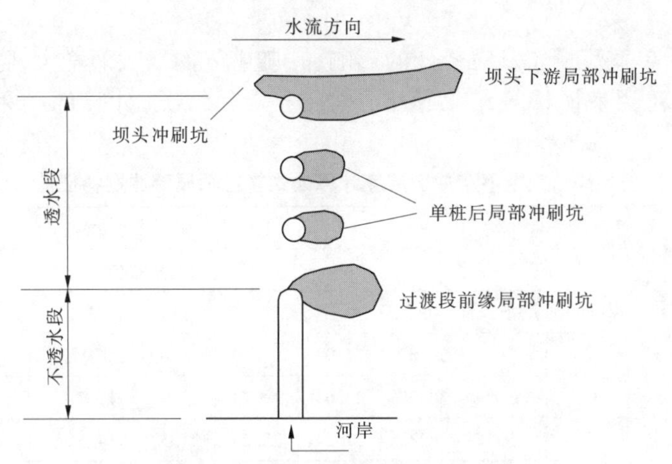

图 8-21　透水丁坝局部冲刷示意图

$$h_B = h_p\left[\left(\frac{V_{cp}}{V}\right)^n - 1\right] \tag{8-4}$$

$$h_s = h_B - h_0 \tag{8-5}$$

公式量纲不和谐,计算成果有问题;经核查将公式调整为原始形式(武汉大学水利水电学院编水力计算手册):

$$h_B = h_p[(V_{CP}/V')^{0.25} - 1] \tag{8-6}$$

式中　h_B——局部冲刷坑深度,m,自河床向下算起;

h_p——冲刷处的水深,m,以行近水深代替。

利用原始形式公式,按所要求水文要素进行不同水流条件下的冲深计算,计算成果见表 8-9,基本可信。

表 8-9　平行于岸坡冲刷修改公式管桩坝局部冲刷特征值

来流条件			h_B(m)	来流条件			h_B(m)
Q(m³/s)	v_0(m/s)	h_0(m)		Q(m³/s)	v_0(m/s)	h_0(m)	
800	2	3	2.33	8 000 $q_{槽}$=10.67 m²/s $q_{滩}$=0.27 m²/s	2.5	4.5	3.96
	2.5	4	3.52		3	5	4.84
	3	5	4.84		3.5	5.5	5.75
4 000 $q_{槽}$=5.67 m²/s $q_{滩}$=0.1 m²/s	2	4	3.11	12 000 $q_{槽}$=14.4 m²/s $q_{滩}$=0.56 m²/s	3	5	4.84
	2.5	4.5	3.96		3.5	6	6.27
	3	5	4.84		4	7	7.80

(4)重庆交通学院、西南水运工程研究所文岑、赵世强的锁坝下游冲深计算公式:

$$d_s = 0.33 \times \Delta h^{0.35} P/(d^{0.33} h^{0.02}) \tag{8-7}$$

计算冲刷深度略偏小,原因是坝高影响因子太简单,不能敏感反映水力条件变化对冲刷的影响。该公式受上下游水位差影响较大,不受流速的影响。

$$d_s = h_s - h_0 \tag{8-8}$$

因该公式受单宽流量 q 及粒径 d 的影响，h_s 随着 q 的增大而增大，随 d 的增大而减小，但是对于小粒径来说计算结果偏大，不符合实际情况，计算的结果很不合理（见表 8-10）。

表 8-10　锁坝下游冲刷深度计算公式管桩坝局部冲刷特征值

上游来流条件				冲刷深度 h_s(m)							
				不同泥沙粒径(mm)							
Q(m³/s)	h_0(m)	v_0(m/s)	q(m²/s)	0.2	0.5	0.8	1	3	5	8	10
4 000 $q_{槽}$ = 5.67 m²/s $q_{滩}$ = 0.1 m²/s	4.5	2	9	24.63	17.92	15.10	13.89	8.94	7.11	5.65	5.03
	4.5	2.5	11.25	30.77	22.64	19.23	17.77	11.77	9.56	7.79	7.03
	4.5	3	13.5	36.73	27.24	23.25	21.53	14.52	11.94	9.87	8.98
	5	3	15	40.13	29.74	25.37	23.49	15.82	12.99	10.73	9.76
8 000 $q_{槽}$ = 10.67 m²/s $q_{滩}$ = 0.27 m²/s	4.5	3.5	15.75	42.56	31.72	27.17	25.21	17.21	14.26	11.90	10.89
	5	3.5	17.5	46.51	34.64	29.66	27.52	18.76	15.53	12.95	11.84
	5.5	2.5	13.75	36.39	26.74	22.69	20.95	13.82	11.20	9.10	8.20
	5.5	3	16.5	43.47	32.19	27.46	25.42	17.09	14.02	11.57	10.52
	5.5	3.5	19.25	50.39	37.52	32.11	29.79	20.28	16.78	13.98	12.78
12 000 $q_{槽}$ = 14.4 m²/s $q_{滩}$ = 0.56 m²/s	5	4	20	52.75	39.45	33.86	31.46	21.64	18.02	15.13	13.89
	6	3	18	46.76	34.61	29.51	27.31	18.34	15.03	12.39	11.26
	6	3.5	21	54.22	40.35	34.52	32.02	21.78	18.01	14.99	13.69
	6	4	24	61.52	45.97	39.44	36.63	25.15	20.92	17.53	16.08
	7	3	21	53.22	39.35	33.52	31.02	20.78	17.01	13.99	12.69
	7	3.5	24.5	61.72	45.89	39.25	36.39	24.70	20.40	16.95	15.47
	7	4	28	70.06	52.31	44.86	41.65	28.55	23.72	19.86	18.20

（5）《堤防设计规范》推荐水流斜冲防护岸坡产生的冲刷计算公式：

$$\Delta h_p = \frac{23\tan\frac{\alpha}{2}V_j^2}{\sqrt{1+m^2}g} - 30d \tag{8-9}$$

公式中水流的局部冲刷流速计算公式 $V_j = \frac{Q}{W - W_p}$ 有一定问题。计算冲刷深度与实测值偏离较大，小流量偏小，大流量偏大都有四五倍之多；如果采用行近流速，则计算冲刷深度与实测值较吻合。

（6）波尔达柯夫非淹没不透水丁坝冲刷深度计算公式：

$$H = h_0 + 2.8 \times v^2 \times \sin\alpha^2 / \sqrt{1+m^2} \tag{8-10}$$

$$h_s = H - h_0 \tag{8-11}$$

一般还可以用于细沙河床，但接近 90°的正向顶冲计算比实测值偏大 28% ~30%。

（7）马卡维也夫的非淹没不透水丁坝冲刷深度计算公式：

$$H = h_0 + (23/\sqrt{1+m^2})\tan\frac{\alpha}{2}v^2/g - 30d \tag{8-12}$$

$$h_s = H - h_0 \tag{8-13}$$

一般可以用于细沙河床，但接近90°的正向顶冲计算比实测值偏大20%～25%，此公式形式上与波尔达柯夫公式没有本质区别。

（8）张红武的非淹没不透水丁坝冲刷深度计算公式：

$$h_m = \frac{1}{\sqrt{1+m^2}}\left[\frac{h_0 v_0 \sin\theta (D_{50})^{0.5}}{(\frac{\gamma_s-\gamma}{\gamma}g)^{2/9}v^{\frac{5}{9}}}\right]^{6/7}\frac{1}{1+1\,000S_v^{1.67}} \tag{8-14}$$

公式在 $S=30\ \mathrm{kg/m^3}$、$Q=1\,000\sim3\,000\ \mathrm{m^3/s}$ 的水力条件下计算尚可，但在高含沙量 $S=120\ \mathrm{kg/m^3}$、$Q=8\,000\sim12\,000\ \mathrm{m^3/s}$ 的水力条件下，冲刷深度普遍偏小，原因是高含沙因子 $\frac{1}{1+1\,000S_v^{1.67}}$ 影响太强，导致冲刷深度不适当，偏低50%多。

（9）K·B·马特维耶夫非淹没不透水丁坝冲刷深度计算公式：

$$\Delta h = 27K_1K_2\tan\frac{\alpha}{2}\cdot\frac{v^2}{g} - 30d \tag{8-15}$$

公式按所要求水力泥沙要素进行冲深计算，计算结果较为合理。公式考虑了影响冲刷坑深度的主要因素：流速、来流与坝轴线的夹角及河床泥沙粒径在公式中所起主要影响作用，但未考虑坝坡对河床冲刷的影响，所求的冲刷坑深度与实际冲刷坑深度仍有一定差距。

二、丁坝局部冲刷深度的量纲分析

根据量纲分析原理，研究前人对丁坝局部冲刷影响因素的分析，选取主要因素，对不考虑床沙黏性影响的丁坝局部最大冲刷，提出冲刷深度的无量纲关系式为：

$$h_s/h = f(Fr, L/h, U_z/U, \cos\alpha, v_2/v_1, m) \tag{8-16}$$

式中　Fr——行近水流弗汝德数；

α——丁坝轴线与流向的夹角；

h_s——冲刷稳定深度，从床面计；

h——坝头行近水深；

L——丁坝在水流垂直方向上的投影长度；

m——坝头边坡；

U_z/U——床沙止冲流速与冲坑流速比；

v_2/v_1——丁坝上下游流速比，与丁坝透水率有关，常用 P 表示。

三、管桩坝局部冲刷深度计算公式推荐

考虑到黄河下游河道善冲善淤、冲淤转换迅速，黄河河道水流阵发性的冲击特点，以及管桩坝与丁坝在工程结构、水流条件与河床冲刷方面的相似性，搜集了大量丁坝与桥墩的模型试验和原型观测冲刷资料，综合分析各类公式的基本构架，并考虑到可移动不抢险潜坝的安全裕度，通过量纲分析筛选，选择出决定不淹没透水丁坝冲刷深度的主要影响因

素，包括水力因子单宽流量 q，泥沙因子起动流速 U_c，几何因子丁坝长度 b，还有来流角度因子 $\cos\alpha$ 等。借助量纲分析，构造出无量纲综合因子$\frac{q}{bU_z(\cos\alpha+c)}$，$c$ 为来流角度为 0°(顺坝冲刷)时的常数。

通过对大量丁坝、桥墩实测冲刷资料及各类公式计算冲刷数据的分析研究，选取$\frac{q}{bU_z(\cos\alpha+c)}$为自变量；取板桩桩径为 B，选无量纲冲刷深度 h_s/B 为因变量。借助对大量类似丁坝冲刷数据进行的回归分析，得到 h_s/B 与$\frac{q}{bU_z(\cos\alpha+c)}$的相关关系为：

当 $q<2.5\ \mathrm{m^2/s}$ 时

$$\frac{h_s}{B}=\frac{5.581}{P}\left[\frac{q}{bU_z(\cos\alpha+c)}\right]^3-\frac{12.837}{P}\left[\frac{q}{bU_z(\cos\alpha+c)}\right]^2+\frac{13.522}{P}\frac{q}{bU_z(\cos\alpha+c)}-0.6234 \tag{8-17}$$

当 $q\geqslant 2.5\ \mathrm{m^2/s}$ 时

$$\frac{h_s}{B}=4.535\times P^{0.1}\times\ln\left[\frac{q}{kbU_z(\cos\alpha+c)}\right]+14.59 \tag{8-18}$$

式中 h_s——冲刷深度，m；
B——板桩桩径，m；
P——透水率；
q——单宽流量，$q=h_0\times v_0$，$\mathrm{m^2/s}$；
b——坝长，m；
α——丁坝轴线和水流流向之间的夹角；
k——河床粗化系数，$k=e^{\frac{d_c}{d}-1}$，$d_c=1.5$ mm，当 $d\leqslant d_c$ 时，取 $d=d_c$；
c——系数，经分析取 $c=0.5$；
U_z——泥沙止冲流速，m/s，$U_z=k_1U_c$，k_1 与泥沙组成及粗化程度有关。

$$U_c=\left(\frac{h}{d}\right)^{0.14}\left(17.6\frac{\gamma_s-\gamma}{\gamma}d+0.000\,000\,605\frac{10+h}{d^{0.72}}\right)^{0.5} \tag{8-19}$$

式中 U_c——初始泥沙起动流速；
h——行近水深，m；
d——泥沙粒径，m；
γ_s——泥沙容重，$\mathrm{kg/m^3}$；
γ——水流容重，$\mathrm{kg/m^3}$，取$\frac{\gamma_s-\gamma}{\gamma}=1.65$。

根据大量实例计算验证，无量纲冲刷深度与无量纲综合水沙边界因子具有较好的相关性(见图 8-22)，可以推荐为黄河下游可移动不抢险潜坝坝头冲刷深度计算公式，潜坝坝身部位冲深可按坝头冲深 0.85 系数折减确定。

同时，荷兰代尔伏特水力学所的非淹没透水丁坝冲刷深度计算公式也是一个比较接近实际的公式，予以推荐。但建议公式中的流速取用坝前行近流速，冲刷初始水深取用行近水深,考虑到河道的游荡性,丁坝压缩河宽中常洪水时按60°夹角推算垂直丁坝长度,小水时按90°夹角推算垂直丁坝长度。

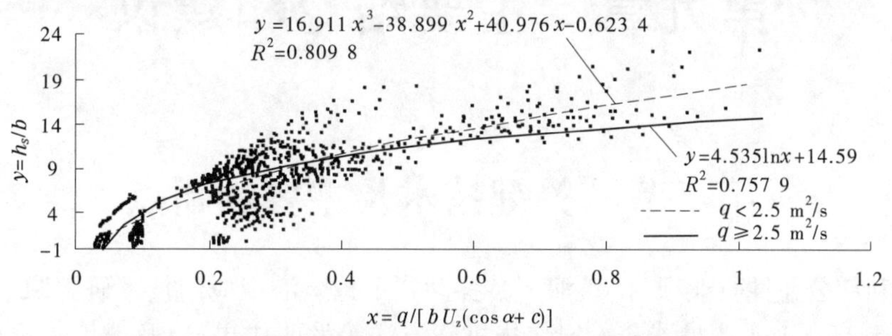

图 8-22 无量纲冲刷深度与综合水沙边界因子相关曲线

$$h_0 + y_{s,\mathrm{local}} = K_{总}\left(h_0 u_1 \frac{B_{ch}}{B_{ch} - b}\right)^{\frac{2}{3}} \tag{8-20}$$

$$K_{总} = K_{结构} K_{护底} K_{漂浮物} \tag{8-21}$$

式中 $K_{总}$——经验系数,$\mathrm{m}^{-1/3}\mathrm{s}^{2/3}$,与护岸结构型式有关;

B_{ch}——工程上游河宽,m;

b——工程压缩河宽的长度,m;

u_1——工程上游行近流速,m/s;

h_0——工程上游行近水深,m;

$y_{s,\mathrm{local}}$——局部最大冲深,m;

$K_{结构}$——与透水率有关,取值见表8-11;

$K_{护底}$——与河床护底有关,取值见表8-11;

$K_{漂浮物}$——与漂浮物情况有关,取值见表8-11。

表 8-11 经验系数取值表

桩坝工作及其环境情况		$K_{结构}$	$K_{护底}$	$K_{漂浮物}$
桩坝透水率(%)	0	2.4		
	50	1.6~2.0		
	60	1.5~1.8		
	70	1.4~1.6		
	80	1.2~1.3		
桩坝附近河床护底情况	河床无护底		1.0	
	河床有护底		1.1	
坝前河水漂浮物情况	无漂浮物			1.0
	漂浮物厚度≤1.0 m			1.2
	漂浮物厚度>1.0 m			1.3

第九章 主要结论和建议

第一节 关键技术及主要创新点

在水利部公益性行业项目“黄河下游移动式不抢险潜坝应用技术研究”成果,2007～2009年研制高压射水拔桩器和无损伤拔桩新方法等发明成果,以及滩地无损伤插桩、拔桩成功试验基础上,2012年以水利部公益性行业项目“重复组装式导流桩坝应急抢险技术研究与示范”(项目号:201201074)为依托,通过开展拼装式水上施工平台、高压射水插桩机具、插桩定位装置研制,黄河花园口水上插桩、拔桩试验,开封欧坦重复组装式导流桩坝应急抢险应用等研究和探索,以及相应的理论分析和数值仿真,取得了一系列研究成果,提出了黄河下游畸形河势整治新方法、新技术。其关键技术及创新点如下。

一、拼装式插桩施工平台使用技术

拼装式施工平台是水上插桩配套的关键装备,黄河下游畸形河势随机性、突发性、临时性的特点要求平台快速机动。但施工平台工作时其上有吊车、管桩等众多固定或移动的贵重设备及人员,要求平台必须有足够的工作场面、足够的刚度和强度,保证其具有较好的整体性,还要有较好的稳定性,在平台上移动荷载作用下不能有过大的倾斜和晃动,不能影响施工质量和安全。为此而提出平台分块浮箱连接技术、平台水上拼装和拆分技术、平台锚固和移动及转动技术等。

(一)平台分块浮箱连接技术

平台之间的连接形式,直接影响到平台强度、连接作业的速度,为保证整体强度,需要满足整体浮力平衡与重力传递,必须是刚性连接;平台连接牢靠、操作灵活方便,要求人员在甲板上就能完成平台组装或拆分操作,连接装置状态检查在甲板上也能进行。为此进行平台浮箱设计和蜗杆齿条传动式连接装置设计:承载浮箱、普通浮箱吃水深度需要有一致性,才能满足平台浮箱拼装毫米误差要求;利用齿轮齿条传动实现单销连接,能使单销发出足够的轴向力以克服启闭过程中的阻力,实现平台的快速连接。该种连接方式能够使平台连接牢固、变形微小,具有装配便利、结构紧凑的特点。

(二)平台水上拼装和拆分技术

平台每一个浮箱都体积庞大,重达十几吨,不仅需要大型吊车起吊,还需要人力牵拉在水上移动和固定,特别是动水河面上拼装误差几毫米,要求苛刻,提出了防止平台浮箱变形的吊装、存放技术,平台拼装位置选择,平台浮箱入水次序、姿态控制和锚定,以及平台浮箱对接和搭板安装等技术。

(三)平台锚固和移动、转动技术

施工平台体积大、荷载重,自身不带动力,如何实现水上安全、平稳、精准移动,是水上

插桩、拔桩施工能否成功的关键环节之一，施工平台水上移动一定要由专业人员指挥操作，做到慎之又慎。为此，研究成果提出了作业平台挂锚固定状态下，河锚交替使用、河锚钢丝绳协调松紧模式下的平台水面固定和小范围移动或转动技术，以及为保证安全的平台双缆锚固、主辅缆绳确定与互为转换等。

二、压盘装置可靠性连接与平衡设计

压盘装置作为射流管路的一部分，要求其能够承受一定的压力，并具有足够的密封性，另一方面又是管桩与射流装置、管路及其内部射流的起吊位置，要求有一定的抗拉、抗压、抗弯性能，因此其可靠性对设备施工安全及射流破土效率起着决定性作用。同时，由于水管相对于吊点分布的不对称性，起吊过程的平衡处理也成为核心。

(1)压盘装置的密封性保证。通过前面分析，压盘与桩端板之间，通过14M24的高强度连接螺栓连接，压盘和端板之间安放有密封圈，螺栓的预紧力超过起吊载荷的1.6倍以上。

(2)压盘装置的强度保证。在压盘上面的进水管两侧，设置有两个板式吊耳，吊耳两侧分别安放有加强筋，且通过丁字焊缝进行焊接。

(3)吊点受力的平衡性保证。吊点两侧水管分布不对称，通过在弯头一侧增加喉箍和钢丝绳与水管绑定，并通过起吊机械副钩承载作用来解决。实际工作时由于水射流和水管、钢丝绳、起重机吊钩、管桩等共同作用的结果，重心会有一定的变化。为了保证工作时的动平衡状态，开始工作前，首先将各配套设备如待插桩、钢丝绳、水管等全部组装完毕，并用起吊机械吊起首次观察和测量待插桩(不射流时)平衡的情况：若射流出口处于水平状态，待插桩处于竖直状态，则说明在没有射流冲击下设备已经达到了平衡；然后启动电机和水泵开始射流，使待插桩处于空中悬挂状态，再次观察待插桩的竖直状态和各喷嘴射流情况。如果射流出口均匀，桩也处于竖直状态，说明设备在动态下也已经达到平衡，否则需重新调整钢丝绳长度使其保持平衡。

三、深水插桩管桩定位技术

插桩定位是重复组装式导流桩坝修建的关键和控制环节，在水深流急的情况下将管桩竖直地插入河床，应用深水插桩定位装置是必不可少的。但为使管桩免受水流冲力影响，定位装置不得不做得高大且沉重，再加之其顶部和侧向锚固要求，方便灵活的吊装和姿态控制是其拆装作业的必然要求，是深水插桩管桩定位的关键技术。

(1)定位装置水平度保证。定位装置的水平度直接决定插桩的竖直度，为了保证定位装置的水平度，单独设计了定位梁，两端可以根据2根定位钢管的相对高度，调整水平度，从而保证待插桩的竖直度要求。

(2)定位装置直线性保证。定位装置设计的关键技术还在于保证桩与桩的距离，并且成一条直线。根据两点确定一条直线的公理，利用已经插好的2根桩作为定位基准，确定待插桩孔与定位桩在一条直线上；同时设计中根据六点定位原理，稳定了护筒的位置，就确保了插桩的可持续性，并且成一条直线。护筒还避免了插桩时水流对桩的冲击，确保桩竖直下沉，保证了桩的直立，从而保证桩坝的直线性。

(3)定位装置平衡性保证。2种定位装置结构都是不规则的,通过吊点的设计,保证了起吊的平衡和定位的稳定性。

四、插桩施工技术及工艺

黄河下游河床为粉细砂、黏土地质构造,有极少钙质结核或孤立块石等小块坚硬物,粉细砂、黏土受黄河游荡性影响在地层中随机分布,很小范围内都可能会有很大差别。它们抵抗射水破坏的能力有很大不同,射水造成的影响范围和速度差别很大。为控制合理的射水插桩误差和高效插桩,需要时刻结合射水插桩过程中流量计、压力表和吊车状态监控仪实时监控相关工作参数,准确、及时判断插桩地层特点,适时调整和控制射水强度及速度,据此而总结提出快速、准确、稳妥的插桩技术,以及针对不同插桩阶段和特殊地质情况(遇到孤立分布的石块、硬物等)而灵活采取加压或降压射水、管桩冲砸或匀速下沉等操作时机和工艺。

五、利用重复组装式导流桩坝应急抢险技术

黄河下游防洪工程抢险经常采用的是哪里出现险情就在哪里抛石或紧急修筑防护体抢护的"阵地战"抢险战术,在河势变化符合规划预期或河势变化比较稳定、出险地点比较固定时,这种抢险思路和战术是可行的,是被人认可和肯定的。但对于那些具有很大偶然性和随机性,特别是出险地点不在预定范围的临时险情,这种传统的抢险战术就会造成不必要的材料浪费,容易引起争议。根据河势变化规律,在出险工程的上游河道适宜位置快速修建重复组装式导流桩坝工程,对河道水流进行主动干预、挑流外移,减缓或免除水流对出险工程的冲击,能够起到事半功倍的效果。

欧坦工程险情成功控制的实践证实,重复组装式导流桩坝工程具有良好的缓流、控流和导流效果,为此,研究总结了桩坝工程进行险情抢护的科学规划平面布置、合理选择桩坝设计参数等一系列成果。

六、主要创新点

(1)首次提出并应用了移动式不抢险潜坝设计理念。

根据已有河道工程控导河势效用分析数据,结合不同的河势控制要求和工程管理需要,利用预制管桩、盖梁、销柱有机组合,拼装成不同长度的钢筋混凝土透水桩坝(见图9-1)。如修建临时导流坝工程,桩坝长度可控制在500 m左右;若是修建永久性河道整治工程,则应根据规划需要确定桩坝长度。

移动式:这里所说的移动,就是采用组装式、可拆卸、可迁移的结构设计,按设计间距和走向一字布置的多根管桩通过对应长度的一节盖梁,相互连接成一个长度为8~10 m的"桩联"式框架结构,多个"桩联"结构体再按设计走向一字布设组成不同长度要求的桩坝。修建时,首先将空心管桩按设计间距做成排桩;然后使盖梁预留孔与管桩心孔相对,利用吊车将盖梁吊装至排桩顶;再将预制的钢筋混凝土圆台形销柱从盖梁孔插入管桩空心,实现盖梁与预制空心管桩之间的顶部铰接式连接;最后再利用石子将盖梁预留孔中圆台形销柱周围的空隙填塞密实,逐节吊装盖梁,将排桩逐渐连接成需要长度的钢筋混凝土

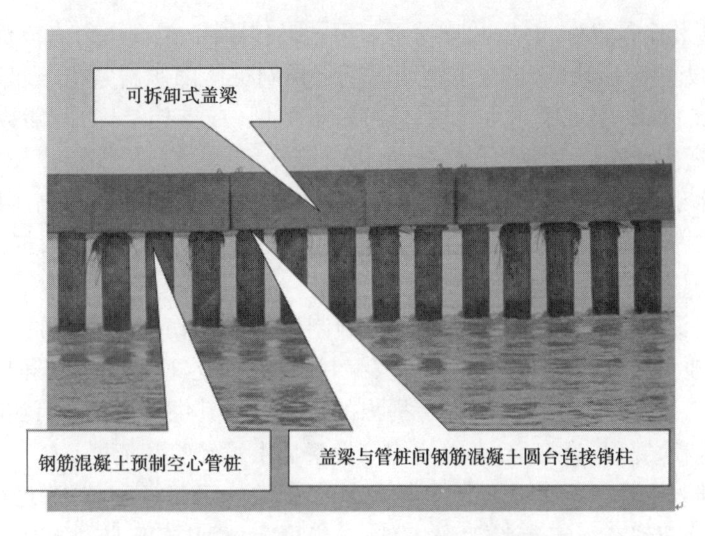

图9-1　组装式钢筋混凝土预制管桩坝局部释义

预制透水桩坝。移动时,利用吊车将盖梁吊离排桩顶,拆掉圆台形销柱,再利用高压射水拔桩器和吊车将管桩逐根从河道中拔除,然后将管桩、盖梁、销柱搬运到需要修建桩坝的地方。按照以上修坝程序修建透水桩坝,实现了桩坝的移动。该技术要求:坝体构件在修建、拆除、搬运过程中都不允许受到损伤。

潜坝:允许坝顶溢流过洪,无论是大于800 m^3/s洪水溢流,还是大于4 000 m^3/s洪水溢流,都能发挥不同程度要求的导流、护岸作用。为此要求桩坝管桩间距不能过大,设计管桩净间距取值30 cm。

不抢险:就是遵循深基做坝原则,一次性将达到设计强度、长度的管桩插入河床,使每根管桩都满足抗冲稳定的要求,不发生倾倒、歪斜和折断等情况。为此,要求桩坝管桩具有足够的强度和长度。根据水流冲击桩坝观测、模型试验和坝前水深计算成果,以及坝体管桩在河床的锚固和科学用材要求,桩坝管桩长度可布置成阶梯状:修建坝顶平4 000 m^3/s对应水位的桩坝,其位于河道深处的末尾80～100 m坝体的管桩长度取值22～24 m,靠向河岸的其他坝体管桩长度可取值18～20 m;修建坝顶平800 m^3/s对应水位的桩坝,其管桩长度可分别取值18～20 m和15～17 m。

确定的移动式不抢险潜坝的总体布置形式及主要设计参数,包括设计流量、设计水位、桩长和坝顶高程等,为该坝型的推广应用和其他类似工程提供了设计参考依据;根据物理模型试验,结合黄河下游实测资料分析,提出了适合移动式不抢险潜坝工作特点的冲刷深度计算公式,为今后该类坝型的结构设计提供了技术支持。

(2)根据水射流破坏桩周围土层和正循环护壁原理,提出了高压射水新型拔桩施工方法,解决了被拔桩体与其周围土体不易分离的难题,有效减小或消除了土层对桩的摩阻力及下吸力,提高了拔桩效率,保证了桩体完整无损,并扩大了被拔管桩尺寸和埋深的选择范围。

(3)首次开发研制了适合于软土地质条件下的圆形管桩高压射水拔桩器,在不损害桩体的情况下,为修建和拆除预制管桩桩坝或支挡结构提供了关键设备;利用仿真技术原理，确定了喷嘴最佳布置方式，以及喷嘴至刀刃的最佳距离，提高了射水拔桩效果；并通过在拔桩器断面设置V形缺口，解决了钢筋混凝土预制桩体因倾斜紧挨一起造成拔桩器沿桩体不能下沉的问题，实现了透水桩坝、连续管桩桩坝（或支挡结构）均能拔除的目标，拓宽了拔桩器的适用范围。

(4)根据水射流理论和仿真技术，利用管桩本身中空通道，研制了高压射水无损插桩专用机具，实现桩坝施工技术创新，并为管桩重复利用提供了技术支撑，提高了管桩利用率。

(5)通过对深埋冲积土层中钢筋混凝土预制管桩的无伤害拔除试验，提出了高压射水拔桩器软土地基拔桩的施工技术与工艺；编制的高压射水拔桩器拔桩等相关施工定额，为推广该项施工技术提供了技术支撑。提出的拔桩器及其供水系统运行实时监测控制指标和安全施工技术规程，为安全、高效使用该设备提供了经验和依据。

(6)利用研发的重复组装式导流桩坝及其配套的施工装备和技术，进行畸形河势险情抢护和完善补充现有河道整治工程，为进一步稳定黄河主槽、防洪减灾提供了技术手段，促进了河道整治进步和滩区安全。

(7)根据河势变化规律和重复组装式导流桩坝工程特有的缓流、控流和导流效果，提出了临时工程“挑流外移”抢险新战术，为黄河下游畸形河势险情抢护提供了有效支撑，推进了工程抢险技术进步。

(8)利用重复组装式导流桩坝工程坝顶溢流、不抢险，以及可以拆除异地重建的特点，与现有河道整治工程配合使用，进一步控制和稳定小水河势，解决了现有河道整治工程面临的困境和出路，提高了河道整治工程利用效率。

(9)紧密结合水中插桩施工条件和要求，研制了水中插桩系列装置，减小或避免了动水冲击对入水管桩姿态的影响，保证了插桩竖直和精确定位。

(10)研制了拼装式施工平台及其齿轮齿条传动刚性连接装置，实现了平台快速机动及拆装简单方便，为水上插桩或拔桩提供了关键技术装备。

(11)利用水泵供水管路流量计、压力表和吊车承载监控仪等的监测数据与插桩地质变化规律及经验，总结提出了灵活加压或降压射水、管桩冲砸或匀速下沉等插桩技术、工艺和注意事项，为桩坝快速、准确、稳妥施工提供了技术支持。

第二节　主要结论

自项目立项以来，经过深入调查研究，在明确研究的目标、任务和技术路线后，进行方案设计、数值模拟、结构优化、材料采购、加工制造、厂内试验、现场试验和应急抢险示范等，顺利完成了合同规定的各项任务及要求。根据3年来的研究结果，可得出如下结论：

(1)研究与实践表明，将钢筋混凝土预制管桩、钢筋混凝土预制盖梁、钢筋混凝土预制销柱设计成拼装式透水桩坝结构形式，利用高压水流射孔器、吊车等机械设备进行滩地插桩做坝和拔桩、拆除及搬运移动施工，安全可靠、简单快捷，与传统方法比较，还具有坝体材料不受损伤、投资小等特点，特别是一次性投入施工设备和桩体材料，每次只需花费有限的拆除、搬运费用，即可多年重复使用的独特坝型设计，非常适用于旨在调整畸形河势、工程抢险而需快速修建的临时导流工程。

(2)根据试验工程建设检验，采用预制管桩、连接销柱、联系帽梁有机组合的拼装式结构，实现了不抢险潜坝简便拼装、拆分；利用研制的高压射水拔桩器和吊车、发电机等设备配合，可以方便快捷地进行不抢险潜坝管桩的拔出和异地再建，实现了不抢险潜坝的"移动"；通过计算选定坝顶高程、管桩尺寸和配筋等参数指标，可以实现桩坝淹没溢流情况下的工程不出险。

(3)根据物理模型试验成果资料，对于坝顶平 800 m^3/s 水位桩坝的控导河势作用，在 $Q \geq 800$ m^3/s 时，管桩坝对河势有较好的控导作用，可以控导深槽河势。但随着大河流量的加大，坝顶溢流量增加，桩坝对河势的控导作用逐渐减弱。$Q > 4\ 000$ m^3/s 时，管桩坝顶溢流水深为 2.0 m 左右，管桩坝对弯道洪水河势仍起一定的控导作用，管桩坝对维持深槽凹岸集中过流和稳定有辅助作用。$Q > 8\ 000$ m^3/s 时，坝顶溢流水深进一步增大(为 3.0 m 左右)，翻过管桩坝的坝后滩地分流比增大，河水越过桩坝趋直趋势明显，管桩坝对控导、维持坝前过流基本失去作用。$Q > 12\ 000$ m^3/s 时，坝顶溢流水深达到 3.5 m 以上，洪水趋直，河道排洪畅顺，漫坝水流的水位差一般在 0.05～0.15 m，坝前顶冲区最大行近流速为 2.8～3.0 m/s，坝顶溢流流速达 2.92～3.25 m/s，管桩坝对控导、维持坝前过流完全失去作用。由此我们推断，修建坝顶平 800 m^3/s 水位黄河下游移动式不抢险潜坝工程与现有的河道整治工程配合使用，不仅可以不影响大洪水期间的河道安全排洪和滩槽水沙交换，而且还可以有效约束和控制大、中、小河道水流在规划的设计流路内排泄或流动。

(4)水流冲击不同透水率、不同顶部高程的管桩坝，其附近河床冲刷特点不同。桩坝透水明显降低了坝前河床冲刷坑深度，但也同时降低了桩坝导流和控制河势的效果与作用；坝顶溢流可以有效避免坝前河床冲刷，但产生坝后河床冲刷，大洪水河势控导作用减弱。由此，有效减小坝前河床冲刷水深的途径是将坝体设计成透水和坝顶溢流形式，但要根据河势控导要求科学计算确定桩坝透水率和坝顶高程。

(5)移动式导流坝的应用前景广阔。通过对移动式不抢险潜坝工程布置、工程结构、冲刷深度等方面进行深入研究，提出了黄河下游移动式不抢险潜坝结构，为今后河道整治工程建设提出了一种可供选择的新坝型：可根据河道整治需要，用于修建平 800 m^3/s 或 4 000 m^3/s水流对应水位的不同坝顶高程导流工程，对已有中水河槽整治工程进行上延或下续方式的补充与完善，进一步稳定主槽。同时，该坝型结构及其特有的施工和移动技术也为解决黄河下游游荡性河段河道整治工程布局争议而进行黄河下游原型试验提供了可能和手段。

(6)现行的各种河道整治工程技术所形成的河道工程，无法改变已有的工程布局，尽管一些河道整治工程长期不能靠溜，发挥不了应有的作用，但也只能是被动地闲置在那里，造成一定程度的浪费。重复组装式导流桩坝可拆除异地重建的功能克服了传统河工技术的缺点，为今后完善黄河下游河道整治思路、优化河道整治工程布局，创造出前所未有的治理格局，提供了关键技术支撑。这项技术的推广应用，将可能给下游治理带来新的局面。

(7)根据在黄河下游修建"重复组装式导流桩坝"这一工程地质背景及实现条件，提出的高压射水无损伤插桩、拔桩思想及其技术路线是正确的，研制的水上施工平台、射水插桩机具、定位装置等专业设备机动灵活、安全高效，插桩、拔桩相关技术和工艺简单明了、科学实用。

（8）这种由钢筋混凝土预制管桩、盖梁和销柱构成的重复组装式导流桩坝，利用高压射水装置、吊车等机械设备可以无损伤地进行插桩筑坝和拔桩、拆除及搬运移动施工。与传统方法相比，安全可靠、简单快捷，具有坝体材料不受损伤、投资小、不占耕地等特点，特别是一次性投入施工设备和桩体材料，之后只需花费有限的拆除、搬运费用，即可重复使用的独特设计，非常适用于调整畸形河势和现有河道整治工程的补充与完善。

（9）初步观测成果显示，重复组装式导流桩坝工程具有特有的缓流、控流和导流效果，将冲击桩坝流速有效削减 1 ~ 2.5 m/s（近坝流速越大削减幅度越大）的缓流效果，虽然影响了其导流效果（同坝长导流效果不如实体坝好）发挥，但仍然能够很好地发挥保护下游安全的作用，特别是其适度透水后稳定桩坝靠溜长度方面明显优于实体坝效果。重复组装式导流桩坝这种导流、控流效果的此消彼长，使其控制河势变化的效果很大程度上优于实体丁坝。

（10）重复组装式导流桩坝施工或拆除场地狭窄，但使用的大型设备多，工种科目多，施工交叉作业紧凑，施工中加强程序化、规范化操作和安全技术教育及培训，建立和树立安全风险防范机制与意识是十分必要的。

另外，在城市高层建筑基坑开挖施工中，针对挖深大、不能放坡开挖的实际特点，还可以通过应用钢筋混凝土预制管桩修做基坑围护支挡桩墙，进行基坑直立开挖，待高层建筑基础工程完工、基坑回填完成后，再利用拆除技术将管桩拔走异地使用，以降低工程施工成本和减小基坑开挖对邻近建筑物的影响。因此，该研究成果应用领域十分广泛。

第三节　几点建议

黄河下游可移动不抢险潜坝应用技术研究目前仅仅是进行了滩地做坝移动的成功探索，水上施工作业还有很多困难和技术“瓶颈”有待研究攻克，对插桩、拔桩施工的一些细节认识还有些粗糙和肤浅，制约着该成果的推广与应用。同时，黄河下游游荡性河段畸形河势时常出现和发育，急需遏制和规顺。因此建议：

（1）根据河道治理需要，用于修建坝顶平 800 ~ 1 000 m^3/s 水位潜坝或 4 000 m^3/s 抢险导流临时工程，对目前河道整治工程进行补充、完善和畸形河势险情抢护。修建临时性的调整畸形河势和抢险工程，建议修建坝顶平 800 m^3/s 流量对应水位、管桩净间距 0.3 m、联系盖梁（宽 × 高 × 长）0.8 m × 0.5 m × 9.9 m、坝头和坝身管桩长分别为 18 ~ 20 m 和 15 ~ 17 m、桩坝长度 800 m、管桩内外径分别为 0.3 m 和 0.6 m 的桩坝工程。修建永久性的河道整治工程，可根据规划情况修建坝顶平 4 000 m^3/s 流量对应水位、管桩净间距 0.3 m、联系盖梁（宽 × 高 × 长）0.8 m × 0.5 m × 9.9 m、坝头和坝身管桩长分别为 22 ~ 24 m 和 18 ~ 20 m、管桩内外径分别为 0.3 m 和 0.6 m、符合规划要求长度的桩坝工程；也可按照临时性抢险工程参数修建平 800 m^3/s 水位的永久性河槽稳定工程。

（2）重复组装式导流桩坝及其施工技术和装备，已在应急抢险中取得示范性成果和效果，它的重复使用、拆除异地重建功能具有很强的生命力，今后应建立专业的应急抢险队伍和装备，解决应急抢险桩坝的投资费用来源，在今后的推广应用中逐渐变成永久性的河道整治工程最佳施工技术。建议建设管理部门和设计单位充分利用该成果，使之迅速转化为生产力。

（3）受时间和经费限制，利用高压射水原理和方法进行黄河下游河道插桩、拔桩试验数量偏少，地层代表性不强，应在今后的此类工程施工中进一步搜集、整理和分析相关资料和数据，对高压射水河道插桩、拔桩定额进行优化完善。

（4）在高压射水插桩、拔桩机具性能参数检验、插桩和拔桩施工、试验工程修建等试验中，相关配套设备操作协调性不强，时常出现故障而影响整个工程的顺利实施。同时，供水系统中部分管件实用性不强，有漏水、松脱损坏等情况，均需按照规范、标准化要求进行优化、加固，以提高施工安全性和可靠性。

（5）利用该成果修建导流坝时，建议结构形式采用透水、一定流量级顶面溢流结构。坝体冲刷深度计算建议采用第八章第六节推荐公式，并要考虑具体平面布置情况，分部位区别采用不同计算冲深，以减小坝体附近河床冲刷，在保证工程稳定的基础上，降低工程投资。

第二篇　重复组装式导流桩坝专用机具研制

第十章　高压射水插桩专用机具设计研究

第一节　设备研究目标

根据黄河下游游荡性河段河道水流实际和河床地质结构特点,重复组装式不抢险导流坝型式、管桩形状和重量,以及无损伤插桩施工动力情况,特别是当桩坝完成其使命进行拆除后管桩可以继续使用的要求,研发的新型水上插桩专用机具,施工过程中不应该破坏桩的结构及其强度,桩能在自身重量作用下垂直下沉、无损插桩建坝。该设备主要思路是利用射水法对桩底部土层进行射水冲击,形成井孔,去除地层对桩的下沉阻力,以方便快捷地将桩沉入地层。

针对黄河下游河道整治和工程抢险做坝,以及一般土木工程、水利水电工程施工插桩特点和要求,高压射水插桩机具研究目标是:

(1)高压射水插桩机具能够在软土地基上进行无损插桩,尤其是在黄河下游滩地及水中施工。

(2)利用水射流冲击砂土、黏土及含有枯枝杂草、小块孤石地层时,能对管桩底部地层进行造孔,消除地层对管桩自由下沉的阻力,使桩依靠自身的重量沉入地层中。

(3)结合重复组装式导流桩坝对管桩的直径和长度要求,高压射水插桩机具必须满足外径ϕ500 mm、内径ϕ300 mm、长度24 m混凝土预制管桩施工插桩的射水强度要求,及其对应的初始插桩管桩高度和终止插桩深度的水下压强,设计选用的水泵必须具有足够的流量和扬程,设计选用的供水胶管及其配套管件也要有足够的强度和对应尺寸。

(4)根据重复组装式导流桩坝所使用管桩重量大、长度大的情况,管桩吊具必须具有足够的强度,且吊点合理、连接牢靠、拆卸方便,满足安全、垂直吊桩和移动要求。

(5)针对黏土和砂土抗冲能力、水下休止角差异很大的情况,为保证射水插桩质量和速度,射水强度能够进行实时监测和适时调节,以便不同插桩阶段和不同地层采取不同的操作模式。

(6)射水插桩施工期间供水管路中水压很大,一旦泄漏和喷射容易造成人员和电器设备事故,为此要求供水管路有很好的密封性,特别是频繁拆卸的连接部位,要有足够的紧固和密封强度。

第二节　射水插桩原理及主要研究内容

一、射水插桩原理

该水上插桩施工及其快速定位设备实施插桩工作时，首先利用射水插桩法在黄河岸边滩地或缓流区插入管桩1~3根(称为定位桩，桩编号为1、2、3，至少沉入2根边桩)，在定位桩顶安装定位装置，将待插入的4号管桩安全地放入定位装置的插孔中，即可进行射水插桩；如果是在岸边急流、深水中插桩，利用定位桩的直立、稳定作用，将分节承插式大直径长钢护筒(内径要大于需安插管桩外径一定幅度)及边桩3固定位置和相对高度的滑动控制卡具，实现分节承插式大直径长钢护筒在边桩前进侧面水中垂直、稳定放置，营造需要安插的管桩在没有水平流速的钢护筒内水域沉放至河床射水管桩环境，进而实现需安插管桩4在自重的作用下垂直下沉插桩。然后再依此桩4为定位桩继续射水插桩5，以此类推实现整个桩坝的建立。如图10-1、图10-2所示。

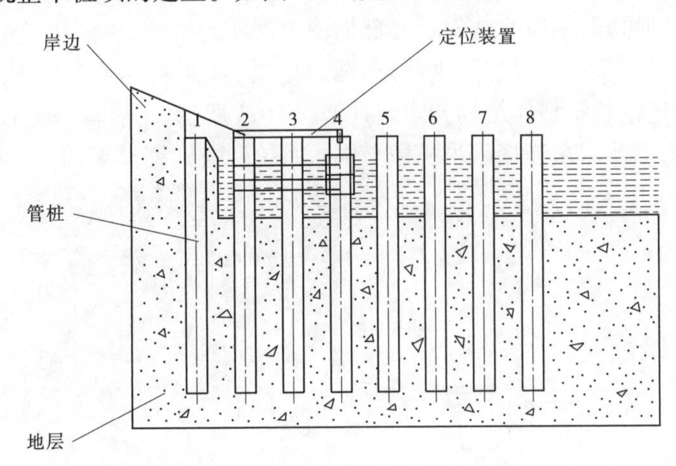

图10-1　插桩工作原理过程图

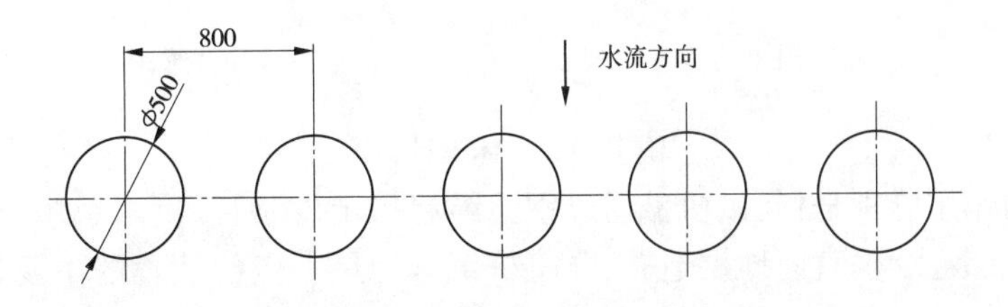

图10-2　理想状态时桩位置布局图(水最大流速为3.6 m/s)

二、具体研究内容

依据当前国内外插桩施工机械状况，查阅了大量的国内外文献，并据此将研究重点放在寻求更经济、更高效、更安全的水上插桩方式上。研究内容分为四部分，第一部分为射水插桩机具设计，第二部分为射水插桩机具与管桩连接设计，第三部分为射水插桩配套设

备设计与选型,第四部分为设备的制造、组装与调试。具体内容如下:

(1)对有限空间淹没射水理论进行分析,为射水冲击地层插桩设计提供理论依据。

(2)射水机具设计研究。根据组装式不抢险坝的管桩结构和黄河下游河道地质特点,研究设计与管桩端板有效结合的射水板及其喷嘴装置。

(3)供水系统设计与选型。根据管桩射水出口压力选择相应的供水系统,即水泵型号及配套电动机和水管型号、水量监控设备等。

(4)插桩供水系统与管桩连接设计。根据供水系统与管桩对接进行插桩的连接和一端起吊竖直平衡要求,以及管桩端板预留锚栓孔、重量和止水、快速装拆等情况,进行压盘、连接弯管、胶管连接法兰等装置的设计研究。

(5)射水插桩专用机具制造、安装调试与安全操作问题研究。按照黄河下游重复组装式不抢险桩坝插桩施工要求,制造加工射水插桩专用机具,进行安装调试和试验应用,总结提出射水插桩设备安全操作技术要求和注意事项。

第三节　射水插桩机具设计

根据插桩原理可知,用射水法对桩底部周围土层实施破坏,再依托定位桩利用快速定位装置使桩处于悬浮状态或自然下垂状态,插入地层,从而实现整个桩坝的建立。因此,对该插桩设备和定位装置整体结构初步设计如图10-3所示。整体结构由起吊机械、供水系统和定位装置,以及用来连接起吊机械与供水系统和桩的钢丝绳四部分组成。

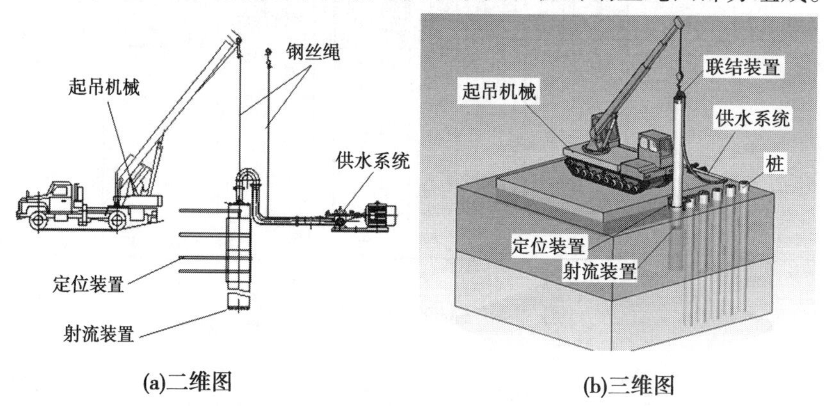

图10-3　总体设计方案

各部分的作用分别是:起吊机械通过钢丝绳起吊定位装置、供水系统和管桩,使供水系统在桩的底部连续垂直向地层造孔,并将桩沉入地层。定位装置的主要作用是依靠前桩定位,将水对桩的侧向冲击作用减弱或消除,保证管桩下沉的过程不受水流的作用,从而保持铅垂状态沉入地层。供水系统供给高压射水,冲击桩底部地层,形成井孔,并通过正循环将产生的泥浆带动溢出,在管桩的底部形成井孔,保证管桩靠自身的重力沉入地层。主钩的钢丝绳通过桩顶部压盘上,副钩的钢丝绳和供水系统中的吊装带连接,起吊时主要起连接和承重作用。

一、射水插桩方案设计

根据管桩底部地层成孔和管桩结构中空的特色，供水系统设计两套方案。一种是利用管桩的空心作为供水系统管路的一部分，从水泵流出的高压水从桩的顶部流入，从管桩底部射水而出（如图10-4(a)所示）；另一种是将供水管路系统穿过管桩内部空心，设置专用的管路和射水出口（如图10-4(b)所示）。

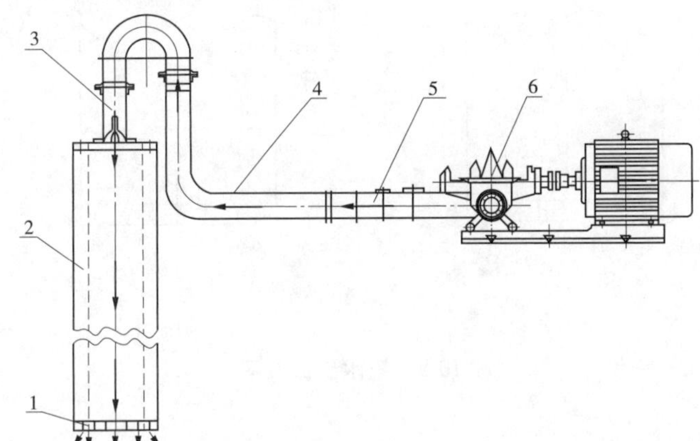

1—射水出口；2—管桩；3—压盘装置；4—橡胶管；5—水泵连接接头；6—阀门、水泵及电机

(a)管桩作为管路的一部分

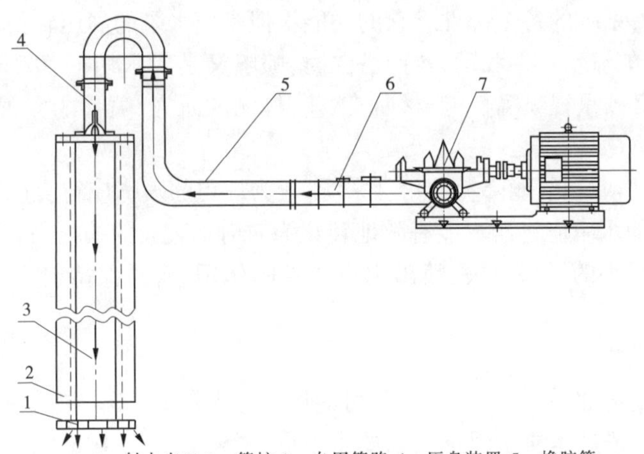

1—射水出口；2—管桩；3—专用管路；4—压盘装置；5—橡胶管；
6—水泵和橡胶管的连接接头；7—阀门、水泵及电机

(b)管桩中心配备专用管路

图10-4　射水插桩供水方案设计

方案a由射水出口1，管桩2，压盘装置3，橡胶管4，阀门、水泵及电机6，连接水泵与橡胶管的连接接头5等6部分组成。方案b由射水出口1，专用管路3，压盘装置4，橡胶管5，阀门、水泵及电机7，水泵和橡胶管的连接接头6组成。由于桩长24 m，属于超长桩，组成供水管路的钢管3由多节钢管组成。分析比较后，确定采用管桩作为管路一部分的设计方案。

为保证射水出口稳定性和射水成孔，除保证射水具有一定的压力破土和产生孔壁压

力使孔壁不塌落外,还必须具有固定射水出口的支撑和避免射水出口损坏的保护装置。因此,射水出口设计方案如图 10-5(a)和 10-5(b)所示。方案 a 为小孔射水,在桩底部通过螺栓连接一钢板,在钢板上设置小孔,形成小孔射水出口。方案 b 为喷嘴射水,在桩底部通过螺栓连接一射水板,在钢板上连接喷嘴,形成喷嘴射水出口。设置内置喷嘴,其最终目的是减少出口流量损失,在管桩起吊过程中保护喷嘴不易破坏。方案 a 结构和工艺简单,方案 b 工艺比方案 a 复杂,但能量损失小,造孔插桩效率高,故选择方案 b。

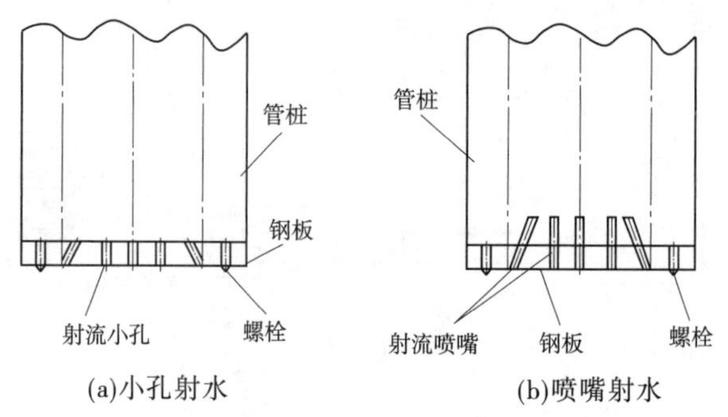

图 10-5　射水出口方案

二、射水喷嘴结构形式选择

射水出口通常以喷嘴形式实现,因此喷嘴是射水设备的重要元件,它最终形成了射水工况,同时又制约着系统的各个部件。它的功能不但是把水泵的静压转换为水的动压,而且使射水具有优良的流动特性和动力特性;同时,喷嘴又是射水切割、破碎与清洗工艺的执行元件。因此,必须重视喷嘴性能、材质、工艺、检测的研究,喷嘴的完善是成套射水设备技术水平提高的重要标志之一。

从有效的射水作业和节能降耗的角度来看,较为理想的喷嘴应符合以下要求:

(1)喷嘴喷射的水束应将压力能有效地转化为对射水表面的喷射力;

(2)喷嘴具有较小的压头损失,喷出水束受卷吸作用小,并保持射水的稳定,以利于对射水表面的作用;

(3)喷嘴不易发生堵塞;

(4)在保证一定射水效果的前提下,尽可能地降低水耗。

在工程应用中,按具体的使用目的和要求不同,通常有如图 10-6 所示几种形式的喷嘴。

不同结构形式的喷嘴会得到不同的射水效果。根据射水插桩作业的要求,初步选择图 12-6(b)型喷嘴。

射水插桩作业管嘴出流速度是影响施工效率的关键因素,对于图 10-6(b)所示圆柱形喷嘴,如图 10-7 所示建立能量方程。

以管嘴中心线为基准,列 $A—A$ 及 $B—B$ 断面的能量方程,则

$$Z_A + \frac{p_A}{\gamma} + \frac{\alpha_A v_A^2}{2g} = Z_B + \frac{p_B}{\gamma} + \frac{\alpha_B v_B^2}{2g} + \xi \frac{v_B^2}{2g} \tag{10-1}$$

因此,得到喷嘴出口流速为

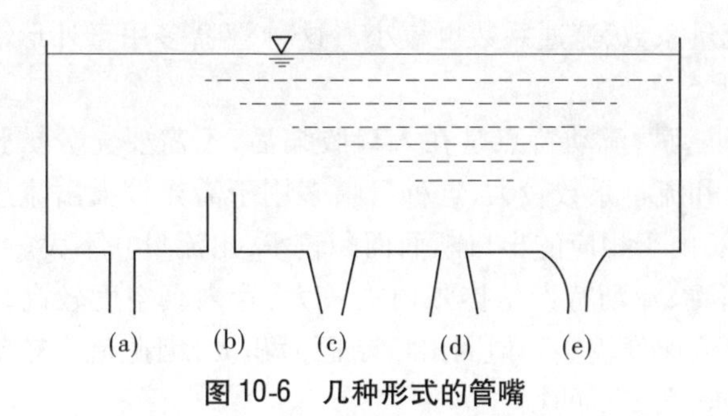

图 10-6　几种形式的管嘴

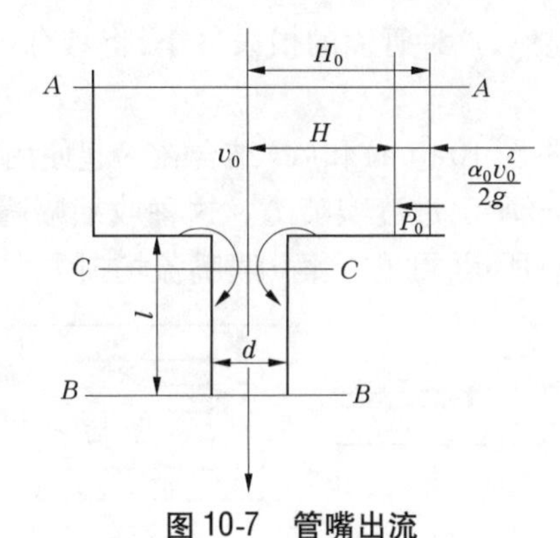

图 10-7　管嘴出流

$$v_B = \frac{1}{\sqrt{\alpha_B + \xi}} \sqrt{2gH_0} = \varphi \sqrt{2gH_0} \tag{10-2}$$

式中,H_0 为作用水头,$H_0 = (Z_A - Z_B) + \frac{p_A - p_B}{\gamma} + \frac{\alpha_A v_A^2}{2g}$。喷嘴出口流量公式为

$$Q = v_B A = \varphi A \sqrt{2gH_0} = \mu A \sqrt{2gH_0} \tag{10-3}$$

由于断面 B—B 完全充满流体,$\xi = 1$,$\mu = \varphi$。

从式(10-2)、式(10-3)可以看出,就其流速、流量计算公式形式而言,各种出流形式都是一样的,所差的仅是流速系数 φ 和流量系数 μ 不同。这些系数的数值取决于各种管嘴的出流特性和管内的阻力情况。

对于以上几种形式的喷嘴(见图 10-6),其主要参数如表 10-1 所示。

表 10-1　不同结构形式管嘴计算系数取值

种类	阻力系数 ξ	收缩系数 ε	流速系数 φ	流量系数 μ
薄壁孔口	0.06	0.64	0.97	0.62
外伸管嘴	0.5	1	0.82	0.82
内伸管嘴	1	1	0.71	0.71
收缩管嘴 $\theta = 13° \sim 14°$	0.09	0.98	0.96	0.95
扩张管嘴 $\theta = 5° \sim 7°$	4	1	0.45	0.45
流线型管嘴	0.04	1	0.98	0.98

将以上几种喷嘴与圆柱外伸喷嘴相比较,有以下特点:

(1)圆柱内伸管嘴,出流类似于图 10-8(b),其流动在入口处扰动较大,因此损失大于外伸管嘴，相应的流量系数、流速系数也较小。这种管嘴多用于外形需要平整、隐蔽的地方。

（2）外伸收缩型管嘴，流动特点是在入口收缩后，不需要充分扩张。显然，其损失相应较小，因流速系数和流量系数较大，这种管嘴多用于需要较大出流速度的地方（如消防水龙头喷嘴）。当然，由于相应的出口断面面积较小，出流量并不大。

（3）外伸扩张管嘴，流动特点是扩张损失较大，管内真空度较高，因此流速系数和流量系数较小，管端出流速度较小。但因出口断面面积大，因此流量较圆柱外伸管嘴增大。这种管嘴多用于低速、大流量的场合。

（4）流线型外伸管嘴，显然，这种管嘴的损失最小，将具有最大的流量系数，因此出口动能最大，但是制造复杂。

因此，实际工程应用中将图 10-6（a）和（c）结合在一起使用，并考虑到能量损失情况，就将喷嘴设计为如图 10-8（a）所示过渡型喷嘴。这种收缩喷嘴和圆柱形喷嘴相比较，其流线分布如图 10-8（a）和（b）所示，可见方案 a 喷嘴流场损失小。

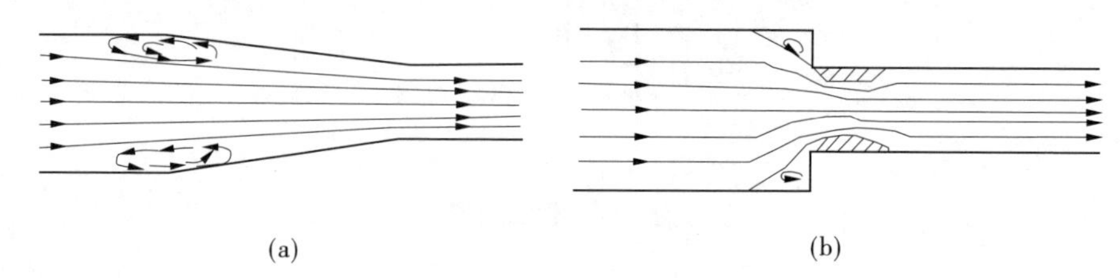

(a)　　(b)

图 10-8　两种收缩喷嘴

三、喷嘴正常工作的条件

对图 10-7 喷嘴收缩断面 $C—C$ 处真空值的计算。

通过收缩断面 $C—C$ 与出口断面 $B—B$ 建立能量方程得到

$$\frac{p_C}{\gamma} + \frac{\alpha_C v_C^2}{2g} = \frac{p_B}{\gamma} + \frac{\alpha_B v_B^2}{2g} + h_1 \tag{10-4}$$

式中，h_1 = 突扩损失 + 沿程损失 $= \left(\xi_m + \lambda\frac{l}{d}\right)\frac{v_B^2}{2g}$；$\alpha_C = \alpha_B = 1$；$v_C = \frac{A}{A_C}v_B = \frac{1}{\varepsilon}v_B$。

则式（10-4）可表示为

$$\frac{p_C}{\gamma} = \frac{p_B}{\gamma} - \left(\frac{1}{\varepsilon^2} - 1 - \xi_m - \lambda\frac{l}{d}\right)\frac{v_B^2}{2g} \tag{10-5}$$

由 $Q = v_B A = \varphi A\sqrt{2gH_0} = \mu A\sqrt{2gH_0}$ 可得

$$\frac{v_B^2}{2g} = \varphi^2 H_0 \tag{10-6}$$

从突扩阻力计算式可得 $\xi_m = \left(\frac{1}{\varepsilon} - 1\right)^2$，因此

$$\frac{p_C}{\gamma} = \frac{p_B}{\gamma} - \left[\frac{1}{\varepsilon^2} - 1 - \left(\frac{1}{\varepsilon} - 1\right)^2 - \lambda\frac{l}{d}\right]\varphi^2 H_0 \tag{10-7}$$

当 $\varepsilon = 0.64$，$\lambda = 0.02$，$l/d = 3$，$\varphi = 0.82$ 时

$$\frac{p_C}{\gamma} = \frac{p_B}{\gamma} - 0.75H_0 \tag{10-8}$$

则圆柱形管嘴在收缩断面 C—C 上的真空值为

$$h_C = \frac{p_B - p_C}{\gamma} = 0.75H_0 \tag{10-9}$$

由此可见,在管嘴流动的收缩断面上,产生一个大小取决于作用水头 H_0 的真空 h_C,其数值相对于 H_0 来看是一个较大值,所以在管嘴出流情况下,存在作用水头 H_0 和作用水头产生的真空 h_C 所引起抽吸的共同作用,这种抽吸作用远大于管内各种阻力所造成的损失,因而与薄壁孔口出流相比较,加大了液体的出流量。可见 H_0 越大,收缩断面上真空值亦越大。当真空值达到 7 ~8 m 水柱时,常温下的水发生汽化而不断产生气泡,破坏了连续流动。同时在较大的压差作用下,空气经 B—B 断面冲入真空区破坏真空。气泡及空气都使管嘴内部液流脱离管内壁,不再充满断面,使管嘴出流变成孔口出流。因此,为保证管嘴的正常出流,真空值必须控制在 7 m 水柱以下,即$[h_C]$ =7 m 水柱。从而决定了作用水头 H_0 的极限值$[H_0]$:

$$[H_0] = \frac{7}{0.75} = 9.3\ (\text{m 水柱}) \tag{10-10}$$

这就是外管嘴正常工作的条件之一。

其次,管嘴长度也有一定极限值,太长阻力大,使流量减少;太短则流线收缩后来不及扩大到整个断面而非满流流出,仍如孔口出流一样。管嘴长度一般取

$$[l] = (3 \sim 4)d \tag{10-11}$$

这就是外管嘴正常工作的条件之二。

上述两点是保证管嘴正常工作的必要条件,设计、选用时必须考虑。

四、喷嘴主要尺寸确定

喷嘴尺寸确定应主要考虑喷嘴流速要求和平面布置需要,在管桩内腔直径和供水水泵流量一定情况下,这两者都与喷嘴数量紧密相关。喷嘴数量由桩的直径和桩与桩之间的距离及射水能量要求共同决定。根据管桩外径为 0.5 m,内径为 0.3 m,桩总长度为 24 m,桩中心间距为 0.8 m,理想状态下,桩与桩之间的净距离为 0.3 m。实际上由于插桩总是存在桩与桩之间的倾斜,在桩的高度方向上桩中心之间的距离大于或小于 0.8 m。文献[35]初设 13 个喷嘴,其中 8 个斜喷嘴,5 个直喷嘴,喷嘴固定在射水板上,便于安装与维修,如图 10-9 所示。

(一)喷嘴出口直径的初定

喷嘴直径是喷嘴设计时首先要选定的重要参数,也是确定其他参数的依据。一般情况下,喷孔直径的大小主要是考虑水耗的大小和喷孔是否有堵塞的危险。孔径大,水耗就增加,堵塞的危险也就减少;孔径小,水耗降低,但堵塞的危险也就增大。综合上述两个方面,在设计时,孔径的选择通常以降低水耗为主,取较小值。而对由此引起的喷嘴堵塞的危险,则应采取过滤进水和加强喷嘴的自清洗作用等措施来降低。

根据文献[1]初设喷嘴直径 d_0 = 20 mm,喷嘴数量 13 个,按水泵供水流量 300 m^3/h

计算得出喷嘴出口射水速度为 $v=20$ m/s 左右，满足射水破土插桩要求。

(二)喷嘴的长径比

根据喷嘴正常工作条件要求，采用式(10-11)计算喷嘴长度$[l]=(3\sim4)d$，将喷嘴看作厚壁孔的孔口出流，孔的进口边界是尖锐的，由于流线不能转折，射水发生收缩，但射水受到阻力要发生扩散。当厚壁 $L>(2\sim4)d$（d 为孔口直径）时，扩散的射水就会发生附壁，在离开孔口时，液体已充满整个截面，即收缩截面发生在喷嘴内部。由于收缩截面的存在，产生了真空抽吸作用，使出流增大，这是厚壁孔口出流的优点。

因此，选择 $L=4\ d$，即 $L=80$ mm。

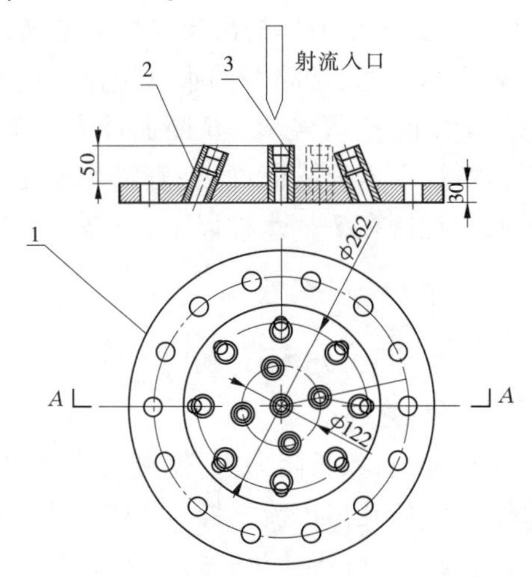

1—射水板；2—8 个斜喷嘴；3—5 个直喷嘴

图 10-9　喷嘴分布图　（单位：mm）

(三)喷嘴的入口角

喷嘴的入口角是决定喷嘴流动阻力的主要因素。入口角较大的喷嘴入口流动阻力较小。由图 10-10 知 $\theta=20°$时，水头损失最小，因此选择 $\theta=20°$。

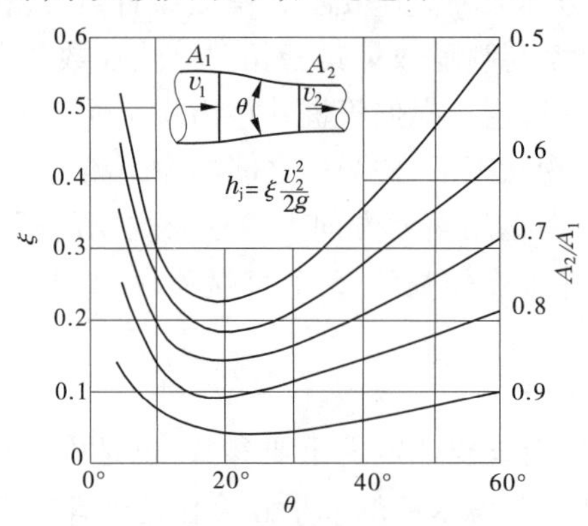

图 10-10　渐缩管的水头损失

综上所述，喷嘴结构尺寸为：喷嘴出口直径 $d=20$ mm，喷嘴过渡角度 $\varphi=20°$，长度 $L=80$ mm。由于地层的多样性和不确定性，在满足射水破土性能的前提下，又设计了喷嘴出口直径 $d=16$ mm 喷嘴结构尺寸，如图 10-11 所示。

五、射水板设计

射水板一方面固定喷嘴,另一方面连接管桩,形成一条封闭的流体管路。因此,射水板设计为如图 10-12 所示结构。图 10-12 中,5 ϕ38 孔用来安装直喷嘴,8 ϕ38 孔用来安装斜喷嘴,14 ϕ29.5 孔用来和桩底部螺孔进行配合,连接固定射水板和喷嘴。为了减小地层对桩的阻力,在射水板面向地层的一面设计 10×30°的倒角。

同时由于起吊桩的过程中,射水板支撑管桩,相对于悬臂梁,射水插桩时和地层摩擦冲击,因此射水板必须具有足够的强度和耐磨性。

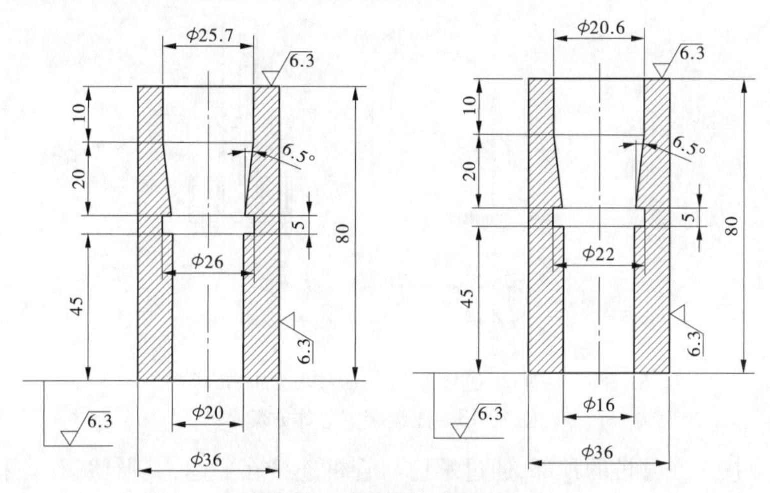

图 10-11 喷嘴结构和具体尺寸

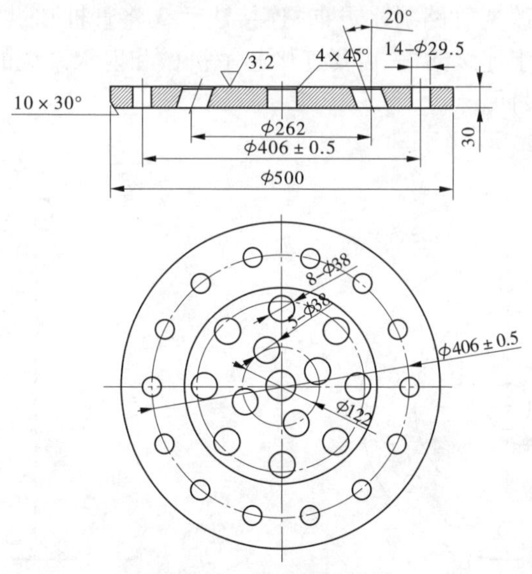

图 10-12 射水板结构图

第四节　插桩供水机具与管桩连接设计

一、方案设计

压盘装置一方面是供水系统的一部分，连接管桩和供水系统管道；另一方面又是吊点布置的位置，连接起吊机械和供水系统，使管桩实现整个高度上连续插桩。因此，压盘装置总体方案如图 10-13 所示。

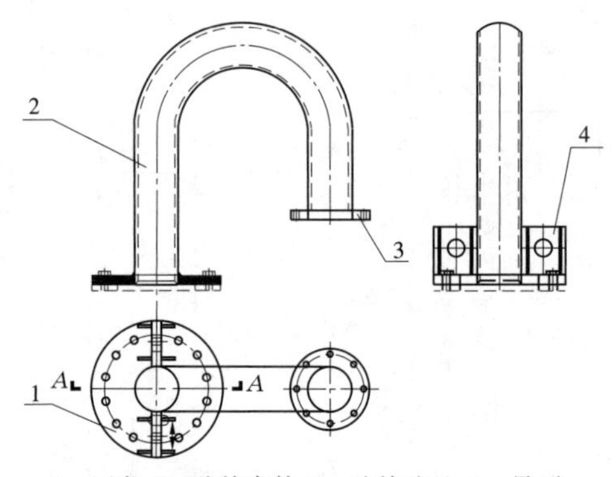

1—压盘；2—连接弯管；3—连接法兰；4—吊耳

图 10-13　压盘装置总体方案

压盘 1 直接压在管桩的顶部，通过螺栓与管桩连接在一起，其形状、孔径和螺孔数量由管桩端板结构（见图 10-14）和端板上螺纹孔数量决定。连接弯管 2 由标准弯头和钢管焊接组合在一起，用于改变管路射水方向；连接法兰 3 将管桩和供水系统管路连接在一起；为了实现在桩高度上连续插桩，需要连接起吊机械和射水系统的吊点，该部件的关键点和难点是吊耳 4 的设计。

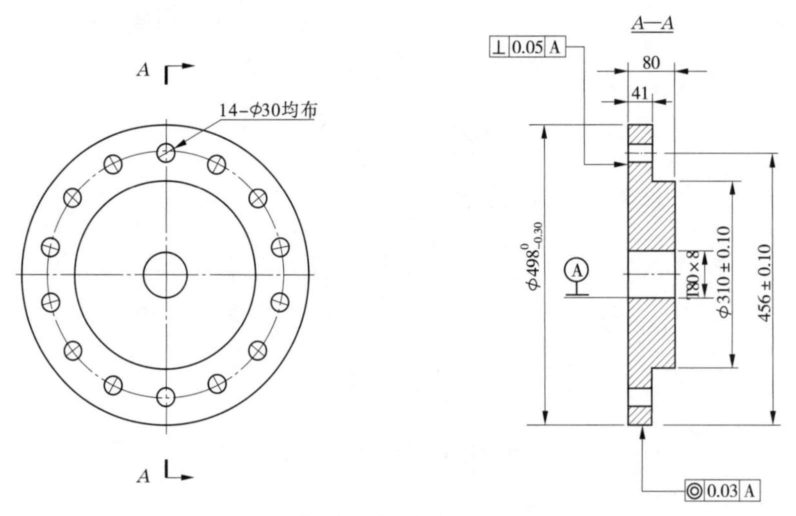

图 10-14　管桩端板结构

二、压盘和连接弯管的连接方式选择与设计

压盘与连接弯管的连接方式有对焊连接、螺纹连接、平焊连接、承插焊连接，如图 10-15 所示。由于吊点需要占用较大的空间，应尽可能预留较多的空间，同时，使连接弯管也不受力，选择对焊连接方式合适，如图 10-15(b)所示。

选择图 10-15(b)方案，压盘一方面通过焊接与连接弯管连接，改变管路的方向；另一方面与管桩的端板通过螺栓对接，形成一个相通的供水管路；同时由于吊点也设计在压盘上，压盘同时还要承受约 16 t 的拉伸载荷(管桩重量、管桩中的水重量、射水装置重量和供水管路及其管中的水重量等)。因此，压盘和吊点强度必须达到一定的承载能力。同时，压盘厚度还要和管桩端板(见图 10-14)相配合的螺栓通用。综合设计，压盘结构如图 10-16所示。

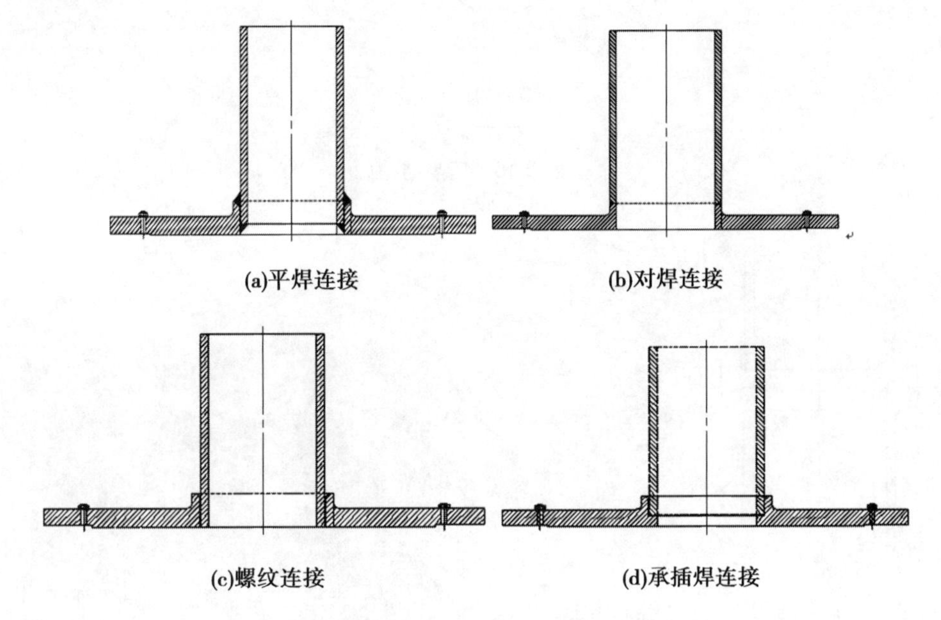

图 10-15　压盘与水管连接方案

三、连接弯管与供水系统的连接方式选择

连接弯管与供水系统的连接，直接决定供水系统的安全与可靠性、设备操作的灵活性，同时还具有改变管路液体流向的作用。为了使连接具有通用性和互换性，因此将两者采用对接法兰连接，结构如图 10-17 所示。中间用密封圈，四周用螺栓连接即可保证连接的可靠性和密封的安全性。压盘装置三维图如图 10-18 所示，法兰具体型号由连接管的型号确定(DN150 型号)，具体尺寸如图 10-19 所示。

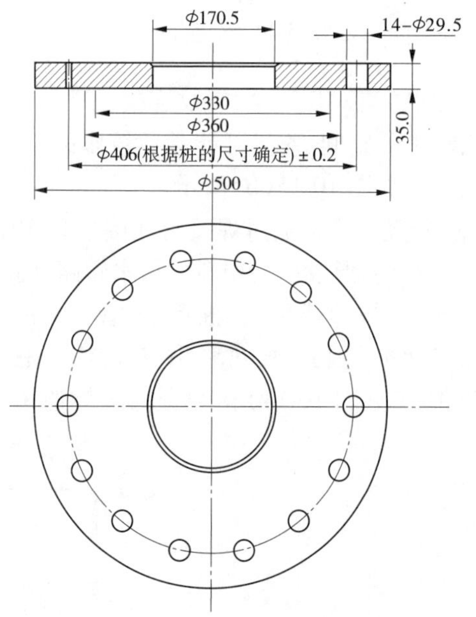

图 10-16 压盘结构

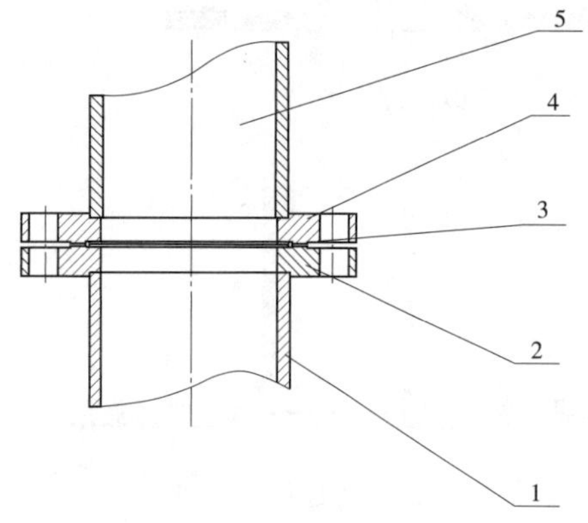

1—供水系统一端钢管;2—下法兰;3—密封圈;
4—上法兰;5—与弯管一端连接的钢管

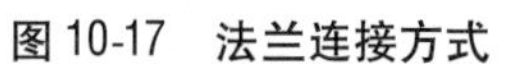
图 10-17 法兰连接方式

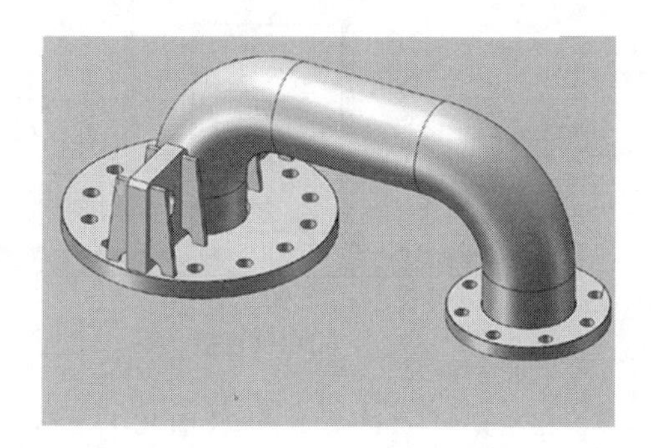

图 10-18 连接弯头结构

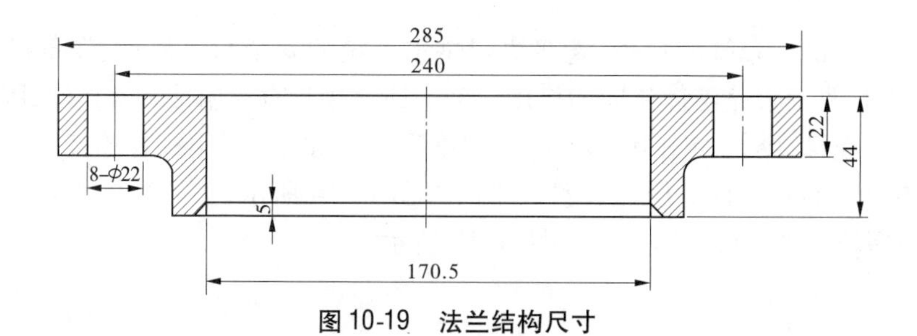

图 10-19 法兰结构尺寸

第五节　射水插桩配套设备设计与选型

一、吊点方案设计及吊耳形式选择

(一)吊点方案设计

在设备安装工程的建设和施工过程中,设备吊装始终处在举足轻重的位置。设备吊装过程尤其是大型设备吊装是否能顺利安全进行,直接决定着工程项目的施工周期和项目投资,更关系到工程项目管理的成败、企业市场开发与经营效果和企业的持续发展。

压盘装置为圆筒形,理论上设计 4 个吊点起吊过程中稳定性好,如图 10-20(a)所示,但是由于连接弯管为弯头形式,偏向一侧,使该侧空间受限,方案 a 不可取;4 个吊点可以如图 10-20(b)所示布置,方案 b 虽然吊点多,对称及稳定性好,但受压盘和管桩配合螺纹所剩空间所限,方案 b 亦不可取;选择方案如图 10-20(c)所示,两个吊点,缺点是起吊时造成设备的不平衡,偏向弯管供水系统一侧,通过在供水胶管顶端附加吊点解决不平衡问题。

(二)吊耳形式选择

吊点的实际表现形式是有吊耳,吊耳是设备吊装过程中最直接的受力部件,常用的形式有耳板式和管轴式,分别应用在中小型和大中型的设备吊装工程中,且耳板式吊耳较管轴式应用范围更广泛一些。

相对应图 10-20 吊点的吊耳形式如图 10-21 所示。选择图 10-20(c)方案时,为了增强吊耳和压盘连接的强度,在耳板两侧分别设计有两个筋板,如图 10-21(d)所示。吊耳形式除图 10-21(c)所示方案外,也可以选择图 10-22(a)所示的吊耳:为了将载荷分散,在压盘上设计 4 个小吊耳,相应的两个吊耳之间通过焊接高强度钢筋,与图 10-22(c)所示的卸扣配合使用,形成实际上只有两个吊点的结构。

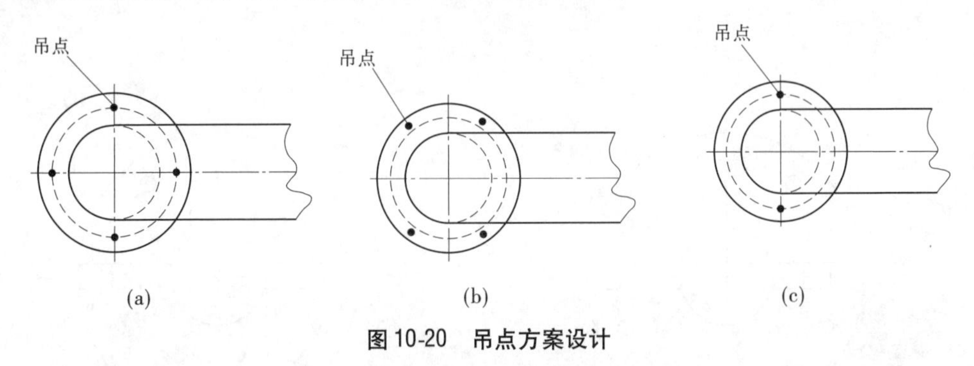

图 10-20　吊点方案设计

二、供水系统的设计与水泵选型

文献资料研究表明,目前射水技术在实际应用中多是通过专用成孔机具来实现的,如煤层成孔、射水法造墙等,但实际使用起来有诸多不便。为克服专用成孔机具的不足,并考虑到土层和本次施工中桩的结构与桩体之间的相互位置的特点,本书将利用射水技术

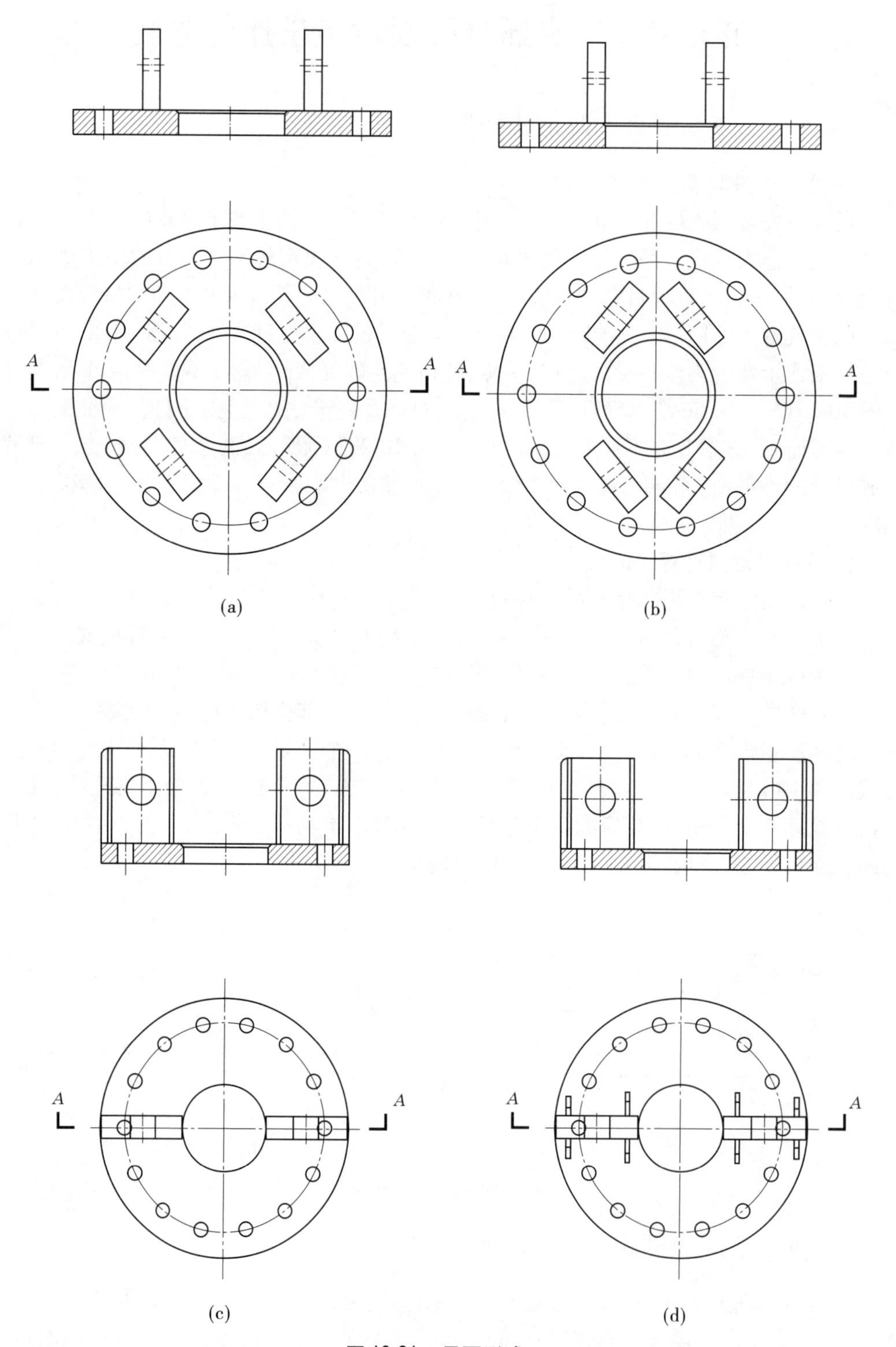

图 10-21　吊耳形式

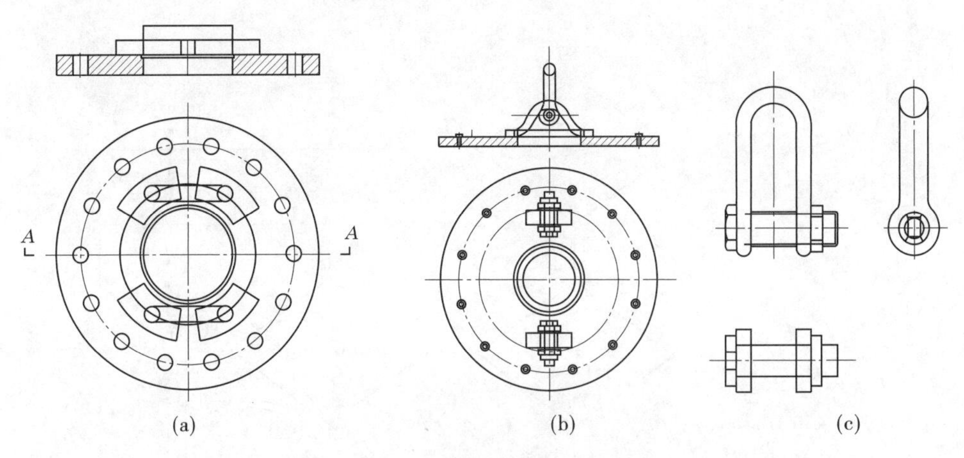

图 10-22　吊耳与卸扣的配合使用

和理论研究一种新型的适合粉土、砂土和黏土地层施工的成孔插桩的供水系统。该系统简单，专用件少，仅有射水法兰、压盘装置、吊耳等专用结构，研制周期短，设备投资少。因此，该装置具有简单实用、操作方便、辅助时间少、工作效率高、劳动强度低等特点。

(一)供水系统设计

在管系中改变走向、标高或改变管径及由主管上引出支管等均需要用管件。

阀门是安设在供水管路上通过改变其内部通道截面面积来控制管路内部介质流动的一种通用机械产品，它在管路中的作用极为关键，有“管路的咽喉”之称。在供水过程中使用的阀门种类繁多，主要有闸阀、蝶阀、止回阀、自动排气阀等。有防腐要求的选用化工阀门。

供水系统是设备的关键部分，直接关系到射水插桩的可行性和效率，其中的水泵和射水出口又是关键原件，整个管路的流量损失也很重要。因此，供水系统的设计至关重要，但供水系统的设计与射水装置的设计又相辅相成。

根据管桩底部地层成孔和管桩中空的特点，利用管桩的空心作为供水系统管路的一部分，采用管桩、供水管路、水泵、阀门等组成供水系统，水泵从水源取水，从水泵流出的高压水自管桩顶部流入，从管桩底部射水而出，如图 10-4(a)所示。

(二)水泵选型

水泵是一种广泛应用的通用型机械设备，它广泛地应用于石油、化工、电力冶金、矿山、轮船、轻工、农业、民用和国防各部门，在国民经济中占有重要的地位。

合理选择所需的水泵是正确使用水泵的先决条件。所谓合理选泵，就是要综合考虑泵机组投资和运行费用等综合性的技术经济指标，使之符合经济、安全、适用的原则。具体来说，有以下几个方面：必须满足使用流量和扬程的要求，即要求泵的运行工次点(装置特性曲线与泵的性能曲线的交点)经常保持在高效区间运行，这样既省动力又不易损坏机件。所选择的水泵既要体积小、重量轻、造价便宜，又要具有良好的特性和较高的效率，具有良好的抗气蚀性能，这样既能减小泵房的开挖深度，又不使水泵发生气蚀，运行平稳、寿命长。

对于泵的选择，一般按照图 10-23 过程进行。根据本工程的使用情况(无计量要求，

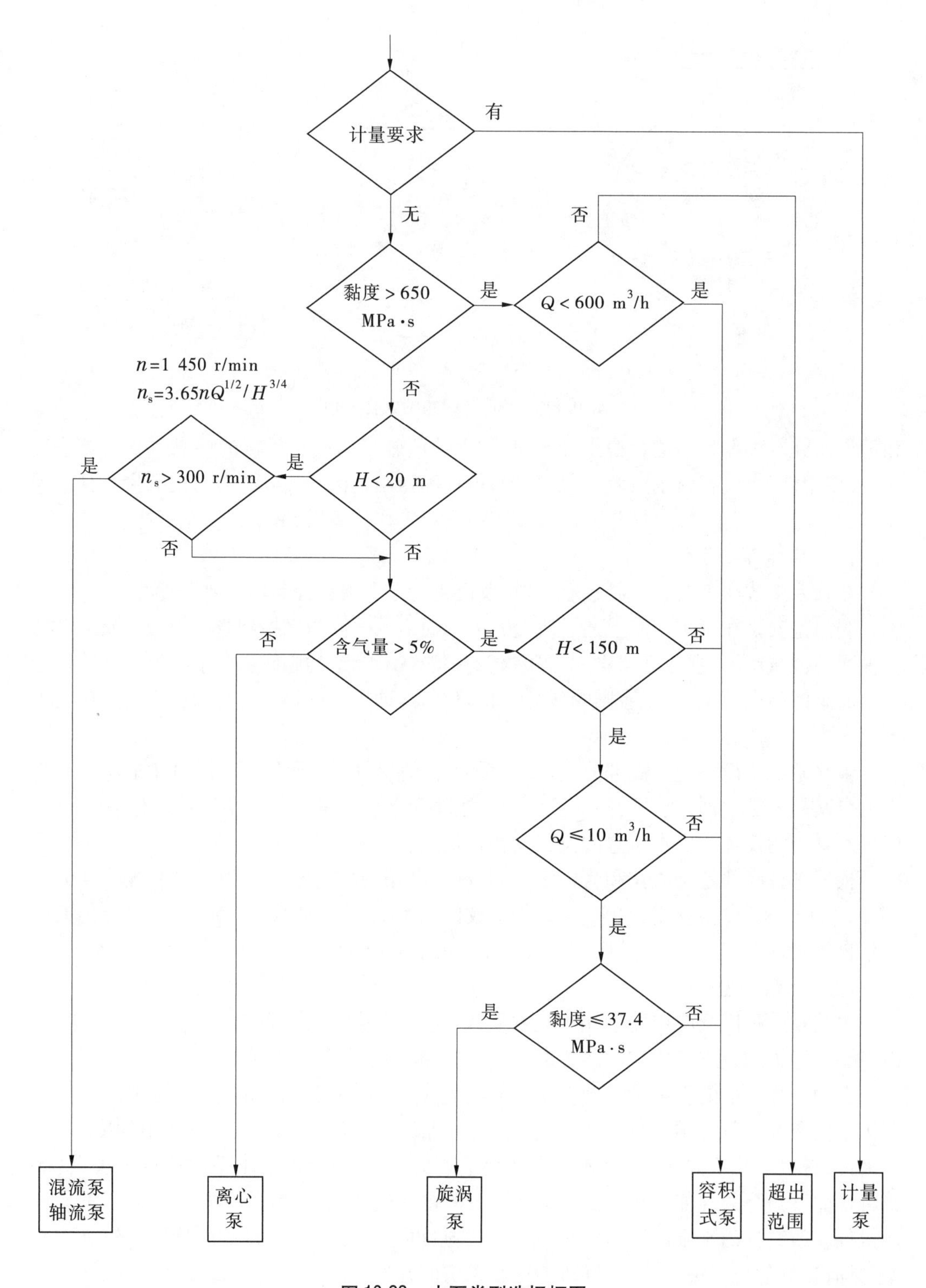

图 10-23　水泵类型选择框图

水流正常黏度，扬程大于 20 m)，可以选择离心式水泵。

选择水泵的型号、规格时，应先求出所需流量 Q 和所需的扬程 H，然后从产品样本中查出与此相应的水泵类型。所选择水泵的流量和扬程均要大于或等于所需的流量和扬程。

1. 水泵流量 Q 的确定

据流体力学伯努利方程，理想状态下系统中的静压等于喷嘴出口的动压，为 p_0，流速为 v_0，则单个喷嘴的流量为 $q_V = Av_0$。多出口同时工作时，流量为

$$Q_{总} = K\sum q_V \tag{10-12}$$

式中　K——系统泄漏系数，一般取 $K = 1.1 \sim 1.3$；

$Q_{总}$——多出口同时工作时水泵的流量。

计算得出：$Q = 177.6\ \mathrm{m^3/h}$。

2. 系统所需扬程 H 的计算

图 10-24 表示水泵管路系统图，以吸水池地面为基准面，在吸水池水面 1—1 与 2—2 间建立伯努利方程

$$z_1 + \frac{p_1}{\rho g} + \frac{v_1^2}{2g} + H = z_2 + \frac{p_2}{\rho g} + \frac{v_2^2}{2g} + h_w \tag{10-13}$$

上式为 1、2 断面间有系统外能量输入的伯努利方程。

当 $v_1 = 0$ 时，$p_1 = p_2 = p_0$，p_0 为大气压，有

$$H = z_2 - z_1 + \frac{p_2 - p_1}{\rho g} + \frac{v_2^2}{2g} + h_w = H_g + h_w + \frac{v_2^2}{2g} \tag{10-14}$$

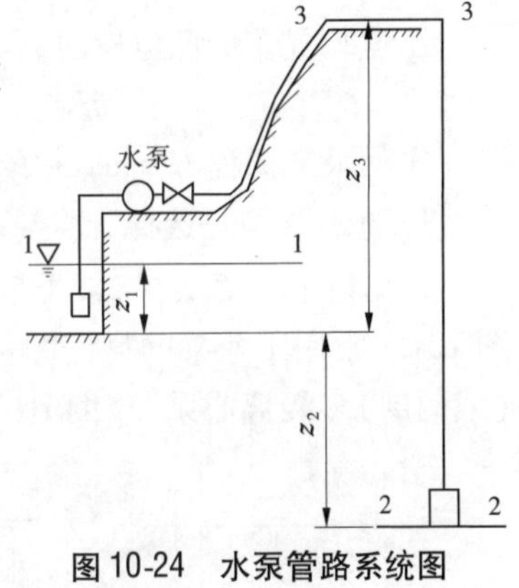

图 10-24　水泵管路系统图

式中　H_g——几何给水高度，也称静扬程，$H_g = z_2 - z_1$；

h_w——从水泵出口到喷嘴出口之间总的管路损失，也称水头损失。

式(10-13)表明，在管路系统中，水泵的扬程 H 用于使水提升几何高度 H_g、克服管路中的水头损失 h_w 和出口破土所需的射水压力(其大小由临界破土压力确定)。

根据伯努利方程，由短管的水力计算原理得到水头损失为

$$h_w = \sum \lambda \frac{l}{d}\frac{v^2}{2g} + \sum \zeta \frac{v^2}{2g} \tag{10-15}$$

式中　λ——沿程损失因数；

ζ——局部损失因数；

l——系统的管长；

d——管路的直径。

如果设 $\zeta_c = \sum \lambda \frac{l}{d} + \sum \zeta$，称为管路总阻力系数，则管路中速度和流量为

$$v = \frac{1}{\sqrt{1 + \zeta_c}}\sqrt{2gH_0} \tag{10-16}$$

$$q_V = Av = A\frac{1}{\sqrt{1 + \zeta_c}}\sqrt{2gH_0} \tag{10-17}$$

式中，$\frac{1}{\sqrt{1+\zeta_c}}$通常用$\mu_c$来表示，叫作管路的流量系数。

h_w的准确计算要待元件选定并绘出管路图才能进行，初算时可按照经验数据选取：管路简单、流速不大的，取$\sum\Delta p=0.2\sim0.5$ MPa；管路复杂的，取$\sum\Delta p=0.5\sim1.5$ MPa。该设备管路简单，可取前者，即相当于水柱高 20 m。

水提升几何高度H_g，最大值为地面上 25 m（系统提供的能量必须能将水管中的水输送到与压盘连接弯管最高处），最小值为地面下 24 m（喷嘴出口最低位置），喷嘴射水速度不小于 25 m/s，出口压力为 0.5 MPa（相当于 50 m 高水柱）。

假设水泵进水口在水面下 2 m 处，射水出口实际工作中在地面和地面以下 24 m 之间，水管中的水最高输送到z_3位置，即压盘弯管的最高位置，$z_3=25$ m。因此，在最高位置时，由图 10-24 有

$$H_1 = z_3 - z_1 + h_w + 50 = 75\ (\mathrm{m})$$

压盘装置在最低位置时，则有

$$H_2 = z_1 - z_2 + H_s + h_w + 50 = 70\ (\mathrm{m})$$

实际水泵扬程$H\geqslant\max\{H_2,H_2\}$，故水泵扬程$H\geqslant75$ m。

（三）水泵型号选择

根据以上计算成果，泵类型为清水泵，泵的扬程$H>75$ m，流量$Q>177.6\ \mathrm{m^3/s}$，根据图 10-25 常用工业泵的型谱图可选择泵的转速$n=2\ 900$ r/min，D(MD)系列煤矿用清水（或耐磨）多级离心泵，查询 D(MD)系列离心泵标准性能表（见表 10-2）。

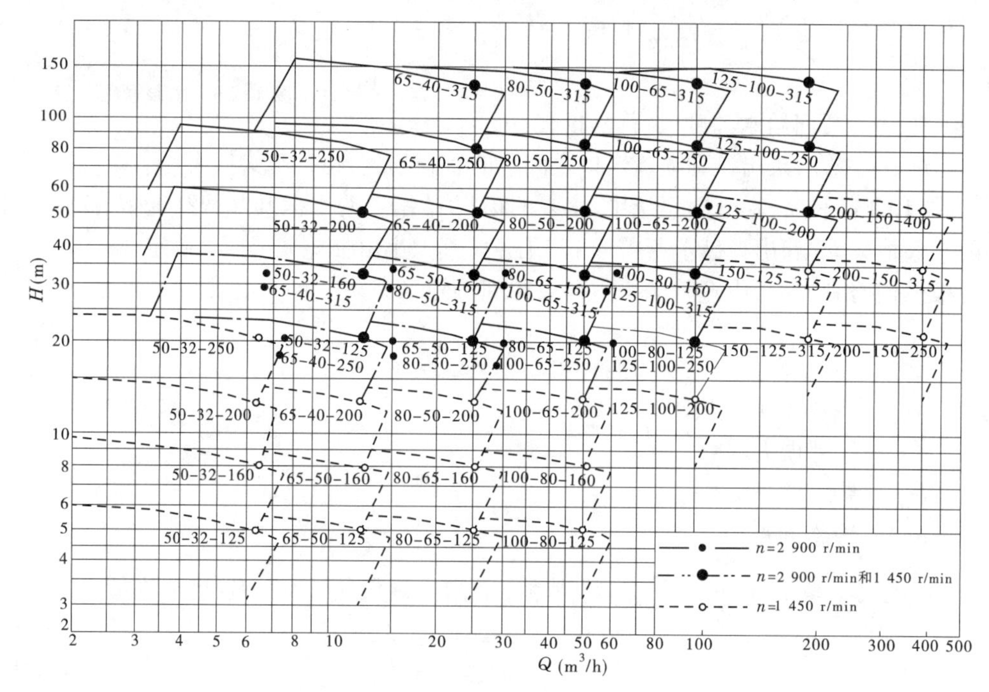

图 10-25　常用工业泵的型谱图

表 10-2　D(MD)155.30 型煤矿用多级水泵性能

级数	流量 Q		扬程 H (m)	转速 n (r/min)	功率 P(kW)		效率 η (%)	必需气蚀余量 NPSHR(m)	质量 (kg)
	m^3/h	L/s			轴功率 Pa	电机功率			
2	119	33	64	2 900	28.76	55	72.0	3.2	490
	155	43	60		32.84		77.0	3.9	
	190	53	54		26.68		76.5	4.8	
3	119	33	96		43.14	75	72.0	3.2	575
	155	43	90		49.26		77.0	3.9	
	190	53	81		55.02		76.5	4.8	
4	119	33	128		57.52	90	72.0	3.2	660
	155	43	120		65.68		77.0	3.9	
	190	53	108		7.36		76.5	4.8	
5	119	33	160		71.90	110	72.0	3.2	745
	155	43	150		82.81		77.0	3.9	
	190	53	135		91.70		76.5	4.8	
6	119	33	192		86.28	132	72.0	3.2	830
	155	43	180		98.52		77.0	3.9	
	190	53	162		110.04		76.5	4.8	
7	119	33	224		100.66	160	72.0	3.2	915
	155	43	210		114.97		77.0	3.9	
	190	53	189		128.38		76.5	4.8	
8	119	33	256		115.04	185	72.0	3.2	1 000
	155	43	240		131.26		77.0	3.9	
	190	53	216		146.72		76.5	4.8	
9	119	33	288		129.42		72.0	3.2	1 085
	155	43	270		147.78		77.0	3.9	
	190	53	243		165.06		76.5	4.8	
10	119	33	320		143.80	220	72.0	3.2	1 170
	155	43	300		164.20		77.0	3.9	
	190	53	270		183.40		76.5	4.8	

选泵的型号为 D155.30.3，其性能曲线如图 10-25 和图 10-26 所示，电动机的型号可选为 YB2.280S.4，功率 75 kW，电压 380 V(如表 10-3、图 10-26 所示)。

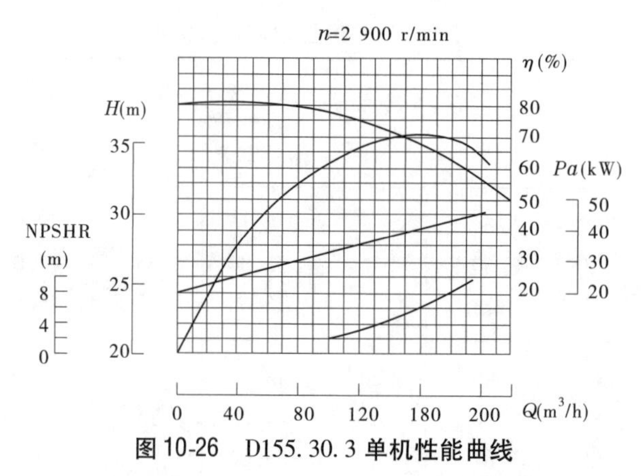

图 10-26 D155. 30. 3 单机性能曲线

表 10-3 YB2. 280S. 4 型电动机技术参数

功率(kW)	电压(V)	额定电流(A)	额定转速(r/min)	效率(满负荷时)(%)	转动惯量(kg/m^2)	质量(kg)
75	380	139.6	1 480	93.8	3.34	780

三、水管的选择

在管系中改变走向、标高或改变管径及由主管上引出支管等均需要用管件。考虑到实际使用性能的需要,选择胶管。胶管型号的选择是根据工作压力和流量、流速确定的,目前还没有单独的计算方法,一般推荐选择时首先按照金属管子直径和壁厚的选择方法进行计算,然后在此结果的基础上加上实际工况的换算。

(一)胶管选择注意事项

胶管直径的大小与连接法兰端部直管的尺寸有关,胶管承压大小由工作时压力决定。胶管的工作压力,对于经常不使用的情况可提高 20%;对于使用频繁、经常弯扭者,要降低 40%。胶管在使用和设计中应注意下列事项:

(1)胶管的弯曲半径不应过小,一般不小于文献[16]表 113. 9. 4 所列的值。胶管与管接头的联结处应留有一段直的部分,此段长度不小于外径的 2 倍。

(2)胶管的长度应考虑到胶管在通入压力液体后,长度方向将发生收缩变形,一般收缩量为管长的 3. 4%。因此,胶管安装时应避免处于拉紧状态。

(3)胶管在安装时应保证不发生扭曲变形,为便于安装,可沿管长涂以色纹,以便检查。

(4)胶管的接头轴线,应尽量放置在运动的平面内,避免两端互相运动时胶管扭伤。

(5)胶管应避免与机械上尖角部分相接触和摩擦,以免管子损坏。

(二)胶管类型的选择

根据管路工作水压 1 MPa,连接法兰公称尺寸 150 mm,胶管型号为 D152,耐压不小于 1. 5 MPa,如图 10-27 所示,其技术参数如表 10-4 所示。

图 10-27　胶管结构图

表 10-4　胶管技术参数

内径(mm)		夹布层数(层)		螺旋钢丝直径(mm)	管接头长度(mm)		胶管长度	
公称尺寸	公差				尺寸	公差	尺寸(m)	公差(mm)
152	2.0	5	6	4.0	150	20	10	15

四、阀门及压力表和流量表的选择

(一)调节阀的选择

阀门是安设在供水管路上通过改变其内部通道截面面积来控制管路内部介质流动的一种通用机械产品。为了保证整个管路射水的压力和流量稳定,以及遇到意外情况时(喷嘴堵塞等)便于管路射水的控制和安全,需要设置阀门及压力表和流量表等仪表。

阀门在管路中有“管路的咽喉”之称。在供水过程中使用的阀门种类繁多,主要有闸阀、蝶阀、止回阀、自动排气阀等。有防腐要求的选用化工阀门。蝶阀具有以下特点:

(1)结构简单,外形尺寸小,结构长度短,体积小,重量轻,适用于大口径的阀门。

(2)全开时阀座通道有效流通面积较大,流体阻力较小。

(3)启闭方便迅速,调节性能好。

(4)启闭力矩较小,由于转轴两侧蝶板受介质作用基本相等,而产生转矩的方向相反,因而启闭较省力。

(5)密封面材料一般采用橡胶、塑料,故低压密封性能好。

(6)流阻小、流量系数大且维护使用方便。

因此,选择蝶阀。蝶阀结构如图 10-28 所示。

蝶阀广泛用于压力 2.0 MPa 以下和温度不高于 200 ℃的各种介质。阀杆只作旋转运动,蝶板和阀杆没有自锁能力。要在阀杆上附加有自锁能力的减速器,使蝶杆能停在任意位置。根据管路尺寸,选择公称直径为 150 mm 的蝶阀即可。

(二)流量表的选择

流量是一个动态量,其测量过程与流体流动状态、流体的物理性质、流体的工作条件、流量计前后直管段的长度等有关。因此,确定流量测量方法、选择流量仪表,都要综合考

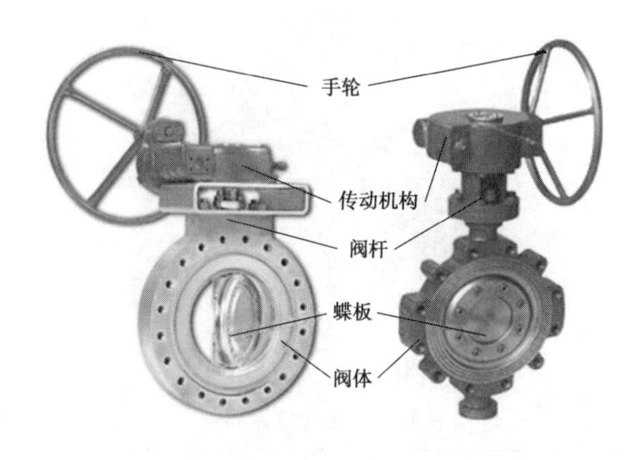

图 10-28　蝶阀的结构

虑上述因素的影响，才能达到理想的测量要求。

流量计有速度式流量计、差压式流量计、容积式流量计、浮子流量计、涡轮流量计、涡街流量计、超声波流量计、电磁流量计等几种。

电磁流量计由传感器、转换器及显示器等部分组成电磁流量计具有其他流量计不能比拟的独特优势，特别适用于脏污流体及腐蚀流体的测量。电磁流量计在 20 世纪 70 ~ 80 年代由于电磁流量在技术上有重大突破，已成为现代工业领域广泛应用的流量监测仪表。

电磁流量计主要优点：①由于测量通道是段光滑直管，不会阻塞，特别适用于固体颗粒的液固二相流体，如纸浆、污水、泥浆等；②无压损，节能效果好；③不受流体的湿度、密度、黏度、压力和电导率变化影响；④流量范围大，口径范围宽；⑤适用于腐蚀性流体的测量。

电磁流量计主要缺点：①不适用于测量石油制品的流体；②不适用于测量气体、蒸汽及含有较大气泡的液体；③不适用于高温场合。

电磁流量计基于法拉第电磁感应原理研制出的一种测量导电液体体积流量的仪表，根据法拉第电磁感应定律，导电体在磁场中作切割磁力线运动时，导体中产生感应电压，该电动势的大小与导体在磁场中作垂直于磁场运动的速度成正比，由此再根据管径、介质的不同，转换成流量。根据管路尺寸要求，选择公称直径为 150 mm 的分体式电磁流量计，如图 10-29 所示。

（三）压力表的选择

根据产品工艺要求正确选用仪表类型是保证仪表正常工作及安全生产的重要前提。通常选择仪表类型时要考虑以下三方面的要求：①根据工业生产中产品工艺的要求选择，例如是否需要远传、自动记录或报警；②根据被测介质的物理化学性能（诸如腐蚀性、温度高低、黏度大小、脏污程度、易燃易爆性能等）是否对测量仪表提出特殊要求选择；③根据现场环境条件（诸如高温、电磁场、振动及现场安装条件等）对仪表类型有否特殊要求等选择。

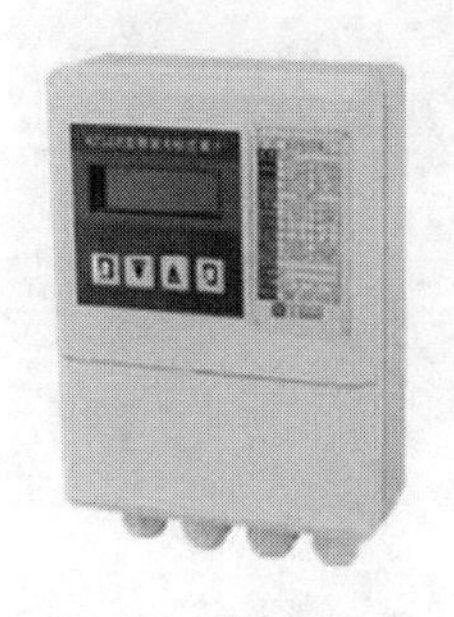

图 10-29　电磁流量计

为了合理、经济使用仪表，仪表的量程不能选得太大，但为了保证测量精度，一般被测压力的最小值以不低于仪表满量程的 1/3 为宜。同时，为了延长弹性元件的使用寿命，避免弹性元件因长期受力过大而永久变形，压力计的上限值应该高于被测量的最大值（量程的 1/2～1/3），留有余量。

图 10-30　压力表

仪表精度是根据工艺生产上所允许的最大测量误差来确定的。不能认为选用的仪表精度越高越好，应在满足工艺要求的前提下，尽可能选用精度较低、价廉耐用的仪表。因此，选择最大压力为 1.6 MPa、精度 0.01 MPa、表盘直径为 150 mm 的压力表，如图 10-30 所示。

第六节　设备的制造、组装与调试

水上插桩机具主要由起吊机械、供水系统、压盘装置和射水装置四部分组成，其中压盘装置和射水装置是插桩设备的核心部分，与生产单位——河南建华管桩有限公司联合设计与制造，供水系统零部件和射水装置由郑州市黄河河务局太阳能设备厂制造，其余部分作为标准件进行采购组装。设备制造过程中，为了保证设备制造的可靠性与安全性，在设备制造之后、出厂之前，分别对相应的加工部件进行了试验。一方面是对产品的可靠性进行验证，及时发现设备存在的不足与缺陷，及时修改与补充；另一方面避免在施工现场因加工设备不齐全，现场无法保证试验施工周期尽可能短，节约开支。

一、压盘装置制造

压盘装置由压板、吊耳、加强筋、连接直管、连接弯管等几部分组成。压板由厚度为 40 mm 的钢板经机械加工而成，吊耳和加强筋由 40 mm 和 20 mm 的钢板气割而成，连接直管和弯管直接选择相应的型钢，并在机床上在两端进行倒角加工。以上零件加工完毕后，按安装设计图进行焊接组装，并对焊缝强度进行无损探伤处理，如果发现有焊不透或夹杂，则重新进行焊接。对合格后的压盘装置，进行涂漆防腐，如图 10-31 所示。

图 10-31　压盘装置

二、射水装置的制造与组装

射水装置由射水板和喷嘴组成,试验时喷嘴类型有直喷嘴、斜喷嘴,由于单件小批量生产、加工时,都按照直喷嘴的尺寸进行加工。直、斜喷嘴射水板加工时工艺则不一样。对直喷嘴射水板,通过钢板直接进行机械加工和钻孔即可,但是对于斜喷嘴射水板,加工工艺则比较复杂。由于射水板上的孔是倾斜的,首先对射水板安装斜喷嘴处孔口进行气割,然后将斜喷嘴焊接,焊好以后还需要对斜喷嘴出口凸起部分进行打磨,保证射水板射水出口一面的光滑。同时由于斜喷嘴间距较小,焊接的时候焊条倾斜角度有限,因此对焊条切断焊接。由于在水中施工,为了保证设备不生锈腐蚀,对射水装置进行涂漆防腐。防腐后的射水装置,如图 10-32 所示。

三、供水系统制造、选购、组装与调试

供水系统需要加工的零件有水管和水管相连的连接管、水管和水泵出口相连的连接法兰、水管和压盘进口连接的连接法兰。连接管上的丝扣加工既直接关系到供水系统的密封性,又关系到设备组装时的效率,其精度严格按照设计精度保证。由于为试验施工,可以不进行防腐处理(见图 10-33)。

需要采购的标准件有水管、喉箍、钢丝绳、螺栓、垫片、压力表、流量表、调节阀、水泵及配套电机等。标准件的选购,一方面要保证质量,另一方面还要对易损件保证有一定的备品,比如螺栓、螺母、垫片、喉箍等,备品率为 20% 即可。

供水管道及连接法兰在组装前进行试漏、防腐。采购回来的泵都是装配完好的,并且和电机有相同的机座,安装时应注意以下几点:

(1)安装泵的基础平面应用水平仪找平。基础平台找平后,应检查底座和固定螺栓孔是否松动。

图10-32 射水装置

图10-33 连接管和连接法兰

(2)电机、泵和底座组装后,应严格检查泵轴和电机轴的同心度,保证两轴心线在同一水平线上。

(3)电机和水泵组装时,应将泵联轴器端伸向外拉出,保证泵和电机两联轴器端面的轴向间隙值。

(4)泵的吸入管路与压出管路组装时,法兰之间压上橡胶垫,软管与无缝钢管之间用管夹扣紧,每个接头扣 2 ~3 道。

做好以上工作以后,按照设计要求进行组装,如图 10-34 所示。

图 10-34　供水系统组装

第十一章　高压射水拔桩器研制

当前,传统的拔桩技术是利用振动、静力或锤击的作用将桩拔出地层。拔桩作业常采用相应的振动拔桩机、静力压桩机或双动汽锤,再配以桩架和索具,故也称振动沉拔桩机、静力压拔桩机。也有采用机械方法拔桩的,即由电动机驱动卷扬机,利用钢丝绳滑轮组的拉力将桩强制拉出地面,该方法应用简便、成本低,但拔桩力不大、设备笨重、拔桩效率低,只适用于软土地层施工。振动沉拔桩机可在各种土层中拔混凝土桩及其他桩;静压拔桩机适用于在黏土、砂土或含少量砾石的土层中拔工字钢或型钢桩。以上拔桩设备对于可移动不抢险潜坝这种大型混凝土预制管桩也可以进行拔桩施工作业。但是考虑到该工程的地质状况和实际施工中用于临时抢险和调整河势,需要有一种能够同时完成沉拔桩作业且不破坏桩体结构及其强度的施工机械。因此,研制一种适合这种地层和大型管桩的沉拔桩施工设备,成为急需解决的问题。

第一节　设备研制目标

(1)研究地层在射流冲击下的破坏形式,确定临界破土压力。

(2)根据水射流理论、压力损失理论,研究喷嘴射流动能大小与水头关系。

(3)根据有限空间的淹没射流理论,确定喷嘴结构形式、数量,箱体结构尺寸。

(4)根据出口压力选择相应的供水系统,即水泵型号、水管型号及电动机。

(5)根据可移动不抢险坝的桩结构,研制一种适合黄河下游地层施工的拔桩设备及其施工工艺,实现可移动不抢险坝的可"移动"。

(6)该设备还可以临时用来实现沉桩施工,减少施工机械的数量。

(7)通过黄河下游重复组装式导流桩坝拆除方法,指导类似的土木工程、水利水电工程拔桩施工作业。

第二节　高压射水拔桩器设计原理及主要研究内容

一、拔桩原理

首先运用机械结合人工开挖滩地,露出坝顶;拆除坝顶组装式的联系盖梁,自桩坝一端开始,利用起吊机械吊起专用水冲装置——高压射水拔桩器,使其自下而上连续不断地冲蚀第一根管桩周围的土体,使桩周围的泥土形成泥土混合液(泥浆)并产生井孔,同时泥浆从井孔顶部溢出。这样桩周围的土层对桩的摩阻力大为减小,使其在水中呈浮立或半浮立状态,再利用大吨位起吊机械将其从冲蚀的井孔中拔出。按照此方法,再依次冲蚀桩4,7,…,2,5,8,…,直至拆除全部管桩,完成整个桩坝的移动工程。工作原理过程见

图 11-1。

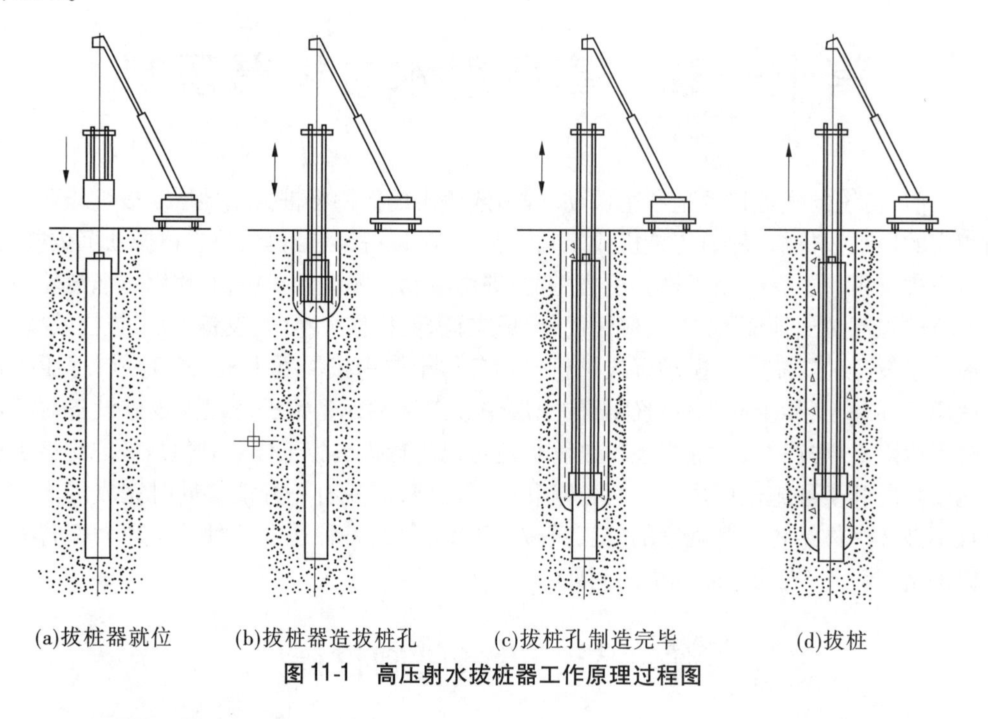

图 11-1　高压射水拔桩器工作原理过程图

二、高压射水拔桩器总体设计思路

从前面的分析可知,用水射流法对桩体周围土层实施破坏,使桩处于悬浮状态或半悬浮状态,再利用起吊机械,从而实现拔桩。高压射水拔桩器系统整体结构初步设计由起吊机械、拔桩器、供水系统、悬挂结构和钢丝绳等几部分组成(见图 11-2)。

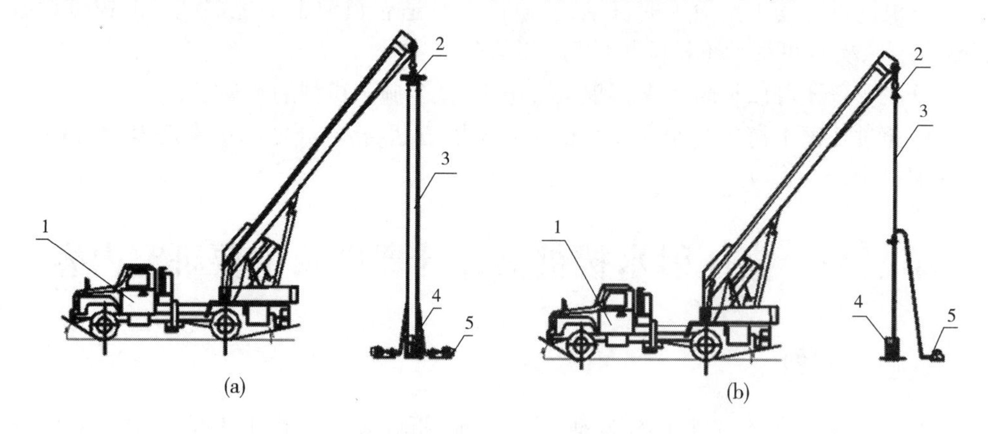

1—起吊机械;2—悬挂结构;3—钢丝绳;4—拔桩器;5—供水系统

图 11-2　高压射水拔桩器系统总体设计方案

各部分的作用分别介绍如下:

(1)起吊机械用来吊起拔桩器,使拔桩器围着桩周做间断性上下往复运动,实现拔桩器在桩高度上的造孔。

(2)拔桩器主要作用是连接和固定供水系统及其内部的喷嘴,同时在喷嘴出口形成具有一定压力和速度的射流冲击破坏桩周围的土层,以形成泥浆并从孔口溢出。

(3)供水系统主要由水泵和水管组成,通过水泵汲取水池中事先储存的水,增加流水的压力并通过水管输送到拔桩器的喷嘴中,射流经喷嘴出口射向桩周围土体并将其破坏。

(4)悬挂结构用来连接拔桩器和起吊机械吊钩,并调节拔桩器的平衡。

(5)钢丝绳一端固定在拔桩器上,另一端固定在悬挂结构上,起吊时主要起连接和承重作用。

设备工作时,按照如图 11-2 所示组装调试好以后,首先启动供水系统中的水泵,使供水系统管路中充满高压水;供水系统的出水管同时和拔桩器中的喷嘴相通,高压水通过喷嘴形成水射流冲击破坏土层,形成水土混合液从形成的井孔上部溢出表面;同时调整起吊机械吊钩不断向下运动(在竖直方向上保持不变),并使拔桩器也随着吊钩按照相同的速度向下运动,从而实现不同形式和不同深度的造孔;造孔完毕以后,迅速提起拔桩器,再利用较大吨位的起吊机械尽快将桩拔出。

三、主要研究内容

依据当前国内外拔桩施工机械状况,查阅了大量的国内外文献,并据此将研究重点放在寻求更经济、更高效、更安全的拔桩方式上。本书着重分析有限空间淹没射流破土功效,并据此设计了喷嘴结构形式和具体尺寸、拔桩器内外箱体结构及尺寸,同时结合数值仿真分析软件进行了优化分析,根据研究结果设计了射流冲击式拔桩器系统整体设备,并通过试验验证了该设备设计的可行性。具体内容如下:

(1)对有限空间淹没射流理论进行分析,为拔桩器设计提供理论依据。

(2)对不同桩断面的拔桩器结构进行设计。

(3)对喷嘴内外淹没射流流场进行数模模拟分析。

(4)对拔桩器配套设备进行选型分析,以选择既经济实用又安全可靠的配套设备。

(5)对不同土层造孔拔桩,验证设备的可行性,同时验证该设备临时造孔沉桩施工的可行性。

(6)得出了本设备安全操作方法及注意事项。

(7)提出了对设备进一步研究及优化方案。

第三节　高压射水拔桩器研制

一、相关理论基础分析

(一)圆柱形喷嘴射流几何结构

流体自喷嘴或管嘴射出后,由于靠近射流边界的气体微团的脉动影响,射流本身与周围介质之间不断发生质量、动量交换,带动了周围原来是静止状态的流体,因而自身的动量减小,速度逐渐缓慢。随着射流过程的进行,沿着射流方向,其扰动宽度越来越大,射流流量也逐渐增大,而速度逐渐减小,最后射流能量全部消失在空间介质中。

由大量试验测定结果得出的紊流射流的流动结构如图 11-3 所示。可以看出:流体自半径为 r_0 的圆断面喷嘴喷出,出口断面上的速度 v_0,认为均匀分布。取射流轴线 MX 为 x 轴。射流离开喷嘴,沿 x 方向流动,且不断扰动周围介质,不仅使边界逐渐加宽,而且使射流主体的速度逐渐减小。通常把速度等于零的地方称为射流外边界(见图 11-3 中 ABC 和 DEF),射流速度还保持初始速度的边界称为射流内边界(见图 11-3 中 AO 和 DO),AOD 锥体内的速度皆为 v_0 的部分称为射流核心区。射流内、外边界之间的区域称为射流边界区。显然,射流边界层从喷嘴出口开始沿射程不断地向外扩散,带动周围介质进入边界层,边界层同时还向射流中心扩展,至某一距离处,边界层扩展到射流轴心线上,射流核心区消失,只有轴心一点处速度为 v_0,这一断面(见图 11-3 中的 BOE)为转折断面。以转折断面分界,出口断面至转折断面称为射流起始段,转折断面以后称为射流主体段。起始段射流轴心上的速度都是 v_0,而主体段轴心的速度沿 x 方向不断减小,主体段为完全射流边界层所占据。射流外边界线 ABC 和 DEF 延至喷嘴交于 M 点,此点称为极点,$\angle AMD$ 的一半称为极角 α,又称扩散角。

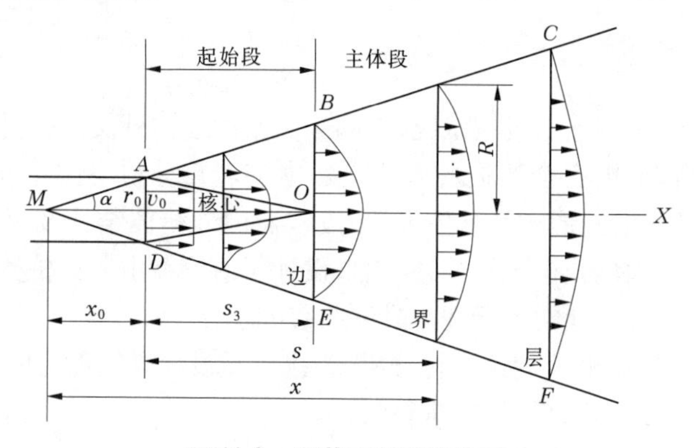

图 11-3　圆截面射流结构图

由图 10-3 可知:

$$\tan\alpha = \frac{R}{x} \tag{11-1}$$

式中　R——任意圆截面的射流半径;

　　x——从极点 M 至该圆截面的距离。

试验结果及半经验理论都得出射流外边界是一条直线,因此 R 与 x 成正比,即 $R = Kx$,则

$$\tan\alpha = \frac{R}{x} = K \tag{11-2}$$

式中　K——试验系数,对圆截面射流 $K = 3.4\alpha$;

　　α——紊流系数,表示射流流动结构的特征系数,由试验决定。

试验证明,射流中任意点上的静压强均等于周围气体的压强。从动量方程可知,各横截面上动量相等。因为在任意横断面简单流体段上,作用在射流轴线上的力等于零,面质量力又垂直于轴心线,则作用在此流体段上的全部外力在轴心线方向的分量为零,此时单位时间流过射流各断面的流体动量应相等。据此,流体自圆形喷嘴射出时各参数随 $\bar{x}$(无

量纲距离)的变化规律如下(各符号意义如图11-4所示)。

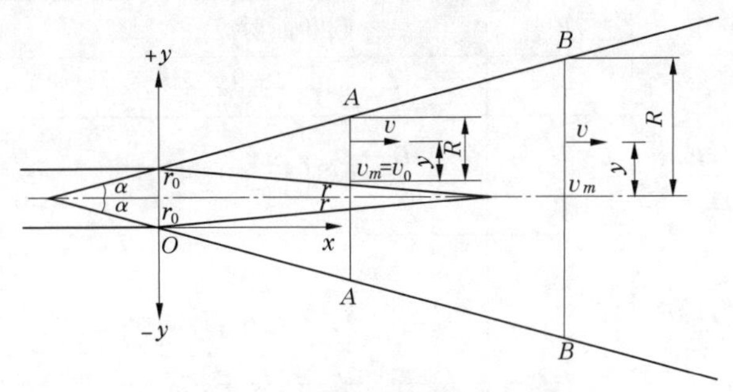

图11-4　流速分布的距离规定

(1)轴心速度 v_m 的变化规律:

$$\frac{v_m}{v_0}=\frac{0.956}{\frac{\alpha s}{r_0}+0.294}=\frac{0.48}{\frac{\alpha s}{d_0}+0.147}=\frac{0.96}{\alpha\bar{x}} \tag{11-3}$$

式(11-3)说明无量纲轴心速度与无量纲距离 $\bar{x}$ 成反比。

(2)断面流量 Q 的变化规律:

$$\frac{Q}{Q_0}=2.2\left(\frac{\alpha s}{r_0}+0.294\right)=4.4\left(\frac{\alpha s}{d_0}+0.147\right)=2.2\alpha\bar{x} \tag{11-4}$$

式(11-4)说明无量纲流量与无量纲距离 $\bar{x}$ 成正比。

(3)断面平均流速 v_1 的变化规律:

$$\frac{v_1}{v_0}=\frac{0.19}{\frac{\alpha s}{r_0}+0.294}=\frac{0.095}{\frac{\alpha s}{d_0}+0.147}=\frac{0.19}{\alpha\bar{x}} \tag{11-5}$$

式(11-5)说明断面平均流速与无量纲距离 $\bar{x}$ 成反比。

(4)质量平均流速 v_2 的变化规律

$$\frac{v_2}{v_0}=\frac{Q_0}{Q}=\frac{0.4545}{\frac{\alpha s}{r_0}+0.294}=\frac{0.23}{\frac{\alpha s}{d_0}+0.147}=\frac{0.4545}{\alpha\bar{x}} \tag{11-6}$$

式(11-6)说明质量平均流速 v_2 与无量纲距离 $\bar{x}$ 成反比。

比较式(11-3)与式(11-6),$v_2=0.47v_m$。因此,用 v_2 代表使用区的流速要比 v_1 更合适。

上述分析都是射流的各个参数沿射程的变化规律,而所得计算公式都是按轴对称的圆形断面射流考虑的,且讨论对象是主体段。起始段内分两部分进行计算,一部分是射流的核心区,另一部分是射流的边界层。在寻求各个量沿射程变化规律的过程中并无很大困难,但计算烦琐,其计算公式列于表11-1中。

从以上分析知道了射流各断面的流速、流量变化规律:无论是轴心速度,还是断面平均流速,都是随着射程距离的增加而减小的。随着速度的减小,射流扩散面增大,降低了单位面积上的射流压力。

(二)水射流对土体表面的作用力

水射流自喷嘴射出打击土体表面时,被打击土体具有不同的表面形状,使射流改变了

表 11-1　射流参数计算

段名	参数名称	符号	圆断面射流	平面射流
主体段	扩散角	α	$\tan\alpha = 3.4a$	$\tan\alpha = 2.44a$
	射流直径或半高度	D b	$\dfrac{D}{d_0} = 6.8\left(\dfrac{\alpha s}{d_0} + 0.147\right)$	$\dfrac{b}{b_0} = 2.44\left(\dfrac{\alpha s}{b_0} + 0.41\right)$
	轴心速度	v_m	$\dfrac{v_m}{v_0} = \dfrac{0.48}{\dfrac{\alpha s}{d_0} + 0.147}$	$\dfrac{v_m}{v_0} = \dfrac{1.2}{\sqrt{\dfrac{\alpha s}{b_0} + 0.41}}$
	断面流量	Q	$\dfrac{Q}{Q_0} = 4.4\left(\dfrac{\alpha s}{d_0} + 0.147\right)$	$\dfrac{Q}{Q_0} = 1.2\sqrt{\dfrac{\alpha s}{b_0} + 0.41}$
	断面平均流速	v_1	$\dfrac{v_1}{v_0} = \dfrac{0.095}{\dfrac{\alpha s}{d_0} + 0.147}$	$\dfrac{v_1}{v_0} = \dfrac{0.492}{\sqrt{\dfrac{\alpha s}{b_0} + 0.41}}$
	质量平均流速	v_2	$\dfrac{v_2}{v_0} = \dfrac{0.23}{\dfrac{\alpha s}{d_0} + 0.147}$	$\dfrac{v_2}{v_0} = \dfrac{0.833}{\sqrt{\dfrac{\alpha s}{b_0} + 0.41}}$
起始段	断面流量	Q	$\dfrac{Q}{Q_0} = 1 + 0.76\dfrac{\alpha s}{r_0} + 1.32\left(\dfrac{\alpha s}{r_0}\right)^2$	$\dfrac{Q}{Q_0} = 1 + 0.43\dfrac{\alpha s}{b_0}$
	断面平均流速	v_1	$\dfrac{v_1}{v_0} = \dfrac{1 + 0.76\dfrac{\alpha s}{r_0} + 1.32\left(\dfrac{\alpha s}{r_0}\right)^2}{1 + 6.8\dfrac{\alpha s}{r_0} + 11.56\left(\dfrac{\alpha s}{r_0}\right)^2}$	$\dfrac{v_1}{v_0} = \dfrac{1 + 0.43\dfrac{\alpha s}{r_0}}{1 + 2.44\dfrac{\alpha s}{b_0}}$
	质量平均流速	v_2	$\dfrac{v_2}{v_0} = \dfrac{1}{1 + 0.76\dfrac{\alpha s}{r_0} + 1.32\left(\dfrac{\alpha s}{r_0}\right)^2}$	$\dfrac{v_2}{v_0} = \dfrac{1}{1 + 0.43\dfrac{\alpha s}{r_0}}$
	核心长度	s_n	$s_n = 0.672\dfrac{r_0}{a}$	$s_n = 1.03\dfrac{b_0}{a}$
	喷嘴至极点的距离	x_0	$x_0 = 0.294\dfrac{r_0}{a}$	$x_0 = 0.41\dfrac{b_0}{a}$
	收缩角	θ	$\tan\theta = 1.49a$	$\tan\theta = 0.97a$

方向，从而在其原来的喷射方向上失去了一部分动量，并以作用力的形式传递到被打击土体表面上。连续射流对土体表面的作用力，是指射流对土体打击时的稳定冲击力——总压力。

图 11-5 为射流打击土体表面的情形，射流打击前的动量为 $\rho Q v_0$，打击后的动量为 $\rho Q v_0 \cos\varphi$，根据动量定理可知，射流作用在土体表面的总作用力为：

$$F = \rho Q v_0 (1 - \cos\varphi) \tag{11-7}$$

式中　ρ——水的密度，kg/m^3；

Q——射流流量，m^3/s；

v_0——射流速度，m/s；

φ——射流冲击土体后离开土体表面的角度，(°)。

引入 $J=\rho Q v_0$，则

$$F = J(1 - \cos\varphi) \tag{11-8}$$

由式(11-8)知，当 $\varphi=90°$时，$F=J$，表明当射流与土体表面保持垂直打击时，射流作用力的大小为初始动量，如图 11-5(b)所示。若 φ 不变，射流的总打击力 F 也保持不变。实际上淹没射流是沿程扩散的，射流的打击面积随着流程的增大而增大，而土体单位面积上的打击力因面积的增大而减小，射流对土体的破坏作用主要取决于单位面积的打击力，所以必须分析打击区域内的单位面积上的打击力及其分布情况。

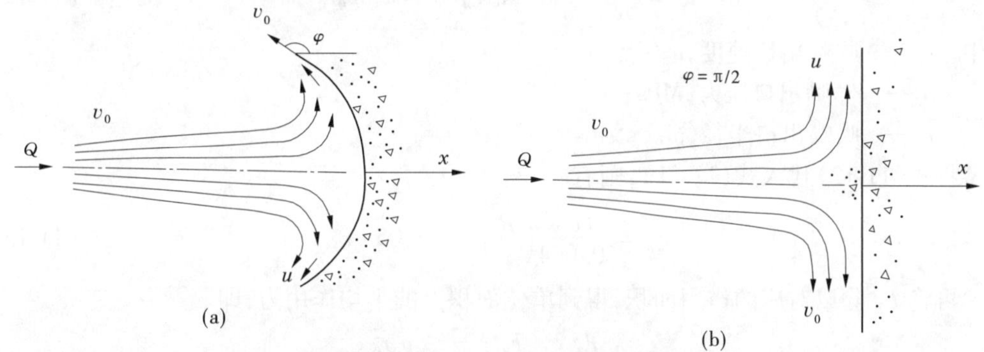

图 11-5　水射流对土体表面的作用形式

(三)淹没射流沿程压力分布

对于轴对称淹没射流，根据伯努利方程得到射流断面轴心处的动压分布：

$$p_m = \frac{3\alpha^2 J}{8\pi}\frac{1}{x^2} \tag{11-9}$$

其中，$\alpha=\frac{1}{4}\sqrt{\frac{3}{\pi}}\frac{\sqrt{K'}}{\gamma_0}$，$K'=J/\rho$，$\alpha$ 和 J 为常数，γ_0 为运动涡黏度，在整个射流中，为一常数。该式表明射流断面上的轴心动压 p_m 与射程 x^2 成反比。

(四)射流作用下土体表面压力分布

射流垂直打击土体表面时，土体被冲蚀的区域近似为圆盘形，如图 11-6 所示。在打击中心处，压力为滞止压力，即射流的轴心动压 p_m；而打击范围内其他各点的压力 p_r 随着与中心径向距离的增大而逐渐减小，直至等于周围环境压力，通常可认为为零。所以，射流打击力分布半径为 R 的打击力大小为

$$F = \int_0^R p_m f(\eta) 2\pi r \mathrm{d}r = \frac{9\alpha^2 J}{80}\frac{R^2}{x^2} \tag{11-10}$$

根据里夏特经验常数，$\alpha=15.174$，再针对水射流破土，取 $\varphi=100°$，在射流半宽 b 处，射流压力为

$$F_b = \frac{J}{0.040\ 4}\frac{R^2}{x^2} \tag{11-11}$$

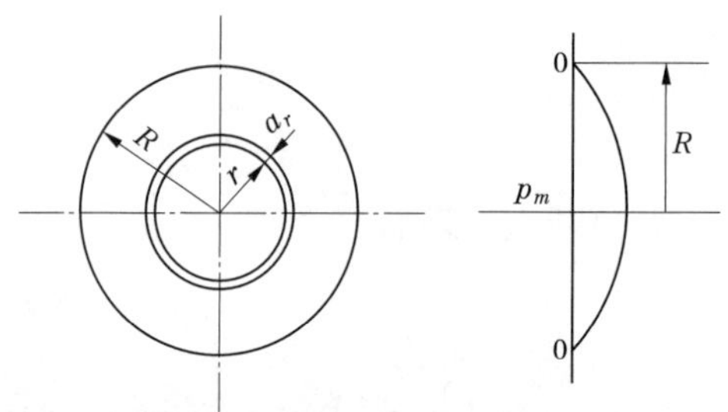

图 11-6　土体作用面受力分布

在淹没射流流动过程中，由于周围环境流体中压强是不变的，因此在射流各断面上的压强均相等，等于周围环境流体的压强，此时射流的总动量 J 在沿程的各个断面上为常量，且等于射流源初始总动量，即

$$J = \int_A \rho v_x^2 \mathrm{d}A = \pi R_0^2 \rho v_0^2 = 2\pi p_0 r_0^2 \tag{11-12}$$

式中　v_0——喷嘴出口速度，m/s；

p_0——喷嘴出口压力，MPa；

r_0——喷嘴出口半径，m。

将式(11-12)代入式(11-11)，则有

$$F_b = \frac{p_0 r_0^2}{0.064}\left(\frac{R}{x}\right)^2 = 7.05 p_0 r_0^2 \tag{11-13}$$

再将 F_b 除以对应的作用面积，得到单位面积上的平均作用力，即

$$\overline{F}_b = \frac{F_b}{S_b} = \frac{F_b}{\pi b_2} = \frac{p_0 r_0^2}{0.012\,7x^2} \tag{11-14}$$

(五)水射流破土机制

水射流作用于土体时，其部分能量转化为对土体的打击力，从而使土体破坏。概括起来，有以下几种破坏形式：

(1)空化破坏作用。射流打击土体时，在压力梯度大的部位将产生空泡，空泡的崩溃对打击面上的土体具有较大的破坏力。此外，在空泡中，由于射流的激烈紊动，也会把较软弱的土体淘空，造成空泡扩大，使更多的土体遭受破坏。

(2)动压作用。由式(11-9)知，射流的动压力与流速的平方成正比，高压发生装置的压力越高，射流速度越大，产生的动压力也越大。因此，通过增大喷嘴出口压力，可提高射流的动压破坏。

(3)疲劳破坏作用。由于高压发生装置多为泵叶轮，随着叶轮的往复旋转，每一瞬间产生的压力和流量都是随之波动的，故水射流为连续脉冲运动的液流。当脉冲式射流不停地冲击土体时，土体颗粒表面受到脉动负荷的影响，逐渐积累其残余变形，使土体颗粒失去平衡，从土体上崩落下来，促使了土体的破坏。

(4)冲击作用。当射流连续不断地锤击土体，产生冲击力，促使破坏进一步发展。

(5)水楔作用。当射流充满土体时，由于射流的反作用力，产生水楔，在垂直射流轴线的方向上，射流楔入土体的裂隙或薄弱部位中，此时射流的动压变为静压，使土体发生剥落，裂隙加宽。

(6)挤压作用。在射流的末端,能量衰减很大,不能直接冲击土体使土体颗粒剥落,但能对有效射程的边界土体产生挤压力,对四周土体有压密作用。

在土体的破坏过程中,有可能上述这些作用都起作用,但是在不同条件下或对不同种类的土质,也可能是其中的一两项起主导作用,其他的处于次要地位。

射流的打击作用对土体的物化性质产生如下的影响:

(1)射流在初始打击作用下,初始冲击脉冲造成的弹性体在土体中的冲撞、反射和干扰,破坏了土体结构;

(2)由于水束长时间冲击土体表面,造成土质的软化;

(3)水射流穿透和渗入,促使裂隙扩展,加速了土体的破坏与剥落;

(4)高压水射流的冲击,容易使土体局部产生流变和裂痕;

(5)高压水射流的剪切作用,容易使土体颗粒剥离、脱落;

(6)在射流动压作用下,土体中孔隙水的压力增高,在张力作用下,空隙介质颗粒之间连接力减弱,从而加速了土体的破坏过程;

(7)在射流打击末端,速度较低,土体表面受到压缩波和拉应力作用,同时形成气蚀,气蚀作用(或空化作用)对淹没射流状态下提高打击效果非常有效。

因此,射流对土体的破坏是多方面的,其过程也是很复杂的,它不仅与水射流及冲蚀条件有关,而且与被打击破坏土体的物化性质有着密切的关系。

从射流破土过程来看,在不同阶段射流压力对土体的破坏机制是不同的,最佳破土效果发生在中间阶段,而不是初始阶段。

在射流打击下,土体的破坏不仅与射流的出口压力和流量、喷嘴的孔径、打击靶距等射流参数有关,而且还与土体的密度、颗粒大小及级配、抗剪强度等土体参数有关。例如,在砂性土中扩孔就比黏性土中容易。因为砂土的孔隙大,高压水在孔隙中产生渗透压力,土颗粒在压力作用下产生了塑性流动,并沿射流轴向发生位移,土孔得以扩大。而黏性土由于颗粒小,具有黏聚力,而且射流不能在黏性土中产生渗透压力,因此只能靠射流的其他作用(如剪切、破碎等)使土体破坏,破土效果相比于砂土就要差得多。所以说,对于非黏性土,射流的压渗作用占主导地位;对于黏性土,切割与破碎起主要作用。

(六)土体临界破坏压力

在射流打击作用下,土体的破坏不仅与射流参数有关,而且还与土体参数有关,射流参数决定射流作用力的大小,而土体参数是土体本身固有的物理属性,在射流破土过程中,体现为一种抵抗力,称为土体临界破坏压力。土体的临界破坏压力是由土体本身参数唯一确定的,只有当射流作用压力大于或等于土体的临界破坏压力时,土体才会发生破坏。

土体临界破坏压力的确定涉及力学、流体力学、土力学等多方面的知识,加之在射流打击过程中不确定的因素很多,故科研工作者主要借助试验手段进行研究。一般认为土体在射流作用下的临界破坏压力与土体的渗透性、土体颗粒直径的大小以及土体的密度等参数有关,即

$$F_{c\tau} = \beta\tau_f^2\left(\frac{d_{60}}{k}\right)^{-2}\gamma_d^{-1} \tag{11-15}$$

式中　$F_{c\tau}$——土体破坏面上的射流临界压力,N;

β——修正系数,经试验测定,$\beta = 1.8 \times 10^{13}$;

τ_f——土的抗剪强度,kPa;

d_{60}——土颗粒限定粒径,mm;

γ_d——干土容重,kN/m^3;

k——土的渗透系数,m/s;

d_{60}/k——土的抗冲蚀强度。

式(11-15)是由试验研究而得到的经验公式,可以看出,土体临界破坏压力只与土体本身性质有关。

(七)水射流破土方程

在射流打击作用下,土体发生破坏的必要条件是土体表面所受的射流作用力必须大于土体的临界破坏压力。

令 $\overline{F}_b = F_{c\tau}$,由此得到:

$$p_0 = \beta_s \tau_f^2 \left(\frac{d_{60}}{k}\right)^{-2} \left(\frac{x}{r_0}\right)^2 \gamma_d^{-1} \tag{11-16}$$

式中　p_0——喷嘴出口压力,N/m^2;

r_0——喷嘴出口半径,m;

x——射流打击射程,m;

β_s——试验参数。

式(11-16)建立了射流参数与土体参数之间的联系,给定土体参数、喷嘴直径和工作射程,便可求出射流破土所需的最小系统压力。

二、高压射水拔桩器设计

文献资料研究表明,目前水射流技术在实际应用中多是通过专用成孔机具实现的,如煤层成孔、射水法造墙等,但实际使用起来有诸多不便。为克服专用成孔机具的不足,并考虑到土层以及本次施工中桩的结构和桩体之间的相互位置,我们将利用水射流技术和理论研究一种新型的适合粉土、砂土和黏土地层施工的成孔机具——高压射水拔桩器。该拔桩器的优点是:

(1)易损件喷嘴通过螺纹联结,使用过程中可以随时更换,从而节省了机具的更换和研制时间,提高成孔效率。

(2)设备简单,专用件少,仅有拔桩器和悬挂结构,研制周期短,设备投资少。

(一)拔桩器结构方案设计

高压射水拔桩器是整个高压射水拔桩器系统的关键元件,也是其中的易损部件,在设计时一定要考虑其易修性,为此将拔桩器单独设计成一套组件。

桩断面一般有矩形断面和圆形断面,如图 11-7 所示。

要将以上两种桩拔出,就需要将桩周围土层破坏,降低土层对桩的摩阻力,从而用很小的力就能将桩拔出。因此,就需要相应的拔桩器断面结构(见图 11-8)。

图 11-8 是理论上桩间距比较大时拔桩器截面形式。而实际上,由于桩间距是受限制

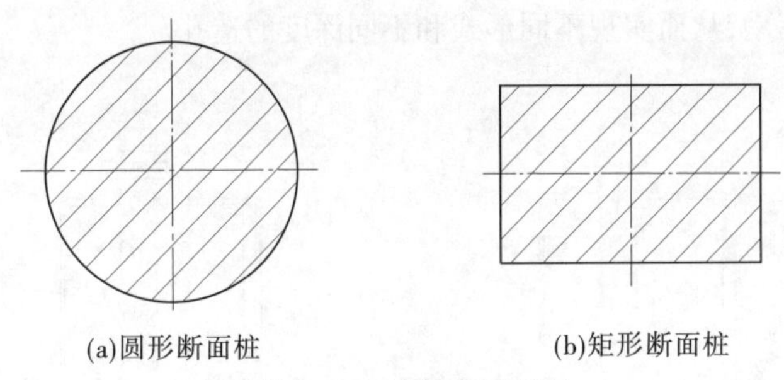
(a)圆形断面桩　(b)矩形断面桩

图 11-7　不同断面形式的桩

的或桩不是竖直的而具有一定的倾斜度,因此图 11-8 所示的两种方案并不能适用于实际操作。考虑到这种情况,将拔桩器做成具有一定缺口的断面形式(见图 11-9),这样无论桩是否处于理想竖直状态,拔桩器都能作上下往复运动,正常工作。

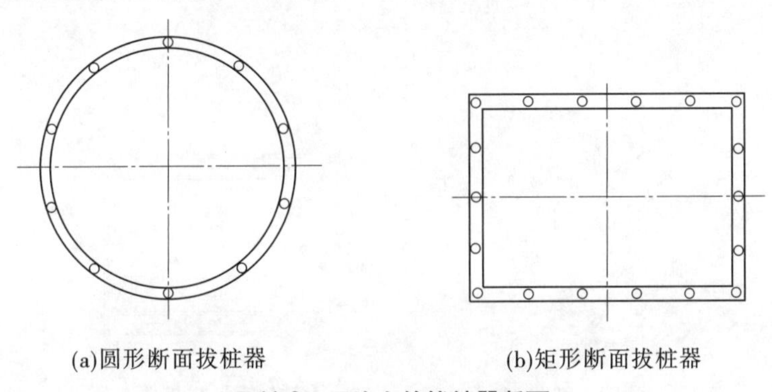
(a)圆形断面拔桩器　(b)矩形断面拔桩器

图 11-8　理论上的拔桩器断面

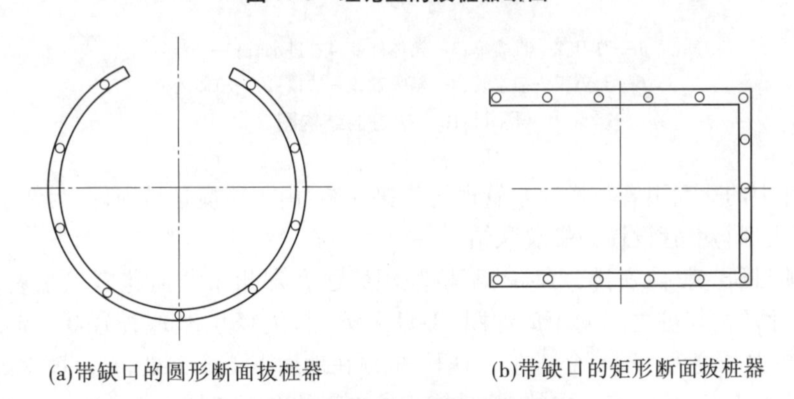
(a)带缺口的圆形断面拔桩器　(b)带缺口的矩形断面拔桩器

图 11-9　实际使用的拔桩器断面

高压射水拔桩器实现稳定射流成孔和拔桩施工,除射流具有一定的压力破土成孔并产生上托力使孔不塌陷外,还必须具有固定射流(即喷嘴)的支撑和沿着桩体的导向结构。因此,拔桩器整体结构设计如图 11-10 所示。由图 11-10 可见,整体结构由横向水管、箱体、进水管、喷嘴等部分组成。同时考虑到拔桩器上下往复运动,为增强切削作用,在箱体上设计具有切削作用的刀刃,两根进水管分别与供水系统的两根出水管联结,输送高压水到喷嘴形成射流冲击破坏土层,产生的水土混合液从井孔上部溢出孔口,同时两吊环与两根钢丝绳联结,通过上部悬挂结构联结起来,起吊机械的吊钩勾起上部结构上的吊环使拔桩器不断向下运动,从而实现不同形式和不同深度的造孔。

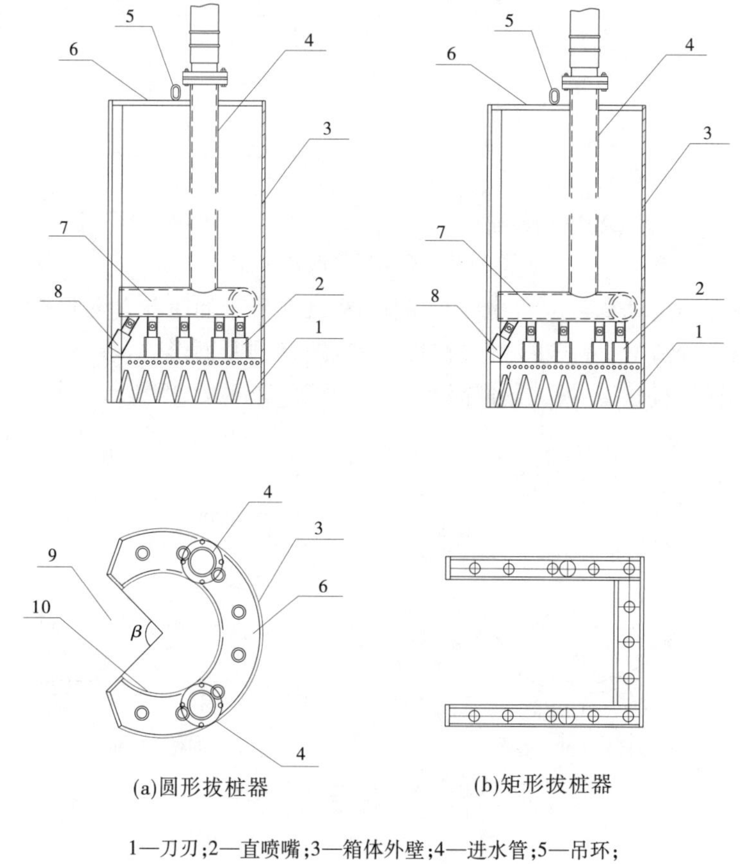

(a)圆形拔桩器　　　　(b)矩形拔桩器

1—刀刃;2—直喷嘴;3—箱体外壁;4—进水管;5—吊环;

6—上盖;7—横水管;8—斜喷嘴;9—缺口;10—箱体内壁

图 11-10　拔桩器结构图

此部件中的喷嘴引管与横向水管通过焊接联结,由于喷嘴是易损件,为便于检修和更换,将喷嘴头部与引管设计为螺纹联结。

根据项目研究整体安排,可移动不抢险坝修建在郑州市黄河花园口南裹头东 1 km 处,各桩尺寸及桩与桩之间的距离如图 11-11 所示,桩内径 0.3 m、外径 0.5 m,桩中心间距 0.8 m,桩总长度为 15 m,全部埋入地下,桩顶在地面下 1 m 深处,垂直度 1∶300。

理想状态下,桩是竖直方向的,此时桩与桩之间的净距离是 0.3 m,桩中心间距是 0.8 m,桩断面形式属于图 11-7(a)形式,此时可以将拔桩器设计如图 11-9(a)和图 11-10(a)的结构形式。将拔桩器做成具有一定缺口的断面形式,这样无论桩是否处于理想竖直状态,拔桩器都能作往复上下运动,正常工作。

(二)喷嘴的设计

喷嘴是水射流设备的重要元件,它最终形成了水射流工况,同时又制约着系统的各个部件。它的功能为不但把水泵的静压转换为水的动压,而且使射流具有优良的流动特性和动力特性;同时,喷嘴又是射流切割、破碎与清洗工艺的执行元件。因此,必须重视喷嘴

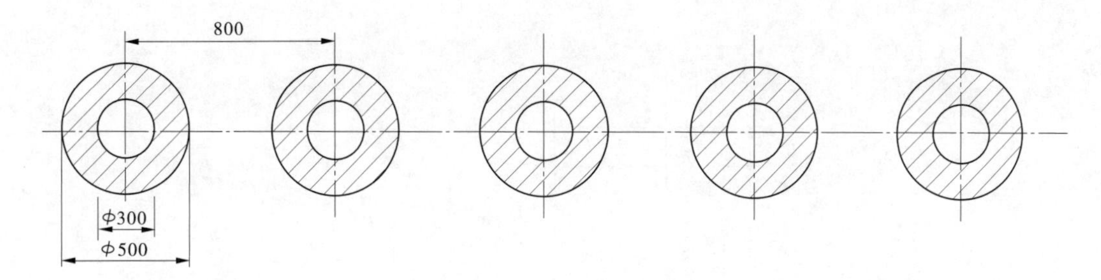

图 11-11　桩尺寸及布置图

性能、材质、工艺、检测的研究。

从有效的射流作业和节能降耗的角度来看,较为理想的喷嘴应符合以下要求:

(1)喷嘴喷射的水束应将压力有效地转化为对射流表面的喷射力;

(2)喷嘴具有较小的水头损失,喷出水束受卷吸作用小,并保持射流压力的稳定;

(3)喷嘴不易发生堵塞;

(4)在保证一定射流效果的前提下,尽可能地降低水耗。

不同结构形式的喷嘴会得到不同的射流效果。应根据射流作业的要求,合理地选择喷嘴类型。

1. 喷嘴结构形式的选择

在工程应用中,按具体的使用目的和要求,通常有如图 11-12 所示几种形式的喷嘴。

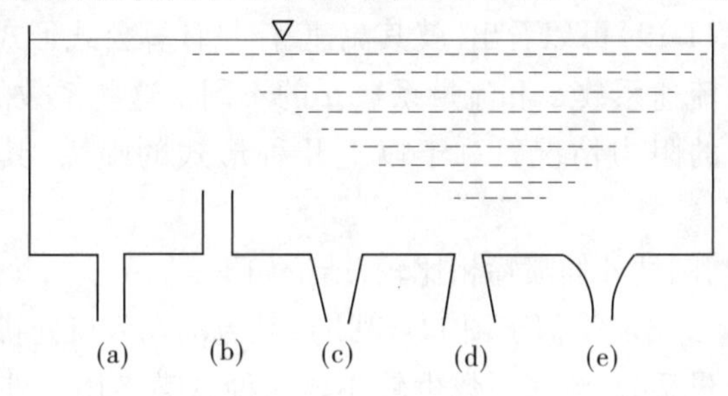

图 11-12　几种形式的喷嘴

以图 11-12(a)喷嘴为例分析流速和流量特性。对于圆柱形喷嘴,其出流形式如图 11-13所示。模拟建立能量方程。

管嘴出流的速度、流量计算公式。列出 $A—A$ 及 $B—B$ 断面的能量方程,以管嘴中心线为基准,则

$$Z_A + \frac{p_A}{\gamma} + \frac{\alpha_A v_A^2}{2g} = Z_B + \frac{p_B}{\gamma} + \frac{\alpha_B v_B^2}{2g} + \xi \frac{v_B^2}{2g} \tag{11-17}$$

因此,得到喷嘴出口流速为:

$$v_B = \frac{1}{\sqrt{\alpha_B + \xi}} \sqrt{2gH_0} = \varphi\sqrt{2gH_0} \tag{11-18}$$

喷嘴出口流量公式为:

$$Q = v_B A = \varphi A\sqrt{2gH_0} = \mu A\sqrt{2gH_0} \tag{11-19}$$

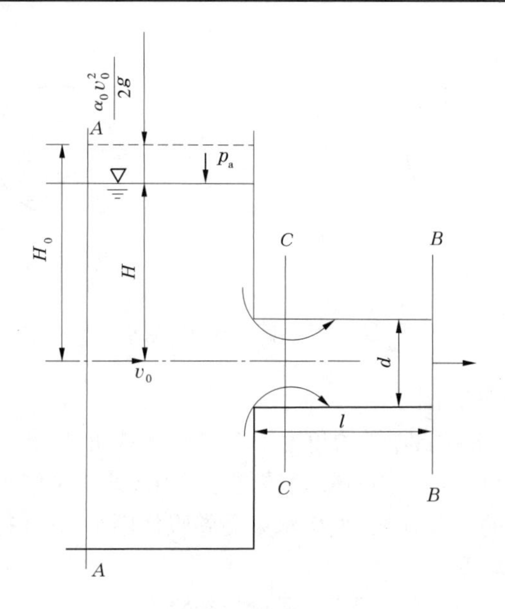

图 11-13　管嘴出流

式中　H_0——作用水头，$H_0=(Z_A-Z_B)+\frac{p_A-p_B}{\gamma}+\frac{\alpha_A v_A^2}{2g}$。

由于断面 $B—B$ 完全充满流体，因此 $\xi=1$，$\mu=\varphi$。

从式(11-18)、式(11-19)可以看出，就其流速、流量计算公式形式而言，各种出流形式都是一样的，区别在于流速系数 φ 和流量系数 μ 的不同。这些系数的数值取决于各种管嘴的出流特性和管内的阻力情况。对于以上几种形式的喷嘴，其主要参数如表 10-1 所示。

将以上几种喷嘴与圆柱外伸喷嘴相比较，结论如下：

(1)圆柱内伸管嘴。出流类似于图 11-12(b)，其流动在入口处扰动较大，因此损失大于外伸管嘴，相应的流量系数、流速系数也较小。这种管嘴多用于外形需要平整、隐蔽的地方。

(2)外伸收缩型管嘴。流动特点是在入口收缩后，不需要充分扩张。显然，其损失相应较小。因流速系数和流量系数较大，这种管嘴多用于需要较大出流速度的地方(如消防水龙头喷嘴)。当然，由于相应的出口断面面积较小，出流量并不大。

(3)外伸扩张管嘴。流动特点是扩张损失较大，管内真空度较高，因此流速系数和流量系数较小，管端出流速度较小。但因出口断面面积大，因此流量较圆柱外伸管嘴增大。这种管嘴多用于低速、大流量的场合。

(4)流线型外伸管嘴。这种管嘴的损失最小，将具有最大的流量系数，因此出口动能最大。但是制造复杂。

因此，实际工程应用中将图 11-12(a)和(c)结合在一起进行使用，并考虑到能量损失情况，就将喷嘴设计为过渡形喷嘴。这种收缩喷嘴和圆柱形喷嘴相比较，其流线分布如图 11-14(a)和(b)所示。

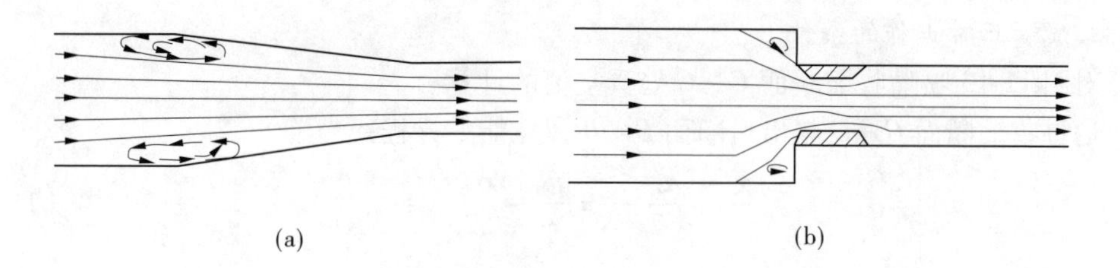

图 11-14　两种收缩喷嘴的流线分布图

由于截面突然缩小，其管内液体流动图案如图 11-14(b)所示，沿流动方向，流体压力降低，这种顺压梯度有利于主流的运动。与突扩管相比，突缩管的损失较小。在管壁折弯处出现旋涡，这是局部损失的主要来源。突缩管的局部水头损失的经验公式为

$$h_j = 0.5\left(1 - \frac{A_2}{A_1}\right)\frac{v_2^2}{2g} \tag{11-20}$$

渐缩管(见图 11-14(a))的水头损失由局部损失和沿程损失组成，图 11-15 是试验结果。从图 11-15 中可以看出，当收缩角 $\theta = 20°$时，损失最小。

从以上分析可以看出，当喷嘴截面由大逐渐变小时，水头损失比较小。且当收缩角 $\theta = 20°$时，水头损失最小。

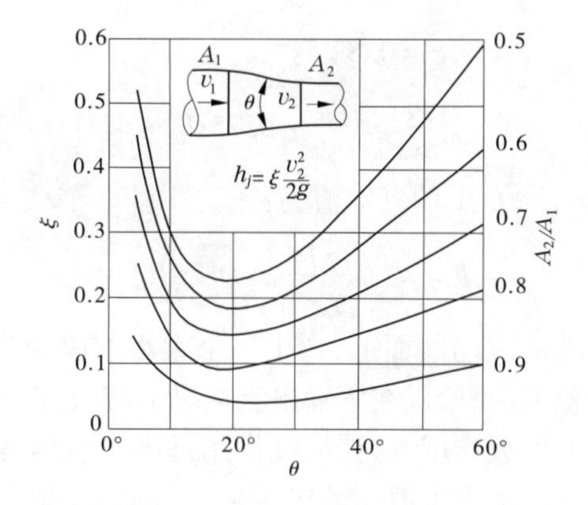

图 11-15　渐缩管的水头损失

因此，喷嘴的结构形式选择截面逐渐缩小型，此时能量损失最小。而实际上常用喷嘴是如图 11-16 所示的结构。主要参数有 D_0、l_0、θ 和 d。

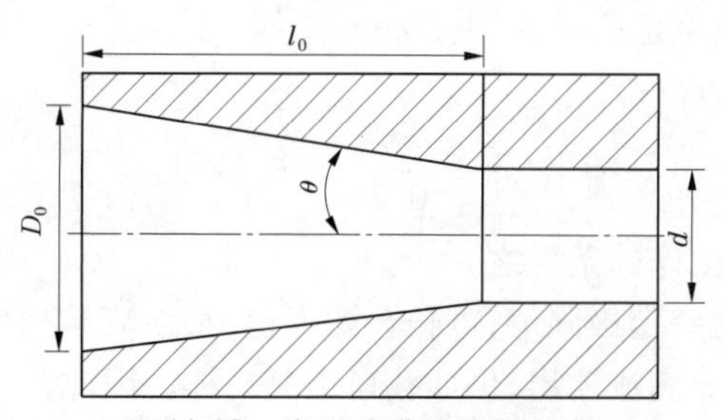

图 11-16　常用喷嘴的结构形式

2. 喷嘴正常工作的条件

对图 11-13 喷嘴收缩断面 C—C 处真空值的计算。

通过收缩断面 C—C 与出口断面 B—B 建立能量方程:

$$\frac{p_C}{\gamma}+\frac{\alpha_C v_C^2}{2g}=\frac{p_B}{\gamma}+\frac{\alpha_B v_B^2}{2g}+h_1 \tag{11-21}$$

其中,h_1 = 突扩损失 + 沿程损失 $=\left(\xi_m+\lambda\frac{l}{d}\right)\frac{v_B^2}{2g}$; $\alpha_C=\alpha_B=1$; $v_C=\frac{A}{A_C}v_B=\frac{1}{\varepsilon}v_B$。

则式(11-21)可表示为

$$\frac{p_C}{\gamma}=\frac{p_B}{\gamma}-\left(\frac{1}{\varepsilon^2}-1-\xi_m-\lambda\frac{l}{d}\right)\frac{v_B^2}{2g} \tag{11-22}$$

由 $Q=v_BA=\varphi A\sqrt{2gH_0}=\mu A\sqrt{2gH_0}$,可得:

$$\frac{v_B^2}{2g}=\varphi^2H_0 \tag{11-23}$$

从突扩阻力计算公式可得 $\xi_m=\left(\frac{1}{\varepsilon}-1\right)^2$,因此

$$\frac{p_C}{\gamma}=\frac{p_B}{\gamma}-\left[\frac{1}{\varepsilon^2}-1-\left(\frac{1}{\varepsilon}-1\right)^2-\lambda\frac{l}{d}\right]\varphi^2H_0 \tag{11-24}$$

当 $\varepsilon=0.64$, $\lambda=0.02$, $l/d=3$, $\varphi=0.82$ 时

$$\frac{p_C}{\gamma}=\frac{p_B}{\gamma}-0.75H_0 \tag{11-25}$$

则圆柱形管嘴在收缩断面 C—C 上的真空值为:

$$h_C=\frac{p_B-p_C}{\gamma}=0.75H_0 \tag{11-26}$$

由此可见,在管嘴流动的收缩断面上,产生一个大小取决于作用水头 H_0 的真空 h_C,其数值相对于 H_0 是一个较大值,所以在管嘴出流情况下,存在作用水头 H_0 和作用水头产生的真空 h_C 所共同引起的抽吸作用,这种抽吸作用远大于管内各种阻力所造成的损失,因而与薄壁孔口出流相比较,加大了液体的出流量。可见 H_0 越大,收缩断面上真空值亦越大,当真空值达到 7 ~ 8 m 水头时,常温下的水发生汽化而不断产生气泡,破坏了连续流动;同时在较大的压差作用下,空气经图 11-13 断面 B—B 冲入真空区破坏真空。气泡及空气都使管嘴内部液流脱离管内壁,不再充满断面,使管嘴出流变成孔口出流。因此,为保证管嘴的正常出流,真空值必须控制在 7 m 水头以下,即 $[h_C]=7$ m 水头。从而决定了作用水头 H_0 的极限值 $[H_0]$:

$$[H_0]=\frac{7}{0.75}=9.3(\text{m}) \tag{11-27}$$

这就是外管嘴正常工作的条件之一。

其次,管嘴长度也有一定极限值,过长会增大阻力,使流量减少;太短则水流收缩后来不及扩大到整个断面而非满流流出,仍如孔口出流一样。因此,一般取管嘴长度为:

$$[l]=(3\sim4)d \tag{11-28}$$

这就是外管嘴正常工作的条件之二。

上述两点是保证管嘴正常工作的必要条件,设计、选用时必须考虑。

3. 喷嘴主要尺寸的确定

1)喷嘴出口直径分析

喷嘴直径是喷嘴设计时首先要选定的重要参数,也是确定其他参数的依据。一般情况下,喷孔直径的大小主要是考虑水耗的大小和喷孔是否有堵塞的危险。孔径大,水耗就增加,堵塞的危险也就减少;孔径小,水耗降低,但堵塞的危险也就增大。综合上述两个方面,在设计时,孔径的选择通常以降低水耗为主,取较小值。而对由此引起的喷嘴堵塞的危险,则应采取过滤进水和加强喷嘴的自清洗作用等措施来降低。

初设喷嘴直径 $d_0 = 20$ mm。

由水射流理论可知,射流参数与喷嘴直径满足下列关系:

$$Q = \varphi \pi d_0^2 \sqrt{\frac{p_0}{8\rho}} \tag{11-29}$$

式中　φ——喷嘴流速系数,一般取 0.97 ~ 0.98。

临界破土压力已知,则有单个喷嘴流量: $Q_{单} = 14.8\ m^3/h$。

总流量 $Q = nQ_{单}$。

2)喷嘴的长径比

由前面分析知喷嘴正常工作条件之一[l] = (3 ~ 4)d,可看作厚壁孔的孔口出流,由伯努利方程可知:如果孔的进口边界是尖锐的,由于流线不能转折,射流会发生收缩,但射流受到阻力要发生扩散。当厚壁 $L > 4d$ 时(d 为孔口直径),扩散的射流就会发生附壁,在离开孔口时,液体已充满整个截面,即收缩截面发生在孔口内部。由于收缩截面的存在,产生了真空抽吸作用,使出流增大,这是厚壁孔口出流的优点。

因此,选择 $L = 5d$,即 L = 100 mm。

3)喷嘴的入口角

喷嘴的入口角是决定喷嘴流动阻力的主要因素。入口角较大的喷嘴入口流动阻力较小。由图 11-15 知 $\theta = 20°$时,水头损失最小,因此选择 $\theta = 20°$。

综上所述,喷嘴的结构及尺寸如图 11-17 所示。

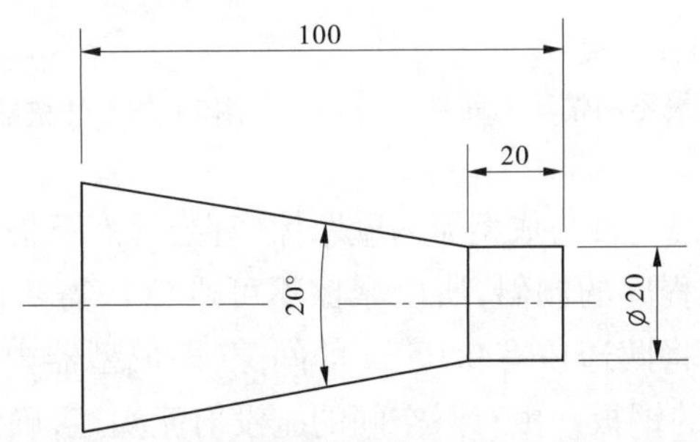

图 11-17　喷嘴结构和具体尺寸　(单位:mm)

4. 喷嘴数量的确定

喷嘴数量由桩的直径、桩与桩之间的距离以及射流能量的大小共同决定。由图 11-11 知道桩外径为 0.5 m、内径为 0.3 m,桩总长度为 15 m,桩中心间距为 0.8 m。理想状态下，桩与桩之间的净距离为 0.3 m。实际上由于沉桩总是存在桩与桩之间的倾斜，在桩的高度方向上相邻桩中心之间的距离可能大于或小于 0.8 m。按照桩与桩之间最不利的情况考虑，两个桩互相紧挨在一起，如图 11-18 所示。此时拔桩器在桩周边造孔时，为了使拔桩器能够正常工作，拔桩器圆周必须设计成缺口形式，如图 11-18 所示的缺口 *DNF*。设缺口 *ANC* 为 A_{min}，*HNI* 为 A_{max}，由图 11-18 得下式：

$$\cos\frac{A_{max}}{2} = \frac{HN^2 + IN^2 - AM^2}{2HN \cdot IN} \tag{11-30}$$

$$\cos\frac{A_{min}}{2} = \frac{AN^2 + MN^2 - AM^2}{2AN \cdot MN} \tag{11-31}$$

且得到 $A_{min} = 51°$，$A_{max} = 60°$。

考虑到实际工作时，缺口与桩体的摩擦，缺口设计要大于 A_{min} 和 A_{max}，同时考虑到拔桩器的工作效率和平衡性，缺口不宜超过 90°，此设计选取缺口尺寸为 60°～90°。实际上，在正常情况下，桩体倾斜度不大（工程设计中为 1∶300），同时考虑拔桩器整体结构工作时的平衡性，也要求拔桩器缺口不要过大，故本设计选取角度为 $A = 70°$。

同时，为了保证拔桩器整体结构的强度和稳定性，同时避开结构的尖棱，在缺口 *HDE* 段和 *IFN* 段也选用与内外壁相同材料和厚度的钢板把内外壁联结起来，形成外围全封闭式结构，如图 11-19 所示。这样结构强度和稳定性增加，但是拔桩器和桩体或土层的摩擦增加，这就有必要在缺口 *HDE* 段和 *IFN* 段两处各增加一个有一定倾斜角度的喷嘴。

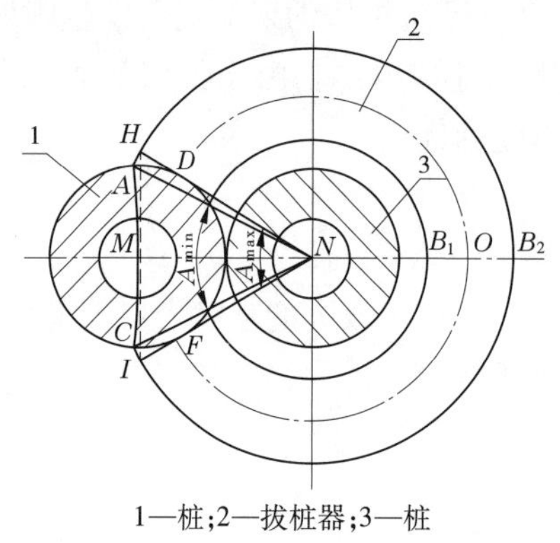

1—桩；2—拔桩器；3—桩

图 11-18 两相邻桩之间最不利情况时距离

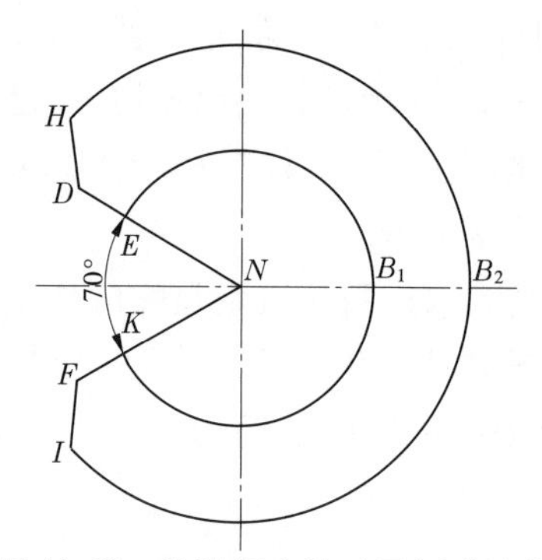

图 11-19 拔桩器内外壁及侧壁结构

由桩外径 0.5 m，考虑到桩与成型器内壁摩擦（理想状态下桩与成型器内壁是不接触的，实际上桩总存在一定程度的倾斜，所以摩擦不可避免），需要使成型器内壁与桩外表面留有一定的间隙，在此将两边留有 0.05 m 的间隙，即成型器内壁直径为 0.6 m。参考同类产品壁厚为 20 mm 的钢板。由有限空间的淹没射流知道，确定喷嘴与成型器箱体的距离时应避免产生涡流的状态，同时考虑到设备的工作效率和稳定性，将喷嘴设计为对称结构。故喷嘴中心所在的圆周直径为 0.746 m。喷嘴中心圆弧长度

$$L_{DOF} = \frac{(360 - 70)\pi d}{360} \tag{11-32}$$

代入数值,得到 $L_{DOF}=1.897\text{m}$。

喷嘴中心间距为 $l_0=0.191$ m,因此得到喷嘴数量

$$n=\frac{L_{DOF}}{l_0} \tag{11-33}$$

即 $n=9.93$,取整 $n=10$。

即拔桩器有10个竖直喷嘴、2个斜喷嘴,共12个喷嘴。喷嘴分布如图11-20所示。

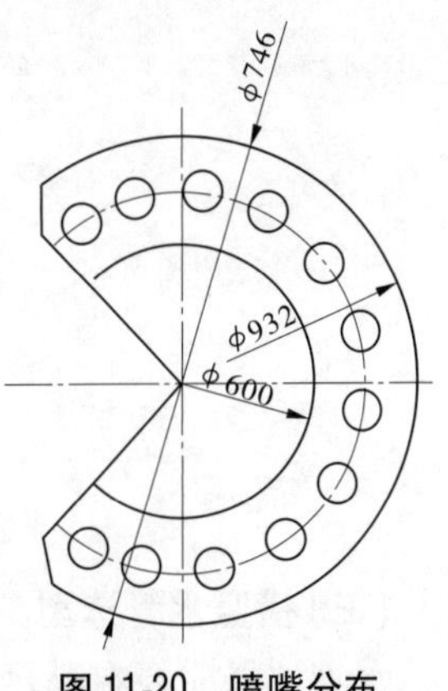

图11-20　喷嘴分布

5.喷嘴出口至箱体底部距离确定

已知圆柱形喷嘴紊流系数取较小值 $\alpha=0.076$,又知喷嘴半径初设0.01m,所以喷嘴至极点的距离

$$x_0=0.294\frac{r_0}{a}=0.038\ \text{m} \tag{11-34}$$

在极点这个断面上,平均流速最大,越过极点0以后,射流流速逐渐降低。理论上,喷嘴出口至箱体底部的距离 L 有图11-21所示三种情况。第一种情况 $L<x_0$,该种情况下,射流冲击破坏地层时,速度由小到大,达到极点最大平均流速后,速度再由大变小,能够充分发挥射流能量,使射流破土效率较大。第二种情况 $L=x_0$,该种情况下,射流冲击破坏地层时,速度由小到大,达到极点最大平均流速后,射流速度不再增加。第三种情况 $L>x_0$,射流冲击压力虽然不变化,但是由于射流扩孔面积增大,单位面积的破土压力下降,射流破土效率随之降低,拔桩器进尺最慢。因此,射流射程 L 选择第一种情况较为理想。

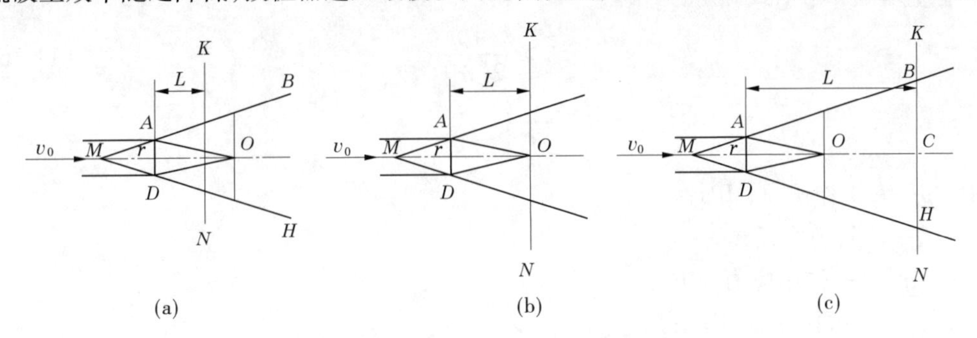

图11-21　喷嘴出口至箱体底部的距离

但是 L 也不能过小,随着拔桩器继续向下运动,射流对土层的冲击压力依然保持不变,如果过小,则会由于射流断面过小,反而使射流冲击土层的效率也下降。

因此,喷嘴固定在箱体中,距离箱体底部距离小于0.38 m,初选 $L=0.23$ m。斜喷嘴出口至箱体底部距离同样是0.23 m。

6.斜喷嘴倾斜角度的确定

两斜喷嘴射流时,两束射流轴心线如图11-22所示的 AO 和 BO,两个喷嘴射流轴心线必须相交且交点 O 位于刀刃平面所在平面 M 点的下部,以抵消部分淹没射流的阻力。L_1 为喷嘴出口位置至拔桩器箱体底部的距离,由前面的分析知 $L_1=230$ mm,设 $OM=70$ mm,则有喷嘴倾斜角度 $\alpha=35°$。

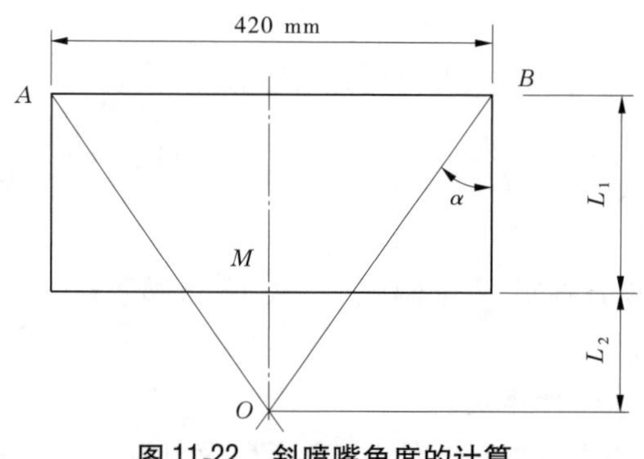

图 11-22　斜喷嘴角度的计算

(三)横竖水管选型

水管选择时要在满足工作压力的情况下,选择较小的直径和壁厚。拔桩器水管一方面是输送射流管路的一部分,另一方面是固定喷嘴位置的结构件,因此选择钢管。管道内径由下式确定:

$$D \geqslant 18.8\sqrt{\frac{Q}{v}} \tag{11-35}$$

式中　D——管道内径,mm;

Q——通过管道内的流量,m^3/h;

v——管内介质流速,m/s。

管壁厚度 δ 由下式确定:

$$\delta \geqslant \frac{pD}{2[\sigma]} \tag{11-36}$$

$$[\sigma] = \frac{\sigma_b}{S}$$

式中　p——工作压力,MPa;

D——管道内径,mm;

$[\sigma]$——许用应力,MPa;

σ_b——抗拉强度,MPa;

S——安全系数,当 $p < 7$ MPa 时,$S = 8$,当 $p \leqslant 17.5$ MPa 时,$S = 6$,当 $p > 17.5$ MPa 时,$S = 4$。

根据《机械设计手册》(单行本,工程材料)选择结构用无缝钢管 35 号钢材料,则 $\sigma_b = 510$ MPa。也可以先根据流量和流速确定管径的计算图(见图 11-23),初选管径 60 mm,再根据机械设计手册,低压流体输送管道选择焊接钢管,壁厚 3 mm(见表 11-2)。

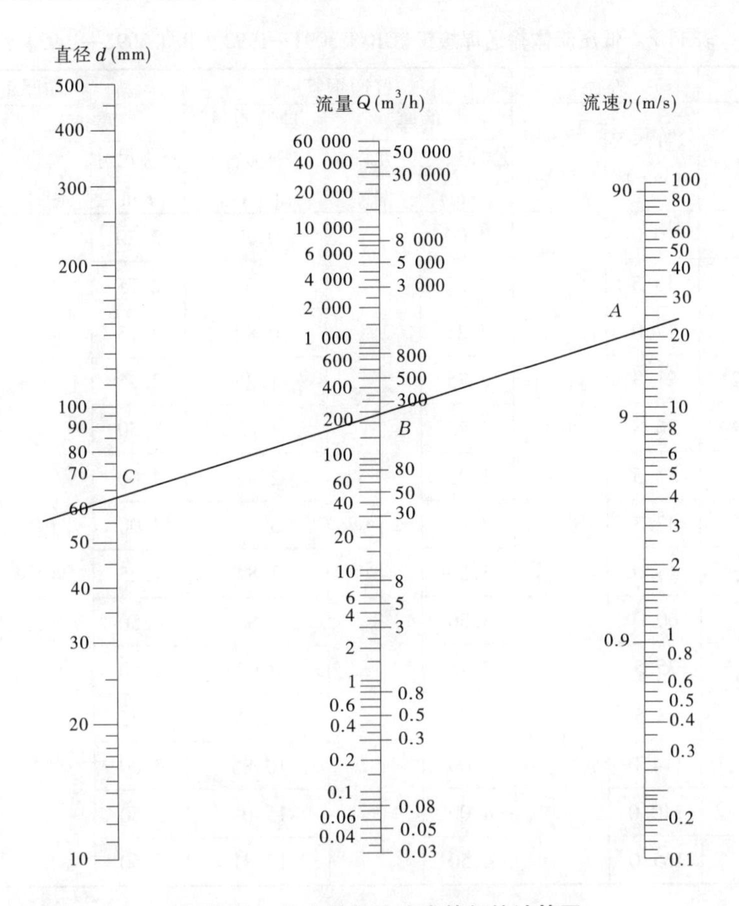

图 11-23　由流量和流速求管径的计算图

(四)射流拔桩器内外箱体设计

将拔桩器箱体设计为图 11-19 和图 11-24 所示的具有内外两层结构的封闭型箱体,其主要原因有四:其一,喷嘴在实际工作中受到射流巨大的反冲作用,这时候就需要有一个支撑结构将喷嘴和水管联系起来并固定其位置,这就是箱体;其二,拔桩器在工作时做往复不断的上下运动,可以使整个拔桩器结构沿着桩运动,起着导向作用;其三,可以保护喷嘴在工作过程中不易堵塞和磨损;其四,增大拔桩器重量,增强成孔垂直度。

1. 内外箱体尺寸设计

当射流冲击式拔桩机工作时,拔桩器在起吊机械控制下,在下降的过程中做自由落体运动或匀速运动,射流冲击载荷占主导地位,在冲击过程中既要保证承受冲击的稳定性要求,又要保证整体结构振动幅度不大;上升的过程中靠起吊机械的提升力上升,这个过程中受到起吊机械的向上提升力和液体对拔桩器的浮力作用,又受到向下的重力和拔桩器外壁与孔壁的摩擦力作用,由于频率较高(每分钟上下运动 5 ~ 10 次),也是以受冲击占主导地位。因此,为了保证拔桩器承受射流的反冲击作用,重量应尽可能大。

表 11-2　低压流体输送焊接管(GB/T 3091—1993、GB/T 3092—1993)

公称口径		外径		普通钢管			加厚钢管		
mm	in	公称尺寸(mm)	允许偏差	壁厚		理论质量(未镀锌)(kg/m)	壁厚		理论质量(未镀锌)(kg/m)
				公称尺寸(mm)	允许偏差		公称尺寸(mm)	允许偏差	
6	1/8	10.0	±0.50 mm	2.00	+12% -15%	0.39	2.50	+12% -15%	0.46
8	1/4	13.5		2.25		0.62	2.75		0.73
10	3/8	17.0		2.25		0.82	2.75		0.97
15	1/2	21.3		2.75		1.26	3.25		1.45
20	3/4	26.8		2.75		1.63	3.50		2.01
25	1	33.5		3.25		2.42	4.00		2.91
32	$1\frac{1}{4}$	42.3		3.25		3.13	4.00		3.78
40	$1\frac{1}{2}$	48.0		3.50		3.84	4.25		4.58
50	2	60.0	±1%	3.50		4.88	4.50		6.16
65	$2\frac{1}{2}$	75.5		3.75		6.64	4.50		7.88
80	3	88.5		4.00		8.34	4.75		9.81
100	4	114.0		4.00		10.85	5.00		13.44
125	5	140.0		4.00		15.04	5.50		18.24
150	6	165.0		4.50		17.81	5.50		21.63

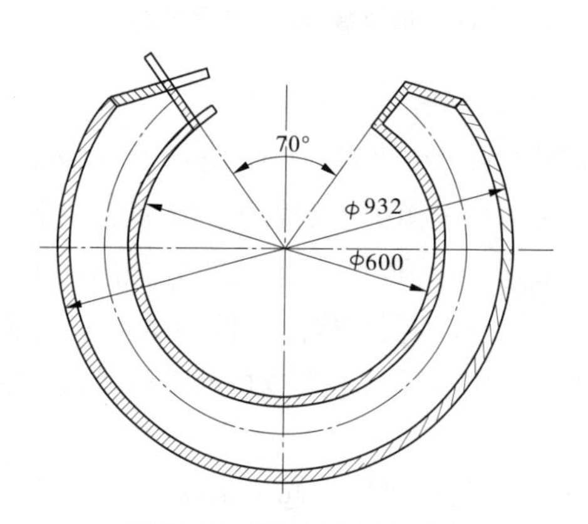

图 11-24　拔桩器主要尺寸

基于以上原则,桩体与箱体内壁预留 0.1 m 间隙,则箱体内径为 0.6 m,横水管外径 0.146 m,箱体内外壁初设壁厚 0.02 m,在横水管与外壁内径预留 0.02 m 的间隙,则外壁直径为 0.932 m。

拔桩器的高度一方面由拔桩器内径与桩外径决定,另一方面还和桩的倾斜角度有关。如图 11-25 所示,A_1A_2 为桩理想竖直状态,A_1B_3 为相邻桩最不利工况下倾斜位置,则

$A_2B_3=0.3$ m。

此时，B_2B_4 为桩外壁与拔桩器内壁之间距离，由设计时预留空间确定其大小。则有 $H=5$ m。此值为拔桩器最大高度。在满足拔桩器实际操作的便利性和导向作用时，取 $H_{实际}=1.5$ m。拔桩器断面具体结构尺寸如图 11-24 所示，高度 1.5 m。

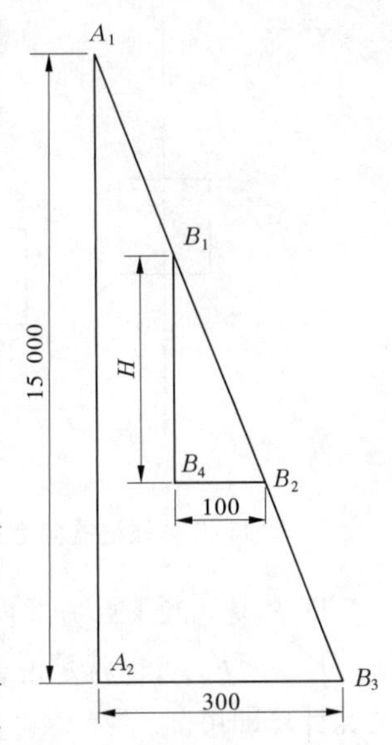

图 11-25　拔桩器高度确定
（单位：mm）

2. 强度校核

拔桩器向上运动时受力如图 11-26(a)所示。提升力 F_1 的大小由起吊机械确定。浮力 F_2 由拔桩器排水量的大小确定，即

$$F_2 = \rho_{水} gV_{排} \tag{11-37}$$

由此可知 F_2 很小，忽略不计。摩擦力 F_3 一方面由箱体外壁与孔壁的摩擦系数和箱体由于倾斜作用在孔壁的正压力决定，另一方面由箱体内壁与桩的摩擦和相互作用力决定。碳素钢与孔壁摩擦系数为 0.25，在拔桩器理想状态下(不倾斜时)，箱体外壁和孔壁不存在摩擦，实际上桩总是存在一定的倾斜和拔桩器的不稳定性，假设倾斜达到最大程度时为 1∶300，拔桩器内外壁和桩的最大作用力大约为提升力 F_1 的 1/300，即约为 100 N，可忽略不计，实际计算中可以考虑不计。重力 $G=2.2\times10^4$N。因此，实际计算中拔桩器向上运动时受力简化为图 11-26(b)所示。

拔桩器向下运动时受力如图 11-27(a)所示。由拔桩器上升运动时的分析可知，浮力 F_2 和摩擦力 F_3 可忽略不计，射流反冲力 F_4 大小即为射流对土体的冲击力，即

$$F_4 = \rho_{水} Q\beta_0 v_0 \tag{11-38}$$

式中　$\rho_{水}$——流体的密度；

β_0——动量修正系数，其值取决于总过流断面上的流速分布，一般 $\beta_0=1.02\sim1.05$，但有时可达 1.33 或更大，工程计算中常取 $\beta_0=1.0$。

考虑恒定不可压缩总流的连续性方程

$$Q = nQ_v = nv_0A_0 = 12v_0\pi r_0^2 \tag{11-39}$$

所以

$$F_4 = 12\rho_{水} v_1^2\pi r_1^2 \tag{11-40}$$

式中，v_1 即为平均流速 v_2，计算时其大小等于射流出口平均速度 v_0。在最坏工况下，射流停止，拔桩器做自由落体运动，因而此时只考虑重力 G 的大小，如图 11-27(b)所示。

通过以上分析可知，拔桩器向上运动时，所受合力为

$$F_{上合} = F_1 - G \tag{11-41}$$

即 $F_{上合}=12$ kN，方向向上。

拔桩器向下运动时，所受合力为

$$F_{下合} = G \tag{11-42}$$

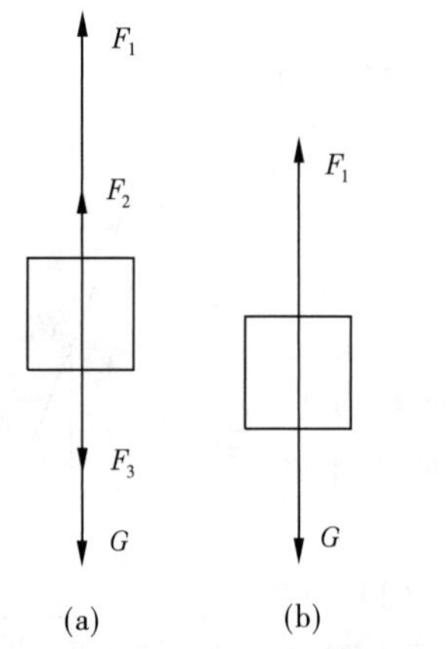

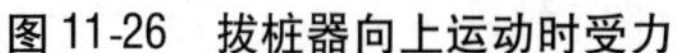
图 11-26　拔桩器向上运动时受力

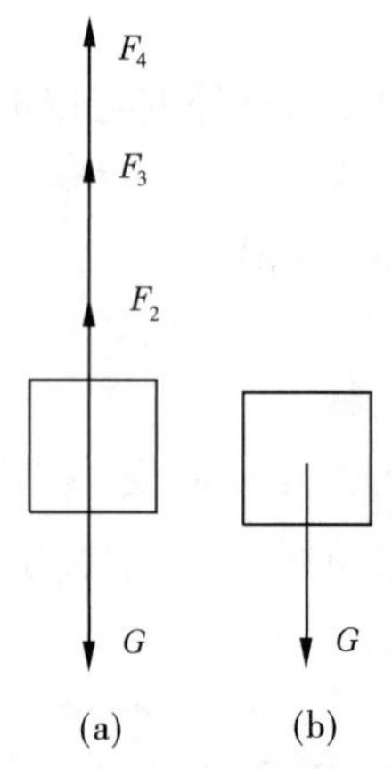

图 11-27　拔桩器向下运动时受力

即 $F_{下合}=22\ \mathrm{kN}$，方向向下。

$F_{上合}<F_{下合}$，也就是说，拔桩器向下运动工况比向上运动恶劣，故以拔桩器向下运动工况计算即可。

在拔桩器向下运动过程中，运动到最低位置时，拔桩器内外壁的底部与孔底部土层发生撞击，作用面积大小即为拔桩器内外壁径向断面面积，如图 11-28 所示。

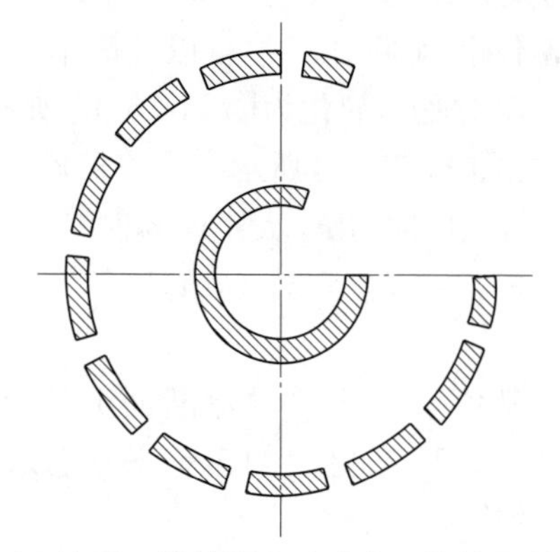

图 11-28　拔桩器和孔底土层接触面积

每次拔桩器上下运动距离约为 $s=0.2\ \mathrm{m}$，由

$$s=\frac{1}{2}gt^2 \tag{11-43}$$

得到

$$t=\sqrt{\frac{2s}{g}} \tag{11-44}$$

假设运动到极限位置时速度达到 v，此时拔桩器对土层的作用力就是拔桩器本身具有的动量

$$F=mv \tag{11-45}$$

由 $v=gt$，则

$$F = mgt = mg\sqrt{\frac{2s}{g}} = m\sqrt{2gs} = 3.6 \times 10^3\ \mathrm{N}$$

所以,拔桩器底部受力大小 $\sigma = \frac{F+G}{A} = 116\ \mathrm{MPa}$。对于碳素钢 Q235,其强度 σ_b = 375 ~ 500 MPa,则箱体富裕安全系数 $n = 3.2 \sim 4.3$,这说明拔桩器箱体整体强度是足够的,满足性能要求。

三、拔桩器三维数值仿真

(一)拔桩器三维造型与仿真

拔桩器由横竖水管、内外箱体、喷嘴、刀刃等组成,实际联结是通过焊接或螺纹联结装配而成,在设计过程中要充分考虑零部件功能的实现,并使各部分零件的结构及整体的布局均合理。但是在实际操作中都是二维图形表现的,其直观效果在设备加工出来以前很难实现。随着计算机技术及其软件的广泛应用,解决这种矛盾成为可能。

3DSMAX 是 Autodesk 公司旗下的 Discreet 子公司推出的具有突破性的造型、渲染和动画的套装软件,可对整个对象或者部分对象进行颜色、明暗、反射、透明度等编辑,以及通过对象、摄像机、光源和路径来制作动画。

3DSMAX 为拔桩器的设计与分析提供了方便,可以在虚拟中进行造型和仿真分析,这样拔桩器的不足之处有了参考,在仿真中为拔桩器的改进节省了时间。

根据拔桩器的功能要求、装配关系及设计约束,将拔桩器分为以下几大部件:横竖水管、喷嘴、吊点、内外箱体等。根据装配和功能关系对拔桩器进行分解,得到拔桩器的总体装配结构树,如图 11-29 所示。它将各个部件和连接部件作为总体设计的子节点,而每个部件又由许多零件组成,这样拔桩器就分解得一目了然了,这有利于设计进程的合理安排,简化了设计思想。

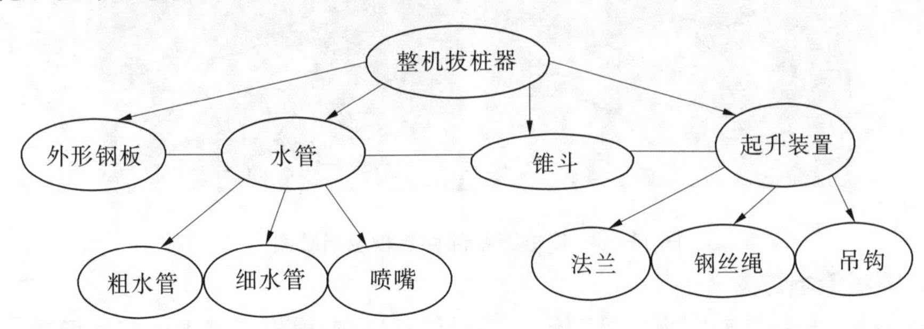

图 11-29　拔桩器结构分解图

三维造型与仿真分析是指在产品三维数字化定义应用于产品的研制过程中,结合产品研制的具体情况,与产品的真实结构相结合的思想。在设计过程中,遵循“先零部件后整机”的思想,但是在零件设计过程中必须得考虑其在整机的布局与合理性;根据系统功能与各零部件功能的位置关系,设计出总体装配结构并确定各个零部件的位置关系、配合关系、联结关系。对结构进行仿真分析(工艺性、参数化等)后,进行修改优化。然后,对零部件进行功能分解和精确结构设计。

图11-30是拔桩器零部件建模及组装图,对各个零部件以及整机进行检查,包括对零部件间的检测(配合关系、布局关系等)和整机的检查分析(严密性、材质设计、光线问题以及动画效果)。

图11-30　拔桩器零部件建模及组装图

(二)喷嘴流场仿真

利用流体分析软件对喷嘴内外部流场进行仿真研究,模拟喷嘴内外部流场速度、压力的分布特性,从而与理论分析进行对比,并验证理论的可靠性。

喷嘴是流体射流的发生元件,它的功能不但是把水的静压转换成动压,而且保证射流具有优良的流动特性与动力性能;同时,喷嘴又是射流切割、破碎与清洗工艺的执行元件。因此,研究和优化喷嘴的几何造型,建立喷嘴结构与动力性能之间的关系,对于确定淹没射流的性能具有重要意义。

1.喷嘴数学模型的建立

对于喷嘴内射流,做黏性运动流体的连续方程和N－S方程同样适用,但是由于N－S

方程中出现了速度的二阶导数,它的普遍解在数学上还有困难,只有某些特殊情况下才能使方程得到充分简化,求出近似解。由于射流场处于高度湍流状态,因此采用标准的 $k\sim\varepsilon$ 方程模型。$k\sim\varepsilon$ 方程模型如式(11-46)和式(11-47)所示。

$$\frac{\partial(\rho k)}{\partial t}+\frac{\partial(\rho k u_t)}{\partial x_t}=\frac{\partial}{\partial x_f}\left[\left(\mu+\frac{\mu_t}{\sigma_k}\right)\frac{\partial k}{\partial x_t}\right]+G_k+G_b-\rho\varepsilon-Y_M+S_k \tag{11-46}$$

$$\frac{\partial(\rho\varepsilon)}{\partial t}+\frac{\partial(\rho\varepsilon u_t)}{\partial x_t}=\frac{\partial}{\partial x_f}\left[\left(\mu+\frac{\mu_t}{\sigma_t}\right)\frac{\partial\varepsilon}{\partial x_f}\right]+C_{1\varepsilon}\frac{\varepsilon}{k}(G_k+C_{3\varepsilon}G_b)-C_{2\varepsilon\rho}\frac{\varepsilon^2}{k}+S_\varepsilon \tag{11-47}$$

式中　G_k——由于平均速度梯度引起的湍流动能;

G_b——由于浮力引起的湍流动能;

Y_M——可压缩湍流脉动膨胀对总耗散率的影响;

μ_t——湍流黏性系数。

$$\mu_t=\rho C_\mu\frac{k^2}{\varepsilon} \tag{11-48}$$

在 CFD 中,作为默认值常数,$C_{1\varepsilon}=1.44$,$C_{2\varepsilon}=1.92$,$C_{3\varepsilon}=0.99$,湍动能 k 和耗散率 ε 的湍流普朗特数分别为 $\sigma_k=1.0$,$\sigma_\varepsilon=1.3$。

对于喷嘴外流场分析,由于多股射流的相互作用,有限空间内水流紊动更加剧烈并伴有若干旋涡与回流,具有较强的各向异性,扩散规律及紊动特性远非经典的淹没自由射流能正确解释,标准的 $k\sim\varepsilon$ 紊动模型已经不能很好地模拟,因此适合采用 RNG $k\sim\varepsilon$ 模型,其连续方程、动量方程和 $k\sim\varepsilon$ 方程分别如下:

$$\frac{\partial\rho}{\partial t}+\frac{\partial\rho u_i}{\partial x_i}=0 \tag{11-49}$$

$$\frac{\partial\rho u_i}{\partial t}+\frac{\partial}{\partial x_j}(\rho u_i u_j)=-\frac{\partial\rho}{\partial x_i}+\frac{\partial}{\partial x_j}\left[(v+v_t)\left(\frac{\partial u_i}{\partial x_j}+\frac{\partial u_i}{\partial x_j}\right)\right] \tag{11-50}$$

$$\frac{\partial(\rho k)}{\partial t}+\frac{\partial(\rho u_i)}{\partial x_i}=-\frac{\partial}{\partial x_i}\left[\frac{(v+v_t)}{\sigma_k}\frac{\partial k}{\partial x_i}\right]+G_k-\rho\varepsilon \tag{11-51}$$

$$\frac{\partial(\rho\varepsilon)}{\partial t}+\frac{\partial(\rho u_i\varepsilon)}{\partial x_i}=-\frac{\partial}{\partial x_i}\left[\frac{(v+v_t)}{\sigma_\varepsilon}\frac{\partial\varepsilon}{\partial x_i}\right]+G_{1\varepsilon}\frac{\varepsilon}{k}G_k-C_{2\varepsilon}\rho\frac{\varepsilon^2}{k} \tag{11-52}$$

式中　ρ、μ——体积分数平均密度和分子黏性系数;

v_t——紊流黏性系数,可由紊动能 k 和耗散率 ε 求出。

2.喷嘴内流场分析

1)CFD 几何建模和网格划分

为了研究喷嘴过渡部分 L 对射流能量的损失影响规律,对不同长度 L 的喷嘴分别进行建模。进行几何建模时,采用由上到下建模方式。喷嘴几何建模采用图 11-31 尺寸,考虑到计算区域的流动状态比较复杂,在使用 GAMBIT 划分网格时采用四边形单元,该单元可以消除结构网格中节点的结构性限制,节点和单元分布的可控性好,因而能比较好地处理边界。图 11-32 为喷嘴离散结构图。计算域边界设置如图 11-33 所示,AE 为射流入口,DH 为出口,AB、BC、CD、EF、FG、GH 为固壁。

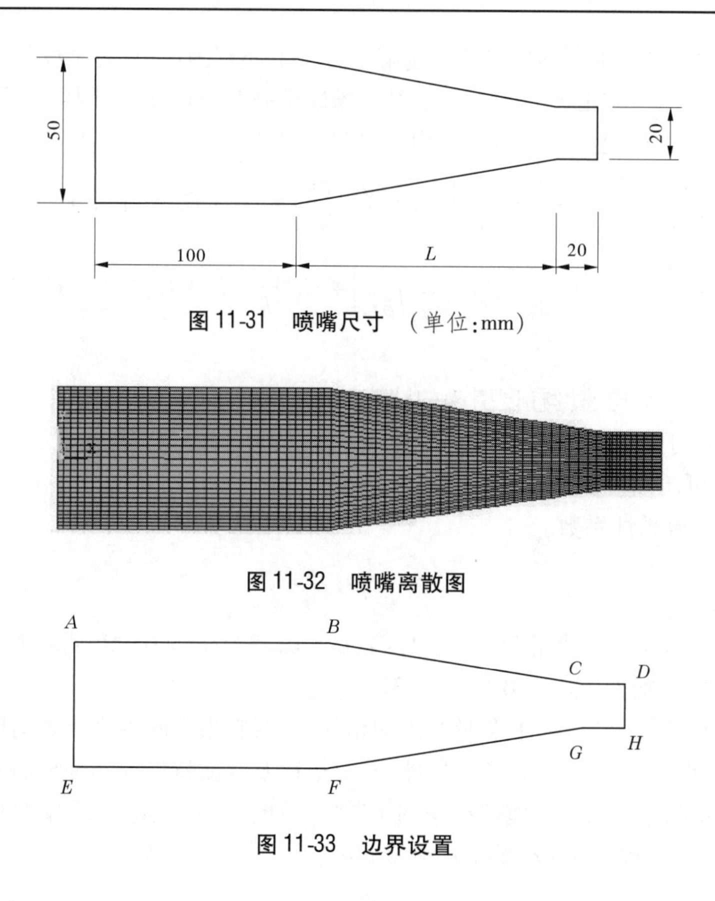

图 11-31　喷嘴尺寸　(单位:mm)

图 11-32　喷嘴离散图

图 11-33　边界设置

2)不同 L 值时喷嘴内部流场分析

设过渡段长度为 L,分别取 100、90、80、70、60、50 mm。进口速度 $v=12.3$ m/s。首先以 $L=100$ mm,对喷嘴内部进行建模并进行网格划分,当单元分别是 672 个(网格大小 3.6 mm)和 2 100 个(大小 2 mm)时,其网格划分如图 11-34 所示。当喷嘴进口都是速度 $v=12.3$ m/s 时,喷嘴内部流速和压力分别如图 11-35 和图 11-36 所示。从两者出口流速可以看出最大流速相差 2.1%,同时网格划分单元越小越接近实际情况,因此在计算中设置单元网格为 2 mm 进行计算分析。

对 $L=100$、90、80、70、60、50 mm 分别进行建模分析,得到各种情况下的流速分布,如图 11-37 所示。

将图 11-37 喷嘴内部在喷嘴入口速度为 12.3 m/s 相同的情况下,其出口最大速度与平均速度列于表 11-3 中。从图 11-37 和表 11-3 中可以看出,L 值对喷嘴出口速度是有影响的,随着 L 值的逐渐增大,喷嘴出口最大流速逐渐增大,但是喷嘴出口平均速度不发生改变,将最大流速与平均流速进行比较发现,随着 L 的增大,出口流速不均匀性增大。

图 11-38 为喷嘴不同 L 值时的速度等高线,可以看出喷嘴内部在各种情况下速度等高线分布规律是相同的,流体进入喷嘴入口以后,除了管壁边界处速度很小,在引管部分速度基本保持进口速度,过了引管大约 3/5 处,流速才发生变化——增大,进入过渡部分

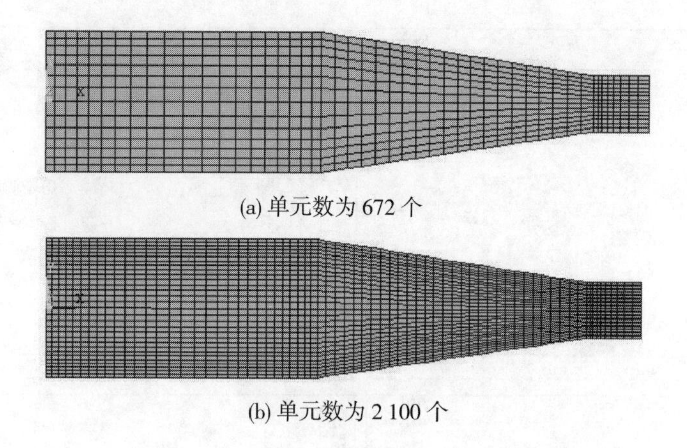

(a) 单元数为 672 个

(b) 单元数为 2 100 个

图 11-34　单元大小不同时喷嘴内部离散图

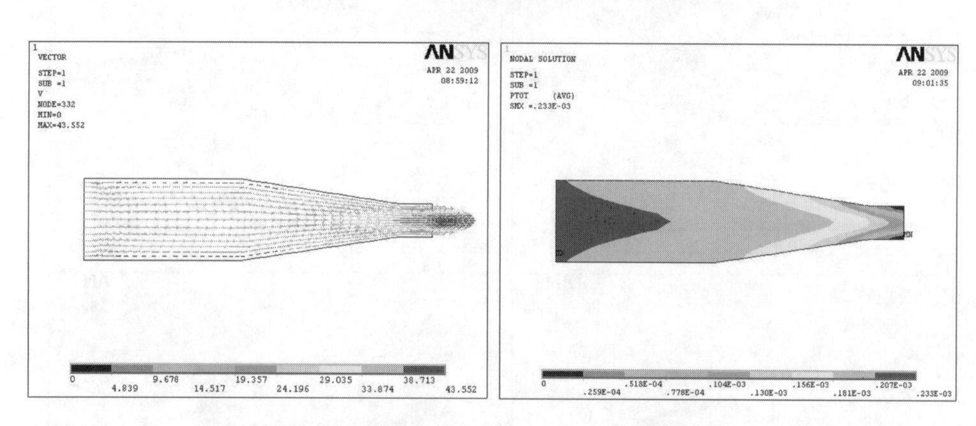

图 11-35　单元数为 672 个时,压力和流速云图

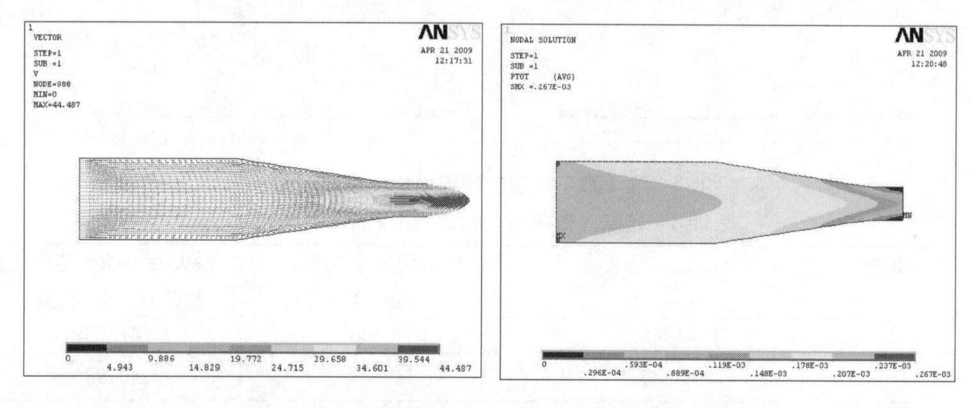

图 11-36　单元数为 2 100 个时,压力和流速云图

以后,大约在过渡部分的 1/2 处,流速再次开始变化——增大,变化梯度增加,变化持续整个过渡部分,而且 L 越小,变化梯度越大,这种变化一直延伸到喷嘴圆柱部分,在喷嘴圆柱部分,流速变化梯度将保持稳定状态。

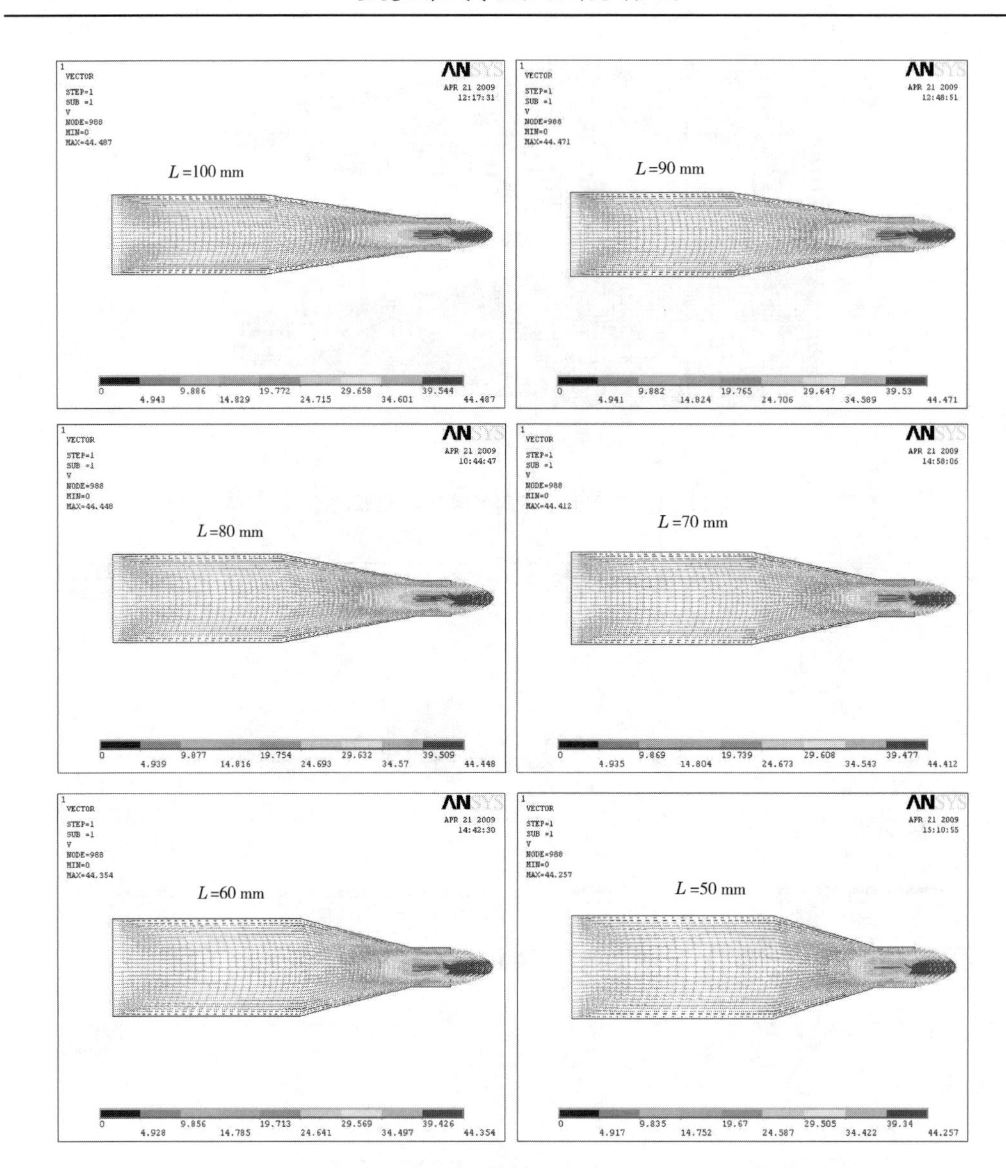

图 11-37　L 取不同值时喷嘴内部速度流场图

表 11-3　喷嘴入口速度 $v=12.3$ m/s 时出口流速

坡口长度（mm）	出口流速最大值（m/s）	出口流速平均值（m/s）	最大流速和平均速度相差的百分比（%）
100	44.487	31.544	41.03
90	44.471	31.544	40.98
80	44.448	31.544	40.91
70	44.412	31.544	40.79
60	44.354	31.544	40.61
50	44.257	31.544	40.30

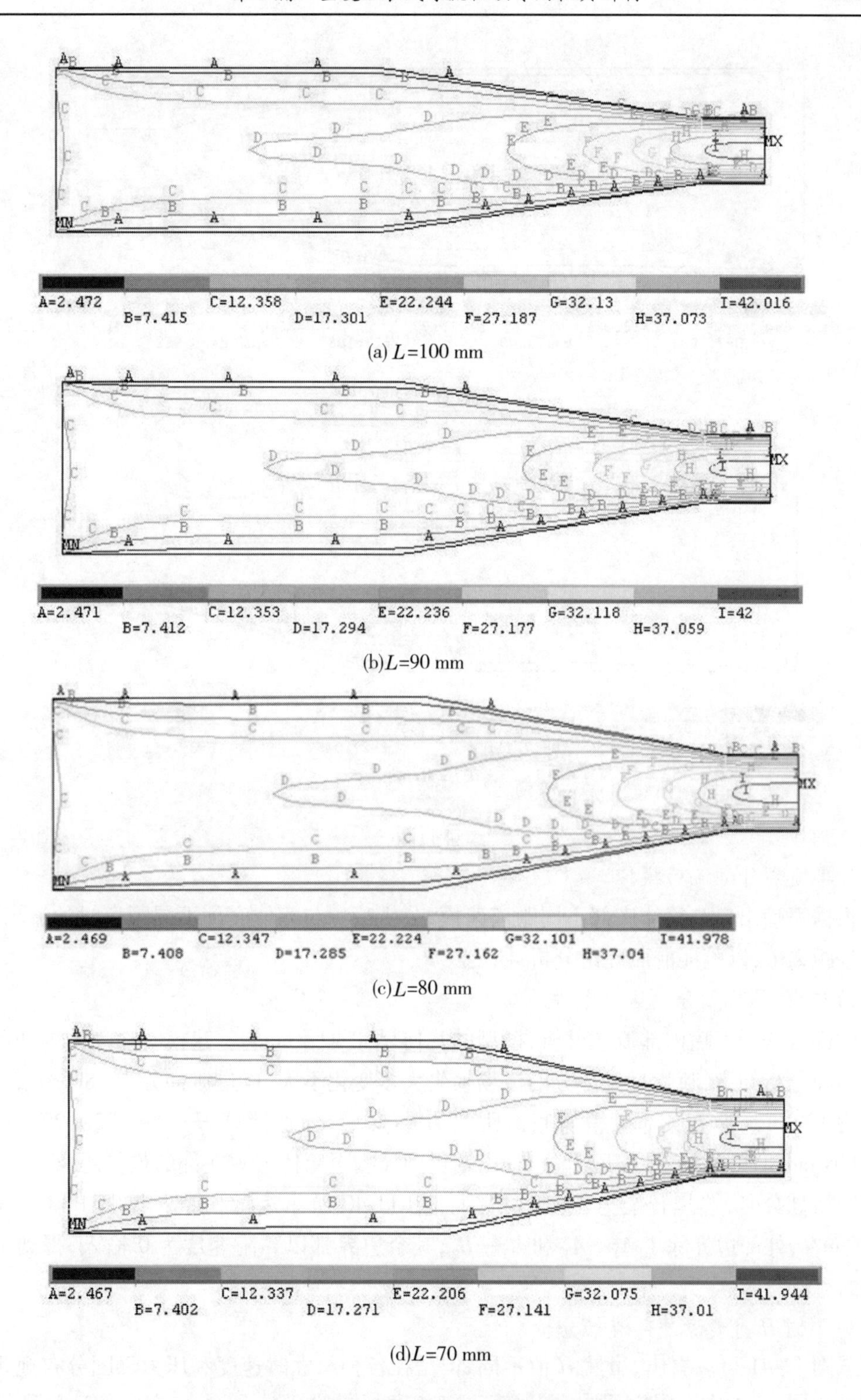

(a) L=100 mm

(b)L=90 mm

(c)L=80 mm

(d)L=70 mm

图 11-38　不同 L 值时喷嘴内部速度等高线分布

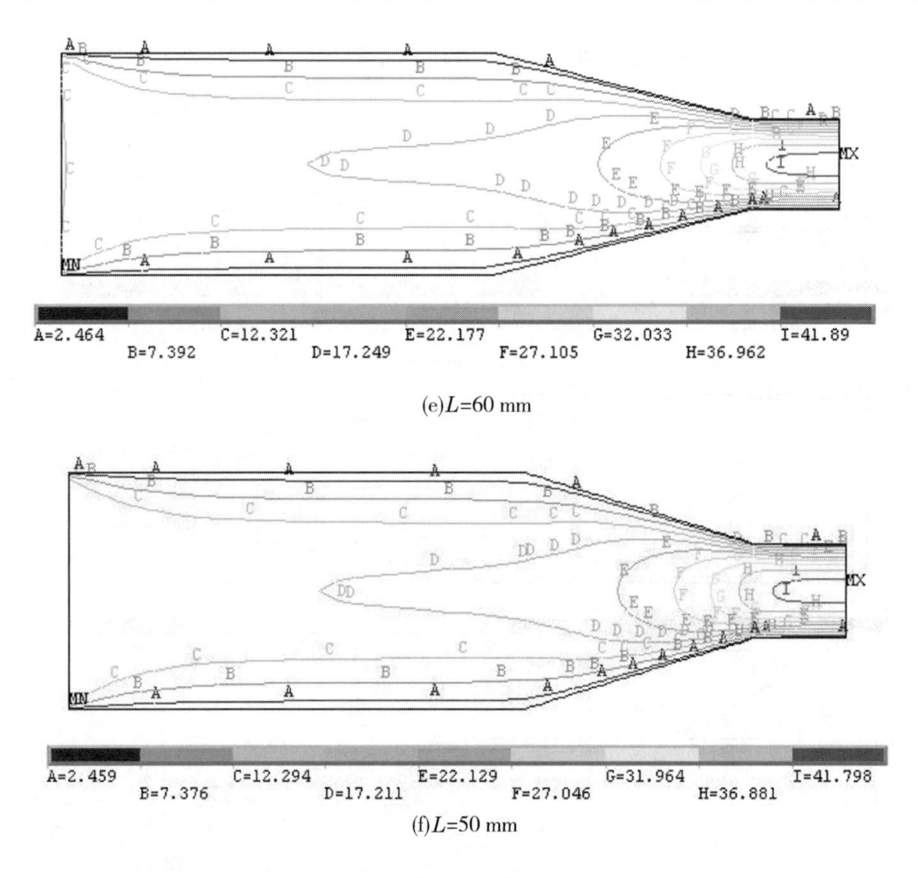

(e) L=60 mm

(f) L=50 mm

续图 11-38

3. 单喷嘴外部流场模拟

根据喷嘴出口与箱体底部不同距离建模，分析喷嘴与箱体底部不同距离时的流场，得到最佳距离 H，以验证前面理论分析计算。

1) 建模、网格划分及边界条件

建模方法同喷嘴内部流场分析，模型的几何尺寸见图 11-39。建模时喷嘴的内部尺寸通过前面分析知道，喷嘴过渡部分的流场损失大多变化不大，以过渡部分 L = 80 mm，引管长度为 100 mm，喷嘴底部至箱体底部距离 H 为变量，分别计算 H = 260、230、200、170、140、110 mm 时的流场速度、压力分布，以期得到喷嘴至箱体刀刃底部的最佳距离。

网格划分时，选择智能方法划分得到如图 11-40 所示离散模型。喷嘴出口速度为 30.66 m/s，外部边界除了 A_1—A_2 和 B_1—B_2，其余边界都以黏附速度为 0 输入，得到不同 H 时的流场分布。

2) 不同 H 时喷嘴外部流场分析

从图 11-41 可以看出，虽然 H 值不同，但是在各种尺寸时速度和压力云图分布规律与形状是相同的，即在有限空间内，在射流入口速度相同的情况下，入口方向的速度和压力一直保持比较高的值，但是在入射方向的两边，速度和压力减小，分布梯度呈橄榄形（即射流产生的旋涡和回流），且大致呈对称分布。在旋涡的中心，速度和压力均达到最小，

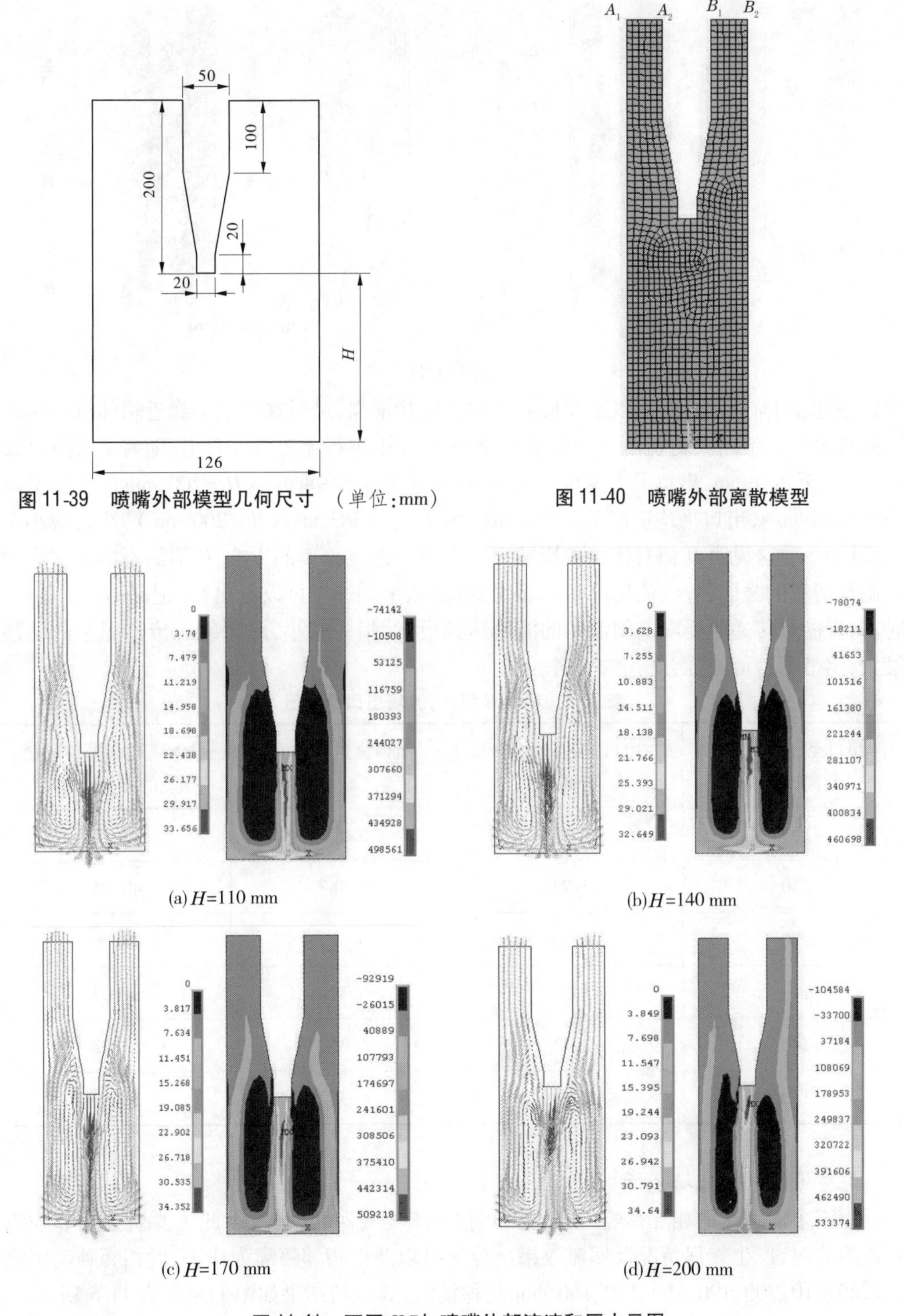

图 11-39　喷嘴外部模型几何尺寸　（单位：mm）

图 11-40　喷嘴外部离散模型

(a) H=110 mm

(b) H=140 mm

(c) H=170 mm

(d) H=200 mm

图 11-41　不同 H 时，喷嘴外部流速和压力云图

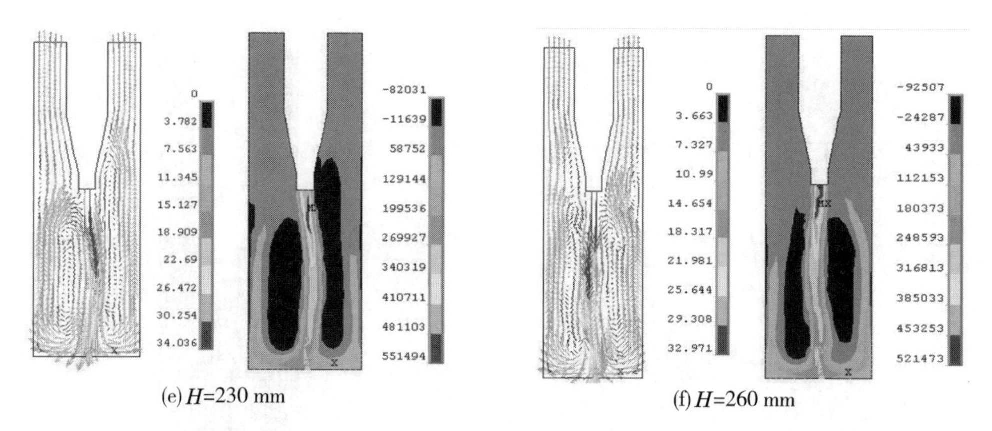

(e) H=230 mm　(f) H=260 mm

续图 11-41

旋涡强度在中心处低,然后以橄榄形向四周发射状增强,最后在橄榄形靠近箱体壁的中间达到最大。将不同 H 时流场出口速度列于表 11-4 中进行比较可以看出:随着 H 值由 110 mm 增大至 260 mm,出口最大速度由 8. 34 m/s 增大至 8. 98 m/s(H = 200 mm),然后又减小至 7. 41 m/s,出口平均速度由 6. 352 m/s 增大至 6. 383 m/s(H = 200 mm),然后减小至 5. 521 m/s。这说明 H 值对流场的影响完全不同于过渡段 L 的影响,H 值的不同直接影响旋涡与回流的强弱,导致流场出口动能的变化(从平均速度可以看出)。但是 H = 200 mm 时,射流能量传递给受限空间流体的能量达到最大,损失较小,此时射流传给泥浆的动能最大,挟带泥沙能力强,造孔效率高。

表 11-4　不同 H 值时,流场出口速度值

出口至刀刃底部距离(mm)	出口流速最大值(m/s)	出口流速平均值(m/s)	最大流速和平均速度相差的百分比(%)
260	7. 41	5. 521	33. 11
230	7. 73	5. 567	40. 01
200	8. 98	6. 383	40. 69
170	8. 52	6. 375	34. 03
140	8. 47	6. 358	33. 22
110	8. 34	6. 352	31. 30

4. 多喷嘴外部流场分析

由于多股射流的相互影响,紊动更加剧烈,产生旋涡和回流,因此主要研究相邻喷嘴距离不等时,产生旋涡情况及回流效果。分析时以两个相邻喷嘴为代表,设相邻喷嘴距离 L = 220、210、200、190、180、170、160 mm 几种情况,其流场结果如图 11-42、表 11-5 所示。

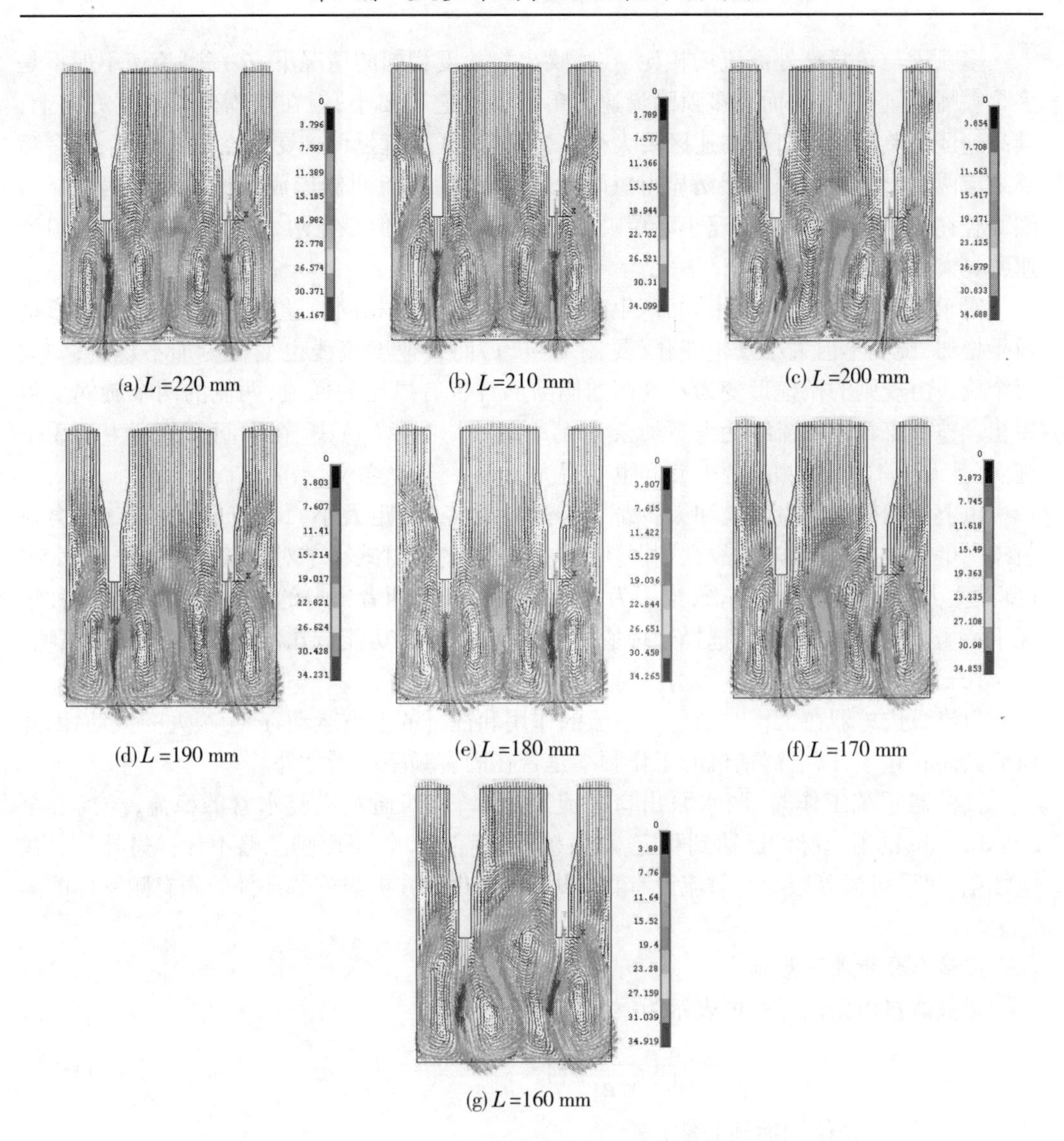

(a) L =220 mm　(b) L =210 mm　(c) L =200 mm

(d) L =190 mm　(e) L =180 mm　(f) L =170 mm

(g) L =160 mm

图 11-42　不同 L 值时，多喷嘴外部流速云图

表 11-5　不同 L 值时，流场出口速度值

喷嘴间距 L （mm）	流场速度最大值 （m/s）	出口速度平均值 （m/s）	出口速度最大值 （m/s）
220	34. 167	3. 121	5. 306
210	34. 099	3. 227	5. 293
200	34. 688	3. 346	5. 88
190	34. 231	3. 346	5. 879 5
180	34. 265	3. 609	5. 487 8
170	34. 853	3. 770	5. 749
160	34. 919	3. 919 7	5. 816

多喷嘴与单喷嘴外部流场相比，在喷嘴出口速度相同的情况下，多喷嘴流速不但不是多个喷嘴能量的叠加，而且多喷嘴流速比单喷嘴流速还要小，但在喷嘴出口速度方向上，其高速区比单喷嘴出口处高速区要大得多，且高速区一直延伸到受限空间的底部；在多喷嘴射流两侧形成的橄榄形旋涡显得短而粗，而单喷嘴射流两侧形成的橄榄形旋涡则显得细而长；多喷嘴出口平均流速小于单喷嘴出口平均流速，但是在两个相邻喷嘴之间出口流速明显大于其他出口部位。

对于多喷嘴，由于 L 值不同，产生的射流效果也不尽相同。随着 L 的减小，射流紊动效果增加，旋涡不但大小发生变化（见图 11-42），而且速度流线也变得更加不规则，中间两个旋涡由规则的橄榄形变为不规则的椭圆形且带有凤尾的回流，两侧的两个旋涡变得短粗。整个流场速度流线变得更加杂乱无章，在图 11-42（g）中，在中间部分产生了 3 个旋涡，且大小不一，两侧的两个旋涡也变得大小不一，形状各异。

以上说明喷嘴数量太大和太少都不合适。太多（间距太小），由于旋涡的产生，会对射流产生一定的消能作用，故在削弱挟带泥沙能力的同时减小了对侧壁的冲刷作用；太少（间距太大），射流破土效率低，当 L 为 190、200 mm 时，两者出口的动能相同，说明该种情况下流场达到稳定。因此，选择合理值 $L=190$ mm，即多功能造孔器设计共有 12 个喷嘴。

（三）拔桩器动态仿真

射流式拔桩器在工作时由于水射流的作用和往复的上下运动，产生很大的振动，因此研究其固有频率，以了解整机的工作频率是否在固有频率范围之外。

拔桩器系统工作时，两水泵出口射流经过水管、四通及横竖水管的稳流，经离心泵 2 900 r/min 的射流脉冲已达到稳定，对拔桩器喷嘴出口射流影响忽略不计。另外，电机、电动柜、起吊机械等振动对射流没有直接影响，因此只分析拔桩器部件的固有频率即能满足要求。

1. *动态分析理论基础*

拔桩器自由振动方程可表示为

$$\frac{\mathrm{d}}{\mathrm{d}t}\left(\frac{\partial T}{\partial \{\dot{u}\}^{(e)}}\right)+\frac{\partial U}{\partial \{\dot{u}\}^{(e)}}=0 \tag{11-53}$$

式中　T、U——系统动能和势能；

$\{\dot{u}\}^{(e)}$——节点位移矢量。

根据弹性力学和有限元理论，整体结构运动方程式为

$$[M]\{\ddot{U}\}+[K]\{U\}=0 \tag{11-54}$$

若设结构自由振动时的位移为 $\{u\}=\{A\}\cos\omega t$，代入式（11-54）得

$$([K]-\omega^2[M])\{A\}=0 \tag{11-55}$$

由 $\{A\}\neq 0$，可得结构自由振动的特征值问题

$$|[K]-w^2[M]|=0 \tag{11-56}$$

式中　$[K]$——整体刚度矩阵；

$[M]$——整体质量矩阵。

2. *拔桩器动态分析流程*

拔桩器动态分析具体流程见图 11-43。

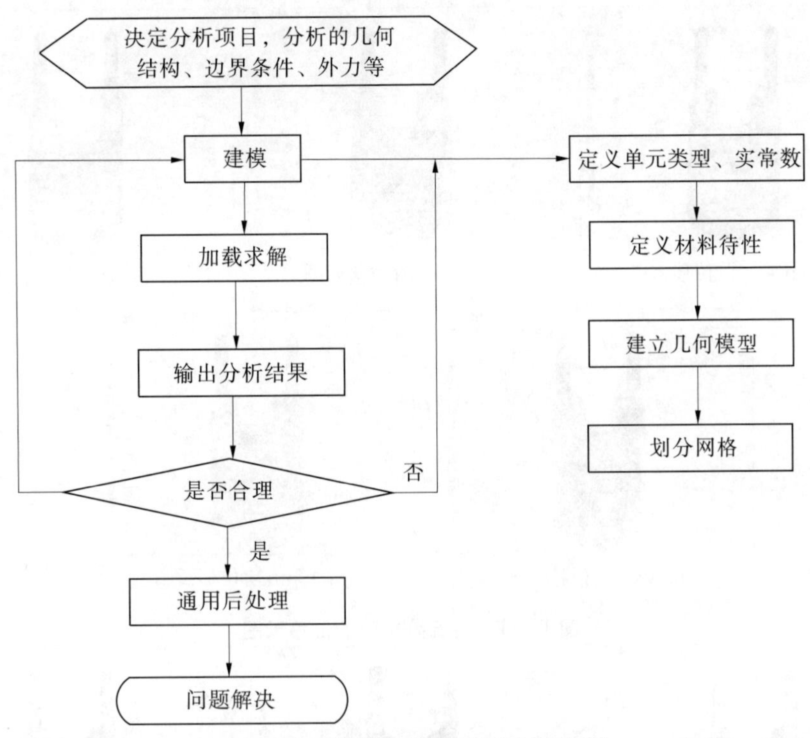

图 11-43　拔桩器动态特性分析流程图

3. 动态分析结果

仿真前五阶固有频率及其相应的最大振型就能满足要求。前五阶各阶位移云图和振型云图如图 11-44 和图 11-45 所示。从表 11-6 可知，拔桩器前五阶固有频率分别是 7.88、14.24、25.61、45.17、57.07 Hz，相应的最大振型位移分别是 0.036 7、0.037 8、0.033 9、0.058 3、0.051 3 m，拔桩器部件工作时每分钟做上下 5 ~ 10 次的往复运动，频率在 0.08 ~ 0.17 Hz，高于拔桩器部件固有频率，因此拔桩器不会发生共振。最大振型状态为四阶振型，达到 0.06 m，发生在拔桩器部件缺口处外下部，此时动态显示缺口张缩振动，造成的直接影响是成孔直径增大，缺口收缩时可能碰到桩壁。另外，三阶振型时，拔桩器绕着 *OZ* 轴做往复的扭转振动，最大振型为 0.03 m。射流工作时因地层的不均匀性，会使拔桩器产生扭转现象，再加上三阶振型的影响，加剧了扭转现象，因此一定要避免该种工况工作。

从以上分析可知，拔桩器整体强度是足够的。

表 11-6　各阶频率及相应的振型和位移

频率(Hz)	相对最大振型值(m)	振型特征
7.88	0.036 7	关于 *XOZ* 面对称方向左右摆动
14.24	0.037 8	关于 *YOZ* 面对称方向前后摆动
25.61	0.033 9	绕 *OZ* 轴旋转
45.17	0.058 3	缺口张缩振动
57.07	0.051 3	关于 *XOZ* 面对称方向左右摆动

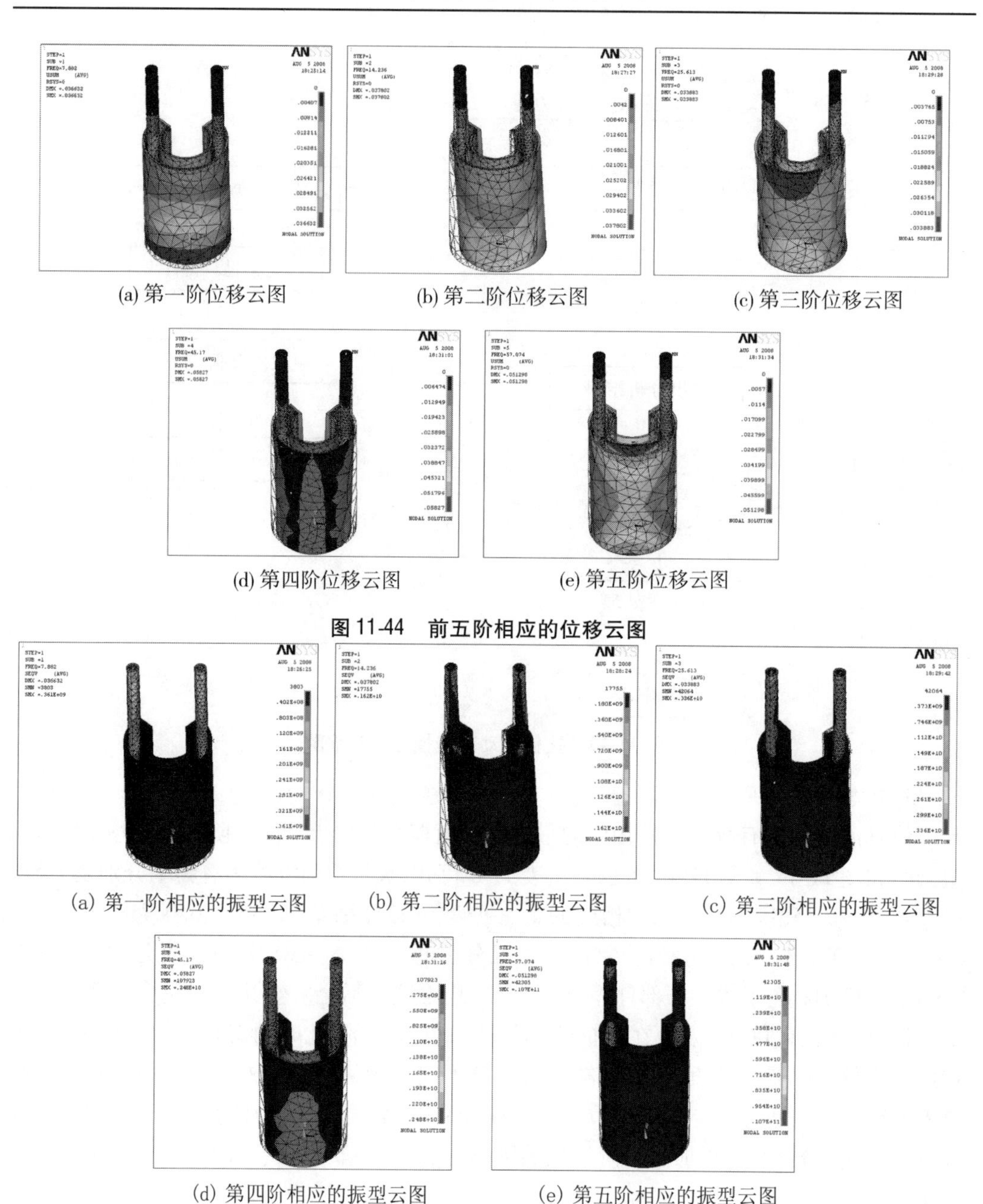

(a) 第一阶位移云图　(b) 第二阶位移云图　(c) 第三阶位移云图

(d) 第四阶位移云图　(e) 第五阶位移云图

图 11-44　前五阶相应的位移云图

(a) 第一阶相应的振型云图　(b) 第二阶相应的振型云图　(c) 第三阶相应的振型云图

(d) 第四阶相应的振型云图　(e) 第五阶相应的振型云图

图 11-45　前五阶相应的振型云图

第四节　拔桩器配套设备设计与选型

高压射水拔桩器系统的配套设备主要有悬挂结构、供水系统和起吊机械,另外还有辅助工具钢丝绳和辅助设施水池。

一、高压供水胶管选择

高压射水拔桩器供水系统设计与第十章高压射水插桩专用机具设计研究中相关原理一致,此不再叙述。但考虑高压射水拔桩器平衡需要及高空自由升降要求,高压射水拔桩器有两个供水管与水泵相连,且水管不仅有供水高压,还有吊具高悬、水平停机情况下的拔桩器出水引水胶管负压的。为此,在此只进行高压供水胶管的选择研究。

(一)管径计算

管子直径的计算公式同式(11-35),只是在金属管径的基础上提高20%,即

$$D \geqslant 1.2 \times 18.8\sqrt{\frac{Q}{v}} \tag{11-57}$$

式中　D——管道内径,mm;

Q——通过管道内的流量,m^3/h;

v——管内介质流速,m/s。

所以有 $D \geqslant 97.2$ mm。

同时也可用图11-46的算图来查取管径。具体做法是:在流速坐标和流量坐标上分别找出点 A 和点 B,通过 A、B 作直线,交管径坐标于 C,则 C 的数值90 mm即为管子的最小直径。从两种分析可以看出,管子的直径 $D \geqslant 97.2$ mm。

(二)管壁的计算

胶管壁厚 δ 的计算

$$\delta \geqslant 1.2 \times \frac{pD}{2[\sigma]} \tag{11-58}$$

式中　p——工作压力,MPa;

D——管子内径,mm;

$[\sigma]$——许用应力,MPa。

对于钢管 $[\sigma] = \frac{\sigma_b}{S}$($\sigma_b$ 为抗拉强度,MPa;S 为安全系数,当 $p < 7$ MPa 时,$S = 8$,当 7 MPa $\leqslant p \leqslant 17.5$ MPa 时,$S = 6$,当 $p > 17.5$ MPa 时,$S = 4$)。根据机械设计手册,选择结构用无缝钢管35号钢材料,则 $\sigma_b = 510$ MPa,以此作为胶管的许用应用。

所以,$\delta \geqslant 1.2 \times \frac{pD}{2[\sigma]} = \frac{0.67 \times 100 \times 8}{2 \times 510} = 0.63$(mm)

橡胶管外径152 mm,外胶层2.5 mm,内胶层1.5 mm。

二、悬挂结构的设计

(一)吊具设计

将拔桩器与起吊机械吊钩联系在一起的就是悬挂结构。水管将水泵和拔桩器联通实现射流从泵的进口进入,从拔桩器喷嘴流出。水、拔桩器、钢丝绳总重较大,水管是不能承受如此大的拉力的,这样就需要设计一种新的联结结构将拔桩器、水管和起吊机械三者连接起来,这就是悬挂结构。悬挂结构设计有三种方案,分别如图11-47所示。

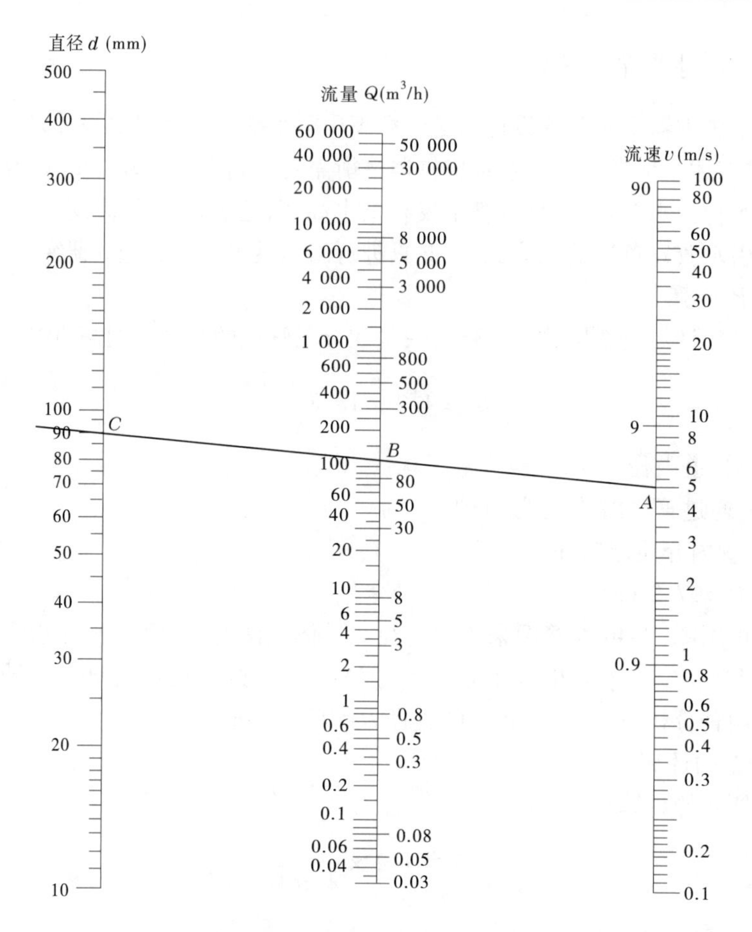

图 11-46　利用流量和流速求管径

图 11-47(a)方案一,该方案结构不仅起承重和连接作用,还是供水系统管路的一部分。图 11-47(a)中四通进水管和水泵出水管相连,两根进水管的水在四通内汇合,然后流出四通的两个出水管又分别和拔桩器的两个进水管相连,最后流过喷嘴形成射流。

图 11-47(b)方案二,悬挂梁为一钢管,仅用来承受拉力,不作为管路的一部分,和图 11-48 中的弯支撑配套使用,弯支撑主要起水管的支撑与导向作用,同时为了保证工作时水管的稳定性,再辅以架子进行导向,架子如图 11-49 所示。图 11-48 中的钢管下端的法兰和拔桩器进水管相连,钢管上端和水泵出水口水管相连,钢丝绳一端固定在图 11-47(b)中的钢丝绳固定点上,一端固定在拔桩器的钢丝绳固定点上,起吊机械吊钩钩在图 11-47 中的吊环上,从而实现拔桩器的上下运动。

图 11-47(c)方案三,除四通出水管不同于图 11-47(a)方案一中四通出水管外,其余皆同。

比较以上三种方案,图 11-47 中方案一比方案二工作过程简单,不需要另外安排工人进行水管导向,但是压力损失比较大。方案三压力损失也比较大,但是进水管水流流入四通后直接竖直向下射向拔桩器,系统稳定性好。

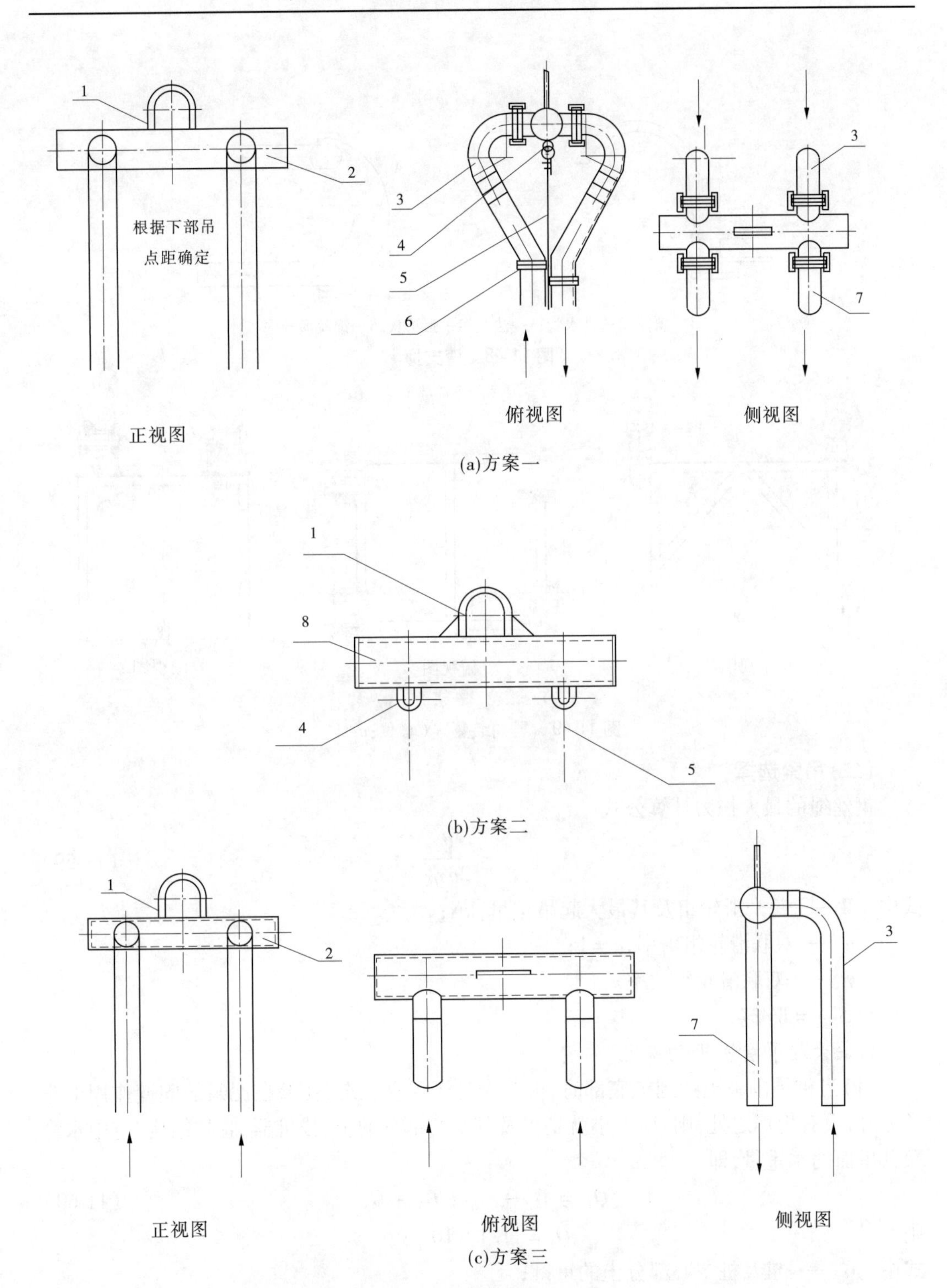

1—吊环;2—四通;3—四通进水管;4—钢丝绳固定点;
5—钢丝绳;6—绳夹;7—四通出水管;8—悬挂梁

图 11-47　悬挂结构

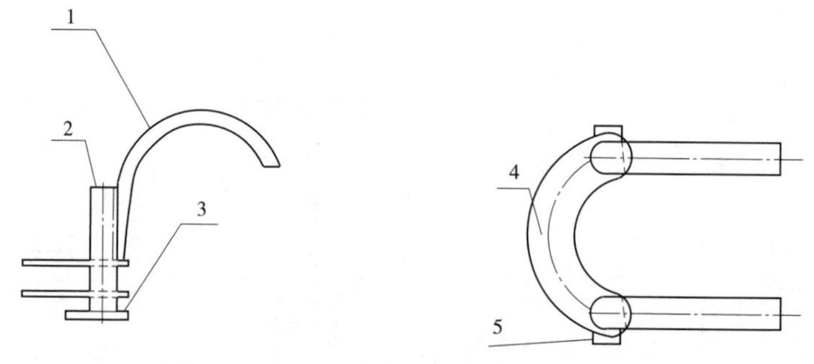

1—斜撑;2—进水管;3—法兰;4—弧形板;5—钢丝绳导向

图 11-48　弯支撑

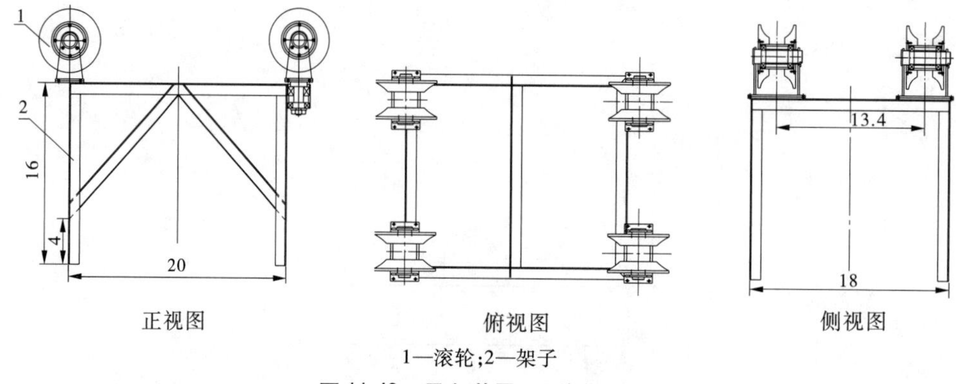

1—滚轮;2—架子

图 11-49　导向装置（单位:m）

(二)吊索选择

钢丝绳的最大拉力计算公式

$$S_{\max} = \frac{W}{2a\eta_a} \tag{11-59}$$

式中　W——每个滑轮组及其最大起吊重量,kN;

a——双联滑轮组倍率,$a=1$;

η_a——双联滑轮组效率。

故 $S_{\max}=W/2$。

1. 最大起吊重量 W 的确定

(1)当桩周围破土达到桩底部时,桩完全处于浮立状态,孔壁在泥浆的固壁作用下非常完好,没有坍塌之处,则 Q_1 大小就是桩及其空心部分的土、拔桩器、悬挂结构、空中水管及其里面的水重量,即

$$Q_1 = G_Z + G_B + G_X + G_S \tag{11-60}$$

则

$$Q_1 = 11.1\times10^4\ \text{N}$$

式中　G_Z——桩及桩空心部分土的重量;

G_B——拔桩器重量;

G_X——悬挂结构重量;

G_S——空中水管及其内部的水重。

(2)当桩周围破土达到桩底部时,桩完全处于浮立状态,因泥浆固壁强度不够,上面全部覆盖刚刚坍塌下来的均匀松砂,则 Q_2 大小就是桩及其空心部分的土、拔桩器、悬挂结构、空中水管及其内部的水重,再加上拔桩器上部覆盖的砂土重量(真空吸力很小,忽略不计),即

$$Q_2 = G_Z + G_B + G_X + G_S + G_T \tag{11-61}$$

则

$$Q_2 = 12.7 \times 10^4\ \mathrm{N}$$

式中　G_T——拔桩器上部覆盖土的重量。

考虑到密度最大工况,黏土选择有机质软黏土饱和密度,砂土选择均匀紧砂饱和密度,即 $\rho_{黏土} = 1.58 \times 10^3\ \mathrm{kg/m^3}$,$\rho_{砂土} = 2.09 \times 10^3\ \mathrm{kg/m^3}$;孔高 16 m,计算时,以砂土工况考虑。所以最大起重量

$$W = \max\{Q_1, Q_2\} = 12.7 \times 10^4\ \mathrm{N}$$

2. 吊索选定

由前面的分析可知:

$$S_{\max} = W/2 = 63.5\ \mathrm{kN}$$

钢丝绳的破断拉力:

$$F_0 \geqslant S_{\max} n \tag{11-62}$$

式中　n——钢丝绳最小安全系数,$n = 2$。

$$F_0 \geqslant 6.35 \times 10^4 \times 2 = 12.7 \times 10^4 (\mathrm{N})$$

则钢丝绳最小抗拉强度为 127 kN。

所以,选择钢丝绳的规格为 20ZAB6×19W+FC1670ZS(每 100 m 重 140 kg)。

(三)起吊机械选择

起重类机械种类繁多,选择时必须结合实际工作需要。拔桩器实际工作时需要工作幅度不变,吊钩能够上下运动的起重机;同时拔桩时又可以将拔桩器与桩同时吊起并运送到规定场地,这就需要能够移动的起重机。由此知,可移动门机和运行臂架式旋转起重机都可以满足使用性能。起吊机械类型选择确定以后,在确定起吊机械工作参数时,应满足以下原则:

(1)对于可移动门机,起重量大于 W;对于臂架式旋转起重机,起重力矩大于起重量 W 与拔桩力臂的乘积;

(2)起升幅度大于 15 m。

1. 最小起重量的确定

起吊机械最小起重量 $= n \times$ 钢丝绳的最大起重量 W

选择安全系数 $n = 1.3$,$W = 127$ kN,则起吊机械最大起重量为 165.1 kN,即为桩实际承受的最大上拔力。为保证桩强度和结构不受破坏能重复使用,必须保证实际施工中最大上拔力小于单桩的抗拔力。

根据《港口工程桩基规范》,单桩抗拔极限承载力设计值计算公式

$$T_d = 1/\gamma_R \left(U \sum \xi_i q_{fi} l_i + G\cos\alpha \right) \tag{11-63}$$

式中　T_d——单桩抗拔极限承载力设计值,kN;

γ_R——单桩抗拔承载力分项系数,取 1.45;

ξ_i——折减系数,对黏土取 0.7 ~ 0.8,对砂土取 0.5 ~ 0.6,桩的入土深度大时取大值,反之取小值;

G——桩重,kN,水下部分按浮重计算;

α——桩周线与垂线夹角,(°)。

将以上数据代入式(11-63),得到:

$$T_d = 500 \text{ kN}$$

同时,考虑管桩在从地下拔出过程的抗裂要求,并结合管桩制作时附加的预应力大小情况,管桩的抗拔极限承载力取 200 kN。

2. 起吊机械的选择

起吊机械的选定不仅与吊重能力有关,更主要受制于提升高度。由前面计算得知,单桩的拔桩力不能大于 200 kN,但 200 kN 的吊车最大提升高度非常有限,远远小于单根管桩高度(长度)20 m 左右的要求。

起重量大于 165.1 kN,起升高度大于 15 m,查《工程建设常用最新国内外大型起重机械实用技术性能手册》,选择适用性能比较强的 QY50 型液压汽车式起重机(浦沅工程机械总厂生产),最大额定起重量 50.5 t×3.5 m(基本臂 11.1 m),故最大起重力矩为 163.5 t · m。起重机起升高度不低于 15 m,此时起重力矩不小于 163.5 t · m,选择额定起重量为 50 t 的轮式起重机,其性能如表 11-7 所示。

表 11-7　50 t 的轮式起重机性能

性能参数	数值
最大额定起重量(主钩)(t) (副钩)(t)	50.5 40
最大起升高度(主臂)(m) (主臂 + 副臂)(m)	35 48.5
最大起升速度(满载)(m/s)	0.11
回转速度(r/min)	≤2
外形尺寸(长×宽×高)(m)	13.54×2.75×3.5
总重(t)	3.9
最高车速(km/h)	78

从表 11-10 中可以看出,该轮式起重机起重力矩基本臂不小于 75 t · m,最长臂不小于 48 t · m。当起吊混凝土管桩时为最危险工况,此时采用最小额定幅度工作,起重力矩为60 t · m,完全满足使用要求。

起重机械还可以结合工程已经使用的起重机械进行选取,如可移动门机 20 t/5 t。

第五节　设备的制造、组装与调试

高压射水拔桩器系统由起吊机械、悬挂结构、供水系统和拔桩器四部分组成。其中,拔桩器是射流式拔桩器系统的核心部分，须单独进行设计制造；悬挂结构作为联结拔桩器和起吊机械的装置，可根据实际需要进行设计；其余部分均为标准件，进行采购组装。

一、拔桩器制造与组装

拔桩器由内外箱体、横竖水管、喷嘴、吊环等几部分组成。内外箱体按照图纸放样尺寸，由剪板机剪切所需要的大小，然后由卷板机弯曲成设计尺寸。

横水管按图纸放样尺寸，在钢板平台上划出环管的内外弧线，用挡板点焊在内外弧线位置，形成环管弧形胎模，截取一段Φ 146 ×10 钢管，放入电炉中加热，再一段一段地插入弧形胎模中，在插入过程中用锤击使钢管变形，用样板检查环管内外弧，截去多余的两端，焊两端堵板。在环管上放样划出喷射管、宝塔接头焊接位置，割出喷射管、宝塔接头安装孔，预先做一块喷射管定位板，定位板上的孔与喷射管外径直径上留有 0.3 mm 间隙，保证定位板能活动地套上喷射管。用定位板套上喷射管，在环管上焊喷射管，从而保证了喷射管位置尺寸公差，同时也焊上宝塔接头。按图纸放样尺寸对内外弧板放样、下料，在滚圆机上滚制圆弧，用样板检测弧板弧度，将内弧板割成两部分，再与环管焊在一起。按图纸尺寸对中间隔板下料，气割隔板上的通孔，刨隔板两侧边，划线、钻隔板两侧孔、攻丝，在外弧板外侧中间隔板位置划线，用长钻头与内弧板一起配钻孔，将中间隔板与内外弧板用螺栓组装在一起，再焊接其他筋板，开环角度 70°放出底样后再焊侧板成型。喷射嘴由螺扣、密封环、锥形内腔、外部六方组成，材质为 20CrMo，先粗车内部螺扣、密封环、锥形内腔、外部锥体，铣外部六方，再精车内部螺扣、密封环，淬火处理，用铰刀铰制锥形内腔，表面粗糙度达到 1.6 μm。拔桩器组焊件临时焊上吊耳，进行试吊，找拔桩器平衡位置，不平衡时，重新换吊耳位置，这样不断进行试吊，直到找到吊耳平衡位置，随后将吊耳与拔桩器外弧板配钻孔，用螺栓连接起来。制造组装后的拔桩器如图 11-50 所示。

图 11-50　制作后的拔桩器

二、悬挂结构制造与组装

悬挂结构有三种方案（见图 11-47），四通和悬挂梁由Φ 200 ×8 钢管、吊耳、直段宝塔接头、U 形宝塔接头、中间隔板焊成。截Φ 200 ×8 钢管长 1 200 mm，根据拔桩器入口宝塔接头尺寸确定吊头直段宝塔接头尺寸，根据拔桩器上吊耳尺寸确定吊头挂钢丝绳吊耳尺寸，在钢管中间位置焊上起重机挂钩吊耳，钢管内部焊上中间隔板将两泵水路隔开，U 形宝塔接头与直段宝塔接头对应起来，形成上下水路，组焊、矫正变形。悬挂结构的组装如

图 11-51 所示。弯支撑和导向轮的组装见图 11-52。

图 11-51 悬挂结构组装

图 11-52 制作和组装后的弯支撑和导向结构

三、供水系统组装与调试

对与动力泵组、测量仪表相连的无缝压力管道,先进行法兰下料、车内外圆、端面、配钻孔,再与无缝钢管焊接,随后进行管道法兰精加工,保证法兰面之间能压紧。拔桩器、吊头、压力管道在组装前进行试漏、防腐(见图 11-53)。

泵的安装应注意以下几点:

(1)安装泵的基础平面应用水平仪找平,并检查底座和固定螺栓孔是否松动;

（2）电机、泵和底座组装后，应严格检查泵轴和电机轴的同心度，保证两轴心线在同一水平线上；

（3）电机和水泵组装时，应将泵联轴器端拉出，保证泵和电机两联轴器端面的轴向间隙值；

（4）泵的吸入管路与压出管路组装时，法兰之间压上橡胶垫，软管与无缝钢管之间用管夹扣紧，每个接头扣2～3道。

图11-53　供水系统组装

四、拔桩器系统组装与调试

将调试和组装好的部件，按照设计的位置布置好，起吊机械起吊拔桩器就位，打开水泵开关，调试供水（见图11-54）。

图 11-54 调试高压射水拔桩器系统

第六节 性能测验

一、试验目的

高压射水拔桩器研制定型后，项目组与研制单位进行了厂区地面造孔、黄河滩地造孔、黄河水上造孔和黄河滩地拔桩四种针对性试验，检验拔桩器破土造孔性能，验证拔桩器进行黄河滩地拔桩的可行性、可靠性，发现拔桩器可能遗漏的问题及缺陷，及时进行优化改进，并初步总结分析拔桩器工作的性能参数。

二、厂区地面造孔试验

黄河机械厂在五、六车间之间有一 100 m × 300 m 大小的露天场地，地层为黏土层，并配有一台 20 t/5 t 的可移动门机，符合试验条件。

试验时，首先对拔桩器及其附属设备进行安装调试，又开挖了 2 个水池（3 m × 3 m × 3 m）并充满水，试验平面布置见图 11-55 及图 11-56。

造孔正常工作时，需要配备 11 人，其中总负责 1 人、可移动门机操作 1 人、控制柜开关操作 1 人、数据记录 2 人、水管控制 3 人、安全员 1 人、进尺指挥 1 人、水池进水操作 1 人。

受施工场地和行车提升高度等条件限制，厂区试验共进行了地面两个桩孔的射水破土塑造，造孔深度均为 6 m。

试验过程中，由于缺乏经验和对附属配套设备的重视不足，水泵流量及压力因进气、进水口堵塞等问题，经常出现达不到额定出力的情况，严重影响了性能测试的正常进行。

水泵运行监测数据显示，泵 1 平均流量达到 147.54 m^3/h，平均流速 4.545 m/s；泵 2 平均流量 49.96 m^3/h，平均流速 1.691 m/s；两个泵的额定流量均为 112 m^3/h，所以泵 1 的流量达到了额定流量值，处于正常工作状态；但是泵 2 流量远远小于额定流量，处于非正常工作状态。

根据对水泵的运行监测数据，在两台水泵均接近额定出力工况下，拔桩器在黏土中造孔平均进尺 0.5 m/min，比设计进尺 1.0 m/min 小 50%，在砂土中造孔平均进尺 0.9

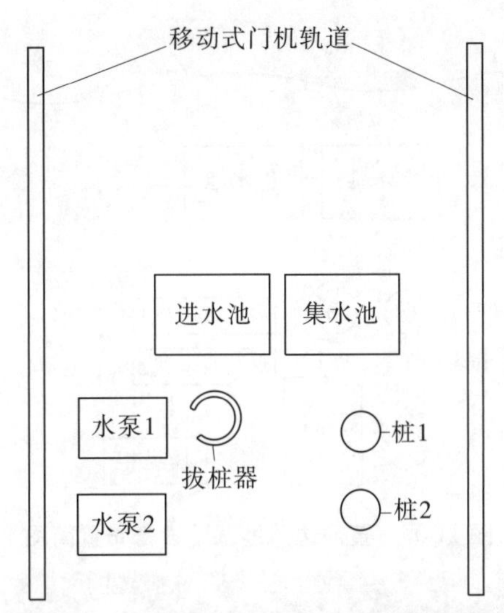

图 11-55 黄河机械厂内试验设备布置简图

图 11-56 黄河机械厂内试验现场

m/min,比设计进尺 1.6 m/min 小 45%。说明整个管路有可能存在障碍,有进一步优化改进的潜力和空间。如果水泵达不到设定出力,泵 1 平均流量达到 97.05 m^3/h,平均流速 4.179 m/s;泵 2 平均流量 33.67 m^3/h,平均流速 1.217 m/s,分别比泵选型额定流量均为 112 m^3/h 小 13.3% 和 69.9%,供水系统也能完成造孔,但是造孔速度过于缓慢,平均造孔速度 0.117 m/min,远远小于设计造孔速度 1.5 m/min。

三、黄河花园口南裹头黄河边滩地试验

根据拔桩器在厂区试验暴露的一些问题和不足,对拔桩器及其附属配套设备进行了及时优化和改进后,进行了黄河花园口南裹头黄河边滩地拔桩造孔试验,试验施工平面布置见图 11-57 和图 11-58。

郑州所辖河段南裹头下端滩地,地处黄河下游,地形平坦;由于黄河多年泥沙淤积,形成“地上悬河”。根据勘测,该试验段地质揭示为第四纪松散堆积物,上部以灰色粉土、分

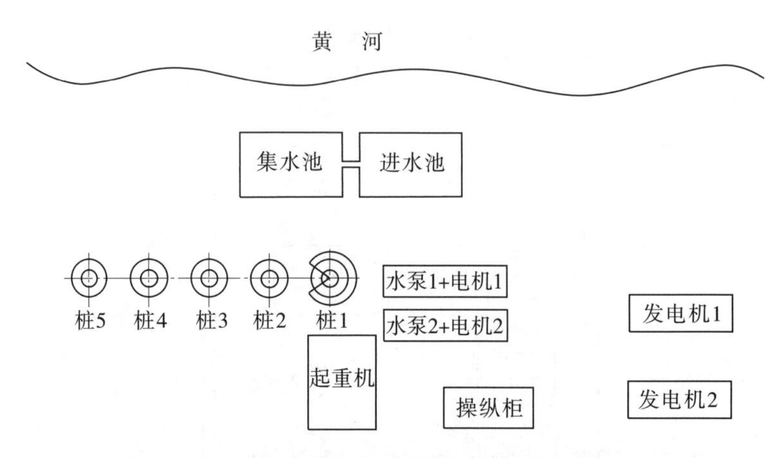

图 11-57　黄河边滩地试验设备布置简图

图 11-58　滩地拔桩造孔现场

支黏土为主,下部以灰色粉砂、中砂为主,地层自上而下大致分为5层:第一层以黄色粉土为主,含黏土、粉质黏土块,以及植物根系,土质均一性较差,厚度 11 ~ 13 m;第二层为黄灰色粉土,层厚为4 ~6 m;第三层为灰色粉质黏土,含少量礓石(直径0.5 ~1.0 cm),层厚4.0 ~7.5 m;第四、五层为灰色粉砂、中砂。平均渗透系数为 1.46×10^{-10} m/s。已知本桩高 15 m(全部埋入地下,桩顶至地面距离 1 m),外径 0.50 m,内径 0.3 m,桩中心间距为0.8 m,桩净间距为 0.3 m。

试验首先开始对桩 1 周边进行造孔拔桩,然后再对桩 4 周边进行造孔拔桩,以此类推,对 7,10,…,2,5,8,…进行造孔拔桩。与黄河机械厂内的试验相比较,由于场地不一样,人员配备也不完全相同,正常工作时需要配备 13 人。其中,总负责 1 人、轮式起重机操作 1 人、控制柜开关操作 1 人、数据记录 2 人、水管控制 3 人、安全员 1 人、进尺指挥 1 人、水池进水(潜水泵)操作 1 人、发电机操作 1 人、服务人员 1 人。

从对水泵的运行监测数据来看,因忽略水泵进水管残留气体对水泵运行的影响,水泵出力仍然不是很理想,流量、压力忽高忽低的情况时常出现。但在正常工作状态下,拔桩造孔效果基本上达到了设计要求:泵 1 平均流量、流速和压力分别是 143.76 m^3/h、5.060

m/s 和 0.39 MPa，泵 2 平均流量、流速和压力分别是 143.72 m^3/h、5.120 m/s 和 0.40 MPa。该种工况下造孔时间总用时 9 min 48 s，平均进尺 1.43 m/min；中间故障时间 1 min 40 s，造孔净时间 8 min 8 s，平均净造孔进尺 1.722 m/min。拔桩用 1 min 6 s，造孔净时间占开始造孔到拔出桩体总时间的 65.83%。试验中，现场发现黏土层在射流冲击力和拔桩器切削刃的切削力共同作用下破碎后，被拔桩器上翻泥水带出孔外，黏土块最大尺寸达 10 cm×8 cm（见图 11-59）。

图 11-59　射流冲击出的黏土块

四、造孔沉桩试验

为将滩地拔出的管桩重新插入滩地修做导流桩坝，在打桩机械撤走的情况下，我们又进行了利用拔桩器造孔沉桩试验，在一定程度上进行"一机多用"的探索。

（一）滩地造孔沉桩试验

利用图 11-57 的设备布置，在 50.4 m 桩坝两端空地上进行了沉桩造孔试验：一端拔桩拆掉的管桩在另一端按设计要求进行造孔沉桩。试验结果如下：水泵 1 的流量、流速和压力分别是 140.97 m^3/h、4.96 m/s 和 0.4 MPa，水泵 2 的流量、流速和压力分别是 142.42 m^3/h、5.03 m/s 和 0.4 MPa。这说明两个水泵的流量同时超过了额定流量，在正常工况下，滩地沉桩造孔进尺速度为 1.69 m/min，大于滩地拔桩造孔速度 1.43 m/min。拔桩器中心的土体虽不易塌落，但在达到一定高度情况下塌落造成其上管桩突然下沉，存在压砸拔桩器的可能，同时，造孔出渣量增大，需要的沉渣池体积较大。

（二）水中造孔沉桩试验

试验场地选在 50.4 m 桩坝东北 100 m 处的黄河水中，在水中造孔设备布置不同于前面的施工布置（见图 11-60）。试验中水泵 1 流量、流速和压力平均值分别是 145.69 m^3/h、5.147 m/s 和 0.4 MPa，水泵 2 流量、流速和压力平均值分别是 132.14 m^3/h、4.673 m/s 和 0.34 MPa。两个水泵的流量都超过额定流量 30%、18%，造孔速度是 2.047 m/min。

五、试验结论

根据厂区、黄河岸边和水上拔桩器拔桩造孔试验情况，得出以下结论：

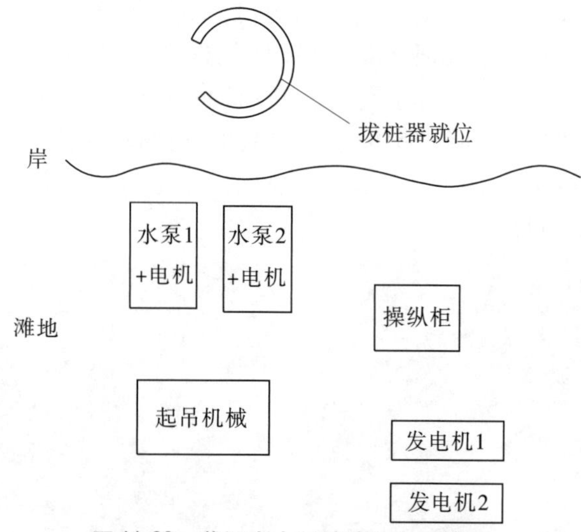

图 11-60　黄河水中沉桩造孔布置简图

(1)高压射水拔桩器的设计是合理的,其主要性能参数为:

高压射流拔桩器外径 0.932 m,内径 0.6 m,高度 1.5 m,壁厚 20 mm,缺口角度 70°,直喷嘴 10 个、斜喷嘴 2 个,斜喷射角度 35°。喷嘴出口实际速度为 30.66 m/s。

砂土(滩地)沉桩造孔试验进尺 1.69 m/min;砂土(滩地)拔桩造孔试验进尺 1.43 m/min,砂土(水中)造孔试验进尺 2.047 m/min。

适用地层:砂性土、砂壤土、少量黏土。

(2)水泵选型是合理的,在泵流量适当小于额定流量情况下,也能够实现造孔(速度减慢),说明水泵选型有一定的潜能储备,这对整个供水系统流量损失的不确定性是一种补偿。

(3)高压射水拔桩器虽然是针对拔桩造孔研制的,不仅可以高效、快速拔桩造孔,一定程度上也可以短暂代替沉桩设备进行沉桩造孔,但功效和工艺不如拔桩造孔突出,且存在拔桩器中心土体不能被射水击碎形成一定高度的土柱,土柱水中悬立失稳而突然塌落、下沉管桩容易压砸拔桩器的隐患。因此,沉桩应首选专用射水设备同步沉桩。

(4)高压射水拔桩器不仅能进行滩地拔桩作业,更能进行水上拔桩施工,功效和工艺较滩地更为简单方便。

(5)利用高压射水拔桩器对桩周边进行造孔拔桩,拔桩力小,不会破坏桩的抗拉强度,桩可以重复利用且拔桩效率高。

(6)砂土层的拔桩造孔速度平均 1.69 m/min,大于黏土层造孔平均速度 0.567 m/min,与理论分析成果基本一致。

(7)高压射水沉桩器随着造孔深度增加,因深水压强削弱喷嘴射流击打土体的强度,以及回流泥浆路程延长影响,造孔下降速度随深度增加而出现不同程度的减小。

(8)高压射水拔桩器拔桩造孔施工中,容易出现水泵进气,影响水泵稳定供水的情况,在今后的拔桩作业中应重点关注,加以避免。

(9)利用拔桩器进行滩地拔桩造孔需要的主要施工设备有发动机、水泵机组、吊车、拔桩器及其附属设备等。

第十二章　水上施工平台研制

水上施工平台是针对河道整治工程及抢险工程修建经常遇到水中施工情况，为组装式导流桩坝水上施工而专业设计的配套装备。

施工平台工作时其上有吊车、管桩等众多固定或移动的贵重物品，要求平台必须有足够的工作场面，足够刚度和强度保证其具有较好的整体性，还要有较好的稳定性，在平台上移动荷载作用下不能有过大的倾斜和晃动，影响施工质量和安全。同时，考虑快速机动插桩要求和黄河行船极为不便的实际情况，平台设计应该考虑为汽车运输。整体平台强度、刚度固然最好，但尺寸大、重量大，汽车无法运输。所以，将平台设计为满足排水量要求条件下的若干个浮箱灵活拆装组合的刚体，单个浮箱可方便、灵活运输，但组装可形成安全可靠的施工平台。

第一节　平台运用工况分析

一、平台设计基本性能要求

平台为满足插桩、拔桩施工需要，在设计中必须考虑运行中相关基本性能要求。

(1)承重要求：统计组装式导流桩坝施工平台施工负荷，并考虑一定安全储备，平台设计应满足负荷 130 t 左右的承重要求。

(2)稳定性要求：设计平台时应考虑到吊车在施工平台上固定的位置和起吊重物时保证平台水平稳定。在最大荷载时平台水平倾角不应大于履带吊车工作时允许的倾斜角度 2.6°。平台设计必须保证上述机具作业时，有足够的稳定性。

(3)刚性强度、整体性要求：施工平台应整体性能好，满足施工刚性要求。施工平台重载时吊车位置平台高程与上下船舷平均高程之差不超过 10 cm。

(4)快速拆装要求：施工平台应针对黄河滩区及大堤运输条件设计，方便运输、快速拆装。单件应方便吊装、运输；施工平台拆装应在水面上完成，操作采用吊车、拖船配合人工，配备满足施工平台拆装、维护的专用工具。

(5)吊车固定要求：吊车应与平台位置固定，防止相互间滑动、变位，在施工平台有较大倾斜时也能够确保吊车固定安全。

(6)防滑要求：施工平台顶面应做防滑处理，在平台的周围设置组装式防护栏杆，满足水上安全作业要求。

(7)平台移动要求：在平台四角设置手电两用卷扬机，通过平台上卷扬机锚绳的协调松紧，实现平台的水上移动。

(8)上下平台搭板要求：根据黄河岸边嫩滩及沙质地层的特殊情况，搭板应考虑 80 t

吊车安全上下施工平台的长度、宽度和强度要求。

(9)施工平台甲板排水要求：施工过程中有水洒漏到平台上，也应随即自行流走，保证施工平台不存积水。

(10)吃水深度要求：应适应黄河河道特点要求，保证施工平台在黄河一般岸滩能够方便拼装、上下设备、方便靠岸等特点。平台吃水深度应不超过1.0 m。

平台的长度方向一边应有不少于3处标注吃水深度的标尺，宽度方向一边不少于2处。

二、平台施工工况分析

(一)平台施工工况选择

平台施工中最为经常和出现的工况是吊车悬吊着管桩在不同的旋转半径下插桩或拔桩作业，不同旋转半径情况下作用在平台上的倾覆力臂不同，平台倾斜不同。在设计工作状态下，吊车安全作业要求平台水平倾角不应大于履带吊车工作时允许的倾斜角度2.6°。为满足这一要求，根据吊车不同旋转半径对应不同吊重情况，以及插桩或拔桩作业中可能出现的吊车旋转半径实际，假定12种可能工况对平台倾角进行计算分析。

工况1：吊车悬臂旋转最大半径为9 m、吊桩重40 t时的横倾角

工况2：吊车悬臂旋转最大半径为9 m、吊桩重30 t时的横倾角

工况3：吊车悬臂旋转最大半径为9 m、吊桩重20 t时的横倾角

工况4：吊车悬臂旋转最大半径为9 m、吊桩重10 t时的横倾角

工况5：吊车悬臂旋转最大半径为12 m、吊桩重40 t时的横倾角

工况6：吊车悬臂旋转最大半径为12 m、吊桩重30 t时的横倾角

工况7：吊车悬臂旋转最大半径为12 m、吊桩重20 t时的横倾角

工况8：吊车悬臂旋转最大半径为12 m、吊桩重10 t时的横倾角

工况9：吊车悬臂旋转最大半径为14 m、吊桩重5 t时的横倾角

工况10：吊车悬臂旋转最大半径为14 m、吊桩重10 t时的横倾角

工况11：吊车悬臂旋转最大半径为14 m、吊桩重15 t时的横倾角

工况12：吊车悬臂旋转最大半径为14 m、吊桩重20 t时的横倾角

(二)平台不同工况下浮性和初稳性计算

根据船舶原理中载荷移动对船舶浮态及初稳性的影响，船舶在使用过程中，其装载情况(包括载荷移动和装载载荷)的变化引起了船的浮态和稳性的变化。本平台吊桩工况，主要发生重物的横向移动，因此主要考虑载荷的横向移动。假设吊桩开始工况，桩子重心位置在平台正中A点(横向坐标y_1)，沿横向水平方向移至A_1点(横向坐标y_2)，移动的距离为y_2-y_1，如图12-1所示。平台的重心自原来的G点横向移动至G_1点，根据重心移动原理得

$$\overline{GG_1}=\frac{P(y_2-y_1)}{\Delta} \tag{12-1}$$

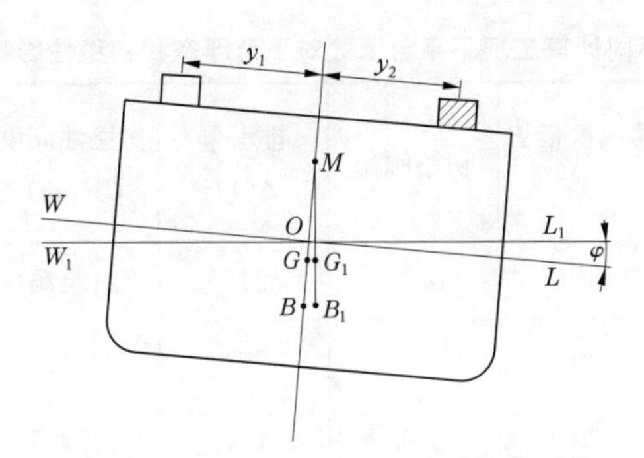

图 12-1　平台吊桩工作时重心变化示意图

这时,重力的作用线通过 G_1,不再与原来的浮心 B 在同一铅垂线上。因此,船舶将发生横倾,浮心自 B 点向横倾一侧移动。当倾斜到某一角度 φ 时,新的浮心 B_1 与 G_1 在同一铅垂线上,船就保持新的平衡状态,并浮于新的水线 W_1L_1。载荷的横向移动相当于形成一个横倾力矩

$$M_H = P(y_2 - y_1)\cos\varphi \tag{12-2}$$

船在横倾 φ 角后的复原力矩

$$M_R = \Delta\,\overline{GM}\sin\varphi \tag{12-3}$$

由于船横倾至 φ 角时已处于平衡状态,故 $M_R = M_H$,即

$$\Delta\,\overline{GM}\sin\varphi = P(y_2 - y_1)\cos\varphi \tag{12-4}$$

结论:根据上式,可以求得载荷 P 横向移动后船的横倾角正切值

$$\tan\varphi = \frac{P(y_2 - y_1)}{\Delta\,\overline{GM}} \tag{12-5}$$

考虑尽量增加吊重,可通过利用吊车重心位置,改变平台初始状态,使其产生初始负倾角(左倾)。

由式(12-5),$P = 70$ t,$y_2 - y_1 = 1.2$ m,$\Delta = 177$ t,$\overline{GM} = 29.453$ m,计算得 $\varphi = 0.92$。

各工况按船舶原理中载荷移动对船舶浮态及初稳性的影响计算倾角,计算结果见表 12-1。平台实际使用时,可根据表 12-1 中数据,插值求出各种工况的最大吊重。

(三)平台完整稳性计算

平台稳性是指在一定外力的作用下,平台发生倾斜,当外力消除后平台还具有恢复原来平衡状态的能力。本平台稳性选用中国船级社武汉规范研究所设计的“船舶静力学计算及稳性衡准系统 V4.1”软件进行计算。按中华人民共和国海事局《内河船舶法定检验技术规则》对起重船的要求进行校核,满足其要求。

示例性成果见图 12-2,计算成果见表 12-2。

表 12-1　不同计算工况下平台承载对平台浮态和初稳性影响计算成果

工况	移动距离 y_2-y_1(m)	移动重量 P (t)	初始倾角	排水量 Δ(t)	初稳性高度 $\overline{GM}$(m)	横倾角正切值	横倾角 φ
工况 1	9	40	0.92	217	21.476	0.077 25	3.49
工况 2	9	30	0.92	207	23.137	0.056 37	2.30
工况 3	9	20	0.92	197	24.998	0.036 55	1.17
工况 4	9	10	0.92	187	27.117	0.017 75	0.09
工况 5	12	40	0.92	217	21.602	0.102 40	4.92
工况 6	12	30	0.92	207	23.198	0.074 97	3.36
工况 7	12	20	0.92	197	24.998	0.048 73	1.87
工况 8	12	10	0.92	187	27.209	0.023 58	0.43
工况 9	14	5	0.92	182	28.285	0.013 60	-0.14
工况 10	14	10	0.92	187	27.133	0.027 59	0.66
工况 11	14	15	0.92	192	26.132	0.041 85	1.47
工况 12	14	20	0.92	197	24.998	0.056 86	2.33

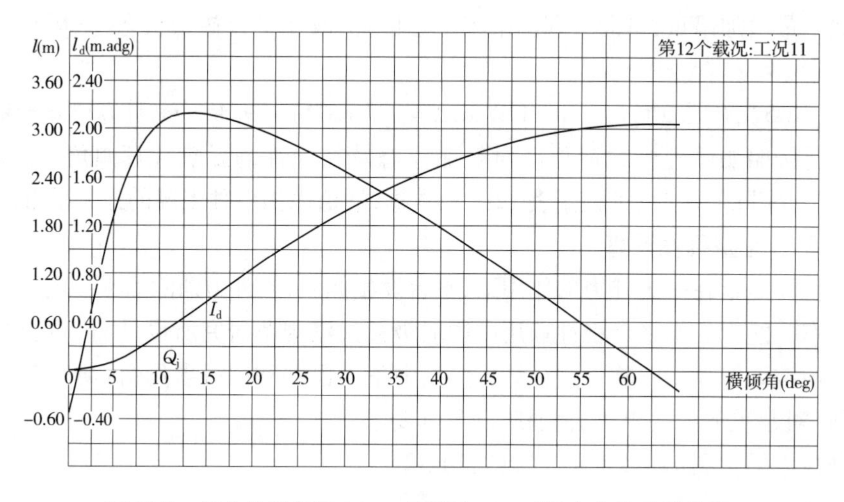

图 12-2　吊车旋转半径 14 m、吊桩重 15 t 时平台完整稳性曲线

表 12-2　不同计算工况下平台完整稳性计算成果

序号	项目	单位	符号	空(压)载	工况1	工况2	工况3	工况4	工况5	工况6	工况7	工况8	工况9	工况10	工况11	工况12
1	排水量	t	Δ	91. 92	202. 87	192. 87	182. 87	172. 87	202. 87	192. 87	182. 87	172. 87	167. 87	172. 87	177. 87	182. 87
2	吃水	m	d	0. 311	0. 686	0. 652	0. 618	0. 584	0. 686	0. 652	0. 618	0. 584	0. 568	0. 584	0. 601	0. 618
3	艏吃水	m	Tf	0. 318	0. 694	0. 66	0. 626	0. 592	0. 694	0. 66	0. 626	0. 592	0. 575	0. 592	0. 609	0. 626
4	艉吃水	m	Ta	0. 304	0. 678	0. 644	0. 611	0. 577	0. 678	0. 644	0. 611	0. 577	0. 56	0. 577	0. 594	0. 611
5	重心垂向坐标	m	KG	0. 873	4. 472	3. 926	3. 32	2. 645	4. 472	3. 926	3. 32	2. 645	2. 277	2. 645	2. 992	3. 32
6	初稳性高度(未修正)	m	GM_o	59. 613	23. 319	25. 198	27. 322	29. 728	23. 454	25. 264	27. 343	29. 727	31. 045	29. 728	28. 503	27. 365
7	初稳性高度(修正后)	m	GM_1	59. 613	23. 319	25. 198	27. 322	29. 728	23. 454	25. 264	27. 343	29. 727	31. 045	29. 728	28. 503	27. 365
8	进水角	deg	Q_j	18. 976	8. 907	9. 346	9. 818	10. 362	8. 907	9. 346	9. 818	10. 362	10. 667	10. 362	10. 074	9. 818
12	最大复原力臂对应角	deg	Q_m	19. 798	12. 329	12. 77	13. 833	14. 999	12. 381	12. 959	13. 968	14. 958	15. 689	15. 006	14. 535	14. 059
15	最大复原力臂	m	l_m	5. 221 3	1. 961 1	2. 497 4	3. 201 2	3. 720 3	1. 383 2	2. 042 5	2. 882 7	3. 814 2	3. 763 7	3. 702 4	3. 172 8	2. 670 4
18	进水角对应复原力臂	m	l_j	5. 219 1	1. 712 5	2. 380 7	3. 103 7	3. 603 7	1. 128 1	1. 920 2	2. 780 4	3. 699 3	3. 623 9	3. 585 5	3. 068 6	2. 564 8
21	稳性面积(实取)	rad. m	l_{du}	1. 366 9	0. 083 9	0. 184 1	0. 304 4	0. 404 5	−0.007 7	0. 108 3	0. 248 5	0. 422	0. 417 2	0. 401 2	0. 300 5	0. 211 2
24	消失角	deg	Q_v	89. 743	40. 293	49. 71	59. 653	68. 598	34. 27	45. 775	57. 609	68. 998	72. 462	68. 52	62. 471	56. 099
29	横摇角	deg	Q_1	0. 02	3. 437	2. 971	1. 409	0. 023	3. 461	2. 977	1. 41	0. 023	0. 023	0. 023	0. 023	1. 411
30	最小倾覆力臂	m	l_q	4. 139 9	0. 379 9	0. 843 7	1. 574 2	2. 277 8	0. 116 3	0. 574 8	1. 386 7	2. 340 5	2. 323	2. 265 9	1. 897	1. 263 4
31	最小倾覆力臂	m	l_{qo}	4. 145 4	1. 027	1. 438 2	1. 909 5	2. 284 1	0. 686 2	1. 154 1	1. 702 9	2. 346 9	2. 329 3	2. 272 2	1. 902 7	1. 565 5
32	风压倾侧力臂	m	l_f	0. 013 4	0. 005	0. 005 3	0. 005 7	0. 006 2	0. 005	0. 005 3	0. 005 7	0. 006 2	0. 006 4	0. 006 2	0. 005 9	0. 005 7
33	风压稳性衡准数		K	309. 915	76. 483	158. 359	274. 847	368. 957	23. 415	107. 889	242. 114	379. 103	362. 021	367. 024	319. 121	220. 589
39	风压倾侧力矩(作业)	kN · m	M_f	7. 062	5. 796	5. 91	6. 024	6. 138	5. 796	5. 91	6. 024	6. 138	6. 196	6. 138	6. 081	6. 024
43	作业初稳性要求值	m	GM_{tk2}	0. 149	0. 056	0. 06	0. 064	0. 069	0. 056	0. 06	0. 064	0. 069	0. 072	0. 069	0. 066	0. 064
44	作业初稳性衡准数		K_{ht2}	399. 34	420. 086	423. 221	426. 861	430. 888	422. 507	424. 333	427. 192	430. 874	432. 943	430. 892	429. 076	427. 526
45	风压倾侧力矩(避风)	kN · m	M_f	26. 725	21. 933	22. 365	22. 797	23. 228	21. 933	22. 365	22. 797	23. 228	23. 444	23. 228	23. 013	22. 797
49	完整稳性衡准结论			满足	满足	满足	满足	满足	满足	满足	满足	满足	满足	满足	满足	满足

第二节　平台结构型式选定

一、方案一

整个平台由三列浮箱(长 24.00 m)、两列连接桥组成。每列平台艏艉两端为 6.00 m×3.60 m 斜底浮箱 6 个,中部为 12.00 m×3.60 m 浮箱 3 个。三列浮箱用两列连接桥(8.00 m×2.00 m)组成整体。整体长 24.24 m,宽 15.44 m。见图 12-3。

二、方案二

整体平台以 6 个大小相等可拆装单浮箱由尾至首(1#、2#、3#、4#、5#、6#)依序组成,组合后主尺度为:平台长约 18.6 m(不含浮箱间安装间隙),宽 15.0 m,深(高)1.8 m,1#、2#、5#、6#浮箱为普通浮箱,宽度 3.1 m。3#、4#为承载浮箱,宽度 3.6 m。左舷侧为作业面,右舷侧为起重设备上下通道。见图 12-4。

三、方案三

整体平台以 6 个大小不等可拆装单浮箱由尾至首(1#、2#、3#、4#、5#、6#)依序组成,组合后主尺度为:平台长约 19.6 m(不含浮箱间安装间隙)、平台宽 15.0 m、平台型深 1.8 m。1#、2#、5#、6#浮箱为普通浮箱,宽度 3.1 m。3#、4#为承载浮箱,宽度 3.6 m。左舷侧为作业面,右舷侧为起重设备上下通道。见图 12-5。

该施工平台吊车工作位置在平台中部,中部两组承重浮箱的排水量较大,考虑平台运输方便,将承载浮箱的宽度选定为 3.6 m,即 3#、4#浮箱宽度为 3.6 m,长度为 15 m。平台排水长度为 19.6 m,两个承载浮箱排水长度为 7.2 m,4 个普通浮箱的总排水长度为 12.4 m,即单个普通浮箱的宽度为 3.1 m,长度为 15 m。

平台由 6 个可拆装单浮箱(编号 1#至 6#),按照由首至尾依次为 6#、5#、4#、3#、2#、1#的顺序,通过横向上、下设置的 5 组蜗杆齿条传动式刚性销连接组装而成。由首至尾平台左侧船舷为跳板安装侧,右侧船舷为吊车工作侧,并标注有浮箱编号。该平台各浮箱位置及方向均为固定搭配,不具备互换功能。

经过比选,方案三整体性能好,既满足施工刚性要求,又能够实现黄河滩区及大堤运输、快速拆装要求。两个承载浮箱在任何工况下都能承受吊车重量,可以最大限度保证施工安全。最终选择方案三为设计方案。

四、平台单浮箱主尺度及结构型式确定

通过多种方案比较,将平台划分为 6 个可拆装单浮箱,由尾至首依次为 1#、2#、3#、4#、5#、6#。

考虑吊车工作位置在平台中部,增加中部两组承载浮箱的排水量,考虑平台运输方便,将承载浮箱的宽度选定为 3.6 m,即 3#、4#浮箱宽度为 3.6 m,长度为 15 m。

平台排水长度为 19.6 m,两个承载浮箱排水长度为 7.2 m,4 个普通浮箱的总排水长度为 12.4 m,即单个普通浮箱的宽度为 3.1 m,长度为 15 m。

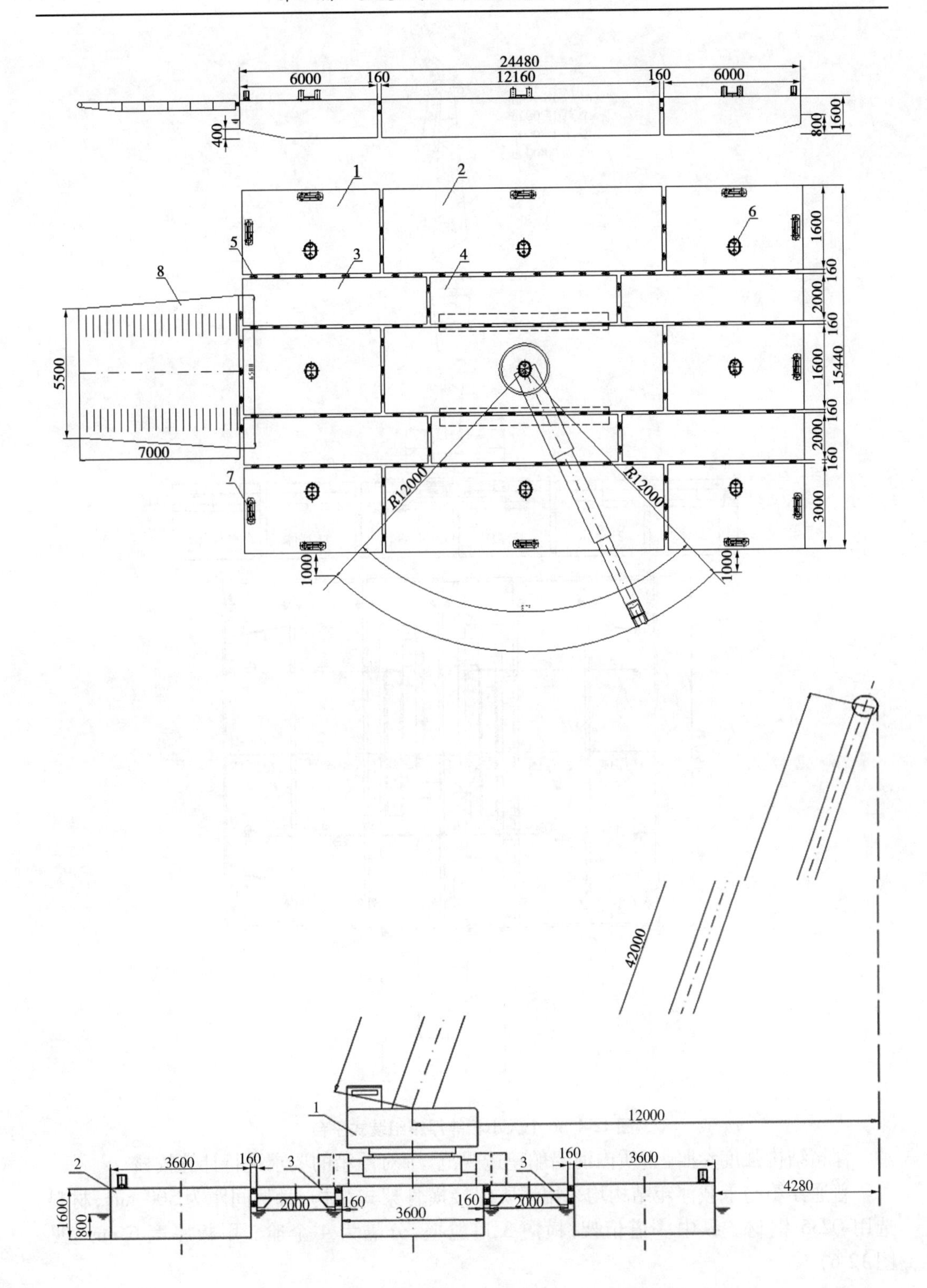

图 12-3　三列浮箱配合两列连接桥组装式平台

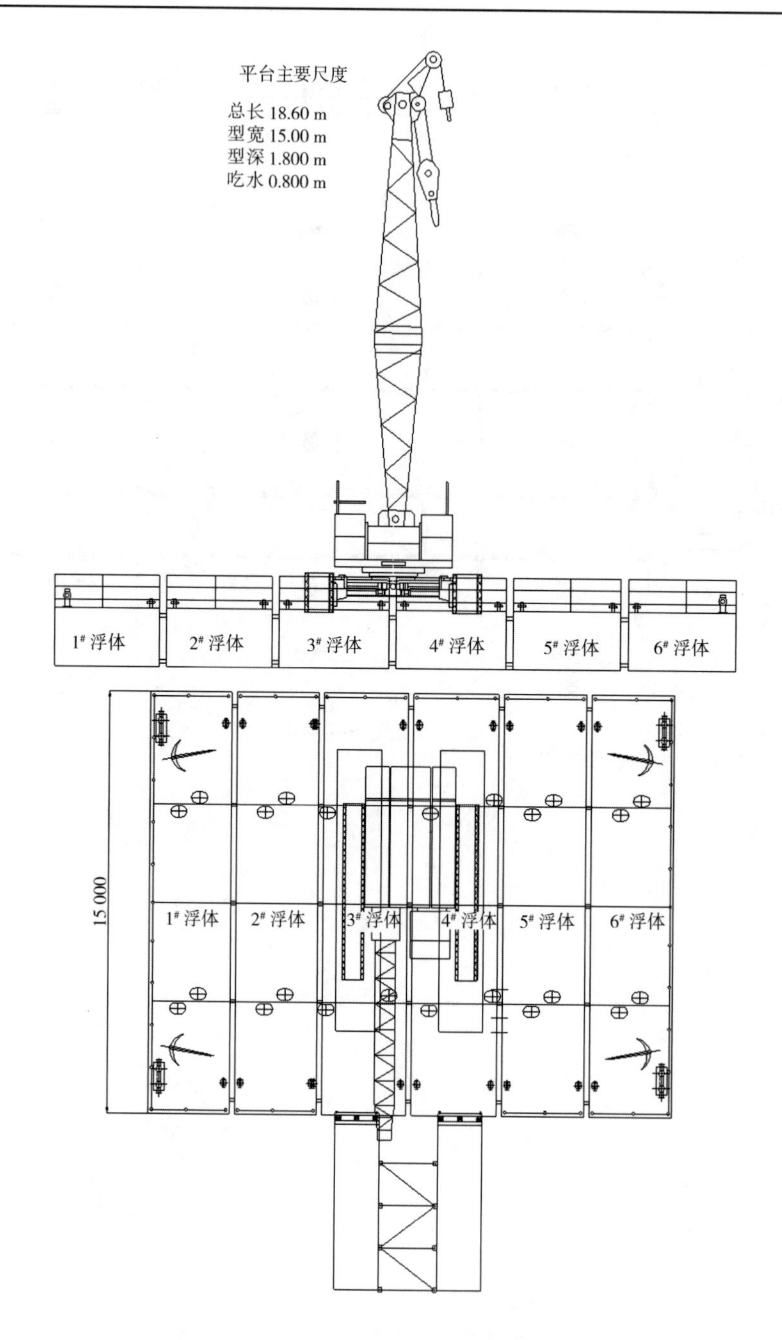

图 12-4　6 个大小相等浮箱组装式平台

浮箱结构强度参照《钢质内河船舶建造规范》中对浮箱的要求进行计算校核。

普通浮箱与承载浮箱结构均采用钢质焊接横骨架式结构，骨架间距为 500 mm，材料选用 Q235 钢材。纵中一道桁架，横向 3 道舱壁，分隔为 4 个舱。甲板厚度 6 mm（见图 12-6）。

承载浮箱（3#、4#）结构采用钢质焊接横骨架式结构，骨架间距为 500 mm，材料选用 Q235 钢材。承载浮箱结构强度需要增强，选择承载浮箱的甲板厚度为 10 mm，其构架为 3

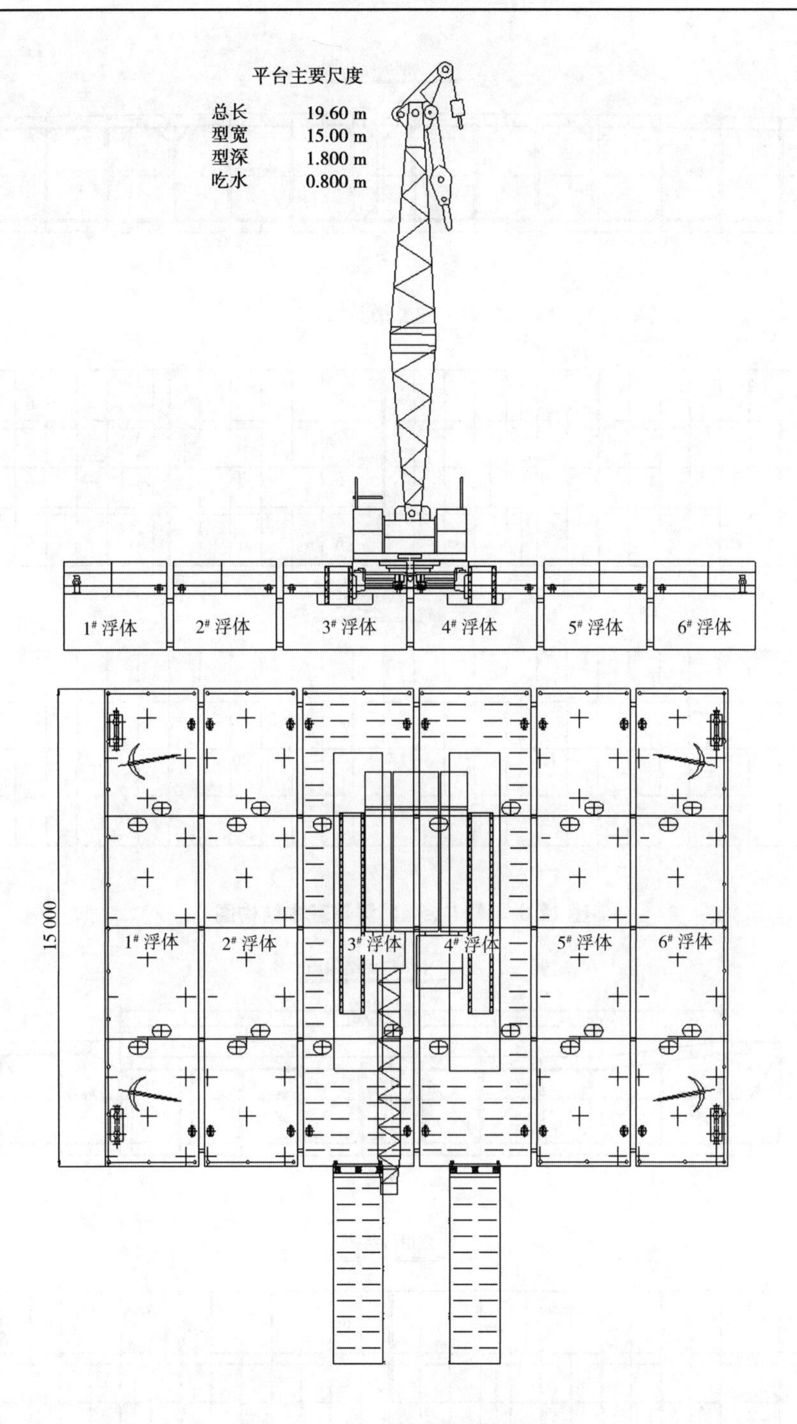

图 12-5　2 大 4 小浮箱组装式平台

道纵向桁架,3 道横向舱壁。为稳固吊车和降低重心,承载浮箱甲板中部下沉 300 mm(见图 12-7)。

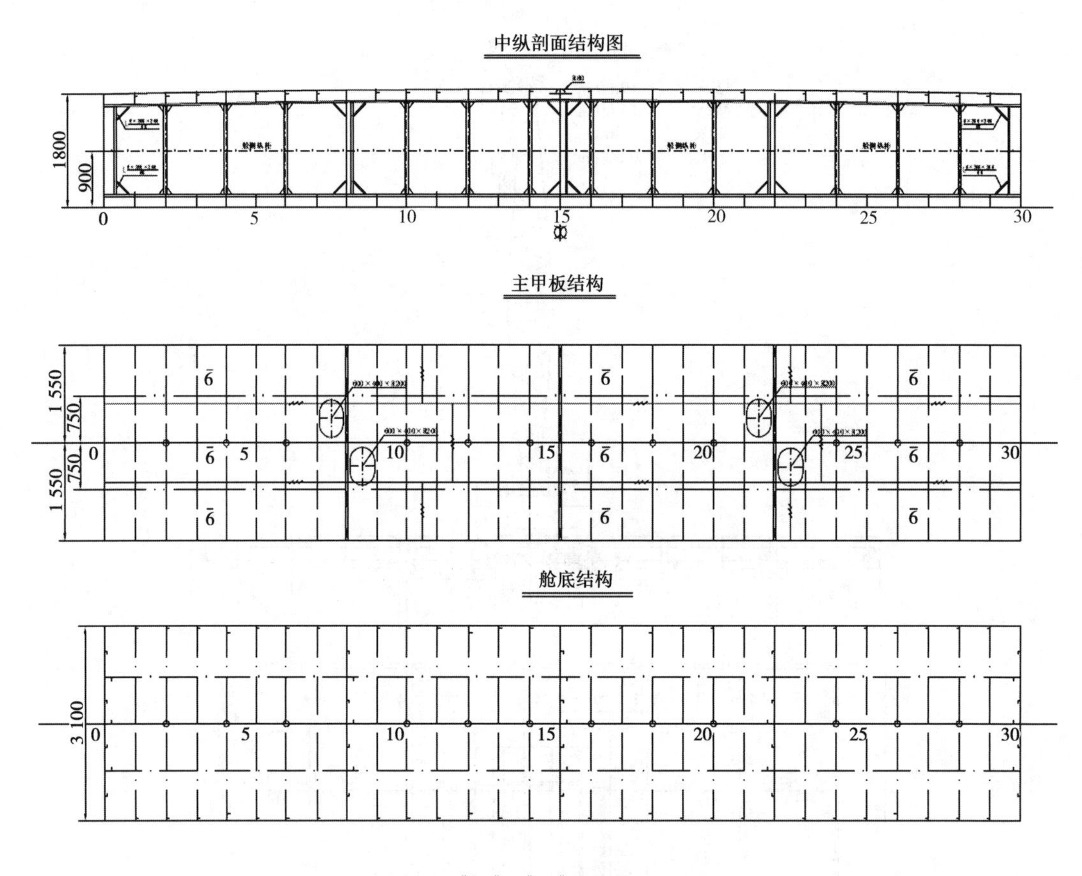

图 12-6　1#、2#、5#、6#浮箱基本结构图

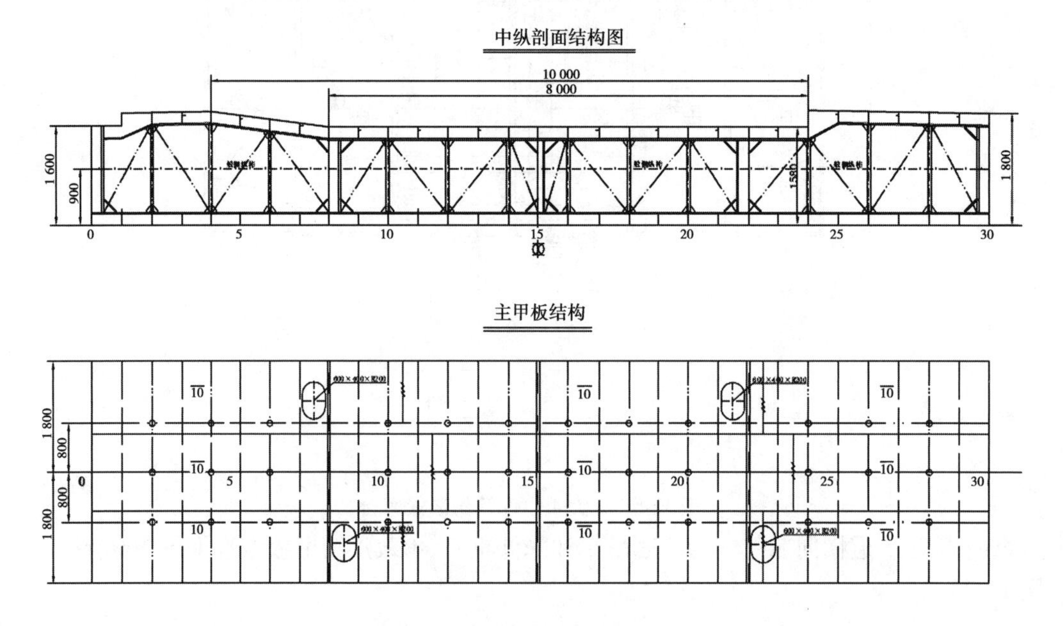

图 12-7　3#、4#浮箱基本结构图

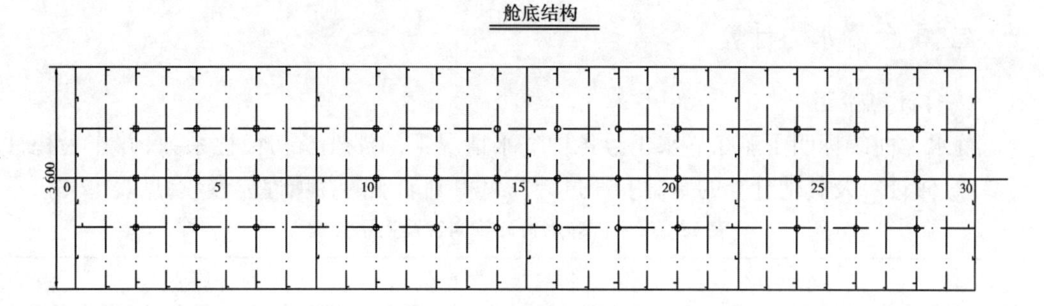

续图 12-7

第三节　平台设计

本施工平台主要用于黄河下游滩区防洪抢险的快速无损伤插、拔桩作业。平台可实现快速拆装,可满足风力不大于4级、流速不大于2.6 m/s、水深不小于1.0 m、安全载荷不超过130 t的条件下安全施工要求。

一、施工平台主尺度选择

(一)施工平台宽度

施工平台上需要承载起吊能力为70 t的吊车,工作时起吊高度28.0 m,插桩时起吊最小半径为9 m。考虑施工实际需要,结合吊车起重性能中主臂起升高度要求,选择平台半宽7.5 m,总宽度15.0 m。

(二)施工平台型深

根据设计要求,平台吃水深度应不超过1.0 m。参照船舶稳性要求,结合平台工况,为保证平台具有良好的稳定性及安全性,选取0.8 m作为平台设计吃水。参照船舶有关规范,平台干舷不应小于0.6 m。考虑实际施工需要,设计选取干舷1.0 m。平台型深为吃水+干舷,即为1.8 m。

(三)施工平台长度

平台宽度及型深确定后,按照设计要求,施工满负荷状态下安全承重130 t。估算平台自重约87 t,平台总排水量为217 t。按吃水0.8 m,推算平台长度。

$$L = \Delta / B \cdot D \cdot \beta \tag{12-6}$$

式中　L——平台长度;

Δ——平台满载排水量,取217 t;

B——平台宽度,取15.00 m;

D——平台吃水,取0.80 m;

β——方形系数,取1。

计算得平台长度为18 m,该长度为平台最小长度。考虑储备浮力,需要将平台长度增加。经过综合比较,选择平台排水长度为19.6 m,相应排水量为235 t,当总排水量为217 t时,相应吃水约为0.74 m,小于设计吃水,平台满足使用要求(见图12-5)。

二、平台静水力计算

(一)计算说明

静水力曲线标明了船在静水正浮各种吃水情况下的浮性及初稳性系数,并作为稳性计算、纵倾计算及其他计算的基础。通过计算可得到船舶的各项性能参数,见表 12-3。

表 12-3　平台静水力计算内容及采用公式

序号	名称	符号	单位	计算公式
1	排水体积	∇	m^3	
2	排水量	Δ	t	$\Delta=\rho\cdot\nabla\cdot\mu_m$ 海水 $\rho=1.025\ t/m^3$ 淡水 $\rho=1.0\ t/m^3$
3	水线面积	A_w	m^2	
4	水线面积形心的纵向位置	X_f	m	
5	浮心纵向位置	X_b	m	
6	浮心垂向位置	Z_b	m	
7	横稳心距基线高度	Z_m	m	$Z_m=\frac{I_X}{\nabla}+Z_B=r+Z_B$
8	纵稳心距基线高度	Z_M	m	$Z_M=\frac{I_Y}{\nabla}+Z_B=r+Z_B$
9	每纵倾 1 cm 的力矩	M_{cm}	kN · m/cm	$M_{cm}=\frac{\Delta\cdot r}{L}\frac{9.81}{100}$
10	每厘米排水量	Δ_{cm}	t/cm	$\Delta_{cm}=0.01\rho A_w\mu$
11	水线面系数	C_w	—	$C_w=A_w/L\cdot B$
12	舯剖面系数	C_m	—	$C_m=A_m/B\cdot d$
13	方形系数	C_B	—	$C_B=\nabla/L\cdot B\cdot d$
14	棱形系数	C_p	—	$C_p=C_B/C_m$

(二)计算方法

1. 手工计算

平台静水力的计算原理是先求出各个水线面的面积、面积形心(漂心)和惯性矩,然后垂向积分得出排水体积和有关性能参数。在浮箱计算中,通常采用的计算法有梯形法、辛氏法等。由于梯形法概念直观,计算方便,其误差约为 0.5%,对于一般内河小船来说已经能够保证足够的精度,故内河船舶在浮箱计算中通常采用梯形法计算。

2. 计算机程序计算

目前,静水力曲线计算已有成熟的计算机程序,故本船静水力计算选用中国船级社武汉规范研究所设计的"船舶静力学计算及稳性衡准系统 V4.1"软件进行。计算结果见

表 12-4。

表 12-4　平台静水力计算成果

序号	名称	符号	单位	计算结果
1	排水体积	∇	m^3	235.2
2	排水量	Δ	t	235.2
3	水线面积	A_w	m^2	294
4	水线面积形心的纵向位置	X_f	m	0
5	浮心纵向位置	X_b	m	0
6	浮心垂向位置	Z_b	m	0
7	横稳心距基线高度	Z_m	m	23.838
8	纵稳心距基线高度	Z_M	m	40.417
9	每纵倾 1 cm 的力矩	M_{cm}	kN · m/cm	4.802
10	每厘米排水量	Δ_{cm}	t/cm	2.94
11	水线面系数	C_w	—	1
12	舯剖面系数	C_m	—	1
13	方形系数	C_B	—	1
14	棱形系数	C_p	—	1

三、平台结构强度计算

(一)平台结构情况

本水上施工平台主要用于黄河下游快速修建或拆除导流桩坝的施工。本平台由可拆卸的 6 个浮箱组成,采用铰链连接。浮箱分为普通浮箱、承载浮箱。采用钢质结构,依据《钢质内河船舶建造规范》(2009)(以下简称《规范》)、《钢质内河船舶建造规范(修改通报)》(2012)(以下简称《通报》)对趸船的要求进行校核。选用单底、单舷横骨架式结构形式,按 B 级航区校核其结构强度。船壳板采用 CCSA 级钢,其他采用 Q235A 级钢。

本平台的主要尺度:

总长　$L_{oa}=20.00$ m

水线长　$L=20.00$ m

型宽　$B=15.00$ m

型深　$D=1.80$ m

普通浮箱水线长　$L_1=15.00$ m

普通浮箱型宽　$B_1=3.10$ m

承载浮箱水线长　$L_2=15.00$ m

承载浮箱型宽　$B_2=3.60$ m

设计吃水　$d = 0.80$ m
普通浮箱满载排水量　$\Delta_1 = 37.20$ t
承载浮箱满载排水量　$\Delta_2 = 43.20$ t
满载排水量　$\Delta = 235.20$ t
肋距　$s = 0.50$ m

(二)普通浮箱结构强度计算

1. 底板

1)浮箱底板

按《规范》§2.3.2.1,船中部底板厚度 t 应不小于按下式计算所得之值:

$$t = a(\alpha L + \beta s + \gamma)\ (\text{mm}) \tag{12-7}$$

式中　L——船长,m;

s——肋骨或纵骨间距,m;

a——航区系数,A 级航区船舶取 $a = 1$,B 级航区船舶取 $a = 0.85$,C 级航区船舶取 $a = 0.7$;

α、β、γ——系数,按骨架型式由表 12-5 选取。

表 12-5　骨架型式与 α、β、γ 采用表

骨架形式	α	β	γ
纵骨架式	0.066	4.5	−0.8
横骨架式	0.076	4.5	−0.4

其中:$a = 0.85$,$\alpha = 0.076$,$\beta = 4.5$,$\gamma = -0.4$。

代入得:$t = 2.86$ mm。

按《规范》§2.3.2.2,船底板厚度 t 尚应不小于按下式计算所得之值:

$$t = 4.8s\sqrt{d + r}\quad (\text{mm}) \tag{12-8}$$

式中　d——吃水,m;

s——肋骨或纵骨间距,m;

r——半波高,m,按《规范》§1.2.5.1 的规定确定

其中:$d = 0.8$,$s = 0.5$,$r = 0.75$。

代入得:$t = 2.99$ mm。实取:$t = 6$ mm。满足要求。

2)平板龙骨

按《规范》§2.3.1.1 规定,船中部平板龙骨厚度应较船中部底板厚度增加 1 mm,首、尾部应不小于船中部底板厚度。平板龙骨宽度应不小于 $0.1B$,且应不小于 0.75 m,即

$$t = 2.86 + 1 = 3.86(\text{mm})$$

$$b = 0.1B = 0.31\ \text{m} < 0.75\ \text{m}$$

实取:$b = 1\ 500$ mm,$t = 6$ mm。满足要求。

3)舭侧外板

按《规范》§12.2.1.2,趸船的舭侧外板厚度应与船底板厚度相同。

实取:$t=6$ mm。满足要求。

4)舷侧顶列板

按《规范》§2.3.5.1,舷侧顶列板在强力甲板以下的宽度应不小于0.1D,且应不小于180 mm,实取:宽度=300 mm。

按《规范》§12.2.1.3,趸船的舷侧顶列板厚度按舷侧外板厚度增加1 mm。实取:$t=$ 8 mm。满足要求。

5)首尾封板

按《规范》§2.3.6.1,平头型船的首尾封板厚度应按首部平板龙骨厚度增加1mm,艉封板厚度应与尾部平板龙骨厚度相同。

实取:$t=6$ mm。满足要求。

2.甲板

1)强力甲板

按《规范》§2.4.1.1,船长小于50 m的船舶,其强力甲板的最小厚度t应不小于《规范》表2.4.1.1的规定,表中规定厚度$t=3.50$ mm,实取:$t=6$ mm。满足要求。

2)局部加强

按《规范》§2.4.4.1,锚机座、系缆桩等处甲板应予加强。采用加等厚复板的加强方法,用塞焊与甲板焊牢。

实取:加强复板厚度$t=6$ mm。满足要求。

3.浮箱底骨架

1)实肋板

按《规范》§2.5.2.2要求,实肋板剖面模数W应不小于按下式计算所得之值:

$$W = Ks(fd + r)l^2 \quad (\text{cm}^3) \tag{12-9}$$

式中　s——实肋板间距,m;

f——系数,按表12-6选取;

d——吃水,m;

r——半波高,m,按《规范》§1.2.5.1的规定确定;

l——实肋板跨距,m,取实肋板与舷侧外板交点之间的距离;

K——内龙骨修正系数,按下式计算:

$$K = a(l_1/l - 1.1) + b \tag{12-10}$$

其中　a、b——系数,按表12-7选取;

l_1/l——舱长比,l_1为舱底平面长度(取两横舱壁的间距),m,取值范围按表12-8选取。

表12-6　实肋板剖面模数计算系数f取值

货舱外f值	货舱内f值	
	自航船	非自航船
1	0.5	0.25

表 12-7　内龙骨修正系数计算 a、b 取值

系数	横骨架式						纵骨架式		
	主肋骨制			交替肋骨制					
	1 根龙骨	3 根龙骨	5 根龙骨	1 根龙骨	3 根龙骨	5 根龙骨	1 根龙骨	3 根龙骨	5 根龙骨
a	2.50			2.00			1.25		
b	4.0	3.5	3.0	3.2	2.8	2.4	2.0	1.75	1.5

表 12-8　舱长比取值范围

l_1/l	1 根龙骨	3 根龙骨	4 根龙骨
上限值	1.5	1.7	1.9
下限值	1.1		

式中：$s=0.50$ m，$d=0.8$ m，$f=1$，$r=0.75$ m，$l=3.1$ m，$K=7.1-0.721+0.056\ 1^2=5.406\ 16$。

代入得：$W=40.26\ \text{cm}^3$。

实取：$T\dfrac{60\times6}{200\times6}$，　其 $W=145.57\ \text{cm}^3$。满足要求。

2）中内龙骨

按《规范》§2.5.3.1，中内龙骨腹板的高度和厚度与该处实肋板相同，面板剖面积应不小于实肋板剖面积的 1.5 倍。

实取：$T\dfrac{70\times8}{200\times6}$，　其 $W=184.93\ \text{cm}^3$。满足要求。

3）旁内龙骨

按《规范》§2.5.4.1 和 §2.14.3.5，旁内龙骨尺寸应与该处实肋板相同。

实取：$L\dfrac{6\times200}{60}$。满足要求。

4. 舷侧骨架

1）肋骨

按《规范》§2.7.2.1，普通肋骨的剖面模数 W 应不小于按下式计算所得之值：

$$W = Ks(d+r)l^2 \quad (\text{cm}^3) \tag{12-11}$$

式中　K——系数，按表 12-9 选取；

s——肋骨间距，m；

d——吃水，m；

r——半波高，m，按《规范》§1.2.5.1 的规定；

l——肋骨跨距，m，对主肋骨和未设置舷侧纵桁的普通肋骨，取肋骨与实肋板内缘交点至肋骨与横梁内缘交点间的垂直距离，如图 12-8 所示，主肋骨若设置舷侧纵桁，主肋骨跨距仍按本规定确定，对设有舷侧纵桁的普通肋骨，取肋骨与实肋板内缘交点至舷侧纵桁的垂直距离，但应不小于 1.25 m。

表 12-9　普通肋骨剖面模数计算系数 K 取值

类别	主肋骨	普通肋骨	
		未设舷侧纵桁	设有舷侧纵桁
自航船	3.8	3.2	4.9
非自航船	4.4	3.8	5.7

式中，$K=5.7$，$s=0.5$ m，$d=0.8$ m，$r=0.75$ m，$l=0.9$ m。

代入得：$W=3.578\ 175\ \text{cm}^3$。

实取：L40×40×4，其 $W=8.27\ \text{cm}^3$。满足要求。

按《规范》§2.7.3.1，强肋骨剖面模数 W 应不小于按下式计算所得之值：

$$W = Ks(d+r)l^2 \quad (\text{cm}^3) \tag{12-12}$$

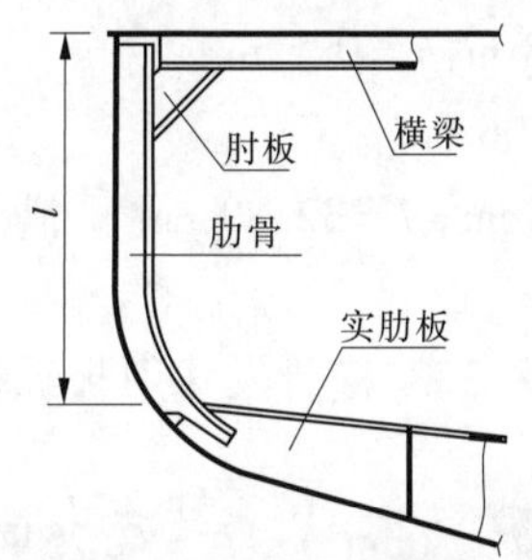

图 12-8　肋骨与实肋板内缘交点至肋骨与横梁内缘交点间的垂直距离

式中　s——纵骨间距，m；

l——纵骨跨距，m，取强肋骨间距；

d——设计吃水，m；

r——半波高，m，按《规范》§1.2.5.1 的规定。

式中，$K=4.7$，$s=1.8$ m，$d=0.8$ m，$r=0.75$ m，$l=1.6$ m。

代入得：$W=33.569\ 28\ \text{cm}^3$

实取 $L\dfrac{6\times110}{60}$，其 $W=64.64\ \text{cm}^3$。满足要求。

2）舷侧纵桁

按《规范》§2.7.4.1，舷侧纵桁的剖面尺寸与强肋骨相同，且尽量延伸至首尾。

实取：$L\dfrac{6\times110}{60}$。满足要求。

5. 甲板骨架

1）甲板横梁

按《规范》§2.8.1.1 及 §2.8.1.2，横骨架式甲板应在每个肋位上设置横梁，其剖面模数和惯性矩不小于按下式计算所得之值：

$$W = 5cshl^2 \quad (\text{cm}^3); \quad I = 3Wl \quad (\text{cm}^4) \tag{12-13}$$

式中　c——系数，对 A 级航区船舶强力甲板取 1.45，B 级航区船舶强力甲板取 1.2，C 级

航区船舶强力甲板取 1,其余各层甲板均取 1;

s——横梁间距,m;

l——横梁跨距,m,取舷侧与甲板纵桁(纵舱壁)或甲板纵桁(纵舱壁)之间距离之大者,且不小于 2 m,船长小于 30 m 的船舶,载货区域甲板横梁取实际跨距;

h——甲板计算水柱高度,m,强力甲板取 0.5 m,旅客舱室甲板取 0.45 m,船员舱室甲板取 0.35 m,顶篷甲板取 0.2 m,载货甲板的水柱高度 h 应按下式计算,但应不小于 0.5 m。

$$h = \frac{kQ}{F} \tag{12-14}$$

式中　Q——甲板载货总重量,t;

F——甲板面积,m^2;

K——系数,装金属矿石时取 $k=1.30$;装非金属时取 $k=1.15$;

式中,$c=1.2$ m,$s=0.5$ m,$l=0.8$ m,$h=0.5$ m。

代入得:$W=0.84\ cm^3$,$I=5.06\ cm^4$。

实取:$L40\times40\times4$,$W=8.27\ cm^3$,$I=32.89\ cm^4$。满足要求。

2)甲板纵桁

按《规范》§2.8.3.2 和§2.8.3.3,横骨架式甲板纵桁的剖面模数和惯性矩应分别不小于按下列两式计算所得之值:

$$W = kcbhl^2 \quad (cm^3) \qquad I = 2.75Wl \quad (cm^4) \tag{12-15}$$

式中　k——系数,强力甲板取 $k=0.03L+4.8$,但应不小于 5.7,其中 L 为船长,m,其他甲板取 5.7;

c、h——按《规范》§2.8.1.1 的规定确定;

b——甲板纵桁支承面积的平均宽度,m;

l——纵桁跨距,m,对强力甲板取横舱壁(双向横桁架)之间跨距点的距离,对上层建筑(或甲板室)甲板取横舱壁(或支柱)之间的距离。

式中,$k=0.03L+4.8=5.40$,$c=1.2$ m,$h=0.5$ m,$b=0.75$ m,$l=4.0$ m。

代入得:$W=38.9\ cm^3$,$I=428\ cm^4$。

实取:$L\frac{6\times200}{60}$,$T\frac{60\times6}{200\times6}$,$w=145.57\ cm^3$,$I=2\ 367.48\ cm^4$。满足要求。

3)甲板强横梁

按《规范》§2.8.5.2 和§2.8.5.3,横骨架式强横梁的剖面模数和惯性矩应分别不小于按下列两式计算所得之值,且不小于甲板纵桁的剖面尺寸:

$$W = 8cshl^2 \quad (cm^3) \qquad I = 2.75Wl \quad (cm^4) \tag{12-16}$$

式中　c、h——按《规范》§2.8.1.1 的规定确定;

s——强横梁间距,m;

l——强横梁跨距,m,对强力甲板取舷侧至纵舱壁(双向纵桁架)或纵舱壁(双向纵桁架)之间跨距点的距离,对上层建筑(或甲板室)甲板取纵围壁(或纵舱壁、支柱)之间的距离,跨距点按《规范》§1.2.4 规定。

式中，$c=1.2\ m$，$h=0.5\ m$，$s=2\ m$，$l=3.10\ m$。

代入得：$W=92.3\ cm^3$，$I=787\ cm^4$。

实取：$L\frac{6\times200}{60}$，$W=145.57\ cm^3$，$I=2\ 367.48\ cm^4$。满足要求。

6. 舱壁

1）平面水密舱壁

按《规范》§2.12.2.1 要求，平面水密舱壁底列板厚度应不小于按下式计算所得之值：

$$t = Ks + c \quad (mm) \tag{12-17}$$

式中　K、c——系数，按表 12-10 选取；

s——扶强材间距，m。

式中，$K=4$，$c=0.5\ m$，$s=0.50\ m$。

代入得：$t=2.5\ mm$。

实取：$t=5\ mm$。满足要求。

表 12-10　平面水密舱壁底列板厚度计算系数 K、c 取值

舱壁种类	防撞舱壁	干货舱壁	深舱舱舱壁
K	4.0	3.2	4.2
c	0.5	0	1.0

2）舱壁扶强材

按《规范》§2.12.3.2 要求，平面舱壁扶强材的剖面模数 W 应不小于按下式计算所得之值：

$$W = Kshl^2 \quad (cm^3) \tag{12-18}$$

式中　K——系数，按表 12-11 选取；

s——扶强材间距，m，防撞舱壁和深舱舱壁扶强材间距应不大于 650 mm，干货舱舱壁扶强材间距应不大于 750 mm；

h——自扶强材中点量至舱壁顶端（深舱舱壁加 0.5 m）或量至溢流管顶端的垂直距离，取大者，m，但应不小于 2.0 m；

l——扶强材的跨距，m，取包括肘板在内的扶强材长度，若设有与扶强材垂直的桁材，取桁材至扶强材端部或桁材之间的距离，取大者。

表 12-11　平面舱壁扶强材的剖面模数计算系数 K 取值

扶强材种类	固定情况	K 值		
		防撞舱壁	干货舱舱壁	深舱舱壁
垂直扶强材	两端有肘板	4.0	3.0	5.0
	一端有肘板	4.8	3.6	6.0
	两端无肘板	5.35	4.0	6.6
水平扶强材		—	3.8	3.8

式中，$K=4$，$l=1$ m，$h=2.0$ m，$s=0.50$ m。

代入得：$W=4.0\ \text{cm}^3$。

实取：$L40\times40\times4$，其 $W=8.27\ \text{cm}^3$。满足要求。

3）垂直桁和水平桁

按《规范》§2.12.4.2，垂直桁的剖面模数 W 应不小于按下式计算所得之值（水平桁相同）：

$$W = Kbhl^2 \quad (\text{cm}^3) \tag{12-19}$$

式中　K——系数，按表 12-12 选取；

b——垂直桁的支撑宽度，m，即垂直桁间距中点之间或垂直桁间距中点与舷边（或纵舱壁）间距中点的距离，如图 12-9 所示；

h——由垂直桁中点量至干舷甲板上方（深舱舱壁加 0.5 m）或量至溢流管顶端的垂直距离，m，取大者，但应不小于 2.0 m；

l——垂直桁跨距，m，按《规范》§1.2.4 的规定确定。

式中，$K=4.1$，$l=2$ m，$h=2.0$ m，$b=1.5$ m。

代入得：$W=49.2\ \text{cm}^3$。

表 12-12　垂直桁的剖面模数计算系数 K 取值

舱壁种类	平面水密舱壁	深舱舱壁	纵舱壁（扶强材水平布置）
K	4.1	5.0	4.2

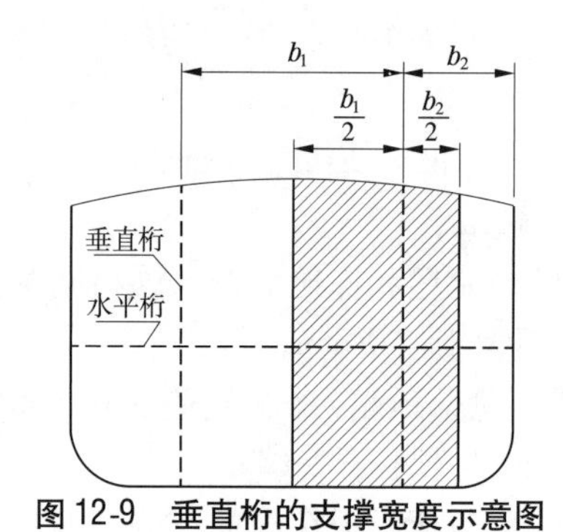

图 12-9　垂直桁的支撑宽度示意图

实取：$L\dfrac{6\times110}{60}$，$W=64.64\ \text{cm}^3$。满足要求。

按《规范》§2.12.4.3，若船舶需要增加水平方向的抗挤压强度，可在平面水密舱壁上设置水平桁。水平桁的剖面尺寸应与垂直桁的剖面尺寸相同。

实取：$L\dfrac{6\times110}{60}$，满足要求。

7. 支柱

按《规范》§2.11.2.1，支柱的计算负荷 P 应按下式计算：

$$P = 9.8cabh \quad (\text{kN}) \tag{12-20}$$

式中　c——舱口端横梁跨距，m，按《规范》§1.2.4 的规定确定；

P——相当负荷,kN

式中,$c=3.5$ m,$h=0.5$ m,$a=1.55$ m,$b=1$ m。

代入得:$P=26.6$ cm^3。

实取:Φ42×4。满足要求。

(三)承载浮箱结构强度计算

1.强力甲板

按《规范》§10.1.2.3,工程机械工作区域应予以加强,加厚板板厚应不小于甲板板厚的1.5倍,实取:$t=10$ mm。满足要求。

2.甲板骨架

1)甲板横梁

按《规范》§2.8.1.1及§2.8.1.2,横骨架式甲板应在每个肋位上设置横梁,其剖面模数和惯性矩不小于按式(12-13)计算所得之值:

式中,$c=1.2$ m,$s=0.5$ m,$l=1.0$ m,$h=0.5$ m。

代入得:$W=1.50$ cm^3,$I=4.50$ cm^4。

实取:L50×50×4,$W=13.55$ cm^3,$I=65.28$ cm^4。满足要求。

2)甲板纵桁

按《规范》§2.8.3.2和§2.8.3.3,横骨架式甲板纵桁的剖面模数和惯性矩应分别不小于按式(12-15)计算所得之值。

式中,$k=0.03L+4.8=4.80$,$c=1.2$ m,$h=3.9$ m,$b=0.75$ m,$l=4.0$ m。

代入得:$W=269.6$ cm^3,$I=2\,965$ cm^4。

实取:$T\dfrac{80\times8}{230\times8}$,$L\dfrac{8\times230}{80}$,$W=280.23$ cm^3,$I=5\,300.75$ cm^4。满足要求。

3)甲板强横梁

按《规范》§2.8.5.2和§2.8.5.3,横骨架式强横梁的剖面模数和惯性矩应分别不小于按式(12-15)计算所得之值,且不小于甲板纵桁的剖面尺寸:式中,$c=1.2$ m,$h=0.5$ m,$s=1$ m,$l=3.60$ m。

代入得:$W=62.2$ cm^3,$I=616$ cm^4。

实取:$L\dfrac{8\times230}{80}$,$W=280.23$ cm^3,$I=5\,300.75$ cm^4。满足要求。

3.支柱

按《规范》§2.11.2.1,支柱的计算负荷P应按式(12-20)计算:

式中,$c=3.5$,$h=0.5$ m,$a=1.55$ m,$b=1$ m。

代入得:$P=26.6$ kN。

实取:Φ50×4。满足要求。

4.桁架斜杆

按《规范》§2.11.5.6,载荷P_1按下式计算:

$$P_1=P/2\quad(\text{kN})\qquad l_1=kl\quad(\text{m})\tag{12-21}$$

式中,$P=26.6$,$k=0.6$ m,$L=2.3$ m。

代入得：$P_1=13.29$ kN，$l_1=1.38$ m。

实取：$L50\times50\times6$。满足要求。

本节未计算结构尺寸与普通浮箱一致。

5. 栏杆及护舷材

1) 栏杆

根据《规范》§2.17.3 要求，本船实取：栏杆高度 $h=0.9$ m，沿船舷周边设置栏杆，扶手一道，Φ42×3.5 镀锌钢管，横杆 3 道，Φ33.5×3.25 镀锌钢管，间距不大于 0.23 m，竖杆Φ42×3.5 镀锌钢管，间距 1.8 m。

2) 护舷材

根据《规范》§2.17.4，护舷材采用加厚板或半圆形的护舷材，$t=6$ mm。

半圆 $r=60$ mm，平板 60 mm×8 mm，间距 1.1 m 隔挡设置横肘板，水平加强筋尺寸为 −1 000×8。

四、浮箱的连接

（一）浮箱的连接形式选择

平台之间的连接装置形式，直接影响到平台强度、连接作业的速度，应保证整体强度，需要满足整体浮力平衡与重力传递，必须是刚性连接，连接装置应尽量操作牢靠、灵活、方便。为此要求设计的连接装置受力合理、连接可靠、结构简单、操作便捷。根据相关资料，水上平台连接方式主要有三种：

（1）蜗杆齿条传动式。该装置为利用齿轮齿条传动实现单销连接，能使单销发出足够的轴向力以克服启闭过程中阻力，实现平台的快速连接。该种连接方式能够使平台连接牢固、变形微小，具有装配便利、结构紧凑的特点。但结构相对复杂，成本较高。

（2）扣环式。该装置上部采用挂扣式拉紧扣环装置，下部采用杠杆推动单销连接的形式。该种连接方式能够实现快速连接，连接比较牢固，具有结构简单、作业方便的特点。但该种连接方式连接强度小于蜗杆齿条传动式的连接方式。

（3）丙丁接头式。该装置下部采用丙丁接头连接，上部采用单销连接。这种连接方式也能实现快速连接，但下部的丙丁接头，不能完成在水上拼装平台，连接强度也较弱。

通过比较，选择蜗杆齿条传动式的形式，见图 12-10。

为满足浮箱间刚性连接要求，每组浮箱间横向上、下设置 5 组连接装置。连接装置材料均采用高强度钢加工，连接装置安装处均做腹板补强。平台连接前可利用布置于浮箱两舷的单十字缆桩将相邻两个浮箱靠拢，将连接装置对位固紧后，进行连接。为满足连接要求，设置单十字带缆桩 20 只，长度 10 m、直径 9.3 mm 系船索 10 根。

（二）浮箱铰链的强度计算

本平台浮箱连接装置由单销、双耳板构成。单销采用 45 号钢加工，耳板采用 Q235 钢加工。平台单销主要受剪、受弯及承压。根据《军用桥梁设计准则》规定的单销连接的尺寸要求，单销的各部件尺寸是以单销直径 d 为基准决定的。因此，单销连接的设计步骤一般是先按单销抗剪强度估算单销直径，然后确定其他各部分的尺寸并验算各构件的强度。

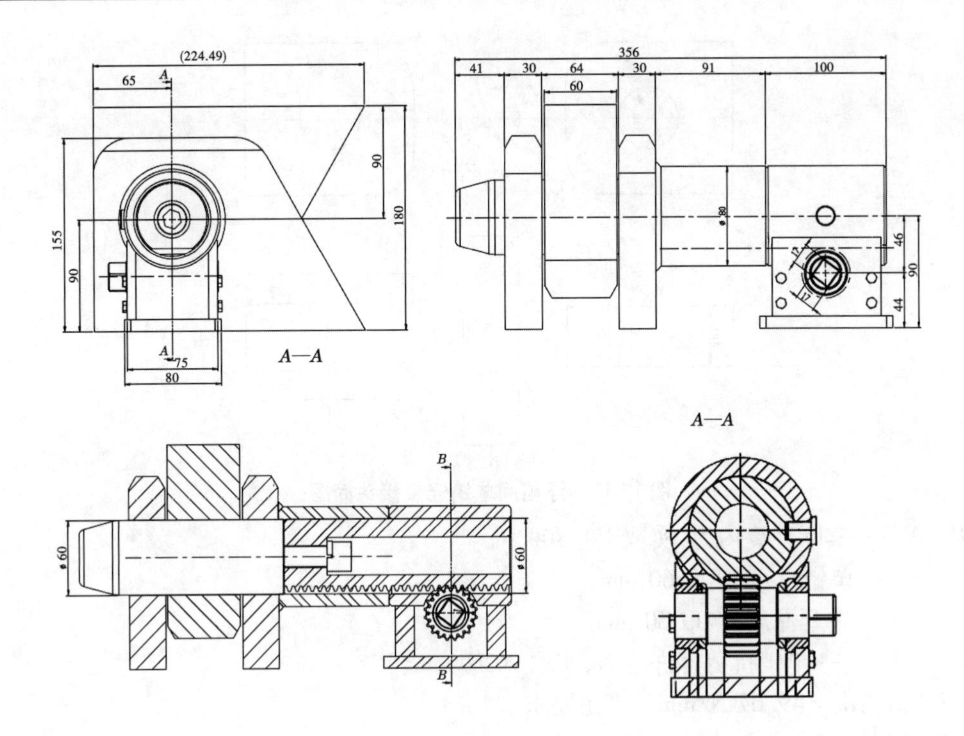

图 12-10　浮箱间蜗杆齿条传动式连接图　（单位:cm）

按抗剪强度确定单销直径

$$\tau = \frac{N}{n_v \pi d^2 / 4} \leqslant [\tau] \tag{12-22}$$

式中　n_v——单销受剪面数,实取 2；

N——实际计算内力,实取 178 800 N；

$[\tau]$——单销抗剪容许应力,实取 50 N/mm；

d——单销直径,实取 60 mm。

计算得:$\tau = 31.63$ N/mm。

实际计算内力

$$N = \frac{G - F}{n} \tag{12-23}$$

式中　G——最大工况下 3#、4#浮箱的重力,实取 1 650 000 N；

F——最大工况下 3#、4#浮箱的浮力,实取 756 000 N；

n——单销数量,实取 5。

计算得:$N = 178\ 800$ N。

按单销直径 60 mm 绘制单销连接接头简图,见图 12-11。

(三)检验耳板孔壁承压强度

单耳板

$$\sigma_c = \frac{N}{dt_2} \leqslant [\sigma_c] \tag{12-24}$$

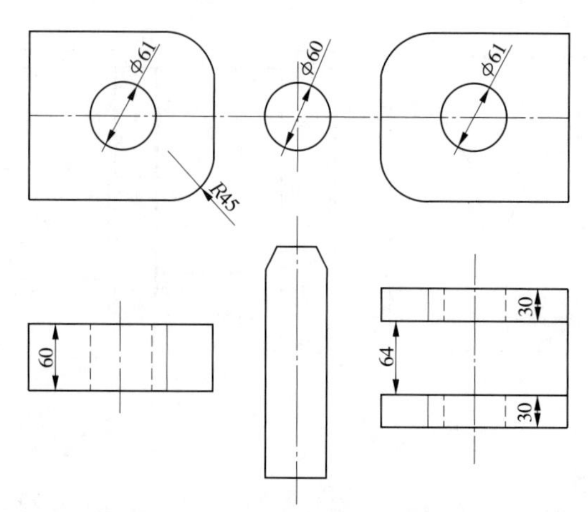

图 12-11　浮箱间单销连接接头简图

式中　N——实际计算内力,实取 178 800 N;

d——单销直径,实取 60 mm;

t_2——单耳厚度,实取 60 mm。

$[\sigma_c]$——单销抗剪容许应力,实取 90 N/mm。

计算得:σ_c =49. 67 N/mm。满足要求。

双耳板

$$\sigma_c = \frac{N}{2dt_1} \leqslant [\sigma_c] \tag{12-25}$$

式中　N——实际计算内力,实取 178 800 N;

d——单销直径,实取 60 mm;

t_1——双耳厚度,实取 30 mm;

$[\sigma_c]$——单销抗剪容许应力,实取 90 N/mm。

计算得:σ_c =49. 67 N/mm。满足要求。

(四)验算耳板孔端及孔侧抗拉强度

孔端

$$\sigma_c = \frac{N}{a_2 t_2} \leqslant [\sigma_c] \tag{12-26}$$

式中　N——实际计算内力,实取 178 800 N;

a_2——耳孔边与前端距离,实取 60 mm;

t_2——单耳厚度,实取 60 mm;

$[\sigma_c]$——单销抗剪容许应力,实取 90 N/mm。

计算得:σ_c =49. 67 N/mm。满足要求。

孔侧

$$\sigma_c = \frac{N}{a_1 \cdot t_2} \leqslant [\sigma_c]$$

式中　N——实际计算内力,实取 178 800 N;

a_1——耳孔边与前端距离,实取 45 mm;

t_2——单耳厚度，实取 60 mm；

$[\sigma_c]$——单销抗剪容许应力，实取 90 N/mm。

计算得：$\sigma_c = 46.36$ N/mm。满足要求。

通过上述计算，单销直径 60 mm，抗剪强度大于平台实际剪力，满足要求。

五、平台舾装设备

根据平台施工要求，平台移动通过锚绳的协调松紧实现。参考《钢质内河船舶建造规范》中对锚泊设备的配备要求，考虑黄河水流特点，参照黄河其他船舶锚泊设备配备经验，平台锚固和移动需配备 200 kg 黄河高抓力四爪锚 5 只、2 t 电动卷扬机 4 台、长度 100 m 直径为 19.5 mm 钢丝绳 5 根、双十字带缆桩 4 只。

为满足吊车上下平台要求，配备长度 6.0 m、总宽 5.4 m 组合式可拆卸跳板 1 套。

为保证施工人员安全和运输方便，平台四周设可拆卸防护栏杆。为满足防滑要求，承载浮箱甲板板面设防滑条，普通浮箱甲板板面采用花纹钢板。

六、消防救生设备

消防救生设备参照《内河船舶法定检验技术规则》中的要求，消防救生设备的配备如下：

救生设备：救生衣 15 件，救生圈 4 只。

消防设备：手提式二氧化碳灭火器（5 kg）2 只，手提式 1211 灭火器（5 kg）1 只，太平斧 1 把，消防水桶 2 只，0.03 m^3 消防砂箱 2 只。

第四节　平台加工制造

可拆卸移动式水上插拔桩施工平台，是实施水中水上插拔桩施工的关键设备，建造质量是保证水上平台能否正常发挥作用的关键。

施工平台设计完成后，于 2012 年 10 月 10 日开始建造，地点选在郑州中牟县万滩镇河务局院内，2013 年 4 月初完成建造。

一、平台加工制造准备

（一）图纸会审

平台设计图纸出来后，及时组织有关施工技术人员进行图纸会审，使施工人员了解设计思路和建造技术要求，把握建造关键技术和建造难点，积极与有关设计人员沟通，针对每一张图纸、每一个细节和每一个要点的设计要求，都要进行必要的交流和咨询，使建造人员基本上熟悉平台建造工艺和质量要求。

（二）技术交底

在主管领导的主持下，设计部门向施工人员进行技术交底。设计部门针对平台的设计要求、规范、规程、关键技术、施工难点进行一一说明，同时对平台及骨架焊接、连接件制作安装、浮箱焊接、甲板设备安装等重点部分进行重点说明，现场施工主要人员针对以上技术要求和说明进行认真询问与沟通，确保施工人员对平台建造要求和建造质量控制做到心中有数。

(三)备料

建造材料是保证建造质量的重要基础。根据设计要求,首先统计建造所需材料和设备的规格型号、数量及质量要求,然后对市场材料和设备价格及质量情况进行调研,通过优选订货。所用主、附钢材必须是国家标准材料,在材料的采购过程中,对每一批次所进材料要求必须有生产厂家提供的材料质量检验单,无检验单的材料一律不得进场。对设备要求提供检验报告等资料。

(四)场地平整和施工电源

由于制造现场是一个多年没有使用的老院子,杂草丛生,场地又不平整,稍有不慎将会造成院内火灾,不满足建造对场地的基本要求。施工人员到达现场后,及时平整了场地,对施工现场进行整体清理,使其满足平台施工建造的基本要求。

施工电源远离制造现场,在没有机械设备的情况下,全靠现场施工人员肩扛、人拉翻过四道院墙、穿过河堤公路,直至配电房连接电源。其中将电缆线架起 5 m 多高,穿越河提公路 2 处,以保证公路车辆的正常运行,使施工电源接至加工制作现场,确保了施工工期按时开工。

(五)放样平台搭建和操作平台搭建

放样是建造的重要基础,是保证建造质量的重要前提。放样平台的平整度有较高要求。施工人员利用甲板钢板,搭建放样平台。将其拉到合适位置,并将放样平台地面进行平整、夯实,使其牢固,用水平仪测平后,放入钢墩,再将甲板钢板(6 mm)抬到钢墩上,用水平仪测平,其水平高差不得超过 ±2 mm,将其放样平台垫平焊好。完成以上工作后,将浮箱骨架每道的线形进行一一放样,以便在骨架组装和校正时使用。

用同样方法搭建操作平台。

(六)船台搭建

每艘船的船台所需钢墩位置确定后,先清除地面覆土,将其下挖 400 mm 左右,采用橹土进行回填夯实(共计 21 个钢墩位置),放入钢墩后,将 200 cm 工字钢放到钢墩上,利用水平仪对钢墩平面测平,其水平高差不得超过 ±2 mm,并将工字钢和钢墩相连接,以保证船台在使用过程中不会出现下陷情况(共计搭建 6 个船台)。

二、平台加工制作

(一)外板、隔舱板和骨架制作

外板、隔舱板按图纸在现场拼装,要求长、宽、高及对角线的误差在 ±2 mm 左右,用扶强材加固焊接。

操作平台搭建完成后,将每道肋骨的线形按图纸要求放样,再到操作平台上进行每道肋骨的组装,并将每道肋骨用扶强材进行固定焊接,以备使用,要求线形误差在 ±2 mm 左右。

(二)浮箱仓板、骨架组装及校对正

船台搭建完成后,上船底板时,利用人力将每块钢板抬到船台上,按拼版图要求实施,钢板间每条焊缝的间隙控制在 ±2 mm 左右,未达到或间隙过大必须用氧气切割进行修复,达到要求后,方可进行下道工序施工。将主龙骨、旁龙骨、肋骨、隔舱板的线形放到船底板上,按所放线形实施组装。

主龙骨和旁龙骨、肋骨、隔舱板上船台前,要求必须将每道龙骨重新在样台上校对无误后,方可上船组装。

将主龙骨和旁龙骨、肋骨、隔舱板按线形同时放置到位,经范围校对准确无误时,再进行下道工序。要求线形误差在 ±2 mm 左右,

安装肋骨时要求每道肋骨间距 500 mm,间距误差控制在 ±3 mm 范围内,首先由船头至船尾直拉线绳一根,以检查船底是否有上下变形的情况存在,如有及时对其校正,准确无误后,将肋骨进行组装。安装两面舷侧肋骨时,将舷侧上、中、下再直拉三根线绳,以保证在上肋骨时,使船舶两面舷侧肋骨与肋骨平行,乃至平顺,以保证船板外板的平整,再将肋骨与船底板用电焊点牢。误差控制在 ±2 mm 之内。

甲板纵桁安装:甲板纵桁在样台上重新校对无误后,安装于两侧隔舱板之间,用水平仪控制隔舱板顺直后,点焊在画好的线形上进行组装,误差控制在 ±2 mm 之内。然后再安装角板。

(三)浮箱外板拼装与校正

在上船板、形板、甲板的工作中,再次校对舷侧肋骨是否有变形现象,校对无误后,方可安装船板、形板和甲板。在实际操作中,船的两面舷侧和甲板用线绳拉线,舷侧分上、中、下三层线绳,甲板上分左、中、右三个点,在保证舷侧平顺的同时又使甲板表面线绳顺直,钢板与钢板的缝隙控制在 ±2 mm 左右。

(四)浮箱施焊

为了控制焊过工程中的局部变形,焊接采用了以下方法:

从事焊接操作的技术工人必须持有经河南省船检处焊工考核委员会发给的有效资格证书。要求焊缝外观均匀,不得出现咬边、焊瘤、烧穿、弧坑、表面夹渣及裂纹现象。

浮箱焊接要求从船中央向左右、前后同时对称地进行施焊。即以每个舱为单元,从船中的单元开始,向首尾两端的单元进行焊接。

在每个单元内按下面次序进行焊接:

船板的对接缝:浮箱外板和甲板采用横向错开排列。应先焊横缝,后焊纵缝。

浮箱外板的对接缝:先焊船内一侧,然后外面采用碳弧气刨吹槽(破口),将焊缝根部吹干净,使其露出金属光泽,再进行封底焊。

甲板对接焊:先焊船内一侧(仰焊),然后在外部用碳弧气刨吹槽(破口),清根,进行封底焊。

舱壁与壳板的角接焊:先焊甲板及底板的角接缝与两舷的立角接缝。

再焊纵横构架之间的十字角接缝,依次焊接底部及甲板的纵横构架之间的十字角接缝和舷侧的纵横构架之间的十字角接缝。

纵横构架与壳板的角接缝:采用先底部、再甲板、后舷侧的方法。

焊接甲板边板与舷顶列板间的角焊缝时,从船中向首尾对称地施焊,先焊舱内和焊外部,然后焊上、下角接缝及各段之间的对接缝,最后焊角接缝。

总之,整体建造全部焊接均应由船中往左右,由船中往首尾,凡是对称的接缝,必须对称地同时施焊,以减小焊接变形和内应力。一定保证水上平台建造质量合格。

三、平台附件安装

(一)甲板设备安装

锚缆桩、系缆桩、卷扬机安装按图纸要求进行,在安装锚缆桩、系缆桩、卷扬机前,首先要将锚缆桩、系缆桩、卷扬机底座加固在安装设备的甲板处,并对甲板内部进行附板加强,采用加厚附板的加强方法与甲板焊接牢靠后实施设备安装。附板与甲板连接采用割孔焊接法,就是将割孔部分焊接到甲板上面,再将割孔全部焊平。完成以上工作后,方可安装锚缆桩、系缆桩、卷扬机等设备。

防滑部分:施工平台防滑顶面应做防滑处理,纵横向均要求防滑。应考虑雨雪天的施工平台的防滑,保证平台上人员、设备的安全。采用圆钢与甲板焊接牢靠,以起到防滑作用。

防护栏部分:在平台的周围用镀锌钢管制作防护栏杆(栏杆应方便拆除和安装),满足水上安全作业要求,焊接牢固。

(二)平台组装连接件安装

平台组装连接件安装必须先搭建一个安装平台,其长度要满足6个悬浮箱的宽度,近28 m的工作台面,用工字钢3道、70多个钢墩实施搭建,每个钢墩底部实施深挖回填处理,以满足相互组装时的工作间距。连接部件的安装需保障拆装灵活、迅速及安全牢靠。连接安装时先将对接的两个悬浮箱拉到一起(留出一定的距离,500 mm左右),量好尺寸,把附板全部安装到位,再用焊机将连接件附板先点焊浮箱上的一侧,将两个悬浮箱用倒链拉开后,实施焊接。然后将连接件先焊接到一个悬浮箱上,接着再把另一个悬浮箱用倒链拉到一起进行对接,待对接完成后,用焊机将连接件点焊到另一个悬浮箱上,把上下10个全部点焊好后,经现场检测拆装灵活、自如后,将两个悬浮箱用倒链先后拉开,进行各个焊接。焊接中采用每个连接件只焊一个面,并且隔一个焊一个,循环焊接的方法,以防变形。

焊接全部完成后,再将两个悬浮箱用倒链拉到一起进行连接,待全部连接件安装、拆卸自如,方可进行下道工序安装,依次类推。

待6个悬浮箱全部焊接完成后,逐步将其同时拉到一起再各个实施统一组装,使其连接件全部连接自如、灵活,方可进行下道工序。

四、平台制作质量检测

平台制作质量检测主要进行了平台主尺度、水尺测量标志、连接装置、跳板装置、系固装置等检测,重点进行了焊缝质量、平台制作材料检测。

(一)焊缝质量检测

焊缝外观均匀,未发现允许限值外的咬边、焊瘤、烧穿、弧坑、表面夹渣及裂纹现象。经测量,焊缝尺寸符合设计,满足规范要求;焊缝内部,采用半钻孔观察法,未发现裂纹、夹渣等缺陷,符合规范要求,对发现有裂纹、夹渣等缺陷的,必须返工重焊,达到符合规范要求。

为使所焊焊缝更为安全可靠,充分保证平台的安全使用,对每条焊缝还通过渗漏性试验进行密闭性检查,过程为:首先将每条焊缝里外全部进行清理,特别是焊缝的对接处要清理彻底,并全部清理到舱外,舱内不得有焊渣、焊条头及各种杂物存在。船体密闭性试验报告见表12-13。

表 12-13 船体密闭性试验报告

组别	检验位置	试验方法	试验结果	备注
单体 1#	甲板以下	油密	不漏	
	甲板	淋水	不漏	
	水密舱壁	油密	不漏	
	水密人孔	淋水	不漏	
单体 2#	甲板以下	油密	不漏	
	甲板	淋水	不漏	
	水密舱壁	油密	不漏	
	水密人孔	淋水	不漏	
单体 3#	甲板以下	油密	不漏	
	甲板	淋水	不漏	
	水密舱壁	油密	不漏	
	水密人孔	淋水	不漏	
单体 4#	甲板以下	油密	不漏	
	甲板	淋水	不漏	
	水密舱壁	油密	不漏	
	水密人孔	淋水	不漏	
单体 5#	甲板以下	油密	不漏	
	甲板	淋水	不漏	
	水密舱壁	油密	不漏	
	水密人孔	淋水	不漏	
单体 6#	甲板以下	油密	不漏	
	甲板	淋水	不漏	
	水密舱壁	油密	不漏	
	水密人孔	淋水	不漏	

质检科意见：

检验合格

质检员：

2013 年 1 月 25 日

渗漏试验程序为：用石膏粉和水调和后，涂到每道焊缝处，必须涂得均匀，待晾干后，用煤油在每个舱内对每条焊缝进行涂刷，结束 8 h 后，对每条焊缝实施检查，发现问题及时予以返工重焊，乃至再重新进行渗漏试验，直至全部达到合格。

(二)平台制作材料检测

平台制作材料检测主要是进行了制作材料规格和等级检测,检测结果是符合设计和规范要求(见表12-14)。

表12-14　船体材料检验报告

构件名称	设计尺寸(mm)	实际尺寸(mm)	材料等级
平板龙骨	6	6	Q235B
船底板	6	6	Q235B
舭列板	6	6	Q235B
舷侧外板	6	6	Q235B
舷顶列板	8	8	Q235B
甲板板(3#、4#)	10	10	Q235B
甲板板(1#、2#、5#、6#)	6	6	Q235B
艏艉封板	6	6	Q235B
舱壁板	5	5	Q235B
跳板甲板	12	12	CCSB
中内龙骨	⊥6×200/8×10	⊥6×200/8×10	Q235B
旁内龙骨	└6×200/60	└6×200/60	Q235B
实肋板	└6×200/60	└6×120/50	Q235B
强肋骨	└6×110/60	└4×120/50	Q235B
普通肋骨	∠40×40×4	∠40×40×4	Q235B
普通肋骨(3#、4#)	∠50×50×4	∠50×50×4	
甲板中纵桁	⊥6×200/6×60	⊥6×200/6×60	Q235B
甲板旁纵桁	└6×200/60	└6×200/60	Q235B
强横梁	└6×200/60	└6×200/60	Q235B
甲板横梁	∠40×40×4	∠40×40×4	Q235B
甲板横梁(3#、4#)	∠50×50×4	∠50×50×4	
支柱	Φ42×4	Φ42×4	Q235B
支柱(3#、4#)	Φ50×4	Φ50×4	
桁架斜杆	∠70×70×7	∠70×70×7	Q235B
跳板纵桁	⊥10×370/10×100	⊥10×370/10×100	Q235B
跳板纵骨	∠140×90×8	∠140×90×8	Q235B
跳板强横梁	⊥6×253/8×80	⊥6×253/8×80	Q235B

质检科意见:

检验合格

质检员:

2012年11月15日

平台主尺度、水尺测量标志、连接装置、跳板装置、系固装置等检测，也都符合设计和相关规范要求。主要检测结果见表12-15～表12-17。

表12-15　主尺度测量报告

项目	设计值(m)	测量值(m)
总宽	20.75	20.75
单体长	15.00	15.00
单体宽($3^{\#}$、$4^{\#}$)	3.60	3.60
单体宽($1^{\#}$、$2^{\#}$、$5^{\#}$、$6^{\#}$)	3.10	3.10
型深	1.80	1.80
吃水	0.80	0.80

质检科意见：

检验合格

质检员：

2013年3月19日

表12-16　水尺测量记录

浮箱编号	检查位置	标志正确性	载重线高低偏差(mm)	水尺高低偏差(mm)
浮箱$1^{\#}$	右舷艏部	正确		0
	右舷舯部	正确		0
	右舷艉部	正确		0
浮箱$6^{\#}$	左舷艏部	正确		-1
	左舷舯部	正确		-1
	左舷艉部	正确		-1

质检科意见：

检验合格

质检员：

2013年3月19日

表 12-17　平台连接装置质量检验单

名称	水上施工平台	检验部位		连接件(铰链)
检验内容	1. 加工精度、材料、工艺 2. 焊接质量 3. 使用情况			
检验结果	经检验,连接件材质、加工工艺、精度符合设计要求,焊接质量满足《材料与焊接规范》,使用情况良好。			
处理意见				
备注				
检验员		检验时间	2013 年 4 月 15 日	

五、涂装

为使平台外观美观,特别是有效防止平台钢板的锈蚀老化,延长平台使用寿命,平台制作完工后,要对平台进行涂装,平台内仓仅仅作防锈处理,平台的外面裸露部分还要在防锈处理的基础上,再进行美观漆的刷涂。水上平台涂装质量控制:采用先内后外的方法进行,首先将浮箱舱内部杂物、附锈进行彻底清除后,方可实施涂装。底部涂装 2 遍,面部涂装 3 遍。外部涂装底部涂装 2 遍,面部涂装 3 遍。要求油漆过滤干净、漆膜均匀,油漆黏度达到施工标准,漆膜厚度达到设计要求。

第五节　平台运输、拆装及使用

一、浮箱吊装、运输

吊车实施吊装时,应兜住浮箱进行运输。运输中浮箱底板采用方木支垫,以防浮箱变形及相互间滑动,保证运输过程中,出现较大倾斜时也能够确保浮箱安全。可拆装移动式水上插拔桩施工研制项目(单浮箱 6 条,15 m×3 m×1.8 m 4 条、15 m×4.6 m×1.8 m 2 条,组装完成后总长 23 m、总宽 15 m,总质量约 100 t)水上平台由建造现场中牟运往郑州花园口黄河岸边现场河段下水投入使用,租用吊车 3 辆(1 辆 75 t 吊在河边现场用于卸车,2 辆 25 t 吊在建造现场用钢丝绳兜住浮箱两边将浮箱抬起,缓缓依次将浮箱放在运输车上),运输车 6 辆按顺序装车,同时要将方木垫在浮箱下面,在保证浮箱不变形的同时,还要保证浮箱在车厢板上的稳定。一组人员负责 6 条浮箱的装车和固定,在装车时一定避免在运输过程中造成不必要的浮箱变形,保证保质保量使 6 条浮箱顺利完成组装,同时还要保证浮箱在吊装期间整体不变形。

二、平台水上拆装

(一)准备工作

1. 位置选定

平台组装位置应尽量位于插桩施工位置上游侧 200 m 范围内,以减小水上移动距离。同时还应满足以下要求。

岸线要求:组装位置滩岸线尽量略凹入或顺直,尽量不要选凸出岸线。

水深要求:水深应达到 1.2 m 以上,以方便浮箱的水面移动。

流速要求:水流速度不宜大于 1.0 m/s。

滩面要求:滩面应高于施工水面 1.0 m 以上,以保障地锚埋设的牢固性。

码头要求:临时码头位于平台组装位置与插桩施工位置之间,码头前水深能保持在 1.2 m 以上。

2. 码头修建

临时码头是为吊车吊装平台浮箱和上下平台服务的,其位置宜位于平台组装位置与插桩位置之间,理由是位于组装位置之下可以减少施工平台向码头靠拢的难度,位于插桩位置之上可以减少插桩工程对河道淤积的影响,使码头前保持足够的水深。码头为临时建筑物,主要服务于平台下水组装时和平台分拆上岸时,规模宜控制在顶宽 7 ~ 8 m,顶面高出水面 0.7 ~ 0.8 m,长度伸出滩岸线 3 ~ 5 m 即可,并采取必要的防冲措施。

3. 确定入水次序和组装方式

水上组装平台受到水流冲击力及跳板安装位置等因素的影响。为减小水流冲击力的影响,为后续浮箱入水安全靠近预留足够空间,并防止局部水流变化带来的河床淤积造成平台搁浅,应顺水流方向自上而下组装,组装方向线与滩岸线成 10° ~ 15°夹角;为便于跳板安装,应将跳板安装位置面向滩岸,即组装后的平台首部(6#浮箱)应位于上游侧。平台的整体锚固稳定通过 6#浮箱近岸一角顶住岸沿和两根锚固钢丝绳来实现。由此确定的作业平台水上组装方式见图 12-12,6#为首块入水浮箱,6#浮箱入水就位锚固后,5#浮箱入水与 6#浮箱连接,接着 4#浮箱入水与 5#浮箱连接,直至 6 块浮箱组装成一个整体。

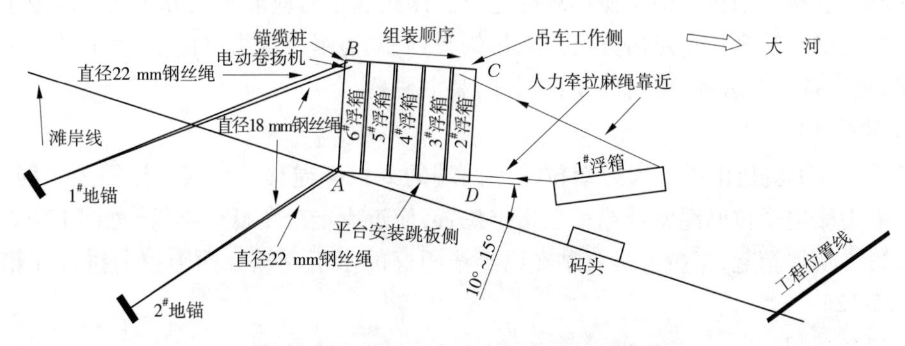

图 12-12　作业平台水上组装方式示意图

4. 埋设水平地锚

水平地锚是固定和安全移动平台的重要设施,应在专业人员的指导下进行。埋设点应选在距平台组装位置上游 40 ~ 60 m、离开滩岸线 30 m 以上的滩地上，根据需要埋设 2 ~ 3处，相互间错开 20 ~ 30 m 布设。在临时码头上下侧离开滩沿 40 m 以上呈“八”字形埋设地锚一对。插桩作业位置也需根据需要随时埋设地锚。

5. 抛投河锚

与河边有滩岸依靠不同，在四周没有依托的大河中固定平台，必然要抛投河锚作为锚缆受力点。

泥沙堆积形成的黄河下游河床易冲易淤，抛入河底的带爪铁锚会随着钢丝绳的拉力不断向下游移动，不能满足施工平台作业锚固要求。根据设计计算，选择 5 t 左右的混凝土锚墩作为河锚，通过抛锚船抛到河里适当位置，使锚墩在水流冲击下埋入河床，进一步增加使用时的位置稳定性。抛投河锚的数量与水中插桩工程长度有关，一般顺水流方向 60 ~ 80 m长度需抛投一处。

6. 检查浮箱状况

吊装前应仔细清理各浮箱连接销杆和销孔，检查连接销进出是否正常，并最终将连接销头完全退入销槽（见图 12-13）。检查电动卷扬机状况，确保功能正常。

图 12-13　吊装时连接销钉位置图

（二）水上组装平台

1. 6#浮箱入水锚固技术

1）起吊入水

起吊前，需将两根牵拉麻绳和两根直径 18 mm 锚固钢丝绳的一端拴到 6#浮箱锚缆桩上。浮箱吊装应严格按照吊车操作规程进行。浮箱起吊后应顺水流方向入水以减小水流阻力。浮箱受岸绳牵拉稳定后方可摘除吊钩，然后缓慢牵拉至指定位置，使上游侧一角顶住滩岸，然后调整好方向，用钢丝缆锚固好，装上栏杆。

2）牵引就位

6#浮箱牵引就位由岸上人力牵拉拴于两端的 2 根麻绳移动完成。浮箱入水脱钩后，由岸上人力缓慢牵拉麻绳将浮箱移至指定位置，使近岸上游角抵住岸沿（见图 12-12）。

从第二块浮箱起，牵拉人员可站在已经锚固好的水下浮箱表面牵拉需拼接浮箱靠近（见图 12-12）。

3）双缆锚固

针对作业平台自重大、承重大，又不带动力，以及平台配备电动卷扬机马力小、16 mm 钢丝绳承载力不足、人力紧松缆绳费力的特点，为确保在水深流急的环境下安全快速操作平台，在平台上游侧采用了双缆锚固技术。即针对一个锚固点，采用 22 mm 钢丝缆绳作为锚固的主受力缆，一端连接于地锚或河锚上，一端拴于浮箱锚缆桩上；电动卷扬机上牵出的连于地锚的直径 18 mm 钢丝缆绳作为辅助缆，也连接于同一地锚或河锚上。

双缆锚固技术松紧锚缆操作方法如下：当需要松主受力缆时，先操作电动卷扬机卷紧辅助缆，使主受力缆松弛后停止卷扬机，再人工逐步盘松后退锚缆桩主受力缆，操作电动卷扬机同步松退辅助缆即可实现；当需要紧主受力缆时，仍需先操作电动卷扬机卷紧辅助缆，主受力缆松弛后，及时通过人工逐步盘紧至锚缆桩，紧锚到位后关闭电动卷扬机即可实现。

6#浮箱为整个平台组装过程中的锚固受力浮箱，需要采用双缆锚固技术。牵引就位后，先将近岸上游角 22 mm 钢丝绳锚固好，搭接浮箱与滩岸间竹排，再将两端电动卷扬机上钢丝绳拴接到各自地锚上，然后调整远岸端电动卷扬机钢丝绳，使 6#浮箱长轴偏上游 10°～15°位置，拴紧远端 22 mm 缆绳。

2. 入水对接

6#浮箱锚固好后，其余浮箱按照组装顺序入水相互对接，见图 12-12。

从第二块入水浮箱起，起吊前只需拴接两根牵拉麻绳，牵拉人员可站在已经锚固好的水上浮箱表面牵拉浮箱相互靠近对接。对接方法如下：

第一步，待组装浮箱靠近连接母体后，通过手拉葫芦等工具使两浮箱上下层的 5 组销孔对准插入至完全重合；若销孔上下不重合，可通过增加配重等方法解决。

第二步，按照先两头后中间、先上层后下层的顺序拧紧上下层销钉，务使全部到位。施工平台拼装方向、顺序及锚固情况见图 12-12、图 12-14、图 12-15。

图 12-14　施工平台水上组装现场图片

施工平台组装完成后，应及时检查各浮箱舱体是否漏水，插桩施工期间应每天下班前检查一遍。

平台拆除锚固同图 12-12，拆除过程为组装的逆过程，即先拆吊 1#浮箱，最后吊离 6#浮箱上滩。

3. 跳板装拆

1) 移动平台

平台组装好完成安全检查后即可以移动平台。为了确保安全，平台移动需在拖船下游顶推下移和上游缆绳逐步松放下共同完成。由专业人员操作 *A*、*B* 角电动卷扬机卷起 18 mm 缆绳向上游微量移动平台，放松主缆绳拉力并能灵活松放和紧固；然后由逐步松放主缆绳和控制 *A*、*B* 角卷扬机卷动，再在 *CD* 侧拖船的顶推策应下安全地缓慢向下游码头

图 12-15　组装完成的施工平台前后侧实物图

移动平台，直至移动到码头正前方并尽量靠近码头，使安装跳板位置对准码头道路中心，并确保跳板与码头搭接长度在 4 m 以上。

2）锚固

作业平台移动到位后，除上游侧 2 个双缆锚固点外，利用码头上下侧 3#、4#地锚栓 18 mm 钢丝绳将平台锚固于码头正前方。

3）吊装

将跳板吊绳拴系牢固，使跳板水平吊起，连接端销孔靠近对接销孔，由人工挪动精确对齐，将销钉完全穿入销孔。

4）拆除

吊车及相关施工设备上平台后，即可拆除跳板，为平台水面移动做准备。跳板拆除后作业平台状况见图 12-16。

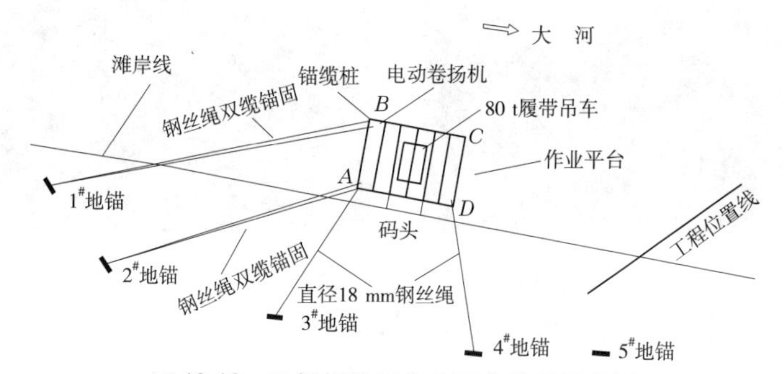

图 12-16　跳板拆除后作业平台状况示意图

三、平台水上旋转与移动就位

施工平台体积大、载物重，自身不带动力，如何实现水上安全、平稳、精准移动，是水上插桩、拔桩施工能否成功的关键环节之一，为此施工平台水上移动一定要由专业人员指挥操作，做到慎之又慎。总体而言，作业平台的水面移动是挂锚固定状态下的移动，是平台下游拖船顶推缓慢下滑及上游逐步松放岸锚、河锚的钢丝绳共同配合实现的。作业平台的水上移动只能是小范围的，且其移动过程中主锚缆绳必须始终起作用。绝不允许在动水中无主锚缆绳的情况下，仅靠拖船的顶推进行长距离移动。

平台旋转移动就位，指平台载着吊车及高压射水系统等离开码头，通过调整锚固位置、旋转、顶推下滑、调整就位等四步移至插桩工程位置线上游侧位置，使平台 *CB* 边工作侧船舷与工程位置中心线距离控制在0.6～0.7m 的过程，见图12-17、图12-18。

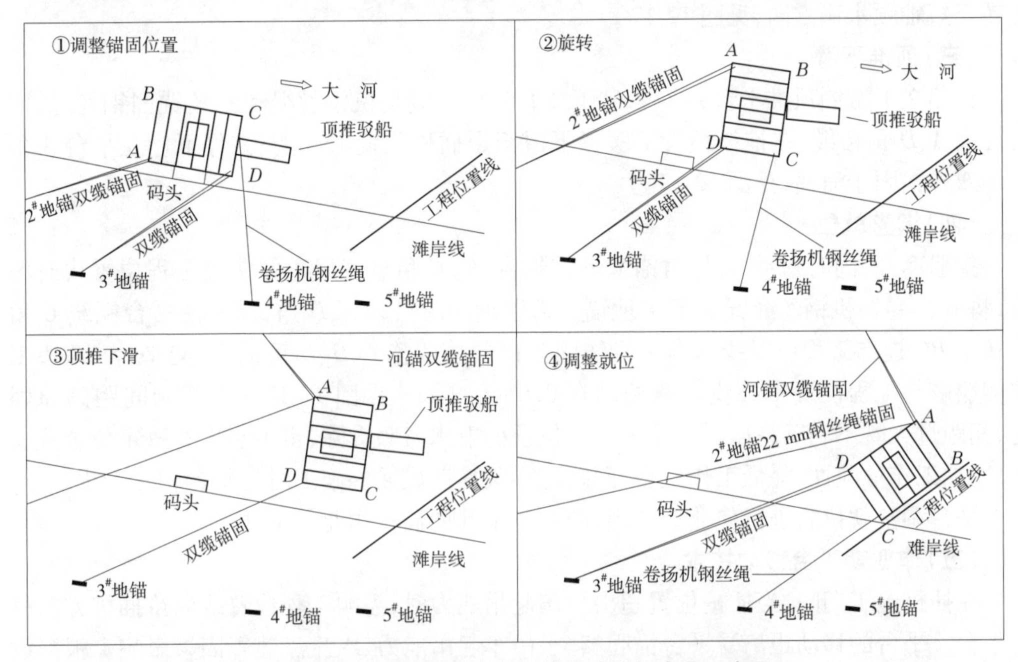

图12-17　作业平台水上旋转移动就位步骤示意图

图12-18　施工平台水上移动过程

(一)调整锚固位置

拖船在下游侧顶推平台 *CD* 边防止下滑，将图12-16中平台 *B* 角锚固于1#地锚的双缆锚固钢丝绳上，将平台 A 角锚固于 3#地锚的钢丝绳卸下，在平台 D 角增加双缆锚固于 3#地锚，将平台 C 角卷扬机钢丝绳锚固于 4#地锚，见图 12-17①。

（二）旋转

顶推拖船离开，缓慢松 A 角双缆锚固绳，同时紧 C 角锚固绳，使平台围绕 D 角顺时针旋转至短轴顺水流方向，见图 12-17②。

（三）顶推下滑

拖船在下游侧顶推平台 BC 边，卸下 A 角锚固的卷扬机钢丝绳和 C 角锚固钢丝绳，同时松动 A、D 角锚缆，在拖船顶推下缓慢下滑至距插桩位置 15 m 左右停下。在平台 A 角增加双缆锚固于河锚，见图 12-17③。

（四）调整就位

拖船离开，同时松动 A、D 角锚缆下滑平台，使 C 角靠近岸边并接近工程位置线时停止，将 C 角卷扬机钢丝绳锚固于 4#地锚。再继续同时松动 A、D 角锚缆，使平台围绕 C 角旋转至 BC 边与工程位置线基本平行锚固。再单独调整 A、D、C 角锚缆，使平台 CB 边工作侧船舷与工程位置中心线距离控制在 0.6～0.7 m。见图 12-17④。控制间距的原因是，间距过大既不利于高压射水系统连于桩顶的射水弯头拆除，也不利于管桩定位装置安装，增加工作危险性，降低工作效率；间距过小又易造成插桩施工时与平台相互干扰。

平台调整就位后进行作业期锚固，即具备了开展插桩作业的条件。

（五）作业期平台移动技术

在插桩施工期间，当插桩位置超出吊车起吊能力时，需顺工程位置线向待插桩方向移动平台。平台的移动距离受平台锚固安全、吊车起吊能力、水流流速等因素影响。根据设计要求，当流速大于 2.5 m/s 时应停止平台移动操作。根据施工经验，当流速为 2.0～2.5 m/s 时可以前移移出一半平台长度；当流速小于 2.0 m/s 时可移出 5/6 平台长度。作业期间不建议将平台移出已完成插桩工程之外，以借助已沉管桩阻挡克服一部分水流冲击力，更好保障平台安全（见图 12-19）。

图 12-19　施工平台移动后继续作业

作业期平台顺工程位置线移动的动力主要是水流的冲击力和 B 角卷扬机的拉力。下滑速度控制及姿态调整主要依靠调整 A、D、C 三角的缆绳实现。

若发电设备置于岸上，在移动施工平台时，供电电缆可架于桩顶上并随施工平台的移动延长跟进。

四、水上平台使用说明及注意事项

(一)平台使用说明

(1)浮箱在安装前,应掌握天气、水深、流速、流向等水文、气象情况。

(2)使用的地锚一定要牢固可靠,钢丝绳要使用正规厂家产品,规格符合设计要求。

(3)浮箱安装、拆卸过程中,按顺序进行连接和拆卸。先用钢丝绳将小缆桩连接,上下连接件全部拉到位后,方可用专用工具将连接器锁紧。同时将栏杆安装,用螺丝锁紧,以确保操作人员的人身安全。

(4)在运输和吊装过程中要做好浮箱底的铺垫和固牢,预防浮箱变形,浮箱运输中要注意碰撞。

(5)在保存期间要做好浮箱的底部铺垫,预防浮箱出现变形现象,及时向油盒内加注黄油,保持连接轴在使用时自由开启。

(6)每艘浮箱上岸、下水时,应及时检查船舱是否漏水,保持舱内干燥。

(二)安全使用注意事项

作业平台上设备多、操作程序复杂,工作场地狭小,必须高度重视安全工作。作业时必须做到以下几点:

(1)应按海事部门安全要求,在施工作业期间配备必要的救生设施和消防器材;设置必要的安全作业区或警戒区,设置有关标志或配备警戒船;在平台明显处设置昼夜显示的信号及醒目标志。

(2)所有作业应严格按照相关操作规程进行。

(3)水上作业时,必须戴安全帽,穿救生衣。夏季禁止赤脚,穿拖鞋、木屐,冬季禁止穿硬塑料底鞋上施工平台。严禁酒后上岗作业,严禁船员在船期间饮酒。

(4)非工作人员不得操作各种仪表、操纵开关和各种按钮等。

(5)水上作业如遇大浪、雾天,在风力5级以上,水流速度3.5 m/s以上,应停止一切施工。

(6)水上施工平台消防、救生设备及其他安全设施要保持完整无缺,不准乱动和挪用,并设专人保管,负责定期检查有效情况。

五、平台安全操作规程

(1)船员一定要持证上岗。

(2)施工前要仔细检查设备的运转情况,特别要注意缆绳和收放卷扬机的可靠性。

(3)检查平台的缆绳、牵引缆、地锚桩应连接可靠。

(4)平台下移左右的摆动不可太快,应根据水流情况,注意操作人员的相互配合,谨慎操作。切不可让平台缆绳受力过大,以免损坏牵引设备。

(5)施工过程中甲板上的工作人员应注意平台缆绳的摆动,防止缆绳损伤。

(6)施工完毕后,根据河流涨落情况,把平台固定在恰当位置,以保证平台的安全。

第六节　平台安全性检验

水上施工平台是重复组装式导流桩坝施工的关键性技术装备，其上载有 80 t 履带吊车、水泵机组、平台锚机、施工人员等可能重达近百吨的荷载，对其倾斜、组装连接、密封性和强度等要求很高，为保证其安全可靠性和稳妥起见，项目组在正式进行水上插桩、拔桩吊车驶上平台现场试验之前，对研制的水上施工平台进行了空载、50 t、70 t 和倾斜水上压载检验及移动试验。

试验主要目的是检验不同载荷状态下，组合后的全平台的浮态变化，吃水与纵、横倾角变化，检验平台整体变形情况是否在设计允许的范围内，检验各浮箱连接件的牢固性及变形情况是否符合设计和规范要求。

一、平台河中固定、检验设备及人员配备

利用大型平板拖车将制造和密封性检测好的平台运至郑州市花园口南裹头下游 1 500 m左右的南岸施工现场，通过岸边 80 t 履带吊车一一将平台浮箱吊至河中，并预先在岸边和水中合适位置埋设地锚和混凝土灌注桩废桩头（水中锚），将平台按图 12-20 所示固定于组装水域。

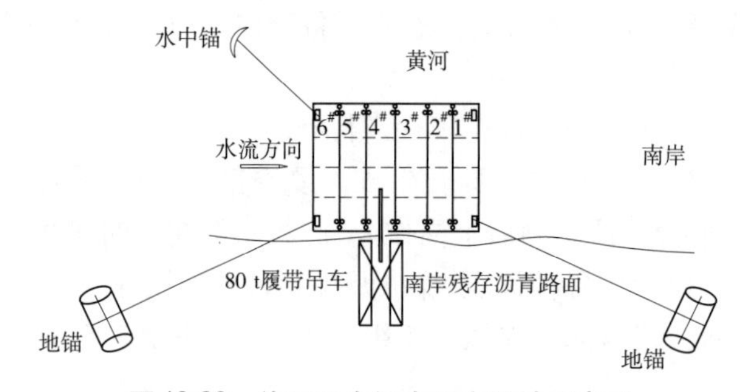

图 12-20　施工平台河中固定设计示意图

由于检验场地处黄河滩区的黄河岸边，黄河边地势凸凹不平，没有供电，露天作业，人员都长期从事水利工程施工，对水上作业没有经验。因此，平台安全性检验不仅要求晴朗天气、风速浦氏四级以下，便于抛锚、固定船位的宽阔水域，还要求必须在平台制造单位技术人员指导和帮助下进行。

考虑平台水中安全性检验是在水上插桩、拔桩现场试验前期开展的准备性工作，因此将平台压载及抛锚等所使用的设备和材料都进行了统一规划与使用（见图 12-21）。使用的主要设备有 625 马力的拖船、200 t 浮桥舟体、80 t 履带吊车、推土机、发电机和 25 马力救援冲锋舟等，压载材料主要有管桩、混凝土预制块、跳板和编制土袋等。

经 80 t 压载试验后的平台，利用起吊载荷 80 t 的吊车卸除平台上的加载混凝土块、跳板、管桩、土袋等重物，将 2 个跳板与浮体 3 和浮体 4 连接，吊车空载驶入平台上并就位（见图 12-22、图 12-23）。将供水系统（水泵、水管）、配电柜就位，平台在拖船的作用下移入到桩坝施工区域（见图 12-24）。

图 12-21 水中抛锚和地面埋设

图 12-22 施工平台入水及河中实际固定

图 12-23 平台压载及移动安全性检验

图 12-24 平台锚绳松弛控制结合拖船拖动进行平台水上下移

鉴于平台检验设备重大，施工场面大，加之学习和锻炼队伍需要，施工平台水上安全性检验组织配备了 26 人。其中，总负责 1 人，协助指挥 1 人，履带式起重机操作 2 人，钢丝绳及吊钩装卸 2 人，发电机及控制柜开关操作 1 人，数据测试及记录 4 人，沙袋装沙及混凝土配置协助吊装 8 人，安全员 1 人，现场指导和技术培训人员 6 人。

二、静水加载检验

检验加载过程如下：

使组装后的平台整体处于空载状态，观测平台的吃水深度和检测平台组装的牢固可靠性。

对 3[#] 和 4[#] 浮体加载 50 t（利用管桩和混凝土块作为载荷），观测平台整体的吃水深度和牢固可靠性。

继续对 3[#] 和 4[#] 浮体增加 30 t 载荷，使平台整体承受 80 t 的载荷，观测平台整体吃水深度和连接牢固可靠性（见图 12-25）。

(a)起吊管桩加载

(b)起吊混凝土块加载

(c)观察平台吃水深度

(d)观测平台变形情况

图 12-25　平台加载及变形观测

对平台空载、加载 50 t 和 80 t 分别进行平台隔舱密封性检查和平台浮箱连接可靠性、安全性、灵活性检验，以及进行平台整体吃水深度观测，其结果是平台隔舱密封性良好，没有出现任何渗水现象；平台浮箱连接装置强度足够，连接和拆分方便，安全可靠；平台实际吃水深度满足设计要求（不同载荷时平台吃水深度观测结果见表 12-18），完全能够满足水上插桩与拔桩平台施工荷载需要，可以满足水上插桩与拔桩施工技术要求，可以进行水上施工使用。

表 12-18　不同载荷时平台吃水情况

位置	空载状态			加载 50 t 状态			加载 80 t 状态		
	首	中	尾	首	中	尾	首	中	尾
左侧	36 cm	36 cm	36 cm	0.48 m	0.48 m	0.48 m	0.5 m	0.53 m	0.52 m
右侧	32 cm	32 cm	32 cm	0.41 m	0.41 m	0.41 m	0.68 m	0.74 m	0.68 m
前	30 cm			0.46 m			0.49 m		
后	30 cm			0.50 m			0.51 m		
连接装置是否良好	良好			良好			良好		

三、平台倾斜检验

吊车作业时，对平台影响最大的是起吊力矩的大小，即起升载荷和力臂的乘积。选择良好的环境条件进行平台倾斜检验，天气：晴，风力：微风级；河道：河水流速 2 m/s，平台面向河心一侧最大水深 5.1 m，靠近岸边一侧最小水深 2.3 m。

（一）检验工况及测点布置

选择 2 种工况进行平台倾斜检验。

1. 工况 1

供水系统、配电柜、吊车就位，起吊载荷 6 t，回转半径 17.7 m。观测 *A*、*B*、*C*、*D*、*E*、*F* 各处吃水深度（见图 12-26），平台吊车吊重情况下不同方向时的平台倾斜变化见图 12-27。

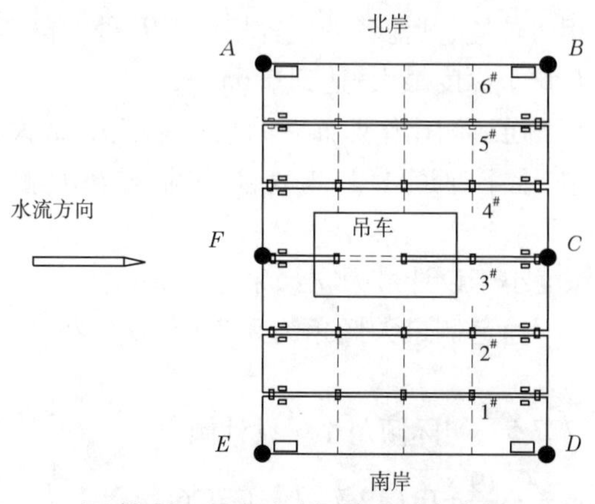

图 12-26　平台吃水深度观测点布置

2. 工况 2

在工况 1 的基础上吊车起吊 18 m 长的管桩，重 7.1 t，吊车回转半径 20.4 m。吊车将重物分别起吊至 *D*、*E*、*A*、*B* 四处，观测 *A*、*B*、*C*、*D*、*E*、*F* 各处吃水深度。

图 12-27　平台吊车吊重时不同方向平台倾斜变化

(二)检验结果与分析

利用平台吊车起吊 8 t 左右的灌注桩废桩头模拟以上两种工况,进行吊车不同回转半径情况下的平台倾斜观测,测量数据见表 12-19。

表 12-19　平台各点吃水深度

工况	吃水深度	测点位置					
		A	*B*	*C*	*D*	*E*	*F*
工况 1	实际值(m)	0.51	0.53	0.55	0.60	0.50	0.65
	相对值(cm)	-23	-4	-7	0	-17	-26
工况 2	实际值(m)	0.60	0.43	0.45	0.41	0.61	0.70
	相对值(cm)	+14	+3	-4	0	+14	+9

1. 工况 1

从表 12-19 测试数据可以看出:

(1)以点 *D* 位置为相对位置,其他各处位置相对于 *D* 处,都比 *D* 位置低;

(2)承载浮体位置 *F* 吃水深度最大,达到 0.65 m;

(3)平台放置跳板上下通道侧比作业面一侧吃水深度大,最大相差 0.19 m;

(4)吊车旋转一周中,上下通道 *AFE* 侧翘起,作业面 *BCD* 侧下沉,两者相对高度为 0.18 m;

(5)平台各处吃水深度小于设计最大吃水深度 0.8 m;

(6)浮体作业侧与上下通道侧最大倾角为 0.726°,发生在 2 个承载浮体和浮体 6 上(见图 12-28)。

平台理论倾角为 0.727 5°,实际倾角小于设计倾角。

浮体 6 的倾角:$\tan\alpha_6 = \dfrac{0.19}{15} = 0.0127, \alpha_6 = 0.726°$

浮体 3、4 倾角:$\tan\alpha_6 = \dfrac{0.19}{15} = 0.0127, \alpha_6 = 0.726°$

浮体 1 的倾角:$\tan\alpha_6 = \dfrac{0.17}{15} = 0.011, \alpha_6 = 0.649°$

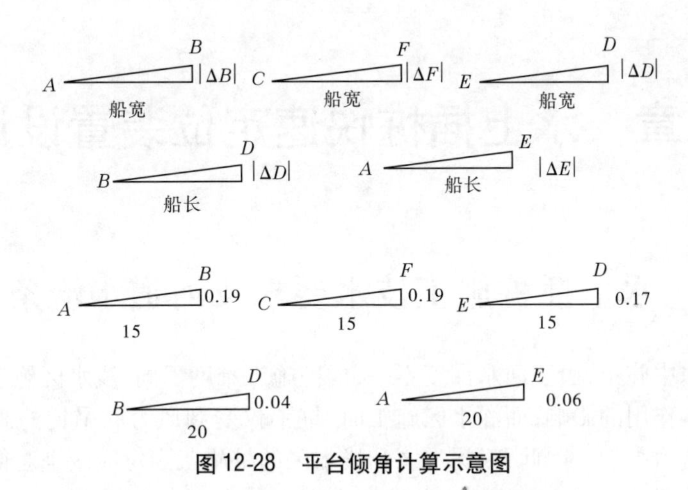

图 12-28　平台倾角计算示意图

2. 工况 2

从表 12-19 测试数据可以看出：

(1)以点 D 位置为相对位置，只有承载浮体作业面一侧 C 位置低于 D 位置，其他各处位置相对于 D 处，都比 D 位置高；

(2)承载浮体位置 F 吃水深度最大，达到 0.70 m，位置 D 吃水深度最浅，为 0.41 m；

(3)最大吃水深度与最小吃水深度相差 0.29 m；

(4)平台放置跳板上下通道侧比作业面一侧吃水深度大，最大相差 0.19 m；

(5)平台各处吃水深度小于最大设计吃水深度 0.8 m；

(6)平台理论倾角为 0.727 5°，实际倾角小于设计倾角。

通过以上起吊试验和压载试验，说明平台的工作性能良好，完全能够保证水上施工的安全性与可靠性，可以进行水上插桩和拔桩现场试验。

第十三章　水上插桩快速定位装置设计研究

第一节　水上插桩施工技术要求及河道水流条件分析

黄河下游水中施工，由于河水深度不一，插桩施工难度不同：浅水区施工时，桩只受到外界风力和吊钩作用的影响；而深水区施工时，桩不仅受到风力和吊钩的影响，而且受到水流对桩的冲击力影响。因此，对深水区和浅水区的桩施工定位应区别对待，需要配置不同的辅助施工装置——浅水区快速定位装置和深水区快速定位装置。

水上插桩快速定位装置旨在实现不同水深和流速条件下均能避免或减小水流冲击对插桩施工的影响，保证管桩在流动的河水中垂直下沉，不发生偏斜。主要施工技术要求如下。

一、管桩及桩距要求

预制管桩外径 500 mm，内径 300 mm，长 24 m，每根重 8 t，桩与桩净距 300 mm，即桩与桩中心距为 800 mm。

二、插桩环境

针对近几年黄河下游具有随机性、突发性、临时性特点的小水畸形河势发育，对引水及防洪安全形成威胁，在黄河上安插导流桩坝。插桩施工位置示意图如图 13-1 所示。插桩在平台下游侧、沿平台长度方向进行，插桩前进方向与水流方向夹角 60° ~90°。

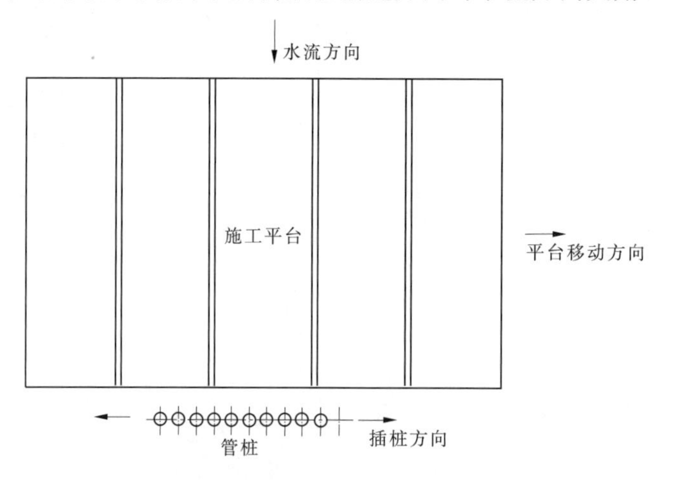

图 13-1　插桩施工位置示意图

三、设计流速

根据黄河下游河道流速实际测量成果,济阳黄河公路大桥设计流速为3.98 m/s,位于黄河中游的禹门口黄河大桥设计流速为3.58 m/s。郑州官渡黄河公路大桥的桥渡设计中提到:300年一遇洪水流量为19 600 m^3/s时,河槽设计最大垂线平均流速3.86 m/s,河滩设计最大垂线平均流速1.9 m/s;设防流量下,河槽最大垂线平均流速4.1 m/s,河滩设计最大垂线平均流速2.1 m/s。京沪高速铁路济南黄河大桥主桥桥址处河道河流平均流速2.07 m/s。根据重复组装式导流桩坝可能在较小流量、河道流速较缓区域施工的条件,并考虑插桩在平台下方进行,平台对其下游水流流速的削减作用,确定河道流速 v = 2.5m/s 为插桩施工定位装置设计流速。

四、设计水深

根据重复组装式导流桩坝可能的条件,插桩最大水深按4 m考虑。水浅时不需要考虑水流对桩的冲击,即只需要快速定位即可,水深小于1.6 m时用浅水区快速定位装置,深水区快速定位装置要适应1.6~4 m的水深,不仅要定位,还要保护桩不受水流冲击或减小水流冲击作用,实现桩在自重的作用下竖直插入井孔进入地层中。

第二节　滩地及浅水插桩定位装置设计

一、方案设计

在浅水区,定位装置的主要作用是快速定位,希望桩基沿着一条直线、距离相同进行插桩。因此,定位时需要以已经存在的桩作为参考标准。首先假设利用传统的定位方法(如全站仪)和插桩方法,按照技术要求已经由岸边滩地向河心方向插入 n 根桩(如图13-2所示),记离待插桩由近及远的桩分别为1#,2#,3#,…,n#桩。设计主要思想是以已经插好的桩为定位基准进行设计。设计时,可以分别以1根桩、2根桩和3根桩为方案进行设计。

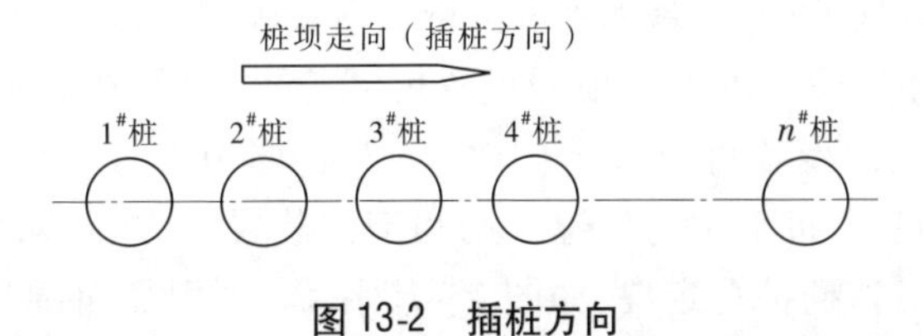

图13-2　插桩方向

方案一:1根桩定位1孔位,即以1#桩为定位桩。将定位装置设计如图13-3所示结构,由定位板和定位梁组成。1#桩和1#孔配合,依靠定位梁控制定位装置沿桩高度方向的位置。实际上,由于定位装置本身有一定的重量,仅以1根桩为定位桩,此时定位装置和定位桩形成了一个悬臂梁,沿桩轴线方向的自由度无法控制,造成定位装置在施工时由于水流或待插桩的碰撞,处于不稳定状态——旋转偏离桩坝走向,造成定位方向的不确定性的同时,增加了定位桩的侧向倾翻力,容易使还没有稳固的1#定位桩倾斜。因此,必须增加定位桩的数量。

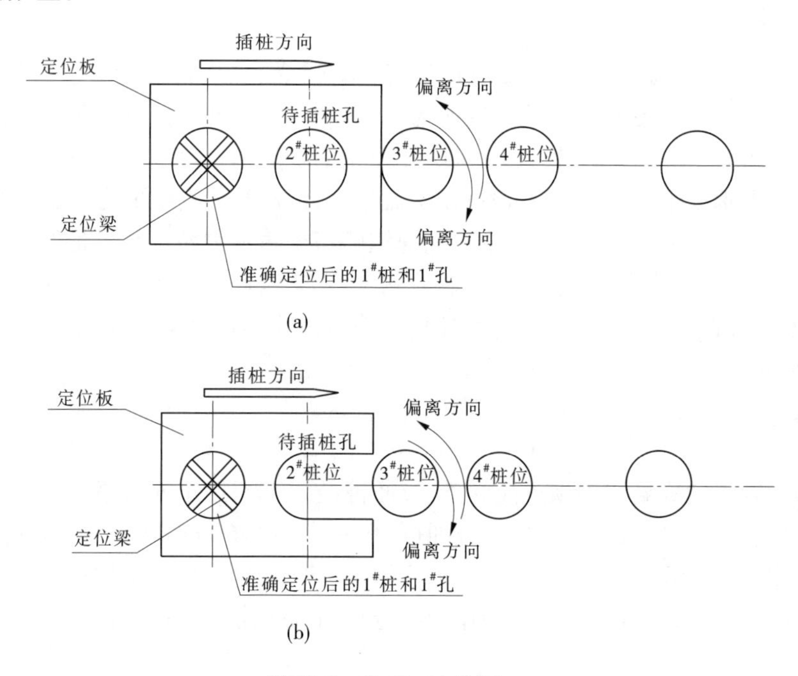

图 13-3　方案一定位图

方案二:2 根桩定位 1 孔位,即以 1#和 2#桩为定位桩,将定位装置设计成如图 13-4 所示结构。根据两点确定一条直线的公理,能够保证插桩方向与桩坝中心保持一致。在定位装置上 1#孔顶部设置定位梁,固定定位装置的竖直位置,在 2#孔上面设置可调节高度的支撑梁,协调由 1#和 2#桩桩顶不在同一个水平面时,能够保证定位装置的定位保持水平状态。考虑到实际桩有可能产生歪斜情况,使 2#孔制造尺寸大于桩的外径,并配有径向调节螺栓,以调整桩径向位置。由于 2#孔顶部支撑梁和调节螺栓的设置,相当于有 2 个支撑点。因此,该结构是可靠的。

方案三:2 根桩定位 1 桩 1 孔位。针对管桩间距较小时插桩过程中紧邻管桩容易沉落、变位情况,在 2 根定位桩进行定位的基础上,在定位桩和待插桩位之间再设计一个悬吊、定位孔位,对插桩可能影响的紧邻管桩进行悬吊和固定。以 1#桩和 2#桩为定位桩,在 1#桩顶部设置可调节定位梁,在 2#桩顶部设置可调节支撑梁,在 2#孔周边设置相应的径向调节螺栓,在 3#桩顶部设置可调节定位梁,在 3#孔周边设置相应的径向调节螺栓,如图 13-5所示,利用 1#桩、2#桩定位的定位作用和定位装置一方面将 3#桩固定保持在插桩完工状态,同时也将 4#待插桩孔定位,如图 13-5 所示。利用径向调节螺栓使整个定位装置孔中心尽可能适应管桩平面变位和尽可能使桩坝中心方向保持一致。

方案二和方案三两种方案都可以进行,但是方案三因增加对紧邻已插管桩固定要求,导致连接工作量加大和定位装置长度增加(致使定位装置的重量增加),增加了施工时的劳动强度。因此,对于桩坝管桩间距较大情况,以 2 根桩进行定位,预留一个待插定位桩孔比较合理。但当桩坝管桩间距较小、插桩底部土层为沙性土时,插桩过程中很容易造成已插好的邻近管桩新的下沉和变位,则应采取方案三中(b)方案,必要时还可利用定位装

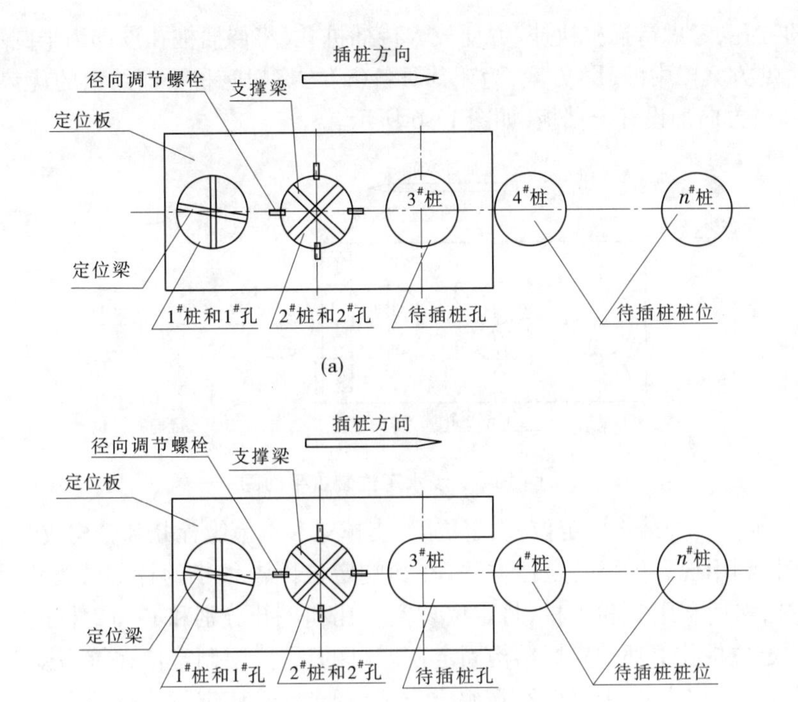

图 13-4　方案二定位图

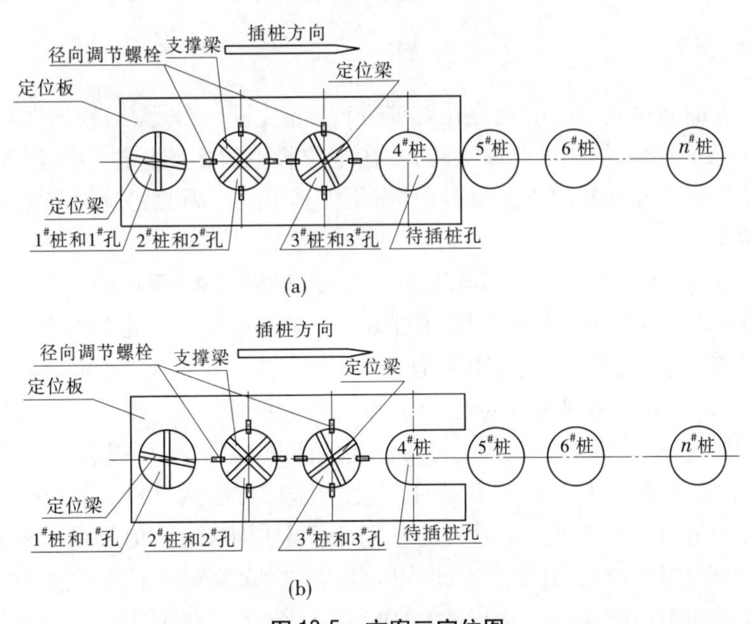

图 13-5　方案三定位图

置对 $3^{\#}$管桩悬挂，防止其下沉。

比较以上三种设计方案，针对桩坝管桩净间距 0.3 m 情况，方案二较为合理。考虑施工中 $1^{\#}$和 $2^{\#}$桩平面偏差增加定位桩上安装定位装置的难度，将 $2^{\#}$桩孔设计为大于桩外径

500 mm 的方孔，考虑待插桩快捷、方便放入待插桩孔，将待插桩孔设计为半圆形和矩形孔开口结构，见方案二中的(b)方案，为让其具备(a)方案对管桩平面约束的优势，在方案二(b)中的开口方向加设开合挡板，如图 13-6 所示。

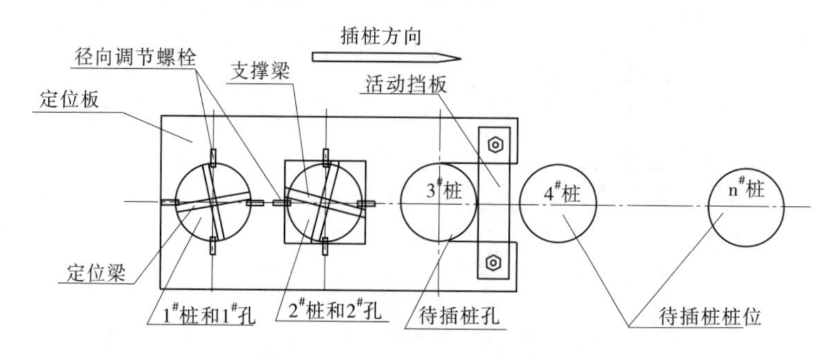

图 13-6　浅水定位装置平面图

方案二定位装置结构由定位板、定位梁、支撑梁和调节螺栓几部分构成。

工作时，利用现有传统的定位方法，在影响定位因素很小的计划位置准确射流插桩 1#桩和 2#桩，然后利用 1#和 2#桩，将定位装置 1#孔和 2#孔分别和 1#和 2#桩进行配合，配合时，利用 2#定位桩孔上部的支撑结构固定在 1#桩的顶部，限制定位在桩高度上的位置，利用 1#和 2#桩开孔周边的调节螺栓，调整定位装置的走向，使定位装置的中心走向和 1#、2#桩的中心走向保持一致，然后将待插桩插入待插桩孔，进行射流插桩即可。当一根桩施工完毕，再以桩的走向重新安装定位进行射流，以此类推，完成整个桩坝的插桩施工。

二、定位板设计

定位板一方面通过其上面的定位孔对桩进行定位，另一面是安装定位梁和支撑梁的位置，更重要的是工作人员在进行施工时，站在定位板上对定位板进行固定和安装、对压盘装置与桩端板固定和安装的支撑位置，其作用极其重要。因此，其设计对能否保证快速定位起决定性作用。

定位板初选 Q235A 板材，板厚 $\delta = 20$ mm，已知：桩外径 $\Phi = 500$ mm，初设与桩外径配合的定位孔直径 $\Phi = 540$ mm，考虑实际插桩施工作业中，桩有一定的歪斜(歪斜比例≤1∶1 000)，同时安装和固定定位桩装置时便于安装固定，孔径留有 40 mm 余量(如图 13-7 所示)。该方案 2#孔和 1#孔能够保证桩的中心线与桩坝的走向一致，但是如果 1#桩有偏斜，尤其是在中心线方向偏离较大时，定位装置无法进行固定，可以将 1#孔调整为矩形孔，长度在桩中心线方向上。宽度和 2#孔直径相同，长度为 700 mm。对于待插桩孔(图 13-7 中)，封闭圆形保证了插桩时桩的稳定性及定位准确性，但是当桩插到设计深度后，压盘装置的弯管部分将和其发生干涉或压盘装置拆除移开时不便于施工作业，因此可以设计为半圆形和矩形结合的结构形式(如图 13-7 所示)。半圆形直径和 1#孔相同，矩形长度为 450 mm，半圆形和矩形孔在长度方向上比桩直径大 175 mm($225 + 450 - 500 = 175$)，留有比管桩外径大的余量，一方面保证插桩施工时，桩有一定的偏斜也不会滑出定位装置待插桩孔，另一方面使射流插桩开始时，对于一根长 20 多 m 的桩，更加容易定位。考虑施工工人安装固定定位装置和拆除压盘装置的便利(工人需要站在定位板上)，定位板宽度要大于管桩外径较多为好，初选定位板宽度为 1 200 mm，总长度 2 625 mm（如图 13-7所示）。

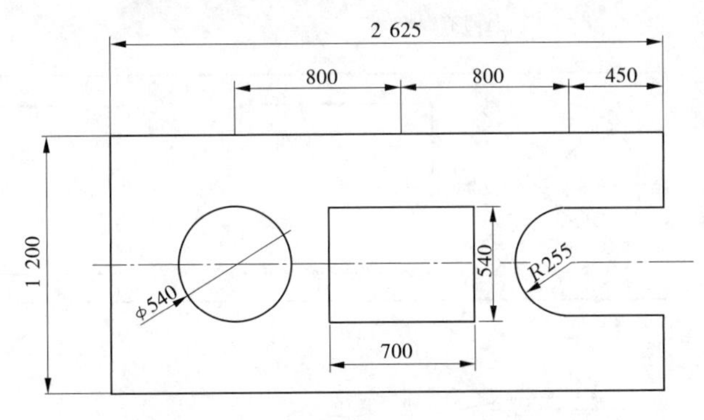

图 13-7　定位板结构设计　（单位：mm）

定位装置工作时，由黄河下游大型机械操作作业，受到外载荷的碰撞较大，为了增强对外界的抵抗力，又不使自重增加过大，在定位板下面设置两个加强筋。同时为了方便，在定位板斜对角处设置两个板式吊耳，达到使用目的。

三、定位梁设计

定位梁是用来固定定位板在桩高度上的位置，同时保证定位板中心线与桩坝轴线方向一致，可以直接通过焊接方式固定在定位板上，如图 13-8（a）所示。设计 2 个槽钢作为定位梁，十字交叉直接焊接在定位板上，再在 $2^{\#}$孔周边设计布置 4 个用来调节定位装置径向位置的螺栓，保证定位装置安装的准确性。

图 13-8（a）方案施工时直接将定位桩套在桩顶端即可，简单快捷，但是施工过程中，如果定位装置受到外力的作用，将发生扭转。为了避免扭转。可以将其中一个定位梁 1 设置于桩端板通过螺栓配合连接固定，另一个定位梁 2 增加悬空高度，以增大定位板套进管桩端板的深度。为此设计结构如图 13-8（b）所示，定位梁材料选择 100 × 100 × 5 通用冷弯开口型钢。

四、支撑梁设计

支撑梁的主要作用是支撑定位装置，配合定位梁共同承载整个结构自身重量及结构受到的作用外力（比如水流冲击力、插桩过程中的碰撞等）。定位板上的 $1^{\#}$孔呈矩形状态，长度方向和桩坝轴线一致，见图 13-9。在桩坝轴向上，矩形孔一边和径向调节螺栓靠近，一边紧邻待插桩孔。由于插桩时压盘装置弯管和径向调节螺栓的存在，支撑梁应避开桩坝轴线方向。如果支撑梁布置方向和桩坝轴线方向垂直，和 $1^{\#}$矩形孔宽度方向相同，假设 $1^{\#}$定位桩有歪斜，支撑梁将起不到支撑的作用。因此，支撑梁布置应和 $1^{\#}$孔宽度方向保持大致相同的方向，又不完全一致（见图 13-10）。材料选择和定位梁相同的 100 × 100 × 5 通用冷弯开口型钢，为了增大定位装置的可靠性，将支撑梁的下部设置两个支座，增加定位装置套进管桩的深度，其具体布置如图 13-10 所示。

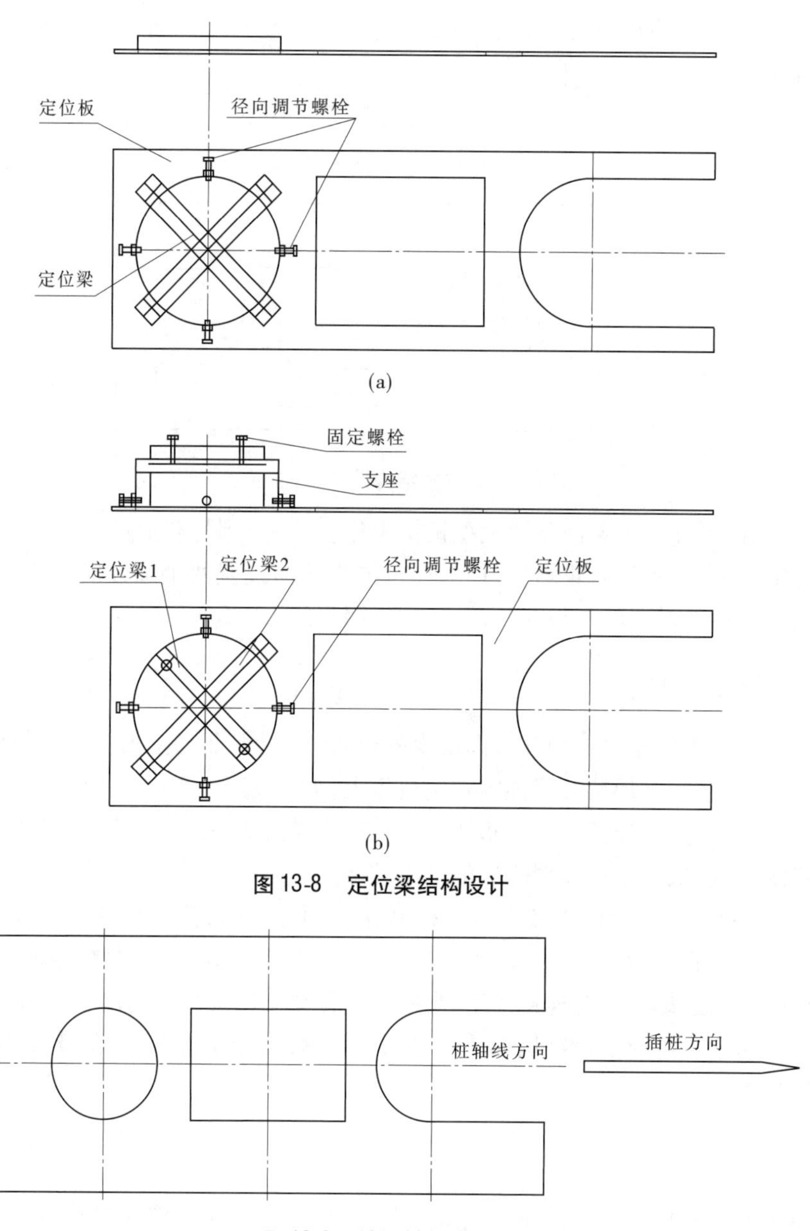

图 13-8　定位梁结构设计

图 13-9　桩坝轴线走向

五、吊具设计

吊具是设备吊装过程中最直接的受力部件,常用的形式分为耳板式和管轴式,分别应用在中小型和大中型的设备吊装工程中,且耳板式较管轴式应用范围更广泛一些。

定位装置整个结构约 200 kg,考虑到工作中的动载情况,选择能够承受 1 t 重的吊耳即可。定位装置在桩坝走向 *A—A* 上基本呈对称形式,但是由于待插桩孔结构和 1#、2#定位孔结构形态完全不同,在桩坝走向垂直方向 *B—B* 上,整个结构不是对称形式,重心 *c* 在 *A—A* 轴线上,偏离 *B—B*,靠近 2#定位孔一侧。显然,吊点设置在 *A—A* 和 *B—B* 上且设置一个吊点都不合理。因此,为了起吊的稳定性和安全性,吊点数量选择2个吊点。吊具布置有3种方案,如图13-11所示。

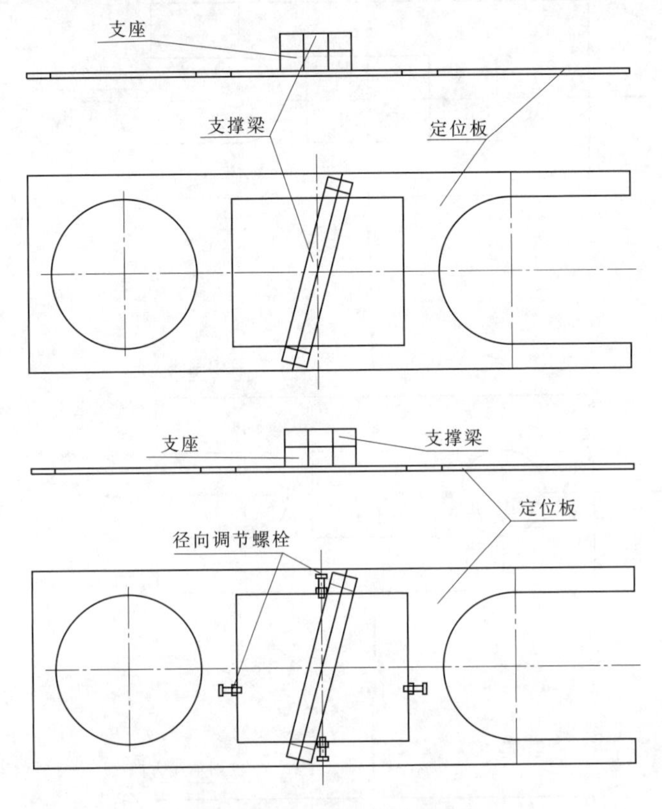

图13-10　支撑梁结构设计图

方案一:两个吊具设置在过定位装置重心 c 和桩坝轴线方向相垂直的截面 $C_1—C_1$ 上,见图13-11(a)。该方案能够保证起吊的平衡性,但是稳定性差。

方案二:两个吊具设置在桩坝轴线 $A—A$ 方向、分布在重心 c 的两侧,见图13-11(b)。由于在待插桩孔和1#定位孔之间有轴向调节螺栓,造成此处空间较小,不便于吊具的布置,且钢丝绳或吊钩施工时易造成两者相互干涉。

方案三:两个吊具设置在过重心 c、且将结构重量均分的截面 $C_2—C_2$ 上或 $C_3—C_3$ 上,尽可能的远离重心 c,靠近定位板边缘的3、3处或3′、3′处,见图13-11(c)。该方案布置容易、起吊容易,稳定性较好,设计合理,选择该方案。

参考“水上插桩专用机具研制”部分内容中吊耳设计,本吊耳选择结构见图13-12。

六、辅助结构设计

为了保证设备运输与施工过程的顺利进行,有必要增加一些辅助设施。比如,为保证施工过程中工作人员的安全、插桩过程中桩的位置的维持、施工过程中设备不被腐蚀等,需要设置相应的防护栏、管桩定位协助环、高度定位协助钢管等。

(一)防护栏设计

由于施工过程是在黄河水中进行的,压盘的拆卸与移除、吊钩起吊吊耳、管桩高程位

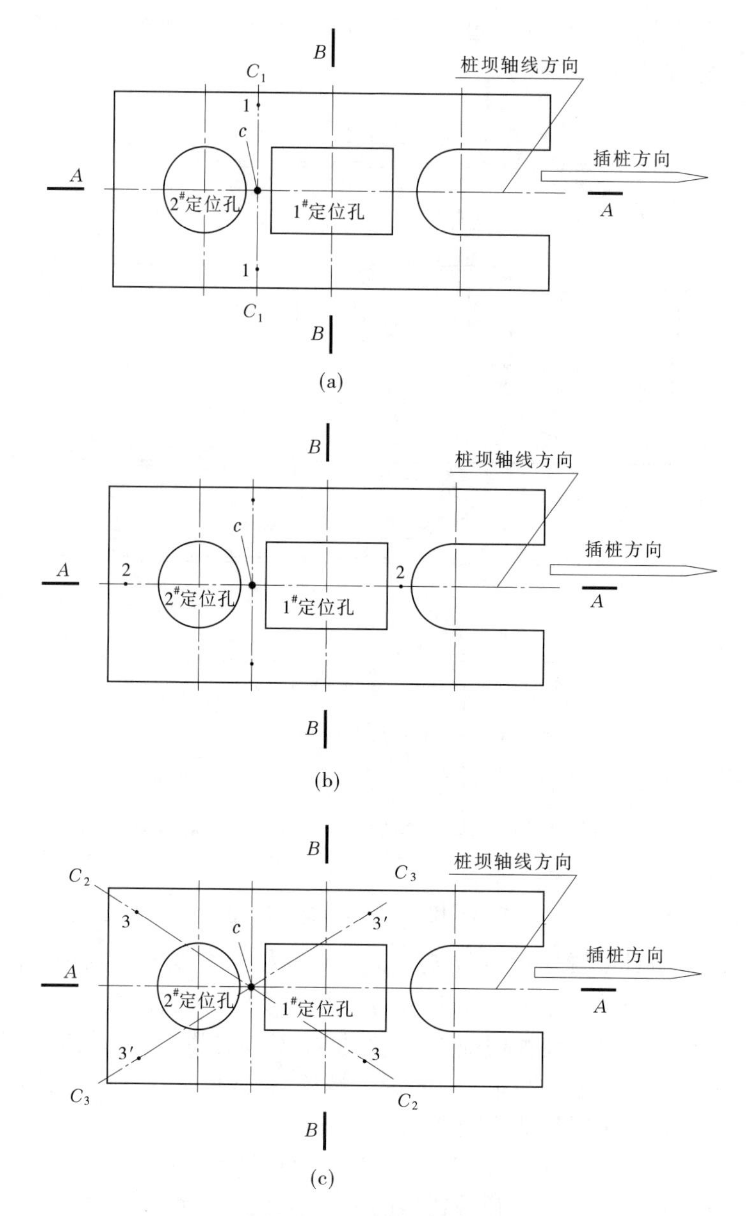

图 13-11　吊具布置方案

置的测量等，均需要工人站到定位装置的定位板上来完成工作。为了保障工作人员的安全，在定位板周围三个方向设置防护栏，防护栏由 $\Phi 50 \times 5$ 钢管焊接而成，如图 13-13 所示。

（二）管桩定位挡板

开始施工时管桩虽然已经通过起吊机械吊钩调整进入待插桩孔中，但是实际射流插桩时，由于地层的不均匀性、射流的不稳定性、施工平台的振动等综合因素，管桩在插入地层的过程中，有不确定性的晃动或偏斜，这个时候仅靠定位装置的待插桩孔不能够完全保证，因此设计一种能够单独在破土插桩的过程中对该桩的偏斜或晃动产生一种约束的结

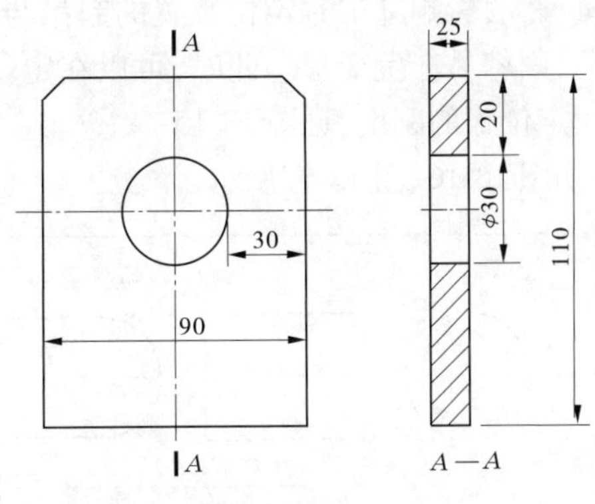

图 13-12　吊耳结构图　（单位:mm）

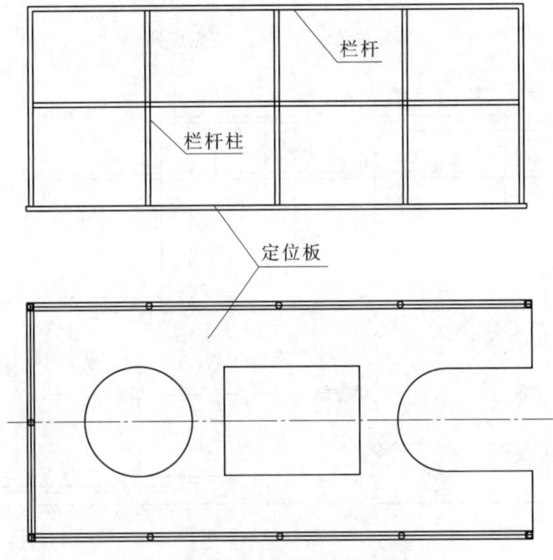

图 13-13　防护栏结构设计

构——管桩定位挡板(见图 13-14)。该协助环由标准钢管弯制而成,环的两端焊接有活动铰和固定铰,两个铰链都和定位板上的固定柱配合,其中固定铰一端可以绕固定柱旋转,活动铰一端通过活动销子与定位板上的孔配合使用。当需要固定管桩时,利用销子将活动铰和孔固定成一体,完成桩的定位作用。

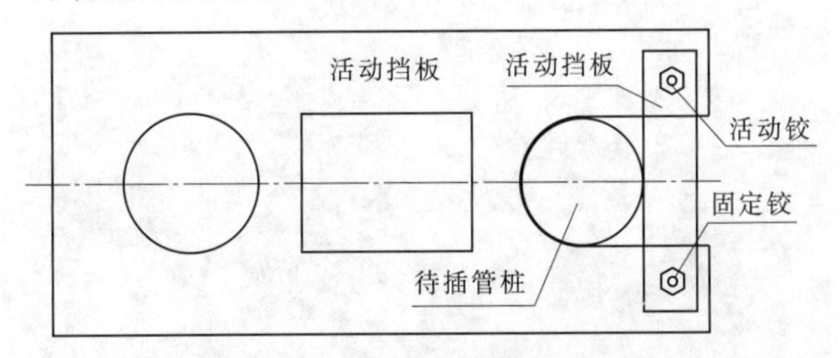

图 13-14　管桩定位挡板设计

(三)定位板加强筋

定位装置施工时,受到来自管桩的冲击载荷较大。如果增加定位板的厚度来增加强度，将造成定位装置的重量增大，影响施工时定位装置的起吊与运行，以及定位精确性的调整；如果定位板厚度较薄，则容易产生变形。此时，可以在定位板下方靠近待插桩孔一侧设置两个加强筋，以增大定位板的刚度，见图13-15。

浅水定位装置组装图如图13-16、图13-17所示。

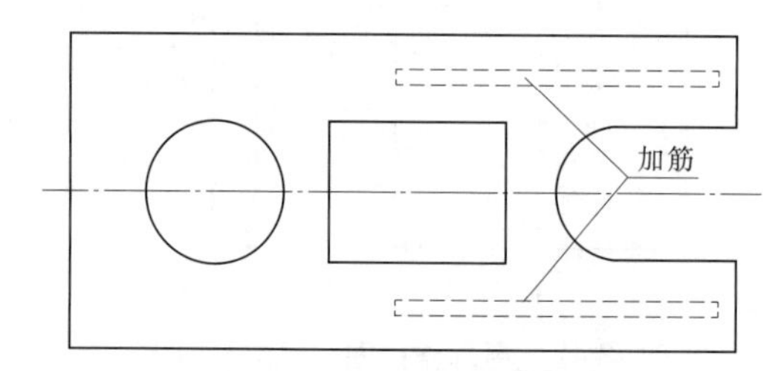

图13-15　定位板加强筋设计

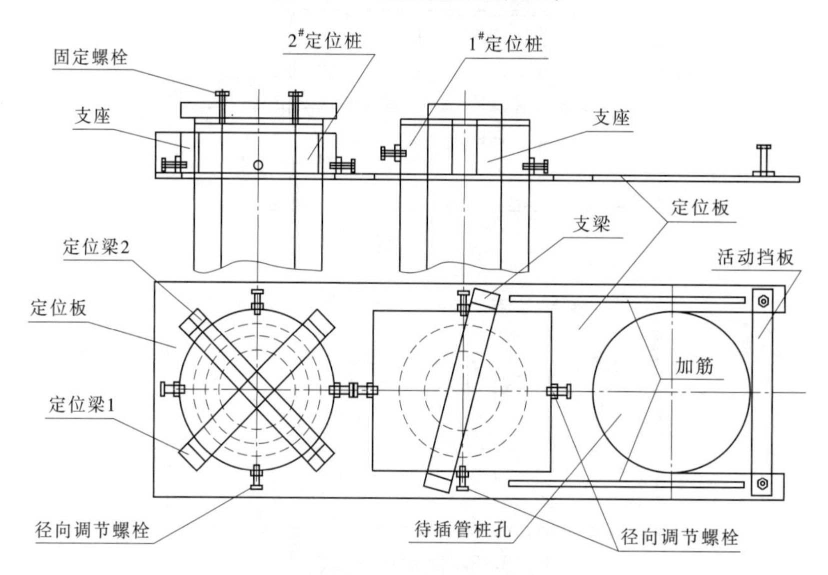

图13-16　定位装置装配图

图13-17　浅水插桩施工定位装置应用照片

七、浅水定位装置三维有限元分析

(一)非线性分析理论——接触算法

定位装置和桩之间是通过定位梁、支撑梁固定成为一体的,工作时定位装置和桩相互作用,在插桩的过程中,桩和待插桩孔要么没有相互作用(此时桩和待插桩孔处于分离状态,桩以理想位置——桩轴线和待插桩孔轴线重合,如图13-18(a)所示),要么以滑动状态相互作用(桩下沉的过程中有倾斜或外侧与孔壁接触,如图13-18(b)所示),以后一种工况对定位装置影响恶劣,容易使定位装置产生撞击和以悬臂梁形式下沉(如图13-18(c)所示)。研究时以后一种工况进行。此时,桩和待插桩孔之间以接触滑动作用进行研究。

接触问题属于不定边界问题,即边界条件非线性问题,即使是简单的弹性接触问题也具有非线性,其中既有由接触面积变化而产生的非线性以及由接触压力分布变化而产生的非线性,也有由摩擦作用产生的非线性。这种非线性和边界不定性的接触问题求解是一个反复迭代的过程。

对于接触问题,除了其场变量需要满足固体力学基本方程,以及相应的定解条件外,还必须满足接触面上的接触条件。接触条件主要包括两个方面:①接触体之间在接触面上的变形协调性,不可相互侵入。②摩擦条件。对于接触或将要接触的两个物体,其界面接触状态可以分成分离、黏结接触和滑动接触三种。对于这三种情况,接触界面的位移和力的条件是各不相同的,而实际的接触状态又往往在此三种状态间相互转化,从而导致接触问题的高度非线性特点。

由于接触问题是一种高度非线性行为,需要较大的计算资源。接触问题存在两个较大的难点:①在求解问题之前,不知道接触区域、表面之间是接触还是分开,或是突然变化的,这要随载荷、材料、边界条件和其他因素而定;②大多数接触问题需要计算摩擦,摩擦使问题的收敛性变得困难。接触问题分为两种基本类型:刚体与柔体的接触、柔体与柔体的接触。在刚体与柔体的接触问题中,接触面的一个或多个被当作刚体,和与它接触的变形体相比,有大得多的刚度。一般情况下,一种软材料和一种硬材料接触时,问题可以假定为刚体与柔体的接触,许多金属成形问题归为此类接触。柔体与柔体的接触,是一种更普遍的类型,在这种情况下,两个接触体都是变形体,具有近似的刚度。

(二)定位装置实体模型的建立

1985年,PTC公司成立于美国波士顿,开始进行参数化建模软件的研究——Pro/E(Pro/ENGINEER)。1988年,V1.0的Pro/ENGINEER软件诞生。经过数十年的发展,Pro/ENGINEER已经成为三维建模软件的佼佼者。Pro/ENGINEER系统是个大型软件包,由多个功能模块组成,这些模块有各自不同的功能,用户可以根据需要调用其中一个或者几个模块进行设计,每个模块创建的文件也有着不同的文件扩展名。因此,选择该软件作为定位装置三维建模工具。

打开Pro/E软件,进入新建选项卡。点击"实体"和"mmns",进入活动窗口。单击拉伸命令,选择top平面为基准平面,进入草绘平面。在草绘平面的中间位置绘制两条中心线,绘制一个2 100 mm×840 mm的长方形,然后再在距离右边框420 mm、1 160 mm、1 900 mm的位置画三个半径为270 mm的圆形。除去多余的部分得到图13-19所示的定位板断面模型。

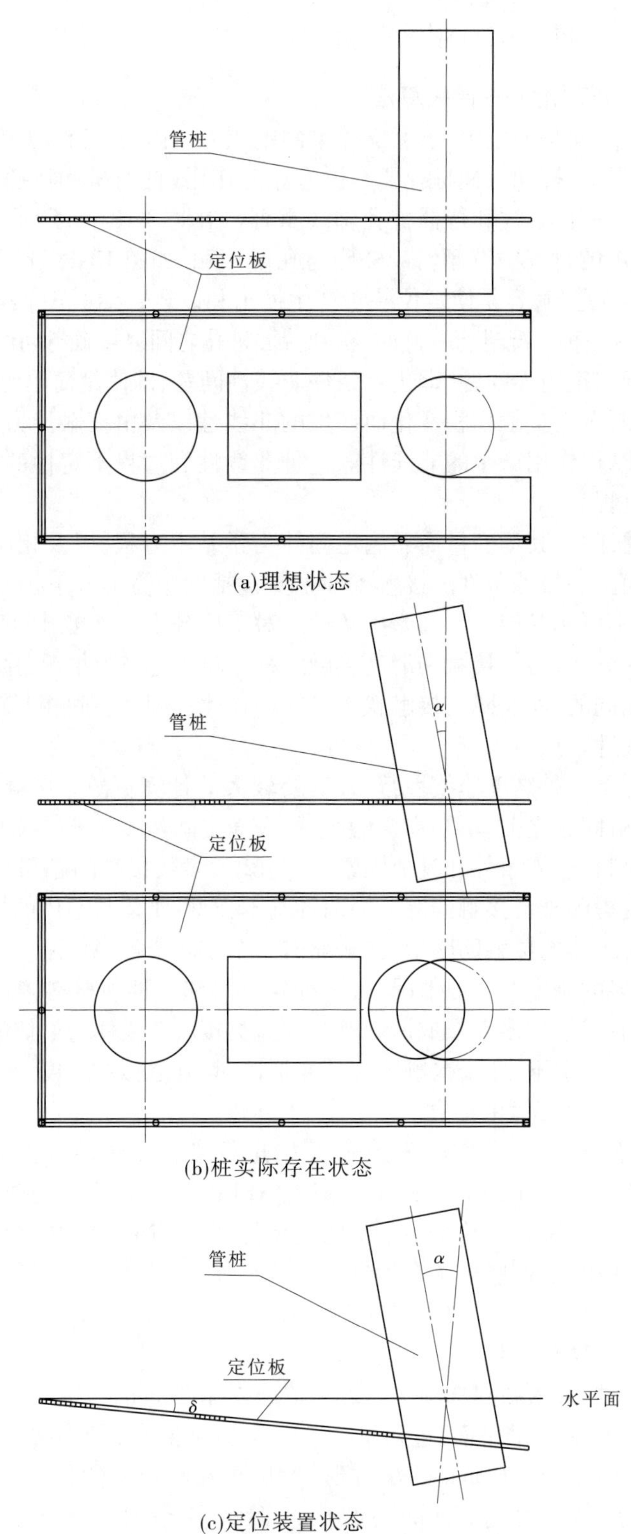

图 13-18　定位装置和桩之间的相互作用

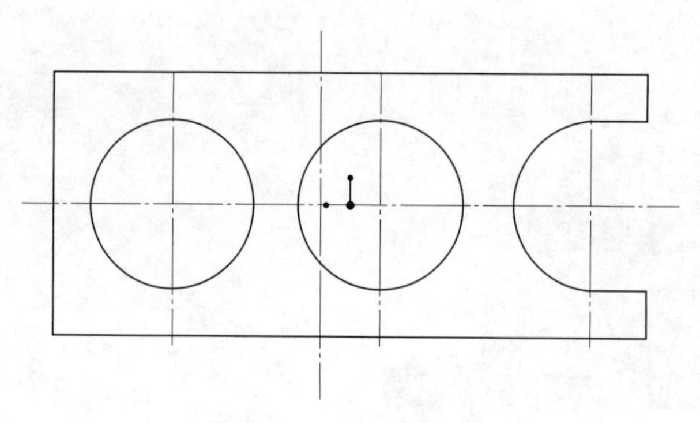

图 13-19 定位板断面图

通过拉伸命令,得到厚度为 20 mm 的薄板。以薄板的平面为基准平面,通过两个完成圆形的圆心各画一条中心线。中心线与圆形的交点各有 4 个,以这些交点为基准,在薄板上绘制 30 mm × 20 mm 矩形,得到 8 个这样的小矩形。通过拉伸命令,它们的高度为 45 mm。在绘制槽钢的过程中,同样以薄板的平面为基准平面,以与水平中心线成 30°的位置和两圆中间位置各画一条中心线。在中心线与圆的交点处绘制所需要的图形,通过拉伸命令,得到高度为 150 mm。点击绘制的角铁二维模型使之变为红色,点击镜像命令,在对称位置会有相同的模型,通过拉伸可以得到槽钢实体模型。浅水区定位装置部分结构三维模型见图 13-20。

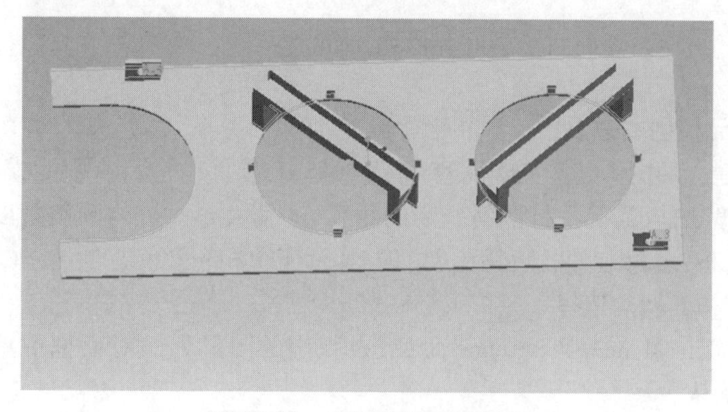

图 13-20 定位装置三维模型

在 Pro/E 主界面选新建后,弹出单位选择窗口,选择组件类型和装配的尺寸单位。将顶部装置三维模型载入到装配界面,在工具栏中选择“缺省”,使其处于完全约束。然后点击载入,使顶部装置三维模型进入装配界面。在工具栏中单击“放置”即可。

将螺母载入装配界面,在约束类型中选择“对齐”,使螺母侧面与铁块内侧面处在同一平面。选择“匹配”使螺母六角平面中的一个与铁块上端面处在同一平面。然后移动螺母使其处在支座合适的位置(见图 13-21)。其余的 7 个螺母依次载入,按上述相同操作步骤进行,最终得到如图 13-22 所示包括螺母的装配图。

再按照同样的方法,将管桩进行装配,得到如图 13-23 所示的定位装置与管桩相互作用时的实体模型。

图 13-21　螺母的装配图

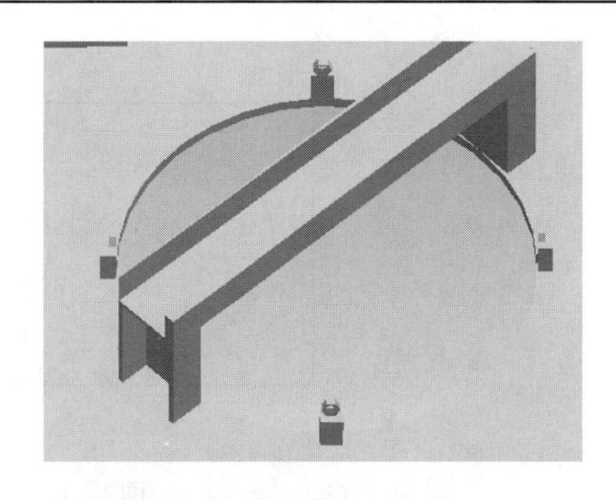

图 13-22　定位装置与定位梁的装配

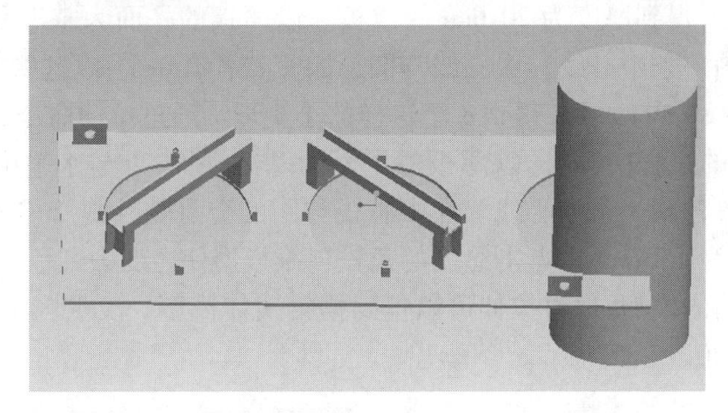

图 13-23　装配图

(三)有限元模型的建立

将 Pro/E 建立的图 13-23 实体模型,导入 ANSYS 软件中进行有限元模型的建立。在建立有限元模型之前,需要将桩倾斜一定的角度 α(其大小由桩的倾斜角度确定,对于一根 20 m 长的管桩,理论上可以倾斜 6.7°),与实际工况相一致。

第一步:结构类型的选择

依次单击 Main Menu—Preference 命令,在弹出的图形界面对话框中单击 Structural,并单击 OK 键确认。

第二步:定义顶部装置(桩体与直线边接触)的单元类型

依次单击 Main Menu—Preference—Element Type—Add/Edit/Delete 命令,在弹出的对话框中选择 Add…按钮,弹出单元类型选择栏。在该选择栏的单元类型库 Library of Element Type 中选择 solid,Brick 8node 45,单击 Apply 按钮即可完成单元类型的定义。

第三步:定义实常数

定义单元的实常数,每种单元的实常数可能有好几个,也可能没有。

依次单击 Main Menu—Preference—Real Constants 命令,在弹出的对话框中,单击确认键,在弹出来的对话框中输入数值 1,再次单击确认键。这样即可完成顶部装置(桩体与直线边接触)的实常数定义。

第四步:定义定位装置模型的材料

定位装置选择碳钢 Q235A,其弹性模量为 2.2×10^{11} MPa^{-1},泊松比为 0.3,密度 7.8

$\times 10^3\ kg/m^3$。

依次单击 Main Menu—Preference—Marterial Props—Material Models 命令，弹出 Define Material Model Behavior 对话框，在 Material Models Available 列表中选择 Isotropic；然后在材料参数对话框中输入碳钢的弹性模量、泊松比和密度。之后单击 OK 按钮，即可完成顶部装置模型材料的定义。

第五步：网格的划分

依次单击 Main Menu—Preference—Meshing—Size Cntrls—Basic 命令，在选项中选择划分等级为 5，单击 OK 键完成。

依次单击 Main Menu—Preference—Meshing—Mesh—Volumes—选择整个实体—Free，单击 OK 键，就可以完成对定位装置的网格划分。

第六步：定义约束

依次单击 Main Menu—Preference—Solution—Define Loads—Structural—Displacement 命令，然后选择面约束，约束定位装置 1# 和 2# 定位孔两个完整圆形的内圆面。

第七步：定义摩擦接触

定义桩体外表面和待插桩孔壁接触时，选择主动接触面—桩外表面和被动接触面—孔壁，输入摩擦系数 0.3。

第八步：结果求解

依次单击 Main Menu—Preference—Solution—Solve—Current LS 命令，进行求解。

（四）计算结果与分析

依次单击 Main Menu—Preference—General Postproc 通用后处理命令，得到定位桩相应的等效变形云图和应力云图，见图 13-24、图 13-25。

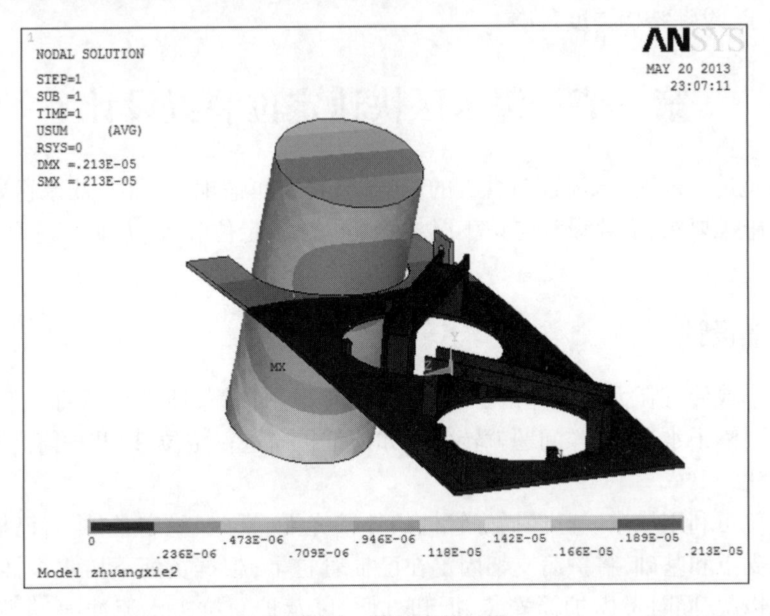

图 13-24　等效变形云图

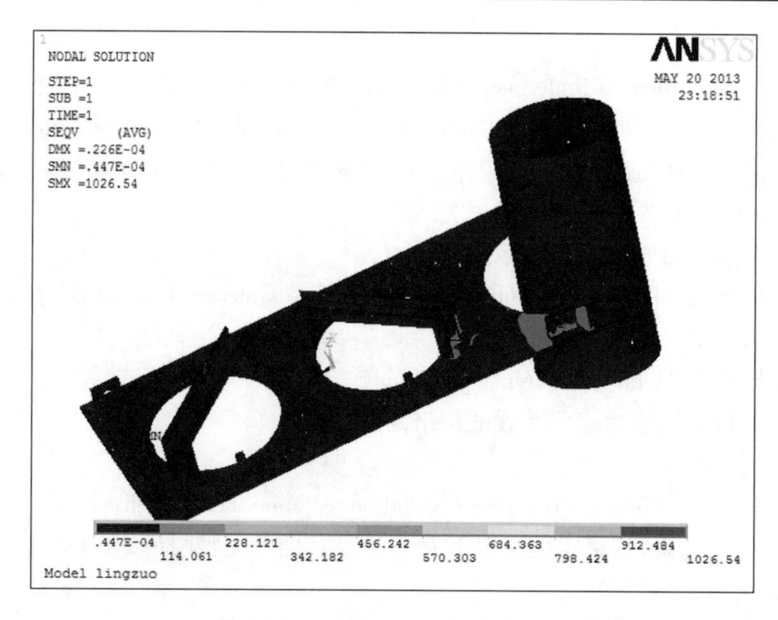

图 13-25　定位装置整体等效应力云图

由图 13-24 可知，定位装置所受到的最大变形出现在待插桩孔一端的定位板上，最大变形量为 0.002 13 mm。

由图 13-25 可知，定位装置所受到的最大等效应力也出现在待插桩孔一端，最大应力为 102.7 MPa，满足设计要求和强度要求。

对于材料为 Q235A 的定位装置，整体等效变形不大，整体等效应力也不大，完全能够满足使用要求，设计结构强度足够。

第三节　深水区快速定位装置设计

当水深超过 2 m 时，水流速对管桩的影响，已经不可忽略。此时，浅水区定位装置已经不能满足施工要求，需要设计与该工况相匹配的深水定位装置，方能实现垂直插桩的预期目标。

一、方案设计

为了减小或使桩在无水流冲击下下沉，可以考虑用护筒，使桩在护筒中下沉，护筒减小了水流或阻隔了水流，这样问题就转变成如何把护筒进行定位，以及护筒高度如何适应不同水深变化。

护筒定位可利用浅水区已经插好管桩的外壁光滑、直立、稳定条件，将已插管桩作为护筒固定的支点和基础，将护筒支架固定在已插管桩上；根据黄河下游水中插桩水深、河床地形变化情况，同时考虑护筒安装、拆卸方便，以及护筒抗击水流冲力、吊装等刚度要求，采用分节、伸缩承插设计形式，上节护筒插入下节护筒中，单节护筒高度 2.0 m，最短插入连接高度 0.1 m，最多插入高度 1.5 m，上下节护筒采用铁链进行伸缩式连接，护筒内径稍大于管桩外径(方便管桩在护筒内自由上下),护筒外侧自下向上按一定间距设置沿已插管桩固定位置和高度滑动的控制夹具,实现护筒在上游水流冲击下不向下游变位、移动的目标。护筒顶设置吊耳与固定在已插管桩顶上的悬臂钢架外端连接,实现护筒在自重作用下悬挂水中目标。通过护筒在已插管桩前进侧水中垂直、稳定放置,营造待插管桩在没有流速的钢护筒内水域沉放至河床的射水插桩施工环境,进而保证射水所插管桩在自重作用下能垂直下沉,见图13-26。

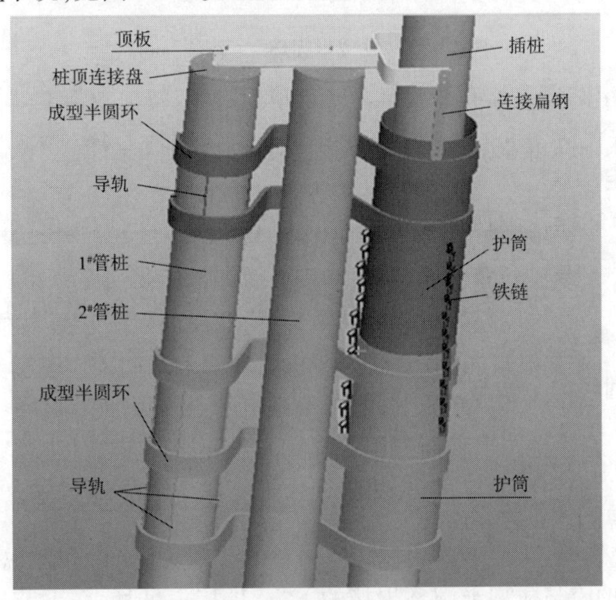

图13-26　深水插桩定位装置组装图

(一)竖直方向的定位

竖直方向的定位只能借助1#管桩、2#管桩的顶端面。在吊装时,吊车吊着钢护筒及定位装置,吊装放置到正确位置后,吊车需要吊待插的管桩,所以钢护筒及定位装置需要脱离吊车。这就可考虑采用已插好的空心桩的顶端面,初步选用一个长条形的板(下面称为顶板)与已插好的空心桩的顶端面相接触,并加以固定,确保钢护筒及定位装置在竖直方向的位置。顶板与钢护筒的连接采用扁钢硬连接,为了调整钢护筒竖直方向的位置,在连接扁钢上打等距离的孔,顶板(或钢护筒)与其在不同孔处相连,即可调整护筒与顶板在竖直方向的位置。

(二)其他方向定位

护筒上游面受水流冲力作用会发生向下游和河中的移动,将刚性锚固在护筒外侧一定方向的成型半圆环卡别在1#、2#已插管桩上,利用1#、2#已插管桩对成型半圆环移动的阻止作用,实现护筒在x、y方向的定位,见图13-27。

成型半圆环每节钢护筒上两个,限制沿x、y方向移动和绕x、y、z方向旋转的自由度,即$\vec{x}$、$\vec{y}$、$\overleftrightarrow{x}$、$\overleftrightarrow{y}$、$\overleftrightarrow{z}$,顶板限制沿z方向移动的自由度。

水浅时可只用一节(图13-26中下节),水深中等时两节护筒可伸缩调节长度(3~4 m),上节护筒的下半部打有一排螺栓孔,来调节伸缩位置。为了减少摩擦和沿低位管桩

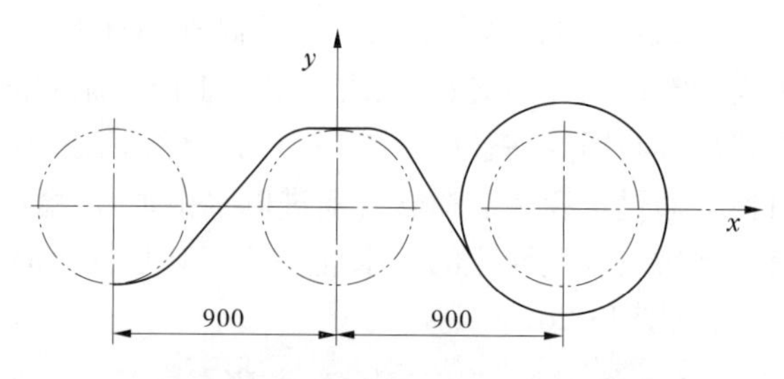

图 13-27　成型半圆环　（单位：mm）

下滑方便，在成型半圆环上加有导轨。为防止顶板翻转，将顶板与 1#、2#桩通过螺栓连接，顶板左端设计有法兰。

（三）顶板固定

桩顶端板留有螺栓孔，但插桩时螺栓孔的位置是不定的，固定的法兰上的螺栓孔可能与桩上的螺栓孔对不上。为解决这个问题，将法兰单独作为一个件，法兰与顶板通过螺栓连接，见图 13-26。为方便调节，将螺栓与螺帽连接朝上，定位装置放置好后，根据桩上的螺栓孔位置转动法兰使螺栓孔对齐。

（四）成型半圆环的个数与位置

为了让护筒下放过程初期就不偏，将成型半圆环焊至筒的最下部，下节三条，上节两条，留连接空间，见图 13-26。

（五）两节护筒的伸缩连接

初期设计中用螺栓连接，考虑到在筒内尽量的光滑无障碍，并考虑调节方便，改成用铁链连接，在上节护筒与成型半圆环焊接的下方，焊接一吊耳，在下节护筒的上方焊 1 m 左右长的吊链，吊链与吊耳通过卸扣连接，改变吊链环的位置可方便调节筒长。吊钩、吊链与卸扣可采用标准件，见图 13-28。在制造装配时将连接方案进行了优化，在承筒和插筒上都焊接吊耳（圆周方向均布 3 个），用卸扣和吊链连接。

(a)吊链　(b)卸扣　(c)焊接型吊钩

图 13-28　吊钩、吊链与卸扣

二、护筒设计

护筒主要承担隔离水，使管桩在下沉过程中不受水流冲击影响而在自重作用下垂直下沉的作用。钢护筒具有强度高、刚度大、结构简单、施工方便、适用性强、有利于机械化作业、加快施工进度等优点，同时重复使用的次数多、用料较省、成本摊销费用低，在无水河岸、旱地、浅水、深水以及大小孔径等作业条件下都可以适用。根据本课题的使用条件，决定用钢护筒。

(一)尺寸初定

1. 高度

对护筒冲击作用最强的水深区域为水面以下4 m范围,护筒工作时不进入河床、悬挂在动水中即可保证护筒内插桩垂直(管桩很重)。因此,设计钢护筒总长4 m,分两节,每节长2 m。两节之间承插连接,为保证总长4 m,小护筒长2.1 m,大护筒长2 m,最小0.1 m的承插长度。

2. 护筒直径与倾斜度

护筒内径应大于桩外径。《公路桥涵施工技术规范》规定护筒内径宜比桩径大200~400 mm,护筒中心线平面允许误差50 mm,竖直线倾斜度不大于1%。考虑桩与桩之间施工位置要求,预制管桩外径500 mm,桩与桩净距300 mm,设计护筒内径为500 mm+300 mm,即800 mm。

3. 护筒壁厚

钢护筒的厚度要根据护筒直径及实际施工条件决定,一般采用4~10 mm厚的钢板卷制而成。康灿等(2011)在《环形水射流流场的实验研究与统计分析》中提到:"规定直径与壁厚比值(D/δ)的限值,根据工程实践经验,建议比值在100~120,极端情况下,也不能大于150。"如果护筒壁厚过小,会造成护筒刚度不足,在制造运输和沉设过程中造成失圆变形。根据本课题施工环境,并考虑尽量安全可靠,选定$\delta=8$ mm。黄河下游河水流速不大,取$\delta=8$ mm的Q235A钢板卷制而成。主要工序包括划线、号料、切割、钢板的边缘加工及表面处理、卷板、单件组装及焊接等。运送中要采取措施,避免发生过大的变形。小护筒外径816 mm,为便于承插,大护筒内径设计为818 mm,外径834 mm。

(二)护筒重力计算

$$G = \pi(D+\delta)L\delta\gamma_g \tag{13-1}$$

式中　G——钢护筒重力,kN;

D——护筒内径,m;

L——护筒长度,m;

δ——护筒厚度,m;

γ_g——钢的重力密度(重度),$\gamma_g=78.5\ \mathrm{kN/m^3}$。

数据代入计算:

插筒　$G_{t1}=3.14\times(0.8+0.008)\times2.1\times0.008\times78.5=3.346(\mathrm{kN})$

承筒　$G_{t2}=3.14\times(0.818+0.008)\times2\times0.008\times78.5=3.258(\mathrm{kN})$

两节连接后重力　$G_t=G_{t1}+G_{t2}=6.604(\mathrm{kN})$

(三)护筒强度计算

1. 作用在钢护筒上的流水压力

根据《公路桥涵设计通用规范》计算作用在钢护筒上的流水压力

$$F_w = KA\frac{\gamma v^2}{2g} \tag{13-2}$$

式中　F_w——流水压力标准值;

K——形状系数,根据文献,圆形为0.8,取0.8;

A——钢护筒阻水面积；

γ——水的容重，取 9.8 kN/m^3；

v——水的速度；

g——重力加速度，9.8 m/s^2。

流水压力合力的着力点，假设在设计水位线以下 0.3 倍水深处。

$$A = DH$$

式中　H——钢护筒入水深度。

从式(13-2)中可知，当流速、水深变化时，流水压力 F_w 也随之变化。F_w 与水深 H、流水速度的平方(v^2)成正比。

最大载荷出现在流速为设计流速，水深为设计最大水深时。对于式(13-2)中 A 的计算，水深最深，也即达到 4 m 时阻水面积最大，力也最大，因此

$$A = DH = 0.816 \times 2 + 0.834 \times 2 = 3.3(\mathrm{m}^2)$$

$$v = 2 \ \mathrm{m/s}$$

$$F_w = 0.8 \times 3.3 \times \frac{9.8 \times 2^2}{2 \times 9.8} = 5.28(\mathrm{kN})$$

2. 静水压力

$$F_j = \gamma \Delta h A = \gamma \Delta h \times \frac{1}{2}\pi D \Delta h = \frac{1}{2}\pi D \gamma \Delta h^2 \tag{13-3}$$

式中　γ——水的容重，取 9.8 kN/m^3；

Δh——水位差，取 100 mm；

D——护筒外径，取 816 mm。

$$F_j = \frac{1}{2}\pi D \gamma \Delta h^2 = \frac{1}{2} \times 3.14 \times 0.816 \times 9.8 \times 0.1^2 = 0.126(\mathrm{kN})$$

3. 作用在护筒上的总力

$$F = F_w + F_j \tag{13-4}$$

由式(13-2)和式(13-3)得到

$$F = 5.28 + 0.126 = 5.41(\mathrm{kN})$$

4. 护筒强度校核

护筒在水中承受自身重力、边桩的支反力和水压力，主要受压应力作用。

$$\sigma_{\max} = \frac{F}{A} = \frac{F}{2H\delta} = \frac{5.41 \times 10^3}{2 \times 4\ 000 \times 5} = 0.135(\mathrm{N/mm^2}) = 0.135 \ \mathrm{MPa} \tag{13-5}$$

对于 Q235A，$\sigma_s = 235$ MPa，钢是塑性材料，因此

$$[\sigma] = \frac{\sigma_s}{n} \tag{13-6}$$

式中　n——安全系数，塑性材料 $n = 1.5 \sim 2.0$，取 1.5，则

$$[\sigma] = \frac{\sigma_s}{n} = \frac{235}{1.5} = 157(\mathrm{MPa})$$

$\sigma_{\max}$远小于[σ]，非常安全，壁厚可以薄一点，但为了保证在制造运输和沉设过程中不造成失圆变形，并且考虑定位装置用同样钢板进行制造，与钢护筒焊接形成整体。壁厚

暂不调整。

三、成型半圆环设计

(一)成型半圆环尺寸

初定用36 mm厚的钢板。结构与$2^{\#}$管桩y正向边沿相切,与$1^{\#}$管桩y负向边沿相切,具体结构尺寸见图13-29。

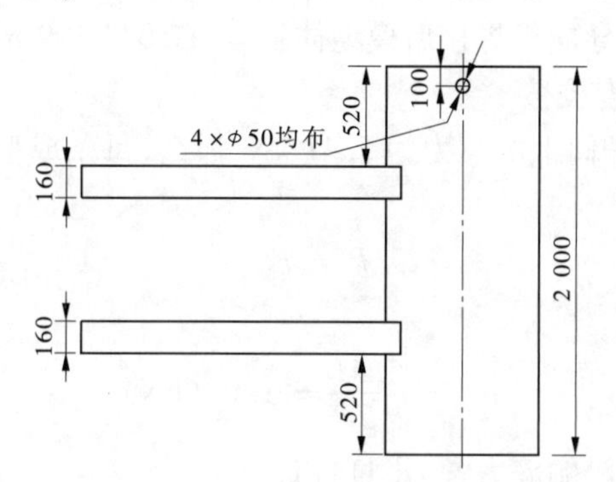

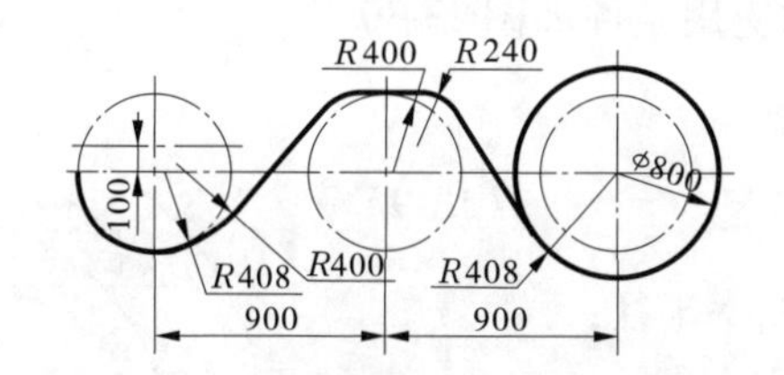

图13-29　成型半圆环+护筒　(单位:mm)

(二)成型半圆环重力

$$G = Lbh\gamma_g \tag{13-7}$$

式中　G——重力, kN;

b——宽度;

L——长度;

h——厚度;

γ_g——钢的重度,$\gamma_g = 78.5\ kN/m^3$。

通过Pro/E软件测量承筒成型半圆环的长度,承筒上的长为3 305 mm,插筒上的长为3 272 mm。

插筒上单条重力　$G_{c1} = Lbh\gamma_g = 3.272 \times 0.200 \times 0.036 \times 78.5 = 1.85(kN)$

承筒上单条重力　$G_{c2} = Lbh\gamma_g = 3.305 \times 0.200 \times 0.036 \times 78.5 = 1.87(kN)$

插筒上导向板重力　$G_{dx1} = A_{dx1}L_{dx1}\gamma_g = 0.200 \times 0.008 \times 0.78 \times 78.5 = 0.098(kN)$

承筒上导向板重力　$G_{dx2} = A_{dx2}L_{dx2}\gamma_g = 0.200 \times 0.008 \times 1.83 \times 78.5 = 0.230(kN)$

插筒上光面钢筋重力　$G_{j1} = 3 \times 2.47 \times 0.78 \times 9.8/1\ 000 = 0.06(kN)$

承筒上光面钢筋重力　$G_{j2} = 3 \times 2.47 \times 1.83 \times 9.8/1\ 000 = 0.13(kN)$

插筒与成型半圆环焊接后

$G_{tc1} = G_{t1} + 2 \times G_{c1} + G_{dx1} + G_{j1} = 3.346 + 2 \times 1.85 + 0.098 + 0.06 = 7.204(\text{kN})$

承筒与成型半圆环焊接后

$G_{tc2} = G_{t2} + 3 \times G_{c2} + G_{dx2} + G_{j2} = 3.258 + 3 \times 1.87 + 0.230 + 0.13 = 9.228(\text{kN})$

链、挂钩、弹簧扣重力忽略不计，则两筒连接后总重为

$$G_t = G_{tc1} + G_{tc2} = 7.204 + 9.228 = 16.432(\text{kN})$$

插筒、成型半圆环和导向板焊接后模型体积 = 91 257 250 mm^3；

承筒、成型半圆环和导向板焊接后模型体积 = 117 044 109 mm^3。

（三）成型半圆环强度校核

前面已计算作用在护筒上的总力为 5.41 kN，那么，每条成型半圆环上承受的力按平均估算

$$P = F_{av} \tag{13-8}$$

简化为集中载荷，则

$$P_{av} = \frac{5.41}{5} = 1.08(\text{kN})$$

据盛振邦等（1992）《船舶静力学》中杆件计算的基本公式，曲杆弯曲的应用条件如图 13-30 所示。

$$\frac{R_0}{h} \leqslant 5 \tag{13-9}$$

式中 R_0——截面形心轴曲率半径；

h——截面高度（受力方向）。

此成型半圆环按直杆弯曲计算。其计算简图如图 13-31 所示。B 为 1# 桩支撑位置，简化为滑动铰支，A 为 2# 桩支撑位置，简化为铰支座。

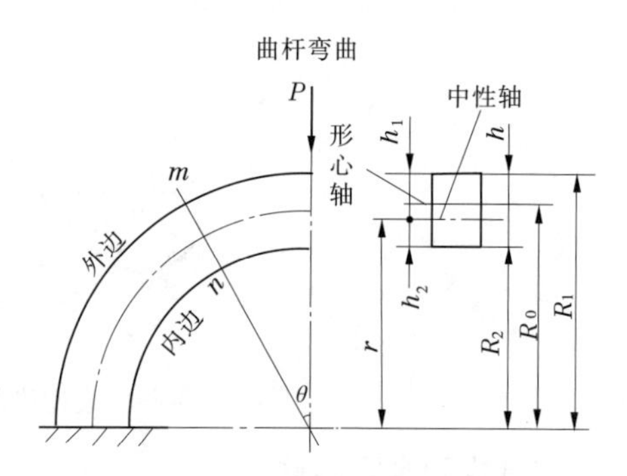

图 13-30 曲杆弯曲的应用条件

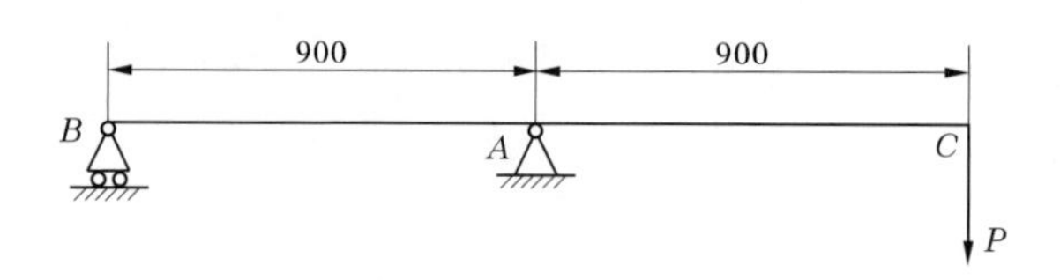

图 13-31 成型半圆环的计算简图 （单位：mm）

根据盛振邦等（1992）《船舶静力学》，受静载荷梁的内力及变位计算公式属于图 13-32所示的悬臂梁，$\lambda = \frac{m}{l}$。其中，$m = 0.9$ m，$l = 0.9$ m，$P = 1.308$ kN。

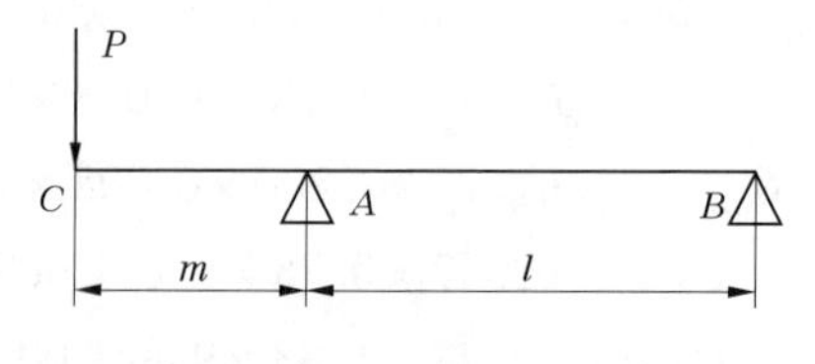

图 13-32 带悬臂梁的计算

支反力　$R_A = P(1+\lambda) = P\left(1+\dfrac{m}{l}\right) = 2P = 2\times1.308 = 2.616(\text{kN})$

$$R_B = -P\lambda = -P\times\frac{m}{l} = -P = -1.308(\text{kN})$$

支反力距　$M_A = -Pm = -1.308\times0.9 = -1.177(\text{kN}\cdot\text{m})$

将成型半圆环分两段 AC、AB 来分别写内力方程。

设原点在 C 点，取任意截面距离 C 点为 x，取截面右侧为隔离体。根据力、力矩平衡可得出坐标为 x 的截面上的剪力 F_s 和弯矩 M 分别为：

剪力AC　$F_s(x) = -P = -1.308\ \text{kN}$

AB　$F_s(x) = R_A - P = 2P - P = P = 1.308\ \text{kN}$

弯矩AC　$M(x) = -Px = -1.308x$

AB　$M(x) = -Px + P(1+\lambda)(x-m) = -Px + 2P(x-0.9)$

$$= -1.308x + 2.616(x-0.9)$$

计算并画剪力及弯矩图，见图 13-33。

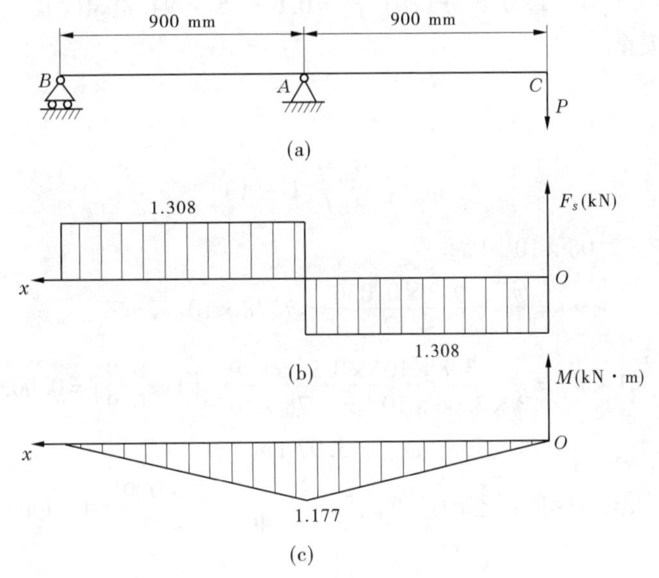

图 13-33　成型半圆环剪力图和弯矩图

最大弯矩　$M_{\max} = 1.308\times0.9 = 1.177(\text{kN}\cdot\text{m})$

实际上顶板变形主要在挠度，下面校核弯曲强度，首先是弯曲正应力校核。

1. 弯曲正应力校核

最大正应力可能出现在弯矩最大处、截面较小处。从图 13-33 中可以看出，在 2[#]管桩接触处的弯矩最大。所以，在与 2[#]管桩接触处的截面可能是危险截面。

$$\sigma_{\max} = \frac{M_{\max}}{W} \tag{13-10}$$

式中　W——抗弯截面系数，它与截面的几何形状有关，截面是高为 h、宽为 b 的矩形时

$$W = \frac{I_z}{h/2} = \frac{bh^3/12}{h/2} = \frac{bh^2}{6} \tag{13-11}$$

$$W = \frac{bh^2}{6} = \frac{0.200 \times 0.036^2}{6} = 4.32 \times 10^{-5}(\mathrm{m}^3)$$

$$\sigma_{\max} = \frac{M_{\max}}{W} = \frac{1.177 \times 10^3\ \mathrm{N \cdot m}}{4.32 \times 10^{-5}\ \mathrm{m}^3} = 2.725 \times 10^7\ \mathrm{Pa} = 27.25\ \mathrm{MPa}$$

根据式(13-6)已计算 Q235A 的许用应力$[\sigma] = 157$ MPa。

$\sigma_{\max} < [\sigma]$,所以安全。

2.弯曲剪应力校核

$$\tau_{\max} = \frac{3}{2}\frac{F_s}{bh} \tag{13-12}$$

由式(13-12)则有

$$\tau_{\max} = \frac{3}{2} \times \frac{1.308 \times 10^3}{0.2 \times 0.036} = 2.725 \times 10^5(\mathrm{N/m^2}) = 0.2725\ \mathrm{MPa}$$

$[\tau] = 0.6 \sim 0.8[\sigma]$,取$0.6[\sigma]$,则$[\tau] = 0.6 \times 157 = 94.2(\mathrm{MPa})$。

$\tau_{\max} < [\tau]$,安全。

3.刚度校核

最大挠度

$$\omega_C = \frac{Pm^2 l}{3EI}(1 + \lambda) \tag{13-13}$$

式中,弹性模量$E = 2.06 \times 10^{11}$ Pa。

惯性矩　$$I = \frac{bh^3}{12} = \frac{0.2 \times 0.036^3}{12} = 7.78 \times 10^{-7}(\mathrm{m}^4)$$

$$\omega_C = \frac{Pm^2 l}{3EI}(1 + \lambda) = \frac{1.308 \times 10^3 \times 0.9^2 \times 0.9}{3 \times 2.06 \times 10^{11} \times 7.78 \times 10^{-7}}\left(1 + \frac{0.9}{0.9}\right) = 0.00397(\mathrm{m})$$

$$\omega_{\max} = 3.97\ \mathrm{mm}$$

根据沈华、刘培学《船舶浮态的计算》,$[V_T] = \frac{l}{400} = \frac{2 \times 900}{400} = 4.5(\mathrm{mm})$(悬臂梁$l$取2倍的悬臂长)。

$w_C < [V_T]$,所以合格。

四、顶板设计

(一)顶板尺寸

考虑插桩与顶板位置相互干扰的影响(见图13-26),将顶板右端设计成叉状,顶板结构初步设计见图13-34。采用Q235A的钢板,根据常用钢板厚度规格(盛振邦等,1992),考虑钢板受力初选厚度为$\delta_3 = 60$ mm,长度$L_3 = 100 + 900 + 900 + 50 = 1950(\mathrm{mm})$,宽度假设$b_3 = 100$ mm。

(二)顶板强度校核

在定位准确后顶板要承受钢护筒、成型半圆环及其自重。如图13-35所示为在图示

坐标 xz 平面的受力，q_{sx} 为考虑水深最大时水流在 x 方向的冲击力，F_x 为 $2^{\#}$ 管桩对定位装置 x 方向的支撑力。因为重点要分析顶板受力，定位装置的重力简化为集中力 G。$G = G_t + 2G_{ljb} = 16.432 + 0.26 = 16.69(\mathrm{kN})$。

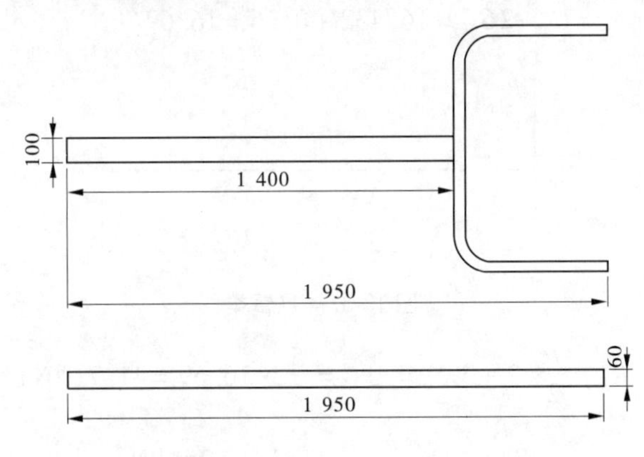

图 13-34　顶板　（单位：mm）

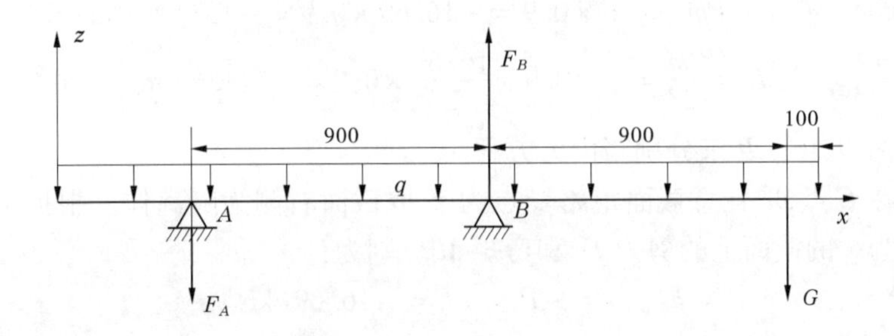

图 13-35　受力分析　（单位：mm）

从顶板与钢护筒的连接处断开，则顶板在连接处承受拉力，大小为 G，方向竖直向下即 z 负向。

顶板是个空间结构，为了方便计算，叉型部分简化成直杆，顶板可以算杆件，其截面尺寸比长度小得多，在计算简图中用其轴线表示。结构与基础间连接按其受力特征分为滚轴支座、铰支座、定向支座、固定支座和弹性支座。根据方案设计，$1^{\#}$、$2^{\#}$ 桩插入河床稳固可靠，是基础。顶板通过法兰与 $1^{\#}$ 桩用螺栓连接到一起，也即被支承的部分完全被固定，所以简化为固定支座，能提供三个反力 F_{Rx}、F_{Rz}、M；顶板被 $2^{\#}$ 桩支承的部分可以转动和水平移动，但不能竖向移动，只提供竖向反力，简化为滚轴支承。在顶板的右端承受竖直向下的载荷。顶板的计算简图见图 13-36。

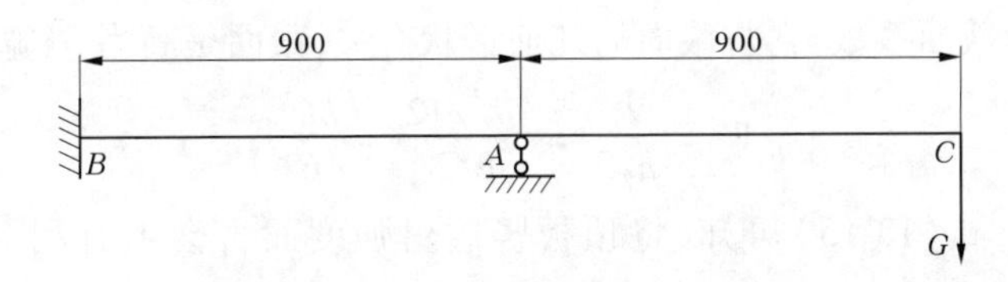

图 13-36　顶板的计算简图　（单位：mm）

顶板受的外载荷与它的纵轴垂直，内力只有剪力和弯矩，属于梁。梁在计算时一般不考虑自重。本顶板属于带悬臂的梁，对照盛振邦等(1992)《船舶静力学》中受静载荷梁的内力及变位计算公式，对于图 13-37 所示的悬臂梁，$\lambda = \frac{m}{l}$。其中，$m = 0.9$ m，$l = 0.9$ m，忽略连接螺栓重力，$P = G = G_t + 2G_{ljb} = 16.432 + 0.26 = 16.69(\text{kN})$。

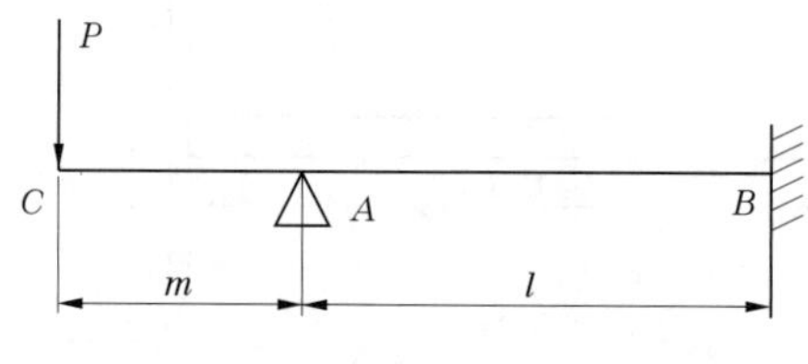

图 13-37　悬臂梁

支反力　$$R_A = \frac{P}{2}(2 + 3\lambda) = \frac{5}{2}G = \frac{5}{2} \times 16.69 = 41.7(\text{kN})$$

$$R_B = -\frac{3Pm}{2l} = -\frac{3}{2}G = -25(\text{kN})$$

支反力距　$$M_A = -Pm = -G \times 0.9 = -16.69 \times 0.9 = -15(\text{kN} \cdot \text{m})$$

$$M_B = \frac{Pm}{2} = \frac{G}{2} \times 0.9 = \frac{16.69}{2} \times 0.9 = 7.5(\text{kN} \cdot \text{m})$$

将梁分两段 AC、AB 来分别写内力方程。

设原点在 C 点，取任意截面距离 C 点为 x，取截面右侧为隔离体。根据力、力矩平衡可得出坐标为 x 的截面上的剪力 F_s 和弯矩 M 分别为：

剪力AC　$$F_s(x) = -P = -G = -16.69(\text{kN})$$

AB　$$F_s(x) = \frac{3Pm}{2l} = \frac{3}{2}G = 25(\text{kN})$$

弯矩 AC　$$M(x) = -Px = -Gx = -16.69x$$

AB　$$M(x) = -Px + R_A(x - m) = -Gx + R_A(x - 0.9)$$

计算并画剪力及弯矩图，见图 13-38。

1. 强度校核

实际上顶板变形主要在挠度，下面校核弯曲强度，首先是弯曲正应力校核。

最大正应力可能出现在弯矩最大处、截面较小处。顶板在 2#管桩接触处的弯矩最大，$M_{\max} = 15$ kN · m。所以，顶板在与 2#管桩接触处的截面可能是危险截面。

$$\sigma_{\max} = \frac{M_{\max}}{W} \tag{13-14}$$

式中　W——抗弯截面系数，它与截面的几何形状有关，截面是高为 h、宽为 b 的矩形时

$$W = \frac{I_z}{h/2} = \frac{bh^3/12}{h/2} = \frac{bh^2}{6} \tag{13-15}$$

由式(13-14)、式(13-15)可知，将顶板竖放对强度而言会更有利。也即，高度 $h = b_3 = 0.1$ m，宽度 $b = \delta_3 = 0.060$ m。代入得

$$W = \frac{bh^2}{6} = \frac{0.060 \times 0.1^2}{6} = 1.0 \times 10^{-4}(\text{m}^3)$$

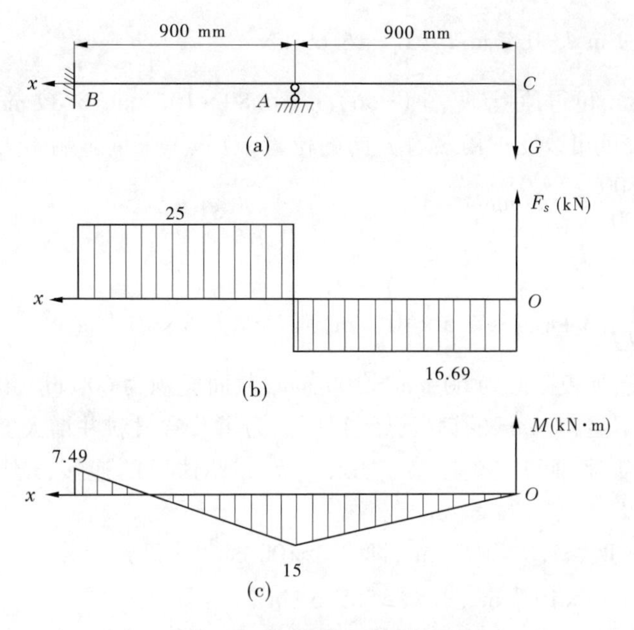

图 13-38　顶板剪力图和弯矩图

$$\sigma_{max} = \frac{M_{max}}{W} = \frac{15 \times 10^3 \text{ N} \cdot \text{m}}{1.0 \times 10^{-4} \text{ m}^3} = 150 \times 10^6 (\text{Pa}) = 150 \text{ MPa}$$

$[\sigma] = 157$ MPa，$\sigma_{max} < [\sigma]$，满足强度要求。

根据《钢质内河船舶建造规范》(2009)，细长梁的控制因素通常是弯曲正应力。满足弯曲正应力强度条件的梁，一般都能满足切应力的强度条件。只有在以下几种情况下才进行梁的弯曲切应力校核：①梁的跨度较短，或在支座附近作用较大的载荷，以致弯矩较小，而剪力较大；②铆接或焊接的工字梁，如腹板较薄而截面高度颇大，以致厚度与高度的比值小于型钢的相应比值，这时，对腹板应进行切应力校核；③经焊接、铆接或胶合而成的梁，对焊缝、铆钉或胶合面等，一般要进行剪切计算。顶板结构分直臂和叉状两段焊接而成，为安全可靠，还应进行剪应力校核。

剪应力　$\tau_{max} = \frac{3}{2} \times \frac{F_s}{bh} = \frac{3}{2} \times \frac{25 \times 10^3}{0.06 \times 0.1} = 6.25 \times 10^6 (\text{Pa}) = 6.25 \text{ MPa}$

$[\tau] = 0.6 \sim 0.8[\sigma]$，取 $0.6[\sigma]$，则 $[\tau] = 0.6 \times 157 = 94.2(\text{MPa})$。

$\tau_{max} < [\tau]$，安全。

2. 顶板弯曲变形校核

根据盛振邦等(1992)《船舶静力学》中受静载荷梁的内力及变位计算公式，可得图 13-37所示梁的挠度为

$$\omega_C = -\frac{Pm^2 l}{12EI}(3 + 4\lambda) \tag{13-16}$$

弹性模量　$E = 2.06 \times 10^{11}$ Pa

惯性矩　$I = \frac{bh^3}{12} = \frac{0.06 \times 0.1^3}{12} = 5 \times 10^{-6} (\text{m}^4)$

$\lambda = \frac{m}{l}, m = 0.9\ \mathrm{m}, l = 0.9\ \mathrm{m}, P = G = 16.69\ \mathrm{kN}$

代入式(13-16),可得顶板(见图13-36)$\omega_C = 6.89 \times 10^{-3}\ \mathrm{m} = 6.89\ \mathrm{mm}$。

顶板C点的挠度可改变护筒竖直方向的位置,对施工来说影响不大,所以挠度允许值$[V_T] = \frac{l}{400} = \frac{1\ 800}{400} = 4.5(\mathrm{mm})$。

$w_C > [V_T]$,不合格。

要合格,则$\frac{Pm^2 l}{12EI}(3 + 4\lambda) \leqslant 4.5 \times 10^{-3}\ \mathrm{m}$,则$I \geqslant 7.656 \times 10^{-6}\ \mathrm{m}^4$。

根据强度校核,顶板截面为60 mm×100 mm,截面面积为60 cm^2,虽然可用,但安全系数不大,且刚度不足,60 mm的钢板已经很厚。为了节省材料并增大安全系数,可以考虑采用工字钢,但工字钢与法兰连接不方便。为方便法兰的连接,选择空心矩形截面型钢。

抗弯截面系数$W_x \geqslant 1.0 \times 10^{-4}\ \mathrm{m}^3$,即$W_x \geqslant 100\ \mathrm{cm}^3$。

惯性矩$I_x \geqslant 7.656 \times 10^{-6}\ \mathrm{m}^4$,即$I_x \geqslant 765.6\ \mathrm{cm}^4$。

根据抗弯截面系数、惯性矩的需要并留有余量,查蔡岭梅等(1996)《船舶静力学》,选择矩形冷弯空心型钢截面尺寸为:长边$H = 160$ mm,短边$B = 80$ mm,壁厚$t = 8$ mm。$I_x = 1\ 036.483\ \mathrm{cm}^4$,$W_x = 129.560\ \mathrm{cm}^3$,截面面积33.644 cm^2,理论重量26.810 kg/m。材料Q235,外圆弧半径6 mm $< t \leqslant$ 10 mm时为$R = 2.0\ t \sim 3.0\ t$。材料用型钢,画图时取$R = 20$ mm。标注为:冷弯空心型钢(矩形管)$\frac{\text{J160} \times 80 \times 8 - \text{GB/T 6728—2002}}{\text{Q235} - \text{GB/T 700—1988}}$。

(三)顶板叉状结构设计

为方便管桩吊装,顶板与护筒连接处设计成叉状结构,见图13-39。选用矩形冷弯空心型钢截面尺寸为:长边$H = 160$ mm,短边$B = 80$ mm,壁厚$t = 8$ mm。叉状结构根据结构需要宽度尺寸不能太大,所以还用矩形截面钢板弯制,然后和左端焊接在一起。叉形部分将受力分到两个叉上。

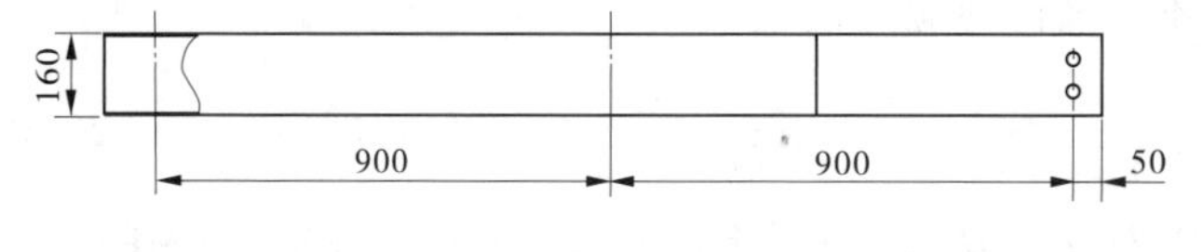

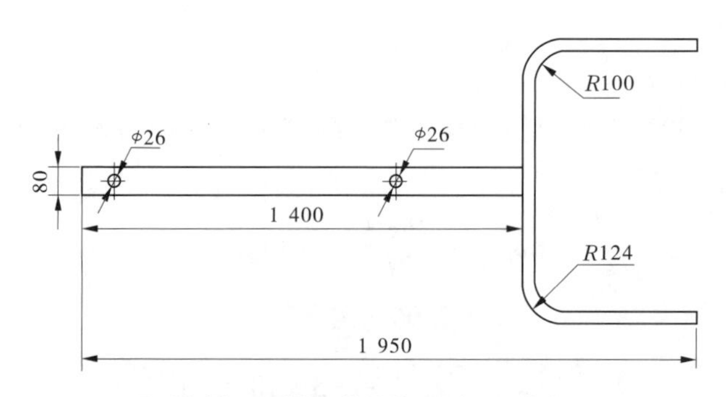

图13-39　顶板叉状结构设计　(单位:mm)

抗弯截面系数 $W_x \geq 1.0 \times 10^{-4}$ m³，即 $W_x \geq 100$ cm³；惯性矩 $I_x \geq 7.524 \times 10^{-6}$ m⁴，即 $I_x \geq 752.4$ cm⁴，稍小点取截面即可。截面高度与矩形冷弯空心型钢同，即 $h_2 = H = 160$ mm。

根据矩形截面抗弯截面系数的公式 $W = \frac{bh^2}{6}$，惯性矩的公式 $I = \frac{bh^3}{12}$，可求得 $b \geq 23.4$ mm。这个尺寸不大，安全起见，不再考虑力分到两个叉上而缩小截面，查盛振邦等(1992)《船舶静力学》，选用 24 mm 厚的钢板。

为方便与法兰连接，在连接部分设计螺栓孔，初选 M20 的螺栓，按中等装配，螺栓孔直径为ϕ22(GB 5277—85)，为了更稳定可靠，也通过法兰将顶板与 2#桩连接固定。在后续的计算中发现需要用 M24 的螺栓，按中等装配，螺栓孔直径为ϕ26(GB 5277—85)。

考虑桩距误差将顶板直臂做空改成长槽，适应已打好的桩位。为确保待插桩与 2#桩的桩距，1#、2#桩如果桩距有误差也不影响插桩，将顶板与法兰(与 1#桩相接法兰)相接处，设计成长槽。后期将中心距改为 800 mm。

第四节　深水区定位装置三维有限元分析

一、三维实体模型的建立

定位装置虽然各个部件简单，但是结构复杂。本课题的侧重点是对该装置进行静力分析，其部件上的倒角、圆角和部分孔，以及装配时用于连接的销钉、螺栓和螺母等对分析结果不构成影响，因此在进行建模的时候可以不予创建。一方面简化了结构，减轻了工作量；另一方面也极大地降低了有限元分析的难度及复杂程度。用于连接上下两个定位筒的链条在建模过程中选择省略，原因是在进行有限元分析时，链条的结构相当复杂，而其质量相对于整个装置来说不构成任何影响，可以忽略不计。两个筒在有限元分析软件中采用绑定策略来替代链条对二者的约束。同时省略的部件还有焊接在定位筒上面的吊耳。基于以上建模思想，利用 Pro/E 软件得到三维实体模型，见图 13-40。

二、有限元模型的建立

将用 Pro/E 建立的三维实体模型导入有限元分析软件，定义材料属性，将各零件进行装配(确定各零件之间的位置关系)，定义相互作用，对法兰面施加全约束定义边界条件，定义单元类型，进行网格划分，施加重力和水流压力。由于是研究定位装置在自重和水流冲击力作用下的应力和形变，由前面的理论分析和计算知，其承载和变形最大的地方就在连接板和顶梁上。装置所受外力中，重力是固定的，而水流冲击力则随水位的变化而改变。因此，采用固定顶板和连接板的位置改变水位的方案去分析得出装置应力和形变最大时的水位(根据水位高低不同，分为 6 种工况进行研究)。然后将水位固定在最大处改变顶板和连接板的位置，从而分析得出该装置能否满足最大承载和形变时的要求。有限元模型见图 13-41。

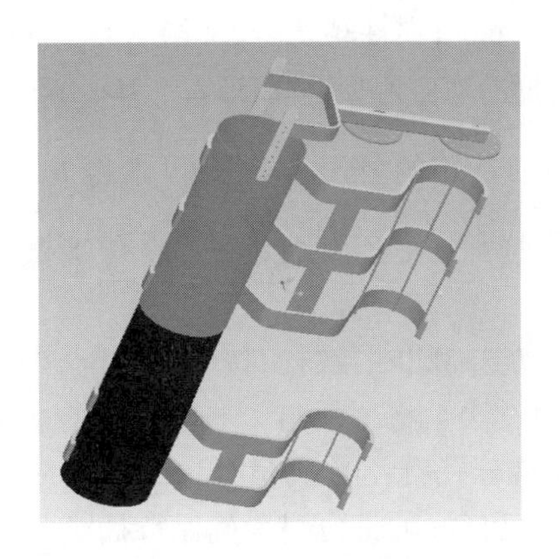

图 13-40　定位装置三维实体模型

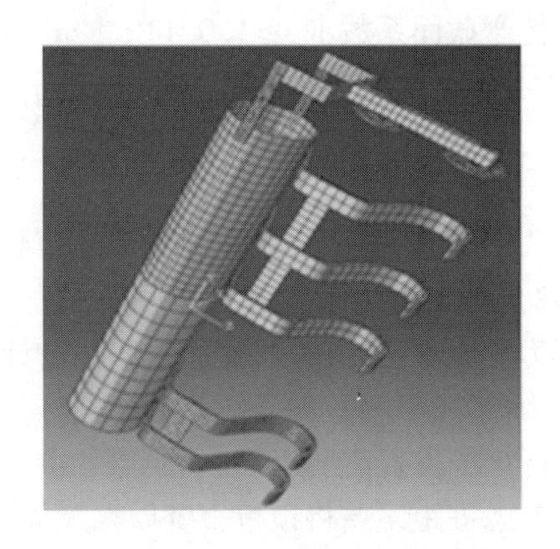

图 13-41　三维有限元模型

三、计算结果与分析

拟定 8 种工况进行护筒变形和位移分析,如图 13-42 ~ 图 13-49 所示。

(一)水位高低不同的 6 种工况

在工况 1 的情况下,水位设定在本研究区域的最底端,顶板在连接板的最上端,应力图和位移变形图见图 13-42。

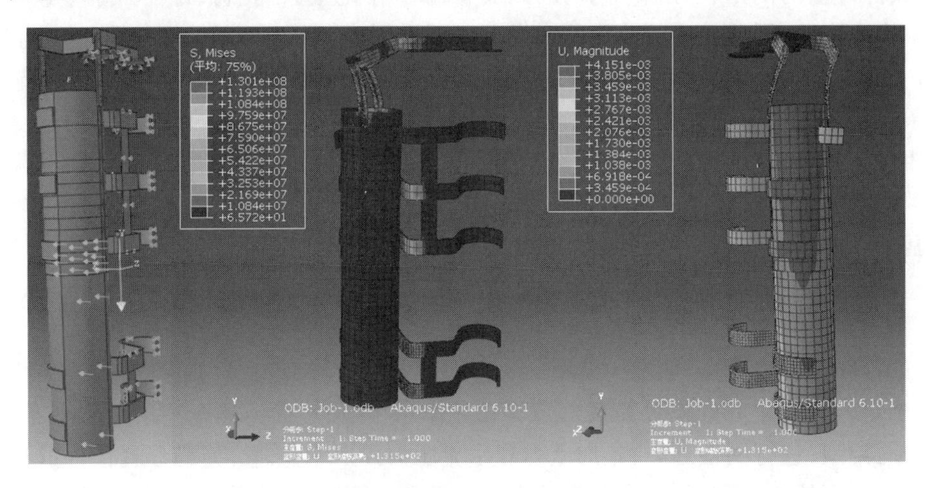

图 13-42　工况 1

在工况 2 的情况下,相对于工况 1 水位上升 12 cm,顶板仍然在连接板的最上端,应力图和位移变形图见图 13-43。

在工况 3 的情况下,相对于工况 2 水位再上升 12 cm,顶板仍然在连接板的最上端,应力图和位移变形图见图 13-44。

在工况 4 的情况下,相对于工况 3 水位再上升 12 cm,顶板仍然在连接板的最上端,应力图和位移变形图见图 13-45。

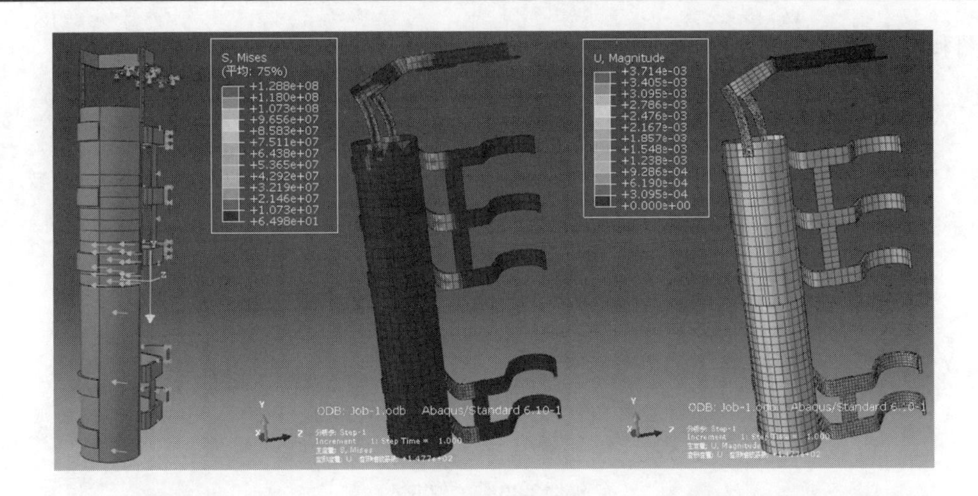

图 13-43　工况 2

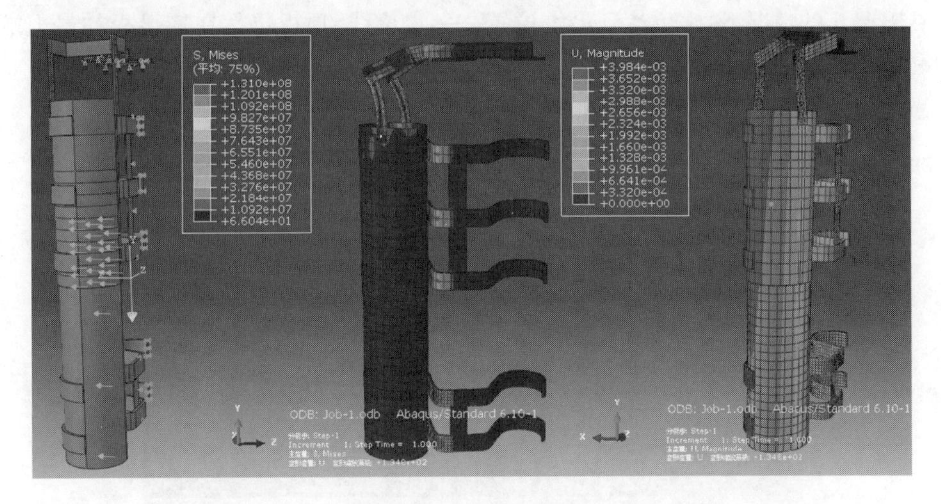

图 13-44　工况 3

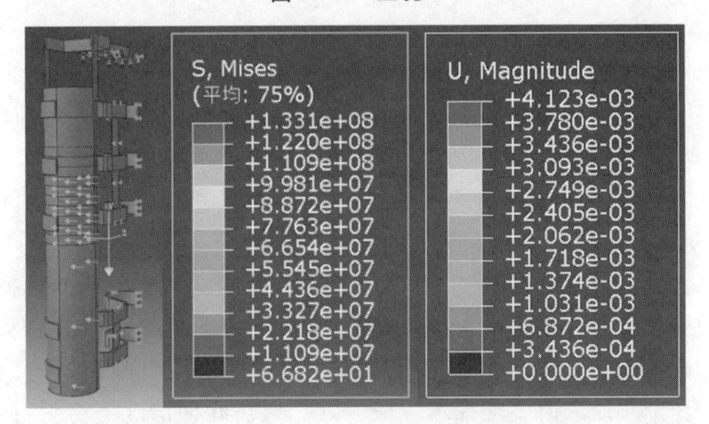

图 13-45　工况 4

在工况 5 的情况下，相对于工况 4 水位再上升 12 cm，顶板仍然在连接板的最上端，应力图和位移变形图见图 13-46。

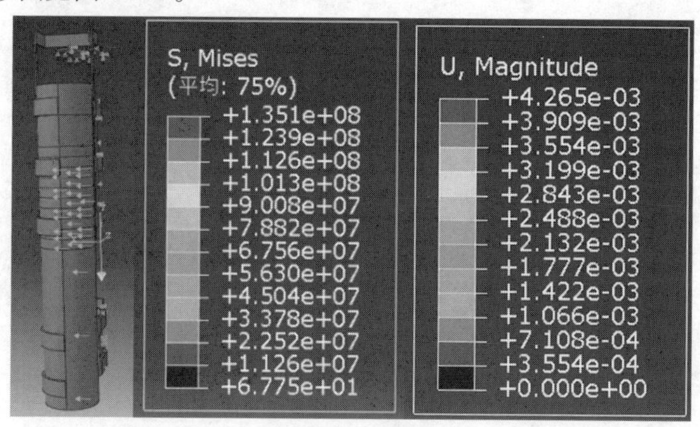

图 13-46　工况 5

在工况 6 的情况下，水位达到最大位置——水位线，顶板仍然在连接板的最上端，应力图和位移变形图见图 13-47。

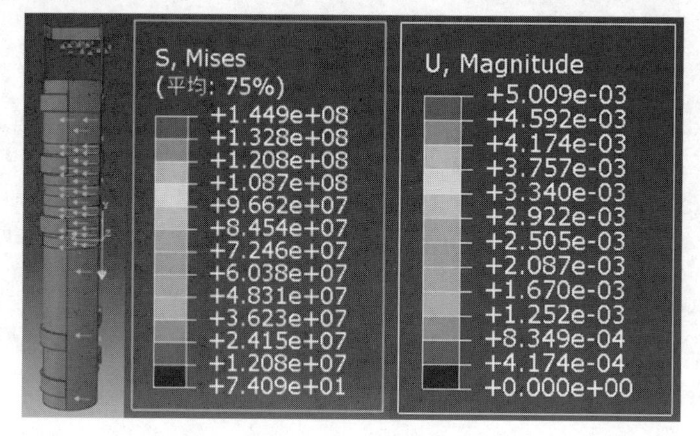

图 13-47　工况 6

（二）固定水位在水位线，改变顶梁的位置

在工况 7 的情况下，水位达到最大位置——水位线，相对于工况 6，顶板下移 17 cm，应力图和位移变形图见图 13-48。

在工况 8 的情况下，水位达到最大位置——水位线，相对于工况 7，顶板下移 17 cm，应力图和位移变形图见图 13-49。

各工况下最大应力和位移如表 13-1 所示。对比工况 1 ~ 工况 6 的数据，随着水位的上升，该装置的最大应力和位移均有小幅度的波动，但大体上是呈上升趋势，直到水位达到最高，应力和位移均达到最大值。但数值均在材料的许用范围内，符合要求。但可断定，装置的应力和位移最大值出现在水位最大处。但在此种情况下材料符合要求并不能说明该定位装置的设计就完全符合要求了，于是就做了工况 7、8 下的一组数据来加以对比。

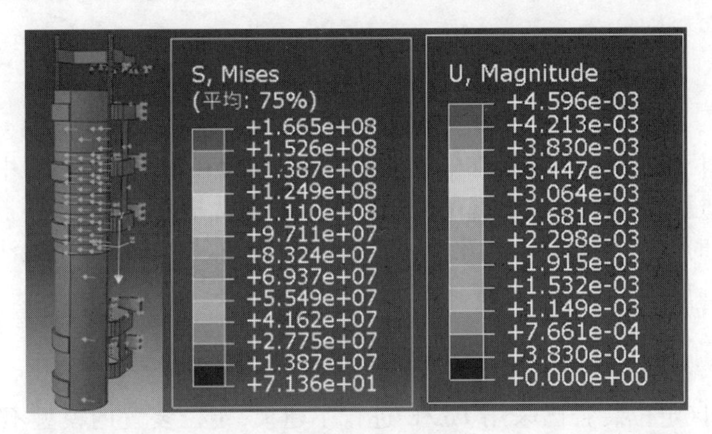

图 13-48　工况 7

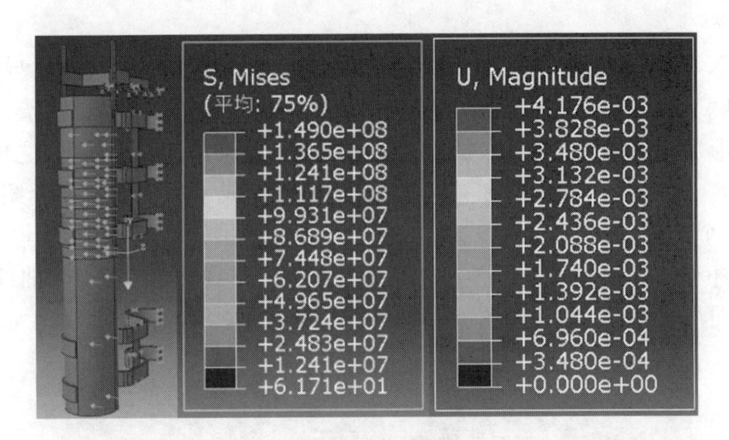

图 13-49　工况 8

表 13-1　各工况下护筒最大应力和位移计算成果

工况	工况 1	工况 2	工况 3	工况 4	工况 5	工况 6	工况 7	工况 8
水位	最低	+12 cm	+12 cm	+12 cm	+12 cm	最高	最高	最高
最大应力(MPa)	130.1	128.8	131.0	133.1	135.1	144.9	166.5	149.0
最大位移(mm)	4.151	3.714	3.984	4.123	4.265	5.009	4.596	4.176

工况 6 ~ 工况 8 数据是在水位达到最大值的时候测量的。不同之处在于顶梁的位置不同。对比工况 6 ~ 工况 8 的数据我们不难发现，在工况 7 的情况下，应力达到了最大值，已经超过了材料的许用应力。在该情况下，材料是不符合施工要求的。

该定位装置最大变形位置在与成型半圆环外端的接触位置，发生最大变形的情况是顶梁位于连接板顶端，水位达到最大时，变形为 5 mm，应变小于 1%，符合要求。

第五节　深水区定位装置的应用仿真

深水区定位装置应用仿真旨在模拟深水区定位装置在水上插桩过程中的应用模拟，也即模拟施工过程中定位装置的起吊、固定、插桩，以及为适应不同水深重新调整的过程。在此过程中及时发现问题，进行优化设计。仿真软件有很多，本课题不但涉及机构，还涉及场景，因此选择3DMAX作为仿真软件。

一、建模

因为深水区定位装置已采用Pro/E进行了建模，定位装置的模型不需再建，导入3DMAX应用即可，场景部分可以采用3DMAX建模。采用Pro/E进行建模的过程在此不再赘述。

在3DMAX中建模可借助熟悉的软件，先在AutoCAD中画草图，然后导入到3DMAX之中进行渲染。渲染的方式共有两种：径向和矩形。径向是通过增加线条直径的方法使一条线变粗，形成一条圆柱形实体；矩形是通过增加线条的宽度、厚度，使之成为一个板状物或者长方体。再对其赋予材质和颜色，实体建模就完成了。下面简要介绍吊臂的建模。

吊臂由多个部分构成，分别为转动球、粗杆、细杆和吊钩。转动球的建模由新建球体直接构建，粗杆和细杆由样条线段渲染生成，吊钩由样条线段和NURBS曲线构建二维平面后，通过径向渲染得到实体，见图13-50。

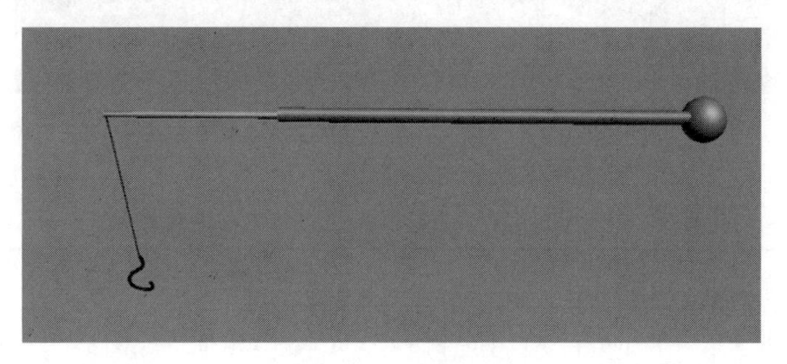

图13-50　吊臂渲染图

二、应用仿真

在3DMAX中，对象的大小、形状、材质等在调整时都会发生变化，将变化过程记录下来就形成了动画。3DMAX和其他动画制作软件一样，只需设置场景中对象的关键帧，由软件自动计算生成中间帧，形成完整的帧动画序列。

深水区定位装置由顶板组件、插筒组件、承筒组件和连接板组成。在应用时根据水深不同，有不同的装配方式。在对定位装置的使用进行三维仿真模拟的时候，必然要进行定位装置的组合与装配仿真。

(一)使用单个护筒的装配仿真

定位装置分为两种,一种是单独一个护筒用于插桩定位,另一种是两个护筒组合后用于定位,器具定位需要经历三个过程:顶板升起、顶板与护筒对齐、连接。图13-51为单个护筒与顶板通过连接板连接。

在确定各个位置的状态之后,运用自动关键帧,生成动画并渲染导出。

(二)使用两个护筒的装配仿真

当插桩工作环境处于水域较深的区域时,一个护筒已经不能满足定位的使用要求,需要用两个护筒的承插对预制管桩进行定位,这个过程的仿真需要较高的画图精度和对齐精度,以免在渲染的时候发现仿真失败或者出现护筒干涉的情况。定位需要经历三个过程:顶板拆卸、护筒对齐、护筒连接及其与顶板连接。

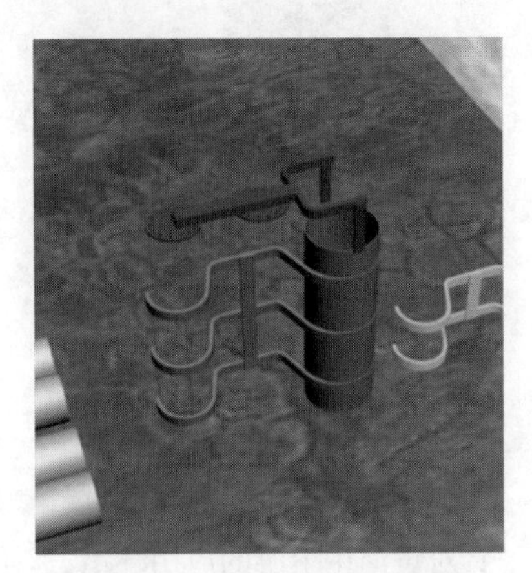

图13-51　单个护筒与顶板连接

(三)连接板连接位置调整

定位装置在遇到水更深的区域时,其护筒承插的长度和连接板的连接位置都可以进行调整,这个调整的过程分为两个部分:两个护筒的伸缩以及连接板的调整。

以上三个过程,组成了定位装置的整个装配流程,是其插桩过程仿真的基础。

(四)插桩过程仿真

对水上插桩定位装置进行模拟仿真,不但要对定位装置的装配过程有良好的展现,而且还要对定位装置的使用过程进行模拟。这就意味着要将插桩的过程呈现出来,水上插桩的过程主要由六个部分组成:

(1)根据插桩位置水深,装配或调整定位装置;

(2)通过吊车将已装配好的定位装置吊起;

(3)将定位装置放置到指定位置;

(4)将预制管桩移动到待插桩位置;

(5)进行插桩;

(6)将定位装置拔出,放置于平台之上。

这个过程的核心技术问题在于怎么处理吊臂的伸缩及摇摆,结合吊钩的升降使得吊钩能够刚好钩住定位装置(或待插桩),并顺利抬起。

将吊臂移动到指定位置,通过手动的对齐使得吊钩和待吊物体处于一个竖直线上,并设置关键点,然后将吊钩下降,钩住定位装置(或待插桩),再次设置关键点,最后将定位装置(或待插桩)与吊钩约束在一起,运用整体的上升达到吊起的效果并再次设置关键点。图13-52为吊起重物关键点。

预制管桩在实际施工过程中长度为24 m,如果进行1∶1的建模仿真,会出现仿真定位装置过于短小的情况。在本课题中,为了使得仿真效果良好,给人更直观的感受,将预制管桩缩短为12 m,并保持其他尺寸不变。预制管桩的移动过程和定位装置的移动过程类似，其仿真关键点见图 13-53。

图 13-52　吊起重物关键点

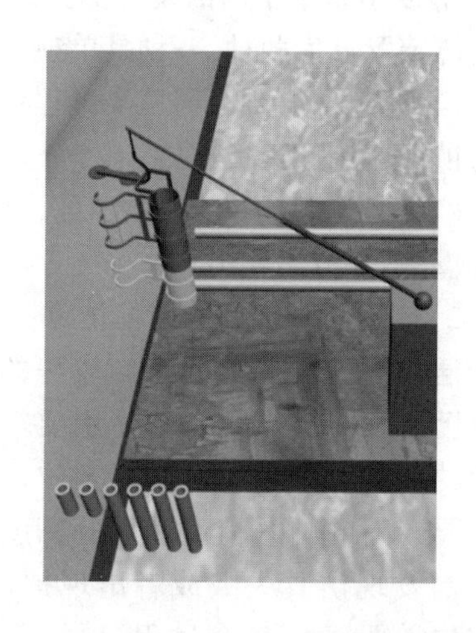

图 13-53　预制管桩移动仿真关键点

针对黄河中下游的应用环境，运用 3DMAX 软件，通过自动关键帧技术和轨迹约束技术，对定位装置装卸、放置到水中正确位置，以及插桩过程进行模拟仿真。仿真工作还可以进一步完善，如水流可以动态化，岸上可以有树木和草地，吊车可以做得更为真实。

第六节　深水插桩定位装置制造与吊点选定

一、设备制造

郑州市黄河河务局太阳能设备厂负责快速定位装置的加工制作，在与制造厂的沟通中，制造厂提出快速定位的 36 mm 厚钢板成型半圆环制作困难，后经现场研究、会商，将原设计的 36 mm 厚钢板改成箱式加筋结构（见图 13-54）。护筒卷制最长 2 m，两段护筒都制造成 2 m。

图 13-54　加工厂上部分定位装置起吊试验

二、深水定位装置吊点确定

深水插桩定位装置结构尺寸、重量都比较大，安装与拆卸都需要吊车辅助方能进行，根据安装要求准确选定其吊车吊点十分关键和重要。但定位装置是护筒、成型半圆环等按照定位和固定要求进行空间组装的复合体，装置重心很难计算或尺量确定，考虑到吊点位置的合理性直接关系到起吊时定位的快速性、准确性与施工进程，我们采取初步选定，再通过实际吊装试验验证或调整的方法确定。为了验证快速定位装置吊点设计的正确性与合理性，在设备制作完成后，利用加工单位厂区内的移动式手动操作 10 t 门机进行起吊试验，见图 13-55。起吊时手动缓慢起吊，保持设备的稳定起吊，起吊稳定后，上部分和整体结构都呈竖直状态，说明吊点的设计合理，在施工时，能够保证定位装置定位的准确性，成型半圆环的弧度加工满足设计要求。

图 13-55　加工厂手动 10 t 移动式门机

试验时，1 名操作人员手动操作门机，另外 1 人配合定位装置的起吊。由于定位装置的上部分重量占主导，试验时，首先将定位装置的上部分起吊（见图 13-54），观察装置的竖直状态；然后再将定位装置的两部分组装进行整体起吊试验（见图 13-56），观察装置的

图 13-56　加工厂整体起吊试验

竖直状态。经过多次反复和修正,最终找出了定位装置的科学吊点。通过对定位装置的上部分和整体结构进行试验,该设备加工制造满足设计要求,完全能够满足施工精度的需要。同时,我们还进行了实际水上插桩试验,验证了所选吊点的合理和可靠性,见图 13-57。

图 13-57　深水插桩定位器及其内插桩

第三篇　可移动空心排桩支挡技术应用

第十四章　空心排桩支挡概述

第一节　概　述

将钢筋混凝土预制管桩、钢筋混凝土预制盖梁、钢筋混凝土预制销柱设计成拼装式的排桩结构形式，在河、湖、江、海近岸的滩涂松软含水地层中，预先利用高压水流射孔器、吊车等机械设备进行地面无损伤插桩入欲防冲的地方，拼装构成一道天然屏障以削减洪水巨浪的冲刷，即是守滩防冲护岸一种工程措施。当其使命完成还可以进行地面无损伤拔桩、拆除，移动搬运、重新无损伤施工到新的地点拼装组合，安全可靠、简单快捷，一次性投入施工设备和桩体材料，即可多年重复使用。而且在城市高层建筑基坑开挖施工中，针对挖深大、不能放坡开挖的实际特点，还可以通过应用钢筋混凝土预制管桩修做基坑围护支挡桩墙，进行基坑直立开挖。

一、支挡结构与建筑基坑内涵

保持结构物两侧的土体、物料有一定高差的结构称为支挡结构。如以刚性较大的墙体支承填土和物料并保证其稳定的为挡土墙；而对于具有一定柔性的结构，如板桩墙、开挖支撑，则称为柔性挡土墙或支护结构。

支挡结构在各种土建工程中得到广泛的应用，如公路、铁路的挡土墙，桥台，水利、港湾工程的河岸及水闸的岸墙，民用与工业建筑的地下连续墙，开挖支撑等。随着大量土木工程在地形复杂地区的兴建，支挡结构愈加显得重要，支挡结构的设计，将直接影响到工程的经济效益和安全。

建筑基坑是指为进行建筑物（包括构筑物）基础与地下室的施工所开挖的地面以下的空间。开挖后，产生多个临空面，构成基坑围体，围体的某一侧面称为基坑侧壁。基坑的开挖必然对周边环境造成一定的影响，影响范围内的既有建（构）筑物、道路、地下设施、地下管线、岩土体及地下水体等，统称为基坑周边环境。为保证地下结构施工及基坑周边环境的安全，对基坑侧壁及周边环境采用的支挡、加固与保护措施，称为基坑支护。

改革开放以前，基础埋深较浅，基坑开挖深度一般在 5 m 以内，一般建筑基坑均可采用放坡开挖或用少量钢板桩支护。随着大量高层建筑的建造及地下空间的开发,同时也为了满足高层建筑抗震和抗风等结构要求,地下室由一层发展到多层,相应的基坑开挖深度也越来越深,如北京中国国家大剧院基坑最深处达 35 m。

当前,中国的深基坑工程在数量、开挖深度、平面尺寸以及使用领域等方面都得到高速的发展,深、大基坑已非常常见,放坡开挖或用少量钢板桩已经难以保证地下结构施工及基坑周边环境的安全。为此,实践中已发展多种支护方式,如排桩,即以某种桩型按队列式布置组成的基坑支护结构;地下连续墙,即用机械施工方法成槽浇灌钢筋混凝土形成的地下墙体;水泥土墙,即由水泥土桩相互搭接形成的格栅状、壁状等形式的重力式结构;土钉墙,即采用土钉加固的基坑侧壁土体与护面等组成的支护结构,以及上述方式的各类组合支护方式。

二、基坑支挡与施工的主要方法

(一)排桩凿井法

在松软含水层中预先用打桩机将桩打入欲开凿的井筒周边,然后在板桩的保护下进行掘土凿井。

(二)排桩锤击下沉法

排桩锤击下沉法,指的是利用不同质量的落锤或柴油动力锤对排桩施打,以冲击下沉至设计要求的深度的方法。

排桩锤击下沉法适用于淤泥和泥炭等软土、松散的中粗和粗粒砂土,以及无岩块掺杂的砾土。

当锤击下沉法用于密实的细砂土、中粗或粗粒砂土或砂砾土、硬土与软性—中硬性岩层时,介质岩土层会增加锤击打入地层的摩阻力。届时,一是加大锤重或动力使其顺利下沉;二是考虑改用射水法来辅以下沉施工。

另外,排桩锤击下沉法对相对湿性土壤、浸水或饱和的土壤,下沉摩阻力同样会增大。届时比较可行的施工方法是改用射水法,而一般不能借助加大锤重及功率的办法去实施。因为在湿润饱和土壤中往往是排桩与下沉围土呈啮合状,下沉极为困难。

(三)排桩振动下沉法

排桩振动下沉法,指的是以桩机的激振力暂时扰动桩周围的土壤,使土壤出现轻度液化,从而降低土壤对桩的下沉阻力,使得只用桩机本身的自重就可将板桩顺利下沉到设计要求深度的一种施工方法。

排桩振动下沉法适用于圆粒砂土、砾土和软土,还可用于尖角砂土与坚硬土壤。一般而言,采用振动下沉法进行排桩施工时,干性土壤的打桩阻力大于湿性土壤、浸水或饱和土壤的打桩阻力。

如果颗粒土壤因振动而被挤紧,阻力会进一步加大,将造成无法用振动下沉法打桩。届时,可采用射水下沉法或爆炸下沉法进行处理。

(四)排桩射水下沉法

排桩射水下沉法,是指在桩尖处装有一个高压水喷头,并经桩内的管路连接到地面上的供水泵,通过高压水射流使排桩周围的土壤疏松并带走其土石,以降低桩尖的阻力和排桩表面与锁口处的摩擦力，终以排桩下沉打入设计要求的地层深度的一种施工方法。

依其水压高低来划分，排桩射水下沉法又分为低压射水下沉法与高压射水下沉法两种。

(1)低压射水下沉法，指以工作压力为2 MPa、单管水流量为120～240 L/min的射水作用力，使土壤疏松并带走其土石，降低排桩表面及锁口处的摩擦力下沉板桩的施工方法。

(2)高压射水下沉法，指以工作压力为25～50 MPa、单管水流量为60～120 L/min的射水作用力，使土壤疏松并带走其土石，降低排桩表面及锁口处的摩擦力下沉排桩的施工方法。

(五)排桩静压下沉法

排桩静压下沉法，指以液压为动力，由液压压头将排桩或连成排墙垂直压入地层的一种施工方法。

目前，我国建筑行业已广泛采用无声液压桩机对方形钢筋混凝土预制桩进行压桩，用于基础处理、提高基础承载力施工。

(六)地连墙排桩法

地连墙排桩法，是指用射水下沉方式将排桩按一定间距依次打入地层设计深度，再用射水下沉方式将排桩依次打入预留间距的地层设计深度并有一定富裕后，将排桩空心中的射水机具改换成水下混凝土浇筑输送装置，在利用混凝土输送泵输送混凝土浆液的同时，利用吊车将桩慢慢拔出(此时排桩起到水下浇筑混凝土导管作用)，向桩底下的空隙中灌注浆液并使其凝固，即可形成地连墙—板桩灌注墙。为此，地连墙排桩法又称“板桩灌注墙施工法”。

地连墙板排法是将排桩和灌浆技术结合运用的防冲防渗的施工技术。该工法效果体现在钢材用量上，降低造价，它的允许水力坡降 J 可达到30左右，使用年限40年以上。该方法目前尚处在设想和试验阶段。

三、基坑支挡设计及施工要点

一般情况下，基坑支护工程是临时性工程，因此安全与经济的平衡是尤其重要的，不能为了安全而忽略经济，更不能为了经济而忽略安全。基坑工程一般位于城市中，地质条件和周边环境条件复杂，有各种建筑物、构筑物、管线等，一旦失事就会造成人民生命和财产的重大损失。目前，我国基坑工程成功率低的问题异常突出，各大城市均有已建成基坑出现工程事故的例子，地质条件较好的地区(如北京)、地质条件差的地区(如上海、海口、惠州等)、浅基坑和深基坑都有，其结果是给国家造成巨大的经济损失，影响人民生活。

基坑开挖时，随着土体应力的解除和临空面的产生，将可能引起土体与支护结构的失稳。土体与支护结构的失稳主要表现为几种类型，分别是整体失稳、基坑底土隆起失稳、基坑底土突涌失稳、基坑渗流失稳(产生管涌现象)、支护结构踢脚失稳，另还有支护结构的强度破坏，如支锚结构锚杆被拔出、桩墙底部向基坑内产生较大位移、桩墙弯曲破坏等，如图14-1所示。当支护结构与土体发生上述失稳现象时，必将引起支护结构侧移和地表沉降，引起邻近建筑(构筑)物、道路、地下设施与管线的变形，严重的将产生灾难性的后果。

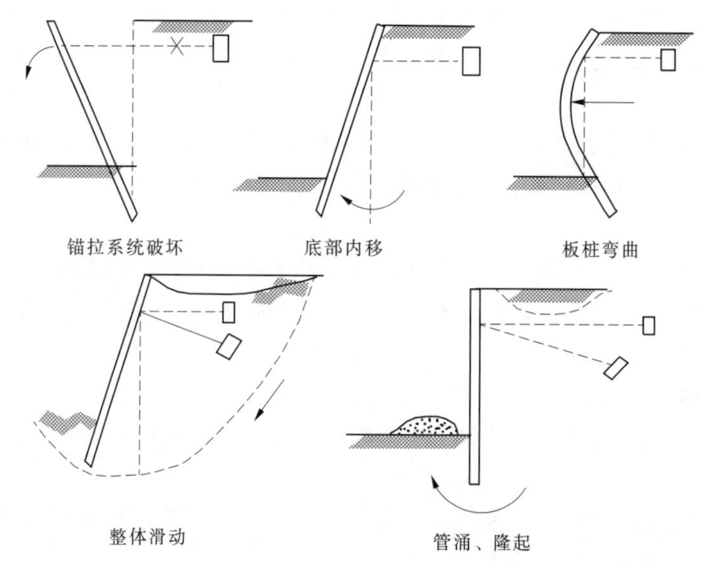

图 14-1　支护结构失稳示意图

因此，在基坑支护工程的设计和施工过程中，一定要做到以下几点：

(1)对地质条件和周边环境进行充分考察，根据周边环境的要求制订出经济合理的支护方案，并据此提出支护结构的水平位移和周边地层的垂直沉降控制标准。

(2)在设计阶段，应根据工程勘察报告，结合经验综合选取设计参数。

(3)在分析支护结构受力和变形时，应充分考虑施工的每一阶段支护结构体系和外荷载的变化，同时要考虑施工工艺的变化、挖土次序和位置的变化、支撑和留土时间的变化等。

(4)基坑设计人员应充分认识到在基坑施工过程中还会遇到很多设计阶段难以预测到的问题。因此，设计人员应密切和施工人员联系，全面把握施工进展状况，及时处理施工中遇到的意外情况。

(5)基坑施工过程中应该制订完备的监测方案，应根据监测成果实施动态优化设计。监测人员对监测结果应及时总结，一旦发现问题应及时向设计、施工等方面反映，以便分析异常原因，及时提出解决方法。

(6)基坑工程的施工必须完全按照设计文件的要求去做，需要变更施工工艺和施工顺序，应提前向设计人员提出，设计人员重新计算分析许可后方可进行变更。

第二节　适用条件和范围

射水法是利用桩尖能量高度集中的射水冲击并切割桩尖下部很小局部区域的地层，对这个区域内的土体结构施加了很大的冲压力，当这个冲压力超过土体的临界承载力时，土体结构就受到破坏的一种排桩下沉施工方法。因不同地质结构的地层抗射水冲击破坏的能力不同，所以排桩下沉不同的射水方式适应条件也有很大程度的不同：

低压射水下沉排桩主要用于密实的无黏性土层，特别是采用可变偏心的振动打桩机时，该工法特别成功。

高压射水下沉排桩主要用于特别密实的土层，以及在施打过程中可能发生地面沉降危险的地带，诸如白垩土、漂石土和其他硬土层等。

水利工程和海洋工程的施工现场自然环境都比较复杂，有的在陆地，有的在海上，有的在沿海滩涂的潮间带，给传统施工技术带来了很多困难，工程造价也会大幅度增加。射水下沉排桩技术由于实现了工厂化、预制化生产，又形成了一整套独特的施工设备和机具，因而能够满足多种复杂环境下进行工程建设的需要。水中的施工速度与在陆地上没有太大的差别，由于它省掉了修筑围堰、降水、开挖基坑、打基础等大量的工作，加之其桩体空心可与基坑降水结合使用，避免了基坑降水井施工，又因减小了基坑涌水面积而提高了基坑降水效果，所以在复杂环境与城市建筑施工中进行射水下沉排桩的优势也更为明显，主要适用于防洪抢险、水源地堤防、水下桥墩围堰，以及工业民用建筑和交通能源深基坑支护等。

射水下沉排桩技术在水利工程、海洋工程、桩基工程和建筑工程方面都具有广泛的推广应用前景。它的优势主要表现在五个万面。

一、施工建设速度快

射水下沉排桩技术是一种基于水平抗载桩体的工程技术，除桩体结构形状可以任意变化外，施工建设速度的优势十分明显。松花江防洪堤坝工程选用射水下沉排桩，一套设备一天建设堤坝 137 m，施工速度方面的优势为提高工程质量和降低工程造价创造了条件。

二、整体连接性能好

射水下沉排桩技术是为了建设地下连续墙才研制出来的，它解决的第一个问题就是使分散单块的射水下沉排桩进入地层之后连接成为整体挡土抗冲墙体。山东胜利油田 1991 年申报的第一项发明专利核心技术也是解决了这一问题。这项整体连接技术在 10 年发展时间里始终没有停止过研究和改进工作，先后形成了六代技术，涉及八项专利，从而使水力插板在整体连接方面达到了这样一个水平：连接强度可以完全满足工程设计的需要，在注浆固缝之后两板结合部的密封程度远远超过了钢筋混凝土板本体的性能，其原因在于两板之间在地下形成了一种带夹心钢板的混凝土。这一技术特征为从根本上解决防洪堤坝的渗漏和“管涌”问题创造了条件。

三、基础入地深度大

为了抵抗洪水的冲刷及风暴潮造成的破坏，基础入地深度具有极其重要的作用。俗话说“基础不牢，地动山摇”，即是这个道理。增加基础入地深度目前虽然也有多种办法，但在无损伤施工和施工速度、工程造价、安全稳定性能方面也都不同程度地面临着一些问题。而射水下沉排桩工程是在地面上预制成型的钢筋混凝土射水下沉排桩，基础入地深度完全可以满足工程建设的实际需要。在已经建设的工程中，有的射水下沉排桩单桩长度已达 34 m。这项技术独特的施工方法使得增加基础入地深度这项工作变得十分简单、快捷和节省投资。

四、结构形状多样化

结构形状多样化主要指两个方面，一是射水下沉排桩本身的结构形状可以多样化，射水下沉排桩是在地面上预制成型的一种钢筋混凝土桩板，根据工程建设的实际需要可以充分发挥设计人员的想象空间，形成多种多样的桩板结构形状，而独特的插桩技术又解决了这些形状各异的桩板能够快速进桩的问题，这一技术特征为优化设计方案控制工程造价创造了必要充分条件。二是工程的结构形状可以多样化。应用射水下沉排桩及其配套的整体连接技术建设工程与摆积木的方法十分相似，可以根据工程建设的实际需要应用射水下沉排桩技术建设成多种多样的工程结构形式，以满足工程建设需要，并为优化设计方案、控制工程造价创造了条件，而且可以满足在很多复杂环境中进行施工的特殊需要。

五、利用射水下沉排桩独特的施工方式建设多种多样的工程设施

射水下沉排桩工程施工主要包括两个环节，一是预制空心桩板，二是无损伤插入地下形成工程建筑物。在施工现场传统的施工建设方式变成了工厂化、预制化生产，这一变化为建设港口码头、道路交通桥、提升泵站、水中人工岛、污水处理池、地下涵洞、地上水闸、渡槽、水渠，以及深基坑支护等工程设施创造了极为有利的条件。以建设在胜利油田黄河边上的一座引黄水闸为例，按照传统技术施工已经建成的一座同等流量的水闸投资为396 万元(1995 年价格水平)，而采用射水下沉排桩施工，投资仅为 30 万元，施工建设周期只有 7 d。更重要的是，这座水闸的建设位置处在黄河的主河槽边，必须承受黄河水的冲刷和适应河水流路的变化，采用传统修建模式建设的水闸，安全稳定和取水方便是一个突出问题。这座射水下沉排桩引黄闸的基础入地深度为 10 m，且可以根据河水主流变化进行无损伤拆除、异地重复利用再建，有效地解决了水闸稳定与永久和临时结合使用的这一难题，最大限度地保证引水和降低投资。这座水闸虽然是一个特殊环境条件下的例子，但也反映了一些射水下沉排桩用于工程建设方面的优势。

应用射水下沉排桩建设地下涵洞同样也能反映它的特殊优势。建设地下涵洞传统的做法都是首先进行基坑降水，然后基坑开挖、浇铺混凝土垫层、绑扎钢筋、现浇混凝土、覆土等之后形成涵洞，普遍存在施工周期长、占地面积大、工程造价高的问题。应用射水下沉排桩建设地下涵洞就是将整个施工程序颠倒过来。首先预制空心桩板，按照规定的涵洞宽度插入地下形成两道地下连续墙，然后绑扎钢筋现浇顶层形成整体，最后才挖掉洞中泥土形成涵洞。这一改变有效地解决了传统施工方式中存在的几个问题。

1997 年以来，先后应用射水下沉排桩技术建设护堤岸、海岸防潮堤、防浪堤 21 处，水闸 13 座，道路交通桥 9 座，提升泵站 5 座，污水处理池 7 个，黄河打水船码头、渔港 3 座，地下输水涵洞、渡槽 5 处，输水渠道 6 处，以及外拉内撑式钢筋混凝土板桩作厂房深基坑围护、单锚钢筋混凝土板桩作码头深基坑围护、城市污水处理场(池)深基坑开挖临时防护等众多的工业民用建筑深基坑支护和钢筋混凝土板桩码头桩基加固，节省了大量的人力、物力和财力，产生了巨大的经济效益。

第三节　基坑支护设计原则

支挡结构应当保证填土、物料、基坑侧壁及构筑物本身的稳定，构筑物应具有足够的水平承载力和刚度，保证结构的安全正常使用。同时，在设计中还应做到技术先进、经济合理及方便施工。

一、设计的基本原则

（一）支挡结构计算

为保证支挡结构安全正常使用，必须满足承载能力极限状态和正常使用极限状态的设计要求，对于支挡结构应进行下列计算和验算。

1.极限状态计算

支挡结构均应进行承载能力极限状态的计算，计算内容包括：

（1）根据支挡结构形式及受力特点进行土体稳定性验算。稳定性验算通常应包括以下内容：①支挡结构的整体稳定验算，即保证结构不会沿墙底地基中某一滑动面产生整体滑动；②支挡结构抗倾覆稳定验算；③支挡结构抗滑移验算；④支挡结构的抗隆起稳定验算；⑤支挡结构抗渗流验算。

（2）支挡结构的受压、受弯、受剪、受拉承载力计算。

（3）当有锚杆或支撑时，应对其进行承载力计算和稳定性验算。

2.正常使用极限状态计算

（1）支挡结构周围环境有严格要求时，应对结构的变形进行计算；

（2）对钢筋混凝土构件的抗裂度及裂缝宽度进行计算。

（二）设计内容

（1）应根据工程用途的要求、地形及地质等条件，综合考虑确定支挡结构的平面布置及其高度。

（2）应认真分析地形、地质、填土性质、荷载条件、当地的材料供应及现场技术经济条件，确定支挡结构类型及截面尺寸。

（3）应保证支挡结构设计符合相应规范、条例的要求。

（4）在设计中应使支挡结构与环境协调，满足环保要求。

（5）设计工作中给出质量监测及施工监控的要求。

（6）为保证支挡结构的耐久性，在设计中应对使用中的维修给出相应规定。

（三）基坑开挖与支护设计应具备的资料

（1）岩土工程勘察报告；

（2）建筑总平面图、地下管线图、地下结构的平面图和剖面图；

（3）邻近建筑物和地下设施的类型、分布情况、结构质量的检测评价。

二、极限状态设计

基坑支护结构应采用以分项系数表示的极限状态设计表达式进行设计，基坑支护结构极限状态分为下列两类。

(一)承载能力极限状态

对应于支护结构达到最大承载能力或土体失稳、过大变形导致支护结构或基坑周边环境破坏。这种状态表现为任何原因引起的基坑侧壁破坏。一般情况下,支护结构上的作用效应和结构抗力,应符合下式要求:

$$R - S \geqslant 0 \tag{14-1}$$

式中　S——结构的作用效应;

R——结构的抗力。

按照《建筑地基基础设计规范》(GB 50007—2011),支护结构的荷载效应包括下列各项:

(1)土压力;

(2)静水压力、渗流压力、承压水压力;

(3)基坑开挖影响范围以内建(构)筑物荷载、地面超载、施工荷载及邻近场地施工的作用影响;

(4)温度变化(包括冻胀)对支护结构产生的影响;

(5)临水支护结构尚应考虑波浪作用和水流退落时的渗透力;

(6)作为永久结构使用时尚应按有关规范考虑相关荷载作用。

(二)正常使用极限状态

对应于支护结构的变形已妨碍地下结构施工或影响基坑周边环境的正常使用功能。这种状态主要表现为支护结构的变形影响地下室边墙施工及基坑周边环境的正常使用,支护结构的变形和裂缝应符合下式要求:

$$S_d \leqslant C \tag{14-2}$$

式中　S_d——变形、裂缝等荷载效应的设计值;

C——设计对变形、裂缝等规定的相应限值。

三、侧壁安全等级及重要性系数

基坑侧壁安全等级划分难度较大,很难定量说明。《建筑基坑支护技术规程》(JGJ 120—99)中采用了结构安全等级划分的基本方法,按支护结构的破坏后果分为很严重、严重、不严重三种情况分别对应于三种安全等级,其重要性系数的选用与《建筑结构可靠度设计统一标准》(GB 50068—2001)相一致,见表 14-1。

表 14-1　基坑侧壁安全等级和重要性系数

安全等级	破坏后果	γ_0
一级	支护结构破坏、土体失稳或过大变形对基坑周边环境及地下结构施工影响很严重	1.1
二级	支护结构破坏、土体失稳或过大变形对基坑周边环境及地下结构施工影响一般	1.0
三级	支护结构破坏、土体失稳或过大变形对基坑周边环境及地下结构施工影响不严重	0.9

第四节　支挡设计阶段和设计内容

支挡结构的设计阶段和设计内容，均取决于整体工程的设计阶段、设计内容及对组成文件的要求。有时为了争取工期，也可能早于整体工程的设计阶段。通常可将设计阶段分为以下两种：

(1)两阶段设计：初步设计和施工设计；

(2)一阶段设计：施工设计。

根据工程的要求，确定设计阶段后，其相应的设计文件组成与内容，将根据工程设计阶段、工程种类及要求而定。

初步设计阶段：

根据设计任务书中确定的主要技术条件，确定支挡结构修建的可行性，对平面布置的确定、结构类型的选择，作出综合考虑，确定其最佳方案，并给出工程量及造价的概算。对个别控制工程拟出设计原则。

施工设计阶段：

最后确定支挡结构的平面布置，选定支挡结构类型、截面形式及构造，决定整个结构的全部尺寸，给出工程数量及造价。对控制工程及独立的高墙作出单独设计。应给出平面布置图、纵平面图、墙的大样图、相关的一些构造图、工程量及造价计算表、设计说明表。在必要时应包括基坑的平面图和断面图。

如果是一阶段设计，将上述两阶段设计工作结合起来一次完成。

基坑开挖与支挡计算时，应根据场地的实际土层分布、地下水条件、环境控制条件，按基坑开挖施工过程的实际工况设计。基坑采用放坡开挖是最经济、有效的方式，当有条件时，基坑应采用局部或全部放坡开挖，放坡坡度一般根据经验确定，但应满足其稳定性要求。

按照规范 GB 50007—2011，基坑开挖与支护设计内容应包括支护结构计算和验算、质量检测及施工监控的要求。具体内容如下：

(1)支护体系的方案技术经济比较和选型；

(2)支护结构的承载力、稳定和变形计算；

(3)基坑内外土体稳定性验算；

(4)基坑降水或止水帷幕设计，以及围护墙的抗渗设计；

(5)基坑开挖与地下水变化引起的基坑内外土体的变形及其对基础桩、邻近建筑物和周边环境的影响；

(6)基坑开挖施工方法的可行性及基坑施工过程中的监测要求。

排桩支护结构应根据其自身和周围影响范围内建筑物的安全等级，按承载力极限状态与正常使用极限状态的要求，分别进行下列计算。

基坑支护结构均应进行承载能力极限状态的计算，计算内容应包括：

(1)根据基坑支护形式及其受力特点进行土体稳定性计算；

(2)基坑支护结构的受压、受弯、受剪承载力计算；

(3)当有锚杆或支撑时,应对其进行承载力计算和稳定性及基底稳定验算;

(4)对预制钢筋混凝土板桩,还应进行吊运阶段的强度、刚度验算。

支护结构设计应考虑其结构水平变形、地下水的变化对周边环境的水平与竖向变形的影响,对于安全等级为一级及对支护结构变形有限定的二级建筑基坑侧壁,应按式(14-2)对基坑周边环境及支护结构变形进行验算。

(1)根据周边环境的重要性、对变形的适应能力及土的性质等因素确定支护结构的水平变形限值。

(2)对支挡结构在施工各阶段的横向与竖向变形及其抗裂度与裂缝宽度进行计算和验算,支挡结构变形、岩土开挖及地下水条件引起的基坑内外土体变形应按以下条件控制:①不得影响地下结构尺寸、形状和正常施工;②不得影响既有桩基的正常使用;③对周边已有建(构)筑物引起的沉降不得超过规范 GB 50007—2011 有关规定的要求;④不得影响周边管线的正常使用。

当场地内有地下水时,应根据场地及周边区域的工程地质条件、水文地质条件、周边环境情况和支护结构与基础形式等因素,确定地下水控制方法。当场地周围有地表水汇流、排泄或地下水管渗漏时,应对基坑采取保护措施,进行地下水控制计算和验算:

(1)抗渗透稳定性验算;

(2)基坑底突涌稳定性验算;

(3)根据支护结构设计要求进行地下水位控制计算。

第五节　支挡工程勘察

目前基坑工程的勘察很少单独进行,大多数是与地基勘察一并完成的,但由于有些勘察人员对基坑工程的特点和要求不是很了解,提供的勘察成果不一定能满足基坑支护设计的要求。例如,地基勘察往往对持力层、下卧层研究较仔细,而忽略浅部土层的划分和取样试验;侧重于针对地基的承载性能提供土质参数,而忽略支护设计所需要的参数;只在规定的建筑物轮廓线以内进行勘探工作,而忽略对周边环境的调查了解,等等。因此,根据规程 JGJ 120—99、规范 GB 50007—2011、《岩土工程勘察规范》(GB 50021—2001)的有关要求,对土质基坑工程勘察论述如下。

一、勘察阶段

基坑工程的勘察与其他工程的勘察一样,可分阶段进行,一般分为初步勘察、详细勘察和施工勘察。

二、勘察要求

在初步勘察阶段,应根据岩土工程条件,初步判定开挖可能发生的问题和需要采取的支护措施;在详细勘察阶段,应针对基坑工程设计的要求进行勘察;在施工阶段,必要时尚应进行补充勘察。

在详细勘察阶段,宜按下列要求进行勘察工作。

(一)工程地质勘察

(1)勘察范围。勘察的平面范围宜超出开挖边界外开挖深度的2~3倍,在深厚软土区,勘察范围尚应适当扩大。

(2)勘察深度。一般土质条件下,悬臂桩墙的嵌入深度大致为基坑开挖深度的2倍,因此勘察深度宜为开挖深度的2~3倍。在此深度内若遇到坚硬黏性土、碎石土和岩层,可根据岩土类别和支护设计要求减少深度,在深厚软土区,勘察深度尚应适当扩大。

(3)勘探点布置。勘探点间距应视地层条件而定,可在15~30 m内选择,地层变化较大时,应增加勘探点,查明分布规律。

(4)在开挖边界外,勘探点布置和勘察深度可能会遇到困难,勘察手段以调查研究、收集已有资料为主,但对于复杂场地和斜坡场地,由于稳定性分析的需要或布置锚杆的需要,必须有实测地质剖面,应适量地布置勘探点。

(5)在受基坑开挖影响和可能设置支护结构的范围内,应查明岩土分布、土的常规物理试验指标,分层提供支护设计所需的抗剪强度指标,土的抗剪强度试验方法应与基坑工程设计要求一致,符合设计采用的标准,并应在勘察报告中说明。

土的抗剪强度是基坑支护设计最重要的参数,但不同的试验方法可能得出不同的结果。由于三轴试验受力明确,可以控制排水条件,因此规范GB 50007—2011中规定,在基坑工程中确定饱和黏性土的抗剪强度指标时应采用三轴剪切试验方法。由于基坑一般采用机械开挖,速度较快,支护结构上的土压力形成很快,为与其相适应,采用不排水剪是合理的,对于饱和软黏土,由于灵敏度高,取土易扰动,为使结果不致过低,可在自重压力下进行固结后再进行不排水剪。

在采取土样时,为减少对土样的扰动,应采用薄壁取土器取样。

(6)周边环境调查。环境保护是基坑工程的重要任务之一,在建筑物密集、交通流量大的城区尤其突出。由于对周边建(构)筑物和地下管线情况不了解,盲目开挖造成损失的事例很多,有的后果非常严重,因此基坑工程勘察,应进行环境状况的调查,查明邻近建筑物和地下设施的现状、结构特点,以及对开挖变形的承受能力。在城市地下管网密集分布区,可通过地理信息系统或其他档案资料了解管线的类别、平面位置、埋深和规模,如确实搜集不到资料,必要时应采用开挖、物探、专用仪器或其他有效方法进行地下管线探测。

基坑周边环境调查具体包括以下内容:

①查明影响范围内建(构)筑物的结构类型、层数、基础类型、埋深、基础荷载大小及上部结构现状;

②查明基坑周边的各类地下设施,包括水管、电缆、煤气、污水、雨水、热力等管线或管道的分布和性状;

③查明场地周围和邻近地区地表水汇流、排泄情况、地下水管渗漏情况,以及对基坑开挖的影响程度;

④查明基坑四周道路的距离及车辆载重情况。

(二)水文地质勘察

当场地水文地质条件复杂,在基坑开挖过程中需要对地下水进行治理(降水或隔渗)时,应进行专门的水文地质勘察。

基坑工程的水文地质勘察工作不同于供水水文地质勘察，其目的包括两个方面：一是满足降水设计（包括降水井的布置和井管设计）需要，二是满足对环境影响评估的需要。前者按通常的供水水文地质勘察工作的方法即可满足要求，而后者因涉及的问题很多，要求就更高。当降水和基坑开挖可能产生流沙、流土、管涌等渗透性破坏时，应有针对性地进行勘察，分析评价其产生的可能性及对工程的影响。当基坑开挖过程中有渗流时，地下水的渗流作用宜通过渗流计算确定。

场地水文地质勘察应达到以下要求：

（1）查明开挖范围及邻近场地地下水含水层和隔水层的层位、埋深和分布情况，查明各含水层（包括上层滞水、潜水、承压水）的补给条件和水力联系；

（2）测量场地各含水层的渗透系数和渗透影响半径；

（3）分析施工过程中水位变化，可能产生的流沙、流土、管涌等工程现象对支护结构和基坑周边环境的影响并进行评价，提出应采取的措施。

三、岩土工程评价

岩土工程勘察，应在岩土工程评价方面有一定的深度，只有通过比较全面的分析评价，才能使支护方案选择的建议更为确切、更有依据。因此，基坑工程勘察应针对以下内容进行分析，提供有关计算参数和建议：

（1）边坡的局部稳定性、整体稳定性和坑底抗隆起稳定性；

（2）坑底和侧壁的渗透稳定性；

（3）挡土结构和边坡可能发生的变形；

（4）降水效果和降水对环境的影响；

（5）开挖和降水对邻近建筑物和地下设施的影响。

岩土工程勘察报告中与基坑工程有关的部分应包括下列内容：

（1）与基坑开挖有关的场地条件、土质条件和工程条件；

（2）提出处理方式、计算参数和支护结构选型的建议；

（3）提出地下水控制方法、计算参数和施工控制的建议；

（4）提出施工方法和施工中可能遇到的问题，并提出防治措施；

（5）对施工阶段的环境保护和监测工作的建议。

第十五章　支挡土体稳定性分析

第一节　概　述

对有支护的基坑全面进行基坑土体稳定性分析，是基坑支护设计的重要一环，其目的在于：在给定条件下设计出合理的基坑侧壁支挡结构嵌固深度或验算已拟定的结构设计是否合理和稳定。目前分析方法主要有工程地质类比法和力学分析法，工程地质类比法是通过大量已有工程的实践，结合设计项目的实际情况来确定支护结构的嵌固深度；力学分析法是采用土力学的基本理论，结合拟设计支护结构情况进行土体稳定性分析。两种分析方法都有其局限性，在具体分析过程中应相互补充、相互验证。

基坑土体稳定性分析主要有如下内容。

一、整体稳定性分析

一般采用圆弧滑动的简单条分法进行分析，相当于支护结构如内支撑、锚杆等的作用，同时支护墙体一般为垂直面，因此它与一般边坡的圆弧滑动法有所区别。有支护时滑动面的圆心一般在基坑内侧附近，并假定滑动面通过支护结构的底部，可通过试算确定最危险的滑动圆弧及最小安全系数，主要目的是确定拟支护结构的嵌固深度是否满足整体稳定。

二、支护结构踢脚稳定性分析

主要验算有支撑支护结构的最下道支撑以下的主、被动压力绕最下道支撑支点的转动力矩是否平衡。

三、基坑底部土体抗隆起稳定性分析

开挖将导致基坑开挖面以下土体的原有应力解除，当支护结构嵌固深度不足时，基坑底部将可能产生隆起破坏。因此，基坑底部土体抗隆起稳定性分析主要是验算支护结构嵌固深度是否满足抗隆起稳定要求。

四、基坑渗流稳定性分析

支护结构和土体开挖改变了原有土体中的渗流场，如未采取适当降排水措施，当支护结构的嵌固深度不足时，地下水的渗流将在基坑内产生诸如流沙、管涌甚至渗流隆起等工程问题。因此，基坑渗流稳定性分析的任务就是验算支护结构嵌固深度是否满足渗流稳定要求。

五、基坑底部土体突涌稳定性分析

当基坑底部隔水层较薄，而其下具有较大水头的承压水层时，有可能隔水层土体自重

不足以抵消下部水压而导致基坑底部隆起破坏，支护结构产生失稳。因此，基坑底部土体突涌稳定性分析就是验算隔水层土体自重与下部水压是否平衡。

第二节　基坑整体稳定性分析

基坑的整体稳定性分析是对具有支护结构的直立土坡进行稳定性分析，基本方法还是采用土力学中的土坡稳定分析方法。因此，本节首先讨论砂性与黏性土坡的稳定分析方法，由于其坡面长度比高度尺寸大，可视为平面变形问题，取一延米进行分析。

一、砂性土土坡稳定性分析

根据实际观测，由均质砂性土构成的土坡，破坏时滑动面大多近似于平面，成层的非均质的砂类土构成的土坡，破坏时的滑动面也往往近于一个平面。因此，在分析砂性土的土坡稳定时，一般均假定滑动面是平面，如图 15-1 所示。

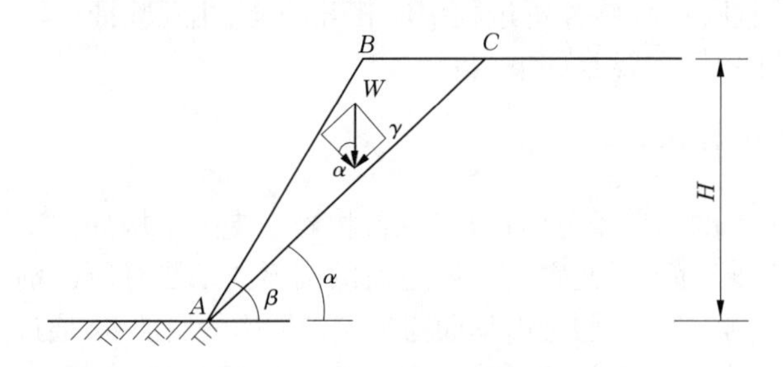

图 15-1　砂土土坡稳定分析

如图 15-1 所示，假定土坡高为 H，坡角为 β，土的重度为 γ，土的抗剪强度 $\tau_f=\sigma\tan\varphi$。若假定滑动面是通过坡脚 A 的平面 AC，AC 的倾角为 α，则可计算滑动土体 ABC 沿 AC 面上滑动的稳定安全系数 K 值。沿土坡长度方向截取单位长度土坡，作为平面应变问题分析。已知滑动土体 ABC 的重力为：

$$W=\gamma\triangle ABC \tag{15-1}$$

W 在滑动面 AC 上的平均法向分力 N 及由此产生的抗滑力 T 为：

$$N=W\cos\alpha \tag{15-2}$$

$$T_i=N\tan\varphi=W\cos\alpha\cdot\tan\varphi \tag{15-3}$$

W 在滑动面 AC 上产生的平均下滑力 T 为：

$$T=W\sin\alpha \tag{15-4}$$

土坡的滑动稳定安全系数 K 为：

$$K=\frac{T_i}{T}=\frac{\tan\varphi}{\tan\alpha} \tag{15-5}$$

安全系数 K 随倾角 α 而变化，当 $\alpha=\beta$ 时滑动稳定安全系数最小。

上述安全系数公式表明，砂性土坡所能形成的最大坡角就是砂土的内摩擦角，根据这一原理，工程上可以通过堆砂锥体法确定砂土的内摩擦角。

工程中一般要求 $K\geqslant1.25\sim1.30$。

二、黏性土土坡稳定性分析

黏性土土坡稳定性分析方法非常多，目前工程上普遍使用的是费伦纽斯（W·Fellenius）于 1927～1937 年间提出的土坡稳定性圆弧滑动分析法——条分法。

如图 15-2 所示，取单位长度土坡按平面问题计算。设可能的滑动面是一圆弧 AD，其圆心为 O，半径为 R。将滑动土体 $ABCDA$ 分成许多竖向土条，土条宽度一般可取 $b=0.1R$，费伦纽斯条分法假设不考虑土条两侧的条间作用力效应，由此得出土条 i 上的作用力对圆心 O 产生的滑动力矩 M_s 及抗滑力矩 M_τ 分别为：

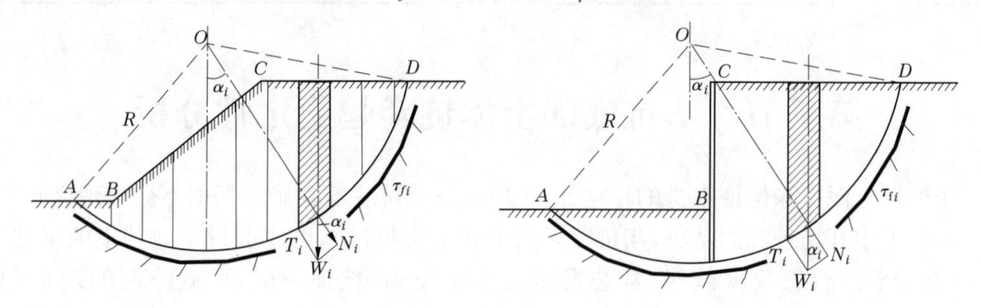

图 15-2　土坡稳定分析的条分法

$$M_s = T_i R_i = W_i R_i \sin\alpha \tag{15-6}$$

$$M_\tau = \tau_{fi} l_i R = (W_i \cos\alpha_i \tan\varphi_i + c_i l_i) R \tag{15-7}$$

而整个土坡相应于滑动面 AD 时的稳定安全系数为：

$$K = \frac{M_\tau}{M_s} = \frac{\sum_{i=1}^{n} (W_i \cos\alpha_i \tan\varphi_i + c_i l_i)}{\sum_{i=1}^{n} W_i \sin\alpha_i} \tag{15-8}$$

上述稳定安全系数 K 是对于某一个假定滑动面求得的，因此需要试算许多个可能的滑动面，相应于最小安全系数的滑动面即为最危险滑动面。也可以采用如下费伦纽斯提出的近似方法确定最危险滑动面圆心位置，如图 15-3 所示。

图 15-3 中的 α、β 的取值见表 15-1。

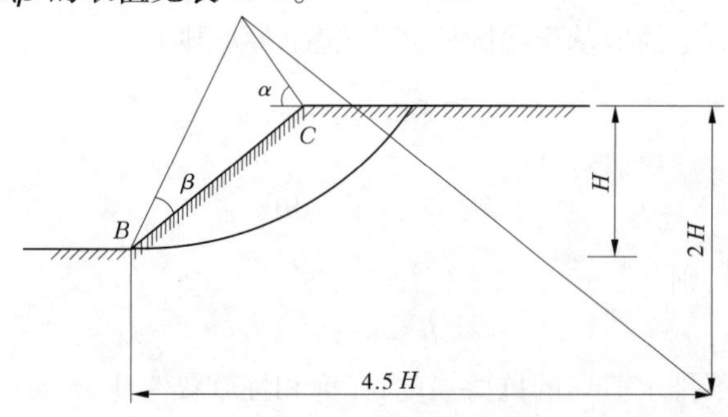

图 15-3　费伦纽斯近似确定最危险滑动面圆心位置的方法

表 15-1　α、β 取值

土的坡度	α(°)	β(°)
1.0∶1	28	7
1.5∶1	26	35
2.0∶1	25	35
3.0∶1	25	35
4.0∶1	25	36

第三节　基坑底部土体抗隆起稳定性分析

板桩入土深度除保证本身的稳定外，还应保证基坑底部在施工期间不会出现隆起。

在软土中开挖较深的基坑，当桩背后的土柱重量超过基坑底面以下地基土的承载力时，地基的平衡状态受到破坏，常会发生坑壁土流动，坑顶下陷，坑底隆起的现象(见图 15-4(a))。为避免这种现象的发生，施工前需对地基进行稳定性验算。

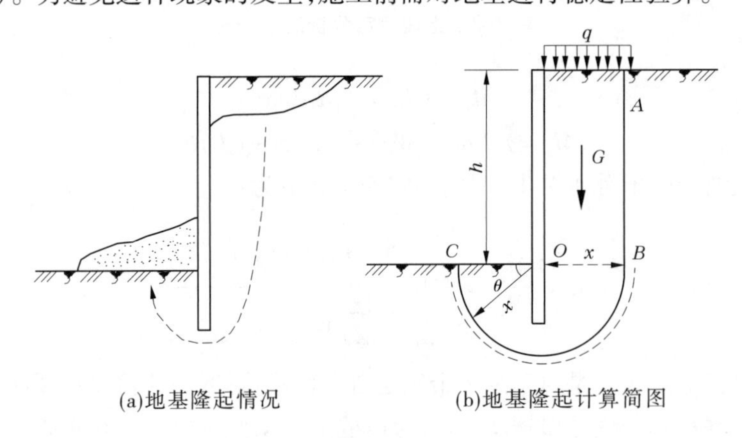

(a)地基隆起情况　　(b)地基隆起计算简图

图 15-4　地基的隆起与验算

如图 15-4(b)所示，假定在坑壁土重力 G 作用下，其下部的软土地基沿圆柱面 BC 产生滑动和破坏，失去稳定的地基土绕圆柱面中心轴转动，则：

转动力矩
$$M_{ov} = G\frac{x}{2} = (q + \gamma h)\frac{x^2}{2} \tag{15-9}$$

稳定力矩
$$M_r = x\int_{\theta}^{x}\tau(x\mathrm{d}\theta) \tag{15-10}$$

土层为均质土时，则
$$M_r = \pi\tau x^2 \tag{15-11}$$

式中　τ——地基土不排水剪切的抗剪强度，在饱和性软黏土中，$\tau = 0$。

地基稳定力矩与转动力矩之比称为抗隆起安全系数，以 K 表示，如 K 满足下式，则地基土稳定，不会发生隆起：

$$K = \frac{M_r}{M_{ov}} \geqslant 1.2 \tag{15-12}$$

当土层为均质土时，则

$$K = \frac{2\pi c}{g + \gamma h} \geqslant 1.2 \tag{15-13}$$

式(15-11)中 M_r 未考虑土体与板桩间的摩擦力，以及垂直面 AB 上土的抗剪强度对土体下滑的阻力，故偏于安全。

第四节　支挡结构踢脚稳定性分析

支挡结构在水平荷载作用下，对于内支撑或锚杆支点体系，基坑土体有可能在支护结构产生踢脚破坏时出现不稳定现象。对于单支点结构，踢脚破坏产生于以支点为转动点的失稳；对于多层支点结构，则可能绕最下层支点转动而产生踢脚失稳。其计算模型如图 15-5所示。

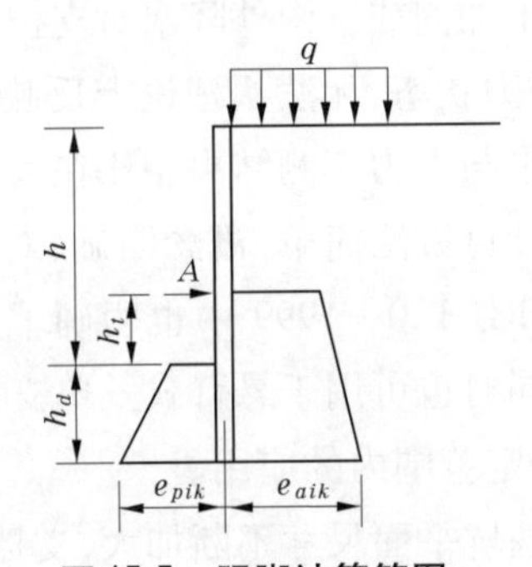

图 15-5　踢脚计算简图

踢脚安全系数验算公式如下：

$$K_T = \frac{M_p}{M_a} \tag{15-14}$$

式中　M_p——基坑内侧被动土压力对 A 点（最下层支点处）的力矩；

　　M_a——基坑外侧主动土压力对 A 点的力矩。

为求得均质土中由式(15-5)表达的安全系数，需对 M_p、M_a 进行定量计算分析，根据图 15-5 及主动土压力与被动土压力计算公式可得支护结构底部土压力：

$$e_{aik} = [\gamma(h + h_d) + q]K_a - 2c\sqrt{K_a} \tag{15-15}$$

$$e_{pik} = \gamma h_d K_p + 2c\sqrt{K_p} \tag{15-16}$$

分别对 A 点取矩，A 点以下 M_p 为：

$$M_p = \frac{1}{2}\gamma h_d K_p h_d\left(\frac{2}{3}h_d + h_t\right) + 2c\sqrt{K_p}h_d\left(\frac{1}{2}h_d + h_t\right) \tag{15-17}$$

A 点以下 M_a 为：

$$M_a = \frac{1}{3}\gamma K_a(h_d + h_t)^3 + \frac{1}{2}K_a\left[q + \gamma(h - h_t) - \frac{2c}{\sqrt{K_a}}\right](h_d + h_t)^2 \tag{15-18}$$

第十六章　支挡结构设计计算理论与方法

第一节　概　述

支挡初期理论主要是基于挡土墙设计理论，根据土压力计算理论按静力平衡方法进行挡土墙的抗倾覆、抗滑移及挡土结构内力计算。对于桩、墙式支挡结构，经常是按等值梁法计算支点及结构内力，等值梁法是建立在极限平衡理论基础上的一种结构分析方法，其假定作用在桩、墙式支挡结构上的荷载和抗力为土的极限状态下的土压力，没有考虑支护结构与周围环境的相互影响、墙体变形对侧压力的影响、支锚结构设置过程中墙体结构内力和位移的变化、内侧坑底土加固或坑内外降水对支护结构内力和位移的影响，以及无法考虑到复合式结构的共同受力状态，无法从理论上反映支挡结构的真实工作性状和受力机制，按等值梁法计算的结果与内力实测结果相比在大部分情况下偏大，在使用上受到了较大的限制。然而，由于它计算方法简单，概念明确，对于普通挡土墙或开挖深度不深的支护是比较成熟的，在规程 JGJ 120—1999 中也明确了对于悬臂式及单支点支护结构嵌固深度应接上述方法确定，同时也可用于悬臂式及单支点支护结构的内力计算。因此，在今后一段时期内还将得到一定范围内的应用。

随着基坑深度不断加深、基坑平面尺寸不断加大，支挡结构的变形对基坑周边环境的影响越来越大。由于等值梁法计算假定简单，难以表达支护结构体系各参数变化的要求，因此在多支点支护结构设计中逐渐被弹性支点法所取代。弹性支点法是在弹性地基梁分析方法基础上形成的一种方法，它能考虑支点刚度及土体应力与变形，能较好地预估支护结构的变形，并考虑变形计算结构内力，其计算结果更接近实际测试结果，因而得到了更为广泛的应用。随着计算技术的发展，弹性支点法从平面问题逐步发展到可以考虑支撑体系的空间问题，使支护结构的设计更趋合理。

目前，用有限元的方法来解决深基坑的问题越来越为众多学者所接受，国内也出现了许多有关基坑支护的有限元计算软件，如同济大学杨敏教授开发的启明星软件 JK 系列中的深基坑支护工程结构分析计算软件 FRWS、中航勘察设计研究院秦四清博士后开发的"深基坑支护之星"软件、北京理正软件设计研究所开发的"深基坑支护结构计算软件 FSPW"、浙江省建筑设计研究院研制开发的基坑支护结构分析软件包 PRSA 等，这些软件多采用平面单元进行计算。大型三维空间有限元计算软件（如 ABAQUS、ANSYS 等）在基坑支护设计中的应用，使得基坑支护设计计算更接近实际，但由于这些软件在应用上受到较多的实际情况的限制，因此仍待进一步研究摸索。

从上述论述中可知，支挡结构设计计算的理论主要有等值梁法、弹性支点法和有限元法。从理论上讲,有限元法可精确地预测围护墙的变形、基底隆起、墙后地表沉降及周围地层的移动,预测周围建筑物、地下构筑物、管线的变形等,是一种非常有用的方法。但由于土体的本构关系复杂,土体的参数难于确定、运算复杂,目前实际工程中这种方法用得并不多。而等值梁法和弹性支点法计算简单,参数易于得到,因此目前应用上主要以这两种方法为主。

第二节　悬臂式空心排桩入土深度与最大弯矩计算

悬臂式板桩顶端不设支撑或锚杆,完全依靠打入足够的入土深度来维持其稳定。由于易产生较大变位,一般用于深度较小的临时性支护工程。其板桩布置如图16-1所示。

悬臂式板桩的入土深度和最大弯矩的计算,一般按以下步骤进行(见图16-2)。

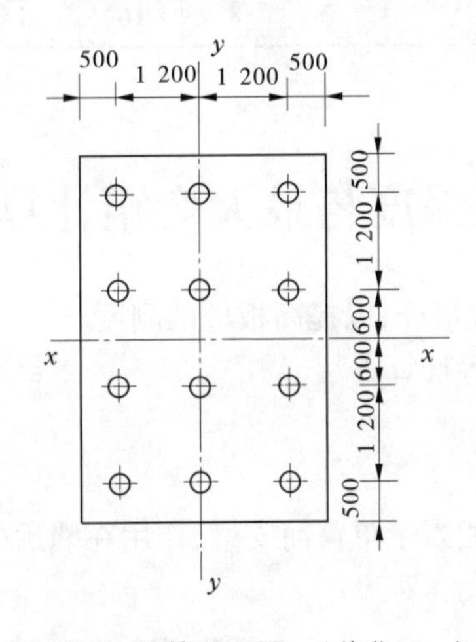

图16-1　桩基平面图　(单位:mm)

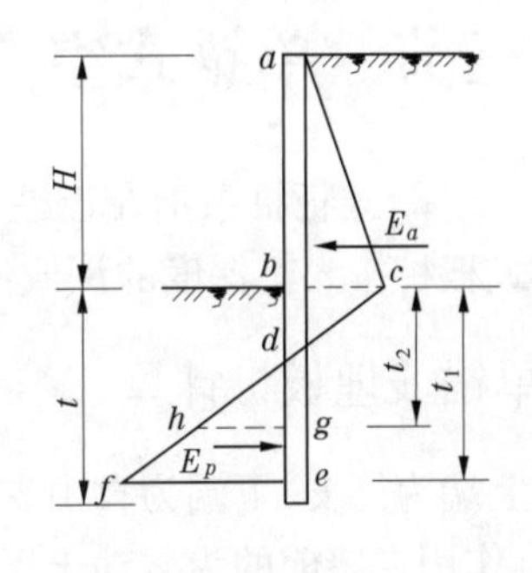

图16-2　悬臂式板桩计算简图

(1)试算确定埋入深度 t_1。先假定埋入深度 t_1,然后将净主动土压力 *acd* 和净被动土压力 *def* 对 e 点取力矩,要求由 *def* 产生的抵抗力矩大于由 *acd* 所产生的倾覆力矩的2倍,即防倾覆的安全系数不小于2。

(2)确定实际所需入土深度 t,将通过试算求得的 t_1 增加15%,以确保板桩的稳定。

(3)求入土深度 t_2 处剪力为零的点 g,通过试算求出 g 点,该点净主动土压力 *acd* 应等于净被动土压力 *dgh*。

(4)计算最大弯矩,此值应等于 *acd* 和 *dgh* 绕 g 点的力矩之差值。

(5)选择板桩截面,根据求得的最大弯矩和板桩材料的容许应力(钢板桩取钢材屈服应力的1/2),即可选择板桩的截面、型号。

对于中小型工程,长4 m内的悬臂式板桩,若土层均匀,已知土的重度 γ、内摩擦角 φ、悬臂长度 h,亦可参考表16-1来确定最小入土深度 t_{min} 和最大弯矩 M_{max}。

表 16-1　不同悬臂长度时的最小埋深 t_{min} 和最大弯矩 M_{max}

内摩擦角 φ(°)	不同悬臂长度(m)时的最小埋深 t_{min}(m)						不同悬臂长度(m)时的最大弯矩 M_{max}(kN·m)					
	1.5	2.0	2.5	3.0	3.5	4.0	1.5	2.0	2.5	3.0	3.5	4.0
20	0.9	2.2					17	44				
25	0.6	1.4	2.6				13	26	52			
30	0.5	0.9	1.7	3.0			7	16	34	58		
35		0.6	1.1	2.1	3.4	4.0	5	10	23	42	66	84
40		0.5	0.8	1.5	2.3	3.0	4	8	15	28	45	59
45		0.5	0.7	1.1	1.6	2.4		6	11	20	30	46
50			0.5	0.8	1.1	2.0		5	8	16	21	41

注:本表适用于土重度为 15.5 ~ 18.0 kN/m^3 的情况。

第三节　单锚式空心排桩入土深度与最大弯矩计算

单锚(支撑)式板桩系指在板桩顶部设置支撑或锚杆,以提高板桩的刚度。

单锚式板桩按入土深度的深或浅,分为以下两种计算方法。

一、单锚浅埋板桩计算

假定上端为简支,下端为自由支承。这种板桩相当于单跨简支梁,作用在墙后的为主动土压力,作用在墙前的为被动土压力(见图 16-3)。

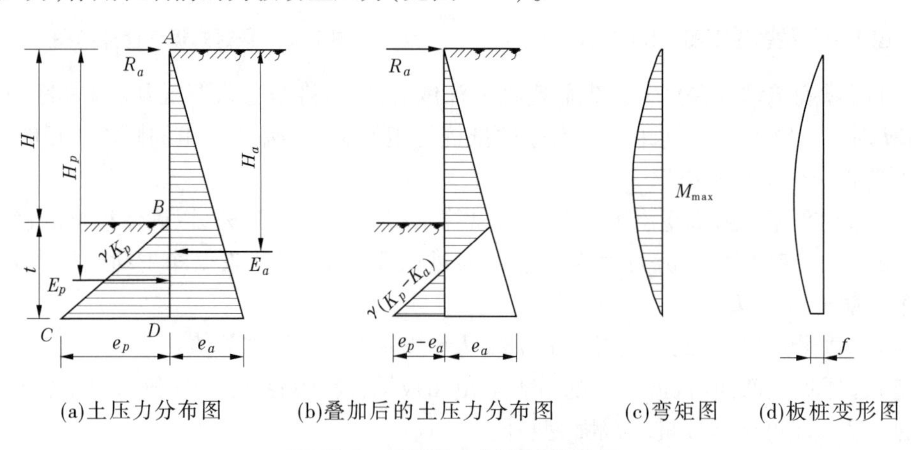

图 16-3　单锚浅埋板桩计算简图

主动土压力最大压强为

$$P_a = \gamma(H + t)K_a \tag{16-1}$$

主动土压力为

$$E_a = \frac{1}{2}P_a(H+t) = \frac{1}{2}\gamma(H+t)^2K_a \tag{16-2}$$

被动土压力最大压强为

$$P_p = \gamma t K_p \tag{16-3}$$

被动土压力为

$$E_p = \frac{1}{2}P_p t = \frac{1}{2}\gamma t^2 K_p \tag{16-4}$$

为使板桩保持稳定,在 A 点的力矩应等于零,即 $\sum M_A=0$,亦即

$$E_aH_a - E_pH_p = E_a\frac{2}{3}(H+t) - E_p\left(H+\frac{2}{3}t\right) = 0 \tag{16-5}$$

整理后即可求得所需的最小入土深度 t

$$t = \frac{(3E_p - 2E_a)H}{2(E_a - E_p)} \tag{16-6}$$

再根据 $\sum x=0$,即可求得作用在 A 点的锚杆拉力 R_a

$$R_a = E_a - E_p \tag{16-7}$$

根据求得之入土深度 t 和锚杆拉力 R_a 可画出作用在板桩上的所有力,并依此求得剪力为零的点,在该点截面处可求出最大弯矩 $M_{\max}$,根据最大弯矩去选用板桩的截面。

由于 E_a 和 E_p 均为 t 的函数,通常先假定 t 值,然后进行验算,若不合适,再重新假定 t 值,直至合适为止。

板桩的入土深度 t 主要取决于被动土压力,计算时,被动土压力一般不取全部(三角形 BCD),而只取其一部分,安全系数多取 2。

二、单锚深埋板桩计算

单锚深埋板桩上端为简支,下端为固定支承。其计算常用等值梁法,基本原理如图 16-4(a)所示。ab 为一梁,其一端简支,另一端固定,正负弯矩在 c 点转折。如在 c 点切断 ab 梁,并于 c 点置一自由支承形成 ac 梁,则 ac 梁上的弯矩保持不变,此 ac 梁即为 ab 梁上 ac 段的等值梁。

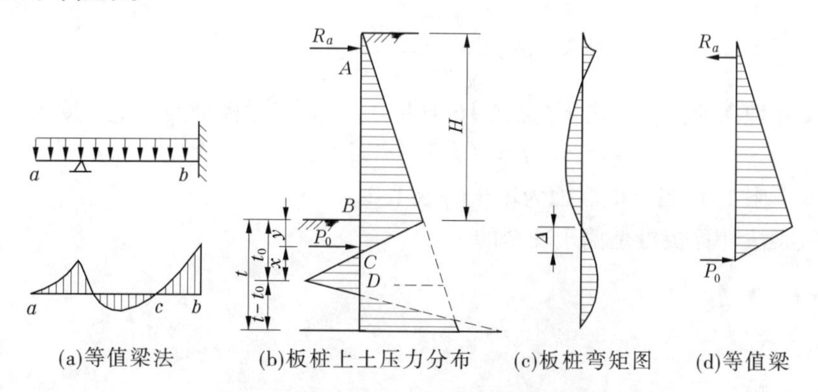

(a)等值梁法　(b)板桩上土压力分布　(c)板桩弯矩图　(d)等值梁

图 16-4　用等值梁法计算单锚板桩简图

用等值梁法计算板桩,为简化计算,常用土压力等于零点的位置来代替正负弯矩转折

点的位置。板桩的计算步骤和方法如下：

（1）计算作用于板桩上的土压力强度，并绘出土压力分布图。计算土压力强度时，应考虑板桩墙与土的摩擦作用，将板桩墙前和墙后的被动土压力分别乘以修正系数（为安全起见，对主动土压力则不予折减），板桩的被动土压力修正系数见表 16-2，t_0 深度以下的土压力分布可暂不绘出。

表 16-2 板桩的被动土压力修正系数

土的内摩擦角 φ(°)	40	35	30	25	20	15	10
K	2. 30	2. 00	1. 80	1. 70	1. 60	1. 40	1. 20
K'	0. 35	0. 40	0. 47	0. 55	0. 64	0. 75	1. 00

（2）计算板桩墙上土压力强度等于零的点离挖土面的距离 y，在 y 处板桩墙前的被动土压力等于板桩墙后的主动土压力，即

$$\gamma KK_p y = \gamma K_a (H + y) = P_p + \gamma K_a y \tag{16-8}$$

$$y = \frac{P_p}{\gamma (KK_p - K_a)} \tag{16-9}$$

式中 P_b——挖土面处板桩墙后的主动土压力强度值；

K_p——被动土压力系数；

K——被动土压力修正系数，见表 16-2；

K_a——主动土压力系数；

γ——土的重度。

（3）按简支梁计算等值梁的最大弯矩 $M_{\max}$ 和两个支点的反力（即 R_a 和 P_0）。

（4）计算板桩墙的最小入土深度 t_0，$t_0 = y + x$。

x 可根据 P_0 和墙前被动土压力对板桩底端的力矩相等求得，即

$$P_0 = \frac{\gamma (KK_p - K_a)}{6} x^2 \tag{16-10}$$

$$x = \sqrt{\frac{6P_0}{\gamma (KK_p - K_a)}} \tag{16-11}$$

板桩实际埋深应位于 x 之下（见图 16-4(b)），所需实际板桩的入土深度为

$$t = (1.1 \sim 1.2) t_0 \tag{16-12}$$

一般取下限 1.1，当板桩后面为填土时取 1.2。

用等值梁法计算板桩是偏于安全的。

第十七章　可移动空心排桩支挡结构设计及施工

第一节　概　述

我国幅员辽阔,支挡结构周边环境、水文地质、施工工艺等各地不一,支护结构的类型应根据基坑周边环境、开挖深度、工程地质与水文地质、施工作业设备和施工季节等条件综合考虑,因地制宜地合理选择。规程 JGJ 120—1999 介绍了几种支护结构的类型,并给出了包含基坑侧壁安全等级、开挖深度及地下水情况的适用条件,见表 17-1。

表 17-1　支挡结构选型

结构形式	适用条件
排桩或地下连续墙	1. 适于基坑侧壁安全等级一、二、三级; 2. 悬臂式结构在软土场地中不宜大于 5 m; 3. 当地下水位高于基坑底面时,宜采用降水、排桩加截水帷幕或地下连续墙
水泥土墙	1. 基坑侧壁安全等级宜为二、三级; 2. 水泥土桩施工范围内地基承载力不宜大于 150 kPa; 3. 基坑深度不宜大于 6 m
土钉墙	1. 基坑侧壁安全等级宜为二、三级的非软土场地; 2. 基坑深度不宜大于 12 m; 3. 当地下水位高于基坑底面时,应采用降水或截水措施
逆作拱墙	1. 基坑侧壁安全等级宜为二、三级; 2. 淤泥和淤泥质土场地不宜采用; 3. 拱墙轴线的矢跨比不宜小于 1/8; 4. 基坑深度不宜大于 12 m; 5. 地下水位高于基坑底面时,应采用降水或截水措施
放坡	1. 基坑侧壁安全等级宜为二、三级; 2. 施工场地应满足放坡要求; 3. 可独立或与上述其他结构结合使用; 4. 当地下水位高于坡脚时,应采用降水措施

支挡结构可按表 17-1 选用排桩、地下连续墙、水泥土墙、逆作拱墙、土钉墙、原状土放坡或采用上述形式的组合,同时应考虑结构的空间效应和受力特点,采用有利支挡结构材料受力性状的形式。

软土场地可采用深层搅拌、注浆、间隔或全部加固等方法对局部或整个基坑底土进行加固,或采用降水措施提高基坑内侧被动抗力。

可移动空心排桩支挡结构,主要以预制钢筋混凝土空心桩为主要受力构件。可以是桩与桩互相挨靠,也可以是桩间预留一定距离,仅仅顶部拼装式连接,或用挡土板置于桩与桩之间形成围护结构。为保证结构的稳定和具有一定的刚度,可设置内支撑或锚杆。

排桩式支挡结构可分为:

(1)柱列式排桩支护。当边坡土质较好,地下水位较低时,可利用土拱作用,以稀疏空心桩支挡土体。

(2)连续排桩支护。在软土中不能形成土拱,支挡桩应该连续密排。密排的空心桩可以互相搭接、相互挨靠,可以是阴阳榫对接,还可在桩与桩空当后面置入挡土板。

(3)组合式排桩支护。在地下水位较高的软土地区,可采用排桩与水泥土桩防渗墙组合的形式。

按基坑开挖深度及支挡结构支撑情况,排桩支护可分为:

(1)悬臂(无支撑)支挡结构。当基坑开挖深度不大时,可利用悬臂作用挡住墙后土体。

(2)单支撑(或拉锚)支挡结构。当基坑开挖深度较大时,为支挡结构安全和减小变形,在支挡结构顶部附近设置一道支撑(或拉锚)。

(3)多支撑支挡结构。当基坑开挖深度较深时,可设置多道支撑(或拉锚)。

排桩式支挡结构是比较传统的支挡结构。它靠桩体插入土中和支撑体系(或拉锚)抵抗墙后的水、土压力,保证支挡结构安全,利用并列的排桩组成围护墙体。由于施工简单,墙体刚度较大,造价比较低,因此在工程中应用较多。根据上海地区的经验,对于开挖深度小于6 m的基坑可选用Φ800 mm密排悬臂空心桩,桩与桩之间可用树根桩密封;对于开挖深度在6~8 m的基坑,根据场地条件和周围环境可选用Φ600 mm密排、顶部设一道圈梁支撑的高强预应力预制空心桩支挡结构;对于开挖深度8~10 m的基坑,可选用Φ800 mm密排、顶部设一道圈梁支撑的高强预应力预制空心桩支挡结构,间隔一定数量进行排桩空心降水,并要视土质情况、周围环境及对围护结构变形要求,适当增设2~3道内支撑;对于开挖深度大于10 m的基坑,可选用Φ1 000 mm密排、顶部设一道圈梁和多道内支撑形式的高强预应力预制空心桩支挡结构,间隔一定数量进行排桩空心降水。

同样,排桩式支挡结构也在公路、铁路工程中得到广泛应用。一般悬臂式排桩支挡结构应用于挡土较低的情况,而拉锚式排桩应用比较广泛。

第二节　空心排桩支挡结构构造

一、柱列式预制空心管桩构造

预制空心管桩直径一般不宜小于500 mm,悬臂式桩直径不宜小于600 mm。桩间距应根据排桩受力及桩间土稳定条件确定,一般不大于桩径的1.5倍。在地下水位较低地区,当墙体没有隔水要求时,中心距还可再大些,但不宜超过2倍桩径。为防止桩间土塌落,可采用在桩间土表面抹水泥砂浆钢丝网混凝土护面或对桩间土注浆加固等措施予以保护,但对于有拆除重复利用要求的空心排桩,需要在基坑回填过程中及时清除桩间土表面的保护钢丝网混凝土等硬物,防止其对射水拔桩的影响。

在地下水位较高地区采用预制空心排桩做支挡围护墙时,必须在基坑开挖前先进行降水,防止基坑渗水影响桩间土拱的形成。图 17-1 为采用降水开挖后排桩与土拱共同构成的支挡墙体构造。如果基坑降水受到某种限制,必须在墙后设置隔水帷幕,但由于施工偏差,桩间树根桩或注浆体往往难以封堵钻孔桩的间隙而导致地下水流入基坑,且影响将来的排桩拔除。因此,开挖深度超过 5 m 时,必须慎重使用。

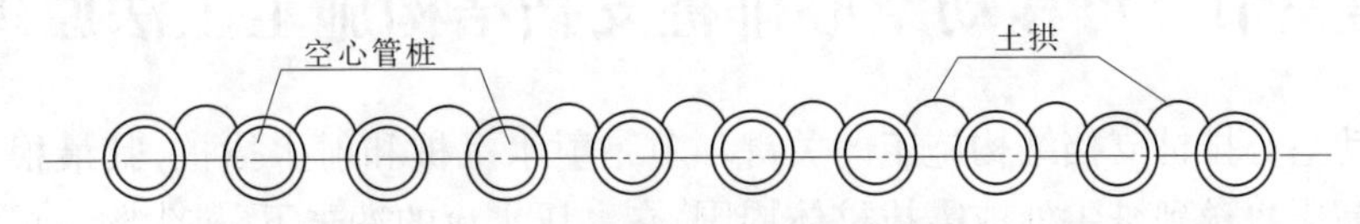

图 17-1　柱列式预制空心管桩平面布置示意图

桩体顶部必须设与桩顶装配式相连的圈梁(冠梁),冠梁为钢筋混凝土矩形梁,宽度(水平方向)不宜小于桩径,梁高(竖直方向)不宜小于 400 mm。桩与冠梁的混凝土等级宜大于 C20,当冠梁作为联系梁时可按构造配筋。

二、预制钢筋混凝土排桩构造

钢筋混凝土板桩截面尺寸应根据受力要求按强度和抗裂计算结果确定,并满足吊桩受力要求。

墙体一般由预制钢筋混凝土空心管桩(见图 17-2)或方桩(见图 17-3)组成。当考虑重复使用时,宜采用预制的预应力混凝土空心桩。桩身截面通常为圆环形,如图 17-2 所示,也可以用矩形截面。

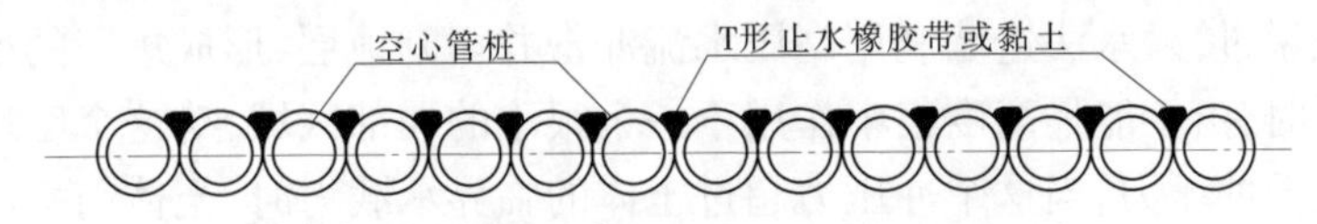

图 17-2　预制钢筋混凝土空心管桩支挡示意图

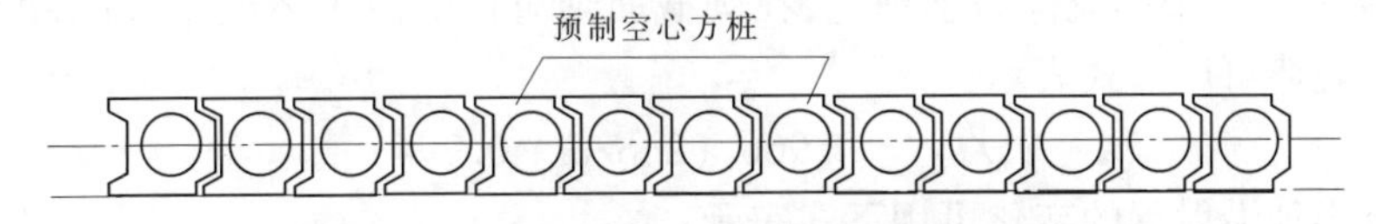

图 17-3　预制钢筋混凝土空心方桩支挡示意图

板桩两侧一般做成凹凸榫,如图 17-3 所示,也有做成 Z 形缝或其他形式的企口缝。阳榫各面尺寸应比阴榫小 5 mm,板桩的桩尖沿厚度方向做成楔形。为使邻桩靠接紧密,减小接缝和倾斜,在阴榫一侧的桩尖削成 45°～60°的斜角,阳榫一侧不削。角桩及定位桩的桩尖做成对称形。矩形截面板桩宽度通常为 500～800 mm,厚度 400～500 mm,混凝土强度等级不宜小于 C25,预应力板桩不宜低于 C40。考虑沉桩时桩端可能的撞击损伤和拔桩施工,桩端都应配 4～6 层钢筋网,桩顶以下和桩尖以上各 1.0～1.5 m 范围内箍筋间距不宜大于 100 mm，中间部位箍筋间距 250 ~ 300 mm，在榫壁内应配构造筋。

在基坑转角处应根据转角的平面形状做成相应的异形转角桩，转角桩或定位桩的长度应比一般部位的桩长 1 ~ 2 m。

当钢筋混凝土板桩墙形成后，桩的头部应找平并用钢筋混凝土冠梁嵌固。

锚杆一般用钢筋，可用螺栓与排桩连接。挖方时用土锚，填方时用锚定板拉住锚杆。

铁路、公路常用板桩挡土墙，它是由板桩和桩间的墙面板共同组成的，板桩截面一般为矩形。墙面板可采用槽形板，也可用空心板。

第三节　可移动空心排桩支挡结构施工工法原理

可移动空心排桩支挡结构施工的关键环节是射水沉桩和射水拔桩，其最根本的工作原理是把高压水送到桩尖处或需拔桩体周围，在高压水流的冲击下，桩尖附近或需拔桩体周围的土层被射水冲开，土层在桩尖处或需拔桩体周围的承载能力或阻力消除，与此同时，由于桩被流向地面的水所包围，桩与土壤间的摩擦力也随之消失，桩就借自身重量而下沉。停水后，桩周围的土壤会沉淀并固结起来，从而使桩牢牢地固定在地层中，并排连续沉桩则可成墙。或被吊车拔除，实现空心排桩的移动和异地修建。

射水法的作用机制是，由射水沉桩器或拔桩器中的射水喷嘴喷射出的高速水流，切割破坏由砂、土与卵石构成的地层，与此同时，利用卷扬机带动沉桩器或拔桩器上下往复运动，进一步破坏地层，沉桩器或拔桩器上下运动过程中，槽孔内形成循环的高速水流，由于高速水流的存在，地层中的砂、土与卵石颗粒被带走，造成桩下或周围的空腔，方便桩体的自由下沉或被吊出。

一、高压射水

前面已经说过，射水法造墙利用高压水流冲击并切割地层，形成规则的槽孔。在喷射水流冲击地层时，由于能量高度集中作用于一个很小的局部区域，对这个区域内的土体结构施加了很大的冲压力，当这个冲压力超过土体的临界承载力时，土体结构就受到破坏。

射水造墙机成槽器上高压水流喷嘴始终在水中，射流过程呈现圆截面淹没射流，其结构如图 17-4 所示。根据流体力学理论，在圆截面轴对称射流主体段中，轴心射流速度沿射程变化的规律可用下式表示：

$$v_m/v_D = 0.966/(2aS/d + 0.294) \tag{17-1}$$

而射流半径沿射程的变化可用下式表示：

$$R/d = 1.7/(2aS/d + 0.294) \tag{17-2}$$

式中　v_m——计算点的轴心流速，m/s；

v_D——喷口处的轴心流速，m/s；

S——喷射水流射程，m；

R——射流半径，m；

d——喷嘴直径，m；

a——紊流系数。

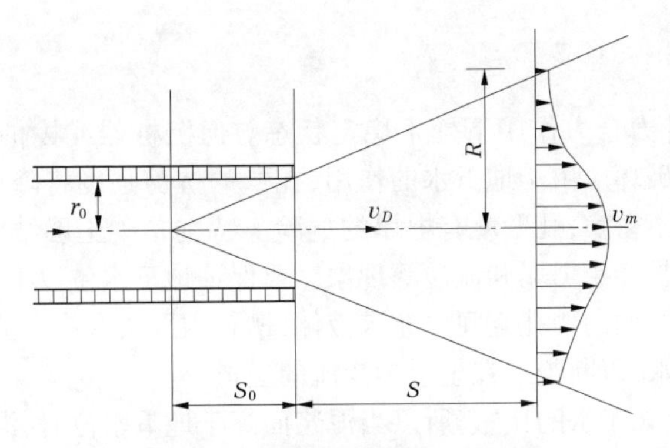

图 17-4　圆截面射流结构示意图

根据喷嘴的尺寸、喷嘴离土体的距离及喷口处的轴心流速，可以计算出射流到达土体时在射流半径范围内横断面上各点的流速。或者，反过来，根据高压水泵的压力，设计出沉桩器或拔桩器喷嘴尺寸及其箱体宽度，从而能得出其冲击土体能力的性能指标。

高压喷射流的冲压力可表示为

$$P_0 = \rho A v^2 \quad 或 \quad P_0 = \rho Q v \tag{17-3}$$

式中　P_0——喷嘴出口水流的冲压力，kN·m/s²；

ρ——水的重度，kN/m³；

A——喷嘴面积，m²；

Q——喷嘴出口水流流量，m³/s；

v——喷嘴出口水流的平均流速，m/s。

从式(17-3)可以看出，水流的冲压力与喷嘴流速的平方成正比，与流量和流速的乘积成正比。流速越大，冲压力越大；流量越大，冲压力越大。

在射水成槽过程中，水流的冲压力会有损耗和衰减，其损耗系数β可表示为

$$\beta = P_0 / P \tag{17-4}$$

式中　P_0——喷嘴的出口水流冲压力，kN·m/s²；

P——喷嘴的入口水流冲压力，kN·m/s²。

水流冲压力的衰减规律，则可用经验式表示：

$$H_L = K d^{0.5} H_0 / L^n \tag{17-5}$$

式中　H_0——喷嘴出口处的压力水头，m；

H_L——离喷嘴出口 L 处的压力水头，m；

d——喷嘴直径，m；

L——距喷嘴出口的距离，m；

K、n——经验系数，与喷射水流周围的介质有关，根据经验，在空气中喷射时，取 $K=8.3$，$n=0.2$，在水中喷射时，取 $K=0.01$，$n=2.4$。

在实践中，应尽量使喷嘴接近待切割的土体结构，以减少水流冲压力的衰减，提高水流的冲切能力。高压喷射水流对土体的破坏机制，包括喷射水流本身的动水压力、脉冲振动破土效应、水楔破碎效应、气穴效应，以及锤击破坏作用。

二、泥浆固壁

原状土在各种外力合力作用下处于稳定状态。但沉桩器或拔桩器的射水冲击与切割,使土体平衡受到破坏。由于地下水的作用,孔壁的抗剪强度将降低,并出现向孔内的渗流压力,土体如果不密实,孔壁就有坍塌的危险。特别是砂土层结构疏松且经常含水,成孔后孔壁不稳定,易产生坍塌和流沙等现象。要保证地下水位以下的土层孔壁不坍塌,应具备以下条件:被挖掘的槽孔空间要充满液体,槽孔内要具有一定的由孔内施加给孔壁的压力,孔壁不能透水,以断绝水在土层中渗流的通道。

由于泥浆的比重大于水的比重,所以当泥浆面高于地下水位时,泥浆的压力就会大于地下水的压力,该压力可抵抗作用在槽壁上的侧向土压力和水压力,相当于一种液体支撑,可以防止槽壁坍塌和剥离,并防止地下水渗入(见图 17-5)。与此同时,泥浆还要往地层里渗透。渗透情况不仅与地层的结构和性质有关,而且与泥浆的性能有关。在泥浆向地层里渗透的同时,泥浆材料与黏土颗粒由于过滤作用沉积在槽壁上或由于化学作用附着在槽壁上,形成一层不透水或透水性很低的膜,称作泥膜或泥皮。这种泥皮不但能阻止泥浆不断渗进周围地层中去防止泥浆失水和泥浆漏失,而且也能防止地下水浸入槽内与泥浆混合,同时又是泥浆压力的作用面,所以泥皮的形成大大地促进了泥浆的固壁作用(见图 17-6)。

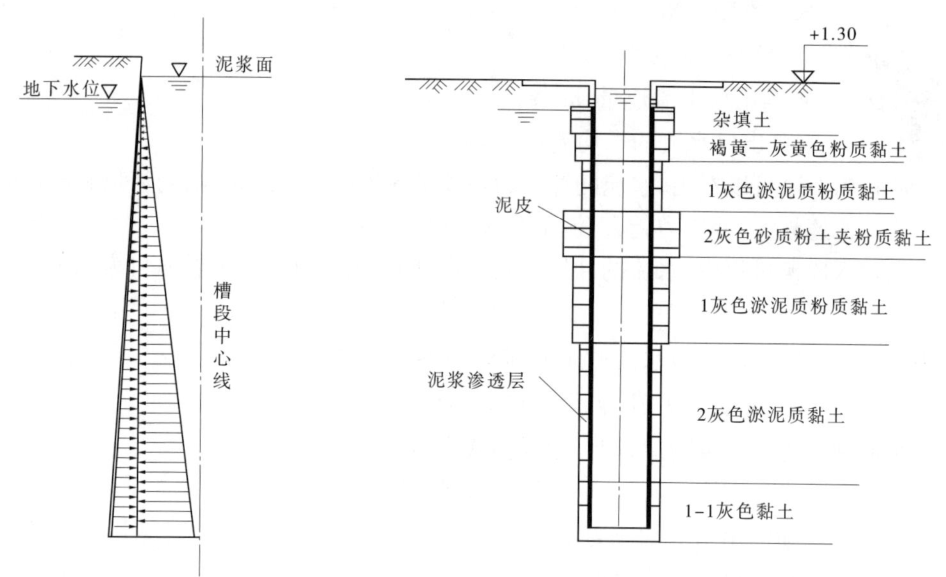

图 17-5　泥浆对孔壁的压力作用示意图　　　图 17-6　泥浆的固壁作用示意图

泥浆固壁的能力,取决于它的固壁侧压力(由泥浆水头与它的重度决定)、强度与泥皮强度,以及泥浆流动的向上拖曳力。一般的泥浆固壁,都是按规范要求,保持孔内浆液面在合理的高度上(导墙顶面以下 30 ~ 50 cm)。由于射水法造孔的高速水流就是泥浆水,它不断射入孔中破坏地层,又不断从孔中流出。因此,相比其他工法,它的固壁侧压力提高了(泥浆水位能达到孔顶),又能充分利用其向上的拖曳力,从而达到较好的固壁效果。

泥浆固壁的目的就是保证孔壁的稳定。固壁泥浆应当满足:泥浆的比重要大于清水,使得在孔壁上任何一点,其泥浆的压力都大于土层中的水压力;桩孔中泥浆面应高于地下水位,通过水头差使泥浆浸入孔壁,泥浆黏土颗粒吸附在孔壁的空隙中形成泥皮,阻断泥浆水分向孔壁土层渗透的通道;泥浆和地下水的压力差与孔壁土压力平衡,以维护孔壁的稳定;泥浆应具有携带钻渣排出孔外的能力。只有在孔壁稳定的条件下,沉桩器或拔桩器才能在射流水的冲击作用下制造桩下或其周围空腔。

第四节　可移动空心排桩支挡结构施工

科学、合理的施工工艺是可移动空心排桩支挡结构施工成败的关键,工程开始施工前,一定要根据施工地区地质、排桩等情况,科学计算和选择施工所需水压及吊车等相关施工参数与机具设备。具体施工步骤如下。

一、施工准备

在施工前,除通常必须要做的诸如现场踏勘、气象水文资料收集等外,对射水沉桩或拔桩而言,必须做好如下施工准备:

(1)施工组织设计。包括组织机构与人员配置,以及施工规划。在项目负责制的前提下,组织机构一定要健全。由项目经理领导,下设施工规划与设计部门,负责整个工程施工的总体工程、分部工程及单元工程和设计与施工组织;施工质量监督与控制部门,负责施工质量管理与监督;施工安全部门,负责施工设备与人员的安全监督;后勤服务与财务部门等。人员配置要健全,包括水力学、地质力学、材料力学、测量等专业,并有对射水工法较为熟悉的工程师与熟练操作人员。施工规划包括分部工程和单元工程的施工安排与调度,确保在合理的工期内完成施工任务。

(2)平整施工场地和施工放线,合理进行施工场地布置,尤其是施工供水池和沉渣池布置应方便射水与循环利用,不影响排桩的运输、起吊、射水机具安装和测量定位等,确保桩位施工准确和交通安全、方便。

(3)试桩。在大面积铺开施工前,一般应选择在有代表性的地段先进行试验段施工。通过试验段施工(包括质量检查),对地质情况有更准确的掌握,检查各种机械运行是否正常,各个连接部件是否牢固可靠,尤其是高压供水管路长度是否适宜,施工进度与工艺组织措施配套是否合适,以及人员安排、施工质量、工期、施工安全能否得到保证等。如此,可为以后的顺利施工积累经验和对重要的施工参数能心中有数。

二、机械设备配置

在陆地地面承载力符合要求时,可直接配备吊高满足要求的吊车、发电机、高压水泵、配电盘,以及配套的附属机具等;若在岸边或浅水处,应该对施工场地进行垫土,提高地面承载能力后,按陆地施工要求配置机械设备和机具;在较深水中打桩时,要根据工地使用机械及水上作业的设备要求配备必要的水上施工平台。

(一)排桩设备和电源要求

排桩和射水沉桩或拔桩用的沉桩器或拔桩器,两者重量本身不是很大,一般的吊车即可满足吊重要求。但由于排桩一般都很长,需要吊车吊高很大,所以,在选配吊车时,应充分考虑起吊高度要求。这样配备的吊车一般都有主、副两个吊钩,一个吊车即可实现起吊排桩及其配套的沉桩器或拔桩器的不同步提升或降落要求,减少吊车使用数量。

射水沉桩用多级离心泵两台从蓄水池抽水供给沉桩器或拔桩器喷嘴,扬程 211 m,出水量 154 $m^3/h\times2$,各配 55 kW 电动机 1 台;同时配备相应的从附近水源或新打机井中抽水到蓄水池的混流泵 1 台,配 1.5 kW 电机;配备容量大于实际用电量的变压器,考虑到板桩和灌缝等其他设备和照明用电,配套了开关柜。电缆线选用容量大于用电量 20% 的电缆。

(二)射水水源要求

射水多级离心泵要求使用固体物含量(按质量计)不大于 9.1% 的净水源,用水量较大,还应考虑沉渣水的循环利用容量。为此,利用取土坑塘,周围用推土机筑堤,修筑蓄水池容量不应小于 5 000 m^3,取水泵吸入口要加过滤罩。

输水管的管路用 4 in(1 in = 2.54 cm)钢管、法兰连接多级离心泵,送入两根Φ2.5 in、长 20 ~ 35 m 高压胶管供水管路,胶管的末端用钢管和射水沉桩器或拔桩器的射水喷嘴相连接。

(三)射水供水泵组要求

1. 水泵结构形式

水泵选用单吸多级分段式离心泵吸送清水,扬程 211 m,Q = 154 m^3/h,功率 55 kW。为便于调节,两泵安装在一个底盘上,与电动机采用轴传动方式;在泵 0.5 m 上方设置 1.5 m × 1.8 m × 1.2 m 的储水箱,箱上部设有调节水量的出水孔,两泵进水口与储水箱底部相连,出水口安装单向阀和控制阀门。

2. 泵的控制要求

泵组配置功率大于配套电机功率 30 kW 的控制柜。控制柜要求降压启动或软启动,并配时间继电器、电机保护器,电缆的功率大于泵组配套电机功率的 30%,长度约50 m。

3. 泵的运行要求

运行前用手转动应感觉灵活,转动方向正确,运行中水泵轴承升温不超过 70 ℃,轴承串动量保持 5 ~ 6 mm,填料压紧程度应保证均匀漏水(10 ~ 20 滴/min),泵入口应有防止杂物堵塞的过滤网。

三、排桩施工

(一)射水沉桩

沉桩前再一次检查桩体是否符合质量要求、桩位是否准确无误,沿轴线安放导向扶正器,扶正器由两根Φ200 mm 钢管组成,长约 9 m,两管间距比板厚宽 10 mm,一端焊死,中间可每隔 2.2 m 用Φ40 mm 横螺栓连接,另一端敞口,敞口长度 2.4 ~ 2.5 m,顶端两侧埋地锚用导索拉紧,尾端由人工调整。板桩由吊车放入扶正器,使第一块板的滑板进入扶正器的滑道,再向地层插入,根据地层土质调节泵的出水量。施工时,先将射水沉桩器安装、连接到待沉排桩的空心通道中，射水沉桩器进水管与高压水泵出水管连接，做好充水准备，然后用吊车将沉桩和射水沉桩器一并起吊到预定位置上方，待桩下端与地基将要接触并不再晃动时，打开充水设备，水压按 10 ~ 50 kg/cm^2 加压通水。从射水沉桩器喷嘴内射出的高速水流迅速使土壤液化，喷射高压水成孔，吊车也将沉桩徐徐下落，插入到液化的土壤中。至设计高程后关掉供水设备，固定桩位，解开桩体吊绳、解除沉桩器与沉桩连接，吊出沉桩器，则完成第一个桩的沉桩。

需要说明的是，应根据地层情况对水泵供水参数进行合理的调整。水泵的额定压力是6.0 MPa，可利用泵出水口的闸阀来调整泵压与泵量。如果在砂性地层进尺较快，为使泥浆固壁更好，以及减少扩径系数，应适当降低泵压与泵量。相反，当沉桩遇到较为坚硬的土层（如黏性土层），沉桩较慢时，则可适当增加泵压与泵量，以及可以利用吊车的快速降落操作，将桩体提起 1.5 ~ 2.0 m 快速放绳，通过待沉桩体的惯性下蹲，反复自由下落冲击破坏其下土层，以加快沉桩速度。

沉桩或拔桩器的上下运动频率则由操作人员控制，一般为 30 ~ 70 次/min。对砂性地层，可降低频率；对黏性地层，则可提高频率。

（二）射水拔桩

拔桩前，先将所需拔桩体顶部周围土体挖除，露出桩头，将连接法兰和钢丝绳与待拔桩体顶部连接成吊耳，射水拔桩器进水管与高压水泵出水管连接，做好充水准备。然后用吊车将射水拔桩器起吊到待拔桩体上方，套住桩头并下落。待射水拔桩器与地基将要接触时，打开充水设备，水压按 10 ~ 50 kg/cm^2 加压通水，从射水拔桩器喷嘴内射出的高速水流迅速使待拔桩体周围的土壤液化，喷射高压水成孔，吊车也将拔桩徐徐下落，插入到液化的土壤中。至预定高程后关小供水设备，将连接桩顶的吊绳与吊车吊钩连接，将桩体连同拔桩器一并吊出或拔出，则完成第一个桩的拔桩。也可以先吊出拔桩器，然后再进行拔桩。

对拔桩器的供水参数调整和操作，除沉桩情况外，还需要说明的是，基坑支挡拔桩前，应首先要求进行基坑回填，并随着回填抬升及时将支挡内支撑、桩间坚硬块体，从下到上陆续清除，待基坑内外水压平衡、桩体支挡力消失后，再选择较易拔除的桩体，先行拔除，待有好的工作场面后，再开始分两侧挨次拔除。

拔出的排桩应按要求堆放，避免堆放中意外损失，以便重复使用。

（三）沉拔桩劳力组合

共需两个班组，昼夜不停。每个班组 14 人即可，其中 1 人负责安全兼指挥，1 人操作泵组，2 人测量定位，2 人扶正，8 人托水管、安卸水管接头，连同管理人员在内，需 30 人左右。

（四）桩间缝隙控制

在沉桩开始前，首先在桩位两侧选择适宜、牢靠的地方预先安装支墩，设计控制桩位的担杠、吊绳和吊点，按照设计桩位、桩顶标高和担杠情况推算支墩平面位置与安设高程。桩间缝隙控制主要是通过控制沉桩垂直度来实现的，控制排桩下沉一定要在其下及周围影响自由下落的土体全部被射水所击打破碎之后进行，当测量发现桩体在其设定桩位不是垂直、自由下落时，要及时将桩体提升至垂直状态下的桩位处，射水修正、自由下沉，沉至设计高程再按设计间距固定桩位，自然也就控制了桩间缝隙。设计要求板桩间预留缝宽为 25 mm，相邻板桩板缝允许偏差为 25 mm（即板与板之间最大缝宽为 50 mm）。桩体宽度为 1 000 mm，导向架格板间净宽为 1 015 mm，格板厚度 10 mm。因此，板桩间缝宽即可控制在 10 ~ 40 mm，实际操作时可控制最大偏差为 15 mm。

（五）板桩高程控制

在沉桩至设计深度并稍有富裕时，停止射水下沉，将设计的担杠穿入预先与桩顶连接的吊绳内，并在吊车的辅助下准确将桩顶固定在设计高程后，及时向周围的孔隙均匀回填 0.5 m^3 左右的碎石子，再均匀回填 3.0 m^3 左右的沙性土，即可进行邻近排桩的插桩施工。为保证板桩沉降以后标高能满足要求，安装排桩时在担杠下加高 50 mm 的垫块，使实际板顶标高比设计标高高出 50 mm，使沉降稳定以后仍能满足规范要求。利用手推晃动的方式判断桩体周围土体初步稳定、固结，桩体稳固后方可撤掉担杠及其支墩和吊绳。

为便于用水准仪观测板桩沉降量，同时通过沉降观测了解沉降规律，沉桩前应在桩顶预先选定稳固、明显、有代表性的凸点，便于立尺和寻找。

（六）安全施工注意事项

排桩插打完毕、顶部冠梁安装紧固后即可降水开挖。但需要注意的是：对于设计有支撑的围堰，要随降水开挖随时支撑，开挖（或抽水）到设计深度要及时支撑，并检查各节点是否顶紧，排桩与导梁之间的缝隙是否用木楔一一揳紧，防止导梁受力不均而出现开挖（或抽水）事故；开挖（或抽水）速度不能过快，且要随时观察支挡结构的变化情况。对于围堰性质的支挡结构，当锁口不紧密漏水时，可用板条、棉絮等在内侧嵌缝或嵌塞，漏缝较深时，可以通过潜水员在漏缝外侧贴止水胶带，或在漏缝附近处徐徐倒撒袋装下放的大量木屑、谷糠等，使其由水挟带至漏水处自行压紧止水或堵塞。

第十八章　空心排桩可能应用案例分析

第一节　天津市海河堤岸钢筋混凝土板桩防护

一、概述

天津市海河综合开发堤岸改造工程位于古文化街狮子林桥与金汤桥之间，海河右岸张自忠路侧堤岸，全长642延米。该工程段前沿地下结构主要由两部分组成：护岸段预制板桩和码头段现浇钢筋混凝土地连墙。预制板桩有两种规格：从狮子林桥到拟建码头端有53块板桩，尺寸为7 650 mm×1 000 mm×300 mm；从拟建码头端到金汤桥有319块板桩，尺寸为10 650 mm×1 000 mm×350 mm。板桩桩顶标高均为+0.15 m。该工程板桩成槽与施工地连墙成槽基本相同，而板桩的安装定位与以往施工的板桩有所不同。板桩桩顶标高为+0.15 m，导墙顶标高为+1.40 m，即板顶离导墙顶面1.25 m，板顶不露出水面。

该施工段原地面标高为+4.00 m，从+4.00～-14.00 m，第一层为杂填土，层厚0.60～1.80 m；第二层为素填土，层厚1.70～4.20 m；第三层主要为粉质黏土，层厚1.40～3.80 m，局部为淤泥质黏土或淤泥，层厚2.20～6.40 m；第四层为粉土，层厚1.20～9.60 m；第五层为粉质黏土，层厚2.70～7.00 m。施工断面地表原护岸浆砌块石及杂填土已清除换填，回填土深度为2.00～4.00 m，土质松软。地下水位约1.60 m，施工期间海河水面标高约0.2 m。

二、施工工艺及流程

（一）工艺流程

施工工艺流程见图18-1。

（二）成槽

1. 工艺特点

本工程板桩成槽工艺采用气举反循环成槽施工工法，双钻抱管（喷导管）钻孔成槽，冲击钻修槽，具有成槽速度快，泥浆置换、沉渣清除彻底，槽面平整等优点。

2. 单套成槽设备组成

QZ-80型潜水钻机2台（功率22 kW/台），成槽架1副（2台卷扬机总功率24 kW），空气压缩机1台（功率45 kW），3PN泥浆泵1台（功率22 kW），喷导管1根（φ273 mm，长14.5 m），钻头2个（φ500 mm），冲击扩孔钻头1个（宽655 mm），泥浆渣斗2个（5 m^3/个）。

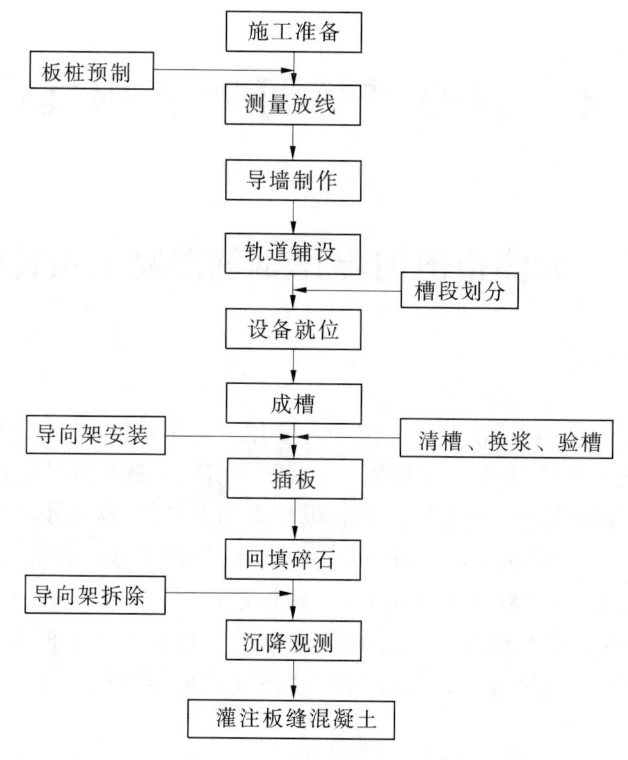

图 18-1　施工工艺流程图

(三)插板

1. 验槽

插板的单元槽段的深度、宽度、泥浆重度、沉渣厚度符合设计与规范要求并经验收合格后才能进行插板。

2. 导向架安装

用吊车起吊,将导向架两端的端线对准导墙上划分单元段的钢筋标记,垂直并贴陆侧导墙安放导向架,靠河侧用 30 mm 厚的木楔将导向架与导墙挤紧,并在导墙上用手电钻钻眼,下销钉,将导向架固定。

3. 板桩安装

用 50 t 履带吊车主副钩水平起吊板桩,空中换位,待板桩垂直后,由主钩吊板桩顶端吊环,人工扶正,对准导向架板孔,贴导向架河侧垂直下插板桩,下插到位后,用担杠将板桩担在导墙上,再通过吊环起吊板桩,摘掉钢丝绳,担扛穿过吊环担在导墙上的垫块上(垫块厚度 50 mm),固定板桩。垫块起到预留沉降量的作用,其另一用途是便于板桩稳定后,拆除担杠和吊环,以便担杠和吊环重复利用。板桩在插入导槽前要将水平起吊的 4 个吊点钢筋割掉,切口处要用乳化沥青涂抹防腐。

4. 回填碎石

板桩安装调整就位后,立即回填板与槽壁之间的缝隙,用 4 ~6 分石回填,使板与槽壁间被碎石和泥浆填满,有利于板桩稳定。回填碎石前应先将板与板间的槽孔用水泥袋封堵,防止碎石掉进板缝间的凹槽孔中。

5. 灌注板缝混凝土

回填碎石板桩稳定后,拆除导向架,累积安装完50块板左右,进行一次集中灌缝。灌筑前先将槽孔中的水泥袋拔除,然后将与槽孔吻合的布袋用竹竿捅到槽孔底,再向布袋内灌筑C20细石混凝土。

(四)效果

板桩施工结束后,开挖验收板桩施工质量,全部满足设计与规范要求。而且,由于利用导向架能够方便有效地对板桩进行定位,不但很好地保证了工程质量,还大大提高了施工进度,平均每台设备一天能安装20~30块板桩,取得了较好的经济效益。

三、排桩替代方案分析

该方案是采用钻机造孔、冲击钻修孔成型后再向孔中插桩的方法进行修筑的,取得了良好效果。如果利用钢筋混凝土预制空心射水排桩直接射水插桩,则省去了钻机造孔和冲击钻修孔程序,缩短了泥浆固壁时间,减小了桩体与孔壁之间的缝隙和回填工程量,则可进一步提高施工效率、压缩施工时间。因此,天津市海河堤岸钢筋混凝土板桩防护设计与施工有进一步优化的可能。

第二节　浙江省钱塘江海塘防潮涌用钢筋混凝土板桩防冲墙

一、概述

浙江省钱塘江潮涌为举世无双的天下奇观,其能量巨大,往往严重地危害海塘堤脚与堤身的安全。为此,设计工程师经过多次反复研讨,针对此情况,在海塘堤脚设置混凝土沉井和板桩防冲墙。即在浙江省杭州市城市防洪堤一期工程的K3+088.92~K3+884堤脚设置8 m或10 m长、截面0.3 m×0.5 m的钢筋混凝土板桩防冲墙,共有板桩1 580根,在深水区施工。

二、板桩施工工艺及流程

板桩施工工艺及流程见图18-2。

(一)测量定线

用红外线测距仪测设出板桩外缘线的转折点,ϕ150钢管打入河床定位。转折点间直线每50 m加一定位桩加密,引测临时水准点、控制桩顶标高。

(二)打桩船平台的拼装

船平台采用60 t铁驳两艘搭拼。搭拼时,设置一型钢架底座,以加宽整个船平台,船平台上设钢管滚筒,上置DJ25型振动打桩机(附属起吊设备一套),使船平台一次定位以后可以完成4~5 m的板桩墙,减少船平台位移次数。

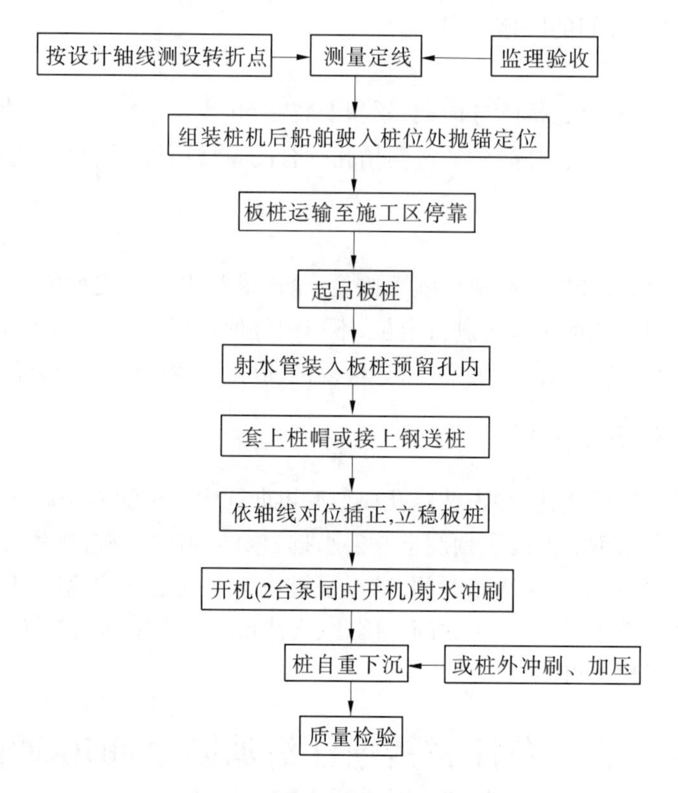

图 18-2　板桩施工工艺流程图

(三)水泵选型,水枪安装

水泵选型依据本工程土质条件确定,桩内射水采用 9 节高压泵和 6 节高压泵高压射水,进水采用 4 in QY 潜水泵各一台送水,出水采用直径 50 mm 的高压胶管送水。桩外射水采用 2 in 3RA -9 型离心水泵,进水采用 4 in QY 潜水泵各一台导水,出水采用直径 50 mm 高压胶管送水。

根据该工程土质,射水嘴处水压需要 1.0 MPa 左右。因此,水压采用闸阀调节,射水冲沉时,可根据板桩入土深度变化需要,调整出水压力,掌握下沉速度均匀为宜,应防止高压胶管与射水管联结处受阻。

射水管采用直径 50 mm 钢管,加长 0.05 m 后取 10.55 m 和 8.55 m 两种,射水嘴孔径 12 mm,侧壁设 3 个斜孔,水管的壁厚采用 9 mm。

(四)板桩的运输

本工程板桩由杭州市构件二厂生产,堆放场地为构件二厂江边码头。在构件厂码头吊装到板桩运输船,运至各施工点。材料员在领取板桩时必须按每组桩型布置领取。按施工沉降缝为 6 m 的要求,每 18 m 需 Ⅰ 型板桩 33 根,Ⅱ、Ⅲ、Ⅳ型各 1 根,共 36 根。

(五)船舶定位

船舶平台定位采用横向停靠,装有桩机的船头朝板桩,船尾靠岸侧。

船舶定位四角主锚缆设计成由卷扬机控制可调节张紧度的结构,在船舶初定位后即利用该机构控制,四台卷扬机同步操作统一指挥协调,使船平台迅速固定。

四角锚碇位置须设置在离船平台较远处，一方面增加船平台的稳定性；另一方面在船平台移位时，可使其中上游（或下游）的两只主锚碇不动，放松卷扬机钢丝绳，而将另两只主锚移向下游（或上游）设置，这样可大大节约船平台移位时间。

（六）板桩施工

板桩采用桩内射水下沉为主、侧向桩外射水为辅、桩顶加压或振动设备，称为内射、外射、振动加压"三合一"法。按设计要求，板桩打设采用高程控制法。

打桩时原则以桩内射水冲沉法施工，当中心射水下沉到一定深度，水压已数次调高，下沉速度明显缓慢时，采取桩外两侧射水和振动锤自重加压，当桩外射水和加压而下沉速度仍无明显变化时，采用振动锤击振、内射、外射"三合一"法下沉。板桩沉放允许偏差：板桩顶标高 ± 5 cm，板桩轴线偏移允许误差 5 cm，板桩垂直允许偏差 10 cm，板桩间垂直缝隙小于 2.5 cm（施工过程中争取控制在 2.0 cm 以内）；板桩沉放到位后，为防止板桩沉放时引起相邻板桩下沉或偏位，更好地控制板桩的间隙，可采用以下方法加以控制：沉放好的板桩可在桩侧利用型钢进行固定，轴线控制可采用两侧用锚钩葫芦纵向牵拉等方法，同时及时对冲坑进行回填，增加摩擦力。

（七）质量保证措施

1. 导向

利用板桩顶以下 0.3 m 的预留孔，配两根长 4 m 的 20 号槽钢用 ϕ16 ~ 20 螺杆对销夹住，每个桩定位后向前推进 0.5 m 即夹住，在夹板与已沉入桩间穿螺杆时加一块垫片，确保后一根板桩既有导向作用，又留有 3 cm 空隙，且在槽钢端部加设一横梁进行围护，以固定桩位。打试桩时，采用加强加长桩帽的措施，使桩帽长达 1.2 m，并在桩顶以下 30 cm 和 100 cm 的预留孔内用螺杆固定，使其与桩身连接基本密合，限制桩顶晃动，并以此将桩机导向滑道与板桩导向紧紧结合在一起。

2. 船平台固定问题

除四角主锚缆外，另增加 2 对副锚缆，以增加打桩船的稳定性。船舱内增加型钢配重，共配约 50 t；舱内注入一定量的水，进一步压舱，提高船平台的稳定性。

3. 冲沉措施

当板桩冲沉几根后纵向上方会产生 V 形，即下口紧靠，上口间隙呈现 V 形，可在后一根板桩下沉发现 V 形时，用一只 5 t 手拉葫芦，随沉随拉，必要时前数根板桩用一只葫芦锁紧，后一根板桩加一只葫芦单独拉紧。

4. 钢送桩措施

一般水位在高程 4.30 m 时，必须用钢送桩方法进行施工，送桩以 1.00 ~ 1.50 m 为宜。当采用钢送桩时，必须严格控制好高程。

5. 桩的垂直度控制

在施工中，由于桩的上顶力会使打桩船在纵轴线方向有微小的倾斜，采用桩机本身的前倾角、后倾角及移动压舱重来调整桩的垂直度，以满足桩的垂直度要求。

三、效果

通过上述钢筋混凝土板桩墙建筑，以及混凝土沉井设置，杭州城市防洪堤——钱塘江海塘的 K3 +088.92 ~ K3 +884 施工段,自 1999 年竣工以来,堤防稳定,每年的潮涌从未带来任何险情和出现影响安全的征兆。因此,该工程的设计与施工可说是比较经典的成功实例。

第三节　江苏省如皋市新跃涵洞闸塘钢筋混凝土板桩围堰

新跃涵洞位于江苏省如皋市长江北汊左岸,建于 1975 年,洞身为双管Φ200 cm、壁厚 3 cm 的水泥钢丝网结构,洞身长 18 m,沿洞身壁外每 3 m 设一钢筋混凝土加筋肋圈,管身无底板。涵闸运行以来,工程在挡潮防洪、引水灌溉和排水除涝等方面发挥了重要作用。由于当时涵洞挡潮防洪等方面设计标准低,又历经数次堤防土方加高培厚,洞顶荷载增大,工程存在诸多隐患。经检测,涵洞洞身断裂、洞壁裂缝贯穿、洞身失圆,裂缝最宽达 4 cm;上下游防冲设施损坏、堤防渗径长度不够、结构严重老化等,加之涵洞的孔径远远不能满足受益区农田排涝要求,必须进行拆除重建。

根据方案设计,采用钢筋混凝土板桩围堰,具体在新涵洞下游防冲槽末端外布置两排钢筋混凝土防渗板桩幕墙,板桩间填筑渗透系数小的土料,形成钢筋混凝土板桩围堰。涵洞主体工程施工完毕后,再将板桩打入河床,这样可使板桩在涵洞施工期间为挡潮围堰的主体结构,涵洞运行期又成为涵洞下游防冲消能部分的“抗冲板桩墙”,以防止外岸线的崩坍影响涵洞的安全,起了“一桩二用”的作用。闸塘开挖及围堰平面布置见图 18-3 及图 18-4。

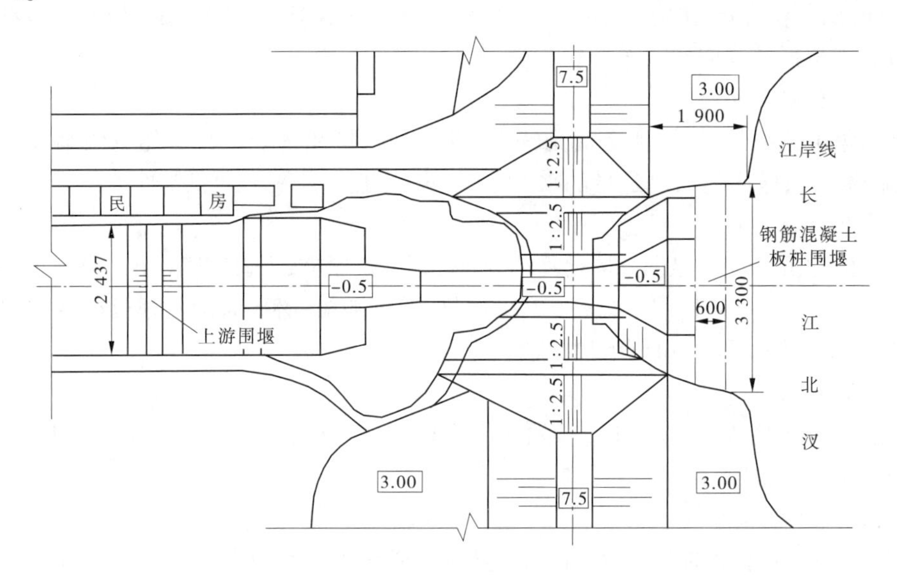

图 18-3　新跃涵洞闸塘开挖及围堰平面布置图　(单位:高程,m;其他,cm)

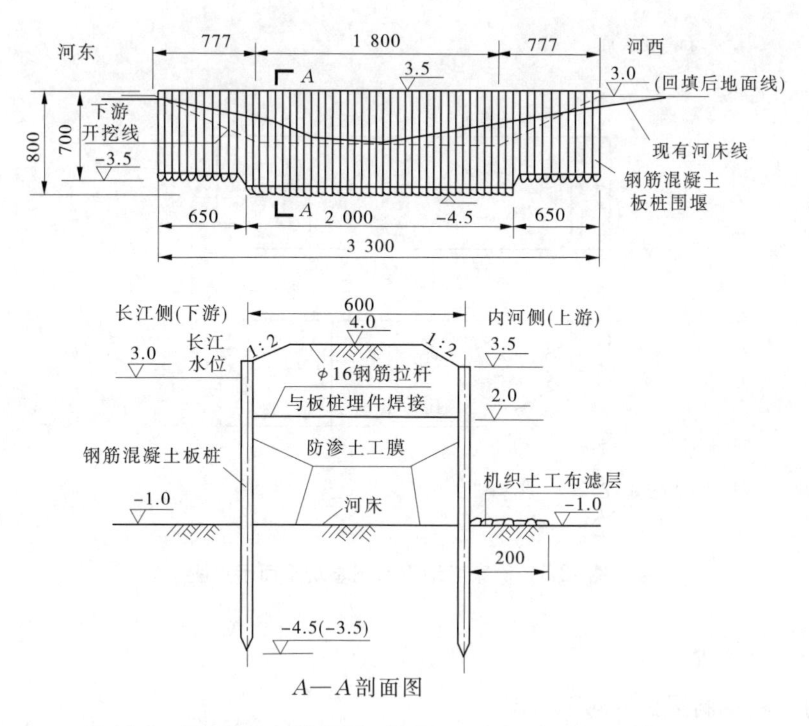

图18-4　新跃涵洞板桩围堰立面图　（单位:高程,m;其他,cm）

第四节　上海市徐家汇地下商场静压板桩基坑围护施工

一、概述

上海徐家汇地下商场位于上海地铁1号线徐家汇站北端西侧。商场长108 m,宽度为东侧宽28.9 m,西侧宽22.9 m(见图18-5)。商场主体为单层地下结构,底深7.25 m,商场北面为设备用房,地下二层结构,底深12.0 m。与地下商场相连的出入口共设有5个,编号依次为10~14号,设计深度各不相同。

地下商场各部分开挖施工时的基坑围护结构体首选方案曾主要是地下连续墙,壁厚600~800 mm不等。经技术经济比较论证后,确定地下商场主体部分改用钢筋混凝土板桩支护,板桩截面350 mm×500 mm,桩长12.5 m。紧贴板桩墙内侧再设置混凝土衬墙。商场北端的设备用房的基坑围护仍采用壁厚为800 mm的地下连续墙。墙底深20.4 m,且直接用作结构外墙而不再设内衬墙。上述5个出入口处的围护,则根据其不同的设置深度,分别采用钻孔灌注桩或钢筋混凝土板桩。其中,基坑深度超过7.5 m时,用直径800 mm钻孔灌注桩;而挖深小于7.5 m的基坑,则采用上述主体结构工程中同样尺寸和断面的钢筋混凝土板桩。这样,整个地下商场基坑开挖中共设置了301根板桩,其中包括2根角桩。

钢筋混凝土板桩支护墙的施工制作经方案比较,确定选用静力压入法,为确保工期与质量,板桩选用商品桩。压桩机选用WTY160型步履式静力压桩机。

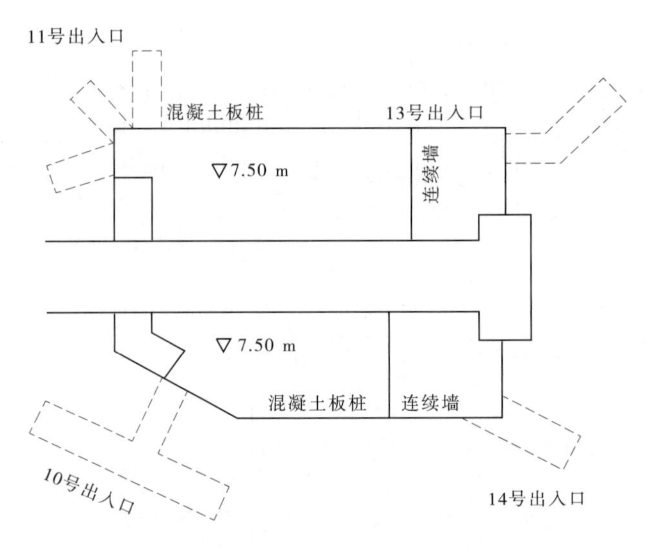

图 18-5　徐家汇地下商场基坑平面示意图

二、施工效果

(一)采用钢制围栏导向架导向

板桩墙支护结构的施工制作,应力求相邻两桩间企口接榫的密贴,确保成墙平直,使墙体中轴线同心度达到不大于 50 mm 的控制标准。但由于按板桩设计标准图集定制的商品桩桩尖形状有偏斜,在压桩过程中,桩中心总是趋向有尖角的一侧倾斜。虽然试图通过调整压桩的 4 只千斤顶将桩中心线铅垂扶正,但收效甚微。为便于实施成墙平直,在压入作为定位桩用的角桩后,压入桩墙主体桩时,采用了特制的钢围栏以作导向用。钢制围栏采用两排 25 号槽钢,中间用厚 10 mm 的钢板焊接而成,围栏槽钢的内间距为360 mm,即较板桩厚度 350 mm 大出 10 mm。围栏以每 5 根板桩为一组,边施工,边安装,沉桩后拆除。采用了钢制围栏导向后,施工后的板桩墙中心线的偏差均小于 10 mm,达到了板桩成墙的平直要求。

(二)修改静压板桩桩尖

为求得沉桩后桩身与地面垂直、相邻桩体间相互靠拢的沉桩效果,须力求桩尖中心对称和企口不夹带或少夹带泥土。为此,设计单位遂将桩尖改为中心对称状。但在沉桩实施中,修改成对称桩尖的板桩仍发生相邻两桩企口无法密贴合拢的情况,据分析,原因可能如下:对称桩尖板桩入土后,桩尖两侧的泥土将随着桩身的不断沉入而向侧上方向挤出,桩入土深度越大,向侧上方外挤出的泥也越多。当全长 12.5 m 的板桩全部沉入后,相邻板桩企口多已完全脱开,最大的脱开距离达到 7 ~9 cm。显然,这样制成的板桩支护墙是无法起到防渗止水作用的。

三、方案分析

该商场基坑支护方案分别采用了壁厚 800 mm 的地下连续墙、直径 800 mm 的钻孔灌注桩和墙厚 350 mm 的预制钢筋混凝土板桩支护墙,需要三种不同的施工设备进行实施,实施中还进行了一系列改进和完善，但最终仍然没有达到预期的效果。因此，可以说该基坑的支护设计和施工方案不是较优的方案，主要反映在以下几点：

(1)支挡结构选型过多，在狭小的厂区使用三种不同的施工机械不利于施工布置和提高效率，不能交叉作业和协同施工，工期较长。

(2)在松软的泥质地层中进行地下连续墙和钻孔灌注桩施工，施工质量不如预制钢筋混凝土板桩支护墙容易保证。

(3)在松软的泥质地层中进行静力压桩施工，在桩体布置紧密时桩尖两侧的泥土容易随着桩身的不断沉入而向侧上方挤出，桩入土深度越大，向侧上方挤出的泥也越多，造成桩体不能紧密挨靠。

(4)地下连续墙和钻孔灌注桩不能彻底清除，有可能成为未来施工障碍。

较为优化的方案应是射水下沉不同墙厚和深度的预制空心钢筋混凝土板桩支护墙，采用一种施工机械，便于协同施工和场地布置，减少相互干扰，提高施工效率；松软的泥质地层容易被射水击破，泥浆被带走，不存在桩尖两侧的泥土被挤出外翻问题；再者射水沉桩企口不夹带泥土，射水下沉的排桩很容易形成紧密挨靠的钢筋混凝土板桩支护墙，既支挡又止水；而且，在工程完工后还可以拆除和回收利用，降低投资。

第五节　箱涵基坑钢筋混凝土板桩支护

一、概述

某工程为钢筋混凝土双孔箱涵(每孔内径尺寸4.25 m×3.50 m)，壁、底、顶板厚度均为0.45 m(个别段加厚)；箱涵为混凝土框架结构，顶部设透气井7座、检查井6座、接管口4座；箱涵穿越大小桥梁6座，除GH路桥外均需拆除，拆除时不中断交通。

(1)依据地质报告、河道构造和周围实际环境，并结合箱涵的施工方法，Z_B-1段支护板桩采用单支撑式结构。北岸桩长7.20~8.00 m，南岸桩长7.50~8.70 m；截面均为500 mm×250 mm；桩长7.5 m以内主筋为Φ12，桩长超过7.5 m，主筋为Φ14；混凝土强度等级C30。

(2)其他施工段依据河床断面构造及建筑分布情况，分别采用钢筋混凝土板桩及水泥土深层搅拌重力墙两种支护结构，除水泥土深层搅拌重力墙段外，支护板桩采用2道支撑式结构，混凝土强度等级为C30。

(3)南岸凡距板桩10 m(含10 m)以内有4层及以上高大建筑物及重大构筑物或有特殊要求的建筑物者：桩长9 m，桩厚由250 mm改为300 mm(留槽位置不变，保持打桩后内侧平)，自桩尖起5 500 mm范围内增加1Φ8钢筋，加筋放在板桩外侧。非桩长9 m者截面及配筋不变。

(4)北岸除电杆处外，桩长8 m，截面及配筋不变。有电杆处以电杆为中心的3 m范围内除桩厚改为300 mm外，其余均不变。加厚的板桩留槽位置不变，保证打桩后桩内侧平。

二、效果

箱涵基坑采用钢筋混凝土板桩结合井点降水、板桩接缝处砂浆堵渗等措施，最终使基坑止水防渗，以及支护稳固，获得良好效果。

三、方案优化

根据施工暴露的板桩偏薄，吊装、堆放容易断裂，空心直径不能设大，不便兼作射水通道和降水管井使用，以及水平承载能力较低等问题，应将板桩厚度改为不小于 400 mm。

第六节　采用射水插板技术建设防洪堤坝与水闸

一、松花江防洪堤坝

2005 年 11 月 13 日，吉林石化爆炸污染松花江事件引起了全国的震惊，几个与吉林石化相距很近的油田因为受松花江水的冲刷，部分油井已经紧贴江岸，一旦井场冲毁油井套管折断，更大的污染事件将在松花江重演。为此，上级领导决定必须在 2006 年洪水到来之前修筑 6.5 km 防洪堤坝把几个油田保护起来。这个地区的冻土层 5 月底还不能化透，7 月初就是汛期，现场实际施工的时间非常短，采用任何一种现有的施工技术都无法按时完成任务。针对这一情况，经中石油安全环保部负责人推荐，确定了采用射水插板技术进行施工。开工之后在工地上完全看不到传统的施工场面，施工单位在一个月的时间内将 5 100 块长 15.0 m、厚 300 mm、宽 1 000 mm 的预制钢筋混凝土空心板桩全部射水插进了地层，按时完成了 6.5 km 防洪堤坝的建设任务，在松花江建成了一种世界上独一无二的水力插板防洪堤坝，为建设大江大河的防洪堤坝和沿海地区的防潮堤坝提供了一种新模式。

松花江 6.5 km 水力插板防洪堤坝建设位置：松花江与第二松花江交汇处的油田防护工程，上段嫩江、下段松花江之间。

通过松花江防洪堤坝的建设，我们可以清楚地看到以下几方面的情况：

（1）射水沉桩能够建成一种长治久安的防洪堤坝，主要原因在于堤坝基础入地深度完全按照安全稳定的实际需要进行建设，消除了基础不牢的问题。

（2）射水沉桩建设防洪堤坝在施工速度方面占有独特优势，其原因在于它独特的过程建设模式，能够承接松花江这项任务，原因也在于此。随着射水沉桩技术的不断发展，施工速度方面的优势也必将会进一步增大。

（3）射水沉桩防洪堤坝在工程造价方面也具有优势。松花江 6.5 km 射水沉桩防洪堤坝工程总造价 3 500 万元，远远低于这个地区按照传统技术建设的同类型工程。堤坝建成后基本上不存在维修工作量，可以减少运行费用，更不需要在用射水沉桩建设防洪堤坝的地方组织防洪抢险工作。射水沉桩防洪堤坝在安全稳定性能、工程建设速度和控制工程造价方面具有明显的优势，形成了一种建设大江大河防洪堤坝及沿海地区防潮堤坝的新模式。

对比松花江水力插板防洪堤坝和美国人打入钢板桩建设的防洪堤坝，一个共同的特点是两种堤坝都通过地下生“根”的办法解决了溃堤垮坝的问题，也能拔除、回收利用，而且钢筋混凝土结构比钢结构抗腐蚀、水平承载能力强，工程造价也较为低廉。因此，其具有广阔的推广应用前景。

二、黄河口射水插桩水闸

传统方式建设水闸施工周期长，工程造价高，在黄河岸边建闸，水流平缓的地方容易淤积，在河道水流冲击严重的地方，安全稳定问题又难以保证。采用射水插桩建闸从根本上改变了这一状况，施工过程中取消了打围堰、打降水、开挖基坑、打基础等大量的工作量，采取类似摆积木一样的施工方法将一座水闸分解成若干块预制的钢筋混凝土空心板桩，预制成型的混凝土板依次射水插入地层，通过注浆固缝形成水闸的主体，地面以上部分通过绑扎钢筋现浇提升闸板的框架，一座水闸就立即建设成功。不仅施工速度快，工程造价低，安全稳定性能方面更具有优势。一座黄河引水闸，建设位置在黄河主河槽的边上，取水能力 20 m^3/s，按照常规技术建设这座水闸工程造价超过 300 万元，建设工期 6 个月。采用射水插桩技术进行建设，从现场射水插桩到建成只用了 7 d，工程造价 30 万元，安全稳定方面由于基础入地深度为 10 m，抵抗黄河水冲刷淘空的能力明显增强。

第四篇　09YG101 混合配筋预应力混凝土管桩

第十九章　编制说明

第一节　前　言

在预应力混凝土管桩中加入一定数量的非预应力钢筋,形成一种新型的混合配筋预应力混凝土管桩。管桩型号为 PRC - Ⅰ型和 PRC - Ⅱ型,即分别采用全截面对称配置非预应力钢筋的管桩和扇形截面对称配置非预应力钢筋的管桩。

《混合配筋预应力混凝土管桩图集》由郑州大学综合设计研究院主编,经河南省住房和城乡建设厅审查,批准为河南省工程建设标准图集,并于 2009 年 12 月 10 日发布,图集号为 09YG101,统一编号为 DBJT 19 - 34—2009,自 2010 年 1 月 2 日起施行。

第二节　适用范围

混合配筋预应力混凝土管桩除保留传统预应力混凝土管桩的性能外,还提高了传统管桩的水平承载力,改善了性能,适用于一般工业与民用建筑的基坑支护及低承台桩基础;也可用于刚性桩复合地基。铁路、公路与桥梁、港口、水利、市政、构筑物等工程的基础设计可参考使用。

本图集管桩适用于非抗震和抗震设防烈度 6 度、7 度、8 度地区的桩基工程。

本图集管桩除用于承受竖向荷载作用的情况,也适用承受水平荷载作用的情况。受地震作用及水平承载的桩,桩身受弯承载力和受剪承载力应按有关规范进行验算。

基础用管桩处于侵蚀性环境或可能处于裂缝工作状态时,应符合国家现行有关规范的规定,进行相应的耐久性验算。

管桩不宜用于下列工程:

(1)深厚淤泥等超深软土地基,且基础埋深较浅(小于二层地下室)的高层建筑桩基工程。

(2)水平位移较大或可能造成管桩弯曲变形较大的基坑工程。

第三节　编制依据

(1)《建筑结构可靠度设计统一标准》(GB 50068—2001);
(2)《混凝土结构设计规范》(GB 50010—2002);
(3)《建筑地基基础设计规范》(GB 50007—2011);
(4)《建筑抗震设计规范》(GB 50011—2010);
(5)《混凝土结构工程施工质量验收规范》(GB 50204—2002);
(6)《建筑地基基础工程施工质量验收规范》(GB 50202—2002);
(7)《先张法预应力混凝土管桩》(GB 13476—2009);
(8)《预应力混凝土用钢棒》(GB/T 5223.3—2005);
(9)《建筑桩基技术规范》(JGJ 94—2008)。

第四节　管桩的规格和型号

(1)管桩编号,如图 19-1 所示。

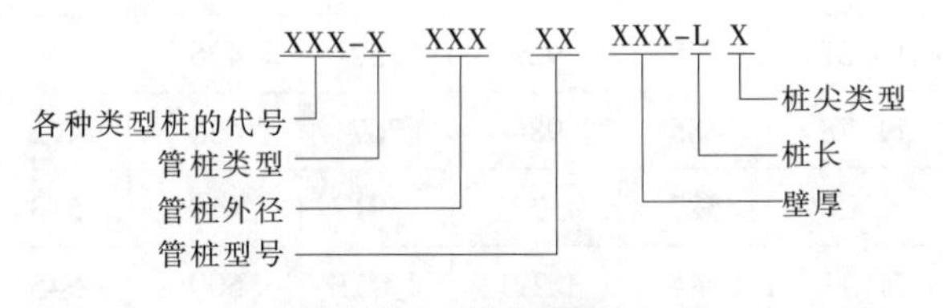

图 19-1　管桩编号

例如:PRC－Ⅱ型管桩,外径为 500 mm,B 型,壁厚 100 mm,桩长 15 m,a 型桩尖为十字型桩尖,编号为:PRC－Ⅱ500 B 100－15a。

(2)按现行国家标准《先张法预应力混凝土管桩》(GB 13476)的规定,PRC－Ⅰ型、PRC－Ⅱ型管桩按桩身有效预压应力分为 AB 型、B 型、C 型、D 型四种,其力学性能应分别符合表 19-1 及表 19-2 和本章第五节的内容。

(3)本图集管桩按外径划分有以下规格:

PRC－Ⅰ型:400 mm、500 mm、600 mm、700 mm、800 mm;

PRC－Ⅱ型:400 mm、500 mm、600 mm、700 mm、800 mm。

表 19-1　混合配筋预应力混凝土管桩(PRC－Ⅰ型)力学性能

管桩编号	混凝土有效预压应力 σ_{pc}(MPa)	抗裂弯矩 M_{cr} (kN·m)	极限弯矩检验值 M_u (kN·m)	弯矩设计值 M (kN·m)	抗剪承载力设计值 V_u(kN)	抗裂剪力 Q(kN)	管桩桩身竖向承载力设计值 R_p(kN)	理论重量 (kg/m)
PRC－Ⅰ 400B95	9.06	89	185	148	170	199	2 100	228
PRC－Ⅰ 400D95	12.3	110	219	169	183	213		

续表 19-1

管桩编号	混凝土有效预压应力 σ_{pc}(MPa)	抗裂弯矩 M_{cr} (kN·m)	极限弯矩检验值 M_u (kN·m)	弯矩设计值 M (kN·m)	抗剪承载力设计值 V_u(kN)	抗裂剪力 Q(kN)	管桩桩身竖向承载力设计值 R_p(kN)	理论重量(kg/m)
PRC－Ⅰ 500AB100	7.79	151	323	263	237	268	2 900	317
PRC－Ⅰ 500B100	8.89	164	362	292	243	274		
PRC－Ⅰ 500C100	10.62	184	384	303	253	284		
PRC－Ⅰ 500D100	12.1	202	421	327	261	292		
PRC－Ⅰ 600AB110	7.71	250	532	434	314	361	3 900	447
PRC－Ⅰ 600B110	8.54	266	581	471	321	367		
PRC－Ⅰ 600C110	10.53	304	633	500	336	382		
PRC－Ⅰ 600D110	11.63	327	680	531	344	391		
PRC－Ⅰ 700AB110	7.27	354	724	593	394	431	4 700	514
PRC－Ⅰ 700B110	8.65	395	843	682	406	443		
PRC－Ⅰ 700C110	10.87	458	929	732	426	463		
PRC－Ⅰ 700D110	11.78	485	984	767	435	472		
PRC－Ⅰ 800B110	8.15	527	1 095	891	468	513	5 500	601
PRC－Ⅰ 800C110	11.11	644	1 291	1 051	500	545		

注：管桩应按《混合配筋预应力混凝土管桩图集》8.6.2 节进行抗剪性能试验，当加载至本表中的抗裂剪力时，桩身不得出现裂缝。

表 19-2 混合配筋预应力混凝土管桩(PRC－Ⅱ型)力学性能

管桩编号	混凝土有效预压应力 σ_{pc}(MPa)	抗裂弯矩 M_{cr} (kN·m)	极限弯矩检验值 M_u (kN·m)	弯矩设计值 M (kN·m)	抗剪承载力设计值 V_u(kN)	抗裂剪力 Q(kN)	管桩桩身竖向承载力设计值 R_p(kN)	理论重量(kg/m)
PRC－Ⅱ 400B95	9.32	90	174	138	168	200	2 100	227
PRC－Ⅱ 400D95	12.63	111	208	159	185	214		
PRC－Ⅱ 500AB100	8.03	152	301	243	239	269	2 900	314
PRC－Ⅱ 500B100	9.29	167	330	263	246	277		
PRC－Ⅱ 500C100	10.93	186	363	284	255	286		
PRC－Ⅱ 500D100	12.59	205	391	300	264	295		
PRC－Ⅱ 600AB110	8.08	253	476	383	317	364	3 900	442
PRC－Ⅱ 600B110	8.92	270	527	421	324	370		
PRC－Ⅱ 600C110	10.98	309	581	453	339	386		
PRC－Ⅱ 600D110	12.11	332	630	486	348	394		

续表 19-2

管桩编号	混凝土有效预压应力 σ_{pc}(MPa)	抗裂弯矩 M_{cr}(kN·m)	极限弯矩检验值 M_u(kN·m)	弯矩设计值 M(kN·m)	抗剪承载力设计值 V_u(kN)	抗裂剪力 Q(kN)	管桩桩身竖向承载力设计值 R_p(kN)	理论重量(kg/m)
PRC－Ⅱ 700AB110	7.56	358	657	532	396	433	4 700	507
PRC－Ⅱ 700B110	9.14	403	747	596	411	448		
PRC－Ⅱ 700C110	11.35	465	854	665	431	468		
PRC－Ⅱ 700D110	12.39	495	896	689	440	477		
PRC－Ⅱ 800B110	8.62	537	962	770	473	518	5 500	592
PRC－Ⅱ 800C110	11.7	657	1 169	905	506	551		

注:管桩应按《混合配筋预应力混凝土管桩图集》8.6.2 节进行抗剪性能试验,当加载至本表中的抗裂剪力时,桩身不得出现裂缝。

第五节　管桩带裂缝工作阶段短期抗弯钢度计算

(1)混合配筋预应力混凝土管桩带裂缝工作阶段短期抗弯钢度 B_s 可采用现行国家标准《混凝土结构设计规范》(GB 50010)的公式计算:

短期刚度

$$B_s = \frac{0.85E_cI_0}{k_{cr} + (1 - k_{cr})\omega} \tag{19-1}$$

$$k_{cr} = \frac{M_{cr}}{M_k} \tag{19-2}$$

$$\omega = \left(1.0 + \frac{0.21}{\alpha_E\rho}\right)(1 + 0.45\gamma_f) - 0.7 \tag{19-3}$$

$$M_{cr} = (\sigma_{pc} + kf_{tk})W_0 \tag{19-4}$$

式中　α_E——钢筋弹性模量与混凝土弹性模量的比值,即 E_s/E_c;

I_0——换算截面惯性矩;

γ_f——受拉翼缘截面面积与腹板有效截面面积的比值,取为 $\gamma_f = \frac{(b_f - b)h_f}{bh_0}$,其中,$b_f$、$h_f$ 分别为受拉区翼缘的宽度、高度;

k_{cr}——预应力混凝土受弯构件正截面的开裂弯矩 M_{cr} 与弯矩 M_k 的比值,当 $k_{cr} > 1.0$ 时,取 $k_{cr} = 1.0$;

σ_{pc}——混凝土有效预压应力(考虑非预应力筋作用);

M_k——按荷载效应标准组合计算的弯矩,取计算区段内的最大弯矩值;

ρ——纵向受拉钢筋配筋率;

f_{tk}——管桩混凝土抗拉强度标准值;

W_0——管桩换算截面受拉边缘的弹性抵抗矩。

(2)本图集编制过程中进行的抗弯标准试验所测得的常用管桩挠度变形值,设计时可参考使用(见表19-3)。

表19-3　标准试验条件下挠度试验值

管桩编号	标准试验条件下挠度试验值(mm)	
	开裂	破坏
PRC－Ⅱ 500AB100	7.6	37
PRC－Ⅱ 500B100	6.9	31
PRC－Ⅱ 500C100	8.5	33
PRC－Ⅱ 600AB110	8.4	37
PRC－Ⅱ 600B110	9.0	41

第二十章　材料及构造要求

第一节　混凝土

(1)制作管桩用混凝土质量应符合现行国家标准《混凝土质量控制标准》(GB 50164—2011)、《先张法预应力混凝土管桩》(GB 13476—2009)的规定,并应按上述标准的规定进行检验。

(2)水泥应采用强度等级不低于425级的硅酸盐水泥、普通硅酸盐水泥、矿渣硅酸盐水泥、粉煤灰硅酸盐水泥,其质量应分别符合现行国家标准《硅酸盐水泥、普通硅酸盐水泥》(GB 175—1999)、《矿渣硅酸盐水泥、火山灰质硅酸盐水泥》(GB 1344—1999)的规定。

(3)细骨料宜采用洁净的天然硬质中粗砂或人工砂,天然砂细度模数宜为2.5~3.2,采用人工砂时,细度模数可为2.5~3.5,质量应符合现行国家标准《建筑用砂》(GB/T 14684—2011)的有关规定,且砂的含泥量不大于1%,氯离子含量不大于0.01%,硫化物及硫酸盐含量不大于0.5%。

(4)粗骨料应采用碎石或破碎的卵石,粗骨料最大粒径应不大于25 mm,且不得超过钢筋净距的3/4和壁厚的1/3,其质量应符合现行国家标准《建筑用卵石、碎石》(GB/T 14685—2011)的规定,且石的含泥量不大于0.5%,硫化物及硫酸盐含量不大于0.5%。

(5)混凝土拌和用水应符合现行行业标准《混凝土拌和用水标准》(JGJ 63—2006)的规定。

(6)外加剂的质量符合现行国家标准《混凝土外加剂》(GB 8076—2009)的规定,不得使用氯盐类外加剂。

(7)掺合料不得对管桩产生有害的影响,使用掺合料必须符合现行国家标准《先张法预应力混凝土管桩》(GB 13476—2009)的规定,并符合以下要求:

①掺合料宜采用硅砂粉、粉煤灰或硅灰等,硅砂粉质量应符合JC/T 950—2005中表1的有关规定,矿渣微粉的质量不低于GB/T 18046—2008表1中S95级的有关规定;粉煤灰的质量不低于GB/T 1596—2005中Ⅱ级F类的有关规定,硅灰的质量应符合GB/T 18736—2002中表1的有关规定。

②当采用其他品种的掺合料时,应通过试验鉴定,确认符合管桩混凝土质量要求时,方可使用。

(8)对于有抗冻、抗渗或其他特殊要求的管桩,其所使用的骨料应符合相关标准的有关规定。

第二节 钢 材

(1)预应力钢筋应采用预应力混凝土用钢棒,其质量应符合现行国家标准《预应力混凝土用钢棒》(GB/T 5223.3—2005)中低松弛螺旋槽钢棒的规定,且抗拉强度不小于1 570 MPa、规定非比例延伸强度不小于1 420 MPa,断后伸长率应大于现行国家标准《预应力混凝土用钢棒》(GB/T 5223.3—2005)中延性35级规定的要求。

(2)非预应力钢筋采用HRB400钢筋,详见《混合配筋预应力混凝土管桩图集》第17页、第18页。

(3)螺旋箍筋宜采用低碳钢热轧圆盘条、混凝土制品用冷拔低碳钢丝,其质量应分别符合现行国家标准《低碳钢热轧圆盘条》(GB/T 701—2007)、现行行业标准《混凝土制品用冷拔低碳钢丝》(JC/T 540—2006)的规定。

(4)端板、桩套箍采用Q235钢板。其材质性能应符合现行国家标准《碳素结构钢》(GB/T 700—2006)的规定。

第三节 焊接材料

(1)手工焊的焊条应符合现行国家标准《碳钢焊条》(GB/T 5117—1995)的规定,焊条型号应与主体构件的金属强度相适应。

(2)自动或半自动埋弧焊的焊丝应符合现行国家标准《熔化焊用铜丝》(GB/T 14957—1994)的规定。二氧化碳气体保护焊用焊丝应符合现行国家标准《气体保护焊用碳钢低合金钢焊丝》(GB/T 8110—1994)的规定。焊丝材料型号与强度应与主体构件的金属力学性能相适应。自动焊和半自动焊采用的焊剂,应符合现行国家标准《碳素钢埋弧焊用焊剂》(GB/T 5293—1999)的规定。

(3)焊缝质量应符合现行国家标准《钢结构设计规范》(GB 50017—2003)和《钢结构工程施工质量验收规范》(GB 50205—2001)的规定。

第四节 构造要求

(1)管桩构造要求应符合现行国家标准《先张法预应力混凝土管桩》(GB 13476—2009)的规定。

(2)管桩的预应力钢筋及PRC－Ⅰ型管桩的非预应力钢筋应沿其分布圆周均匀布置,间距允许偏差为±5 mm;PRC－Ⅱ型管桩的非预应力钢筋应分别在管桩的受拉区和受压区(管桩产品应标注)均匀轴对称布置。

第二十一章　技术要求

第一节　预应力钢筋要求

预应力钢筋 PCB－1570－35－L－HG 钢棒的几何特性及理论重量、力学性能应分别符合表 21-1 和表 21-2 的要求。

表 21-1　PCB－1570－35－L－HG 钢棒的几何特性及理论重量

公称直径(mm)	基本直径(nun)	公称截面面积(mm^2)	理论重量(kg/m)
7.1	7.25	40.0	0.314
9.0	9.15	64.0	0.502
10.7	11.10	90.0	0.707
12.6	13.10	125.0	0.981

注:1. 基本直径指钢棒的外接圆直径;

2. 公称截面面积指钢棒的实际有效横截面面积,本图集均按公称截面面积计算;

3. 公称直径为供设计采用的直径,等于按公称截面面积换算成的圆的直径,本图集均用公称直径表示。

表 21-2　PCB－1570－35－L－HG 钢棒的力学性能

符号	规定非比例延伸强度 $R_{p0.2}$(MPa)	抗拉强度 f_{ptk}(MPa)	抗压强度 f'_{py}(MPa)	断后伸长率(%)	弹性模量 E_s(N/mm^2)	1 000 h 松弛值(%)
Φ	≥1 420	≥1 570	400	≥7.0	2.0×10^5	≤2.0

张拉应力控制。预应力钢筋的张拉采用超张拉工艺,张拉控制应力为 σ_{con},本图集取预应力钢筋抗拉强度标准值的 0.72 倍,即 $\sigma_{con}=0.72f_{ptk}$。

HRB400(非预应力)钢筋的力学性能、几何特性及理论重量应符合现行国家标准《混凝土结构设计规范》(GB 50010)的要求。

第二节　混凝土力学性能要求

本图集管桩采用的混凝土强度等级为 C60,其力学性能按表 21-3 采用。

在预应力混凝土管桩开裂验算中,离心混凝土抗拉强度标准值应乘以离心工艺系数 k。

表 21-3　混凝土力学性能

混凝土强度种类		符号	指标
混凝土强度标准值（N/mm^2）	轴心抗压	f_{ck}	38.5
	轴心抗拉	f_{tk}	2.85
混凝土强度设计值（N/mm^2）	轴心抗压	f_c	27.5
	轴心抗拉	f_t	2.04
弹性模量（N/mm^2）		E_s	3.6×10^4

PRC－Ⅰ型、PRC－Ⅱ型管桩中钢筋的混凝土保护层厚度不得小于 40 mm。同时，对于应用于特殊要求环境下的管桩，保护层厚度应符合相关标准或规程的要求。

第三节　施工注意事项及管桩的拼接

（1）第一节管桩插入地面时的垂直度偏差不得大于 0.5%。沉桩过程中，桩锤、桩帽或送桩器与管桩的中心线应重合；应及时观测桩身的垂直度，若桩身垂直度偏差超过1%，应找出原因并设法纠正；当桩尖进入较硬土层后，严禁用移动桩架等强行回扳的方法纠偏。

（2）每根桩宜一次性连续打（压）到底，接桩、送桩应连续进行，尽量减少中间停歇时间，且尽可能避免在接近设计持力层时接桩。

（3）沉桩过程中，出现贯入度、压桩力反常，桩身倾斜、位移、折身或桩顶破损等异常情况时，应查明原因，进行必要的处理后，方可继续施工。

（4）冬季施工的管桩工程应按现行行业标准《建筑工程冬季施工规程》（JGJ 104）的有关规定进行。

（5）管桩工程的基坑支护开挖应符合下列规定：

①严禁边打桩边开挖基坑。

②自然放坡的基坑宜在桩基完成后开挖，有支护结构的基坑应在桩基完成后施工支护结构。

③饱和黏性土、粉土地区的基坑开挖宜在打桩全部完成 15 d 后进行。

④应制订合理的施工方案，挖土宜分层均匀进行，桩周土体高差不宜大于 1 m；注意基坑支护结构和边坡的稳定、土方堆放、大型机械设备对基坑和已施工管桩的影响。

（6）基坑支护工程桩不宜接桩，需要接桩时应对接桩处断面强度进行验算或采取其他有效措施。桩身承载力验算时应考虑管桩挤土效应对土压力的影响。

（7）上、下节桩拼接成整桩时，宜采用端板焊接连接，接头连接强度应不小于管桩桩身强度。有成熟技术与经验时可采用机械连接。

（8）当管桩需要接长时，其入土部分下节管桩的桩头宜高出地面 0.5～1.0 m。

（9）接桩前应将接桩的接头处清理干净，下节桩的桩头处宜设导向箍，以便上节桩的正确就位。接桩时上下节桩应保持对直，上下节桩中心线偏差不宜大于 2 mm，结点弯曲矢高不得大于桩段长的 0.1%。

(10)上下两节桩接头处如有空隙,应采用厚度适当、加工成楔形的铁片填实焊牢。

(11)管桩采用端板焊接连接时,应符合下列规定:

①焊接前应先确认管桩接头是否合格,上下端板表面应用钢丝刷清理干净,坡口处应刷至露出金属光泽,并清除油污和铁锈。

②焊接时宜先在坡口圆周上对称点焊 4 ~6 点,待上下节桩固定后拆除导向箍再分层施焊,施焊宜对称进行。

③焊接层数宜为 3 层,内层焊渣必须清理干净后方可施焊外一层;焊缝应连续饱满,其外观质量应符合二级焊缝的要求。

④焊好的焊接接头在自然冷却后方可继续沉桩,自然冷却时间不宜少于 8 min,严禁用水冷却或焊好后立即沉桩。

第二十二章　管桩计算

预应力损失按现行国家标准《混凝土结构设计规范》(GB 50010—2002)的有关规定计算。

第一节　管桩抗裂弯矩

抗裂弯矩按以下公式计算:

$$M_{cr} = (\sigma_{pc} + kf_{tk})W_0 \tag{22-1}$$

式中　M_{cr}——桩抗裂弯矩,MN·m;

σ_{pc}——混凝土有效预压应力(考虑非预应力筋作用),N/mm²;

k——混凝土离心工艺系数,$k=2$;

f_{tk}——管桩混凝土抗拉强度标准值,N/mm²;

W_0——管桩换算截面受拉边缘的弹性抵抗矩,mm³。

第二节　管桩极限弯矩

管桩极限弯矩按以下公式计算:

$$M_u = \alpha_1 f_{ck}A(r_1 + r_2)\frac{\sin\pi\alpha}{2\pi} + (f_{ptk} - \sigma_{p0})A_pD_p\frac{\sin\pi\alpha_1}{2\pi} + f_{yk}A_sD_s\frac{(\sin\pi\alpha + \sin\pi\alpha_t)}{2\pi} + f_{py}'A_pD_p\frac{\sin\pi\alpha_1}{2\pi} \tag{22-2}$$

其中

$$\alpha = \frac{0.55\sigma_{p0}A_p + 0.45f_{ptk}A_p + 0.5f_{yk}A_s}{\alpha_1 f_{ck}A + f_{py}'A_p + 0.45(f_{ptk} - \sigma_{p0})A_p + f_{yk}A_s} \tag{22-3}$$

$$\alpha_t = 0.45(1 - \alpha) \tag{22-4}$$

式中　M_u——管桩极限弯矩,kN·m;

A——管桩桩身横截面面积,mm²;

α_1——受压区混凝土矩形应力图的应力值与混凝土轴心抗压强度设计值的比值,按现行国家标准《混凝土结构设计规范》(GB 50010—2002)第7.1.3条的规定计算;

A_p——预应力钢筋面积,mm²;

r_1、r_2——管桩桩身环形截面内、外半径,m;

D_p——预应力钢筋中心所在圆周直径,m;

α——受压区混凝土面积与全截面面积之比；

α_t——受拉区纵向预应力钢筋与全部预应力钢筋面积之比；

σ_{p0}——预应力钢筋合力点处混凝土法向应力等于零时的预应力钢筋应力，N/mm^2；

f_{yk}——非预应力钢筋抗拉强度标准值，N/mm^2；

A_s——非预应力钢筋面积，mm^2；

D_s——非预应力钢筋中心所在的圆周直径，m；

f_{ptk}——预应力钢筋抗拉强度标准值，N/mm^2；

f'_{py}——预应力钢筋抗压强度设计值，N/mm^2；

f_{ck}——混凝土轴心抗压强度标准值，N/mm^2，按现行国家标准《混凝土结构设计规范》(GB 50010—2002)采用。

第三节　管桩弯矩设计值

管桩弯矩设计值按以下公式计算：

$$M_u = \alpha_1 f_c A(r_1 + r_2)\frac{\sin\pi\alpha}{2\pi} + f_{py}'A_p D_p \frac{\sin\pi\alpha}{2\pi} + f_k A_s D_s \frac{(\sin\pi\alpha + \sin\pi\alpha_1)}{2\pi} + (f_{py} - \sigma_{p0})A_p D_p \frac{\sin\pi\alpha_1}{2\pi} \tag{22-5}$$

其中

$$\alpha = \frac{0.55\sigma_{p0}A_p + 0.45f_{py}A_p + 0.5f_yA_s}{\alpha_1 f_c A + f_{py}'A_p + 0.45(f_{py} - \sigma_{p0})A_p + f_yA_s} \tag{22-6}$$

$$\alpha_1 = 0.45(1 - \alpha) \tag{22-7}$$

式中　M_u——管桩弯矩设计值，kN·m；

f_y——非预应力钢筋抗拉强度设计值，N/mm^2；

f_{py}——预应力钢筋抗拉强度设计值，N/mm^2；

f_c——混凝土轴心抗压强度设计值，N/mm^2。

第四节　管桩桩身剪力设计值

管桩桩身剪力设计值可将环形截面按两个圆形截面(直径分别为管桩外径 D 和管桩内径 d)等效成矩形截面，按现行国家标准《混凝土结构设计规范》(GB 50010—2002)有关规定计算，二者抗剪承载力之差即为管桩剪力设计值，计算公式如下：

$$Q_u = 0.7f_t(A_D - A_d) + f_{yv}\frac{A_{sv}}{s}h_0 + 0.05(A_D - A_d)\sigma_{pc} \tag{22-8}$$

$$A_D - A_d = 1.76 \times 1.6(\frac{D^2}{4} - \frac{d^2}{4}) \tag{22-9}$$

$$h_0 = 0.8D \quad (22\text{-}10)$$

式中　Q_u——管桩桩身剪力设计值,N;

f_t——混凝土轴心抗拉强度设计值,N/mm^2;

D——管桩外径,mm;

d——管桩内径,mm;

f_{yv}——箍筋抗拉强度设计值,N/mm^2,按现行国家标准《混凝土结构设计规范》(GB 50010—2002)中表4.2.3-1中的f_{yv}值采用;

A_{sv}——配置在同一截面内箍筋的横截面面积,mm^2;

s——箍筋的间距,mm;

σ_{pc}——混凝土有效预压应力,N/mm^2。

第五节　抗裂剪力

抗裂剪力计算方法同桩身剪力设计值计算,但忽略箍筋作用,混凝土采用抗拉强度标准值,计算公式如下:

$$Q = 0.7f_{tk}(A_D - A_d) + 0.05(A_D - A_d)\sigma_{pc} \quad (22\text{-}11)$$

式中　f_{tk}——混凝土轴心抗拉强度标准值,N/mm^2。

第六节　管桩桩身材料强度允许的竖向承载力设计值

(1)桩轴心受压时,管桩桩身材料强度允许的竖向承载力设计值按下式计算:

$$R_p = \Psi_c f_c A \quad (22\text{-}12)$$

式中　R_p——管桩桩身材料强度允许的竖向抗压承载力设计值,N;

A——管桩桩身横截面面积,mm^2;

f_c——混凝土轴心抗压强度设计值,N/mm^2;

Ψ_c——基桩成桩工艺系数,按现行行业标准《建筑桩基技术规范》(JGJ 94—2008)取0.85。

(2)在进行基础设计时桩身强度应符合下式要求:

$$Q \leqslant R_p \quad (22\text{-}13)$$

式中　Q——相应于荷载效应基本组合时的单桩竖向力设计值。

(3)管桩桩身受拉承载力设计值应符合下列规定:

管桩桩身受拉承载力值:

$$N \leqslant f_{py}A_p + f_y A_s \quad (22\text{-}14)$$

对于不得出现裂缝的桩基:

$$N \leqslant \sigma_{pc}A \quad (22\text{-}15)$$

对于一般不出现裂缝的桩基:

$$N \leqslant (\sigma_{pc} + f_t)A \quad (22\text{-}16)$$

式中　N——管桩桩身轴向拉力设计值,N;

f_{py}——预应力钢筋抗拉强度设计值,N/mm^2;

A_p——预应力钢筋面积,m^2;

f_y——非预应力钢筋抗拉强度设计值,N/mm^2,按现行国家标准《混凝土结构设计规范》(GB 50010—2002)中表 4. 2. 3-1 采用;

A_s——非预应力钢筋面积,mm^2。

第二十三章　管桩的制作、检验和验收

第一节　管桩制作

一、钢模板

制作管桩用钢模板应有足够的刚度,模板的接缝不应漏浆,模板与混凝土接触面应平整、光滑。

二、模板隔离剂

布料前或脱模后应及时清模并涂刷模板隔离剂。模板隔离剂应采用效果可靠、对钢筋污染小、易清洗的非油质类材料,涂抹模板隔离剂应保证均匀一致,严防漏刷或雨淋。

三、预应力钢筋的加工

(1)钢筋应清除油污,切断前应保持平直,不应有局部弯曲,切断后端面应平整,单根管桩同束预应力钢筋下料长度的相对误差不应大于 $L/5\ 000$。同根管桩中钢筋长度的相对差值:长度小于等于 15 m 时不得大于 1.5 mm,长度大于 15 m 时不得大于 2 mm。

(2)预应力筋墩头强度不得低于该材料标准强度的 90%。

(3)预应力筋和螺旋筋焊接点的强度不得低于该材料标准强度的 95%,松脱的焊点应用钢丝绑扎。

(4)钢筋笼骨架成型后,应按照现行国家标准《先张法预应力混凝土管桩》(GB 13476)的规定,进行外观质量检测。

(5)预应力钢筋张拉采用先张法模外预应力工艺。总张拉力应符合设计规定,在应力控制的同时检测预应力钢筋的伸长值,当发现两者数值有异常时,应检查、分析原因,及时处理。

四、混凝土

(1)混凝土搅拌应采用强制式搅拌机进行,搅拌机的出料容量必须与管桩最大规格相匹配,每根管桩用混凝土的搅拌次数不宜超过 2 次(大直径管桩或长管桩除外)。

(2)混凝土采用离心工艺成型,离心按慢速、中速、高速进行,以保证混凝土密实及壁厚均匀。离心制度应根据管桩的规格、品种、原材料等在试验基础上确定。

(3)混凝土质量控制应符合现行国家标准《混凝土质量控制标准》(GB 50164)的规定。

(4)经离心成型的管桩应采用常压蒸汽养护或高压蒸汽养护。常压蒸汽养护采用带模养护,其养护工艺按预养、升温、恒温、降温四个阶段进行,升温速率每小时不宜超过25 ℃,恒温温度不宜超过90 ℃。高温蒸汽养护在脱模以后按升压升温、恒压恒温、降压降温三个阶段进行。蒸养制度应根据所用原材料及设备条件通过试验确定。

五、放张、脱模

(1)预应力钢筋应采取对称、相互交错放张。放张预应力钢筋时,桩的混凝土的抗压强度不得低于设计混凝土强度等级的100%。

(2)管桩脱模后应按产品标准规定在桩身外表标明永久标识和临时标识。

第二节 管桩检验和验收

管桩的检验和验收应符合现行国家标准《先张法预应力混凝土管桩》(GB 13476)的规定,管桩出厂前进行抗弯和抗剪的试验检验,管桩验收时应及时提交产品合格证。

一、抗弯试验

(一)加载装置

管桩的抗弯试验采用图23-1所示对称加载装置,其中,P的方向垂直于地面,L为管桩长度。

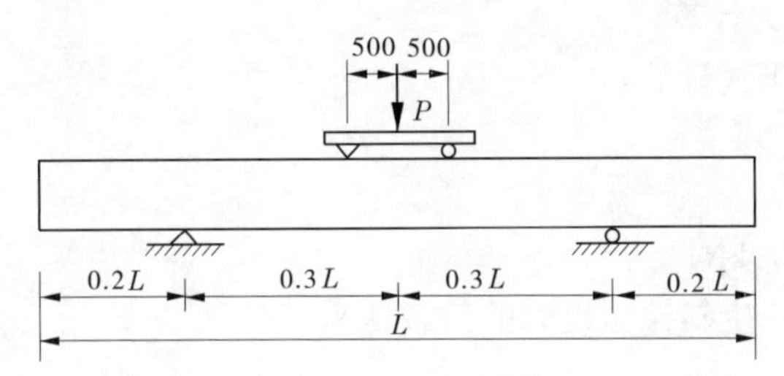

图23-1 抗弯试验加载装置 (单位:mm)

(二)加载步骤

第一步:按照理论抗裂弯矩的20%的级差由零加载至抗裂弯矩的80%,每级荷载的持续时间为3 min。

第二步:按照抗裂弯矩的10%的级差加载至抗裂弯矩的100%;如果在抗裂弯矩的100%时未出现裂缝,则按抗裂弯矩的5%的级差加载至裂缝出现。每级荷载的持续时间为3 min,测定和记录裂缝出现、发展和宽度。然后按极限弯矩5%的级差继续加载直至试验桩破坏,具体表现为受拉区预应力钢筋被拉断或受压区混凝土被压碎,标志试验桩已经破坏,停止试验,其破坏时极限弯矩不小于按式(22-2)计算的极限弯矩。

二、抗剪试验

(一)加载装置

管桩的抗剪试验采用图23-2所示对称加载装置,其中,P的方向可垂直于地面,也可平行于地面(管桩的轴线均与地面平行)。剪跨 b 取 $1.0D$,试件悬出长度 L_1 取$(1.25\sim2.0)D$。详见《先张法预应力混凝土管桩》(GB 13476—2009)。

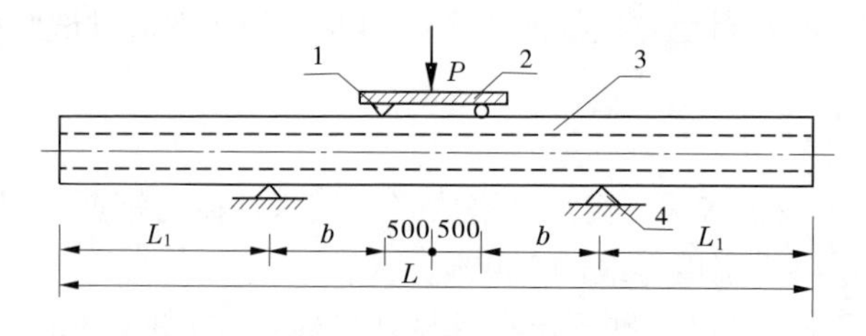

1—分配梁支点;2—分配梁;3—管桩;4—支墩

L—试验用管桩长度;L_1—管桩悬出长度;b—剪跨

图 23-2　抗剪试验加载装置　(单位:mm)

(二)加载步骤

第一步:按抗裂剪力的 20% 的级差由零加载至抗裂剪力的 80%,每级荷载的持续时间为 3 min;然后按剪力的 10% 的级差继续加载至抗裂剪力的 100%,每级荷载的持续时间为 3 min,观察是否有裂缝出现,测定并记录裂缝宽度。

第二步:如果在抗裂剪力的 100% 时未出现裂缝,则按抗裂剪力的 5% 的级差继续加载至裂缝出现。每级荷载的持续时间为 3 min,测定并记录裂缝宽度。其斜裂时剪力不小于式(23-1)计算的抗裂剪力值。

(三)实测抗裂剪力计算

实测抗裂剪力按下式计算:

$$Q = \frac{P_c}{2} \tag{23-1}$$

式中　Q——抗裂剪力,kN;

　　P_c——剪跨内产生斜拉裂纹时的荷载,kN。

三、抗裂荷载的确定

当在加载过程中第一次出现裂缝(抗弯为竖向裂缝,抗剪为斜向裂缝)时,应取前一级荷载作为抗裂荷载实测值;当在规定的荷载持续时间内第一次出现裂缝时,应取本级荷载值与前一级荷载值的平均值作为抗裂荷载实测值;当在规定的荷载持续时间后第一次出现裂缝时,应取本级荷载值作为抗裂荷载实测值。

第三节　管桩的储存和吊运

(1)管桩堆放场地必须坚实平整,并应有排水措施。

(2)场地许可时宜单层堆放,需叠层堆放时,最下层的桩应按图 23-3 所示的两支点位置设置两个垫木支点,垫木支承点应在同一水平面上,底层最外缘管桩的垫木处用木楔塞紧。若堆放场地经过加固处理,也可采用着地平放。

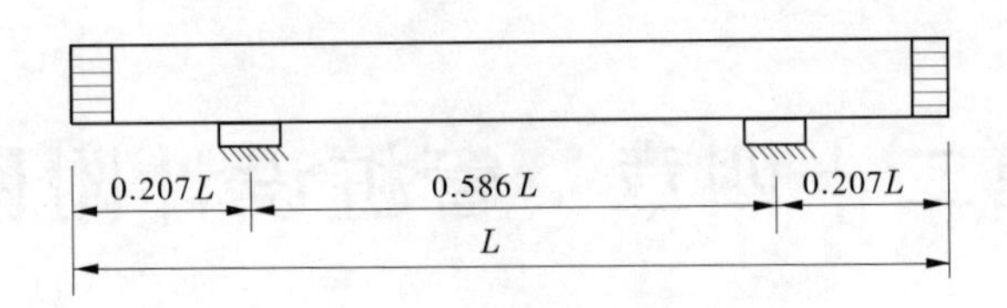

图 23-3　两支点位置

(3)管桩应按品种、规格、类型、型号、壁厚、长度分别堆放,堆放过程中应采用可靠的防滑动、防滚动等安全措施。堆放层数不宜超过表 23-1 规定。

表 23-1　管桩堆放层数

外径 D(mm)	400	500 ~ 600	700 ~ 800
堆放层数	9	7	5

(4)长度不大于 15 m 的管桩吊装宜采用两点吊法,两吊点位置距离桩端 0.21L,如图 23-4所示。长度大于 15 m 且小于 30 m 的管桩,应采用四点吊法,如图 23-5 所示。管桩吊装时桩身保持水平,吊索与桩身水平夹角不得小于 45°。管桩在吊运过程中应轻起轻放,严禁抛掷、碰撞、滚落。管桩放张后需吊运时,应根据管桩放张时的混凝土强度确定调运方案。

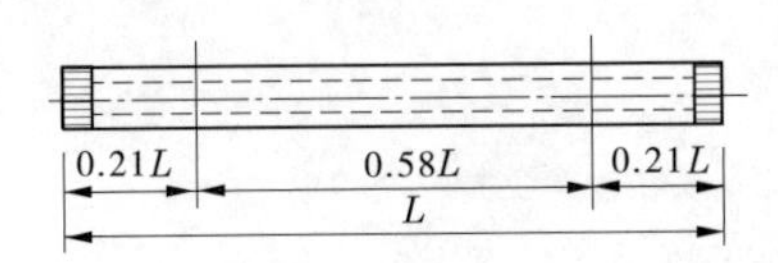

图 23-4　两点吊法吊点位置示意图

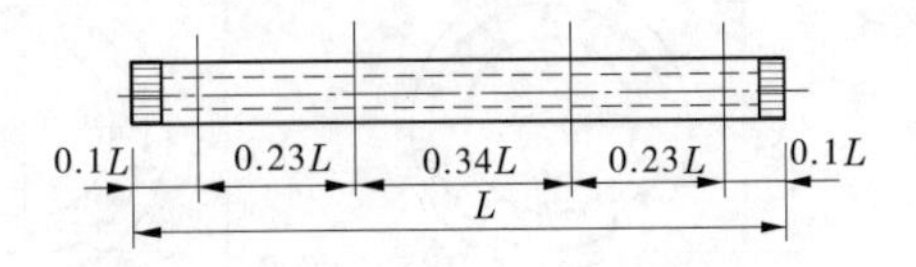

图 23-5　四点吊法吊点位置示意图

(5)管桩运输和起吊的动力系数为 1.5,管桩运输过程中的支撑应符合第(2)条的规定。运输过程中,桩与运输工具之间必须可靠固定。

(6)施工时管桩的吊立吊点见图 23-6,如改变吊点位置,应另行验算。

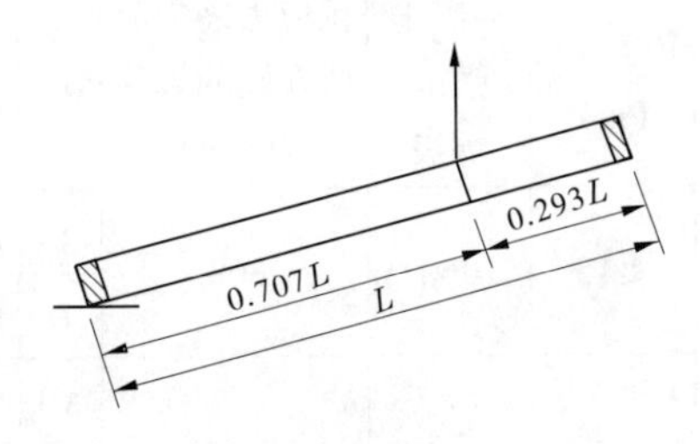

图 23-6　管桩的吊立吊点位置

第二十四章　管桩设计附图

管桩设计附图主要有 PRC－Ⅰ型管桩配筋图（见图 24-1）及其配筋表（见表 24-1）、PRC－Ⅱ型管桩配筋图（见图 24-2）及其配筋表（见表 24-2）、管桩接长焊接连接接头详图（见图 24-3～图 24-5），以及桩套箍剖面图（见图 24-6）和管桩端板参数（见表 24-3）。

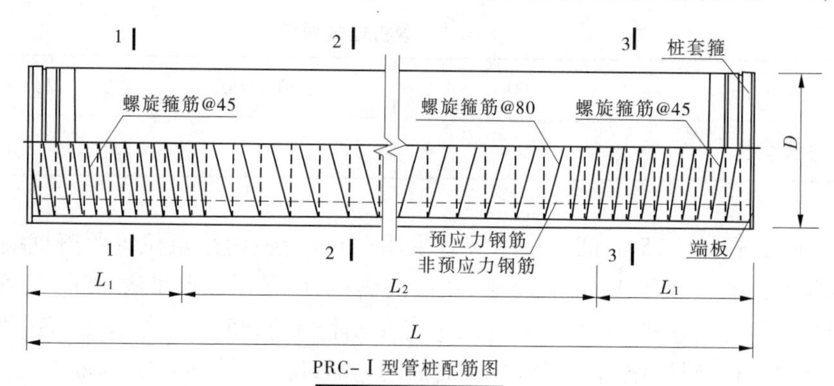

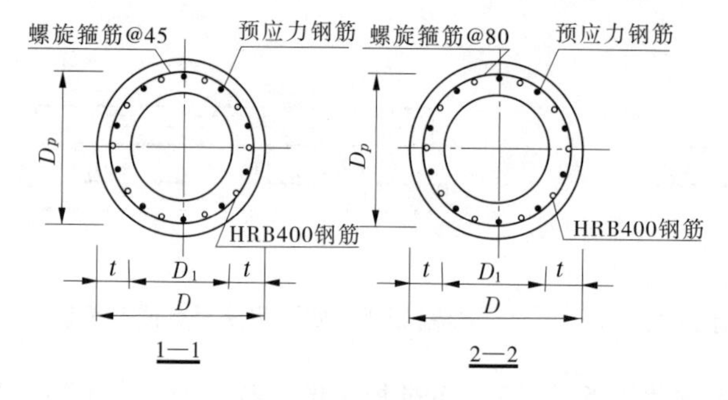

注：管桩配筋图中L_2取2 000。

图 24-1　PRC－Ⅰ型管桩配筋图

表 24-1　混合配筋预应力混凝土管桩（PRC－Ⅰ型）配筋表

管桩编号	外径 D（mm）	壁厚 t（mm）	单节桩长（m）	混凝土强度等级	预应力筋中心所在圆的直径 D_p（m）	型号	预应力钢筋	螺旋箍筋	非预应力钢筋
PRC－Ⅰ 400B95	400	95	≤15	C60	308	B	10 Φ 10.7	$\Phi^{b}5$	10 Φ 10
PRC－Ⅰ 400D95						D	10 Φ 12.6	$\Phi^{b}4$	10 Φ 10
PRC－Ⅰ 500AB100	500	100	≤15	C60	406	AB	12 Φ 10.7	$\Phi^{b}5$	12 Φ 12
PRC－Ⅰ 500B100						B	14 Φ 10.7	$\Phi^{b}5$	14 Φ 12
PRC－Ⅰ 500C100						C	12 Φ 12.6	$\Phi^{b}5$	12 Φ 12
PRC－Ⅰ 500D100						D	14 Φ 12.6	$\Phi^{b}5$	14 Φ 12

续表 24-1

管桩编号	外径 D (mm)	壁厚 t (mm)	单节桩长 (m)	混凝土强度等级	预应力筋中心所在圆的直径 D_p(m)	型号	预应力钢筋	螺旋箍筋	非预应力钢筋
PRC－Ⅰ 600AB110	600	110	≤15	C60	506	AB	16 Φ 10.7	$\Phi^{b}5$	16 ⌽ 12
PRC－Ⅰ 600B110						B	18 Φ 10.7	$\Phi^{b}5$	18 ⌽ 12
PRC－Ⅰ 600C110						C	16 Φ 12.6	$\Phi^{b}5$	16 ⌽ 12
PRC－Ⅰ 600D110						D	18 Φ 12.6	$\Phi^{b}5$	18 ⌽ 12
PRC－Ⅰ 700AB110	700	110	≤15	C60	590	AB	18 Φ 10.7	$\Phi^{b}6$	18 ⌽ 12
PRC－Ⅰ 700B110						B	22 Φ 10.7	$\Phi^{b}6$	22 ⌽ 12
PRC－Ⅰ 700C110						C	20 Φ 12.6	$\Phi^{b}6$	20 ⌽ 12
PRC－Ⅰ 700D110						D	22 Φ 12.6	$\Phi^{b}6$	22 ⌽ 12
PRC－Ⅰ 800B110	800	110	≤15	C60	690	B	24 Φ 10.7	$\Phi^{b}6$	24 ⌽ 12
PRC－Ⅰ 800C110						C	24 Φ 12.6	$\Phi^{b}6$	24 ⌽ 12

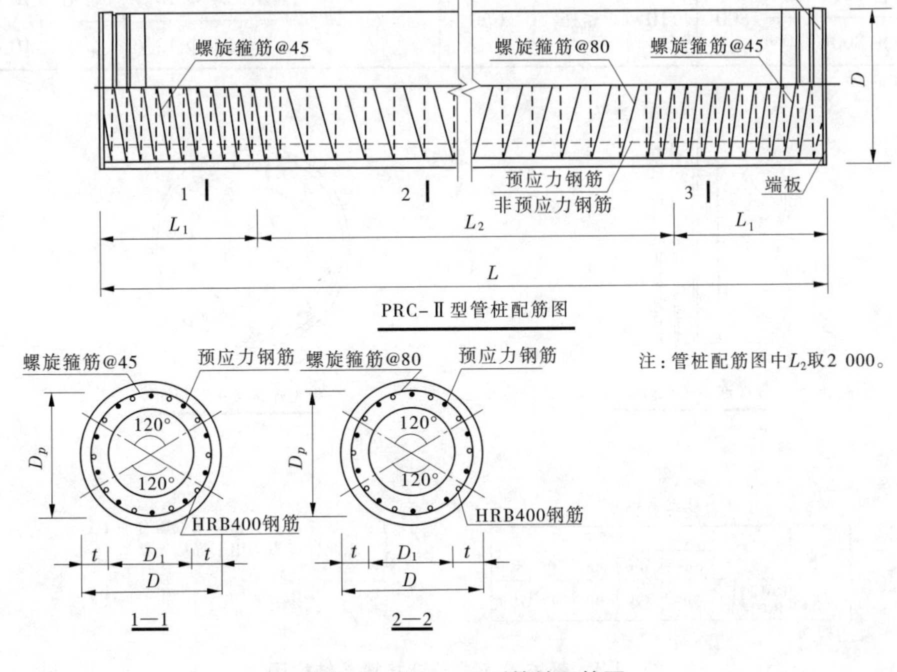

图 24-2　PRC－Ⅱ型管桩配筋图

表 24-2　混合配筋预应力混凝土管桩(PRC－Ⅱ型)配筋表

管桩编号	外径 D (mm)	壁厚 t (mm)	单节桩长 (m)	混凝土强度等级	预应力筋中心所在圆的直径 D_p(m)	型号	预应力钢筋	螺旋箍筋	非预应力钢筋
PRC－Ⅱ 400B95	400	95	≤15	C60	308	B	10 Φ 10.7	$\Phi^b 4$	6 Φ 10
PRC－Ⅱ 400D95						D	10 Φ 12.6	$\Phi^b 4$	6 Φ 10
PRC－Ⅱ 500AB100	500	100	≤15	C60	406	AB	12 Φ 10.7	$\Phi^b 5$	8 Φ 12
PRC－Ⅱ 500B100						B	14 Φ 10.7	$\Phi^b 5$	8 Φ 12
PRC－Ⅱ 500C100						C	12 Φ 12.6	$\Phi^b 5$	8 Φ 12
PRC－Ⅱ 500D100						D	14 Φ 12.6	$\Phi^b 5$	8 Φ 12
PRC－Ⅱ 600AB110	600	110	≤15	C60	506	AB	16 Φ 10.7	$\Phi^b 5$	8 Φ 12
PRC－Ⅱ 600B110						B	18 Φ 10.7	$\Phi^b 5$	10 Φ 12
PRC－Ⅱ 600C110						C	16 Φ 12.6	$\Phi^b 5$	8 Φ 12
PRC－Ⅱ 600D110						D	18 Φ 12.6	$\Phi^b 5$	10 Φ 12
PRC－Ⅱ 700AB110	700	110	≤15	C60	590	AB	18 Φ 10.7	$\Phi^b 6$	10 Φ 12
PRC－Ⅱ 700B110						B	22 Φ 10.7	$\Phi^b 6$	10 Φ 12
PRC－Ⅱ 700C110						C	20 Φ 12.6	$\Phi^b 6$	10 Φ 12
PRC－Ⅱ 700D110						D	22 Φ 12.6	$\Phi^b 6$	10 Φ 12
PRC－Ⅱ 800B110	800	110	≤15	C60	690	B	24 Φ 10.7	$\Phi^b 6$	10 Φ 12
PRC－Ⅱ 800C110						C	24 Φ 12.6	$\Phi^b 6$	10 Φ 12

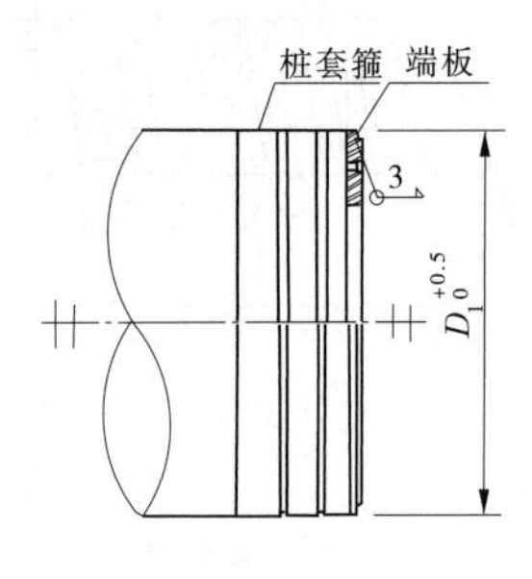

焊接连接接头构造图

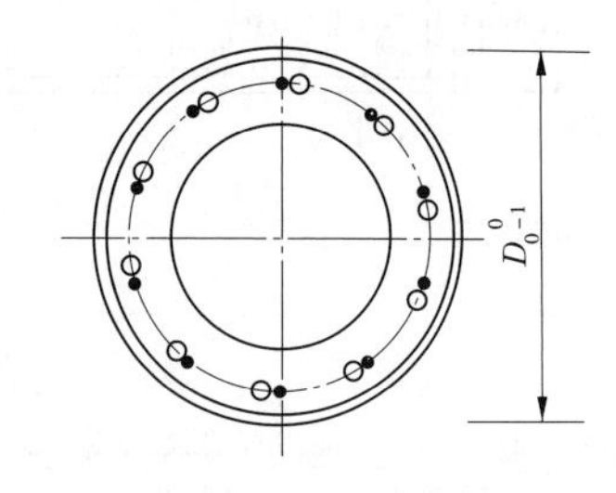

焊接连接接头端板图

桩接头参数表

项目	代号	外径 400	500	600	700	800
D_0	PRC－Ⅰ、PRC－Ⅱ	399	499	599	699	799

注：1.桩接头由套箍和端板组合而成；
2.此桩接头适用于焊接连接。

图 24-3　管桩接长焊接连接接头结构图

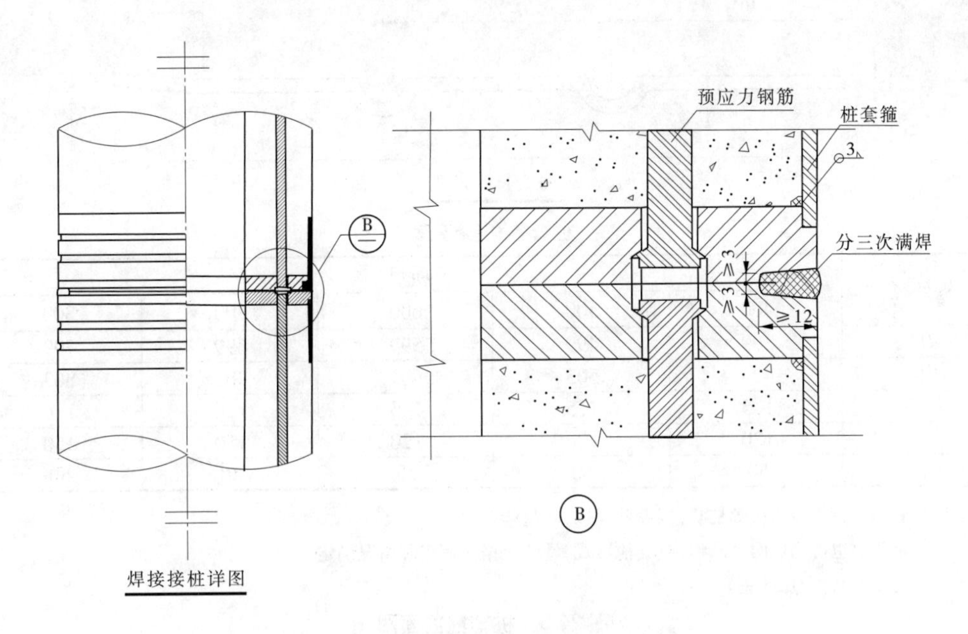

图 24-4　管桩接长焊接连接接头详图

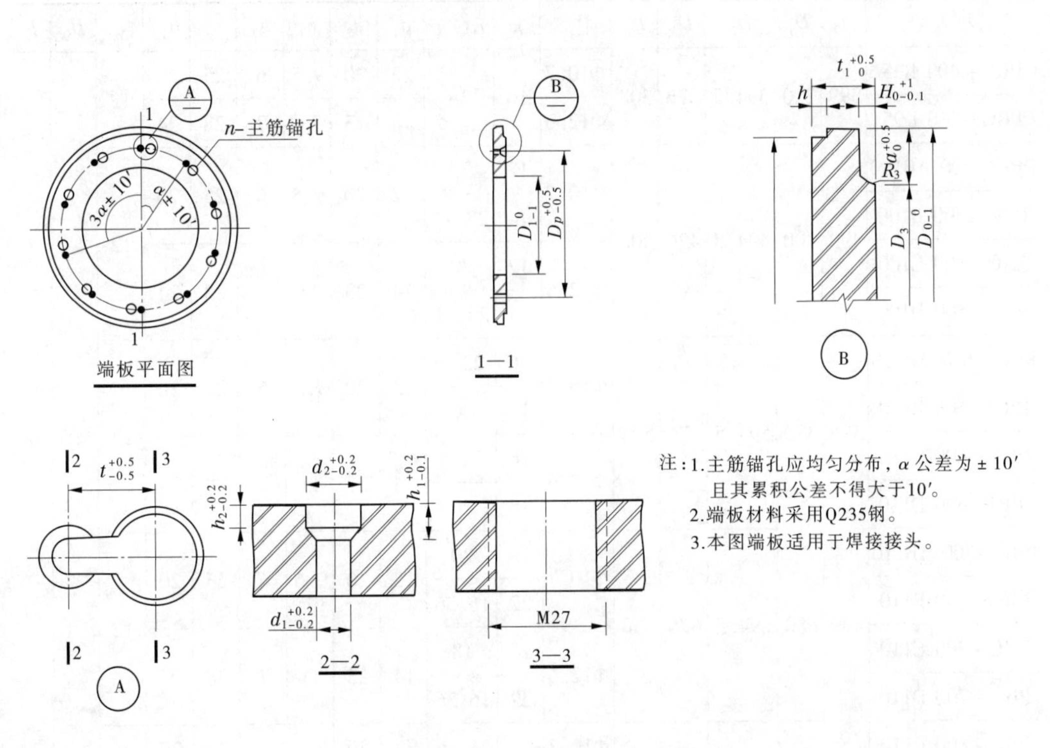

图 24-5　端板结构图

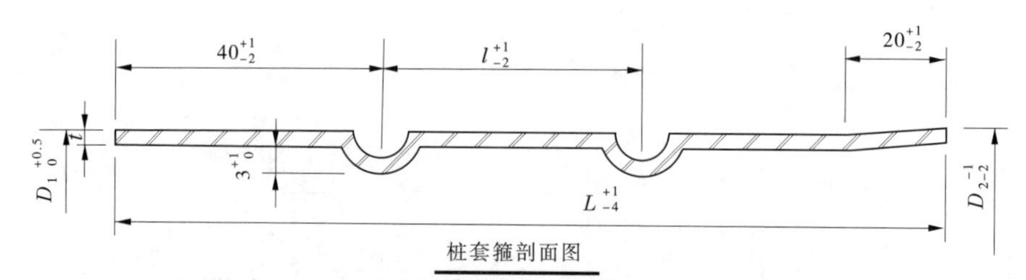

桩套箍构造参数表

桩外径	项目				
	400	500	600	700	800
D_1	399	499	599	699	799
D_2	403	503	603	703	803
t	1.5	1.5	1.5	1.6	1.6
L	120	120	120	150	150
l	50	50	50	50	50

注:1. 桩套箍为钢板卷压成圆柱状,接缝处焊接,并整圆;

2. 两个凹痕也可制成两个凸痕,或其他形式,具体根据工程实际情况确定;

3. 桩套箍材料为 Q235 钢。

图 24-6　桩套箍剖面图

表 24-3　(PRC－Ⅰ、PRC－Ⅱ)管桩端板参数

管桩编号	D_0	D_1	D_2	D_3	D_p	主筋	n	α(°)	d_1	d_2	h_1	h_2	t	t_1	a	H_0	h
PRC－400 B95	399	210	394.5	376	308	Φ10.7	10	36	12	20	9.5	6	25	20	12	6.5	6
PRC－400 D95						Φ12.6			14	23	11	7	28	24			
PRC－500 AB100	499	300	494.5	476	406	Φ10.7	12	30	12	20	9.5	6	25	20	12		
PRC－500 B100							14	25.71									
PRC－500 C100						Φ12.6	12	30	14	23	11	7	28	24			
PRC－500 D100							14	25.71									
PRC－600 AB110	599	380	594.5	576	506	Φ10.7	16	22.5	12	20	9.5	6	25	20	12		
PRC－600 B110							18	20									
PRC－600 C110						Φ12.6	16	22.5	14	23	11	7	28	24			
PRC－600 D110							18	20									
PRC－700 AB110	699	480	694.5	676	590	Φ10.7	18	20	12	20	9.5	6	25	20	12		
PRC－700 B110							22	16.36									
PRC－700 C110						Φ12.6	20	18	14	23	11	7	28	24			
PRC－700 D110							22	16.36									
PRC－800 B110	799	580	793.5	766	690	Φ10.7	24	15	12	20	9.5	6	25	20	12		
PRC－800 C110						Φ12.6			14	23	11	7	28	24			

参考文献

[1] 武汉水利电力学院.水力计算手册[M].北京:水利电力出版社,1983.
[2] 尉希成.支挡结构设计手册[M].2版.北京:中国建筑工业出版社,2004.
[3] 黄河水利委员会,黄河水利科学研究院.不同透水率桩坝导流落淤效果研究模型试验报告汇编[R].2001.
[4] 南京水利科学研究所.水工建筑物下部局部冲刷综合研究[R].1959.
[5] GB 50286—1998 堤防工程设计规范[S].北京:中国计划出版社,1998.
[6] JGJ 120—1999 建筑基坑支护技术规程[S].北京:中国建筑工业出版社,1999.
[7] JGJ 94—2008 建筑桩基技术规范[S].北京:中国建筑工业出版社,2008.
[8] 张俊华,等.河道整治及堤防管理[M].郑州:黄河水利出版社,1998.
[9] 齐璞,孙赞盈,刘斌,等.黄河下游游荡性河道双岸整治方案研究[J].水利学报,2003(5).
[10] 史宗伟.黄河下游稳定主槽之节点整治[J].水利学报,2007.10增刊.
[11] 姚文艺,王普庆,常温花.护岸式透水桩坝缓流落淤效果及桩部冲刷过程[J].泥沙研究,2003(2).
[12] 黄志鹏,余强,董建军,等.射水法[M].北京:中国水利电力出版社,2006.
[13] 邵政权,杨金平,董建军,等.板桩法[M].北京:中国水利电力出版社,2006.
[14] 魏山忠,藤建仁,朱寿峰,等.堤防工程施工工法概论[M].北京:中国水利电力出版社,2006.
[15] 熊智彪.建筑基坑支护[M].北京:中国建筑工业出版社,2007.
[16] 李晓庆,唐新军.对《堤防工程设计规范》推荐冲刷深度公式的探析[J].水资源与水工程学报,2006,17(2).
[17] 蒋焕章.对桥墩局部冲刷影响因素的分析[C]//桥渡冲刷学术讨论会论文集.北京:交通部科学研究院,1964:15-27.
[18] 赵世强.丁坝的冲刷机理和局部冲刷计算[J].重庆交通学院学报,1989(1).
[19] 姚乐人.江河防洪工程[M].武汉:武汉水利电力出版社,1999.
[20] 张义青,杜小婷.丁坝的平衡冲刷及冲刷计算[J].西安公路交通大学学报,1997,17(4).
[21] 王福军.计算流体动力学分析——CFD软件原理与应用[M].北京:清华大学出版社,2004.
[22] 孙文怀.基础工程设计与地基处理[M].北京:中国建材工业出版社,1999.
[23] 田复兴.工程建设常用最新国内外大型起重机械实用技术性能手册[M].北京:中国水力水电出版社,2004.
[24] 严大考.起重机械[M].北京:水力电力出版社,2002.
[25] 戴泽墩.理论力学[M].北京:北京理工大学出版社,2004.
[26] 禹华谦.流体力学[M].北京:高等教育出版社,2004.
[27] 陈文义,张伟.流体力学[M].天津:天津大学出版社,2004.
[28] 成大先.机械设计手册(1-5)[M].北京:化学工业出版社,2008.
[29]《简明管道工设计手册》编写组.简明管道工设计手册[M].北京:机械工业出版社,1993.
[30] 范德明.工业泵选用手册[M].北京:化学工业出版社,1998.
[31] 邵蕴秋.ANSYS8.0有限元分析实例导航[M].北京:中国铁道出版社,2004.
[32] 赵海峰,蒋迪.ANSYS8.0工程结构实例分析[M].北京:铁道工业出版社,2004.

[33] 王国强. 虚拟样机技术及其在 ADAMS 上的实践[M]. 北京:铁道工业出版社,2002.
[34] 卞椒. 射水法建造防渗墙技术在黄河大堤上的应用[J]. 人民黄河,2002.
[35] 马飞. 水射流扩孔理论与设备研究[M]. 北京:北京科技大学出版社,2005.
[36] 武建宏. 直立设备板式吊耳强度计算[J]. 石油化工设备,2004,33(4):49-50.
[37] 肖文勇,佘凯. 吊耳局部有限元建模技术分析[J]. 船舶工程,2009,31(1):94-97.
[38] 薛胜雄. 高压水射流技术工程[M]. 合肥:合肥工业大学出版社,2006.
[39] 卞椒. 浅谈涉水法造墙三代机的研制[J]. 水利水电技术,2002,33(3):6-8.
[40] 王福军. 计算流体动力学分析——CFD 软件原理与应用[M]. 北京:清华大学出版社,2004.
[41] 康灿,张峰,杨敏官,等. 环形水射流流场的实验研究与统计分析[J]. 实验流体力学,2011,25(1):7-12.
[42] 万进,杨刚军. 关于耳板式吊耳设计校核的探讨[J]. 石油化工建设,2010(3):62-64.
[43] 戴军. 高强度螺栓设计的探讨[J]. 内江技术,2007,28(1):110-111.
[44] 盛振邦,杨尚荣,陈雪深. 船舶静力学[M]. 上海:上海交通大学出版社,1992.
[45] 中国船级社. 钢质内河船舶建造规范(2009)[S]. 北京:人民交通出版社,2009.
[46] 孙文俊,陈宝泉. 军用桥梁设计原理[M]:北京:国防工业出版社,2008.
[47] 潘斌. 移动式平台设计[M]. 上海:上海交通大学出版社,1995.
[48] 孙东昌,潘斌. 海洋自升式移动平台设计与研究[M]. 上海:上海交通大学出版社,2008.
[49] 中华人民共和国海事局. 内河船舶法定检验技术规则(2011)[S]. 北京:人民交通出版社,2011.
[50] 沈华,刘培学. 船舶浮态的计算[J]. 大连海事大学学报,2004(3):32-36.
[51] 中国船级社. 钢质内河船舶建造规范(2012 修改通报)[S]. 北京:人民交通出版社,2012.
[52] 蔡岭梅,王兴权,杨万. 船舶静力学[M]. 北京:人民交通出版社,1996.
[53] 吴培德,刘建成,林铸明. 带式舟桥[M]. 北京:国防工业出版社,2005.
[54] 朱珉虎. 内河船舶设计手册[S]. 北京:中国标准出版社,1996.
[55] 刘绍堂,王志武,赵站杨. 杭州湾跨海大桥水上桩基定位测量技术[J]. 铁道建筑,2006(5).
[56] 王君. GPSRTK 沉桩定位技术与传统定位技术在码头工程中的应用与比较[J]. 水运工程,2007(7).
[57] 左明福. 深水大直径钻孔灌注桩若干问题刍议[J]. 中国港湾建设,2006(5).
[58] 王永东,杨胜龙. 全旋转打桩船“海力 801”超长超重钢管桩沉桩技术[J]. 中国港湾建设,2011.